波 動 光 学

久 保 田 広 著

岩 波 書 店

目　　次

緒　論　波動光学の基礎 ……………………………………………………… 1

　§1　電磁波動 ………………………………………………………………… 1
　　§1-1　電　磁　波 ………………………………………………………… 1
　　　(a) 光の電磁波説　　(b) マックスウェルの理論　　(c) 電磁場の基礎方程式
　　§1-2　電磁波の伝播 ……………………………………………………… 6
　　　(a) 波動方程式　　(b) 平面波，球面波　　(c) 平面電磁波の性質　　(d) 偏光　　(e) 導体中の波
　　§1-3　定　常　波 ………………………………………………………… 15
　　　(a) 波の重ね合わせ　　(b) heterogeneous な波　　(c) 導波管　　(d) 位相速度および群速度

　§2　反射および屈折 ………………………………………………………… 23
　　§2-1　反射・屈折の法則 ………………………………………………… 23
　　　(a) 電場および磁場波の式　　(b) 反射・屈折の法則　　(c) フレネルの係数　　(d) 垂直入射　　(e) ブルースター角　　(f) 積層偏光子
　　§2-2　全　反　射 ………………………………………………………… 31
　　　(a) 臨界角　　(b) フレネルの菱面体　　(c) 第二媒質中の波　　(d) 全反射における横変位　　(e) 全反射半透明鏡

第Ⅰ篇　干渉基礎論 …………………………………………………………… 39

　第1章　干　渉　縞 ………………………………………………………… 39

　§3　二つの光の干渉 ………………………………………………………… 39
　　§3-1　光　の　干　渉 …………………………………………………… 39
　　§3-2　波面分割による干渉 ……………………………………………… 40
　　　(a) 複スリットの干渉　　(b) 複スリット干渉の応用　　(c) フレネルの複プリズム　　(d) ロイドの鏡
　　§3-3　干渉と電磁波 ……………………………………………………… 44
　　　(a) TE波，TM波　　(b) ウィーナーの実験
　　§3-4　振幅分割による干渉 ……………………………………………… 47
　　　(a) 等厚の干渉縞　　(b) 等傾角の干渉

　§4　多くの波の重ね合わせ ………………………………………………… 56
　　§4-1　多波干渉の基礎式 ………………………………………………… 56

§4-2 波面分割による多波干渉 ·· 57
    (a) 格子による干渉　(b) 干渉縞の諸常数　(c) 干渉と回折
§4-3 振幅分割による多波干渉 ·· 62
    (a) くり返し反射干渉　(b) エタロン分光器の原理　(c) 干渉フィルターの原理　(d) トランスキーの方法

第2章　干渉特論 ·· 71

§5 多色光の干渉 ·· 71
§5-1 異なる光源からの光の重ね合わせ ···································· 71
§5-2 多色光の干渉模様 ·· 73
    (a) 二つの波長の光　(b) 連続スペクトル　(c) 矩形スペクトル　(d) 吸収スペクトル
§5-3 白色光の干渉模様 ·· 79
    (a) 白色干渉縞　(b) 厚い板の干渉縞　(c) 干渉縞の明度　(d) 干渉縞の色消し

§6 拡がった光源による干渉模様 ·· 85
§6-1 コントラストの低下および localization ·························· 85
    (a) コントラストの低下　(b) 干渉模様の localization
§6-2 干渉模様の所在 ·· 89
    (a) 楔面の干渉　(b) フレネルの複プリズム　(c) ロイドの鏡
§6-3 天体干渉計 ··· 93
    (a) 二重星の測定　(b) 星の視直径の測定　(c) 天体干渉計

第II篇　干渉の応用 ··· 99

第1章　干渉計 ··· 99

§7 屈折干渉計 ·· 99
§7-1 ジャマンの干渉計 ·· 100
§7-2 レーレーの干渉計 ·· 101
§7-3 ゼルニケの干渉計 ·· 104
§7-4 エタロンを用いた干渉屈折計 ·· 105
§7-5 マッハの干渉計 ·· 108

§8 マイケルソンの干渉計 ·· 109
§8-1 構造と原理 ··· 109
    (a) 構造　(b) 干渉縞の形
§8-2 マイケルソン-モーレーの実験 ······································ 113
§8-3 可視度曲線による分光測定 ·· 114
§8-4 スペクトル線の幅の測定 ··· 116

　　　　　(a) ドップラー幅　　(b) 自然幅
　　§8-5　スペクトル線の微細構造の解析 ……………………………119
　　　　　(a) Na の D 線　　(b) H$_\alpha$ 線　　(c) Hg の緑線
　　§8-6　interferogram の方法 ………………………………………122
　　§8-7　光波による測長 ………………………………………………123
　　　　　(a) マイケルソンの方法　　(b) ファブリー–ペローおよびブノ
　　　　　アの測定　　(c) 長さの国際標準

§9　測長干渉計 ……………………………………………………………126
　　§9-1　ケスターズの測長干渉計 ……………………………………126
　　§9-2　三角光路測長干渉計 …………………………………………129
　　§9-3　ケスターズ(複プリズム型)測長干渉計 ……………………130
　　§9-4　測長誤差の検討 ………………………………………………131

§10　干渉分光器 …………………………………………………………132
　　§10-1　干渉分光の基礎常数 ………………………………………132
　　　　　(a) 分散　　(b) 分散域　　(c) 分解能
　　§10-2　分解能の標準 ………………………………………………135
　　§10-3　回折格子 ……………………………………………………137
　　　　　(a) 分光学的性能　　(b) 凹面格子　　(c) 回折格子分光器
　　　　　(d) 各種マウンティングの比較
　　§10-4　エシェロン(階段格子) ……………………………………145
　　　　　(a) 反射エシェロン　　(b) 透過エシェロン　　(c) エシェロン
　　　　　と分光プリズム
　　§10-5　エシェレット，エシェル ……………………………………149
　　§10-6　ファブリー–ペローの干渉計 ………………………………150
　　　　　(a) 分解能　　(b) 共振器としてのエタロン　　(c) 分散域
　　　　　(d) 分散および波長の測定　　(e) 二組のエタロン(duplex)
　　　　　(f) 球面エタロン
　　§10-7　ルンマー–ゲールケの干渉板 ………………………………156
　　§10-8　各種干渉分光計の比較 ……………………………………156

第2章　干渉によるレンズ測定 …………………………………………158

§11　トワイマンのレンズ干渉計 ………………………………………158
　　§11-1　原理および構造 ……………………………………………158
　　§11-2　収差の干渉図形 ……………………………………………160
　　　　　(a) 反射鏡中心のズレ　　(b) 球面収差　　(c) コマ収差　　(d)
　　　　　非点収差および像面彎曲　　(e) 歪曲収差
　　§11-3　収差の測定 …………………………………………………164
　　　　　(a) 反射鏡の移動による方法　　(b) 偏角器による方法　　(c)
　　　　　干渉縞の解析による方法

§11-4　その他の測定・検査 ……………………………………170
　　(a) レンズおよび光学系の綜合検査　(b) プリズムその他の検査
§11-5　トワイマン干渉計の変形 …………………………………172
　　(a) 大型レンズ用　(b) 顕微鏡対物レンズ用

§12　干渉計（中心光束を基準とするもの）…………………………173
§12-1　マイケルソンの方法 ………………………………………173
§12-2　ガードナー-ベネットの改良 ………………………………176
§12-3　フレネルゾーンプレートによる方法 ……………………177
§12-4　散乱光による方法 …………………………………………177
§12-5　複屈折を用いたもの ………………………………………178

§13　レンズ干渉計（波面の変位によるもの）………………………179
§13-1　干渉図形 ……………………………………………………180
　　(a) 干渉縞の式　(b) 収差の干渉図形　(c) 干渉図形の作図
§13-2　ウェーツマンの干渉計その他 ……………………………184
　　(a) ウェーツマンの干渉計　(b) ルヌペルのプリズム干渉計
　　(c) ブラウンの干渉計
§13-3　ベイツの干渉計その他 ……………………………………187
　　(a) ベイツの方法　(b) ドリウの干渉計　(c) ブラウンの干渉計
§13-4　ロンキーテスト ……………………………………………188
§13-5　三角光路型干渉計 …………………………………………189
　　(a) 横変位あるいは角変位を与えるもの　(b) 放射状変位を与えるもの
§13-6　波面折り返し重ねの干渉 …………………………………191
§13-7　偏光干渉計 …………………………………………………193
　　(a) 横変位によるもの　(b) 角変位によるもの

第3章　光学的薄膜 ……………………………………………………199

§14　単層膜 ……………………………………………………………199
§14-1　光学的薄膜 …………………………………………………199
§14-2　反射防止膜 …………………………………………………201
　　(a) 振幅および位相条件　(b) 膜の効率
§14-3　干渉色 ………………………………………………………204
　　(a) 反射防止膜の色　(b) 反射増加膜の色

§15　多層膜の反射率 …………………………………………………206
§15-1　マックスウェルの式を解く方法 …………………………207
§15-2　特性マトリックスによる方法 ……………………………208
§15-3　仮想面の方法 ………………………………………………212

- §16 多層反射防止膜 ·· 214
  - §16-1 二層膜 ·· 214
    - (a) $n_1d_1=n_2d_2$ のとき　(b) $n_1d_1=2n_2d_2$ のとき　(c) 任意膜厚のとき
  - §16-2 三層膜 ·· 218
    - (a) $n_1d_1=n_2d_2=n_3d_3$ のとき　(b) $n_2d_2=\lambda_0/2$ のとき
  - §16-3 不均質膜 ·· 220
    - (a) 単層膜　(b) 二層膜
- §17 干渉フィルター ·· 223
  - §17-1 単色フィルター ·· 224
    - (a) 反射率を大にしたもの　(b) 中間層を厚くする方法　(c) 厚さが整数比の膜を重ねる方法
  - §17-2 帯域フィルター ·· 229
    - (a) 透過率曲線　(b) 遮断帯の幅と位置
  - §17-3 特殊用途の干渉フィルター ·· 231
    - (a) 可変フィルター　(b) 反射増加膜　(c) 三色分解フィルター　(d) 熱線フィルター　(e) 保護膜　(f) 偏光フィルター

第Ⅲ篇 回　折 ·· 237

第1章 回折基礎論 ·· 237

- §18 回折の基礎式 ·· 237
  - §18-1 回折理論の発展 ·· 237
  - §18-2 フレネルの回折理論 ··· 239
  - §18-3 キルヒホッフの積分 ··· 242
  - §18-4 回折像の計算 ·· 244
    - (a) 回折積分 C および S　(b) フラウンホーフェルの回折　(c) フレネルの回折
  - §18-5 回折特論 ·· 254
    - (a) 回折の積分方程式　(b) 周辺波の理論
- §19 フラウンホーフェルの回折 ··· 259
  - §19-1 回折積分 ·· 259
    - (a) 矩形開口　(b) 円形開口　(c) 小粒子の回折像
  - §19-2 回折像の一般的性質 ··· 266
    - (a) 開口の平行移動　(b) 開口の点対称性　(c) 回折像の点対称性　(d) 線対称性　(e) 対称軸上の強度　(f) 相反性　(g) 回折像の色
  - §19-3 周期的開口の回折像 ··· 271
    - (a) 基本の式　(b) 複スリットの回折像　(c) 格子の回折像

viii　目　次

　　　　(d) 無限に拡がった格子　　(e) missing order (欠線)　　(f) 正弦波格子
　　§19-4　特殊の形の開口 …………………………………………………………278
　　　　(a) 開口の一部を覆ったもの　　(b) 扇形開口　　(c) 正三角形開口　　(d) 反射望遠鏡の回折像
　　§19-5　位相差のある開口 ………………………………………………………285
　　　　(a) 位相差πの円形開口　　(b) 偏光顕微鏡における回折像　　(c) 屋根型プリズムの回折像
　　§19-6　拡がった光源による回折像 ……………………………………………289
　　　　(a) 線光源　　(b) 半無限の面光源　　(c) 鋭い角のある光源　　(d) 円形光源　　(e) 輪帯状光源　　(f) 星の太陽面経過

§20　フレネルの回折 ……………………………………………………………………295
　　§20-1　円形開口の回折像 ………………………………………………………295
　　　　(a) 回折積分　　(b) 回折像の強度　　(c) 小円板の回折像
　　§20-2　ピンホールカメラ ………………………………………………………300
　　　　(a) ペッツバールの理論　　(b) 主焦点および副焦点　　(c) 解像力　　(d) その他の理論
　　§20-3　フレネルの輪帯板 ………………………………………………………305

第2章　像の性質 …………………………………………………………………………309

§21　焦点論 …………………………………………………………………………………309
　　§21-1　焦点付近の位相異常 ……………………………………………………309
　　　　(a) 回折を考えない場合　　(b) 回折を考えた場合　　(c) 実験的証明
　　§21-2　回折像の強度 ……………………………………………………………313
　　　　(a) 回折積分　　(b) 焦平面および光軸上の値　　(c) 幾何光学的影の境　　(d) 焦平面の前後の強度分布　　(e) 子午面内の強度分布　　(f) 口径比の大きいとき
　　§21-3　焦点深度 …………………………………………………………………319
　　　　(a) 錯乱円の半径と焦点深度　　(b) 中心強度と焦点深度　　(c) レーレーの限界値　　(d) 輪帯開口の焦点深度
　　§21-4　最良像面 …………………………………………………………………323
　　　　(a) 収差が小さいとき　　(b) 収差が大きいとき　　(c) 高次収差があるとき

§22　収差の回折像 ………………………………………………………………………332
　　§22-1　ザイデル収差の回折像 …………………………………………………333
　　　　(a) 球面収差　　(b) コマ収差　　(c) 非点収差
　　§22-2　収差のべき級数による分類とその回折像 ……………………………345
　　　　(a) 収差図形　　(b) 強度分布
　　§22-3　収差関数の直交関数系による展開 ……………………………………349
　　　　(a) パーシバルの定理　　(b) 収差の中心強度　　(c) 展開に用

　　　　いられる直交多項式
　§22-4　虹の理論 …………………………………355

§23　解 像 力 ……………………………………………359
　§23-1　解像力 ………………………………………359
　　　(a) レーレーの解像限界　(b) レーレーの値に対する注意
　§23-2　顕微鏡の解像力 ……………………………365
　　　(a) 照明と解像力　(b) 周期的構造を持つ物体に対する解像力
　　　(c) 再回折系としての顕微鏡　(d) 再回折系の解像力
　§23-3　プリズム分光器の分解能 …………………374
　　　(a) レーレーの公式　(b) スリット幅およびスペクトル線幅の補正

§24　光学系の周波数特性 ……………………………378
　§24-1　レスポンス関数 ……………………………378
　　　(a) 周波数フィルターとしての光学系　(b) 無収差系のレスポンス関数　(c) レスポンス関数の計算法
　§24-2　レスポンス関数と像の性質 ………………384
　　　(a) コントラストとレスポンス関数　(b) 鮮鋭度とレスポンス関数
　§24-3　光学系の評価法 ……………………………387
　　　(a) レスポンス関数と解像力　(b) 評価尺度としての解像力
　　　(c) 中心強度(S.D.)　(d) その他の評価尺度　(e) サンプリングの定理
　§24-4　収差のレスポンス関数 ……………………393
　　　(a) 収差のレスポンス関数　(b) 波動光学と幾何光学との比較
　　　(c) 非点収差およびコマ収差のレスポンス関数　(d) スポットダイヤグラムによるレスポンス関数の算出
　§24-5　レスポンス関数の測定法 …………………399
　　　(a) 電気的フーリエ解析法　(b) コントラスト法　(c) 相関関数法　(d) 肉眼および感光材料のレスポンス関数

第 IV 篇　波動光学特論 ………………………………411

第1章　特殊な光学系 …………………………………411
　§25　干渉および位相差顕微鏡 ……………………411
　　§25-1　干渉顕微鏡 ………………………………412
　　　(a) 透過型干渉顕微鏡　(b) 落射型干渉顕微鏡　(c) 複屈折を用いたもの　(d) くり返し反射干渉顕微鏡
　　§25-2　位相差顕微鏡 ……………………………418
　　　(a) 位相格子の回折像　(b) 位相差顕微鏡　(c) 可変位相差顕微鏡

§26　シュリーレン法 ……………………………………………………………423
　　§26-1　無収差レンズのシュリーレン像 ………………………………424
　　　　(a) 円筒レンズのシュリーレン像　　(b) 円形レンズのシュリーレン像
　　§26-2　収差のシュリーレン像 …………………………………………435
　　　　(a) ナイフエッジ　　(b) 位相差法による収差の検出

§27　フィルタリングによる像の改良 ……………………………………439
　　§27-1　振幅フィルター …………………………………………………439
　　　　(a) 菱形開口　　(b) 輪帯開口　　(c) 中心強度が最大のフィルター　　(d) 解像力向上フィルター　　(e) アポディゼイション
　　§27-2　複素フィルター …………………………………………………445
　　　　(a) ピンボケ像の改良　　(b) 二重焦点フィルター
　　§27-3　空間周波数フィルター …………………………………………448

第2章　コヒーレンス光学 ……………………………………………451

§28　ホログラフィー ………………………………………………………451
　　§28-1　波動の記録と再生 ………………………………………………451
　　　　(a) 波動の記録　　(b) 像の再生　　(c) ホログラフィーの光学常数
　　§28-2　ホログラフィーの応用 …………………………………………457
　　　　(a) 立体像の再生　　(b) 実時間法および多重露光法　　(c) 収差の補正　　(d) 電子波によるホログラフィー　　(e) X線ホログラフィー

§29　レーザーの光学 ………………………………………………………462
　　§29-1　光の発生 …………………………………………………………462
　　　　(a) 調和振動子　　(b) 制動放射　　(c) シンクロトロン発光　　(d) スミス-パーセル効果　　(e) アンジュレーター　　(f) チェレンコフ効果
　　§29-2　誘導放射（レーザー）……………………………………………467
　　　　(a) 自然放射と誘導放射　　(b) レーザー光の発生　　(c) レーザー光の特徴
　　§29-3　レーザー装置 ……………………………………………………472
　　　　(a) 固体レーザー　　(b) 気体レーザー　　(c) 半導体レーザー　　(d) 巨大パルスレーザー　　(e) ラマンレーザー
　　§29-4　レーザー光の応用 ………………………………………………477
　　　　(a) 干渉計への応用　　(b) 精密測長　　(c) 遅い角速度の精密測定　　(d) 宇宙通信　　(e) 強電場の発生　　(f) 高調波の発生　　(g) その他

§30　統計光学 ………………………………………………………………483
　　§30-1　光の可干渉性 ……………………………………………………483

(a) 光の寿命　　(b) 寿命と半値幅　　(c) 光のコヒーレンシー
　　　(d) ファンシッタールト-ゼルニケの定理　　(e) 光の唸り
　§30-2　統計光学 …………………………………………………………494
　　　(a) 光波の相関関数　　(b) Γ の場　　(c) スリットの回折像
　　　(d) 光の'ゆらぎ'　　(e) 強度干渉計

付録　回折像のグラフおよび数値表 …………………………………505
　付録1　回折像の等強度線 ………………………………………………505
　付録2　回折像の写真 ……………………………………………………507
　付録3　著　　書 …………………………………………………………508
　付録4　回折像の強度分布図一覧表 ……………………………………509
　付録5　主な数表および公式集など ……………………………………509

あとがき（小瀬輝次）……………………………………………………513
人名索引 ……………………………………………………………………515
事項索引 ……………………………………………………………………520

記号について

本書で共通に用いられている記号の主なものをあげておく(同一記号でも所によって特殊の意味に用いられているものもある).

λ：波長, ω：角周波数(または単に周波数ということもある)

$1/\lambda$：波数, c：真空中の光速(真空中でないときは v), ν：振動数 $= v/\lambda$

$$k = \frac{2\pi}{\lambda} \text{(これを波数ということもある)}, \quad \kappa = \frac{2\pi}{\lambda f}, \quad \omega = 2\pi\nu = kv$$

r, t：振幅についての反射および透過率(r_s, r_p は s, p 成分)

D：干渉する二つの光の光路長の差, δ：位相差 $= \frac{2\pi}{\lambda}D$

f：レンズの焦点距離

$$\rho_0 = 0.61 \frac{f}{a}\lambda, \quad a\varepsilon_0 = 1.22\pi \ (a：レンズの半径)$$

レンズのない系の回折計算(図 18-3(A) 参照)

$$X = \frac{2\pi}{\lambda b}x, \quad Y = \frac{2\pi}{\lambda b}y, \quad R = \frac{2\pi}{\lambda b}\rho, \quad Z = \frac{\pi}{\lambda f}$$

レンズのある系の焦点付近の回折計算(図 21-5 参照)

$$Z = -\frac{\pi}{\lambda f^2}z, \quad R = \frac{2\pi}{\lambda f}\rho$$

再回折(フィルタリング)系の計算

$$X = \frac{2\pi}{\lambda f'}x, \quad Y = \frac{2\pi}{\lambda f'}y, \quad R = \frac{2\pi}{\lambda f'}\rho$$

$$P = \frac{2\pi}{\lambda f}p, \quad Q = \frac{2\pi}{\lambda f}q, \quad A = \frac{2\pi}{\lambda f}a$$

フーリエ変換

$$g(y) = \int_{-\infty}^{\infty} f(x) \exp(ixy) dx, \quad f(x) = \frac{1}{2\pi} \int_{-\infty}^{\infty} g(y) \exp(-ixy) dy$$

緒論　波動光学の基礎

§1　電磁波動

§1-1　電磁波

(a) 光の電磁波説

　　マックスウェルは1865年 Royal Society の席上で "A dynamical theory of the electric field" と題する講演をしてそれまでに知られていた電磁気に関する実験事実を整理し，これに変位電流という新しい概念を加え電磁場を表わす微分方程式を導いた．この解を吟味し電磁場の変化は平面波の場合次のような性質をもつ波動として空間に伝播することを明らかにした[1]．

　(i)　電場波は磁場波を伴って起る．
　(ii)　電場波と磁場波はいずれも横波でありその振動面は互いに直角である．
　(iii)　電場波と磁場波は同一位相であり，いずれも

$$v = \frac{c}{\sqrt{\varepsilon\mu}}$$

の速度で進行する．ただし ε および μ は媒質の誘電率および透磁率である．

　　ここで c と記したのは静電単位と電磁単位の換算に現われる常数で，静電単位は電荷 e, e' の間に真空中で働く力に関するクーロンの法則が

$$F = \frac{ee'}{r^2}$$

という形になるよう単位をとり，電磁単位においては真空中の磁荷 m, m' の間のクーロンの法則を

$$F = \frac{mm'}{r^2}$$

とするが，e を電磁単位で表わせば電荷に関するクーロンの法則は

$$F = c^2 \frac{ee'}{r^2}$$

となる．c は速度の次元をもち，ウェーバーとコールラウシュ[2]は，容量の既知の蓄電器の

---

1) C. Maxwell : Phil. Transact. Roy. Soc. (London) **155** (1865) 459.
2) R. Kohlrausch & W. Weber : Pogg. Ann. Phys. Chem. (2) **99** (1856) 10.

電位差を測りその電荷を求め(静電単位)，次いでこれを弾動電流計を通じ放電して電気量を測り(電磁単位)その比を求めて，

$$c = 3.1074 \times 10^{10} \text{ cm/sec}$$

という値を得ている[1]．空気中では $\varepsilon \fallingdotseq \mu \fallingdotseq 1$ であるからこれが空気中の電磁波の速度である．マックスウェルの予言はきわめて卓抜なものであったが，電磁波というものが眼に見えない親しみ難い概念である上にその裏づけとなる実験事実が何もなかったため長い間承認されなかった．

一方，光は眼に見え親しみやすいものであるので早くより研究されており始めはニュートンなどによって粒子とも考えられていたが，ホイヘンスが波動説を提唱し(1690)，ヤングの複スリットの実験(1802)，フレネルによる偏光および回折の説明(1815)などにより，横波であることが確められ，1850年のフーコーの水中における光速の測定は，もし光が粒子であれば空気中のそれより速いはずであるのが空気中のそれより遅い結果となり波動説を決定的なものとし，かつその速度の真空中のそれに対する比は屈折率の逆数であることも確められた(表1-1)．当時光はエーテル中を伝わるものとされておりその速度として知られていた値は空気中で

フィゾーの値(1849)　　$v = 2.98 \times 10^{10}$ cm/sec

フーコーの値(1862)　　$v = 3.08 \times 10^{10}$ cm/sec

表 1-1

年代	電　磁　気	光
(1690)		ホイヘンス (光の波動説)
(1702)		ニュートン (光の粒子説)
1780	クーロンの法則	
1800		ヤング (光の干渉)
20	アンペールの法則 ファラデー (電磁誘導)	フレネル (偏光，回折)
40	コールラウシュ，ウェーバー (c の実測)	フーコー (水中の光速測定による波動説の確認)
60	マックスウェル (電磁波の予言)	マックスウェル (光の電磁波説) ローレンツ (電磁波説による光の屈折の法則)
80	ヘルツ (電磁波の確認)	
1900		

---

1) 最近の測定値は $c = 2.997925 \times 10^{10}$ cm/sec とされている (Document U.I.P. 11 (1965), S.U.N. Commission, IUPAP)．

であったがこれは電磁波の速度 c とよく一致する.

マックスウェルはこれらの事実から，また同一の性質をもつ二つのものを別々の媒質を伝わる異なる現象と考えることは学問的でないとし，前記論文の VI 章において "光の電磁波説" と題し

'Light is an electromagnetic disturbance propagated through the field according to electromagnetic laws, …'

と断じた．電磁波はマックスウェルの没後9年の1888年にはじめてヘルツが反射，屈折および偏りを実験し，また速度を測ったりなどしてその存在が確認されたのであるが，光はそれ以前における電磁波の存在の唯一の例証であった．

以下にマックスウェルがいかにして電磁波の方程式を導いたかを示してみよう．

(b) マックスウェルの理論

マックスウェルの理論の基礎となるものは電流と磁場の相互作用に関する'アンペールの定理'および'ファラデーの法則'である．前者は電流の磁気作用をのべたもので，

'閉じられた回路に電流 i があるときはこれと同形の面に垂直に磁化した磁石板と同様の磁場を生じ，単位の正磁荷が回路をくぐって一周する仕事は $4\pi i$ に等しい.'

この磁荷の径路 s に沿う磁場の成分を H_s とすれば仕事は $\oint_s H_s ds$ であり，針金中の電流密度の s に囲まれた面積 f に直角の成分を i_n とすれば

$$c\oint_s H_s ds = 4\pi \iint_f i_n df$$

と記せる．c は電磁単位で表わした H を静電単位に直すための既述の係数である．

'ファラデーの法則'は電磁誘導に関するもので，一つの閉回路内 s を通過する磁気感応束 N が変化するとその回路内に起電力を生じ，これの回路に沿う成分を E_s とすれば，磁気感応束に対し右回りの方向を正として

$$c\oint E_s ds = -\frac{\partial N}{\partial t}$$

というものである．

これらはいずれも導体で作られた回路中の電流，電圧について成り立つものであるが，回路は必ずしも導体のみより成り立っているものでなく途中コンデンサーなどが入っていて誘電体があっても交流は流れる．このことは誘電体中にも電流が流れるとすべきで，マックスウェルは電束密度(または電気変位(electric displacement)) $\boldsymbol{D}$ の時間的変化 $\partial \boldsymbol{D}/\partial t$ がこの電流にほかならないとし，これを変位電流(displacement current)と名づけた．これと

伝導電流 i を併せて全電流といい，アンペールの定理を全電流に拡張して

$$c\oint_s H_s ds = \iint_f \left(4\pi i_n + \frac{\partial D_n}{\partial t}\right) df \tag{1-1}$$

とした．ただし D_n はベクトル $\boldsymbol{D}$ の面 f の法線方向の成分である．変位電流というものがあると考えることは導体のない空間でも電流が存在することを意味し電磁波という概念の核心をなすものである．

第二の法則については，ある面積内の磁束は磁束密度(magnetic flux density) $\boldsymbol{B}$ の面 f の法線方向の成分に面積を掛けたものの総和であるから

$$N = \iint_f B_n df$$

$$\therefore \quad c\oint E_s ds = -\frac{\partial}{\partial t}\iint_f B_n df \tag{1-2}$$

マックスウェルはこの式も導体のあるなしにかかわらず成立するとした．これは誘電体の中でも磁場の強さの変化には電場を伴うということを示し，電磁波という考えの第二の要点となるものである．更に電束密度は電荷 e から湧き出しているので，電荷を包む表面を f として

$$\iint_f D_n df = 4\pi e$$

あるいは電荷が空間 v に分布していれば，その空間密度を ρ として

$$\iiint_v \rho dv = e$$

$$\therefore \quad \iint_f D_n df = 4\pi \iiint_v \rho dv \tag{1-3}$$

磁束密度には湧き出しがないから

$$\iint_f B_n df = 0 \tag{1-4}$$

(1-1)〜(1-4)は導体を含むどのような媒質の中でも成立し，マックスウェルの理論の基礎をなすものである．特定の媒質，例えば良導体であれば電場 $\boldsymbol{E}$ の方向にこれに比例した電流 i を生ずる(オームの法則)から比例常数(導電率)を σ として

$$\boldsymbol{i} = \sigma\boldsymbol{E}$$

の関係があるように，等方誘電体では一般に

$$\boldsymbol{D} = \varepsilon\boldsymbol{E}, \quad \boldsymbol{B} = \mu\boldsymbol{H} \tag{1-5}$$

の関係があり，常数 ε, μ をそれぞれ誘電率および透磁率という．この式は強誘電体や強磁性体など特殊のものを除いて一般に成り立つ式である．しかしレーザーなどによると局部的にきわめて強い電場が得られる場合にはいわゆる非線型光学現象が認められ ε は電場の強さによって変わる（§29-4 参照）．

(c) 電磁場の基礎方程式

マックスウェルはこれらの式からいかにして電磁波の存在を予言したのであろうか．まず前節でのべた(1-1)〜(1-4)には面，線および体積分が混在しているので，線積分を面積分に直すストークスの定理，体積分と面積分との関係を与えるガウスの定理を用いてそのいずれかにまとめる．

ストークスの定理というのは曲線 s で囲まれた面積 f があるときベクトル $\boldsymbol{A}$ の曲線に沿う成分を A_s とすれば

$$\oint_s A_s ds = \iint_f (\mathrm{rot}\,\boldsymbol{A})_n df \tag{1-6}$$

である．ただし $\mathrm{rot}\,\boldsymbol{A}$ というのはベクトル $\boldsymbol{A}$ が渦の流れを表わしているときその渦の回転方向および強さを表わすベクトルで，その x, y, z 成分は

$$\frac{\partial A_z}{\partial y}-\frac{\partial A_y}{\partial z},\quad \frac{\partial A_x}{\partial z}-\frac{\partial A_z}{\partial x},\quad \frac{\partial A_y}{\partial x}-\frac{\partial A_x}{\partial y}$$

で添字 n はその面の法線方向の成分の意味である．

この定理を(1-1)へ適用すれば左辺は

$$c\oint_s H_s ds = c\iint_f (\mathrm{rot}\,\boldsymbol{H})_n df$$

となるから同式は

$$\iint_f \left(c\,\mathrm{rot}\,\boldsymbol{H}-4\pi\boldsymbol{i}-\frac{\partial \boldsymbol{D}}{\partial t}\right)_n df = 0$$

これがどこでも成り立つためには（　）$=0$ でなければならないから

$$c\,\mathrm{rot}\,\boldsymbol{H} = 4\pi\boldsymbol{i}+\frac{\partial \boldsymbol{D}}{\partial t} \tag{1-7}$$

(1-2)からも同様にして，$A_s = E_s$ とおいて

$$c\,\mathrm{rot}\,\boldsymbol{E} = -\frac{\partial \boldsymbol{B}}{\partial t} \tag{1-8}$$

を得る．

次にガウスの定理というのは面 f で囲まれる体積 v を考えるときベクトル $\boldsymbol{A}$ の面の法

線成分を A_n とすれば

$$\iint_f A_n df = \iiint_v \text{div}\, \boldsymbol{A}\, dv$$

である．これは $\boldsymbol{A}$ が泉から湧き出すときの湧出量を示すもので，div というのは

$$\text{div}\, \boldsymbol{A} = \frac{\partial A_x}{\partial x} + \frac{\partial A_y}{\partial y} + \frac{\partial A_z}{\partial z}$$

の記号である．これを(1-3)へ適用すれば

$$\iint_f D_n df = \iiint_v \text{div}\, \boldsymbol{D}\, dv$$

したがって

$$\iiint_v (\text{div}\, \boldsymbol{D} - 4\pi\rho)\, dv = 0$$

これがどこでも成り立つから

$$\text{div}\, \boldsymbol{D} = 4\pi\rho \tag{1-9}$$

同様にして(1-4)から

$$\text{div}\, \boldsymbol{B} = 0 \tag{1-10}$$

これにより(1-1)〜(1-4)を微分方程式の形に表わすことができた．これらの式はある点のある時刻における状態と，次の瞬間におけるそのすぐ隣の場の様子の関係を与えるものであるから，これらの式を積分すれば電磁場が周囲に伝播していく様子を知ることができる．

§1-2 電磁波の伝播

(a) 波動方程式

誘電体の中では $\sigma = 0$ とおけるから(1-7), (1-8)は(1-5)を考え

$$\left. \begin{aligned} c\, \text{rot}\, \boldsymbol{H} &= \varepsilon \frac{\partial \boldsymbol{E}}{\partial t} \\ c\, \text{rot}\, \boldsymbol{E} &= -\mu \frac{\partial \boldsymbol{H}}{\partial t} \end{aligned} \right\} \tag{1-11}$$

第一式を t で偏微分しこれに第二式を代入すると

$$\varepsilon \frac{\partial^2 \boldsymbol{E}}{\partial t^2} = c\, \text{rot}\left(\frac{\partial \boldsymbol{H}}{\partial t}\right) = -\frac{c^2}{\mu} \text{rot}\,(\text{rot}\, \boldsymbol{E})$$

となり $\boldsymbol{E}$ の微分方程式が与えられる．媒質中に電荷がなければ($\text{div}\, \boldsymbol{E} = 0$)，ベクトル算法の公式により

であるから上式は

$$\text{rot}(\text{rot}\,\boldsymbol{E}) = -\left(\frac{\partial^2}{\partial x^2}+\frac{\partial^2}{\partial y^2}+\frac{\partial^2}{\partial z^2}\right)\boldsymbol{E}$$

であるから上式は

$$\left(\frac{\partial^2}{\partial x^2}+\frac{\partial^2}{\partial y^2}+\frac{\partial^2}{\partial z^2}\right)\boldsymbol{E} = \frac{1}{v^2}\frac{\partial^2 \boldsymbol{E}}{\partial t^2}, \quad \text{ただし}\quad v=\frac{c}{\sqrt{\varepsilon\mu}}$$

同様にして(1-11)から $\boldsymbol{E}$ を消去すれば

$$\left(\frac{\partial^2}{\partial x^2}+\frac{\partial^2}{\partial y^2}+\frac{\partial^2}{\partial z^2}\right)\boldsymbol{H} = \frac{1}{v^2}\frac{\partial^2 \boldsymbol{H}}{\partial t^2}$$

を得る．

したがって電場および磁場の成分はいずれも

$$\left(\frac{\partial^2}{\partial x^2}+\frac{\partial^2}{\partial y^2}+\frac{\partial^2}{\partial z^2}\right)u = \frac{1}{v^2}\frac{\partial^2 u}{\partial t^2}, \quad \text{ただし}\quad v=\frac{c}{\sqrt{\varepsilon\mu}} \qquad (1\text{-}12)$$

という形の偏微分方程式を満足することがわかる．これは以下にのべるように速度 v で伝播する波を与える波動方程式といわれるものであるから，マックスウェルは'電磁場の変化は速度 $v=c/\sqrt{\varepsilon\mu}$ で周囲に伝播していく'として電磁波の存在を予言した．

フーコーの実験は光の速度が媒質の屈折率に逆比例することを確めているから，光が電磁波であるならば二つの媒質の屈折率および誘電率を n_1, n_2 および $\varepsilon_1, \varepsilon_2$ として（透明体は $\mu=1$ としてよいから），

$$\sqrt{\frac{\varepsilon_1}{\varepsilon_2}} = \frac{n_1}{n_2} \qquad (1\text{-}13)$$

の関係が成り立つはずで，これをマックスウェルの関係式という．これは気体については表1-2 のようによく成り立ちマックスウェルの説の有力な支持となったものである．固体については一致しないがこれは媒質の分極を考える分散理論により説明される．

表 1-2　(0°C, 1気圧)

気体	n_D	$\sqrt{\varepsilon}$
空　気	1.000292	1.000297
酸　素	1.000272	1.00028
水　素	1.000138	1.00013
ヘリウム	1.000035	1.000037

(b) 平面波，球面波

波動方程式の解はいろいろな形で表わし得るがその代表的なものを示してみよう．

(1-12)は双曲線型の二階偏微分方程式で簡単のため u は x,y を含まないとすれば，

によって標準型

$$\frac{\partial^2 u}{\partial \xi \partial \eta} = 0 \qquad (1\text{-}14)$$

となるから解は f および g を任意の関数として

$$u = f(\xi) + g(\eta)$$

すなわち

$$u(z, t) = f(z-vt), \quad \text{または} \quad g(z+vt) \qquad (1\text{-}15)$$

あるいはこの二つの線型結合である．

$f(z-vt)$ では

$$z-vt = \text{const.}$$

の点 z はいつも同一の振動状態にある．すなわち図 1-1 (A) で $t=0$ においては図の I のような波であるが，$t=t_1$ においては vt_1 だけ平行移動した図の II のような波を表わし，…，結局速度 v で z 方向へ進む波形 f を表わしている．$g(z+vt)$ は速度 v で $-z$ の方向へ進む波を表わす．ある時刻に振動の位相が同じ点を連ねた面を波面といい，いまの場合波面は z 軸に垂直な平面であるのでこれを平面波という．

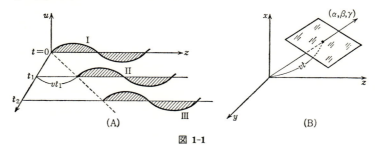

図 1-1

u が x, y, z および t の関数である一般の場合は

$$\xi = \alpha x + \beta y + \gamma z - vt, \quad \eta = \alpha x + \beta y + \gamma z + vt, \quad \text{ただし} \quad \alpha^2 + \beta^2 + \gamma^2 = 1$$

とおいて (1-14) を得るから，解は

$$u(x, y, z, t) = f(\alpha x + \beta y + \gamma z - vt) + g(\alpha x + \beta y + \gamma z + vt) \qquad (1\text{-}16)$$

しかるに

$$\alpha x + \beta y + \gamma z = \pm vt \qquad (1\text{-}17)$$

は図 1-1 (B) のように原点からの距離が $\pm vt$ で，法線の方向余弦が (α, β, γ) の平面を表わ

す．したがってこの解は (α,β,γ) 方向へ速度 $\pm v$ で進む平面波を表わしている．

(1-12)を極座標に直し u が r および t のみの関数とすれば

$$\nabla^2 u = \frac{\partial^2 u}{\partial r^2} + \frac{2}{r}\frac{\partial u}{\partial r} = \frac{1}{v^2}\frac{\partial^2 u}{\partial t^2}$$

あるいは $\phi = ru$ とおけば

$$\frac{\partial^2 \phi}{\partial r^2} = \frac{1}{v^2}\frac{\partial^2 \phi}{\partial t^2}$$

となるから解は

$$u = \frac{1}{r}\{f(r-vt)+g(r+vt)\} \tag{1-18}$$

である．f は波面が速度 v で中心から球状に拡がる球面波，g は中心へ収斂する球面波を表わしている．球面の半径に比べ十分小さい範囲では球面の接平面を波面とする平面波と考えてよい．

f および g の形は初期条件，境界条件などできまる．しかしこの関数形として三角関数を選んでおけば，フーリエの定理によりどのような関数でもこれらの線型結合で表わせ，初期条件や境界条件の問題を解くのにも都合がよい．そこで波動関数の一般の形としては $V(x,y,z)$ を任意の関数として数学的の取扱いの便宜を考え

$$u(x,y,z,t) = A\exp i[k\{V(x,y,z)-vt\}+\delta] \tag{1-19}$$

とおく．実際の波動はこの実数部で表わされていると考える．A は最大振幅（通常振幅と略称する）であり，

$$k\{V(x,y,z)-vt\}+\delta$$

は波の位相を示すものであるが，通常 δ のみを位相といい，これと振幅を一緒にした $Ae^{i\delta}$ を複素振幅という．$V(x,y,z)=$const. はある瞬間における位相の等しい面すなわち波面であるからその法線の方向余弦を α,β,γ として

$$V = \alpha x + \beta y + \gamma z$$

とおき，$kv=\omega$ とおけば

$$u = A\exp i[k(\alpha x+\beta y+\gamma z)-\omega t+\delta] \tag{1-20}$$

原点を中心とする球面波は $V=r$ とおき(1-18)から

$$u = \frac{A}{r}\exp i[kr-\omega t+\delta] \tag{1-21}$$

k は [ ] 内を無次元にするための係数で通常波長を λ として

$$k = \frac{2\pi}{\lambda}$$

とする．ω は波の単位時間の振動数を $\nu = v/\lambda$ として

$$\omega = kv = 2\pi\nu \tag{1-22}$$

これを角周波数という（単に周波数ということもある）．

$$\frac{1}{\lambda} = \frac{\nu}{v} = \frac{\omega}{2\pi v}$$

は単位長さの中の波の数で分光学でよく用いられ波数というが，$k = 2\pi/\lambda$ を波数ということもある．(1-20) で A が常数であれば進行方向に直角の平面上いたるところ振幅が一様で無限に拡がっている波を homogeneous な平面波という（拡がりが有限の波は homogeneous ではない(§1-3(b)参照)）．

(c) 平面電磁波の性質

電場および磁場はベクトルで表わされるものであるから光波もベクトルで与えられ，これまでに用いてきた $u(t)$ はその成分である．z 軸の正の方向に進行する平面波の電場の成分は (1-20) により

$$\left.\begin{array}{l} E_x = A_x \exp i(kz-\omega t) \\ E_y = A_y \exp i(kz-\omega t) \\ E_z = A_z \exp i(kz-\omega t) \end{array}\right\} \tag{1-23}$$

これを (1-9) へ代入すれば空間に電荷がないとして

$$\mathrm{div}\,\boldsymbol{E} = ikA_z \exp i(kz-\omega t) = 0$$

z, t のいかんにかかわらずこれが成り立つためには

$$A_z = 0$$

これは電場ベクトル $\boldsymbol{E}$ が波の進行方向の成分を持たない，すなわち自由空間における電磁波は横波であることを示している．(1-23) を (1-11) へ代入しその x 成分を考えると

$$(\mathrm{rot}\,\boldsymbol{E})_x = \frac{-\partial E_y}{\partial z} = -ik\,A_y \exp i(kz-\omega t) = -\frac{\mu}{c}\frac{\partial H_x}{\partial t}$$

これを t で積分し積分常数は時間を含まず波動と関係がないため 0 とおけば (1-22) から

$$\omega = \frac{2\pi}{\lambda}v = k\frac{c}{\sqrt{\varepsilon\mu}}$$

を考え磁場波の x 成分は

$$H_x = -\sqrt{\frac{\varepsilon}{\mu}}A_y \exp i(kz-\omega t) \tag{1-24}$$

となる．同様にして

$$\left.\begin{array}{l} H_y = \sqrt{\dfrac{\varepsilon}{\mu}} A_x \exp i(kz-\omega t) \\ H_z = 0 \end{array}\right\} \quad (1\text{-}24)'$$

したがって磁場波もやはり横波であり，電場波と同一位相のものである．このような波をTEM(transversal electromagnetic)波という．(1-23), (1-24)から

$$\left.\begin{array}{l} H_x = -\sqrt{\dfrac{\varepsilon}{\mu}} E_y \\ H_y = \sqrt{\dfrac{\varepsilon}{\mu}} E_x \end{array}\right\} \quad (1\text{-}25)$$

したがって

$$E_x H_x + E_y H_y = 0$$

すなわち電場波と磁場波の振動面は互いに直角である．

電磁場のエネルギーは単位体積について

$$W = \frac{1}{8\pi}(\varepsilon \boldsymbol{E}^2 + \mu \boldsymbol{H}^2)$$

で与えられる．電磁波が伝播するにしたがいエネルギーは流れていくが，伝播方向に垂直な単位面積を時間 dt 内に通るエネルギーはこれを底とする高さ vdt の体積内のエネルギーに等しいから単位時間に通過するエネルギーはこれを S と記せば

$$S = \frac{c}{4\pi}\sqrt{\frac{\varepsilon}{\mu}}(A_x{}^2 + A_y{}^2) \quad (1\text{-}26)$$

となる．

(d) 偏　　光

(i) 直線偏光　　電磁波はこのように横波であり一定の平面内で振動しつつ進行する．このような波を一般に偏った波，光の場合は'偏光'という．双極子から発振される電磁波のうち，電場波は双極子を含む平面内で，磁場波はこれと直角の平面内で振動しているから，個々の双極子から出る波は'偏光'である．その電場波または磁場波は進行方向に z 軸をとれば或る一定の点では

$$\left.\begin{array}{l} u_x = A_x \cos(\omega t - \delta) \\ u_y = A_y \cos(\omega t - \delta) \\ u_z = 0 \end{array}\right\} \quad (1\text{-}27)$$

で表わされ，この波の振動面が x 軸となす角 θ は

$$\tan\theta = \frac{u_y}{u_x} = \frac{A_y}{A_x}$$

である．このように時間がたっても振動面が変らない偏光を直線偏光(または平面偏光)という．通常の光は多数の双極子より発生し双極子の方向は全くランダムであるから振動面も全くランダムな光の集まりである．これを自然光という．光波は互いに直交する振動面を持つ電場波と磁場波から成るが，乳剤の感光作用などは電場波が行なうことはウィーナーの有名な実験(§3-3(b))で確められているので，電場波の振動面を'偏光面'というべきである．しかし§2で述べる反射による偏光の研究においては'偏光角における入射では反射光は入射面内に偏光する'という．これは歴史的に最初の研究者であるブルースターが'反射光の電場波の入射面内の成分が0になる'と記したためで，以後磁場波の振動面を'光の偏光面'といい，電場波の振動面を'光の振動面'というようになった．

(ii) **楕円偏光** 一平面内で互いに直角に振動する二つの偏光の電場(または磁場)を

$$\left.\begin{array}{l} u_x = A_x \cos(\omega t - \delta_x) \\ u_y = A_y \cos(\omega t - \delta_y) \end{array}\right\} \qquad (1\text{-}28)$$

で表わしてこれの合成されたものを考えてみる．(u_x, u_y) は合成波の振幅を一端を原点に固定したベクトルで表わせばその他端の座標である．上式から t を消去しこのベクトルの先端の軌跡を求めるため上式を

$$\left.\begin{array}{l} \dfrac{u_x}{A_x} = \cos\omega t \cos\delta_x + \sin\omega t \sin\delta_x \\[6pt] \dfrac{u_y}{A_y} = \cos\omega t \cos\delta_y + \sin\omega t \sin\delta_y \end{array}\right\}$$

と書きこれから $\cos\omega t, \sin\omega t$ を求めその自乗の和をとれば

$$\left(\frac{u_x}{A_x}\right)^2 + \left(\frac{u_y}{A_y}\right)^2 - 2\frac{u_x u_y}{A_x A_y}\cos\delta = \sin^2\delta \qquad (1\text{-}29)$$

ただし $\delta = \delta_y - \delta_x$ である．この式は二次式で(1-28)から u_x, u_y は A_x, A_y より大きくなることはないから軌跡は一般に楕円である．このような振動面の時間による変り方をする偏光を楕円偏光という．$\delta = 0$ であれば上式は二つの直線を表わし直線偏光となる．$\delta = \pm\pi/2$ であれば楕円は標準形となりその主軸は x, y 軸と一致する．逆に'楕円偏光の二つの主軸方向の振動成分はその大きさの如何にかかわらず常に $\pi/2$ の位相差を持つ'といえる．

時刻 t に振動面が x 軸となす角 φ は

$$\varphi = \tan^{-1}\frac{u_y}{u_x} = \tan^{-1}\frac{A_y \cos(\omega t - \delta_y)}{A_x \cos(\omega t - \delta_x)}$$

$$\therefore \quad \frac{d\varphi}{dt} = \frac{\omega A_x A_y \sin\delta}{A_x{}^2 \cos^2(\omega t - \delta_x) + A_y{}^2 \cos^2(\omega t - \delta_y)}$$

振動面の回転する方向は $\sin\delta$ の符号で決まり, $\sin\delta < 0$ であれば光が手前へ進んでくるとき振動面は時計の針の方向にまわる. これを右回りの偏光, この反対を左回りの偏光という(図1-2). これは右ネジ, 左ネジの進行と回転方向との関係の反対で光学では昔からの習慣にしたがいこのようにいう. 解析幾何学の公式によれば(1-29)の楕円の長軸が x 軸となす角 ϕ は

$$\tan 2\phi = \frac{2A_x A_y}{A_x{}^2 - A_y{}^2}\cos\delta$$

長・短軸 a, b はそれぞれ

$$\left.\begin{array}{l} 2a^2 = A_x{}^2 + A_y{}^2 + \sqrt{A_x{}^4 + 2A_x{}^2 A_y{}^2 \cos 2\delta + A_y{}^4} \\ 2b^2 = A_x{}^2 + A_y{}^2 - \sqrt{A_x{}^4 + 2A_x{}^2 A_y{}^2 \cos 2\delta + A_y{}^4} \end{array}\right\}$$

で与えられる. x, y 方向の振幅比および長・短軸の比を

$$\frac{A_y}{A_x} = \tan\psi, \quad \frac{b}{a} = \tan\theta$$

とおくと上の二式はそれぞれ

$$\tan 2\phi = \tan 2\psi \cos\delta \tag{1-30}$$
$$\sin 2\theta = \sin 2\psi \sin\delta \tag{1-31}$$

となる.

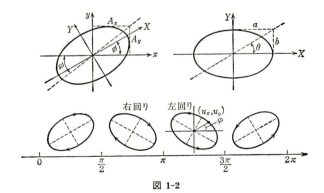

図 1-2

(iii) 円偏光　$A_x = A_y$ でありかつ $\delta = \pi/2$ であれば(1-29)は円を表わす. この楕円偏光の一つの特別な場合を円偏光という. したがって円偏光の一般式は振幅を1として

$$\left.\begin{array}{l} u_x = \cos\omega t \\ u_y = \pm\sin\omega t \end{array}\right\} \qquad (1\text{-}32)$$

ただし ± は左および右回り偏光を表わす．x,z 面内の直線偏光は振幅を 2 として

$$\left.\begin{array}{ll} u_x = 2\cos\omega t & = \cos\omega t + \cos\omega t \\ u_y = 0 & = \sin\omega t - \sin\omega t \end{array}\right\}$$

と書けるから二つの反対方向に回る同一振幅の円偏光に分解することができ，また二つの振幅の等しい反対方向の円偏光は合成すると直線偏光となる．

(e) 導体中の波

これまでの議論は波動方程式(1-11)をもとにしたものであるが，これは(1-7)で導電率を $\sigma=0$ として導いたものである．多くの透明体はこのようなものであるが，導体，例えば金属では σ は有限の値を持つのでこのようなときの波の伝播を調べてみよう．

波動は単純正弦波で，時間の項は $\exp i\omega t$ の形で含まれているとすれば

$$\frac{\partial \boldsymbol{E}}{\partial t} = i\omega \boldsymbol{E} \qquad \therefore \quad \boldsymbol{E} = -\frac{i}{\omega}\frac{\partial \boldsymbol{E}}{\partial t}$$

またオームの法則が成り立っているとし $\boldsymbol{i}=\sigma\boldsymbol{E}$ としてこれらを(1-7)へ代入すれば右辺は

$$c\,\mathrm{rot}\,\boldsymbol{H} = \varepsilon\frac{\partial \boldsymbol{E}}{\partial t} + 4\pi\sigma\boldsymbol{E} = \left(\varepsilon - i\frac{4\pi\sigma}{\omega}\right)\frac{\partial \boldsymbol{E}}{\partial t}$$

これを(1-11)と比べると導体中では ε の代りに

$$\bar{\varepsilon} = \varepsilon - i\frac{4\pi\sigma}{\omega}$$

という複素常数を考えればこれまでの議論がすべてそのまま適用されると考えられる．しかるに(1-13)によれば屈折率は $\sqrt{\varepsilon}$ であるから導体は屈折率が $\sqrt{\bar{\varepsilon}}$ の誘電体として取り扱えばよい．複素屈折率を $n(1-i\kappa)$ と書けば

$$\varepsilon - i\frac{4\pi\sigma}{\omega} = \{n(1-i\kappa)\}^2 \qquad (1\text{-}33)$$

$$\therefore \quad \varepsilon = n^2(1-\kappa^2), \qquad \kappa = \frac{2\pi\sigma}{n^2\omega} \qquad (1\text{-}34)$$

κ の意味は，媒質中の光速は真空中の光速 c を屈折率で割ったものであるから，導体中では(1-22)へ

$$v = \frac{c}{\pm n(1-i\kappa)}$$

を代入し

$$k = \frac{2\pi}{\lambda} = \frac{\omega}{v} = \pm \frac{n}{c}\omega(1-i\kappa)$$

これを z 方向へ進む平面波の式 (1-23) へ代入すれば

$$u = \left\{A \exp\left(\pm \frac{n}{c}\omega\kappa z\right)\right\} \exp i\omega\left(\pm \frac{n}{c}z - t\right) \tag{1-35}$$

これは振幅が $A \exp\left(\pm \dfrac{n}{c}\omega\kappa z\right)$ という正弦波であるが，(1-34) から $\kappa>0$ であり複号は z が大になるにしたがい振幅が大になることはないので負号をとる．このような波を消失性の波という．κ は波が導体中に入り込んだとき吸収される大きさを表わすので吸収係数といい，振幅が $1/e = 0.368$ になる深さ

$$z = \frac{c}{n\kappa\omega} = \frac{\lambda}{2\pi n\kappa}$$

を浸透深度という．表 1-3 から $n\kappa$ を大体 3.0 とすれば，その値は波長の $3/50$ ($\fallingdotseq 0.03\,\mu$) 程度のものであるから，金属の中へは光は極めて僅かしか入り込まない．良導体は不透明といわれるのはこのためである．

表 1-3 ($\lambda = 0.589\,\mu$)

金属	n	κ	$n\kappa$
Ag	0.20	17.2	3.44
Au	0.47	6.02	2.83
Cu	0.62	4.14	2.57

§1-3 定常波

(a) 波の重ね合わせ

z 軸と $\pm\varphi$ の角をなす方向へ進む同一周波数の二つの平面波は (1-20) から

$$\left.\begin{array}{l} u_1 = A \exp i(px + qz - \omega t + \delta_1) \\ u_2 = A \exp i(-px + qz - \omega t + \delta_2) \\ \text{ただし} \quad p = k\sin\varphi, \quad q = k\cos\varphi \end{array}\right\} \tag{1-36}$$

であるからこの和すなわち合成波は

$$\left.\begin{array}{l} u = u_1 + u_2 = 2A\cos(px + \Delta\delta)\exp i(qz - \omega t + \delta) \\ \text{ただし} \quad 2\Delta\delta = \delta_1 - \delta_2, \quad 2\delta = \delta_1 + \delta_2 \end{array}\right\} \tag{1-37}$$

である．これは z 方向へ進む波長

$$\lambda_z = \frac{\lambda}{\cos\varphi} \tag{1-38}$$

の進行波であるが，強度分布は

$$I = |u|^2 = 4A^2 \cos^2(px+\varDelta\delta) \tag{1-39}$$

これは時間を含まないから x 方向の定常波で，振動の腹と節は z 軸から x_m のところ，ただし

$$px_m + \varDelta\delta = m\frac{\pi}{2} \quad (m:整数)$$

にできており，ある瞬間には図1-3の○，●印のように並びこれがこのまま z 方向へ移動していく．腹と腹または節と節との間隔すなわち定常波の波長は

$$\lambda_x = \frac{\lambda}{\sin\varphi} \tag{1-40}$$

このように二つ（またはそれ以上）の波を重ね合わせるとこれらの強度の単なる重ね合わせとは全く異なるものを与える．これが第I篇で述べる光の干渉である．

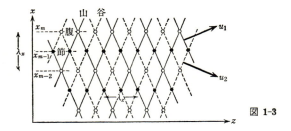

図 1-3

(b) heterogeneous な波

一般に進行と直角方向の振幅が場所により変る波を（§1-2(b)の homogeneous な波に対し）heterogeneous な波という．(1-37)もこのような波の一つで一般に進行方向を z 軸にとれば x 方向の振幅分布を $A(x)$ として下式で表わされる．

$$u = A(x)\exp i(kz-\omega t) \tag{1-41}$$

このような波は z 軸と角 φ をなす方向へ進む多数の homogeneous な平面波の合成であることを示し得る．すなわち φ 方向の成分波の振幅を $\phi(\varphi)$ とすればこの波は φ は小さいとして(1-36)で $\cos\varphi \fallingdotseq 1$, $\sin\varphi \fallingdotseq \varphi$ とおき

$$\varDelta u(\varphi) = \phi(\varphi)\exp i[k(\varphi x+z)-\omega t]$$

これを合成したものは

$$u = \int \varDelta u d\varphi = \exp i(kz-\omega t)\int_{-\infty}^{\infty}\phi(\varphi)\exp ik\varphi x d\varphi$$

これと (1-41) を比べ

$$A(x) = \int_{-\infty}^{\infty} \phi(\varphi) \exp ik\varphi x \, d\varphi \qquad (1\text{-}42)$$

$$\therefore \quad \phi(\varphi) = \frac{k}{2\pi} \int_{-\infty}^{\infty} A(x) \exp(-ik\varphi x) dx$$

例えば合成振幅が $x=\pm a$ の間でのみ一定の値を持ちこの外では 0 であれば

$$\begin{aligned}A(x) &= \text{const.} = 1, & |x| < a \\ &= 0, & |x| > a\end{aligned}\Biggr\}$$

$$\therefore \quad \phi(\varphi) = \frac{k}{2\pi} \int_{-a}^{a} \exp(-ik\varphi x) dx = \frac{ak}{\pi} \frac{\sin ak\varphi}{ak\varphi} \qquad (1\text{-}43)$$

すなわち図 1-4 のような振幅分布を持つ[1]．$\phi(\varphi)$ がいったん 0 になるところより外，すなわち

$$|\varphi| \geqslant \frac{\pi}{ak}$$

では $\phi(\varphi)$ はきわめて小さいので，事実上 $|\varphi| \leqslant \pi/ak = \lambda/2a$ に拡がっている波から合成されているとみてよい．このことは別な言葉でいえば，'無限に拡がった平面波をスリット等で幅 $2a$ に狭めれば角度にして $|\varphi| \leqslant \lambda/2a$ の間に拡がる発散光束となる' ということで，これが物理現象として観察されるのが第 III 篇に述べる光の回折である．

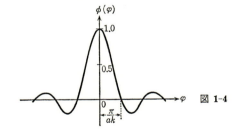

図 1-4

(c) 導 波 管

図 1-5(A) のように両側が平面の反射鏡で区切られた空間に光が入れば両面で逐次反射をくりかえしながら進む．初めの波と反射によって生ずる波をそれぞれ (1-36) の u_1, u_2 とすれば，この空間はあたかもこの合成波 (1-37) を z 方向へ導いていくもののように見えるのでこれを導波管，z 方向の波長 λ_z を guided wave length という．x 成分は定常波になっておりその波長を λ_x とすれば (1-38), (1-40) から

---

1) 不連続点 $x=\pm a$ ではフーリエ積分の性質により平均値をとり $A(\pm a)=1/2$．

$$\frac{1}{\lambda_x^2} + \frac{1}{\lambda_z^2} = \frac{1}{\lambda^2} \tag{1-44}$$

の関係がある．両側の反射面が金属であればこの上での電場の強さは0であるから電場波は $x = \pm a$ で強度0でなければならない．したがって定常波は $x = \pm a$ で節を持つものであるからその波長は m を正の整数として

$$\lambda_x = \frac{4a}{m}$$

これをモード m の定常波という．上式と(1-44)から

$$\frac{1}{\lambda_z} = \sqrt{\frac{1}{\lambda^2} - \frac{1}{\lambda_x^2}} = \sqrt{\frac{1}{\lambda^2} - \left(\frac{m}{4a}\right)^2}$$

したがって z 方向の進行波が存在する．すなわち λ_z が実数であるためには入射波の波長 λ は

$$\lambda \leqslant \frac{4a}{m}$$

でなければならない．m の最小値は1であるから λ は少なくとも $4a$ より小さいものでなければならない．もし $\lambda > 4a$ の波が入射すれば λ_z は虚の波長となる．

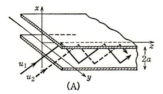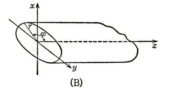

図 1-5

したがって(1-37)は

$$\begin{aligned}u &= 2A\cos(px+\varDelta\delta)\exp i(qz-\omega t+\delta) \\ &= \{2A\cos(px+\varDelta\delta)\exp(-\sqrt{p^2-k^2}\,z)\}\exp[-i(\omega t-\delta)] \tag{1-45}\end{aligned}$$

となり，z が大になるほど，すなわち導波管の内部に入るほど振幅が小さくなり波は数波長ぐらいの深さで消失してしまう．すなわち§1-2(e)で述べた消失性の波である．そこで $\lambda = 2a$ をこの導波管の遮断波長という．

図1-5(A)，(B)のような矩形，円または楕円形の導波管であれば，x, y または r, φ の変数についてそれぞれモード m, n の定常波がある．このようなモードの波があればその振動の腹は $m \times n$ 個あり，これらは管の断面方向から見ると光って見える．図1-6は光の波

長程度の半径のガラス繊維(glass fiber)の断面方向に見える定常波で $EH_{21}, \cdots$ はそれぞれ電磁場波のモードの次数を示す記号である[1].

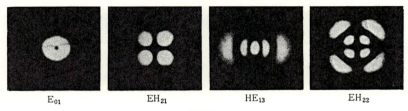

図 1-6

一辺 L の立方体内の空間を考えると各面に垂直の方向についてそれぞれ独立に m_1, m_2, m_3 のモードの定常波の成分があり

$$\lambda_i = \frac{2L}{m_i}, \qquad i = 1, 2, 3, \cdots$$

この合成波の波長は二次元のときと同様に考え

$$\frac{1}{\lambda^2} = \frac{1}{\lambda_1^2} + \frac{1}{\lambda_2^2} + \frac{1}{\lambda_3^2} \qquad \therefore \quad \lambda = \frac{2L}{\sqrt{m_1^2 + m_2^2 + m_3^2}}$$

のもののみ存在し得る．したがってこの立方体の内部にある光源の放射し得るモードの光のうち波長が λ と $\lambda+d\lambda$ の間にあるものは

$$\frac{4L^2}{(\lambda+d\lambda)^2} \leqslant m_1^2 + m_2^2 + m_3^2 \leqslant \frac{4L^2}{\lambda^2}$$

このようなモードの光は m_1, m_2, m_3 を座標とする三次元空間の単位体積として表わせるから，モードの数はこの空間で半径 $2L/\lambda$，厚さ $(2L/\lambda^2)d\lambda$ の球殻の体積 ($m_1, m_2, m_3 \geqslant 0$ であるから第一象限のみ) に等しくこれを dz とすれば

$$dz = \frac{\pi}{2}\left(\frac{2L}{\lambda}\right)^2 \frac{2L}{\lambda^2} d\lambda = 4\pi V \frac{d\lambda}{\lambda^4} = \frac{4\pi\nu^2}{c^3} V d\nu \qquad (1\text{-}46)$$

これに互いに直角の二つの偏光があるから実際のモード数はこの倍となる．ここで V は一辺が L の立方体(空洞)の体積であるが，このように書くと必ずしも立方体に限らずこのような形の閉じられた空間についても適用できる．これが熱力学におけるレーレー-ジーンズの式その他を導く基礎となる式である[2].

---

1) E. Snitzer & H. Osterberg : J. Opt. Soc. Am. **51**(1961) 499.
2) M. Garbuny : Optical Physics(Academic Press, 1965) p. 18.

(d) 位相速度および群速度

今度は同一方向へ進むが周波数の異なる二つの波の重ね合わせを考えてみよう．進行方向を z 軸にとり振幅を 1 とすれば二つの波は

$$\left. \begin{array}{l} u_1 = \exp i(k_1 z - \omega_1 t + \delta_1) \\ u_2 = \exp i(k_2 z - \omega_2 t + \delta_2) \end{array} \right\} \quad (1\text{-}47)$$

ただし各々の波長を λ_1, λ_2 として

$$k_1 = \frac{2\pi}{\lambda_1}, \quad k_2 = \frac{2\pi}{\lambda_2}$$

である（図 1-7(A)）．この和は

$$u = u_1 + u_2 = A \cdot u_0$$

ただし

$$\left. \begin{array}{l} A = 2 \cos (\varDelta k \cdot z - \varDelta \omega \cdot t + \varDelta \delta) \\ u_0 = \exp i(kz - \omega t + \delta) \end{array} \right\} \quad (1\text{-}48)$$

ここで

$$\left. \begin{array}{ll} 2k = k_1 + k_2, & 2\varDelta k = k_1 - k_2 \\ 2\omega = \omega_1 + \omega_2, & 2\varDelta \omega = \omega_1 - \omega_2 \\ 2\delta = \delta_1 + \delta_2, & 2\varDelta \delta = \delta_1 - \delta_2 \end{array} \right\}$$

振動はこの実数部で表わされる．図 1-7(B) の実線はこれを表わし，横軸は z にとってあるから或る瞬間の z 軸に沿う振幅分布であるが，横軸を t にとれば或る一点の振幅の時間的変化を示す．図のように二重周期を持ち早い方の周期は二つの波のそれの平均で，差が少なければもとの波とほぼ同じものである．その包絡線（点線）は差の周波数で振動し差が小さければ小さいほどゆっくり変る．u_0 の振幅が一定の点は

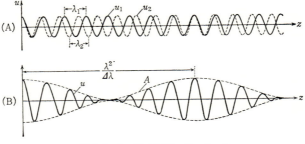

図 1-7 $\lambda = (\lambda_1 + \lambda_2)/2, \ \varDelta \lambda = \lambda_1 - \lambda_2$

§1 電磁波動

$$kz - \omega t = \text{const.}$$

したがってこの点の伝播速度は

$$v = \frac{dz}{dt} = \frac{\omega}{k}$$

しかるに包絡線 A の振幅が一定の点は

$$\Delta k \cdot z - \Delta \omega \cdot t = \text{const.}$$

したがってこの移動速度は

$$v_g = \frac{\Delta \omega}{\Delta k}$$

v_g をこの波の群速度，v を位相速度という[1]．

周波数が連続的に変る多数の波を重ね合わせたものはその振幅を $A(k)$ として

$$u = \int A(k) \exp i(kz - \omega t) dk \tag{1-49}$$

で表わされる．中心周波数を k_0 として

$$k - k_0 = \kappa$$

とおく．ω は k の関数であるからこれを k_0 に対応する ω_0 を中心として κ の級数に展開すれば

$$\omega = \omega_0 + \left(\frac{d\omega}{d\kappa}\right)_0 \kappa + \frac{1}{2}\left(\frac{d^2\omega}{d\kappa^2}\right)_0 \kappa^2 + \cdots = \omega_0 + v_g \kappa + \cdots \tag{1-50}$$

ただし添字 0 は $\omega = \omega_0$ のときの値を意味する．v_g は速度の次元を持ちこの波群の群速度を表わし

$$v_g = \left(\frac{d\omega}{d\kappa}\right)_0 = \left(\frac{d\omega}{dk}\right)_0 \tag{1-51}$$

簡単のため波の振幅分布（周波数スペクトル）が

$$A(\kappa) = 1, \quad |\kappa| \leq \Delta k \\ = 0, \quad |\kappa| > \Delta k$$

として Δk は小さいとすれば (1-49) は (1-50) の第二項までとり

$$u = \phi \cdot u_0$$

ただし

---

[1] 群速度，位相速度の概念を与える上式はレーレー (Theory of Sound I Appendix) によって始めて導かれた．

$$u_0 = \exp i(k_0 z - \omega_0 t)$$
$$\phi = \int_{-\Delta k}^{\Delta k} \exp i(z - v_g t)\kappa d\kappa = 2\Delta k \frac{\sin(z - v_g t)\Delta k}{(z - v_g t)\Delta k} \bigg\} \quad (1\text{-}52)$$

これは波の振動の包絡線を表わし図1-4と同じ形の曲線で，仮定により Δk は微小量であるから ϕ は u_0 に比べゆっくり変る．ある瞬間 t における振動の空間的分布は進行方向を横軸として図1-8のようで包絡線全体としてこのまま z 方向へ速度 v_g で移動する．包絡線の極大は $z = v_g t$ にあり，波はその前後 $|\Delta z| \leq \pi/\Delta k$ の間に拡がっていると考えてよい．したがってある瞬間の波の位置には $2\Delta z$ の不確定性がありこれと周波数の幅 $2\Delta k$ の間に

$$|\Delta k \cdot \Delta z| \leq \pi$$

の関係がある．すなわち空間的拡がりを持つ波束には一定の周波数を結びつけることはできず，逆にある周波数幅を持つ光のある瞬間の位置は $\pi/|\Delta k|$ より精密には規定できない（これについてはなお§30-1参照）．

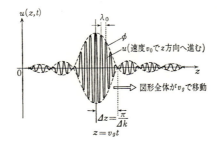

図 1-8

(1-51)から添字0を略して $\omega = kv$ を考えると

$$v_g = \frac{d\omega}{dk} = v + k\frac{dv}{dk} = v - \lambda \frac{dv}{d\lambda}$$

しかるに屈折率を n，真空中の光速を c とすれば

$$v = \frac{c}{n} \quad \therefore \quad v_g = v\left(1 + \frac{\lambda}{n}\frac{dn}{d\lambda}\right) \quad (1\text{-}53)$$

したがって屈折率が波長により異なる分散媒質中では，スペクトル幅のある波の位相速度および群速度は別のもので，我々が測り得るものは群速度のみである．ただしこれらの議論は(1-50)で $(d^2\omega/dk^2)_0 \kappa^2$ 以上の項を省略してのことであり，これを省略し得ないときは波形全体も時と共に形を変えるので更に高次の群速度というものを考えなければならない．

§2 反射および屈折

§2-1 反射・屈折の法則
(a) 電場および磁場波の式

光が屈折率の異なる媒質の境に入射するときは反射および屈折をなし，このときの入射および屈折角の間にはスネルの法則が成り立ち，また反射波，屈折波と入射波の振幅との間にはフレネルが導いた式がある．光が電磁波であるならば，これらがマックスウェルの方程式から導かれなければならない．ヘルムホルツの示唆によりこれを調べ学位論文として提出したのが青年ローレンツで，この論文は未だ同調者の少なかったマックスウェルの理論の一つの大きな支持となった．

電磁波は媒質1から2へ入るとし二つの媒質の境界面をξ, η面にとり下向きの法線をζ軸にとる(図2-1)．入射，反射および屈折光はいずれも境界面の法線および入射波の進行方向を含む平面(これを入射面という)内にあるということが証明されるから，これをξ-ζ面(図2-1の紙面)とし，この面内に振動する成分を平行((独)parallel)成分，これと垂直の面内に振動する成分を垂直((独)senkrecht)成分といい，それぞれ添字p, sを付する．平面波を考えその進行方向をz軸とする．振幅の符号はp成分については電場ベクトルが図に示した方向に向いているときを入射，反射および屈折光が同一の符号を持つとする．このことは入射角が90°に近くなり三つの光が一直線になったときのことを考えれば当然のとり方であろう．s成分についてはベクトルが同一の向きのものを同一符号とする．

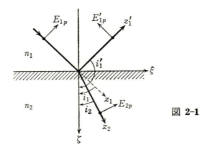

図 2-1

電場波の成分を(1-23)により振幅のp, s成分をA_p, A_sとして

$$\left. \begin{array}{l} E_p = A_p \exp i(kz - \omega t) \\ E_s = A_s \exp i(kz - \omega t) \end{array} \right\} \quad (2\text{-}1)$$

と記せば磁場波は(1-24)により(光の媒質の多くは $\mu \fallingdotseq 1$ としてよいので)下のようになる.

$$\left.\begin{array}{l} H_p = -\sqrt{\varepsilon}\,A_s \exp i(kz-\omega t) \\ H_s = \sqrt{\varepsilon}\,A_p \exp i(kz-\omega t) \end{array}\right\} \quad (2\text{-}2)$$

反射波,屈折波については,それぞれの電場の p, s 成分の振幅を $A_p{}', A_s{}'$ および B_p, B_s とすれば各媒質内の電磁場を表わすのに下記六つの量が得られる.ただし媒質の屈折率が変ると(周波数 ω は変らないが)波長が変るのでそれぞれの媒質で

$$k_1 = \frac{2\pi}{\lambda_1}, \quad k_2 = \frac{2\pi}{\lambda_2}$$

とおく.

電場成分 　　　　　　　　　　　　磁場成分

入射波 $\begin{cases} E_{1p} = A_p \exp i(k_1 z_1 - \omega t) \\ E_{1s} = A_s \exp i(k_1 z_1 - \omega t) \end{cases}$ 　$\begin{cases} H_{1p} = -\sqrt{\varepsilon_1}\,A_s \exp i(k_1 z_1 - \omega t) \\ H_{1s} = \sqrt{\varepsilon_1}\,A_p \exp i(k_1 z_1 - \omega t) \end{cases}$

$$(2\text{-}3)$$

反射波 $\begin{cases} E_{1p}{}' = A_p{}' \exp i(k_1 z_1{}' - \omega t) \\ E_{1s}{}' = A_s{}' \exp i(k_1 z_1{}' - \omega t) \end{cases}$ 　$\begin{cases} H_{1p}{}' = -\sqrt{\varepsilon_1}\,A_s{}' \exp i(k_1 z_1{}' - \omega t) \\ H_{1s}{}' = \sqrt{\varepsilon_1}\,A_p{}' \exp i(k_1 z_1{}' - \omega t) \end{cases}$

$$(2\text{-}4)$$

屈折波 $\begin{cases} E_{2p} = B_p \exp i(k_2 z_2 - \omega t) \\ E_{2s} = B_s \exp i(k_2 z_2 - \omega t) \end{cases}$ 　$\begin{cases} H_{2p} = -\sqrt{\varepsilon_2}\,B_s \exp i(k_2 z_2 - \omega t) \\ H_{2s} = \sqrt{\varepsilon_2}\,B_p \exp i(k_2 z_2 - \omega t) \end{cases}$

$$(2\text{-}5)$$

ただし $z_1, z_1{}'$ および z_2 は入射,反射および屈折波の進行方向にとった座標で,これらが境の面の法線となす角,すなわち入射,反射および屈折角を $i_1, i_1{}'$ および i_2 とすれば

$$z_1 = \xi \sin i_1 + \zeta \cos i_1, \quad z_1{}' = \xi \sin i_1{}' + \zeta \cos i_1{}', \quad z_2 = \xi \sin i_2 + \zeta \cos i_2 \quad (2\text{-}6)$$

(b) 反射・屈折の法則

A_p, A_s は入射波の振幅で既知のものであるが, $A_p{}', A_s{}', B_p, B_s$ は未知のもので境界条件により A_p, A_s から導かれるべきものである.図 2-1 の境の面の上で二点を考えるとその一点から境の面に沿って二つの媒質のいずれを通って他の点へ行ってもその仕事は等しい.これから

'境界面における両媒質中の電場または磁場の境の面に沿う成分は等しい'

という境界条件を得る.この条件は電場および磁場の p, s 成分について独立に成り立っており四つの方程式を与えるから四つの未知数 $A_p{}', A_s{}'$ および B_p, B_s を決めるのに必要に

して十分である．否実際は逆に四つの条件式を満足させるためには四つの未知数が必要で，これから反射波および屈折波があるはずだということが出てくるのである．この方程式を書くために電場および磁場の接線成分すなわち ξ, η 成分を書いてみると，電場については

第一の媒質では
$$E_\xi = E_{1p} \cos i_1 + E_{1p}' \cos i_1' \\ E_\eta = E_{1s} + E_{1s}' \Bigg\}$$

第二の媒質では
$$E_\xi = E_{2p} \cos i_2, \quad E_\eta = E_{2s}$$

したがって電場についての境界条件は，ξ 成分について
$$A_p \exp i(k_1 z_1 - \omega t) \cos i_1 + A_p' \exp i(k_1 z_1' - \omega t) \cos i_1' \\ = B_p \exp i(k_2 z_2 - \omega t) \cos i_2 \tag{2-7}$$

これが境の面($\zeta=0$)上でどこでも成り立っているためには，ξ を含む項(すなわち z を含む項)は恒等でなければならない．すなわち $\zeta=0$ において
$$k_1 z_1 = k_1 z_1' = k_2 z_2$$

これは (2-6) から
$$\sin i_1 = \sin i_1', \quad k_1 \sin i_1 = k_2 \sin i_2 \tag{2-8}$$

であればよい．第一の式から――$i_1 = i_1'$ は解とならないから――
$$i_1' = \pi - i_1$$

これは反射の法則にほかならない．第二式は二つの媒質内の光速を v_1, v_2 とすれば，光の波動説によりこれはそれぞれの媒質の屈折率に反比例することが知られているから
$$\frac{k_1}{k_2} = \frac{v_2}{v_1} = \frac{n_1}{n_2} \tag{2-9}$$

$$\therefore \quad n_1 \sin i_1 = n_2 \sin i_2 \tag{2-10}$$

すなわち屈折に関するスネルの式を与える．

(c) フレネルの係数

(2-7) は指数関数の項が約せて $\zeta=0$ において
$$A_p \cos i_1 + A_p' \cos i_1' = B_p \cos i_2$$

全く同様にして電場の η 成分から
$$A_s + A_s' = B_s$$

磁場成分の境界条件は同様にして

$$\left.\begin{array}{l}\sqrt{\varepsilon_1}(A_s\cos i_1+A_s{}'\cos i_1{}')=\sqrt{\varepsilon_2}B_s\cos i_2\\ \sqrt{\varepsilon_1}(A_p+A_p{}')=\sqrt{\varepsilon_2}B_p\end{array}\right\}$$

これらを二組の連立方程式として解くと $i_1{}'=\pi-i_1$, $\varepsilon=\varepsilon_2/\varepsilon_1$ として

$$\left.\begin{array}{l}A_p{}'=\dfrac{\sqrt{\varepsilon}\cos i_1-\cos i_2}{\cos i_2+\sqrt{\varepsilon}\cos i_1}A_p=r_pA_p\\[2mm] A_s{}'=\dfrac{\cos i_1-\sqrt{\varepsilon}\cos i_2}{\sqrt{\varepsilon}\cos i_2+\cos i_1}A_s=r_sA_s\\[2mm] B_p=\dfrac{2\cos i_1}{\cos i_2+\sqrt{\varepsilon}\cos i_1}A_p=t_pA_p\\[2mm] B_s=\dfrac{2\cos i_1}{\sqrt{\varepsilon}\cos i_2+\cos i_1}A_s=t_sA_s\end{array}\right\} \qquad(2\text{-}11)$$

r, t はそれぞれの振幅の反射率および透過率といわれる．ただし添字の p, s は電場波の振動面が入射面に平行および垂直の意味で，磁場波の成分については逆になる．この式は (1-13) および (2-10) により下のように書き変えられる．

$$\left.\begin{array}{l}r_p=\dfrac{\tan(i_1-i_2)}{\tan(i_1+i_2)}=\dfrac{\sin 2i_1-\sin 2i_2}{\sin 2i_1+\sin 2i_2}=\dfrac{\dfrac{\cos i_1}{n_1}-\dfrac{\cos i_2}{n_2}}{\dfrac{\cos i_1}{n_1}+\dfrac{\cos i_2}{n_2}}\\[4mm] r_s=-\dfrac{\sin(i_1-i_2)}{\sin(i_1+i_2)}=-\dfrac{\tan i_1-\tan i_2}{\tan i_1+\tan i_2}=\dfrac{n_1\cos i_1-n_2\cos i_2}{n_1\cos i_1+n_2\cos i_2}\end{array}\right\}\qquad(2\text{-}12)$$

これらは一つにまとめて

$$r_p \quad \text{または} \quad r_s=\frac{N_1-N_2}{N_1+N_2} \qquad(2\text{-}13)$$

$$\left.\begin{array}{l}\text{ただし } r_p \text{ のときは} \quad N_j=\cos i_j/n_j \text{ または } \sin 2i_k \ (j=k,\ j=1,2)\\ r_s \text{ のときは} \quad N_j=n_j\cos i_j \text{ または } \tan i_k \ (j\neq k,\ j,k=1,2)\end{array}\right\}$$

透過率についても同様に

$$\left.\begin{array}{l}t_p=\dfrac{2\cos i_1\sin i_2}{\sin(i_1+i_2)\cos(i_1-i_2)}=\dfrac{n_1}{n_2}\cdot\dfrac{2\dfrac{\cos i_1}{n_1}}{\dfrac{\cos i_1}{n_1}+\dfrac{\cos i_2}{n_2}}\\[4mm] t_s=\dfrac{2\cos i_1\sin i_2}{\sin(i_1+i_2)}=\dfrac{2n_1\cos i_1}{n_1\cos i_1+n_2\cos i_2}\end{array}\right\}\qquad(2\text{-}14)$$

したがって前と同様の記号 N_j を用い

$$t_p=\frac{n_1}{n_2}\cdot\frac{2N_1}{N_1+N_2}, \qquad t_s=\frac{2N_1}{N_1+N_2} \qquad(2\text{-}15)$$

と書ける．Nを一般化した屈折率といおう．

これらの係数は先にフレネルが光をエーテル中の弾性波として求めたものであるのでフレネルの係数という．

反射光のp, s成分の強度は入射光のそれを1とすればそれぞれ$r_p{}^2, r_s{}^2$であるから，これをi_1を横軸にとってグラフを描くと($n_1=1.0$(空気)，$n_2=1.5$(ガラス)として)図2-2(A)[1]の実線のようになる．しかし実際のガラス面は研磨のときの特殊の表面層(ベイルビー層)ができており屈折率の完全な不連続的変化はないので，反射率を実測してみるとこれとはやや異なりその値(pおよびsの平均値)は研磨の前後でも変り，クラウングラスの場合図2-2(B)のようになる．いずれにしても$i_1=\pi/2$の付近で反射率は急激に増し100%に近くなる．このことは紫外・赤外線にも利用され，$i_1=\pi/2$に近い入射を grazing incidence(すれすれの入射)という．

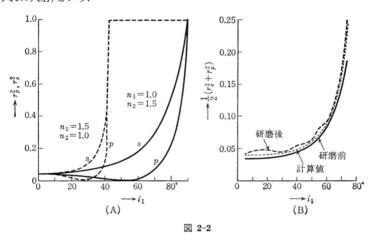

図 2-2

(d) 垂 直 入 射

入射角が0，すなわち境の面に垂直に入射するときは$i_1=0$，したがって$i_1{}'=\pi, i_2=0$で(2-12), (2-14)は

$$\left. \begin{array}{ll} r_p = -\dfrac{n_1-n_2}{n_1+n_2}, & r_s = \dfrac{n_1-n_2}{n_1+n_2} \\[2mm] t_p = \dfrac{2n_1}{n_1+n_2}, & t_s = \dfrac{2n_1}{n_1+n_2} \end{array} \right\} \tag{2-16}$$

---

1) J. Conroy: Phil. Transact. Roy. Soc. (London) **180** (1889) 245.

となる．したがって (2-13) により斜入射は，s 成分については屈折率が $n_j \cos i_j$ または $\tan i_k$ の媒質の境での垂直入射と考えてよく，p 成分についても屈折率が $\cos i_j / n_j$ または $\sin 2i_k$ の境の垂直入射に準じて考えてよいことがわかる．このことから反射率，透過率の計算は垂直入射の場合のみを論じても一般性は失われない．このことは後の薄膜の反射率の計算 (§15～§17) に用いられる．

(2-16) によると r_s と r_p は異符号である．垂直入射のときは p, s 成分の区別がなくなるはずであるのに符号が異なるのはおかしいようであるが，これは振幅ベクトルの符号のとり方を図 2-1 で約束したように，垂直入射のとき p 成分ではベクトルが互いに反対の向きのとき同符号と約束したのに対し，s 成分では同じ向きのとき同符号としたためである．負号がつくのは

$$e^{i\pi} = -1$$

であることを考えると，位相が π 跳ぶ (反転する) ことであるから $n_1 < n_2$ であれば (2-16) により s 成分の位相は反転する．p 成分では $r_p > 0$ ということはベクトルの向きが反対になることを意味するからやはり位相が逆になるので，'$n_1 < n_2$ であれば p, s 成分ともに位相が反転する'．入射角があまり大でなければこのことは斜入射のときも同様であるが，入射角がある角 (ブルースター角) を越えると p 成分は $n_1 < n_2$ のとき位相の反転を起こす．

(e) ブルースター角

図 2-2 によれば s 成分は入射角とともに増加するが，p 成分は次第に減少してある角で 0 になる．このときは反射光は s 成分のみとなる．これはブルースターにより 1815 年始めて指摘されたのでブルースター角または偏光角という．この角では (2-12) および (2-10) から明らかなように

$$i_1 + i_2 = \frac{\pi}{2} \quad \therefore \quad i_1 = \tan^{-1} \frac{n_2}{n_1}$$

したがってこのときの振幅反射率は

$$r_s = \frac{n_1^2 - n_2^2}{n_1^2 + n_2^2} \tag{2-17}$$

である．$(i_1 + i_2)$ がこの角の前後で $\pi/2$ を越えるので (2-12) により r_p はこの前後で符号が変る．したがってこの角より大きい入射角では (p 成分は) 垂直入射のときとは逆に $n_1 > n_2$ のとき反射により位相が反転する．

偏光子の最も簡単なものはこの角を利用したもので，図 2-3 のように二枚のガラス板を向い合わせてそれぞれの入射面が互いに直角になるようにしたものへ偏光角で入射させる

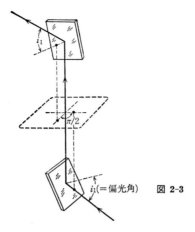

図 2-3

ようにしたもので，これをネーレンベルグの偏光器という．得られる偏光の強さは一つの面での反射であれば(2-17)で得られ，空気よりガラス($n_1=1$, $n_2=1.5$)またはその反対であれば

$$r_s{}^2 = \left(\frac{n_1{}^2-n_2{}^2}{n_1{}^2+n_2{}^2}\right)^2 = 0.148$$

であるが，平行平面のガラス板であれば裏面の反射がありくり返し反射を考えなければならない．ガラス板の表面での反射率を$r_0{}^2$，裏面でのそれを$r_1{}^2$とすれば，最初の反射光および逐次のくり返し反射光は入射光の強さを1として

$$r_0{}^2, \quad r_1{}^2(1-r_0{}^2)^2, \quad r_0{}^2 r_1{}^4 (1-r_0{}^2)^2, \cdots$$

板の厚さが十分大でこれらは互いに干渉しないとすれば[1]，全体としての反射光の強さはこの和で，くり返し反射を無限回までとり入れれば板に吸収がないとして

$$R^2 = r_0{}^2 + r_1{}^2(1-r_0{}^2)^2\{1+(r_0 r_1)^2+(r_0 r_1)^4+\cdots\} = r_0{}^2 + \frac{r_1{}^2(1-r_0{}^2)^2}{1-r_0{}^2 r_1{}^2} \quad (2\text{-}18)$$

ガラス板が空気中にあるとすれば $r_0{}^2 = r_1{}^2 = r^2$ として

$$R^2 = \frac{2r^2}{1+r^2}$$

偏光角で入射しているとしてr^2に(2-17)の$r_s{}^2$を代入すれば

$$R^2 = \frac{2r_s{}^2}{1+r_s{}^2} = \frac{(n_1{}^2-n_2{}^2)^2}{n_1{}^4+n_2{}^4}$$

---

1) 干渉するときは§14-1参照．

$n_1=1$, $n_2=1.5$ とすれば $R^2=0.258$ となり一つの面によるものの倍近くなる．

(f) 積層偏光子

しかし一枚の板では前述のように，反射により得られる偏光の強さは弱いもので透過によるものは偏光度が不十分である．そこで図2-4のように数枚のガラス板を重ねたものを用いれば，透過光でも十分よい偏光が得られる．反射光はs成分が強いのでこれがくり返して反射され透過光に混入し偏光が悪くならないような透過型のものでは，同図(A)のように板および板の間の空気層を楔型にしてくり返し反射光を防ぐ．しかしこの混入はある程度は避けられないので，この型のものの効率は楔の角度と絞りに左右される．板をm枚重ねたものの透過率は一枚の板の反射率をR^2とし，くり返し反射がないものとすれば

$$T_m^2 = (1-R^2)^m \tag{2-19}$$

平行平面が平行に並びくり返し反射を考える必要のあるものは，同図(B)のように始めの$m-1$枚を反射率R_{m-1}^2の仮想の反射面とし，これと反射率R^2の最後の一枚の間で無限回のくり返し反射があるとすれば，板に吸収がないとして全体の反射率R_m^2は(2-18)で$r_0^2=R^2$, $r_1^2=R_{m-1}^2$とおいて

$$R_m^2 = R^2 + \frac{R_{m-1}^2(1-R^2)^2}{1-R^2 R_{m-1}^2} \tag{2-20}$$

これは漸化式であって$R_1^2=R^2$から出発して逐次$R_2, R_3, \cdots$を求めると

$$R_m^2 = \frac{mR^2}{1+(m-1)R^2}$$

を得る．透過率はしたがって

$$T_m^2 = 1-R_m^2 = \frac{1-R^2}{1+(m-1)R^2} \tag{2-21}$$

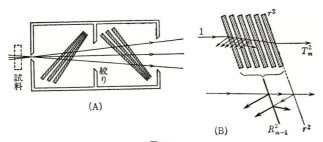

図 2-4

積層膜の反射率を求める問題は意外に難しく，くり返し反射が有限回のときや膜に吸収のあるときは誤った解を示している著書すらある[1]．

偏光子としての性能すなわち偏光率は，透過光については p, s 成分の透過率を T_p, T_s としたとき

$$p = \frac{T_p^2 - T_s^2}{T_p^2 + T_s^2} \quad (2\text{-}22)$$

で与えられるから，これに(2-21)を代入し，R^2 には板の中でのくり返し反射はないとし，(2-12)からの r_s^2, r_p^2 を代入した結果をグラフに描くと図2-5(A)のようになる．実線はくり返し反射を考えないときで，破線はこれを考えた式によるもので前述のようにくり返し反射があるものの方が偏光率は悪い．反射面の数 m と偏光率 p_m は $n=1.518$ として偏光角の入射 ($r_s^2=0.156$) で図2-5(B)のようになる．このような偏光器は現在可視域ではほとんど用いられていないが，極端紫外，遠赤外の偏光子のない波長域では盛んに用いられており，紫外ではフッ化リチウム，赤外では塩化銀のシートがよいとされている．

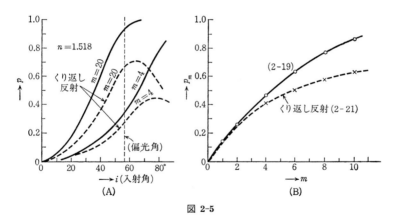

図 2-5

§2-2 全 反 射

(a) 臨 界 角

$n_1 > n_2$ すなわち屈折率の大きい媒質から小さい媒質へ光が入るときの反射率は，例えば $n_1=1.5$(ガラス)，$n_2=1.0$(空気) としてグラフに描いてみると図2-2(A)の点線のようにな

---

[1] これらへの注意や一般の場合の解の文献は，L. B. Tuckerman: J. Opt. Soc. Am. **37**(1947) 818 に詳しい．

る．反射率は入射角とともに増して

$$\sin i_1 = \frac{n_2}{n_1}$$

のとき 100% となる．このときの屈折角は $i_2=\pi/2$ で，i_1 がこれより大きいところでは

$$\sin i_2 = \frac{n_1}{n_2}\sin i_1 > 1 \qquad (2\text{-}23)$$

となりこのような角 i_2 は存在しないので，屈折光はなく入射光は全部反射される．これを全反射といい，これが始まる上記の角を臨界角という．

可視域においてはガラス等の透明体は空気より屈折率が大であるので，全反射は光がガラスより空気中へ出るとき起るとされているが，X-ray 領域や極端紫外または赤外の一部では $n<1$ であり，空気中からの入射でも全反射が起る．これらは通常の入射角では極めて反射率が低いものであるのでこのような grazing incidence で入射させ大なる反射率を得るのに用いられる．

また臨界角の付近では図からわかるように反射率の増加はきわめて急であるので，全反射の起る境が明瞭に認められ，臨界角の測定は正確にできる．図 2-6 はこの原理による屈折計で，屈折率を測ろうと思う小片 G_2 をガラス G_1 の上へ密着させ左方から種々の角度の光を入れてやる．屈折光は図の実線で示したものより上方には行かず，i_c が臨界角となるから，それぞれのガラスの屈折率を n_1, n_2 とすれば

$$\sin i_c = \frac{n_2}{n_1}$$

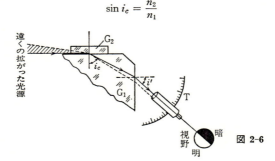

図 2-6

望遠鏡 T を無限遠に合わせて出射光を見ると全反射による明暗の境がはっきり出ているからこれを十字線に合わせてプリズムからの出射角 i' を測ることができる．これから

$$n_2 = \sqrt{n_1{}^2 - \sin^2 i'}$$

したがって n_1 がわかっておれば n_2 を求めることができる．これをプルフリッヒの屈折計

という．n_1 はいつも n_2 より大きなものでなければならないので G_1 は屈折率の大きい重フリントを用いる．通常これと測定試料の間へ油をいれてその薄膜を作り両者を密着させるが，油の屈折率が G_1 のそれより大で，かつ膜を薄い平行平面と考えれば膜の存在は測定値に影響を与えないことは容易に証明できる．ただしこれは膜の上下の面での反射光が互いに干渉しないと考えたときである．膜が薄く膜の上下の面での反射光が干渉するときの反射率は，膜の上下の面の反射率を r, r' として (4-21) で与えられるから全反射すなわち $|R|^2 = 1$ のためには

$$r^2 + r'^2 - (rr')^2 - 1 = -(r^2-1)(r'^2-1) = 0$$

$$\therefore \quad |r| = 1 \quad \text{または} \quad |r'| = 1$$

すなわち上下いずれかの面で全反射をしていなければならず，幾何光学的な場合と全く同じ臨界角を与える．

(b) フレネルの菱面体

全反射のときの反射率は入射角および屈折角 i_1, i_2 を (2-12) へ代入して求められるはずであるが，i_2 は虚の角であるので (2-23) から $n_1/n_2 = n$ として

$$\cos i_2 = \pm i\sqrt{n^2 \sin^2 i_1 - 1} = i\gamma \tag{2-24}$$

これを (2-12) へ代入して

$$\left. \begin{array}{l} r_p = \dfrac{\tan(i_1-i_2)}{\tan(i_1+i_2)} = \dfrac{\cos i_1 + in\gamma}{\cos i_1 - in\gamma} = \exp i\delta_p \\[2mm] r_s = -\dfrac{\sin(i_1-i_2)}{\sin(i_1+i_2)} = \dfrac{n\cos i_1 - i\gamma}{n\cos i_1 + i\gamma} = \exp(-i\delta_s) \end{array} \right\}$$

とおけば

$$\delta_p = 2\tan^{-1}\frac{n\gamma}{\cos i_1}, \qquad \delta_s = 2\tan^{-1}\frac{\gamma}{n\cos i_1} \tag{2-25}$$

すなわち反射率は $\frac{1}{2}(|r_s|^2 + |r_p|^2) = 1$ で100%であるが，p, s 成分の間に位相差ができる．したがって偏光を用いる光学系に全反射プリズムなどを組入れるときは十分の注意が要る．裏面をメッキした鏡や金属鏡を組入れるときも同様である．これを用い位相差を持つ互いに直角の二つの偏光を作り得る．しかしこの差を $\delta = \delta_p - \delta_s$ とすれば

$$\tan\frac{\delta}{2} = \frac{\cos i_1}{n \sin^2 i_1}\gamma \tag{2-25}'$$

これの極大値を $\delta_{\max}$，このときの入射角を $i_{\max}$ とすれば

$$\sin i_{\max} = \sqrt{\frac{2}{n^2+1}}, \qquad \tan\frac{\delta_{\max}}{2} = \frac{n^2-1}{2n}$$

となり，これから例えば $\delta=\pi/2$ の位相差を得るには $n=2.41$, すなわちダイヤモンドでも用いなければならない．そこで図 2-7 のようなプリズムを用い全反射を二回用いれば容易にこの程度の位相差は得られる．例えば $n=1.516$ のガラス(BK7)を用いれば $\delta_{max}=46°22'$ であるから $\delta=\pi/4$ を与える入射角はこの前後二ヵ所 $i_1=47°52'$ または $55°9'$ である．プリズムの両面は入射光に直角になるように削るから頂角も i_1 となる．これをフレネルの菱形プリズムといい1/4波長板として用いられる．これは結晶を用いる1/4波長板より波長による δ の差が小さく，事実上色消位相差板として用いられ，入射角を変えれば位相差はある範囲で自由に変えられこのとき出射光の方向は(二枚鏡の原理'光学'§1-2(b)により)変らない[1]．

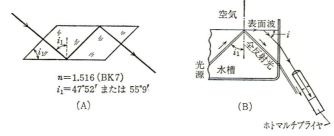

図 2-7

(c) 第二媒質中の波

入射角が臨界角より大きくなった場合，幾何光学的に考えれば前記のように屈折光は存在せず入射光は全部反射される．しかしこれでは四つの境界条件に対し未知数は二つ(反射波の p, s 成分)となり境界条件を満たすことができないので，全反射の場合も屈折波は存在すると考えられる．この波は数学的には全反射でない場合と同じ式で与えられるが，$\sin i_2$ が1より大で $\cos i_2$ が虚数となるため物理的の意味は異なってくる．すなわち屈折波の形は(2-5)により p, s 成分ともに

$$E \text{ または } H = B \exp i(k_2 z_2 - \omega t)$$

であるが z_2 が複素数となり

$$z_2 = \sin i_2 \cdot \xi + \cos i_2 \cdot \zeta = \alpha \xi + i\gamma \zeta$$

ただし α, γ はいずれも実数で $n_1/n_2 = n$ として(2-24)により

$$\alpha = \sin i_2 = n \sin i_1, \quad \gamma = \pm\sqrt{n^2 \sin^2 i_1 - 1}$$

---

1) 久保田広：J. Opt. Soc. Am. **42** (1952) 144.

である．振幅 B はこれらを (2-11) に代入して得られるがこれも複素数となるのでこれを
$$B = B'e^{i\delta}$$
とおけば

$$E \text{ または } H = B' \exp[-k_2\gamma\zeta + i(k_2\alpha\xi - \omega t + \delta)] \qquad (2\text{-}26)$$

これは振幅 $B' \exp(-k_2\gamma\zeta)$ で ξ 方向へ進む平面波を表わしている．γ が負であれば波が第二媒質に入り込めば入りこむほど振幅が大になり，遂には発散する波となるから解として適当でないので (2-24) の複号は正をとる．$k_2\gamma\zeta$ は大体 ζ/λ_2 の大きさの量であるから振幅 $B'\exp k_2\gamma\zeta$ は第二媒質中で数波長の深さのところでは 0 と考えてよく，これは §1-2(e) および §1-3(c) でのべた消失性の波にほかならない．これから全反射の場合には境の面に沿って進む表面波があることが判る．このことは図 2-7(B) のような装置で，強い光源からの光を全反射させると幾何光学的の反射光より十分離れたところからも光が観測される．これは表面波が水の分子に当って散乱して来たものであるとして説明されていることからも明らかである[1]．

(d) 全反射における横変位

全反射のとき光が第二媒質へ少し入りこみ再び出てくるときのエネルギーの流れを描くと，図 2-8(A) のようになる．これを幾何光学的に考えると，図 2-8(B) のように入射光 Q が入射点で直ちに反射せず第二媒質へ若干潜入してから出ていくので，反射光は P でなくこれと d だけ変位した P' であるはずである．d は一回の反射では波長の程度のわずかなものであるが，同図 (C) のようにガラスの中を通して数十ないし百数十回の全反射を行

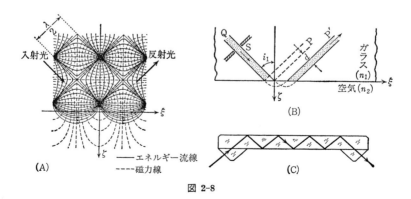

図 2-8

---

1) R.H. Dugan & H.C. Bryant : J. Opt. Soc. Am. **58** (1968) 283.

なわせれば認め得る量となる．d の値は光が第二媒質へどのくらい入りこむかということに関係するから，(2-26)により λ/γ に比例するはずで，グースとヘンヒェンは実験により，λ を空気中の波長として

$$d = \alpha \frac{\lambda}{\gamma} \qquad (2\text{-}27)$$

ただし $n_1=1.52$(ガラス)，$n_2=1$(空気)のとき臨界角付近では，

$$\alpha_p = 0.60 \qquad (p \text{ 成分})$$
$$\alpha_s = 0.20 \qquad (s \text{ 成分})$$

という値を得ている．この値は下のように考えると求められる．すなわち今までの議論は無限に広い平面波が入射した場合であるから，これからは反射による横の変位は出てこない．横の変位が測れるためには光束は図のように絞り S で細く絞られたものでなければならない．このような細い幅の波は§1-3 でのべたことにより，種々の方向へ進む無限に拡がっている平面波の重ね合わせと考えられ，この各成分波は入射角が異なるので全反射の際受ける位相の変化も異なる．したがって反射後合成された波には d の横変位が生ずる．この値は計算によれば

$$d = \frac{\lambda_1}{2\pi} \frac{d\delta}{di_1}$$

ただし λ_1 はガラス中での波長，i_1 はガラス内での反射角，δ は反射のときの位相の変化である．δ に(2-25)の値を代入すると実験が臨界角の付近で行なわれるとすれば

$$\frac{d\delta_p}{di_1} = \frac{2}{\gamma \sin i_1}, \qquad \frac{d\delta_s}{di_1} = \frac{2 \sin i_1}{\gamma}$$

$\sin i_1 = 1/n$ とおいてよいから

$$d_p = \frac{n\lambda_1}{\pi\gamma}, \qquad d_s = \frac{\lambda_1}{n\pi\gamma}$$

となる．

 $n=1.52$ として(2-27)の α を求めると

$$\alpha_p = \frac{n}{\pi} = 0.48, \qquad \alpha_s = 0.21$$

となり大体実験と一致する[1]．

---

1) F. Goos & H. Hänchen : Ann. Physik VI **1**(1947)333, **5**(1949)251(実験); K. Artman : Ann. Physik VI **2**(1948)87(理論) (量子力学的の考え方. R. H. Renard : J. Opt. Soc. Am. **54**(1964)1190).

(e) 全反射半透明鏡

光が高屈折率の媒質から低屈折率の媒質へ入るとき入射角が臨界角より大きければ全反射が起り反射率は100%である．しかし前節で述べたように光は第二媒質の中へは波長ぐらいの深さまで侵入している．そこで例えば図2-9のように，プリズムP_1の斜面で全反射をしているときその斜面に近くプリズムP_2の斜面を近づけると光はこの中へ入ってきて，プリズムP_2を通じ外へ出てくる．このときの透過光の強さは§2-1(c)で述べた手続きを二回くり返せばよいが，プリズムの斜面の間のすきまを空気の薄膜と考えるとこの結果は干渉薄膜のそれとして(14-1)に求められている．いまの場合境の面への入射角をi，ガラスの屈折率をnとすれば$n_1=n$, $n_2=1$, $i_1=i$として同式のrに(2-12)を代入する．ただし屈折角i_2は(2-24)を用い，(14-1)から透過率は

$$\left. \begin{array}{l} T_s^2 = \dfrac{4\gamma^2 n^2 \cos^2 i}{4\gamma^2 n^2 \cos^2 i + (1-n^2)^2 \sinh^2(2\pi d\gamma/\lambda)} \\[2mm] T_p^2 = \dfrac{4\gamma^2 n^2 \cos^2 i}{4\gamma^2 n^2 \cos^2 i + (1-n^2)^2 (n^2 \sin^2 i - \cos^2 i)^2 \sinh^2(2\pi d\gamma/\lambda)} \end{array} \right\}$$

間隔dをパラメーターとして$T^2=(T_s^2+T_p^2)/2$をグラフに描くと，図2-9の実線のよう

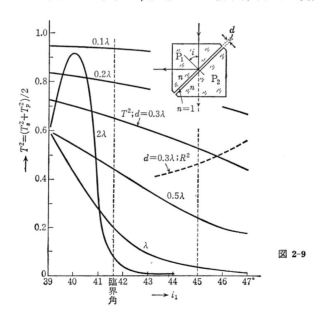

図 2-9

になる.間隔 d が小さければ入射角により透過率はあまり変らないから相当広視界のフィルターおよび半透明鏡として用いられ,d が大きいと(視界はせまくなるが)干渉フィルターとして働く.図の点線は間隔が 0.3λ のときの反射率であるから $i=45°$ の入射光に対し反射率と透過率が等しくなるので吸収のない明るい半透明鏡が得られるはずであるが,可視光に対してはこのような小さい空隙を作りそれを正しく保持することは困難であり,かつ実際このようなものを作って所定の間隔を与えても理論どおりの透過率は得られない.これはガラス面に研磨のため屈折率の異なる薄層ができているためと考えられる[1].しかし長波長の光について理論通りの結果を与え $\lambda=80\mu$ あたりの遠赤外のフィルターとしては用いられている.

---

1) 佐藤俊夫,里見恭二郎,久保田広:応用物理 **20**(1951)282.

第 I 篇 干渉基礎論

第1章 干 渉 縞

§3 二つの光の干渉

§3-1 光の干渉

二つの光を重ね合わせるとその強度分布がもとの光の強度の和とは異なるものになることを光の干渉といい,このことは§1-3(a)で述べた.ある点における二つの光 u_1, u_2 は簡単のためその点を $x=y=z=0$ とすれば (1-20) により

$$u_1 = A \exp i(\omega_1 t + \delta_1) \\ u_2 = A \exp i(\omega_2 t + \delta_2) \quad\quad (3\text{-}1)$$

したがってその和の強度は

$$I = |u|^2 = 2A^2\{1+\cos[(\delta_1-\delta_2)+(\omega_1-\omega_2)t]\} \quad (3\text{-}2)$$

cosine の項が二つの光の強度の算術和との差であるからこれが光の干渉を表わす.しかしこの式の値はある瞬間における値でわれわれはこれが定常的であるときにのみ観測し得るので,第 I 篇においてはこのように観測し得るもののみを干渉しているということにする.したがって ω の差が大きい光は干渉しない. ω の差が小さければいわゆる光の唸りが観測されるがこれについては§30-1で述べることとし,ここでは $\omega_1=\omega_2$ とすれば

$$I = 2A^2\{1+\cos(\delta_1-\delta_2)\} \quad\quad (3\text{-}3)$$

ここで干渉縞が観測されるためには $(\delta_1-\delta_2)$ が時間的に急激に変らないことである.このような光を互いに可干渉(コヒーレント)な光という.通常の光源からの光はその位相が急速(10^{-10} 秒毎ぐらい)にかつ全くランダムに変るものであるからこのような光源を用い干渉を観測するためには,同一点光源をほぼ同時に出た二つの光を二つに分け別々の光路を通し両者の間に光路差を与えたものを重ね合わせなければならない.したがって干渉には光を二つに分ける方法により下記の三つがある.

(i) 波面分割による干渉
(ii) 振幅分割による干渉

(iii) 振動面分割による干渉

(i)は点光源から出て拡がっていく波面の二ヵ所またはそれ以上の部分をとり出し異なる光路を通させるもので，複スリットによる干渉の実験，ロイドの鏡やフレネルの複プリズムがこれに属する．(ii)は半透明鏡などを用い波面の同一のところの振幅を二つに分ける方法で，ニュートンリングや薄膜の干渉はこれである．(iii)は偏光の干渉といわれるものである．

§3-2 波面分割による干渉

(a) 複スリットの干渉

図3-1(A)のようにスリット S_1, S_2 と線光源 Q がありいずれも紙面に垂直方向は無限に長いとすればこれらに直交する平面(紙面)上の二次元の問題として取り扱ってよい．Qから拡がった光はスリットにより波面の二つの部分が取り出されこれが重なり合うところに波面の分割による干渉縞が生ずる．これは光の干渉の最初の実験としてヤングが行なったものであり干渉の実験としては最も簡単なものであるが，よく調べると干渉のすべての性質を知ることができこの意味では干渉の基礎的実験といってよい．この干渉は互いに可干渉な光を送り出す二つの光源 S_1, S_2 がありこれから出る球面波の重ね合わせと考えてよく両波が重なり合っている至るところに干渉縞を生ずる．このようなものを nonlocalized fringe という．干渉縞は干渉による強度一定の点の軌跡でこれは S_1, S_2 からの光路差が一定の点の軌跡である．光路差を D とすれば媒質の屈折率を n として

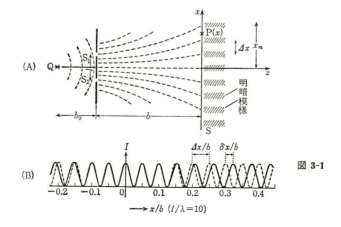

図 3-1

§3 二つの光の干渉　　　　　　　　　　　　　　41

$$D = n(\overline{S_2P} - \overline{S_1P}) = \text{const.} \tag{3-4}$$

であるから干渉縞は S_1, S_2 を焦点とする双曲線群である（図 3-1(A)破線）．スリットの垂直二等分線を z 軸にとればこの上では $D=0$ であるからこれは明るい干渉縞となる．スリットの間隔を l, スクリーン S までの距離を b としこの上に x 軸をとれば $P(x)$ における光路差は

$$\overline{S_1P} = \left\{b^2 + \left(x+\frac{l}{2}\right)^2\right\}^{1/2} = b\left\{1 + \frac{\left(x+\frac{l}{2}\right)^2}{2b^2} - \frac{\left(x+\frac{l}{2}\right)^4}{8b^4} + \frac{\left(x+\frac{l}{2}\right)^6}{16b^6} - \cdots\right\}$$

$$\overline{S_2P} = \left\{b^2 + \left(x-\frac{l}{2}\right)^2\right\}^{1/2} = b\left\{1 + \frac{\left(x-\frac{l}{2}\right)^2}{2b^2} - \frac{\left(x-\frac{l}{2}\right)^4}{8b^4} + \frac{\left(x-\frac{l}{2}\right)^6}{16b^6} - \cdots\right\}$$

$$\tag{3-5}$$

x/b の高次の項を省略すれば D は ($n=1$ として)

$$D = \frac{lx}{b}\left\{1 - \frac{1}{2}\left(\frac{x}{b}\right)^2 + \frac{3}{8}\left(\frac{x}{b}\right)^4 - \frac{5}{16}\left(\frac{x}{b}\right)^6 + \frac{35}{128}\left(\frac{x}{b}\right)^8 - \cdots\right\}$$

例えば D に 0.5% 以下の誤差を許せば $x/b \leq 1/10$ のところすなわちスリットを頂点として z 軸と約 $\pm 6°$ の角をなす二直線の内側（同図(B)の左右の破線）では

$$D = \frac{lx}{b} \tag{3-6}$$

としてよい．このとき z 軸から m 番目の明るい縞は光路差が m を整数として $m\lambda$ のところであるから

$$D = \frac{lx_m}{b} = m\lambda \quad \therefore \quad x_m = \frac{mb}{l}\lambda \tag{3-7}$$

したがって干渉縞の間隔は

$$\Delta x = \frac{b}{l}\lambda \tag{3-8}$$

である．干渉縞の強度分布は (3-3) で与えられるがこの近似でよいとすれば

$$\delta_1 - \delta_2 = kD(x) = lX \tag{3-9}$$

$$\text{ただし} \quad X = \frac{2\pi}{\lambda b}x \tag{3-10}$$

したがって

$$I(x) = |u|^2 = 2A^2(1 + \cos lX) \tag{3-11}$$

これは図 3-1(B) の破線のように正弦波であり，(3-7) はこの極大のところである．x が大

で(3-6)の近似が成り立たないときは x/b の高次の項が効いてきて同図の実線 ($l/\lambda=10$ として $(x/b)^8$ までとって計算したもの)に示すように正弦波から崩れてきて極大は等間隔ではなくなる．m 番目の極大の位置を x_m とすれば

$$\frac{l}{b}x_m\left\{1-\frac{1}{2}\left(\frac{x_m}{b}\right)^2+\cdots\right\}=m\lambda$$

第二項に(3-7)を代入して

$$\frac{x_m}{b}=\frac{m\lambda}{l}\left\{1+\frac{1}{2}\left(\frac{m\lambda}{l}\right)^2+\cdots\right\}$$

したがって極大の位置の(3-7)との差 δx は極大の間隔を Δx として(3-8)から

$$\frac{\delta x}{\Delta x}=\frac{1}{2}m^3\left(\frac{\lambda}{l}\right)^2$$

干渉縞の測定精度は通常 $\Delta x/20$ であるから(§7-2参照)，m 次の縞までこの精度で等間隔と見做し得るためには

$$\frac{1}{2}m^3\left(\frac{\lambda}{l}\right)^2 \leqslant \frac{1}{20}$$

$\lambda=0.5\mu$ とし $m=\pm 5$ までが用いられるためには複スリットの間隔は $l \leqslant 0.015$ mm でなければならない．

(b) 複スリット干渉の応用

複スリットの一つ S_2 の前へ屈折率 n，厚さ d の透明な薄片をおいたとすればこのスリットを通る光の光路長は

$$\overline{S_2P}+(n-1)d$$

となるから干渉縞の強度は

$$I=A^2\{1+\cos k[D+(n-1)d]\}$$
$$=2A^2\cos^2\frac{\pi}{\lambda}\left[\frac{l}{b}x+(n-1)d\right] \tag{3-12}$$

干渉縞の強度の極大のところは薄片の挿入以前より δx だけずれる．ただし

$$\delta x=\frac{-b}{l}(n-1)d=\frac{-(n-1)d}{\lambda}\Delta x \tag{3-13}$$

これから b, l が知れていれば n (または d) を知って d (または n) を求めることができる．λ はきわめて小さい値であるので $(n-1)d$ がきわめて小さい値でも $\delta x/\Delta x$ は測定し得るくらいの値となり，屈折率が1に近い気体の屈折率，または n が空気と十分異なる物質については波長程度の薄い膜の厚さを測ることができる(§7-2, レーレー干渉計参照)．

(c) フレネルの複プリズム

図 3-2(A) のように小さい頂角を持つ二つのプリズムまたは同図 (B) のように互いにわずかに傾いた二枚の鏡により,一点 Q から出た光を二つに分け重ね合わせれば重なり合った(斜線を施した)部分に干渉縞ができる.これをフレネルの複プリズムまたは二枚鏡という.これは Q_1, Q_2 という二つの虚の光源からの光の干渉であるが,Q がプリズムまたは鏡から十分遠くにあれば z 軸(Q_1, Q_2 の垂直二等分線)に対し $\pm\varphi$ の方向に進む二つの平面波の干渉と考えてよい.ただしプリズムの頂角,屈折率を α, n としまた鏡の法線の間の角を ε とすれば $n=1.5$ として

$$\varphi \simeq 2(n-1)\alpha \simeq \alpha \quad \text{または} \quad \varphi = 2\varepsilon$$

である.光源はプリズムの稜に平行の線光源とすればこれに直角の面(紙面)内の二次元の問題としてよい.z 軸に直角に x 軸をとれば二つの波は (1-36) で与えられその合成は (1-39) の強度分布を持ち x 方向には定常波となる.したがって x 軸の位置に写真乾板を置けば間隔

$$\Delta x = \frac{\lambda}{\sin\varphi}$$

の干渉縞を得る.

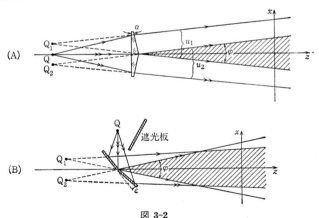

図 3-2

(d) ロイドの鏡

図 3-3(A) のような平面鏡を用い,Q_1 からの光とその反射光を重ね合わせると,これは Q_1 とその鏡像 Q_1' からの光の干渉と見られ,光源が鏡から十分離れていれば前節と同じ

く進行方向が 2φ の角をなす平面波の干渉として取扱え鏡面に直角の方向の定常波を作る. これをロイドの鏡という.

　静かな水面を鏡面として太陽からの電波を観測すれば光のときのロイドの鏡と同じ原理による干渉が観測される. 観測点が崖の上にあるのでこれを cliff interferometer という. 観測点(受信アンテナ)は固定しているが太陽が昇るにつれて入射光の方向が変るのでアンテナ回路の出力を時間を横軸にして描かせると干渉縞を走査したことになる. 図3-3(B)は太陽黒点からの電波の干渉縞の記録で, 黒点に大きな爆発が起り電波が著しく強くなっているのが観測されている. 波長があまり短いと水面のさざ波で妨げられるので $\lambda=1.5$ m(200 MHz)の電波を用いている[1].

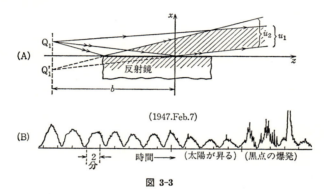

図 3-3

§3-3　干渉と電磁波

(a) TE波, TM波

　これまで述べたところでは波動を表わす関数 u をスカラー量として取り扱ってきた. これは電磁波ベクトルの一つの成分であるので定常波の様子を更に明らかにするためベクトルとして調べてみる. x-z 面内で z 軸と $\pm\varphi$ の角をなしている方向に進んでいる二つの波は(1-28)より u_1, u_2 で与えられ, これらはいずれも x-z 面内に偏った光とすれば電場波は y 成分のみで u_1, u_2 はこれを表わしているとすれば

$$u_1 = E_{1y} = A \exp i(px+qz-\omega t+\delta_1)$$
$$u_2 = E_{2y} = A \exp i(-px+qz-\omega t+\delta_2)$$

---

1) L. L. MacReady, *et al.*: Proc. Roy. Soc. **A 190** (1947) 357.

$$\left.\begin{array}{l}E_{1x}=E_{2x}=0\\ E_{1z}=E_{2z}=0\end{array}\right\}$$

磁場波のベクトルは図3-4のように，x軸と$\pm\varphi$の傾きをなしx-z面内にあるからその振幅をHとすれば$\varepsilon=\mu=1$として，x成分は$H\cos\varphi$，z成分は$\pm A\sin\varphi$，したがって(1-25)により

$$\left.\begin{array}{l}H_{1x}=-A\cos\varphi\ \exp i(px+qz-\omega t+\delta_1)\\ H_{2x}=-A\cos\varphi\ \exp i(-px+qz-\omega t+\delta_2)\\ H_{1z}=-A\sin\varphi\ \exp i(px+qz-\omega t+\delta_1)\\ H_{2z}=A\sin\varphi\ \exp i(-px+qz-\omega t+\delta_2)\\ H_{1y}=H_{2y}=0\end{array}\right\}$$

したがって合成波は

$$\left.\begin{array}{l}E_y=E_{1y}+E_{2y}=2A\cos(px+\varDelta\delta)\exp i(qz-\omega t+\delta)\\ E_x=E_z=0\\ H_x=H_{1x}+H_{2x}=-2A\cos\varphi\cos(px+\varDelta\delta)\exp i(qz-\omega t+\delta)\\ H_z=H_{1z}+H_{2z}=-i\cdot 2A\sin\varphi\sin(px+\varDelta\delta)\exp i(qz-\omega t+\delta)\\ H_y=0\end{array}\right\}\quad(3\text{-}14)$$

ただし $2\varDelta\delta=\delta_1-\delta_2,\quad 2\delta=\delta_1+\delta_2$

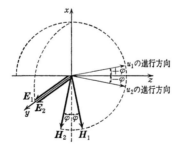

図 3-4

これらはz方向へ進む波で，電場波は進行方向の成分(z成分)がなく純粋の横波でありこれをTE波(transversal electric wave)というが，磁場波にはz成分があり純粋の横波ではない．同様にしてy-z面内に偏光しているすなわち磁場ベクトルがy軸と一致している二つの波を重ね合わせたものは$H_z=0$でTM波(transversal magnetic wave)といわれるが，E_zは0でなく電場波は純粋の横波ではない．

(b) ウィーナーの実験

上記電磁波は x 成分のみを考えると振幅の極大極小の位置が時間により変らない定常波である．これを利用して電磁波において電場波または磁場波のいずれが感光等の物理作用をするものであるかを決めたのが有名なウィーナーの実験である．定常波の強度分布は(3-14)から与えられるが同式の $\varDelta\delta$ は未知の数である．いま u_2 波がロイドの鏡のように u_1 が反射されたものであるとする．この反射面を金属メッキしてやればこの面 $(x=0)$ では電場の強さは0でなければならない．したがって(3-14)から

$$I = |E_y|^2 = 4A^2\cos^2\varDelta\delta = 0$$

$$\therefore \quad \varDelta\delta = \pi/2$$

したがって

$$|E_y|^2 = 4A^2\sin^2 px$$

磁場波は簡単のため垂直入射とすれば $\varphi = \pi/2$

$$\therefore \quad |H_x|^2 = 4A^2\cos^2 px, \quad |H_z|^2 = 0$$

したがって電場の定常波の腹は反射面から $\lambda/4, 3\lambda/4, \cdots$ のところにあり，磁場波の腹は $\lambda/2, \lambda, \cdots$ のところにある．そこでこの反射面の上へ薄い（厚さ約 $\lambda/30$ の）感光剤の膜をガラスの薄板にはりつけ図 3-5 のように斜めに（約 $3.6'$ の角で）載せて光を当ててやると，もし電場波と磁場波のいずれもが感光作用をするならば，定常波の強度分布は

$$I = E_y{}^2 + H_x{}^2 = 1$$

であるから感光作用は連続的なものである．しかるに現象の結果は $\varDelta x = \lambda/2$ の間隔で不連続に感光していたので一方の反射波のみが感光作用をなすことがわかり，更にその位置は面から $\lambda/4, 3\lambda/4, \cdots$ のところであることから光の作用は電場波が行なうものであることが明らかにされた．感光剤は臭化銀の乳剤であるからその感光作用は電場の作用によって臭素イオンの電子が伝導帯(conduction band)へ押し上げられこれが銀イオンのところへ動

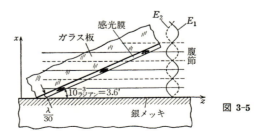

図 3-5

いて行ってこれを還元させるので電子論的に考えても当然である．

ウィーナーの実験は多くの人によって色々の形で追試されているが，ドルーデおよびネルンストは感光膜の代りに薄い螢光剤の層を用い螢光作用を起すのも電場波であることを確めている．蒸着技術と電子顕微鏡の発達にともない下記のような実験も行なわれている．すなわち図 3-6(A) のようにガラスの上へ Al をつけてから透明な電媒質(ThF_4)の層をくさび状につけ，その上へ電子放射をするものとしてカーボンの約 1 Å の薄い膜をつけ，これを同図 (B) のように電子顕微鏡の光源 (カソード) Q として用い，この膜を水銀灯の光で照射し電子を放射させこれによるカーボン膜の電子顕微鏡像 Q′ を観察する．水銀灯の光は膜のところに定常波を作るが，ThF_4 膜の厚さが場所により異なるからカーボンの膜は周期的に定常波の腹のところにきたり節のところにきたりする．電子の放射は腹のところで最も強く起るから膜の像には同図 (C) のような周期的な明暗が見える．メーレンステット[1]は照射に $\lambda=2482$ Å の紫外線を用いこのような像を観測し定常波の存在を確認し，電子の放出の最も強いところは電場の腹であるとすれば Al 面での反射のときの位相の変化は 124° であると推論している．光電面を電場の腹のあるところに置くようにすると電子放射が著しく強く起ることは光電管の能率をよくすることに利用し得る[1]．

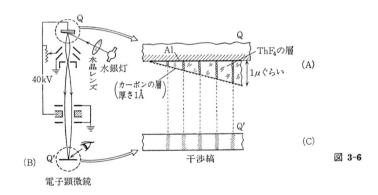

図 3-6

§3-4 振幅分割による干渉

(a) 等厚の干渉縞

図 3-7 のように二つの接近した反射面 S_1, S_2 (薄いガラス板の上下の面または二つのガ

---

1) G. Mölenstedt: Z. Phys. **149** (1957) 377.

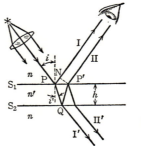

図 3-7

ラス板の向い合った面)へ入射角 i で光が入射したときの図のような四つの反射および透過光 I, II; I′, II′ を考えると,これらは一つの光源から出た光の振幅を分けたものであるので I と II または I′ と II′ の干渉は振幅分割の干渉である.S_1 面での入射・反射点および出射点を P, P′,S_2 面での反射点を Q とし,P′ から反射光へ下した垂線の足を N とすれば,二つの光 I, II の光路長の差 D は,周囲の媒質の屈折率を n,空隙の部分の媒質の屈折率を n' として屈折角を i' とすれば

$$D = n' \overline{PQP'} - n \overline{PN} = n' \frac{\overline{PP'}}{\sin i'} - n \overline{PP'} \sin i$$

しかるにこのところの厚さを h とすれば

$$\overline{PP'} = 2h \tan i'$$

したがって屈折の法則 (2-10) を考えると

$$D = 2n'h \cos i' \tag{3-15}$$

であるが,薄いガラス板であれば Q での反射は屈折率の大きな媒質から小さな媒質へ入るときの反射で II の位相は π 飛ぶから二つの光の位相差は $kD+\pi$ である.したがって干渉光の強度は I と II の振幅を等しいとすれば,(3-11) から $A=1$ として

$$I = \frac{1}{2}\{1+\cos(2n'kh \cos i'+\pi)\} = \sin^2(n'kh \cos i') \tag{3-16}$$

透過光 I′, II′ についても D は全く同じ値となるが,II′ は内面反射を 2 回やり位相の飛びは 2π となるから,ないのと同じで

$$\therefore\quad I = \frac{1}{2}\{1+\cos(2n'kh \cos i')\} = \cos^2(n'kh \cos i') \tag{3-17}$$

となる.しかし透過光のときは II′ の振幅は I′ にくらべ著しく小さく光の打ち消し合いが

完全でないから明るいバックグラウンドが残り，干渉縞は反射光のときほど明瞭でない．干渉縞は間隔 h が同じところの軌跡，すなわち等厚の干渉縞でこれをフィゾーの干渉縞という．

(i) 凹凸の測定 これを面の精密測定に用いるには図3-8(A) のようにコリメーターレンズ L を用いすべての光線を面に垂直に入射させる．反射または透過光を再びレンズ L （または L′）により Q′ または Q″ に集め眼の瞳孔（またはカメラレンズ）をここへおく．干渉を起すところは図3-7のような薄いガラス板の両面でもよく，または図3-8のような二枚のガラス板の間の空隙でも強度を与える式は同じである．眼（またはカメラ）のピントを S_1, S_2 の面に合わせれば干渉縞がそこにあるかのように見え隙間の等厚線を求めることができる．光源が完全な点光源であれば干渉縞は二つの波の重なっている空間のいたるところにできているが，拡がったものであれば光源面上の各点による干渉縞は境の面以外では打ち消し合い，結局，干渉縞は S_1, S_2 の面のところにのみあるようになる（干渉縞の localization, §6-2参照）．

曲率の大きい面を調べるときは図3-8(B)のような装置を用い，入射光が調べようと思う面へ垂直に入るようにすれば，R の面を基準としてベアリングのボールの面などを調

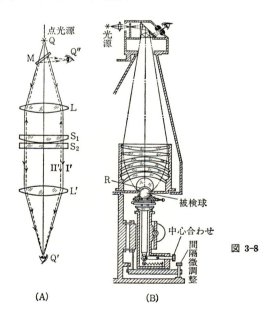

図 3-8

べることができる．この場合球面を平面に投影して見ているのでレンズに故意に歪曲収差を与え投影による歪みを打ち消すようにして表面の正しい展開図が得られるようにしてある[1]．

(ii) 楔形の空隙　二つの面 S_1, S_2 はいずれも完全な平面であるが，わずかの角をなし間の空隙が楔形であるとき楔の角を $\Delta\theta$，楔の頂点から x のところの空気層を h とすれば

$$h = x\Delta\theta \qquad (3\text{-}18)$$

であるから反射光の強度分布は(3-16)より

$$I(x) = \sin^2\left(\frac{\pi}{\lambda} 2x\Delta\theta\right)$$

したがって干渉縞は二つの面の交線(楔の刃)に平行の間隔

$$\Delta x = \frac{\lambda}{2\Delta\theta}$$

のものである．これから Δx を知って $\Delta\theta$ が求められる．また細い繊維などを二つの平面で軽くはさんで楔形の空気層を作れば，その直径 h は m 番目の暗い縞が楔の頂点から x_m のところにあるとすれば

$$h = x_m \Delta\theta = \frac{m}{2}\lambda$$

から求めることができる．

(iii) ニュートンリング　二つの面の一方は完全な平面であるが他方が曲率半径の大きな球面とすれば(図3-9(A))，その半径を R，考える点の中心からの距離を x として

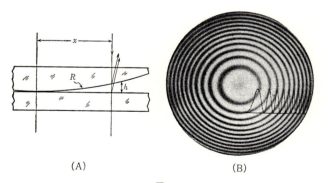

図 3-9

---

1) J. W. Gates, in Mollet 編：L'Optique en Metrologie (Proc. ICO, 1958 Conference) p. 202.

§3 二つの光の干渉

$$h = \frac{x^2+h^2}{2R} \fallingdotseq \frac{x^2}{2R} \tag{3-19}$$

したがって反射光の強度分布は(3-16)から

$$I(x) = \sin^2\left(\frac{\pi}{\lambda}\frac{x^2}{R}\right) \tag{3-20}$$

強度の等しいところの軌跡,すなわち干渉縞は同図(B)のような同心円であり,これをニュートンリングという.$I(x)$ は(3-20)からわかるように x^2 に対し正弦波型であるから実際の寸法すなわち x に対しては干渉縞の間隔は x が大になるほど小になり,干渉縞は外側にいくほど細くなっている.反射光では中心は暗く,m 番目の暗い環の半径を x_m とすれば(3-20)から

$$R = \pm\frac{x_m^2}{m\lambda}, \quad m = 1, 2, \cdots \tag{3-21}$$

したがって波長が既知の光を用いれば x_m を知って R が求められる.λ はきわめて小さい量(例えば $0.5\,\mu$)であるから,最初の暗い環($m=1$)の半径を $x_1=3$ cm とすれば $R=1.8$ km となり,機械的な方法(球面計など)では測れない大きな曲率半径を測ることができる.凹面か凸面かわからないときは,まん中のあたりを指で軽く押してみて干渉環が拡がれば凸,中心へ吸いこまれるように集まってくれば凹面でこれにより(3-21)の $\pm$ の記号を決められる.下の面が平面でなく球面であるとすれば上下両面の曲率半径の差が求められる.ニュートンリングは図 3-9 で示したように,中心付近では干渉縞の幅が広くその位置を精密に決めにくいこと,および上に載せたガラスの重みのため接触部が弾性変形し正しい球面でなくなっていることや次数を正確に決められないことから,測定はなるべく中心から遠く離れたところで行なう方がよい.中心から十分離れた二つの縞の半径 x_m, x_m' を測れば $(m-m')$ は正しく求められるから

$$\pm R = \frac{x_m^2 - x_m'^2}{(m-m')\lambda}$$

ニュートンリングによる方法は研磨面の仕上りの検査法として用いられ,干渉環の本数を数え'標準面に対しニュートン(リング)何本の仕上り'という.反射光による最も小さい干渉縞($m=1$)の半径が円盤の半径とほぼ等しい(ニュートンリング1本の)ときは中心と周辺との高さの差は $h=\lambda/2$ である.面の精度がこれ以上よいときには干渉縞は円盤より大きい半径のものとなり,面は一様に明るいものとなる.これをワンカラーの仕上りという.したがって先に述べた例によれば,直径 6 cm の円盤では面の曲率半径が $R=1.8$ km

でワンカラーとなりこれよりよいもの(R の大きいもの)の曲率半径は測れない．このようなときには上の面をわずかに傾けて図 3-10(A) のように，ふちで接触しているようにのせてやると，同図(B)のように円盤の外に中心 C のある同心円の一部の干渉縞を得る．相隣る干渉縞 P_1, P_2 のところの空気層を h_1, h_2 とすれば

$$h_1 - h_2 = \frac{\lambda}{2}$$

曲面 S_1 の曲率半径を R，干渉縞の曲率半径を $\overline{CP_1} = r$ とすれば

$$r^2 + (R-h_1)^2 = R^2 \quad \therefore \quad h_1 \fallingdotseq \frac{r^2}{2R}$$

$\overline{P_1P_2} = L$ とすれば同様にして $r \gg L$ として

$$h_2 \fallingdotseq \frac{(r-L)^2}{2R}$$

$$\therefore \quad h_1 - h_2 = \frac{1}{2R}\{r^2 - (r-L)^2\} \fallingdotseq \frac{rL}{R} = \frac{\lambda}{2}$$

しかるに中心付近での干渉縞の彎曲量を弦 $2a$ に対して l とすれば $a \gg l$ として

$$a^2 + (r-l)^2 = r^2 \quad \therefore \quad r \fallingdotseq \frac{a^2}{2l}$$

これを前式に代入し

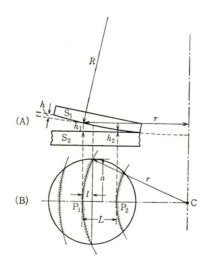

図 3-10

$$R = \frac{L}{\lambda l} a^2$$

これによりいくらでも大きい曲率を測り得る[1]．弦 $2a$ が直径と一致した場合はこのような曲率半径を持つ面の中心部の接線と周辺の高さの差 h（図 3-10(A)参照）は

$$h = \frac{a^2}{2R}$$

上式より $a^2/R = \lambda l/L$ を代入して

$$h = \frac{\lambda l}{2L}$$

したがって S_1 面の精度はその大きさ a に関係なく中心付近で l/L を求めれば知り得る．面の精度（中心部と周辺の高さの差）が例えば $\lambda/8$ 以内にあるためには

$$h = \frac{\lambda l}{2L} \leqq \frac{\lambda}{8} \quad \therefore \quad \frac{l}{L} \leqq \frac{1}{4}$$

(iv) 凹凸の精密測定　通常のニュートンリングまたは二波干渉の方法による平面の検査（図 3-8 その他）で，その一つの面は完全な平面であるとすれば観測される等厚の干渉縞は他の面の凹凸の $\lambda/2$ 毎の等高線であるから，干渉縞の変位を間隔の 1/10 まで測れるとしても面の凹凸は $\lambda/20$ より詳しくは測れない．しかるに図 3-11 のような工夫をして測ろうと思う一組 P_1 のほかに補助の平行平面の組 P_2 を用いればいくらでも精密な測定ができる．すなわち P_1 の間隔を d_1, P_2 の間隔はほぼこれの N 倍の d_2 とすれば図のように P_1 の中を $2N+1$ 回通った光の光路長は

$$D_1 = (2N+1)d_1 + d_2 + \mathrm{const.}$$

P_2 内を 3 回通った光の光路長は

$$D_2 = (d_1 + 3d_2) + \mathrm{const.}$$

両者の光路差は

$$D = D_1 - D_2 = 2(Nd_1 - d_2)$$

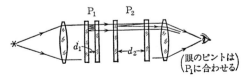

図 3-11

---

1) E. Einsporen : Optik **4** (1948/9) 11.

$Nd_1 \fallingdotseq d_2$ としておけば D はきわめて小さい量となって干渉が見られる．

他の光は光路差が大であるから干渉せず明るいバックとなるのみである．このとき P_1 のガラス面の一つに凹凸があり他の面は完全とすれば，干渉縞はその面の凹凸の $\lambda/2N$ 毎の等高線を表わす．

干渉縞のズレをその間隔の 1/10 まで測れるとすれば面の凹凸は $\lambda/20N$ まで測れる．村岡は $d_1=1/320$ m，$d_2=1/16$ m ($N=20$) とし凹凸を $\lambda/400$ まで測ることに成功している[1]．

(b) 等傾角の干渉

フィゾーの干渉計 (図 3-8(A)) において二つの面 S_1, S_2 が完全に平面でかつ互いに平行におかれてあるときは干渉縞は見えず視野は一様な明るさである．このとき図 3-12 に示すように拡がった光源 Q を用いれば，例えばそのうちの一点 Q_1 を出た光は面に斜めに入射することになり光路差が異って来るので干渉縞が認められる．

強度分布は入射光が光軸となす角のみの関数で，先に述べた式(3-17)で与えられ，m 次の干渉縞の角半径 i_m' は

$$2n'h \cos i_m' = m\lambda \qquad (3\text{-}22)$$

で与えられる．同じ傾角の光が等しい強度を与えるのでこれを等傾角の干渉縞という．干渉する二つの光 I′, II′ は互に平行であるからその交点は無限遠であり干渉縞は無限遠にある．(3-15)から明らかなように光路差は斜めに入射する光ほど小さいという——ちょっと考えたのとは反対の——結果になっている．したがって凸面に対するニュートンリングとは反対に干渉環は外側のものほど次数が低い．

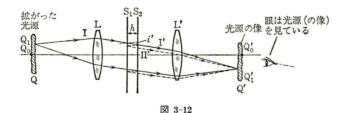

図 3-12

(i) ハイディンガーの縞　等傾角の干渉を簡単に見るには図 3-13(A) のように拡がった光源を背に眼を無限遠に合わせて平行平面を見ると，その表および裏の反射光 I, II の干渉により，眼から平面へ下した垂線の足 N を中心とする同心円の干渉環 (同図(B)) が見

---

1) 村岡一男：Bull. Geod. Inst. (国土地理院欧文報告) III (1962) 151．

える．これを発見者の名をとってハイディンガーの縞という．この縞は板の厚さを h として屈折率を n とすれば中心の次数 M は

$$2nh = M\lambda$$

中心から m 番目のものは次数が $(M-m)$ で(3-22)により

$$2nh \cos i_m' = (M-m)\lambda \tag{3-23}$$

$$\therefore \quad \cos i_m' = 1 - \frac{m}{M}$$

i_m' は十分小さいから近似的に

$$i_m' \fallingdotseq \sqrt{\frac{2m}{M}}$$

干渉縞の角半径 i_m は屈折の式から近似的に $i_m \fallingdotseq n i_m'$ であるから一番目と m 番目の角半径の比は

$$\frac{i_m}{i_1} = \sqrt{m}$$

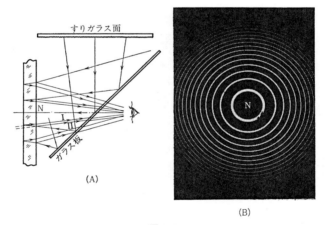

図 3-13

この縞は平行平面でなければ見られないから（その部分が）平行平面であるかどうかのテストになるが，同時にその厚さの均一性も知ることができる．すなわちガラス板と眼を相対的に動かすと干渉縞の中心は常に眼から下した垂線の足であるが，厚さが異ると眼を動かすにつれその半径が異りこれが著しいときは中心から新しい環が湧き出し，または中心へ吸い込まれるように見える．干渉縞は無限遠にできているから望遠鏡を用い，目盛のあ

る接眼鏡によればその半径の変化を測ることができる．

§4 多くの波の重ね合わせ

§4-1 多波干渉の基礎式

いままでは二つの波が重なり合うことと考えていたが，本節では多数の波が重なり合う場合を考えてみる．個々の波を複素数で表わし

$$u_m = A_m \exp i(\omega_m t + \delta_m)$$

とおく．周波数の異なる波は唸りを生ずるが，ここではすべての ω_m は等しいと考えこれを ω とおく．これらを重ね合わせたものは

$$\sum_m u_m = \exp i\omega t \sum_m A_m \exp i\delta_m = \exp i\omega t \cdot (C+iS) \tag{4-1}$$

ただし $\quad C = \sum_m A_m \cos \delta_m, \quad S = \sum_m A_m \sin \delta_m$

したがって強度は

$$I = |\sum_m u_m|^2 = C^2 + S^2 = \sum_{m,m'} A_m A_{m'} \cos(\delta_m - \delta_{m'}) \tag{4-2}$$

δ_m が全くランダムであれば $m \neq m'$ の項は平均して 0 となり

$$I = \sum_m A_m{}^2 \tag{4-3}$$

これは各光波の強度の和で干渉は起きてないが，δ_m が一定の規則に従い変れば和はこれと異なってくる．

干渉する波の振幅ならびに位相が公比 $re^{i\delta}$ の等比級数をなせば初項を A として N 項の和は

$$u_N = A \sum_{m=0}^{N-1} r^m \exp im\delta = A \frac{1-r^N \exp iN\delta}{1-r \exp i\delta} \tag{4-4}$$

したがって強度は

$$I_N = |u_N|^2 = \{1 - 2r^N \cos(N\delta) + r^{2N}\} \cdot I_\infty \tag{4-5}$$

ただし I_∞ は $N=\infty$ のときの値

$$I_\infty = \frac{A^2}{1-2r \cos \delta + r^2} \tag{4-6}$$

である．多波干渉には以下に述べる格子による方法（波面分割）およびくり返し反射干渉（振幅分割）の二つがあるが，いずれの場合もそれぞれの r, δ をこれに代入すればよい．波面分割の極限の場合として波面を無限に小さい無限に多数の小波面に分けこれらの和と考えると和は積分の形となり回折の公式を得る（§4-2 参照）．

§4-2 波面分割による多波干渉

波面分割により位相差が一定の多数の波を作るのは二波干渉のときと同じくスリット群を用いる．

(a) 格子による干渉

図 4-1 のように多数のスリット（幅は無限に細いとする[1]）に平行光束が入射しているとすればこれは波面分割による多波干渉である．一番端のスリットを S_0，これから m 番目のものを S_m，S_0 から S_m へ入出射する光線に下した垂線の足を T, T′ とすれば，θ 方向の無限遠から来る光について S_0 に達する光と S_m に達する光の光源からスリットまでの光路差は，$\overline{S_0 S_m} = l_m$ として角度を法線から時計回りにするものを正とし

$$D_m = \overline{S_m T} = l_m \sin\theta$$

スリットを出てからの光路差は φ 方向へ進む光について

$$D_m' = \overline{S_m T'} = -l_m \sin\varphi \tag{4-7}$$

したがって全体の位相差は $k = 2\pi/\lambda$ として

$$\delta_m = k(D_m + D_m') = k l_m (\sin\theta - \sin\varphi)$$

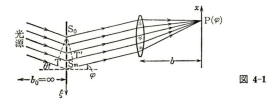

図 4-1

スリットの間隔がランダムならば l_m はランダムの値をとるから，$P(\varphi)$ の強度は各スリットからの光が強度で重なったものである．スリットが間隔 l で正しく並んでいるもの（これを光学的格子という）であれば

$$l_m = ml, \quad m = 0, 1, 2, \cdots$$

$$\therefore \quad \delta_m = m\delta, \quad \delta = kl(\sin\theta - \sin\varphi) \tag{4-8}$$

したがって合成振幅は

$$u(P) = \sum_m A_m \exp i\delta_m = \sum_m A_m \exp im\delta \tag{4-9}$$

スリットの総本数を N，各スリットへの入射光の振幅は等しい（$A_m \equiv A$）とすれば (4-4)

---

1) 幅が有限のときは回折の理論で求める（§19-3 参照）．

で $r=1$ とおき

$$u(P) = A \sum_{m=0}^{N-1} \exp im\delta = A \frac{1-\exp iN\delta}{1-\exp i\delta}$$

$$= A \exp\left[i(N-1)\frac{\delta}{2}\right]\left(\frac{\sin N\frac{\delta}{2}}{\sin \frac{\delta}{2}}\right) \qquad (4\text{-}10)$$

したがって強度は

$$I = |u|^2 = A^2 \left(\frac{\sin N\frac{\delta}{2}}{\sin \frac{\delta}{2}}\right)^2 \qquad (4\text{-}11)$$

これは図 4-2(A), (B) 二つの曲線の積で同図(C)のようになる.

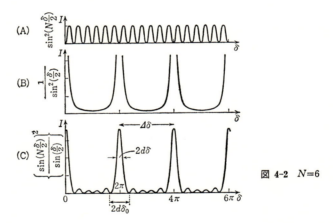

図 4-2 $N=6$

図 4-3 に示すように, N が大になるほど主極大は幅の狭い鋭いものになる. これが多波干渉の特徴である. 図では副極大が著しく誇張して書いてあるが, N が大になるほど副極大は主極大に比べ小さくなり殆んど0と考えてよい. 主極大は

$$\sin \frac{\delta}{2} = 0 \quad \text{すなわち} \quad \delta = 2m\pi$$

のところにあり, その振幅は $\sin mN\pi/\sin m\pi$ が m または N が奇数か偶数かにより $\pm N$ であることに注意すれば, すべての次数のものについて (m の如何にかかわらず)

$$u_m = AN = \text{const.}$$

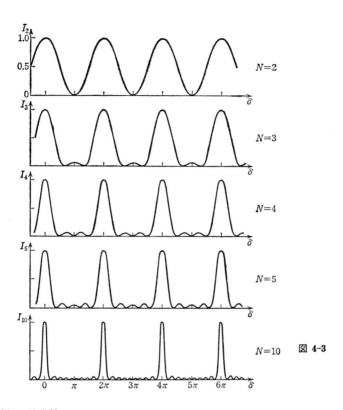

図 4-3

(b) 干渉縞の諸常数

図 4-3 は $\delta(=kl(\sin\theta-\sin\varphi))$ を横軸にとってあるが，φ を横軸にとってプロットすれば図 4-4 のように，波長により極大の位置が異なってくる．図は波長 λ および $\lambda+\varDelta\lambda$ の光の強度分布を描いたもので，スリットの数 N が多ければ極大は幅の狭い鋭いものとなるか

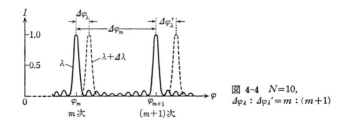

図 4-4　$N=10$, $\varDelta\varphi_\lambda : \varDelta\varphi_\lambda' = m : (m+1)$

ら，僅かの波長差の光でもその干渉縞は分離して観測される．回折格子分光器はこの原理により高い性能を得るものでその諸常数は下のようである．

(i) 極大の間隔　　m 次の主極大は $\delta = 2m\pi$ のところにあるからその間隔 $\Delta\delta$ は（図 4-2）

$$\Delta\delta = 2\pi$$

である．主極大の(角)方向 φ_m は (4-8) で $\delta = 2m\pi$, すなわち

$$l(\sin\theta - \sin\varphi_m) = m\lambda \tag{4-12}$$

で与えられる．これから

$$-l\cos\varphi_m \cdot \Delta\varphi_m = \Delta m \cdot \lambda$$

したがって m 次と $m-1$ 次の主極大の角間隔は $\Delta m = 1$ として

$$\Delta\varphi_m = \frac{\lambda}{l\cos\varphi_m} \tag{4-13}$$

(ii) 極大の幅　　極大をはさむ二つの 0 の間隔（図 4-2 の $2d\delta_0$）を求めるには (4-11) の分子を 0 とおいて

$$\sin\left(N\frac{\delta}{2}\right) = 0 \quad \therefore\ \delta = \frac{2n\pi}{N}, \quad n = \pm 1, \cdots$$

$$2d\delta_0 = \frac{4\pi}{N} \tag{4-14}$$

あるいは (4-8) で $\delta = 2n\pi/N$ とおけば強度 0 の角方向 φ_0 は

$$l(\sin\theta - \sin\varphi_0) = \frac{n\lambda}{N}$$

$$\therefore\ -l\cos\varphi_0 d\varphi_0 = \frac{\Delta n \cdot \lambda}{N}$$

したがって $\Delta n = 1$ に対応する角度変化を $d\varphi_0$ とし (4-14) の左辺を角度にして $2d\varphi_0$ とすれば

$$2d\varphi_0 = \frac{2\lambda}{Nl\cos\varphi_0}$$

φ_0 は近似的に φ_m とおいてよいから

$$2d\varphi_0 = \frac{2\lambda}{Nl\cos\varphi_m} = \frac{2\lambda}{W\cos\varphi_m} \tag{4-15}$$

ただし W は格子の全長である．

(iii) 極大の半値幅　　後の議論のために主極大の半値幅すなわち強度が極大値の 1/2 になるまでの幅を求めておこう．(4-11) から極大値は $\delta = 2m\pi$ のとき

$$I_{\max} = A^2 N^2$$

であるから強度がこの 1/2 になるところは $\delta = 2m\pi \pm d\delta$ とすれば (図 4-3)

$$\left\{\frac{\sin\left(N\frac{d\delta}{2}\right)}{\sin\frac{d\delta}{2}}\right\}^2 = \frac{N^2}{2}$$

から求められる．$d\delta$ はきわめて小さい値であるから上式は $Nd\delta/2 = X$ とおいて

$$\sin X = \frac{X}{\sqrt{2}}$$

と書ける．この解は $X = 1.8$，したがって半値幅 $2d\delta$ は

$$2d\delta = \frac{4 \times 1.8}{N} = \frac{7.2}{N}$$

右辺の値は (4-14) と比べて大約その 1/2 であるから事実上半値幅は幅の 1/2 すなわち

$$2d\delta \fallingdotseq d\delta_0 = \frac{2\pi}{N} \tag{4-16}$$

と考えてよい．

(c) 干渉と回折

(4-10) は間隔 l の N 個のスリット群による干渉縞を与えたものであるが，いま l を次第に小さくしたときを考える．ただし同時に N を大にしてスリット群の全長は一定，すなわち

$$Nl = \text{const.}$$

とする．簡単のため垂直入射 $(\theta = 0)$ とし視野の中心付近のみを考え，$\sin\varphi \fallingdotseq \varphi$ とおけるとすれば同式の変数は

$$\delta = -kl\varphi \tag{4-17}$$

干渉縞は図 4-4 で示したように多数の鋭い極大があり，m 次の極大は中心から $\Delta\varphi_m = m\lambda/l$ であるから $l \to 0$ とすれば，中央 $(m=0)$ の極大のみ残り他は無限遠へ去るが，極大の幅は $2d\varphi = 2\lambda/Nl = \lambda/a$ であるから不変である．スリット全体に入る光を 1 とすれば各スリットへの入射光の振幅 $A = 1/N$，これを (4-10) へ代入すれば l，したがって δ が十分小さいとして

$$N\sin\frac{\delta}{2} \to \frac{1}{2}N\delta = \frac{-k}{2}Nl\varphi$$

したがって格子の全長 $Nl = W = 2a$ とおけば (4-11) は

$$I = \left(\frac{\sin ak\varphi}{ak\varphi}\right)^2$$

これは幅 $2a$ のスリットの回折像(18-28)にほかならない．これから回折も干渉の一つの極限の場合で物理的には同じ光の重ね合わせであることが判る．

§4-3 振幅分割による多波干渉

(a) くり返し反射干渉

(i) 強度分布　さきに述べた二つの面の反射光の干渉(図3-7)では簡単のため二つの光 I，II または I′，II′ の振幅は等しいとした．一般に二つの面の反射率が異なるときは図 4-5(A)で示すようにその反射率を r, r' とすれば入射光の振幅を 1 として

　　I の振幅は　r

　　II の振幅は近似的に　$r'e^{i\delta}$

ただし δ は二つの光の位相差で，ガラス板の厚さを d，屈折率を n，ガラス中の屈折角を i として，(3-15)により

$$\delta = \frac{2\pi}{\lambda} 2nd \cos i$$

反射光の強度は

$$R^2 = |r + r'e^{i\delta}|^2 = r^2 + r'^2 + 2rr' \cos\delta \tag{4-18}$$

これは，例えば空気中のガラス板へ光がほぼ垂直に入射しているときのように，r が小さければよく成り立つが，表面にメッキをしたりまたは斜入射をして反射率が大きいときは図 4-5(B)に示すようなくり返し反射光と考えなければならない．境の面の反射および透過率を r, t および r', t' とし入射光の振幅を 1 とすれば，ガラスの外への反射光 I, II, III, … の位相は δ ずつ異なり振幅は

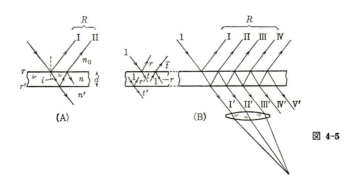

図 4-5

$$r,\ t\bar{t}r',\ -t\bar{t}rr'^2,\ t\bar{t}r^2r'^3,\ \cdots$$

すなわち第一項を除き初項 $t\bar{t}r'$, 公比 $-rr'$ の等比級数であるから, 反射光の振幅 R は

$$R = r + t\bar{t}r' \exp i\delta \cdot \{1 + (-rr') \exp i\delta + (-rr')^2 \exp 2i\delta + \cdots\}$$

$$= \frac{t\bar{t}r' \exp i\delta}{1 + rr' \exp i\delta} + r \tag{4-19}$$

最後にガラスを通って下方へ出ていく光 I′, II′, III′, … の級数和 T は

$$T = \frac{tt'}{1 + rr' \exp i\delta} \tag{4-20}$$

で与えられる. 反射面での吸収はないとすれば $t\bar{t} + r^2 = 1$, $t'\bar{t}' + r'^2 = 1$ とおいて反射光の強さは

$$|R|^2 = \left|\frac{r + r' \exp i\delta}{1 + rr' \exp i\delta}\right|^2 = \frac{r^2 + r'^2 + 2rr' \cos \delta}{1 + 2rr' \cos \delta + (rr')^2} \tag{4-21}$$

この式は (rr') が小さくて分母が 1 とおけるとすれば (4-18) となる. 透過光の強さは (4-20) から

$$|T|^2 = \frac{(tt')^2}{1 + 2rr' \cos \delta + (rr')^2} \tag{4-22}$$

これは公式により

$$|T|^2 = (tt')^2 \sum_{m=0}^{\infty} (-rr')^m \frac{\sin(m+1)\delta}{\sin \delta}$$

$$= (tt')^2 \left\{1 - 2(rr') \cos \delta + (rr')^2 \frac{\sin 3\delta}{\sin \delta} - (rr')^3 \frac{\sin 4\delta}{\sin \delta} + \cdots\right\}$$

反射率が十分小さければ

$$|T|^2 \sim 1 - 2rr' \cos \delta$$

これは通常の二波干渉の干渉縞の強度分布と同じ正弦波のものであるが, 反射率が大になり高次の項が効いてくると, $\sin m\delta / \sin \delta$ は図 4-2 に示したように $\delta = m\pi$ を中心とする曲線で, m が大になればなるほど鋭い曲線となるから干渉縞は鮮鋭なものとなる. 図 4-6 は種々の r のときのこれを示すものである. ただし簡単のためガラスの両側の媒質は同じとし ($r = -r'$), 吸収もないとし極大を 1 に揃えてある. 図 4-7 はガラスの表面にメッキをした場合およびメッキをしない場合のニュートンリングを示す.

(ii) **極大の半値幅**　$r = -r'$ で吸収がないとすれば,

$$(tt')^2 = (1 - r^2)^2$$

したがって (4-22) は

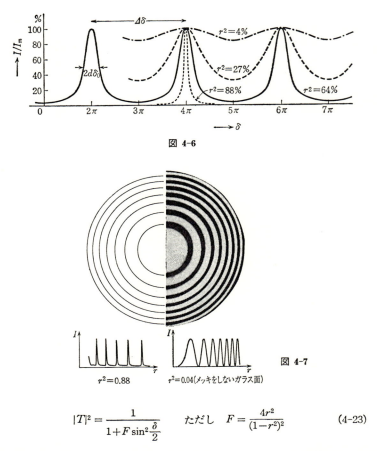

図 4-6

図 4-7

$r^2=0.88$　　　$r^2=0.04$（メッキをしないガラス面）

$$|T|^2 = \frac{1}{1+F\sin^2\frac{\delta}{2}} \qquad ただし \quad F = \frac{4r^2}{(1-r^2)^2} \tag{4-23}$$

これからも r が1に近づけば F が大になり極大は鋭いものとなることが判るが，これを表わすのに極大の半値幅を用いれば，極大 ($\delta=m\pi$) の付近では $\sin\delta\fallingdotseq\delta$ とおいてよいから

$$2d\delta_0 = \frac{4}{\sqrt{F}} = \frac{2(1-r^2)}{r} \tag{4-24}$$

F を干渉縞の finesse という．半値幅と干渉縞の極大間の間隔 ($\Delta\delta=2\pi$) との比は

$$\alpha = \frac{\pi\sqrt{F}}{2} = \frac{\pi r}{1-r^2} \tag{4-25}$$

である．

くり返し反射と多スリットはいずれも多波干渉であるが，前者は干渉にあずかる波の数が無限の代りに波の振幅は逐次減衰している．後者は干渉にあずかる波の数は有限（スリット数 N）であるが振幅の減衰はない．両者は図 4-3 と図 4-6 に示すように細かな副極大を除けば同じ形の強度分布である．それぞれの半値幅(4-16)と(4-24)を等しいとおくと

$$N = \frac{\pi}{2}\sqrt{F} \tag{4-26}$$

すなわち N 個のスリットからの多波干渉は $\frac{\pi}{2}\sqrt{F}$ の面による無限回のくり返し反射と等価である（§10-6 参照）．

(iii) 反射回数の影響　いままでの議論ではくり返し反射光を無限回までとったが，実際には光学系の開口が有限のため図 4-5(B) の Ⅳ′，Ⅴ′，… のように開口に入らないものがあり無限回までは結像にとり入れられない．透過光を N までとったときの強度分布は (4-5)により

$$I_N = \{1 - 2r^{2N}\cos(2N\delta) + r^{4N}\} \cdot I_\infty$$

ただし I_∞ は(4-6)で与えられる $N=\infty$ のときの I の値である．式からすぐわかるように，r^2 が小さければ I_N は比較的小さい N ですぐ I_∞ に近い値となるが，r^2 が大きいと N が相当大きくないと I_∞ に等しくならない．図 4-8 は $r^2=0.883$（屈折率 $n=1.5$ のガラスから $i=42°$ で空気中へ出るときの反射率）のときの $N=5, 15$ および無限のときの値の比較で $N\approx 15$ で半値幅などは大体決まる[1]．

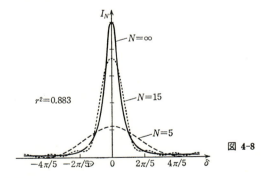

図 4-8

(b) エタロン分光器の原理

くり返し反射干渉の干渉縞の強度分布は δ を横軸にとると図 4-6 に示すように極大の両側で対称である．これと角方向 i は

---

1) O. Lummer & E. Gehrcke: Ann. Physik **10**(1930) 457.

$$\delta = \frac{2\pi}{\lambda}(2nd\cos i)$$

の関係にあるから,干渉縞は($i=0$を除く)その極大の両側で対称ではなく干渉縞の見かけの中心が強度の極大のところではない.これは精密な測定には注意を要することである.

iを横軸にとるとdの値によって曲線の形は著しく異なる.例えばdが数cm(可視光で数万波長)のときはiのわずかの変化に対してもI_∞は著しく変る.図4-9の実線は図4-6の実線($r^2=64\%$)を$nd=3\times10^4\cdot\lambda_0/2$ ($\lambda_0=5500$ Å)のときiを横軸にとって書きなおしたもので,iのわずかの変化に対して強度は急激に変り,干渉環はきわめて細く角度にして秒の桁のものである.$\lambda_0+\varDelta\lambda$ ($\varDelta\lambda=0.006$ Å)の波長の光に対する強度分布は同図の点線のようになり,干渉環がきわめて細いのでわずかの波長差の光に対しても極大の位置のズレがはっきりわかり,二つの光のスペクトル分解ができる.したがってこのような反射率を持つ面を相当の間隔で向かい合わせたものは高分解能(いまの例では$\lambda_0/\varDelta\lambda=10^6$)の分光器として用いられる.これをエタロン[1]分光器といい,その代表的なものはファブリー–ペローの干渉分光計である.これについては§10-6で詳述する.

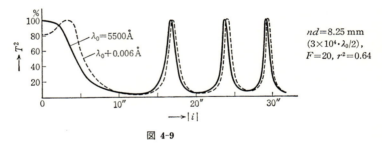

図 4-9

(c) 干渉フィルターの原理

上述とは反対にdがきわめて小さく光の波長の程度であるとすれば,同じ曲線は図4-10の実線($nd=\lambda_0/2$, $\lambda_0=5500$ Å)に示すようなものとなり,iが10°くらいまでは同一波長の光に対する透過率はほとんど変らない.この範囲では波長が異なる光(例えば図の破線4500 Åの光)に対しては10%以下の透過率である.すなわち十数度の視野にわたり単色フィルターの作用をする.これが干渉フィルターの原理である.iが著しく変れば透過光の中心波長が変るので使用視界は限られるが,逆にフィルターを適当に回転させることにより中心波長が変る可変フィルターとなるなど,従来の吸収を用いたフィルターにはない

---

1) エタロンとは通常図4-5のような一枚の平行平面のガラス板でできているものを意味するが平面を向かい合わせ間隔を固定したものもこのようによぶ.

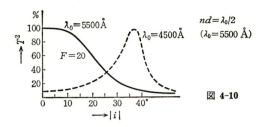

図 4-10

特徴がある．これについては§17で詳しくのべる．

(d) トランスキーの方法

図4-6の横軸δは，ほぼ垂直に近い単色光を入れたとき $\delta \coloneqq (2\pi/\lambda)2nd$ で厚さdに比例するから，極大の幅が狭いということは干渉縞がきわめて精密に厚さの等しいところの軌跡を表わしていることである．したがって十分よい反射率の面を用いれば僅かの凹凸を干渉縞から精密に観察することができる．これに着目したのがトランスキーでこの方法をトランスキーの方法という．以下トランスキーの方法で精度を十分出すための条件を調べて見る．一般的にいうと二つの反射面は必ずしも平行でないから，くり返し反射の反射点がずれて，位相差δ_mは等差数列ではないから，級数の公式は用いられずその強度分布は反射率をrとして(4-1)に戻り

$$I_N \sim \left|\sum_{m=0}^{N} r^m \exp i\delta_m\right|^2 = (\sum r^m \cos \delta_m)^2 + (\sum r^m \sin \delta_m)^2 \quad (4\text{-}27)$$

を計算しなければならない．面の凹凸による隙間の一部分を拡大して考え図4-11のような楔形であるとすれば，このときのδ_mは下のようにして求められる．すなわち図の反射

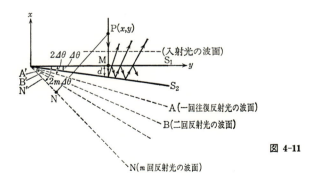

図 4-11

面の一つ S_1 に沿って y 軸をとり，これと垂直に x 軸をとる．垂直に光が入射するとし S_1 面の S_2 面に対する鏡像を AA′, S_1 面の AA′ 面に対する鏡像を BB′ と順次鏡像を考えると, これらの面 AA′, BB′, …, NN′ はくり返し反射光の波面で, m 回目の波面は y 軸と $2m\varDelta\theta$ の角をなしている．任意の点 $P(x, y)$ における各反射光の光路差を求めると，この値を δ_m とすれば

$$\delta_m = \overline{PN} - \overline{PM} = \overline{PN} - x$$

しかるに

$$\overline{PN} = x\cos(2m\cdot\varDelta\theta) + y\sin(2m\cdot\varDelta\theta)$$

$$\therefore\quad \delta_m = x\{\cos(2m\cdot\varDelta\theta) - 1\} + y\sin(2m\cdot\varDelta\theta)$$

$\varDelta\theta$ は小さいとして，$(\varDelta\theta)^4$ 以上を省略すれば $\varDelta\theta\cdot y = d$ として

$$\delta_m = 2md\left\{1 - \frac{2m^2}{3}(\varDelta\theta)^2\right\} - 2xm^2(\varDelta\theta)^2$$

d は入射点における楔の厚さである．干渉縞は反射面に localize しているから観測点は $x=0$ としてよく，反射点のズレのためのくり返し反射光の位相差は

$$\frac{2\pi}{\lambda}\delta_m = \frac{4\pi d}{\lambda}m\left\{1 - \frac{2}{3}m^2(\varDelta\theta)^2\right\}$$

となる[1]．上式を (4-27) へ代入してくり返し反射光を $N=50$ までとったときの干渉縞の強度分布を数値計算で求めると図 4-12 の実線のようになる．横軸は d を干渉の次数 M で目盛ってある．補正を考えなければ（くり返し反射が同一のところで行なわれるとすれば）

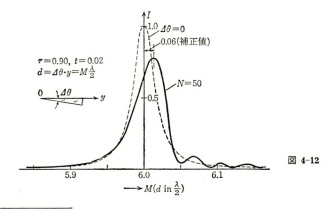

図 4-12

---

1) S. Tolansky : Multiple-Beam Interferometry (Oxford, 1948) p. 17.

点線のような強度分布であり，干渉縞の M 番目の極大のところの厚さは

$$d_M = M\frac{\lambda}{2}$$

で与えられるはずであるが，補正を考えると強度極大のところの厚さは

$$d_M = (M+\varDelta M)\frac{\lambda}{2}$$

(いまの場合図から $\varDelta M = 0.06$) である[1]．

　光源が大きくて斜入射の光があるときは入射角 i の光については

$$\delta_m = 2md\cos i\left\{1-m(\varDelta\theta)\tan i - \frac{2m^2+1}{3}(\varDelta\theta)^2\right\}$$

となる．したがって強度分布はこの式により，i について積分しなければならない．その結果が干渉縞の強度分布にどのように効いてくるかは d の値により異なる．図 4-13 は同じ入射角で d を変えた場合の干渉縞である．同図(A)は光源が十分小さい(i が小)かまたは d が小さく(M が小)補正項があまり効かないときで，強度分布はほぼ対称のもので干渉縞は鋭い．$d \fallingdotseq 100\lambda$ すなわち $M=200$ ぐらいのときは $\tan i$ の項が効いてくる．d が数 mm であれば m^2 の項が著しく効いてきて干渉縞は同図(B)のように一方へ拡がる．これから逆に面の勾配の方向を知ることもできる[2]．

　くり返し反射光の位相差が等差数列であれば，くり返し反射光は相助けて鮮鋭な干渉縞

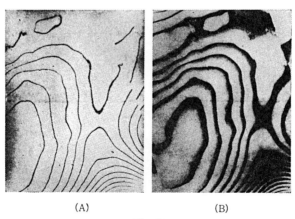

(A)   (B)

図 4-13

---

1) 木下是雄：J. Phys. Soc. Japan 8 (1953) 219.
2) J. Brossel：Proc. Phys. Soc. 59 (1947) 228.

が与えられるが，等差数列でなくなればなくなるほど干渉縞は不規則に拡がる．干渉縞が鮮明であるためには等差数列からの偏差が $\lambda/2$ より大きくないことが必要であるとすれば

$$\Delta \delta_m \fallingdotseq \frac{4m^3 d}{3}(\Delta\theta)^2 \leqslant \frac{\lambda}{2}$$

$$d \leqslant \frac{3}{2m^3 \lambda X^2}$$

ただし X は単位長さ当りの干渉縞の数で，

$$\Delta\theta = X\frac{\lambda}{2}$$

である．$\lambda=5500\,\text{Å}$ として X と d との関係を求めてみると表 4-1 のようになり，例えば mm 当り 100 本の干渉縞が出ているとき，鮮鋭な干渉縞を得るためには仮に $m=50$ とすれば

$$d \leqslant 2\,\text{m}\mu$$

となる[1]．したがって鮮鋭なくり返し反射の等厚干渉縞を得るには二つの干渉面を軽く圧着させるくらいにして空隙をできるだけ小さくしなければならない．このことは従来指摘されておらずトランスキーによりはじめて明らかにされたことで，これからくり返し反射干渉法が表面の精密検査の有力な手段として発達したのである．

表 4-1

$X/$mm	10	100	1000
d mm	1.26	0.012	0.0001

---

1) S. Tolansky: Multiple-Beam Interferometry (Oxford, 1948) p. 7.

第2章 干渉特論

§5 多色光の干渉

これまでは点光源より出る完全な単色光の干渉縞を調べた．しかし実際の光源は必ず有限の大きさを持ち完全な点光源というものはなく，また無限に鋭い単色光源というものもあり得ない．拡がった光源の各点から出る光および異なる波長の光は互いに干渉しないから，おのおのの作る干渉縞は強度で重なる．これは一種のモアレ模様であるから，干渉縞(interference fringe)と区別するために干渉模様(interference pattern)といおう．本節ではこの干渉模様のことを論ずる．

§5-1 異なる光源からの光の重ね合わせ

異なった波長の光または異なった光源から出た光は干渉しないということは，二つの光の和を与える式(4-2)で位相差を含む項が時間平均として0になるとしたからである．しかしこれは多数のランダムな振幅の合成であるから確率関数であり，このことは確率的にのみ成り立つ．レーレーに従えば，(4-3)は合成強度の最も確からしい値にすぎずこれから外れる確率は少なくないことが示される[1]．

複素振幅 $A_m \exp i\delta_m$ で表わされる光はその実および虚部を x, y 軸にとり，複素平面上の長さ A_m，x 軸となす角 δ_m のベクトルと考えると，光の重ね合わせはこの面上のベクトル算法で行なえる．δ_m が全くランダムのものであればその和のベクトルの長さはすべてのベクトルが同じ向きのときの値 $\sum_m A_m$ と0の間のあらゆる値をとり，一定の値は持たない．しかし m が非常に大きくなったときのその長さの確率分布は求められる．すなわち複素面上の $m+1$ 個のベクトルの和のベクトルの先端が $(x, y), (x+dx, y), (x, y+dy)$ と $(x+dx, y+dy)$ で囲まれる中にある確率を

$$W(x, y, m+1)dxdy$$

とすると m 個のベクトルの和の先端が

$$x' = x - A_m \cos \delta_m, \quad y' = y - A_m \sin \delta_m$$

としたとき $(x', y'), (x'+dx, y'), (x', y'+dy)$ と $(x'+dx, y'+dy)$ で囲まれる中にある

---

[1] J. W. S. Rayleigh : Sci. Pap. I p. 491.

確率は
$$W(x', y', m)dxdy$$

δ_m は全くランダムな値であるから,これが δ と $\delta+d\delta$ との間にある確率は $d\delta/2\pi$,したがって上記二つの確率の間には

$$dxdy \int_0^{2\pi} W(x', y', m)\frac{d\delta}{2\pi} = dxdy\, W(x, y, m+1)$$

の関係がある. $W(x', y', m)$ をテイラー級数に展開すれば

$$W(x', y', m) = W(x, y, m) + \left(A_m \cos\delta \frac{\partial}{\partial x} + A_m \sin\delta \frac{\partial}{\partial y}\right)W$$
$$+ \frac{1}{2}\left(A_m \cos\delta \frac{\partial}{\partial x} + A_m \sin\delta \frac{\partial}{\partial y}\right)^2 W + \cdots$$

これを上式に代入すれば $\sin\delta$, $\cos\delta$ の一次の項は 0 となるから,

$$W(x, y, m+1) - W(x, y, m) = \frac{A_m^2}{4}\left(\frac{\partial^2 W}{\partial x^2} + \frac{\partial^2 W}{\partial y^2}\right)$$

m が十分大であれば左辺は $\partial W/\partial m$ とおいてよいから

$$\frac{\partial W}{\partial m} = \frac{A_m^2}{4}\left(\frac{\partial^2 W}{\partial x^2} + \frac{\partial^2 W}{\partial y^2}\right)$$

簡単のためすべての A_m が等しいとし,これを A とおくとこの解は

$$W \sim \frac{1}{m} \exp\left(-\frac{x^2+y^2}{mA^2}\right)$$

W は確率であるから

$$\iint_0^\infty W(x, y, m)dxdy = 1$$

となるよう係数を決めると

$$W(x, y, m) = \frac{1}{\pi m A^2} \exp\left(-\frac{x^2+y^2}{mA^2}\right)$$

これはベクトルの先端が (x, y) と $(x+dx, y+dy)$ 内にある確率であるから,合成振幅が $r=(x^2+y^2)^{1/2}$ と $r+dr$ との間にある確率は

$$W(r)dr = \int_0^{2\pi} Wr dr d\theta = \frac{2}{mA^2} \exp\left(-\frac{r^2}{mA^2}\right)r dr$$

合成強度が r^2 になる確率は $r^2 W(r)$ であるから平均の強度 I は

$$I = \frac{2}{mA^2}\int_0^\infty \exp\left(-\frac{r^2}{mA^2}\right)r^3 dr = mA^2$$

すなわち

§5 多色光の干渉

'振幅が A で位相がランダムな m 個の波の合成強度の平均値は個々の波の強度の和 mA^2 である.' この平均値のまわりの変動を 'ゆらぎ' という (これについては §30-2 参照).

合成振幅が r より大きい確率は

$$W = \frac{2}{mA^2}\int_r^\infty \exp\left(-\frac{r^2}{mA^2}\right)rdr = \exp\left(-\frac{r^2}{mA^2}\right) \tag{5-1}$$

合成振幅の最大値はすべての振動が同一位相になったときで，このときの合成振幅は $r = mA$ であるからこれが実現する確率は (5-1) から

$$W = \exp\left(-\frac{(mA)^2}{mA^2}\right) = \exp(-m)$$

m はきわめて大きな数であるからこれは事実上 0 である.

以上の議論では簡単のためすべての波の振幅を等しいとしたが，異なる振幅のもの A_i があってもそれぞれの数 m_i が十分大であれば同様にして強度の最も確からしい値はおのおのの強度の和

$$I = \sum_i m_i A_i^2$$

であることが証明される.

§5-2 多色光の干渉模様

前節の結果から異なる光源から出た光または異なる波長の光による干渉縞の強度は確率関数として取り扱うべきことが明らかになったが，以下ではそのゆらぎにくらべ長時間の平均値をとり，おのおのの光の干渉縞が強度で重なり合い干渉模様を作るとしこの模様の性質を記し，§5-2 以下には点光源ではあるがそのスペクトルが単色でないとき，§6 には単色光ではあるが空間的に拡がった光源のときを示してある．この現象は本書の各所に散在して記されているが，数式的には全く同一に取り扱えるものである.

(a) 二つの波長の光

図 3-1 に示した複スリット干渉において点光源 Q が二つの波長 λ_1, λ_2 の光を出しているとすれば，おのおのの波長の光による干渉縞の強度は (3-11) からスリット間隔を l, $A = 1/2$ として

$$\left.\begin{array}{l} I_1(x) = \dfrac{1}{2}\left(1 + \cos k_1 \dfrac{lx}{b}\right) \\[6pt] I_2(x) = \dfrac{1}{2}\left(1 + \cos k_2 \dfrac{lx}{b}\right) \end{array}\right\}$$

ただし二つの光の波長を λ_1, λ_2 とし

$$k_1 = \frac{2\pi}{\lambda_1}, \qquad k_2 = \frac{2\pi}{\lambda_2}$$

したがって干渉模様はこの二つが重なったものであるから

$$k_1+k_2 = 2k, \qquad k_1-k_2 = 2\varDelta k$$

とすれば

$$I(x) = I_1(x)+I_2(x) = 1+\cos \varDelta k \frac{lx}{b} \cos k \frac{lx}{b} \qquad (5\text{-}2)$$

この光でニュートンリングを反射光で見ているとすればリングの半径を x, ガラス板の一方は平面, 他方は曲率半径 R の球面とし, (3-20)から λ_1, λ_2 の光についてそれぞれ

$$\left. \begin{aligned} I_1(x) &= 1-\cos k_1 \frac{x^2}{R} \\ I_2(x) &= 1-\cos k_2 \frac{x^2}{R} \end{aligned} \right\}$$

$$\therefore \quad I(x) = I_1(x)+I_2(x) = 2\left(1-\cos \varDelta k \frac{x^2}{R} \cos k \frac{x^2}{R}\right) \qquad (5\text{-}3)$$

これらは複スリットのときは x を(ニュートンリングのときは x^2 を,以後括弧内はニュートンリングのときを表わす)横軸にとれば,図5-1のようなコントラストが周期的に変る干渉模様を与える.(5-2),(5-3)から干渉模様の間隔は

$$\varDelta x = \frac{2\pi b}{kl} \qquad \left(\text{または}\quad \varDelta(x^2) = \frac{2\pi R}{k}\right)$$

でありコントラストの周期は

$$\delta x = \frac{2\pi b}{\varDelta kl} \qquad \left(\text{または}\quad \delta(x^2) = \frac{2\pi R}{\varDelta k}\right)$$

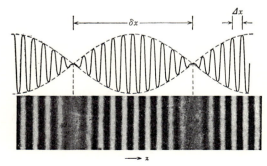

図 5-1

しかるにコントラストの一周期中の明または暗の模様の数を N とすれば

$$N = \left|\frac{\delta x}{\Delta x}\right| = \frac{k}{|\Delta k|} = \frac{\lambda}{|\Delta \lambda|} \quad \left(\text{または}\quad N = \left|\frac{\delta(x^2)}{\Delta(x^2)}\right| = \frac{k}{|\Delta k|}\right)$$

$$\therefore\quad |\Delta\lambda| = \frac{\lambda}{N} \tag{5-4}$$

すなわち干渉模様がいったん消えてからまた消えるまでの間にある本数を勘定するのみで二つの光の波長差が求められる．この方法は $\Delta\lambda$ が小さくなるほど N が大きくなるので小さな波長差が求められ，プリズム分光器などで測れないような微少な差の測定に適している．ただしスペクトルがあらかじめ二本の線であることはわかっていなければならない．フィゾーはニュートンリングをナトリウム(Na)のD光で照らして，その干渉縞からNaの D_1, D_2 の間隔が $\lambda/1000 \fallingdotseq 6$ Å であることをはじめて明らかにしたので，これをフィゾーの方法という．

(b) 連続スペクトル

スペクトル分布が $E(\kappa)$ ——ただし中心波数を k_0, $\kappa = k - k_0$ とし——の点光源による複スリット干渉の κ と $\kappa + d\kappa$ の間の光による干渉縞の強度分布は(3-11)で $A^2 = E(\kappa)/2$, $l\dfrac{x}{b} = u$ とおけば

$$lX = \frac{2\pi l}{\lambda b}x = ku = (\kappa + k_0)u$$

$$\therefore\quad dI(u) = E(\kappa)\{1 + \cos(\kappa + k_0)u\}d\kappa$$

したがって全スペクトルによる干渉模様はこれらの和で

$$I(u) = I_0 + C(u)\cos k_0 u - S(u)\sin k_0 u \tag{5-5}$$

$$\text{ただし}\quad \left. \begin{array}{l} I_0 = \displaystyle\int_{-\infty}^{\infty} E(\kappa)d\kappa, \quad C(u) = \displaystyle\int_{-\infty}^{\infty} E(\kappa)\cos\kappa u\, d\kappa, \\[2mm] S(u) = \displaystyle\int_{-\infty}^{\infty} E(\kappa)\sin\kappa u\, du \end{array} \right\} \tag{5-6}$$

この式は

$$I = I_0\{1 + \gamma(u)\cos(k_0 u + \phi)\} \tag{5-7}$$

$$\text{ただし}\quad \gamma(u) = \frac{\sqrt{C^2(u) + S^2(u)}}{I_0}, \quad \phi(u) = \tan^{-1}\frac{S(u)}{C(u)} \tag{5-8}$$

とおける．これは周波数 k_0 の単色光による干渉縞が $\gamma(u)$ で振幅変調されたものである．干渉縞のコントラストを

$$V = \frac{I_{\max} - I_{\min}}{I_{\max} + I_{\min}} \tag{5-9}$$

と定義すれば，$\gamma(u)$ はこれに等しく $\phi(u)$ と共に測定で求められる量である．これらを測り光源のスペクトル分布を知ることができるが（干渉分光），これについては§8を参照されたい．

(c) 矩形スペクトル

図5-2(A)の点線のような幅 $2\Delta k$ の透過帯スペクトル（凸型分布）を持つ点光源による複スリットの干渉模様は

$$E(\kappa) = 1, \quad |\kappa| < \Delta k \\ = 0, \quad |\kappa| > \Delta k$$

であるから(5-6)から

$$I_0 = \int_{-\Delta k}^{\Delta k} d\kappa = 2\Delta k, \quad C(u) = \int_{-\Delta k}^{\Delta k} \cos \kappa u \, d\kappa = 2\frac{\sin(\Delta k \cdot u)}{u}, \quad S(u) = 0$$

$$\therefore \gamma(u) = \frac{\sin(\Delta k \cdot u)}{\Delta k \cdot u}, \quad \phi = 0$$

したがって(5-7)から

$$I = 2\Delta k \left\{ 1 + \frac{\sin(\Delta k \cdot u)}{\Delta k \cdot u} \cos k_0 u \right\} \tag{5-10}$$

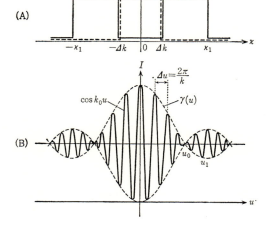

図 5-2

§5 多色光の干渉

この反対に図5-2(A)の実線のような同じ幅の吸収帯スペクトル(凹型分布)であれば,可視波数の両端を $|\kappa|\leqq\kappa_1$ として

$$\left.\begin{array}{ll}E(\kappa) = 0, & |\kappa| < \varDelta k \\ \quad\;\; = 1, & \varDelta k \leqslant |\kappa| \leqslant \kappa_1 \\ \quad\;\; = 0, & |\kappa| > \kappa_1\end{array}\right\}$$

したがって干渉模様は

$$I_0 = \int_{-\kappa_1}^{-\varDelta k} d\kappa + \int_{\varDelta k}^{\kappa_1} d\kappa = 2(\kappa_1 - \varDelta k),$$

$$C(u) = \int_{-\kappa_1}^{-\varDelta k} \cos \kappa u d\kappa + \int_{\varDelta k}^{\kappa_1} \cos \kappa u d\kappa = \int_{-\kappa_1}^{\kappa_1} \cos \kappa u d\kappa - \int_{-\varDelta k}^{\varDelta k} \cos \kappa u d\kappa,$$

$$S(u) = 0$$

κ_1 が十分大きいとすれば $C(u)$ の第一項はデルタ関数 $\delta(u)$ とみてよいから

$$C(u) = \delta(u) - 2\frac{\sin(\varDelta k \cdot u)}{u}, \quad S(u) = 0$$

$\delta(u)$ は $u=0$ 付近を除いては 0 であるから

$$I = 2\kappa_1 - 2\varDelta k \left\{1 + \frac{\sin(\varDelta k \cdot u)}{\varDelta k \cdot u} \cos k_0 u\right\}, \quad u \neq 0 \qquad (5\text{-}11)$$

(5-10)を I_1, (5-11)を I_2 とし和をとれば

$$I_1 + I_2 = 2\kappa_1 = \text{const.}, \quad u \neq 0$$

このことは矩形スペクトルでなく,もっと一般に'互いに相補的な分光分布を持つ光の干渉模様は(中心付近を除き)互いに相補的である'ということが証明できる.これは§19-1 の回折像に関するバビネの定理に相当するものである.

(5-10)は(1-52)と同じ式であるから,図1-8と同じような曲線で図5-2(B)に示すような強度分布を持ち,$u=0$ のコントラストは $V(0)=1$,次のコントラストが最大のところ u_1 はほぼ $\varDelta k \cdot u_1 = 3\pi/2$,この付近のコントラストは(5-10)から

$$I_{\max}(u_1) = 1 + 0.22, \quad I_{\min}(u_1) = 1 - 0.22$$

$$\therefore \quad V(u_1) = 0.22$$

すなわちコントラストはわずかに 0.22 であるから干渉模様は γ が最初に 0 になるところを $\pm u_0 = \pi/\varDelta k$ として $|u| > u_0$ では認められないとしてよい.u_0 および干渉模様の間隔は図から

$$\varDelta k \cdot u_0 = \pi, \quad \varDelta u \cdot k = 2\pi$$

ここで認め得る干渉模様の本数を N とすれば

$$N = \frac{2u_0}{|\Delta u|} = \frac{k}{|\Delta k|} = \left|\frac{\lambda}{\Delta \lambda}\right|$$

したがって N を知ればスペクトルの波長幅 $\Delta\lambda$ を知り得る．これは(a)で述べたものとまったく同じでそれを一般化したものである．図5-3は白色光に種々の幅の色ガラスフィルターをかけた光で照らしたときのニュートンリングの本数を調べたもので，相当幅の広いスペクトルにいたるまで——分光透過曲線が特異の一，二例を除き——上の関係が成立している[1]．

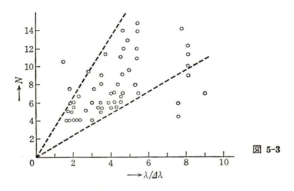

図 5-3

(d) 吸収スペクトル

ネオジウム(Nd)を含む色ガラス(ネオファンガラス)は図5-4(A)のように0.57~0.60μ付近に幅のせまい吸収帯があるので，効率のよい幻わく防止のフィルターとして用いられたり，0.5μ以下の光をさえぎるフィルターと併用し水銀灯の0.54μの単色フィルターとして広く用いられている．その吸収曲線を図の点線のように理想化すれば，これを通った光は図5-2(A)の凹型分布と考えてよいから，その干渉模様は同じ幅の透過帯スペクトルと相補的で，よい単色光源を用いたのと同じになり，認め得る干渉模様の本数は $\lambda=0.6\mu$, $\Delta\lambda=0.03\mu$ とすれば $N \fallingdotseq 0.6/0.03=20$, すなわち約20本認められる(図5-4(B)[2])．

光学工場ではレンズ研磨の仕上りをニュートンリングで見るため水銀灯などを用意しているところが多いが，(c),(d)で述べたことを用いれば通常の電球または太陽光を用いフィルターを眼鏡として見るだけでよく高価な単色光源は必要ない．特にネオファンフィル

---

1) 小瀬輝次，久保田広：応用物理 **18**(1957)22.
2) C. Schäfer: Z. Tech. Phys. **20**(1939)193.

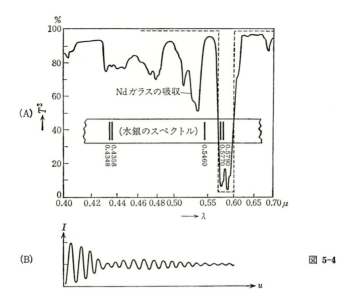

図 5-4

ターを用いれば明るく有効な単色光源の代用となる.

§5-3 白色光の干渉模様

(a) 白色干渉縞

いままでの記述は干渉の観測には単色光またはこれに近いスペクトル幅の狭い光を用いるとしたので色は問題にならなかったが，白色光を用いれば各波長すなわち異なる色の光が別々に異なる間隔の干渉縞を作り着色した干渉模様となる．ただし０次の干渉縞はすべての波長に対し位相差が０（または反射により位相の反転があればπ）であるから，白色光を用いても明瞭な無色（白色または黒色）の干渉縞が認められる．これを白色干渉縞（white light fringe, 干渉模様というべきであるがこれは習慣にしたがう）という．白色光を用いた干渉縞はこの０次の縞を中心に着色した縞が数本見えるが，次数が高くなるにつれて色が不鮮明になりコントラストも低下し縞の位置も正確には測り難くなる．図 5-5 はこれをパンクロフィルムで撮ったものである．しかし単色光による干渉縞では全く同じ縞が並び次数が判らないが，白色干渉縞では図から明らかなように０次の位置が明示されるので，干渉縞の位置またはその移動を用いる諸測定では縞の移動の整数部分（干渉縞の間隔を１

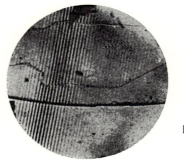

図 5-5

としたときの)を知る目印として重用されている(例えばマイケルソンの干渉計による測長, §8-7 参照).

(b) 厚い板の干渉縞

　干渉縞のコントラストは光路差が大になるほど低下し,特別の単色光を用いないかぎり厚い板の表と裏面の反射光による干渉縞は認められない.しかし特殊の工夫をして光路差が 0 またはこれに近くなるようにすれば白色光でも厚い板の干渉縞は認められる.往時よい単色光の得られなかったころはこのような方法が干渉測定の主役を演じていたのではないかと思われる.このようなものの例を一,二あげておこう.

　(i) ケテレの環　　図 5-6 のように裏面 M をメッキして反射鏡とした平行平面板 G に微粒子を散らしておくと白色光でも同心円の干渉縞が数本認められる.同図(B)は入射光および M～M′ による反射光の鏡像を描いたもので,I (実線) は表面で屈折してから裏面で反射後微粒子 P で散乱させられた光,II (破線) は入射するとき微粒子 P′ で散乱させられてから裏面で反射後表面で屈折して出てくる光で,干渉縞はこの二つの光の干渉によるものとして説明され,光路差は板が厚くてもきわめて小さくなるので白色光でも干渉縞が見られる.入射角は二つの光とも i であり,このうち出射角が φ のものを調べて見る.ガラス中の屈折角はそれぞれ i' および φ' とする.I の入射点 A より II に下した垂線の足を N,II の出射点 B より I に下した垂線の足を N′ とすれば

$$\left.\begin{array}{l} \text{I の光路長}: \quad D_1 = n\overline{\mathrm{AP}} + \overline{\mathrm{PN'}} = \dfrac{2nd}{\cos i'} + (2d\tan\varphi' + \varepsilon)\sin\varphi \\[6pt] \text{II の光路長}: \quad D_2 = \overline{\mathrm{NP'}} + n\overline{\mathrm{P'B}} = (2d\tan i' + \varepsilon)\sin i + \dfrac{2nd}{\cos\varphi'} \end{array}\right\}$$

ε は P, P′ の間隔である.A, B では屈折の法則が成り立ち

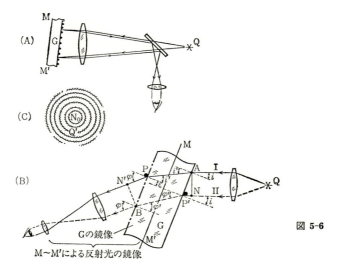

図 5-6

$$n \sin i' = \sin i, \quad n \sin \varphi' = \sin \varphi$$

これを考えると光路差は

$$\varDelta D = 2nd(\cos i' - \cos \varphi') + n\varepsilon(\sin \varphi' - \sin i')$$

εはランダムであるから ε≠0 の光は強度で重なりバックグラウンドとなり，ε=0 すなわち同一粒子で散乱された光のみ干渉縞を作り

$$\varDelta D = 2nd(\cos i' - \cos \varphi')$$

同図(C)は視野に見える干渉縞で光源より板に下した垂線の足 N_0 を中心とする同心円で，光源の方向では $\varphi=i$，故に $\varDelta D=0$ であるからその像(同図 Q')を通る干渉縞は白色干渉縞である．垂直入射の近くであれば中心が白色干渉縞で $i=i'=0$，したがって m 次の干渉縞は

$$\varDelta D = \frac{d}{n}\varphi^2 = m\lambda$$

$$\therefore \quad \varphi = \sqrt{m}\sqrt{\frac{n\lambda}{d}} \tag{5-12}$$

すなわち干渉縞の半径はニュートンリングなどと同じく次数の平方根に比例する[1]．点光源を用いているが，微粒子の散乱により光は各方向へ進んでいるから拡がった光源を用い

---

1) J. W. S. Rayleigh : Sci. Pap. III p. 73.

たと同じ効果があり，等傾角の干渉縞であるから縞は無限遠にできている．この現象は微粒子により散乱された光がなお可干渉性を持つことを示す例で，ケテレの環という．

(ii) ブルースターの干渉縞 厚い板でも見られる干渉縞のもう一つの例として，ブルースターの干渉縞がある．図 5-7(A) のように厚さのほぼ等しい二枚の平行平面を互いにわずかの角 $\varDelta\theta$ 傾けて相対させたものを暗箱の中へ入れ拡がった光源で照らすと，同図 (B) のような縞が見られる．これは主平面（二つの板の面の交線に直角な面，いまの場合紙面）内の光を考えると，三回以上反射した光は考えないとして同図に示すように(I),(II) の二つのグループに分けられる七つの光があり，P_1 の左側の面に入ってから P_2 の右側の面から出るまでの光路長は図中の表のようである．ただし D はガラス面の間隔，d は板の厚さ，n は屈折率である．

これからわかるように，(I) のうち 2 と 3 は光路差がほとんどないので互いに干渉するが，1 は光路長が著しく異なるので干渉せずバックグラウンドとなる．しかるに，2, 3 は二回反射，1 は一回も反射していない光であるのでバックグラウンドが強く干渉縞のコントラストは悪い．(II) はいずれも二回反射のものでこのうち $2'$, $3'$ の光路長がほぼ等しく干渉する．$1'$, $4'$ はバックグラウンドとなるが，同じ二回反射後の光で (I) のときほど強くないのでコントラストは (I) よりよく，いまは II 群したがって $2'$ と $3'$ の干渉のみを考える．それぞれの板への入射角を i_1, i_2，屈折角を i_1', i_2' とすれば光路差は

$$\varDelta D = 2nd(\cos i_1' - \cos i_2') = 2d(\sqrt{n^2-\sin^2 i_1} - \sqrt{n^2-\sin^2 i_2})$$
$$= \frac{2d(\sin^2 i_2 - \sin^2 i_1)}{\sqrt{n^2-\sin^2 i_1} + \sqrt{n^2-\sin^2 i_2}} = \frac{2d\sin(i_2-i_1)\sin(i_2+i_1)}{\sqrt{n^2-\sin^2 i_1} + \sqrt{n^2-\sin^2 i_2}}$$

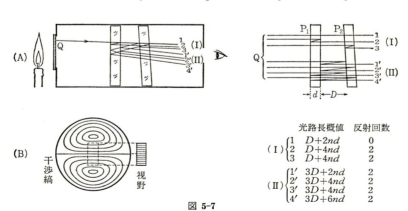

		光路長概値	反射回数
(I)	1	$D+2nd$	0
	2	$D+4nd$	2
	3	$D+4nd$	2
(II)	$1'$	$3D+2nd$	2
	$2'$	$3D+4nd$	2
	$3'$	$3D+4nd$	2
	$4'$	$3D+6nd$	2

図 5-7

二つの板の面の法線のなす角の二等分線と板への入射光と出射光のなす角を i とすれば

$$i_1 = -\frac{\Delta\theta}{2}+i, \quad i_2 = \frac{\Delta\theta}{2}+i$$

また $i_1+i_2 \fallingdotseq 2i$ とおいて

$$\Delta D \fallingdotseq \frac{d\sin\Delta\theta\sin 2i}{\sqrt{n^2-\sin^2 i}} \tag{5-13}$$

垂直入射に近く ($i\fallingdotseq 0$), また $\Delta\theta$ は微小角とすれば上式はさらに

$$\Delta D \fallingdotseq 2d\Delta\theta\frac{i}{n} \tag{5-13}'$$

これが波長の整数倍に等しいところで明るい干渉縞を与えるが, $i=0$ の方向では $\Delta D=0$ であるから, 白色光を用いればこの方向に無色干渉縞が見られる. m 次の縞は $\Delta D=m\lambda$ とおいて

$$i_m = \frac{mn\lambda}{2d\Delta\theta} \tag{5-14}$$

の方向にできている. これは二つの板の面の交線(紙面に垂直)に平行の等間隔のものであるから, 二つの面の間の等厚の干渉縞のように見えるが, 上記のように等傾角 ($i=$const.) のもので二つの光は互いに平行であるから, 干渉縞は無限遠にできている. P_1, P_2 を上下にずらし十分斜め(例えば 45°)の入射光を用いれば干渉に不要な光は絞りで十分除かれる. さらに裏面をメッキして反射を完全にすれば十分明るくかつコントラストのよい干渉縞を得る. これがジャマンの干渉計(§7-1)の原理で, このほかマイケルソンの干渉計(§8)もこれの改良と考えられるので, ブルースターの装置はこれらの prototype として歴史上に重要なものである.

(c) 干渉縞の明度

小さい空隙または薄膜を白色光で照らしたときの干渉模様の色は, §14-3 で色の理論により詳細に記述してあるので同所を参照されたい. 波長 λ の光に対する空隙または薄膜の干渉縞の強度分布はその波長に対する屈折率を n, 膜の厚さを d として垂直入射のとき

$$I = \cos^2\frac{\delta}{2} \quad \text{または} \quad \sin^2\frac{\delta}{2}$$

$$\delta = \frac{2\pi}{\lambda}(2nd) \tag{5-15}$$

で与えられ, 例えばニュートンリングの反射光は後者, 透過光は常数項を除けば前者であるから, それぞれの干渉色は図 14-4 で与えられる. 干渉模様が着色しているとき明暗は

CIE の色座標の Y (色の理論では明度といわれるもの) で表わされる. これは入射光のエネルギー分布を $E(\lambda)$ とすれば比視感度曲線を $\bar{y}(\lambda)$ として

$$Y = \int E(\lambda)\bar{y}(\lambda)I(\lambda)d\lambda \tag{5-16}$$

で与えられるから, これに (5-15) を代入し, Y を nd を横軸にとって表わすと図 5-8(A) のようになる. ただし光源としては CIE の C 光源を用いてある. この明または暗のくり返される回数を白色光の干渉模様の本数ということにすれば大体 5〜6 本認められ, 縞の間隔は比視感度の中心波長 ($\lambda=0.55\,\mu$) と等しい波長の単色光によるものと同じと考えてよい[1]. 同図 (B) は白色干渉縞を $\bar{y}(\lambda)$ と同じ分光感度を持つ光電管で走査したときの出力曲線で計算とよく一致している[2].

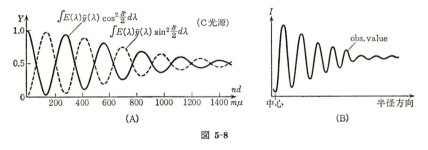

図 5-8

(d) 干渉縞の色消し

干渉縞の強度分布は波長により異なるから白色光を用いれば 0 次以外の縞は着色して見える. しかしあらかじめ入射光に, 波長により異なる予備的変化を与えて, 異なる色の干渉縞が同じ位置にできるようにしておけば着色しない干渉縞を得る. これを色消し干渉縞 (achromatic fringe) という. 予備的変化を与えるのにプリズムを用いる方法もあるが[3] この干渉縞自身を利用してもよい. すなわち図 5-9(A) のような間隔 l_0 の無限に多数のスリット G_0 の干渉縞は §4-2 によりスリット列と同じ無限に細い輝線の列 G で, その間隔は (4-13) により (φ_m は小さく $\cos\varphi_m \fallingdotseq 1$ として)

$$l(\lambda) = \frac{b_0}{l_0}\lambda$$

これを (二次) 光源とする干渉縞 G' は間隔 $l(\lambda)$ のスリット群の干渉縞と同じく間隔 l' の無

---

1) 久保田広: Progress in Optics I (North Holland, 1961) p. 246.
2) C. Schäfer: Z. Phys. **20** (1939) 195.
3) J. W. S. Rayleigh: Sci. Pap. IV p. 301.

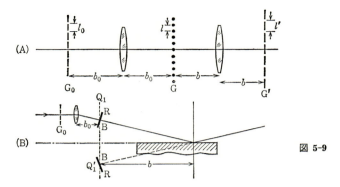

図 5-9

限に細い輝線の列で

$$l' = \frac{b}{l(\lambda)}\lambda = \frac{b}{b_0}l_0$$

これは λ を含まず achromatic である．

このような特別な場合のみでなく，一般に一次の干渉（または回折）像を光源とする二次の干渉（または回折）像は色消しとなっていることが証明され，これを再回折による色消しという（§23-2参照）．

ロイドの鏡（図3-3）においても干渉縞は(1-39)を用い光源より b のところの x 軸上で

$$I \fallingdotseq A^2 \sin^2 \frac{2\pi}{\lambda} \frac{\overline{Q_1Q_1'}}{b} x$$

したがって強度は波長により異なり着色しているが，図5-9(B)のように回折格子 G_0 を用い，そのスペクトルが Q_1 にできているようにしてこれを光源とすればスペクトルとその鏡像 Q_1' の間隔は

$$\overline{Q_1Q_1'} = \frac{b_0}{l_0}\lambda \quad \therefore \quad I = A^2 \sin^2 \frac{2\pi}{\lambda} \frac{b_0\lambda}{bl_0} x = A^2 \sin^2 \frac{2\pi b_0}{bl_0} x$$

となり，強度分布は波長を含まず色消し干渉縞となる．

§6 拡がった光源による干渉模様

§6-1 コントラストの低下および localization

単色光を出す点光源による干渉縞は明暗が明瞭に交互に出ているコントラストのよいもので，かつ二つの波の重なり合う空間のいたるところにできている．しかし単色光源でも空間的に拡がったものでは各点の作る干渉縞はずれており，各点はそれぞれインコヒーレ

ントの光を出しているのでこれは強度で重なり——多色光の場合と同じく——干渉模様を作る．コントラストは場所により変るが，コントラストの低下が著しいところではこの模様は見えなくなり，一定のところにのみできているように見える．これを干渉模様の偏在 (localization) という．

(a) コントラストの低下

図 3-1 の複スリット干渉では紙面に垂直の一つの線光源 Q があるとしたが，いま二つの線光源 Q_+, Q_- が z 軸と $\pm\Delta\theta$ をなす方向にあるとしよう（図 6-1(A)）．各光源からの光の振幅を A とすれば干渉縞の角方向を φ として，それぞれの光源による干渉縞は光源および像面がスリットから十分に遠方にあるとすればそれから $\pm\Delta\theta$ だけずれたものとなる．これを $I_+(\varphi)$, $I_-(\varphi)$ と記し複スリット S_1, S_2 を無限に細いとすれば，(3-11) の $x/b=\varphi$ の代りに $(\varphi\pm\Delta\theta)$ とおき

$$I_\pm(\varphi) = 2A^2\{1+\cos kl(\varphi\pm\Delta\theta)\} \tag{6-1}$$

したがってこれらが重なった干渉模様は

$$I = I_+(\varphi)+I_-(\varphi) = 4A^2\{1+\gamma\cos(kl\varphi)\} \tag{6-2}$$

$$\text{ただし}\quad \gamma(\Delta\theta) = \cos(kl\Delta\theta) \tag{6-3}$$

これは一つの線光源による干渉縞の振幅が A^2 の代りに $A^2\gamma$ となったもので，干渉縞は依然スリットの右側の空間のいたるところにできているが，γ の値により図 6-1(B) のようにコントラストが低いものとなる．コントラストとして (5-9) で定義した V をとればこれは γ に等しく $\Delta\theta$ により周期的に変る．光源が $|\theta|<\Delta\theta$ の間に拡がっている明るさが一様

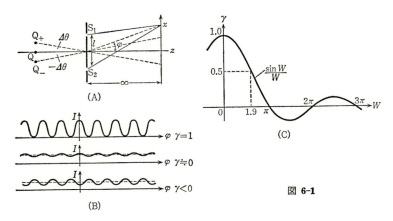

図 **6-1**

のものとすれば光源全体による強度は上式の和の代りに積分をとり

$$I(\varphi) = \frac{A^2}{2}\int_{-\Delta\theta}^{\Delta\theta}\{1+\cos kl(\varphi+\theta)\}d\theta = A^2\Delta\theta\{1+\gamma\cos(kl\varphi)\} \quad (6\text{-}4)$$

$$\text{ただし}\quad \gamma = \frac{\sin(kl\Delta\theta)}{kl\Delta\theta} \quad (6\text{-}5)$$

これは(6-2)と同じ形であるが，γは図6-1(C)(横軸を $W=kl\Delta\theta$ とおく)のように変り，$\Delta\theta$ が大になるにつれ——線光源の場合と異なり——減少するのみである．これの m 番目の 0 を与える光源の大きさを $\Delta\theta_m$ とすれば

$$kl\Delta\theta_m = \frac{2\pi l}{\lambda}\Delta\theta_m = m\pi \quad \therefore \quad \Delta\theta_m = \frac{m\lambda}{2l} \quad (6\text{-}6)$$

$\Delta\theta$ が最初の 0，すなわち $\Delta\theta_1$ より大になると $\gamma \fallingdotseq 0$ とみてよいから，これより大きい光源では干渉模様は見えない．例えば $l=5$ mm, $\lambda=0.5\,\mu$ とすれば $\Delta\theta_0=0.5\times10^{-4}$，したがって $f=10$ cm のコリメーターを用いれば干渉縞が見えるためにはスリット幅は 0.01 mm 以下でなければならない．

(6-6)から干渉縞の見えなくなる l を測り光源の大きさ $\Delta\theta$ を知ることができ，この応用については§6-3で述べる．

(b) 干渉模様の localization

複スリット干渉の場合は(a)で述べたように光源が拡がると，干渉模様のコントラストはどこでも同じように低下した．これは光源が拡がったものでもその中の一点 Q から考える点までの光路差を ΔD，光源の他の点 Q$'$ から同じ点までの光路差を $\Delta D'$ としたとき，これの変化 $(\Delta D-\Delta D')$ がどこでも同じであったからである．しかしこれが場所により異なればこれが小さいところ例えば

$$\Delta D - \Delta D' \leqq \frac{\lambda}{4} \quad (6\text{-}7)$$

のところは二つの光による干渉縞はほとんど同じで，これが重なったものもコントラストはほとんど変らないが，これより大きいところでは著しく明暗がずれて重なるのでコントラストは 0 に近くなる．かくして干渉模様はあるところにのみ存在するように見え localization という現象を生ずる．これを楔形の面の干渉模様の場合について調べてみよう．

点光源 Q から出た光が楔の上下の面の A, B で反射しているときの Q, A, B を含む平面を図6-2の紙面とし，簡単のため楔の面を通る時の光の屈折はないものとする（屈折があっても原理的には同じである）．反射光は P で交わっているとすれば P の上下の面による

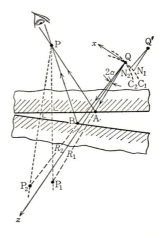

図 6-2

鏡像を P_1, P_2 として $\overline{P_1Q}=R_1$, $\overline{P_2Q}=R_2$ とすれば二つの光の光路差は

$$\Delta D = \overline{QAP} - \overline{QBP} = R_1 - R_2$$

P_1, P_2 を中心として Q を通る球面 C_1, C_2 を画き，Q' と P_1, P_2 を結ぶ直線のこれとの交点を N_1, N_2 とし

$$\overline{Q'N_1} = l_1, \quad \overline{Q'N_2} = l_2$$

とおけば Q' から P へいたる二つの光の光路差は

$$\Delta D' = (l_1+R_1)-(l_2+R_2) = l_1-l_2+\Delta D$$

したがって二つの光源から P までの光路差のちがいは

$$\Delta D' - \Delta D = l_1 - l_2$$

いま $\angle P_1QP_2 = 2\alpha$ の二等分線を z 軸に，Q を通りこれと直角に紙面内に x 軸，紙面と直角に y 軸をとり，Q' の座標を (x, y, z) とすれば P_1, P_2 の座標は，α は小さいとして，

$$P_1(R_1 \sin\alpha, 0, R_1 \cos\alpha), \quad P_2(-R_2\sin\alpha, 0, R_2\cos\alpha)$$

$$\therefore \quad l_1+R_1 = \sqrt{(x-R_1\sin\alpha)^2+y^2+(z-R_1\cos\alpha)^2} \fallingdotseq R_1\left(1-\frac{\alpha x+z}{R_1}+\frac{x^2+y^2+z^2}{2R_1^2}\right)+\cdots$$

$$l_2+R_2 \fallingdotseq R_2\left(1-\frac{-\alpha x+z}{R_2}+\frac{x^2+y^2+z^2}{2R_2^2}\right)+\cdots$$

したがって

$$\Delta D - \Delta D' = l_2 - l_1 = 2\alpha x + \frac{1}{2}(x^2+y^2+z^2)\left(\frac{1}{R_2}-\frac{1}{R_1}\right) \tag{6-8}$$

光源が十分遠くにあり第二項は(6-7)を満たしているとして省略すれば
$$\Delta D - \Delta D' = 2\alpha x$$
これはy, zを含まないから光源はQABを含む平面と垂直方向にいくら拡がっていても，干渉模様は点光源による干渉縞と同様に明瞭なものである．光源がx方向に大きくなれば$\alpha \to 0$，すなわち一本の光線を反射面に導き，Qから出た光線が上下の面の反射により二分されてから重なり合う点Pの付近に干渉縞はlocalizeする．この位置で干渉模様が認められるためには(6-7), (6-8)から

$$\frac{1}{2}(x^2+y^2+z^2)\left(\frac{1}{R_2}-\frac{1}{R_1}\right) = \frac{1}{2}(x^2+y^2+z^2)\frac{R_1-R_2}{R_1 R_2} \leqslant \frac{\lambda}{4}$$

入射点における楔の厚さをhとすれば$R_1-R_2 \fallingdotseq h$，R_1およびR_2はほぼ$\overline{\text{QAP}}$に等しいからPから反射面を通して見た光源の角半径を$\Delta\theta$とすれば$(x^2+y^2+z^2)/R_1 R_2 \fallingdotseq (\Delta\theta)^2$，したがって干渉模様の認められるためには$\Delta\theta \leqslant \sqrt{\lambda/2h}$でなければならない[1]．

§6-2 干渉模様の所在

(a) 楔面の干渉

楔形をなす二つの面を大きさのある光源で照らしているときの干渉模様は上記のことから，図6-3(A)のように光源から出た一つの光線が二つに分れた後交わる点Pの付近にできている．二つの面のなす角をβとすれば$\angle \text{BPA}=2\beta$，上の面への入射角をiとしてβはきわめて小さいとすれば下の面への入射角も近似的にiとしてよいから$\triangle\text{ABP}$において

$$\frac{\overline{\text{AP}}}{\sin 2i} = \frac{\overline{\text{AB}}}{2\beta} = \frac{h}{2\beta \cos i}$$

楔の頂点をCとすれば上式は

$$\overline{\text{AP}} = \frac{h}{\beta}\sin i = \overline{\text{AC}}\sin i \tag{6-9}$$

したがって$\angle \text{CPA}=\pi/2$であるからPはACを直径とする円上にある．図6-3(B)のような(紙面に垂直の)筒形の光源Qの各点Q_m付近の光による干渉模様は円K_m上の点P_mにlocalizeしており，同図(C)のようにレンズを用い平行光束群として入射させたときはCを通る直線上に並ぶ．Pにおける二つの光の光路差は(3-15)により

$$D = 2h\cos i = 2(\overline{\text{CA}}\,\beta)\cos i \fallingdotseq \overline{2\text{CP}}\cdot\beta$$

---

1) 屈折を考えた取り扱いはG. F. C. Searls: Phil. Mag. **37**(1946)383.

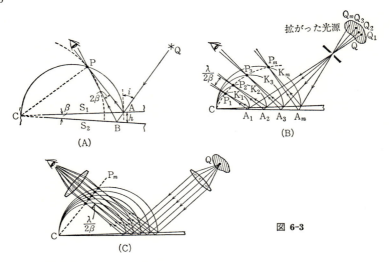

図 6-3

したがって干渉模様の(明または暗のところの)間隔は

$$\overline{P_m P_{m+1}} = \frac{\lambda}{2\beta}$$

である．フィゾーの干渉縞(図3-7,8)やニュートンリング(図3-9)を見るときのように垂直入射に近ければ $i \fallingdotseq 0$，したがって

$$\overline{AP} \fallingdotseq 0, \quad D = 2h$$

すなわち干渉模様は干渉を起す空隙に localize し，その強度は空隙の幅にのみ関係するから，空隙のところにピントを合わせた虫めがねにより干渉模様の強度からそこの厚さを正確に測り得る．平行平面($\beta=0$)のときは強度が入射角により変る等傾角の干渉縞で干渉模様は無限遠に localize する($\overline{AP} \to \infty$)から，これを見るにはピントを無限遠に合わせた望遠鏡を用いる．

(b) フレネルの複プリズム

図3-2ではフレネルの複プリズム(または二枚鏡)をプリズムの稜に直角の二次元の問題として取り扱い，干渉縞の強度を z 軸上の光源 Q による二つの波 u_1, u_2 によるものとして求めた．いま図6-4(A)のように光源が紙面内に拡がりを持てば，(a)と同様，干渉縞の localization が起るはずである．光源の拡がりを QQ′ とすれば，例えば Q′ によるものは二つの虚の光源 $Q_1′, Q_2′$ による波 $u_1′, u_2′$ によるもので，この干渉縞は z 軸をプリズムの頂点 C を中心に θ だけ回転した $z′$ 軸について Q によるものと全く同じで，像面 x 上での干

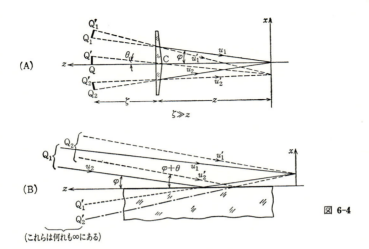

図 6-4

渉縞は $\Delta x=\theta z$ だけずれて Q によるものと重なる．Q および Q' は十分遠くにあるとして，その位置を角方向にして θ と $\theta+d\theta$ との間にあるとすれば，これによる干渉縞の強度は (1-39) の x の代りに $x+\Delta x=x+\theta z$ とおけばよく ($\Delta\delta=0$), $A^2=1/2$ として

$$dI(x) = \cos^2 p(x+\theta z)d\theta = \frac{1}{2}\{1+\cos 2p(x+\theta z)\}d\theta, \qquad p = k\sin\varphi \quad (6\text{-}10)$$

したがって光源全体による強度は光源の拡がりを $|\theta| \leqq \Delta\theta$ として

$$I(x) = \int dI(x) = \frac{1}{2}\int_{-\Delta\theta}^{\Delta\theta}\{1+\cos 2p(x+\theta z)\}d\theta$$

$$= \Delta\theta\{1+\gamma(z)\cos 2px\}$$

ただし $\quad \gamma(z) = \dfrac{\sin(2p\Delta\theta\cdot z)}{2p\Delta\theta\cdot z} = \dfrac{\sin(2k\sin\varphi\cdot\Delta\theta\cdot z)}{2k\sin\varphi\cdot\Delta\theta\cdot z} \quad (6\text{-}11)$

これは点光源の場合の強度分布を γ で振幅変調したもので，干渉縞のコントラスト γ は図 6-1(C)(横軸を $W=(2k\sin\varphi\cdot\Delta\theta)z$ とする) になる．γ が最初に 0 になるのは

$$z_0 = \frac{\pi}{2k\sin\varphi\cdot\Delta\theta} = \frac{\lambda}{4\sin\varphi\cdot\Delta\theta}$$

したがって $z\geqq z_0$ のところは $\gamma\cong 0$ で干渉縞は見えないが，大きい $\Delta\theta$ の光源による干渉模様はプリズムの付近にのみ現われる．すなわちここに localize している．

(c) ロイドの鏡

ロイドの鏡 (図 3-3(A)) も鏡面と直角の断面内を考えると (図 6-4(B))，干渉縞は光源 Q_1

とその鏡像 Q_1' からの光の干渉であるから光源が $\overline{Q_1Q_2}$ に拡がっているとすればその鏡像は $\overline{Q_1'Q_2'}$ の拡がりを持つ．しかしこれはフレネルの複プリズムのときと異なり中心線 (z 軸) について対称の拡がりであるから干渉縞全体としての z 軸に対するズレはない．しかし入射角 φ が異なってくるから干渉縞の間隔が異なってきて，やはり Q_1 によるそれとはずれてコントラストは低下する．Q_1', Q_2' による干渉縞はこの角間隔を $2(\varphi+\theta)$ とすれば (1-39) で $p=k\sin(\varphi+\theta)$ とおき

$$dI = \sin^2 px\,d\theta = \frac{1}{2}\{1-\cos[2kx\sin(\varphi+\theta)]\}d\theta$$

したがって光源全体による強度は光源の拡がりを角度で $|\theta|\leqslant\varDelta\theta$ として

$$I = \frac{1}{2}\int_{-\varDelta\theta}^{\varDelta\theta}\{1-\cos[2kx(\sin\varphi+\theta\cos\varphi)]\}d\theta$$
$$= \varDelta\theta\{1-\gamma(x)\cos(2k\sin\varphi\cdot x)\}$$

ただし $\quad \gamma(x) = \dfrac{\sin(2k\cos\varphi\cdot\varDelta\theta\cdot x)}{2k\cos\varphi\cdot\varDelta\theta\cdot x}$ (6-12)

これは (3-17) が γ で振幅変調されたもので，コントラストは図 6-1(C)（横軸を $W=(2k\cdot\cos\varphi\cdot\varDelta\theta)x$ とする）である．したがって x が大になるとコントラストは急激に減少し，γ の最初の 0 より大きなところ，すなわち

$$x \geqslant \frac{\pi}{2k\cos\varphi\cdot\varDelta\theta} = \frac{\lambda}{4\cos\varphi\cdot\varDelta\theta}$$

では干渉模様は見えなくなる．したがって干渉模様は鏡面近く ($\cos\varphi\fallingdotseq 1$ として)，ほぼ $\lambda/2\varDelta\theta$ のところに localize している．

これを太陽よりの電波とその水面からの反射の干渉を観測する cliff interferometer (図 3-3) に適用してみる．光源が円形のときは前述の計算と少し異なり，くわしくは §6-3(b) に示してある．太陽の輝度分布は同所の記号で $\alpha=0.4$，$\gamma(x)$ は (6-12) の代りに (6-18) で与えられ同式の kl の代りに $2k\cos\varphi\cdot x$ とおけばよく

$$\gamma(x) = \frac{J_{1.4}(2k\cos\varphi\cdot\varDelta\theta\cdot x)}{(2k\cos\varphi\cdot\varDelta\theta\cdot x)^{1.4}}$$

で与えられる．太陽の視半径を $\varDelta\theta=16'$，図 3-3 は日の出時の観測であるから太陽の高度は低く $\cos\varphi\fallingdotseq 1$，観測点は水面上 $x=85\mathrm{m}$ のがけの上にあるから $\lambda=1.5\mathrm{m}$ (200 MHz) として

$$2k\cos\varphi\cdot\varDelta\theta\cdot x \fallingdotseq 3.06$$

したがって図 6-5(C) の曲線から干渉模様のコントラストは

$$\gamma(x=85\,\mathrm{m})\fallingdotseq 0.4$$

となる．

§6-3 天体干渉計

(a) 二重星の測定

二つの点光源による複スリット干渉縞の強度分布は(6-2)で与えられるから，そのコントラストは光源の角間隔と共に周期的に変り，これが最初に0になるスリット間隔を l_1 とすれば

$$2\varDelta\theta = \frac{\lambda}{2l_1} \tag{6-13}$$

である．これから l_1 を知り $\varDelta\theta$ が測れる．これを応用して二重星の間隔を測るには，望遠鏡の対物レンズに複スリット S_1, S_2 を取付け二重星を見ると間隔が小さくて望遠鏡では分解し得ないものでも図6-5(A)のようなエアリーの円盤に干渉縞の入ったものが見られる．スリット間隔 l を増していくと干渉縞のコントラストが次第に低下するから，これが0になったときの l_1 から上式により二つの星の視間隔 $2\varDelta\theta$ がわかる．ただしこれは予め二重星であるということが判っているものでなければならない．望遠鏡の対物レンズの直径を $2a$ とすればこの方法で l_1 の最大値は $2a$ であるから，$2\varDelta\theta$ は $\lambda/4a$ まで測れる．これは対物レンズの全面を用いた場合の望遠鏡の解像限界 $2\varDelta\theta=1.22\,\lambda/a$ の半分でこのような値はスリット方向の情報の犠牲によって得られるものである．アンダーソンはウィルソン山の100インチ望遠鏡にこの装置を取付け，カペラ(馭者座の α 星，分光学的に二重星であることが予め判っている)の二つの星の間隔を測り $0.058''$ という値を得ている．このときは接眼レンズの前にスリット S_1', S_2' を置きこれを光軸を中心に回転して二重星の方向が決められるようにした[1]．

(b) 星の視直径の測定

光源がスリットに直角の帯状の幅 $2\varDelta\theta$ の輝度一様のものであれば，その複スリット干渉の強度分布は(6-4)で与えられ，コントラストが0になるスリット間隔から光源の幅は(6-6)により求められる．このとき最小のスリット間隔を l_1 とすれば

$$2\varDelta\theta = \frac{\lambda}{l_1}$$

したがって測り得る最小の幅は望遠鏡の解像限界と同じである．これは光源の強度分布が

---

[1] J. A. Anderson : Astrophys. J. **51** (1920) 263.

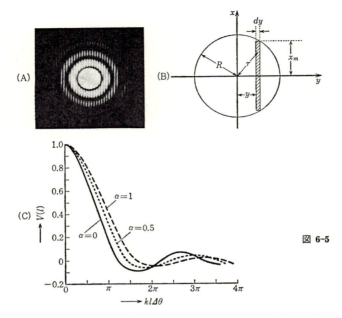

図 6-5

一様としたのであるが,星のような円盤ではその輝度を一様とすれば θ 方向の光度分布は一様でなくなる.これを $E(\theta)d\theta$ とすれば干渉模様の強度分布は(6-4)を得たと同様に

$$I(\varphi) = \int_{-\infty}^{\infty} E(\theta)\{1+\cos kl(\theta+\varphi)\}d\theta$$

これは(5-5)にならい

$$= I_0 + C(l)\cos kl\varphi - S(l)\sin kl\varphi$$
$$= I_0\{1+\gamma\cos kl(\varphi+\phi)\} \tag{6-14}$$

と変形する.ただし

$$\gamma = \sqrt{C^2(l)+S^2(l)}/I_0, \quad \phi = \tan^{-1} S(l)/C(l) \tag{6-15}$$

$$I_0 = \int_{-\infty}^{\infty} E(\theta)d\theta, \quad C(l) = \int_{-\infty}^{\infty} E(\theta)\cos kl\theta d\theta, \quad S(l) = \int_{-\infty}^{\infty} E(\theta)\sin kl\theta d\theta \tag{6-16}$$

干渉縞のコントラストとして(5-9)をとれば(6-14)から $\gamma=V$ である.種々の l における V, ϕ を測り,(6-15)から $C(l), S(l)$ を求めれば,光源の θ 方向の光度分布は(6-14)のフーリエ逆変換として下式により求められる.

§6 拡がった光源による干渉模様

$$E(\theta) = \frac{k^2}{2\pi}\left\{\int_0^\infty C(l)\cos kl\theta \cdot dl + \int_0^\infty S(l)\sin kl\theta \cdot dl\right\} \quad (6\text{-}17)$$

星の光度分布は多くの場合中心対称としてよいので $S(l)=0$

$$\therefore \quad E(\theta) \sim \frac{1}{\pi}\int_0^\infty V(l)\cos kl\theta \cdot dl$$

この方法はマイケルソンによって考案されたものであるが，当時は感度のよい光電管もなく星のような弱い光源の干渉模様を測光し $V(l)$ を求めることは困難であったので，干渉模様のコントラストが0になるところを求め，これから下記の方法でその視直径を求めている．すなわち星を半径 R の円盤としてその動径 r に沿っての輝度分布を

$$E(r) = (R^2 - r^2)^\alpha$$

とし（図6-5(B)，$\alpha=0$ であれば輝度一様の円盤で太陽のときは $\alpha \fallingdotseq 0.4$ である），これを複スリットを備えた望遠鏡で観測するときは，スリットと直角の方向に図のように y 軸をとり幅 dy の部分（高さ x_m）の光度を $E(y)dy$ とすれば

$$x_m{}^2 = R^2 - y^2, \quad x^2 = r^2 - y^2$$

であるから

$$E(y) = \int_0^{x_m} E(r)dx = \int_0^{\sqrt{R^2-y^2}}\{(R^2-y^2)-x^2\}^\alpha dx$$

$x=\sqrt{R^2-y^2}\,u$ とおけば

$$E(y) = (R^2-y^2)^{\alpha+1/2}\int_0^1 (1-u^2)^\alpha du = \text{const.} \times (R^2-y^2)^{\alpha+1/2}$$

星の視半径を $\varDelta\theta$，y 方向の角座標を θ とすれば $R \to \varDelta\theta$，$y \to \theta$ として

$$E(\theta) = \text{const.} \times \{(\varDelta\theta)^2 - \theta^2\}^{\alpha+1/2}$$

これを(6-16)へ代入すれば

$$\gamma(l) \approx C(l) = \int_{-\varDelta\theta}^{\varDelta\theta}\{(\varDelta\theta)^2-\theta^2\}^{\alpha+1/2}\cos(kl\theta)d\theta = \text{const.} \times \frac{J_{\alpha+1}(kl\varDelta\theta)}{(kl\varDelta\theta)^{\alpha+1}} \quad (6\text{-}18)$$

$\alpha=0$ および $\alpha=0.5$ のときをグラフに描くと（$l=0$ で $V(0)=1$ に正規化し）図6-5(C)のようになる．曲線の最初の根を l_1 とすれば

$$\left.\begin{array}{l} \alpha=0 \quad \text{のとき} \quad kl_1\varDelta\theta = 1.22\pi \quad \therefore \quad 2\varDelta\theta = 1.22\dfrac{\lambda}{l_1} \\[1ex] \alpha=0.5 \quad \text{のとき} \quad kl_1\varDelta\theta = 1.45\pi \quad \therefore \quad 2\varDelta\theta = 1.45\dfrac{\lambda}{l_1} \\[1ex] \qquad\qquad\cdots\cdots \end{array}\right\}$$

したがって α の値がわかっていれば l_1 を知って $\Delta\theta$ がわかる．α を求めるにはマイケルソンは種々の場合のグラフから曲線の次の根を l_2 とすれば

$$\alpha \fallingdotseq 75\left(\frac{l_1}{l_2}-\frac{1}{2}\right)^2-1$$

の関係があることを見出しこれを利用している[1]．

(c) 天体干渉計

これにより星の視直径を測ることができるが，星の視直径は二重星の間隔よりはるかに小さいもので，l は十分大きなものにしなければ測定できない．しかし l をあまり大にすると(干渉縞の間隔は l に逆比例するから)縞が密になりすぎコントラストの判定が困難になる．そこでマイケルソンは図 6-6 のように望遠鏡の前に四つの補助鏡 M_1, M_2, M_3, M_4 を取りつけた．このときは複スリットから像面までの光路差は前と同じく $kl\varphi$ であるが，星から複スリットのおのおのまでの光路差が $kl'\theta$ となる．したがって (6-14) は

$$I(\varphi)=\int_{-\infty}^{\infty}E(\theta)\{1+\cos k(l\varphi+l'\theta)\}d\theta = I_0\{1+\gamma(l')\cos kl\varphi\}$$

ただし星は中心対称として

$$\gamma(l')=\int_{-\infty}^{\infty}E(\theta)\cos kl'\theta\cdot d\theta$$

この式は干渉模様の密度が幅 l のスリットによるそれであり，振幅は幅 l' のスリットに

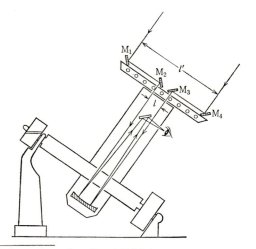

図 6-6

---

1) A.A.Michelson: Astrophys. J. **53**(1921)249.

より変調されていることを示している．したがって $\overline{M_2M_3}=l$ を加減して観測に都合のよい縞の間隔で測定ができるが，(6-13)の分母は l' となりこの値は望遠鏡の口径に関係なくいくらでも大にできるから，測定精度はその制限を受けない．

マイケルソンは最初に $\overline{M_1M_4} \leqslant 6\,\mathrm{m}$ のものを作りこれを 100 インチ(30.5 m)の望遠鏡に取りつけ[1]，ベテルギウス(オリオン座の α 星)の視直径を測り，これが 0.047 秒であることを見出した．その他これにより数個の巨星(視直径百分の数秒台)の大きさを測っている．その後 $\overline{M_1M_4} \leqslant 15\,\mathrm{m}$ の干渉計を作り，アンドロメダの β 星の視直径を測り 0.016 秒という値を得ている．東京から富士山までは直距離にして約 100 km，大阪-富士山は約 300 km であるから，富士山頂に立つ人が東京で張る角は約 3 秒，大阪では約 1 秒となる．したがって視角が 1/1000 秒の精度で測れるということは東京または大阪において富士山頂の人の身長が数 cm の精度で測れるということでありいかに精密な測定であるかがわかる．現在望遠鏡の回転角から機械的に測れる角の精度は——精密な測量機または分光計などで——約 1 秒ないし 1/2 秒である．

星の視直径を測るのにはこれより他に方法がない(他は輻射絶対等級と有効温度から大きさを推算できるだけである)ので，更に小さい星を測るためには二つの鏡の距離を大にしなければならないが，実際には機械的強度の他に空気のゆらぎによる seeing の低下のためにこれ以上のものは使用困難である．この難点を克服し更に大きな基線長により小さい星の測定を可能にしたのが，'光のゆらぎ' を利用した強度干渉計(§30-2 参照)である．

---

[1] 100 インチの望遠鏡を用いたのは機械的強度の関係からである．

第Ⅱ篇　干渉の応用

第1章　干　渉　計

§7　屈折干渉計

　気体の屈折率は1に近く，プリズム分光器などでは測定が困難であり干渉を用いてのみ測れる．干渉の研究の初期においては，干渉計はもっぱらこの目的に利用され屈折率の精密測定のために考えられたが，その多くは現在でも引き続いて用いられている(表7-1)．その最も古いものはジャマンの干渉計で，これはブルースターの干渉法の改良と考えられ

表 7-1

年代	基礎的実験	干　渉　計	干　渉　測　定
1810	―フレネルの鏡 ―ブルースターフリンジ ―ロイドの鏡	―フラウンホーフェル(回折格子)	
1850	―フーコーの光速度測定 　による波動説の証明 ―マックスウェル光の電磁 　波説 ―マイケルソン-モーレー 　の実験 ―ウィーナーの実験	―ジャマンの干渉計 ―フィゾーの干渉計 ―マイケルソンの干渉計 ―マッハ― ―ツェンダー）の干渉計 ―レーレーの干渉計 ―エシェロン	―フィゾーのD_1,D_2線波長差の測定 ―マスカート(ジャマン干渉計によりレンズ収差測定の予言) ―ローランドの回折格子による波長測定 ―ルンマー(ジャマン干渉計によるレンズ測定理論) ―マイケルソンの可視度曲線による波長測定
1900	―アインスタイン光量子仮説 ―X線回折 ―コヒーレンス理論 ―チェレンコフ効果 ―電子顕微鏡	―ルンマー―ゲールケの干渉板 ―ファブリー―ペローの干渉計 ―トワイマンの干渉計 ―ゼルニケの位相差顕微鏡	―ルーベンス-ラッド(赤外干渉分光) ―マイケルソンの天体干渉測定 ―ウェーツマン(ジャマン干渉計による収差測定)
1950	 ―レーザー発振	―トランスキーの方法 ―ダイソンの干渉顕微鏡 ―フランソンの干渉顕微鏡(1952) ―強度干渉計(1957)	―ストロング干渉分光(1956)

振幅分割型のものであり，次いで複スリットによる波面分割型のレーレーの干渉計などが現われた．

§7-1 ジャマンの干渉計

§5-3(b) で示したようにブルースターの干渉装置で，二つの平行平面 P_1, P_2 を上下へずらし反射光を用いると，コントラストのよい干渉縞が得られる．干渉縞は全体として図5-7(B) のようなものであるが，その視野の中心部のみを用いればその右側の四角の枠の中に示したように等間隔の平行の干渉縞で，これで屈折率(の差)が測れるようにしたものをジャマンの干渉計という．これは図 7-1 のように二つの光路に長さ d の中空の管 T をおき，それぞれに異なる気体を入れる．光は図の実線のように進むから，二つの管の屈折率の差を ΔN とすれば，二つの光の光路差はガラスの厚さ h による光路差に $\Delta N \cdot d$ が加わったものであるから P_1, P_2 のなす角を $\Delta\theta$ として (5-13) 式を用い

$$\Delta D = \frac{h \sin \Delta\theta \sin 2i}{\sqrt{n^2 - \sin^2 i}} + \Delta N \cdot d$$

いまの場合 $i = 45° + \varepsilon$ とおきまたこれが波長の整数倍のところに干渉縞があるから

$$\frac{\sqrt{2}\, h \Delta\theta \cdot \varepsilon}{\sqrt{2n^2 - 1}} + \Delta N \cdot d = m\lambda$$

したがって二つの管の中に同じ屈折率の気体があるときの干渉縞の位置 ε_0 と，異なる屈折率の気体があるときとの同じ次数の干渉縞の位置の差は角度にして

$$\Delta i = \varepsilon - \varepsilon_0 = \frac{\sqrt{2n^2 - 1}}{2\sqrt{2}\, h \Delta\theta} d\Delta N$$

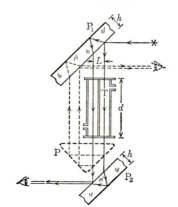

図 7-1

干渉縞の角間隔 Δi_0 は, 次数 m と $m+1$ に対するそれぞれの ε の差で

$$\Delta i_0 = \frac{\lambda\sqrt{2n^2-1}}{2\sqrt{2}\,h\Delta\theta}$$

$$\therefore \quad \frac{\Delta i}{\Delta i_0} = \frac{d\Delta N}{\lambda}$$

これから左辺を知り (λ, d を既知として) ΔN を求め得る. 白色干渉縞を用い縞の移動量の整数分布を知ることができる. 通常 $\Delta i/\Delta i_0$ は十字線等を用いて測り, 1/10 ぐらいの精度で測り得るから, ΔN の測定精度は

$$\delta(\Delta N) = \frac{\lambda}{10d}$$

$\lambda = 0.5\,\mu$, $d = 5$ cm とすれば $\delta(\Delta N) = 10^{-6}$ まで容易に求められる. 縞の間隔は $\Delta\theta$ に逆比例するから, P_1 (または P_2) を紙面に垂直な軸のまわりに動かし測定に都合のよい間隔にすることができる. しかしこれでは P_2 を十分緊定しておかないとわずかの振動や衝撃で P_2 が動き縞の間隔が変り不安定なものとなるが, 余り強く締めつけるとガラスに歪が入る. そこで図 7-1 の点線で示したように P_2 の代りに直角プリズム P を用い光を図の点線のように通すと, 二枚鏡('光学'§1-2 参照)の原理により, これが動いても二つの光の光路差は不変であるから縞の間隔も変らず安定なものとなる. これは理化学研究所の土井氏の発明で理研式ガス干渉計といわれ携帯用に多く用いられている.

§7-2 レーレーの干渉計

ジャマンの干渉計はガラス面の反射により二つの光を作る振幅分割型の干渉計であるが, これが作られてから 40 年後の 1896 年に, レーレーは当時発見せられたアルゴンおよびヘリウムの屈折率を測るため波面分割の原理による干渉屈折計を作った. これは複スリットを用いているため平行平面を必要とせず製作ならびに使用法が簡単で, 精度も後に記すような工夫でよくなっているので, 以後の気体の屈折率の精密測定はもっぱらこれでなされるようになり, レーレーによる重水の屈折率の最初の測定もこれによりなされたことはよく知られている.

図 7-2(A) のように二つのスリットの前に気体を入れた管 T_1, T_2 をおき, 両方に同じ気体を入れたときと一方に異なる屈折率の気体を入れたときの干渉縞の移動を測り屈折率の差を求めることは前と同じであるが, この移動量を標準の干渉縞とくらべて測る. すなわち同図 (B) に示すように気体を入れる管は上半分にのみあり, 下半分は管のないところを

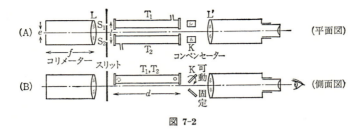
図 7-2

通った光による干渉縞ができている．上半分の干渉縞が移動したときコンペンセーター(平行平面ガラス)の一つKの傾き角を変えて光路長を変え下半分の干渉縞と一致するまで戻しそれに要した傾き角から移動量を求める．干渉縞は強度分布が正弦波状をなす幅の広いものであるから，その位置を測るのにこのような方法の方が十字線を強度の極大と思われるところに合わせて測るよりよく，光路差にして $\lambda/20$ ないしは $\lambda/30$ まで測れる．これがこの干渉計のすぐれたところでこの改良はレーレーの示唆によりレーベが行なったので，この干渉計をレーレー－レーベの干渉計ともいう(イギリスの本にはレーレー，ドイツの本にはレーベの干渉計と書いてある)．

レーレーの干渉計でコリメーターのスリット幅 e が無限に細く入射光が完全な平行光線であれば，正弦波状の強度分布を持つ干渉縞が得られるが，スリットの幅が有限であればその各部分による干渉縞がずれて重なる．そのズレの最大値(角度にして e/f)が干渉縞の極大間の角間隔(スリット間隔を l として λ/l)に等しくなると干渉縞は見えなくなるから

$$\frac{e}{f} \ll \frac{\lambda}{l} \quad \therefore \quad e \ll \frac{f}{l}\lambda$$

でなければならない．しかし e があまり小さいと光量が不十分であるから l はできるだけ小さくして e を大きくすることが望ましい．縞の移動量も l に反比例するから l を小さくすれば測定が容易になる．しかし l があまり小さいと気体を入れる管などを置くスペースがとれないので，構造上からは l はできるだけ大きい方がよい．

この相反する要求を満足させるためウィリアムスは四つの反射鏡を用い図7-3(A)のような工夫をした．これによれば有効なスリット間隔は l であるが管をおくスペースの幅は l' となる．実際には多数の反射鏡を用いるのは得策でないから同図(B)のようなアルブレヒトの四面体を用いる．

波長 λ の光による干渉縞の強度分布はスリット間隔を l ，気体を入れた管の長さを d と

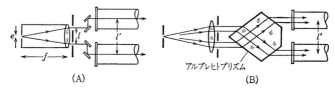

図 7-3

すれば(3-12)により与えられる。強度の極大の位置 x_m は

$$\frac{l}{b}x_m + (n-1)d = m\lambda \tag{7-1}$$

ただしここで b は観測望遠鏡の焦点距離である。その間隔は

$$x_{m+1} - x_m = \delta x = \frac{b}{l}\lambda$$

である。したがって屈折率 n の気体を入れたための縞の移動量は

$$\Delta x = \frac{b}{l}(n-1)d = \frac{(n-1)d}{\lambda}\delta x \tag{7-2}$$

$\Delta x/\delta x$ を測れば n が求められる。

これは使用波長 λ に対する屈折率であることはいうまでもない。測定にスペクトル幅の広い光を用いると干渉縞の中心として測られるところは(7-1)の m が波長の変化に対しあまり変らないところである。この位置を x_m とすれば x_m は下式から求められる。

$$\frac{dm}{d\lambda} = \frac{d}{d\lambda}\left[\frac{1}{\lambda}\left\{\frac{l}{b}x_m + (n-1)d\right\}\right]$$

$$= -\frac{1}{\lambda^2}\left\{\frac{l}{b}x_m + (n-1)d\right\} + \frac{d}{\lambda}\frac{d}{d\lambda}\{n(\lambda)\} = 0$$

$$\therefore \quad \frac{l}{b}x_m + (n_g - 1)d = 0$$

$$\text{ただし} \quad n_g = n - \lambda\frac{dn}{d\lambda} \tag{7-3}$$

干渉縞のズレは(7-2)により

$$\Delta x = \frac{b}{l}(n_g - 1)d$$

したがって Δx から求められるものは (n ではなく) n_g である。真空中の光速を c、屈折率 n の媒質中の光速を v とすれば(7-3)から

$$\frac{c}{n_g} \fallingdotseq \frac{c}{n}\left(1+\frac{\lambda}{n}\frac{dn}{d\lambda}\right) = v\left(1+\frac{\lambda}{n}\frac{dn}{d\lambda}\right)$$

これと (1-53) から

$$\frac{c}{n_g} = v_g$$

すなわち求められる n_g は群屈折率ともいわれるべきものである.

§7-3 ゼルニケの干渉計

レーレーの干渉計は干渉縞の移動を測っているが,二波干渉の干渉縞は幅が広いものであるためその位置の測定には限界があり,このため精度はこのような工夫にもかかわらず制限がある.ゼルニケは三つのスリットを用いて更に一桁高い精度を得ることに成功している[1].図 7-4(A) のように気体を入れた長さ L の三つの管を平行光線の所へ置き各々を通った光がスリット S_1, S_2 および S_3 から出て像面の一点 $P(x)$ で重なったとする.各々の光路長 D_j はピント外れの量を z として (21-4) で与えられるから,両側の管と中央の管の気

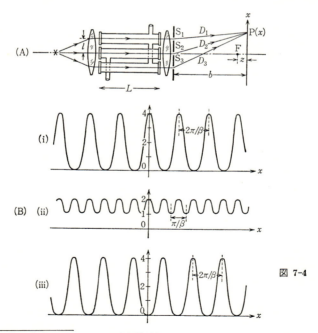

図 7-4

1) F. Zernike: J. Opt. Soc. Am. **40** (1950) 326.

体の屈折率の差による光路差を $\Delta n \cdot L = \varepsilon$ とすれば

$$D_1 = D_0 + \frac{xl}{b} - \frac{l^2}{2b^2}z, \quad D_3 = D_0 - \frac{xl}{b} - \frac{l^2}{2b^2}z, \quad D_2 = D_0 + \varepsilon$$

したがって P における振幅はこれらの和であるが，上下のスリットの幅を中央のそれの 1/2 とすれば振幅は 1/2 であるから

$$u = \exp i[k(D_0 - \alpha z)] \left\{ \frac{1}{2}\exp i\beta x + \frac{1}{2}\exp(-i\beta x) + \exp ik(\varepsilon + \alpha z) \right\}$$

ただし $\alpha = \dfrac{l^2}{2b^2}z, \quad \beta = \dfrac{kl}{b}$

したがって強度は

$$I = |u|^2 = 1 + 2\cos k(\varepsilon + \alpha z)\cos \beta x + \cos^2 \beta x$$

これは下記の三ヵ所で同図 (B) のような鮮明な干渉縞を与え，この位置は正しく測れる．

$$\left. \begin{array}{lll} \text{(i)} & \alpha z + \varepsilon = 0 & I = 4\cos^4 \dfrac{\beta}{2}x \quad (\text{図 7-4(B) (i)}) \\ \text{(ii)} & \alpha z + \varepsilon = \dfrac{\pi}{2k} & I = 1 + \cos^2 \beta x \quad (\text{〃 (ii)}) \\ \text{(iii)} & \alpha z + \varepsilon = \dfrac{\pi}{k} & I = 4\sin^4 \dfrac{\beta}{2}x \quad (\text{〃 (iii)}) \end{array} \right\}$$

(ii) における干渉縞の間隔は間隔 $2l$ の複スリット，(i), (iii) のは間隔 l の複スリットのレンズの焦点面における干渉縞の間隔と等しい．したがって図のような装置で中央の管の気体が両側の管のそれと同じものである時と未知のものの時との差 z を求めれば ε，したがって未知の気体の屈折率がわかる．例えば $l = 1$ mm, $b \fallingdotseq 500$ mm の時 z を 1 mm の精度で測れたとすれば

$$\Delta z = 1 \text{ mm} = 0.2 \times 10^4 \lambda \quad (\lambda = 0.5 \mu \text{ として})$$

したがって光路長の測定精度は

$$\Delta \varepsilon = \frac{l^2}{2f^2}\Delta z = \frac{0.2 \times 10^4}{2 \times 25 \times 10^4}\lambda = \frac{\lambda}{250}$$

となる．これは焦点に光電子増倍管等をおいて測光し連続かつ自動的に測る方法，またはスリットの代りに格子を置いて光の強度を増す等の改良がなされている．

§7-4 エタロンを用いた干渉屈折計

干渉による屈折率の測定精度をさらに上げるには §4 でのべた多波干渉を用い干渉縞を鋭いものとすればよい．§4-3(b) でのべたエタロンは鋭い干渉縞を与えるのでこの目的に

用いられる．

(i) 屈折率の変化の測定　屈折率を測る場合には図 7-5 のようにガラス板 P_1, P_2 を平行に向いあわせ，内側を高い反射率(80% 以上)にしたエタロンを用い，これを窓を持つ容器に入れその中を屈折率を測ろうとする気体で満たす．エタロンを構成するガラス板の内外面は 2～3° の楔形をなすようにし外側の面による反射光が混入するのを防ぐ．拡がった光源を用いるがその一点 Q_0 から光軸と φ の角(これは簡単のためエタロンの内外で同じとする)をなす光を考える．容器内の気体の屈折率を n とすれば，相次ぐ反射光の光路差はエタロンの間隔を d として(3-22)により $2nd\cos\varphi$ であるから，干渉縞の m 次の強度極大の方向 φ_m は

$$2nd\cos\varphi_m = m\lambda$$

屈折率の Δn の変化による極大の移動量を $\Delta\varphi_m$ とすれば

$$\Delta n\cos\varphi_m = n\sin\varphi_m \cdot \Delta\varphi_m \quad \therefore \quad \Delta\varphi_m = \cot\varphi_m \cdot \frac{\Delta n}{n}$$

焦点距離 f のレンズによるその焦点面での干渉環の半径の変化 $\Delta\rho$ は

$$\Delta\rho = f\Delta\varphi_m = \frac{f^2}{\rho}\frac{\Delta n}{n}$$

これから二つの面間の気体を変えたりその圧力を変えたりしたときの干渉環の半径の変化からそのときの Δn を求めることができる．

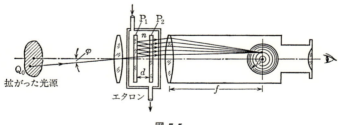

図 7-5

(ii) 屈折率の測定　このエタロンは二つの面間の距離を正確に求めることができるので(§8-7 参照)，屈折率そのものの測定にも用いられる．そのときは単独でなく二つのエタロンを直列に用いる．すなわち§5-3(b)でのべたブルースターの実験の原理により図 7-6 のように間隔 d_1 および d_2 の二つのエタロンを並べて光を通せば，エタロン I による光路差は $2nd_1\cos\varphi$，II によるものは $2nd_2\cos(\varphi-\Delta\theta)$ であるから m 次の干渉縞の方向は

$$2n\{d_1\cos\varphi_m - d_2\cos(\Delta\theta-\varphi_m)\} = m\lambda$$

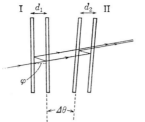

図 7-6

によって与えられる. ただし二つのエタロンの面のなす角を $\Delta\theta$ とした. $(m+1)$ 次の干渉縞は

$$2n\{d_1 \cos \varphi_{m+1} - d_2 \cos (\Delta\theta - \varphi_{m+1})\} = (m+1)\lambda$$

辺々相引いて

$$\lambda = 2nd_1(\cos \varphi_{m+1} - \cos \varphi_m) - 2nd_2\{\cos (\Delta\theta - \varphi_{m+1}) - \cos (\Delta\theta - \varphi_m)\}$$

φ_m, φ_{m+1} が十分小さいとすれば $d_1 = d_2 = d$ として

$$\varphi_m - \varphi_{m+1} = \frac{\lambda}{2nd\Delta\theta}$$

すなわちまず干渉縞の角間隔 $(\varphi_m - \varphi_{m+1})$ は二つのエタロンの傾きの角 $\Delta\theta$ にのみ関係することがわかる. したがって $\Delta\theta$ を変えたのみで最も測定に都合のよい縞の間隔が得られる. この縞の移動によって光路長の変化を測る. この縞は二つの面の交線に平行のもので等傾角の干渉縞である. これにより屈折率を測るにはまず二つのエタロンを真空の容器に入れる. このときの中心の干渉縞 $(\varphi=0)$ の次数を $(N_1 + \Delta N_1)$ とすれば

$$2d_1 - 2d_2 \cos \Delta\theta = (N_1 + \Delta N_1)\lambda$$

ただし N は整数, ΔN_1 は分数部分である. いま I に気体を徐々に入れて所望の気圧にすれば中心の縞の次数は気体の屈折率を n として

$$2nd_1 - 2d_2 \cos \Delta\theta = (N_2 + \Delta N_2)\lambda$$

したがって

$$n - 1 = \{(N_2 - N_1) + (\Delta N_2 - \Delta N_1)\}\frac{\lambda}{2d_1}$$

$N, \Delta N$ は測定で求めることができるから n を求めることができる. $2d_1 \fallingdotseq 700\lambda$ として $N + \Delta N$ を 0.01 まで測れるとすれば n の測定精度は 1/70,000 である. このためには d_1 が 10^{-5} ぐらいの精度で出ていなければならない. この方法により気体の屈折率の絶対値が精密に求められ, バレル等は空気の屈折率を 10^{-9} まで求めている[1].

---

1) H. Barrel *et al.*: Phil. Transact. Roy. Soc. (London) **A 238** (1939-40) 1.

§7-5 マッハの干渉計

ジャマンの干渉計における二つの光路の間隔(図7-1, L)を十分大にして，この間にたとえば空気力学の実験用の風洞を入れて空気の屈折率の場所的分布を知り，圧力分布が求められるようにした干渉屈折計を(マッハおよびツェンダー[1]がおのおの独立に考えたので)マッハ-ツェンダーの干渉計という．ジャマンの干渉計の場合のように一枚のガラスの裏表の反射を利用する代りにそれぞれ別のガラスを用い，図7-7に示すように二枚の半透明鏡 M_1, M_4 と二枚の反射鏡 M_2, M_3 を用い，このうちたとえば M_2, M_4 の間へ風洞などを入れる．

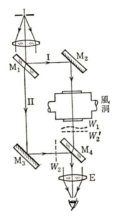

図 7-7

M_1 で反射された光 I の波面を W_1, M_1 を透過し M_3 で反射された光 II の波面を W_2 (その M_4 による鏡像を W_2') とすれば，この二つの波面の干渉により波面の隔りを λ 毎に示す等厚の干渉縞を E から見ることができる．風洞内の空気の密度に変化があれば屈折率が変り波面 W_1 が変るからその密度分布を表わす干渉縞を得る．風洞中に等厚の干渉縞を作りその形から密度分布を求めるときは M_1, M_2 を傾け，I, II の交点が風洞中の模型付近に

表 7-2

マッハ数*)	0.2	0.5	0.7	1.0
密度変化=$\Delta\rho/\rho$	0.02	0.13	0.26	0.58

*) 音速と風速の比．

---

1) L. Mach: Anz. Akad. Wiss., Wien (Math. u. Natwiss. Kl.) **28** (1891) 223; L. Zehnder: Z. InstrumKde **11** (1891) 275.

来るようにすれば，このところに localize した明瞭な干渉縞を得て表 7-2 から風速の分布が判る．白色光を用いるときは I, II の光路長を厳密に一致させておかなければならない．

§8 マイケルソンの干渉計

マイケルソンの干渉計は始めは地球とエーテルの相対運動を調べる——マイケルソン-モーレーの——実験のために作られたものであるが，その後分光学やメートル原器の較正にも用いられ歴史的に最も有名な干渉計であり，またケスターズやトワイマンがこれを改造したものは工業上にも重要な測定器として用いられており用途の広いものである．

§8-1 構造と原理

(a) 構　造

図 8-1(A)はその光学系の配置を示すもので，拡がった光源 Q から出た光はレンズ L_1 により平行光線となり半透明鏡 M (の A と記した反射面)で二つに分けられ，それぞれ反射鏡

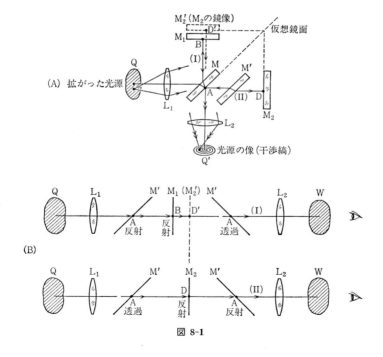

図 8-1

M_1, M_2 で反射されもと来た道をたどり再び A で重なってレンズ L_2 により Q' に光源の像を作るが，二つに分かれた光の光路差により光源の像は干渉縞をともなったものとなる. M' は二つの光路を光学的に全く等しくするために入れたコンペンセーターで，中央の半透明鏡と同じ厚さでこれと平行においてある．これを入れれば二つの光路は光軸に斜めの光についても全く対称のものとなるので干渉縞は同心円（ハイディンガー干渉縞）となる. M_1 または M_2 のいずれかは滑らかな台の上に置かれその上を反射面が平行移動できるようになっている．移動中に鏡面が傾くと干渉縞が変るので台は十分精密に平らにできたものでなければならない．反射鏡の代りに三枚鏡 (cube corner) の原理を用い，多数の鏡を組合わせると鏡がどのように動いても反射光はもと来た方へ帰っていくので台の工作はあまり精密なものでなくてもすむ[1]．この干渉計をマイケルソンはいかにして考案するにいたったかを想像するに図 7-1 のジャマンの干渉計を改良したものと考えるのが至当であろう．すなわち同干渉計の P_1 からの反射光を用いたのではその間隔が狭く間にいろいろのものを入れて測定する余地がないので裏面を半透明鏡とし反射光と裏へ出る透過光を用いたものであろう．したがってこれもブルースターの縞の一種を見ていると考えてよい．

 (b) 干渉縞の形

等傾角の干渉を見るのであるから光源は十分に拡がった大きい光源（すりガラスを裏から照らしたもの等）を用いるが，肉眼で観測するから光束は瞳により十分絞られるので干渉縞は鏡面付近にあるとしてよい．光学系は一見複雑であるが反射鏡面による鏡像を考えると，二つの光路 (I), (II) がそれぞれ図 8-1 (B) のような二波干渉で，図 3-12 のフィゾーの干渉計の S_1, S_2 がそれぞれ M_1 および M_2 の面であると考えれば両者は全く同じもので，M_1, M_2 が平行の時は等傾角の干渉を観測していることになる．フィゾーの干渉計では光路差は必ず同一符号であるが，マイケルソンの干渉計では一方が虚の反射面であるから $(\overline{AB}-\overline{AD})$ は正または負の任意の値をとり得，調整によっては 0 にもなし得るので白色光による無色干渉縞が観測できる．

干渉縞の形を解析するため図 8-2 の二つの鏡面を M_1, M_2 としここに同一の拡散光源があるとする．これらから反射してきた光を E から見たときの強度を求めよう[2]．M_1 および M_2 上の二点 B_1, B_2 から反射してきた二つの光の光路差 D は $\overline{B_1B_2}=l/2$ とすれば

$$D = l\cos\varphi \qquad (8\text{-}1)$$

---

1) W. H. Steel : Optica Acta **11** (1964) 211 ; 増井敏郎 : 計量研究所報告 **15** (1966) 89.
2) A. A. Michelson : Phil. Mag. **13** (1882) 236 ; K. Kraus : Ann. Physik **48** (1915) 1037.

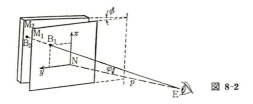
図 8-2

である．ただし φ は E から鏡面へ下した垂線 EN と EB がなす角である．E から M_1 に下した垂線の足 N を原点として鏡面上に x, y 軸をとり B_1 の座標を $B_1(x, y)$ とする．ただし x 軸は二つの面の交線に平行にとる．N における M_1, M_2 の間隔を $l_0/2$ とすれば，二つの面の交角を ϕ として

$$l = l_0 + 2y \tan \phi$$

また $p = \overline{EN}$ とすれば

$$\cos \varphi = \frac{p}{\overline{EB_1}} = \frac{p}{\sqrt{p^2 + (x^2 + y^2)}}$$

これらを (8-1) へ代入して

$$D = \frac{2p(l_0/2 + y \tan \phi)}{\sqrt{p^2 + (x^2 + y^2)}}$$

すなわち

$$y^2(D^2 - 4p^2 \tan^2 \phi) + x^2 D^2 = y(4p^2 l_0 \tan \phi) + p^2(l_0^2 - D^2)$$

上式で $D = m\lambda$ とおいたものが m 次の干渉縞を与える．E に眼（の瞳孔）をおきこれを動かさなければ p, l_0 は常数であるから上式は主軸が x, y 軸に一致していて離心率が

$$e = \frac{2p \tan \phi}{D} \tag{8-2}$$

の二次曲線である．以下に種々の場合のその形を吟味してみよう．

(i) $\phi = 0$　二つの鏡が正しく平行に調整されているときは $e = 0$ すなわち同心円でその方程式は

$$x^2 + y^2 = \frac{p^2}{D^2}(l_0^2 - D^2)$$

円の半径 R は

$$R = \frac{p}{D}\sqrt{l_0^2 - D^2} = \frac{p}{D}\sqrt{(l_0 - D)(l_0 + D)}$$

中心から m 本目の干渉縞については

$$D = l_0 - m\lambda \quad \therefore \quad l_0 - D = m\lambda$$

しかるに

$$l_0 + D \fallingdotseq 2l_0$$

とおいてよいから上式は

$$R = \frac{p}{D}\sqrt{m\lambda \cdot 2l_0} = p\sqrt{\frac{2m}{l_0}\lambda}$$

これから同心円の半径は $\sqrt{m}$ に比例し，相次ぐ円の間隔はニュートンリングと同じように外へいくほど密となる．また一つの干渉環にのみ注目していれば反射鏡を前後に動かし l_0 を変えると円の半径が大きく（または小さく）なる．円の中心は目から鏡面へ下した垂線の足Nで，目を動かせばNの位置が変るのみで R は変らない．このことから目を動かして半径の変化の有無を見て二つの鏡が完全に平行に調整されているかどうかを調べることができる．

 (ii) $\phi \neq 0$　　二つの鏡の間隔を変えて D を変えると(8-2)により干渉縞の形は表8-1のように変る．

表 8-1

光路差 D	$D=0$	$D<2p\tan\phi$	$D=2p\tan\phi$	$D>2p\tan\phi$	$D=\infty$
離心率 e	$e=\infty$	$e>1$	$e=1$	$e<1$	$e=0$
干渉縞	直　線	双 曲 線 群	抛 物 線 群	楕　円　群	同心円群

 M_1 と M_2 がわずかに傾いてその交線が鏡の面内にあれば鏡の半面は $D<0$，交線のところでは $D=0$ で他の半分は $D>0$ であるから，干渉縞は交線のところを中線とする双曲線群（中央部では殆んど平行線群に近い）である．交線では $D=0$ であるから白色光を用いれば無色の干渉縞が見える．ただし一方の光が半透明鏡の内側で反射をしているので，すべての波長の光の位相が π 変っており，干渉縞は無色の暗線である．この白色干渉縞を利用すると二つの鏡の面のAからの距離を等しく，すなわち $\overline{AB}=\overline{AD}$ とすることができる．

 これらの議論はコンペンセーターが正しくMと同じ厚さでこれと平行に置かれてあり，二つの鏡への光路はどのような入射角の光でも完全に同じであるとしてのものであるから，この条件が満たされていないと，例えば $\phi=0$ であっても干渉縞は同心円とはならない．半透明鏡のメッキをしていない面（Aと記したのと反対の面）による反射光についてはコンペンセーションが完全でないからこれによる干渉縞は同心円でなく一般に二次曲線となる．メッキしてない半透明鏡を用いその背面で分割された光の干渉縞も見られるようにすると，

§8 マイケルソンの干渉計

半透明鏡の中心から二つの鏡までの距離 L により種々の縞が見られる（図8-3）[1]. 同図に重なって見える同心円は半透明鏡の前面（メッキする面）による既述の干渉縞である.

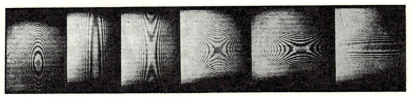

L 大 ←—— ——→ L 小

図 8-3

マイケルソンはこの干渉計を用いて，光速不変を立証した'マイケルソン-モーレーの実験'，'可視度曲線によるスペクトル線の微細構造の解析' および 'メートル原器と波長との比較' という三つの歴史的な実験をしている.

§8-2 マイケルソン-モーレーの実験

光速度の絶対性を確立し特殊相対論の出発点となったこの実験はあまりにも有名である. 光の干渉を利用しエーテルと地球の相対運動を調べようとすることはマックスウェルが考えたことであるが，このための干渉計を考案し実際に行なったのはマイケルソンである.

光が地球に対し相対運動をしているエーテル中を速度 c で伝播するものならその地球上の観測者に対する相対速度は方向により異なるはずである. いま相対運動は図8-4(A)の矢印の方向に速度 v であるとすれば，鏡 M から M_2 へ光が進むに要する時間 t は鏡の間の距離を d とすれば

$$t = \frac{d}{c-v}$$

鏡 M_2 で反射されての帰路の所要時間 t' は

$$t' = \frac{d}{c+v}$$

$$\therefore \quad t+t' = \frac{2cd}{c^2-v^2}$$

したがって光がこの方向に往復した実際の距離は

$$2d\frac{c^2}{c^2-v^2} \fallingdotseq 2d\left(1+\frac{v^2}{c^2}+\cdots\right)$$

---

1) I. Waterstein & R. A. Woodson : J. Opt. Soc. Am. **26**(1936)267.

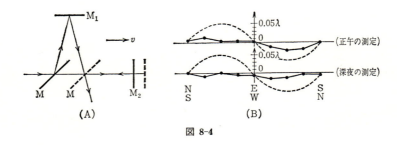

図 8-4

これに反し M_1 方向へ進んだ光は図から明らかなように距離

$$2d\sqrt{1+\frac{v^2}{c^2}} \fallingdotseq 2d\left(1+\frac{v^2}{2c^2}+\cdots\right)$$

を通るから，その差は $\frac{v^2}{c^2}d$ となる．装置全体を 90° 回わせば差の符号が逆になるから光路差がこの倍だけ変ったことになる．これを干渉縞の移動として検出しようというのである．太陽系の絶対空間に対する運動はわからないから，地球上の点の太陽系に対する公転速度を v に代入すれば

$$2\frac{v^2}{c^2}d \fallingdotseq 2d\times 10^{-8}\,\text{cm}$$

となる．全体を一辺約 50 cm の正方形の石の台の上に載せてあるが，振動に非常に敏感で深夜でも正確な測定が困難であったので全体を水銀の池に浮かせ少しずつ回転させながら干渉縞の移動を読んでいった．多数の補助鏡を用い光をこのために往復させ $d \fallingdotseq 10\,\text{m}$ としてあるので干渉縞のズレは最大約 0.4λ となるはずであった．ただし干渉縞のコントラストが d により変るので補助鏡の一つを可動とし，これにより光路差を変えコントラストが最もよくなるところで観測しているが，これが次節に述べる可視度の方法のヒントを与えたものである．しかし予想に反し測定結果は図 8-4(B) にも示すように，一方の光路を南北から東西へ変えるために $\lambda/100$ 以上の移動は観測されずエーテルと地球の相対運動を全く否定し去った．これがローレンツの収縮として説明されたので，更にこの収縮が材質に無関係なことを確めるため，石のほかに松の木の台を用いたり場所も変えて（ウィルソン山頂などで）行なったがどのような場合でも干渉縞のズレは観測されなかった．

§8-3 可視度曲線による分光測定

先に §5-2 でスペクトル線の分光組成を干渉模様の強度分布から求め得ることを示した．

§8 マイケルソンの干渉計

これをマイケルソンの干渉計により行なうことを考えてみよう．マイケルソンの干渉計の二つの反射鏡(図 8-1，M_1，M_2')を平行にして同心円の干渉縞を出しておく．干渉する二つの光の位相差は M_1，M_2' の間隔を $l/2$，干渉縞の角半径を φ，中心波長を λ_0 として(8-1)から

$$\delta = k_0 l \cos\varphi \qquad \left(k_0 = \frac{2\pi}{\lambda_0}\right)$$

$\kappa = k - k_0$ として分光エネルギー分布 $2E(\kappa)$ の光源による光路差 u の光の多色光干渉模様は(5-7)で与えられており

$$I = I_0\{1 + \gamma(u)\cos(k_0 u + \phi)\} \tag{8-3}$$

ただし，いまの場合 $u = l\cos\varphi$，また(§5-2(b)参照)

$$\gamma(u) = \frac{\sqrt{C^2(u) + S^2(u)}}{I_0}, \qquad \phi = \tan^{-1}\frac{S(u)}{C(u)} \tag{8-4}$$

ここで

$$C(u) = \int_{-\infty}^{\infty} E(\kappa)\cos\kappa u\, d\kappa, \qquad S(u) = \int_{-\infty}^{\infty} E(\kappa)\sin\kappa u\, d\kappa \tag{8-5}$$

干渉模様(8-3)は半径方向に正弦波的な強度分布を持つ同心円で，そのコントラストは l および φ によって変るが，その中心付近からの光だけを考えれば φ は小さい量であるから $\cos\varphi \simeq 1$ としてよく，u は φ によりほとんど変らず $u \simeq l$ としてよい．したがって

$$C(l) = \int_{-\infty}^{\infty} E(\kappa)\cos\kappa l\, d\kappa, \qquad S(l) = \int_{-\infty}^{\infty} E(\kappa)\sin\kappa l\, d\kappa \tag{8-6}$$

干渉模様のコントラストを(5-9)と定義すれば $V = \gamma$ であるから反射鏡の位置を変え種々の l について V および干渉模様のズレ ϕ を求め，これから(8-5)により $C(l)$，$S(l)$ を求めれば光源の分光分布は(8-6)のフーリエ逆変換として

$$E(\kappa) = \frac{1}{\pi}\left\{\int_0^{\infty} C(l)\cos(\kappa l)dl + \int_0^{\infty} S(l)\sin(\kappa l)dl\right\} \tag{8-7}$$

から求められる[1]．これは§6-3で述べたものと全く同じ原理で上式と(6-17)は変数が異なっているのみである．当時は光電管も発明されておらず正確な測光が困難であったため，マイケルソンはこのような方法を工夫したのであるが(可視度曲線は目測で求められる)，しかし ϕ の測定が難事であるのでこのままでは用いられていない．ただし次に述べるドップラー幅のようにスペクトル分布が中心対称 $E(\kappa) = E(-\kappa)$ であれば

---
1) $C(l)\cos\kappa l$，$S(l)\sin\kappa l$ は l の偶関数である．

$$S(l) = 0 \quad \therefore \quad \phi(l) = 0, \quad V(l) = \frac{C(l)}{I_0}$$

$$\therefore \quad E(\kappa) = \text{const.} \times \int_0^\infty V(l) \cos(\kappa l) dl \tag{8-8}$$

すなわち $V(l)$ のみを知ればそのフーリエ変換として求められる．この方法の数例を次に述べる．ただしマイケルソンはコントラストを目測で求めたのでこのために下のような標準を用い目を訓練している．すなわち光学軸に平行に切った水晶の平凹および平凸レンズを光学軸を直交させてはり合わせニコルプリズムの間に入れると同心円の干渉縞を得る．ニコルの偏光面が平行でレンズの光学軸の一つと ϕ の角をなすときは，この干渉縞のコントラストは

$$V(\phi) = \frac{1 - \cos^2 2\phi}{1 + \cos^2 2\phi}$$

である．

§8-4 スペクトル線の幅の測定

(a) ドップラー幅

光源が観測者に対し v の速度で運動しているときはドップラー効果により波数は

$$\kappa = \frac{v}{c} k \quad (c : \text{光速})$$

の変化を受ける．気体中の放電による発光では粒子の速度が v と $v+dv$ との間にある確率は気体運動論により

$$\exp\left(-\frac{mv^2}{2RT}\right) dv$$

ただし m は粒子の質量，R はボルツマンの常数，T は絶対温度である．したがってスペクトル線の強度分布は

$$E(\kappa) = E(0) \exp(-\beta^2 \kappa^2), \quad \beta^2 = \frac{mc^2}{2RTk^2} \tag{8-9}$$

すなわちガウス分布である．この半値幅（強度が $E(0)/2$ の幅）を $2\varDelta\kappa$ とすれば

$$\varDelta\kappa = \frac{1}{\beta}\sqrt{\log 2} = k\sqrt{\frac{2RT \log 2}{mc^2}} \tag{8-10}$$

水素原子の質量を m_H として $m = M \cdot m_\text{H}$ とおきそれぞれの数値を入れれば

$$\frac{\varDelta\kappa}{k} = \frac{\varDelta\lambda}{\lambda} = 3.57 \times 10^{-7} \sqrt{\frac{T}{M}}$$

種々の気体について $2\varDelta\lambda/\lambda$ の実測値を $\sqrt{T/M}$ を横軸としてプロットしたのが図 8-5(A)の ○印で[1],図の直線は上式である.両者は大体一致しこれらスペクトル線の幅の主因がドップラー効果であることを示している.この幅は λ に比例するからきわめて短い波長,例えば X 線などにおいてはほとんど認められないが,$\lambda=100$ Å では自然幅くらいになり,可視光では相当大きなものとなる.

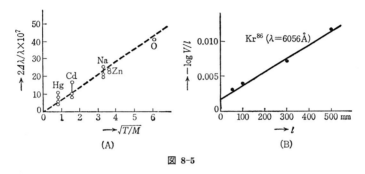

図 8-5

ドップラー幅は典型的な中心対称分布であるから可視度曲線を知ればスペクトル線の幅はそのフーリエ cos 変換によりただちに求められる.しかし可視度曲線は

$$V(l) \sim C(l) = E(0)\int_{-\infty}^{\infty} \exp(-\beta^2\kappa^2)\cos(\kappa l)d\kappa = \text{const.} \times \exp\left(-\frac{l^2}{4\beta^2}\right)$$

でこれもガウス曲線であるから,フーリエ変換によらなくとも可視度曲線の半値幅を知ればスペクトル線の幅が求められる.すなわち可視度曲線の半値幅を $\varDelta l$ とすれば

$$\varDelta l = 2\beta\sqrt{\log 2}$$

$$\therefore \quad \varDelta\kappa \cdot \varDelta l = 2\log 2$$

あるいは波数($\nu=1/\lambda$)で表わせば,$\varDelta\nu=\varDelta\kappa/2\pi$ であるから

$$\varDelta\nu \cdot \varDelta l = \frac{\log 2}{\pi} = 0.220 \tag{8-11}$$

干渉模様の認められる最低のコントラストは大体 $V \fallingdotseq 0.02 \sim 0.03$ ぐらいであるが[2],可視度曲線がガウス型の場合その半値幅の倍ぐらいのところでこの値になる.そこで干渉縞の認め得る最大の光路差(可干渉距離)として $2\varDelta l = \varDelta l_{\max}$ とおけば (8-11) から

---

1) T は O. Schönrock: Ann. Physik **20** (1906) 995 の値を採った.
2) 例えば J. W. S. Rayleigh: Sci. Pap. III p. 277.

$$2\Delta\nu\cdot\Delta l_{\max}\fallingdotseq 1 \tag{8-12}$$

種々のスペクトルについてこの値を求めて見ると表 8-2[1]のようになり上記の関係が大体成り立っている．

表 8-2

元 素	波 長	$\Delta l_{\max}$	$2\Delta\nu$ (他の方法による測定値)	$2\Delta\nu\cdot\Delta l_{\max}$	備 考
Hg^{198}	5460 Å	50 cm	0.018 cm^{-1}	0.90	最も条件のよいとき
〃	5770	40	0.020	0.80	〃
Cd^{114}	6438	30	0.031	0.93	〃
Kr^{86}	6056	80	0.013	1.04	〃
〃	5650	70	0.015	1.05	〃
Hg^{198}	5460	35~40	0.025	0.75~1.00	実用的ランプ
Cd^{nat}	6438	15~20	0.050	0.75~1.00	〃

Cd の赤線(λ=6438 Å)の可視度曲線はマイケルソンの測定によれば完全なガウス型の曲線であった．したがってスペクトル線の強度分布もガウス分布である．このことはスペクトル線に微細構造がなくその幅はドップラー効果によるもののみであることを意味する．マイケルソンは Cd(natural) の赤線をこのような性質からメートル標準尺を波長とくらべるときの基準波長として選んだのである．しかしその後の研究において発光法の改良(例えば原子線法)によりわずかながら微細構造を持つことが知られている．

(b) 自 然 幅

Cd は高温で発光されドップラー幅が大きいこと，微細構造があることなどから現在の国際第一次標準波長としては Kr^{86} の λ=6056 Å の線が用いられている(§8-7 参照)．この線の幅が最近再び可視度曲線の方法によってくわしく調べられた．ただし $V(l)$ は光電管を用い測光した値から求めている．この結果を $\log V(l)/l$ を l を横軸にとってプロットすると図 8-5(B)のように直線になるが原点を通らない．これはドップラー幅のほかに自然幅(§30-1 参照)が混在しているためである．ドップラー効果による拡がりを $E_D(\kappa)$，自然幅を $E_N(\kappa)$ とすればスペクトル線の拡がりは両者のたたみ込み(convolution)として

$$E(\kappa) = \int_{-\infty}^{\infty} E_D(u) E_N(\kappa-u) du \tag{8-13}$$

で与えられる．この式はフーリエ変換の定理により

$$V(l) = V_D(l) V_N(l)$$

---

1) 田幸敏治氏(計量研究所)による．

ただし V は E のフーリエ変換で，それぞれを

$$E_\mathrm{D}(\kappa) = E(0)\exp(-\beta^2\kappa^2) \quad (\text{ガウス分布}) \tag{8-9}$$

$$E_\mathrm{N}(\kappa) = \frac{E(0)}{1+(\kappa/\varDelta\kappa)^2} \quad (\text{ローレンツ分布}) \quad (\S 30\text{-}1\text{ 参照})$$

とすれば

$$V_\mathrm{D}(l) \sim \exp\left(-\frac{l^2}{4\beta^2}\right), \quad V_\mathrm{N}(l) \sim \exp(-\varDelta\kappa\cdot l)$$

$$\therefore \quad V = \exp\left[-\left(\frac{l^2}{4\beta^2} + \varDelta\kappa\cdot l\right)\right]$$

したがって図 8-5(B) の直線の傾斜からドップラー幅 (β) が決まり $l=0$ における値から自然幅 ($\varDelta\kappa$) が求められる．同図からこれらを求めてみると半値幅はそれぞれ波長にして

 ドップラー幅 $(2\varDelta\lambda)_\mathrm{D} = 0.004$ Å

 自然幅 $(2\varDelta\lambda)_\mathrm{N} = 0.0005$ Å

となり自然幅の存在は無視できないことがわかる．

§8-5 スペクトル線の微細構造の解析

　スペクトル線が微細構造を持ったりそのほかの原因で非対称の分布を持つときは，可視度曲線のほかにその位相 $\phi(l)$ を測り，これらから $C(l), S(l)$ を求め，(8-7) によらなければ $E(\kappa)$ は求められない．しかし位相の測定は事実上きわめて困難であるので，マイケルソンは種々の $E(\kappa)$ の形を仮定し，これから $V(l)$ を算出しこれを実測値とくらべ分布の常数を決めたり，あるいは試行錯誤により正しい $E(\kappa)$ の形を決めたりしている．したがってその結果はいまからみると必ずしもすべてが正しいものではないが大体において誤りなく，下記の数例はスペクトル線の微細構造をはじめてくわしく示した実験として歴史的に有名である[1]．

　(a) Na の D 線

　Na の D 線 ($\lambda=5893$ Å) は $\mathrm{D}_1, \mathrm{D}_2$ という二つの線から成っており，その間隔はフィゾーが測っている (§6-1(a))．この線の可視度曲線を測ってみると図 8-6(A) の実線のようになる．二つの線の強度が等しいものであるならばこの曲線の極小は 0 になるはずであるので，同図右のように二本の線は強度比が $1:\gamma$ のものと考えられる．このような双線 (twin) を $E_\mathrm{T}(\kappa)$ で表わせばその間隔を $\varDelta k$ として

---

[1] A. A. Michelson : Phil. Mag. **34** (1892) 280.

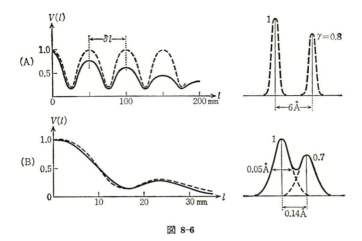

図 8-6

$$E_T(\kappa) = 1, \quad \kappa = 0 \\ \quad = \gamma, \quad \kappa = \Delta k \\ \quad = 0, \quad 他のところ \quad \quad (8\text{-}14)$$

この可視度曲線は(8-4), (8-6)から

$$C(l) = \int_{-\infty}^{\infty} E_T(\kappa) \cos(\kappa l) d\kappa = 1 + \gamma \cos(\Delta k \cdot l) \\ S(l) = \int_{-\infty}^{\infty} E_T(\kappa) \sin(\kappa l) d\kappa = \gamma \sin(\Delta k \cdot l) \\ \therefore \quad V_T(l) \sim \sqrt{C^2 + S^2} = \{1 + \gamma^2 + 2\gamma \cos(\Delta k \cdot l)\}^{1/2} \quad (8\text{-}15)$$

$V_T(l)$ の m 番目の極大が l_m にあるとすれば上式から

$$l_m \cdot \Delta k = 2m\pi$$

したがって極大間の間隔は

$$\delta l = l_{m+1} - l_m = \frac{2\pi}{\Delta k} = -\frac{\lambda^2}{\Delta\lambda}$$

図 8-6(A)から $\delta l \fallingdotseq 50$ mm, これから $\Delta\lambda \fallingdotseq 6$ Å となる.この値を(8-15)へ入れ γ を種々変えたときの $V_T(l)$ をグラフへプロットすると, $\gamma = 0.8$ のとき同図左の破線のように極小値が実測と一致するので D_1 と D_2 の強度比は $1:0.8$ と推定される.実際の可視度曲線の極大はさらに l が増すとともに小さくなっている.これは各線に同図右の破線で示すように幅があるためでこれについては次に述べる.

(b) H_α 線

水素のバルマー系列の最初の線 H_α の可視度曲線は図 8-6(B) の実線のようである．これも二本の線よりなっているとすれば可視度曲線の極大の間隔から双線の間隔として

$$\Delta\lambda = 0.14 \text{ Å}$$

を得る．二つの線の強度の比を γ とし，そのおのおのの線が (8-9) のドップラー幅 $E_D(\kappa)$ を持つとすればスペクトル線の強度分布は (8-13) と同じように $E_D(\kappa)$ と $E_T(\kappa)$ の convolution として与えられるから，可視度曲線はおのおのの可視度曲線 $V_D(l)$, $V_T(l)$ の積で，(8-9), (8-15) により

$$V(l) = V_D(l) V_T(l) \sim \exp\left(-\frac{l^2}{4\beta^2}\right) \{1+\gamma^2+2\gamma \cos(\Delta k \cdot l)\}^{1/2}$$

すなわち同じ間隔の双線の可視度曲線 $V_T(l)$ の振幅が $\exp(-l^2/4\beta^2)$ で減衰するものである．図 8-6 の可視度曲線の減衰もこのように双線のそれぞれがドップラー幅を持つとして説明される．いまの場合

$$\frac{-1}{4\beta^2} = 520, \quad \gamma = 0.7$$

とおくと $V(l)$ は図 8-6(B) の破線のようになり実測値と大体一致する．これから H_α は同図右のように半値幅 $2\Delta\lambda = 0.049$ Å の二つのガウス分布をなす線が中心間隔 0.14 Å で並んでいるものと結論される．このことはマイケルソンによりはじめて明らかにされた．当時はその理由の説明がつかずスピンの導入により始めて説明されたもので，その後の高分解能の干渉計による測定結果とよく一致する．

(c) Hg の緑線

水銀の緑線 ($\lambda = 5460$ Å) の可視度曲線は図 8-7 のように H_α の十数倍，Cd の倍ぐらいまで延びているので，スペクトル線がきわめて鋭いものであることがわかる．これは水銀が比較的重い元素であるのでドップラー効果による拡がりが少ないから当然のことである．

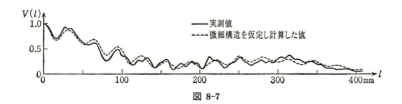

図 8-7

しかしその曲線はきわめて複雑な形をしている．マイケルソンは微細構造を仮定しその可視度曲線を求め，図の点線のような近似のものまで求めることに成功している．しかしこのような複雑な構造は他の高分解能の干渉分光器により明らかにすべきで，これについては§10-2 で詳述する．

§8-6 interferogram の方法

マイケルソンの可視度曲線の方法は当時光電管もなく正確な測光ができないために考えられた方法である．しかしマイケルソンの干渉計で無限遠に同心円の干渉模様が出ているときその中心に受光器をおいて中心($\varphi=0$)の強度を二つの鏡の距離 $l/2$ を変えながら測れば，(8-3)に相当するものは

$$I(l) = \int_0^\infty E(k)dk + \int_0^\infty E(k)\cos(kl)dk \qquad (8\text{-}16)$$

したがって $E(k)$ はこのフーリエ逆変換として

$$E(k) = \frac{1}{\pi}\int_0^\infty [I(l)-I_0]\cos(kl)dl \qquad (8\text{-}17)$$

ここで I_0 は(8-16)の第一項で $l=0$ のときの $I(l)$ の値である．$[I(l)-I_0]$ を interferogram，これを interferogram の方法という．測光技術の発達にともない $I(l)$ が正確に求められるようになれば当然可視度曲線の方法にとって代るべきものであったが，その後ほかにすぐれた高分解能干渉計が種々考えられたのであまりかえりみられなかった．しかし分光が赤外に伸びると光源の光量を最大限に活用することが大切になり，この点ではマイケルソン干渉計は interferogram を求めるのに光源からの光を全部受光器に入れて測光できること，およびプリズムや回折格子に較べて比較的拡がった光源を用いることの二点ですぐれているので，この方法が再び脚光をあびるようになってきた．

図8-8(A)はこのような記録の一例[1]で，一方の反射鏡を徐々に動かしつつ視野中心にある受光器(ゴーレーセル)の出力を記録したもので，これをフーリエ変換すれば同図(B)の分光分布曲線を与える．図は水蒸気の赤外部における吸収で H_2O の回転スペクトルの線(図示)とよい対応を示し，上記理論の正しいことを示している．

interferogram はマイケルソンの干渉計に限らず連続的の光路差を与える二波干渉計であれば何でもよい．吉原はマッハ干渉計を利用し，かつこの干渉計の半透明鏡の代りに回折格子を用いるという巧妙な工夫により同様な干渉計を作っている．

---

1) H. A. Gebbie : NPL symposium No. 11, Interferometry (1960) p. 423.

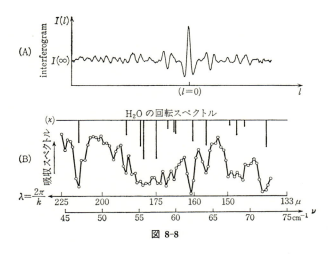

図 8-8

§8-7 光波による測長

(a) マイケルソンの方法

長さの国際単位は1790年の国際度量衡会議の決定により,北極から赤道までの距離の10^{-7}を持つ原器の長さを1mということになり,緯度が正確にわかっている二つの地点,ダンケルクとバルセロナ間の子午線を実測した結果から1889年に白金製のメートル原器が作られ,1mというのはこの原器の二本の刻線の間隔であると決められた.このように1mとは全く人工的なものであるのを,波長を長さに直す方法を考え自然現象(光の波長)を長さの基準とすることを提案したのはマイケルソンで,基準とすべきスペクトル線を求めるため可視度曲線の方法を開拓し約100本のスペクトル線を調べ,その結果微細構造のない線として先に述べたCdの赤線($\lambda=6438$ Å)を選んだのである.比較測定はマイケルソンの干渉計の反射鏡の一方を1m移動させたとき視野の一点を横切る干渉縞の本数を数えればよい.しかしこの間には約300万本の干渉縞が移動するからこれをいちいち数えていると一秒に一本としても(一日8時間として)約半年を要し事実上不可能であり,また光の可干渉性から光路差が10cmを越えると干渉縞はほとんど認められないので1mを直接この方法で測ることはできない.このためほぼ倍ずつの長さを持つ多数の中間標準(エタロン)を作りこれを次々と比較していった.しかし現在では縞の移動を光電的に測り自動的に勘定する.振動などにより縞が後戻りすればカウントは一つ減るようになっているか

ら数え間違いの心配はない．

かくしてマイケルソンが最初に得た値は Cd の red, green および blue の線の波長をそれぞれ $\lambda_r, \lambda_g, \lambda_b$ と記して

$$1\mathrm{m} = 1,553,163.5\lambda_r$$
$$= 1,966,249.7\lambda_g$$
$$= 2,083,372.1\lambda_b$$

であった[1]．

(b) ファブリー‐ペローおよびブノアの測定

マイケルソンの干渉計は二波干渉であるので干渉縞の幅がやや広く十分な測定精度が望めない．このため多波干渉を用いて鋭い干渉縞を与えるファブリー‐ペローの干渉計を用い第二回の測定を行なったのがファブリー‐ペローおよびブノアである．これも 1 m の長さは一度に測れないのでこの半分ずつの長さのもの，すなわち 50, 25, 12.5 および 6.25 cm のエタロン (Cd で十分明瞭な干渉縞の見える最長のもの) を作り逐次比較した．長さが倍のエタロンの長さを逐次比べるのには §5-3(b) にのべたブルースターの縞を用いる．すなわち図 8-9(A) のように間隔の比がほぼ $d_1 : d_2 = 1 : 2$ の二つのエタロン P_I, P_{II} に光を続けて通すとこのうち図のような反射した光 A および B の光路差 $\varDelta$ は

$$\varDelta = (5d_1 + d_2) - (d_1 + 3d_2) = 2(2d_1 - d_2)$$

$2d_1 \fallingdotseq d_2$ であるから $\varDelta \fallingdotseq 0$，したがってブルースターの白色干渉縞が認められる．ファブリーらはこのうしろにさらに楔型のエタロン P_{III} をおき $\varDelta$ を測った．P_{III} を通った光の干渉

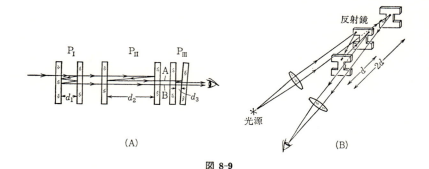

図 8-9

---

[1] マイケルソンの方法とその結果の詳細は，増井敏郎：計量研究所報告 **15**(1966) 57, 89, 214 および **16**(1967) 44.

縞は楔の稜に平行の等厚の干渉縞で，このうち白色干渉縞が認められるのは P_{III} の中で厚さ d_3 のところを光線 B が一回余分に往復し光線 A と重なったところで

$$\Delta = 2d_3$$

あらかじめ Cd の赤線を用いてこの位置と d_3 の関係を求めておけばこの位置から Δ を知ることができ $2d_1$ と d_2 の差がわかる．

　長さが最も短いエタロン($d=6.25$ cm)を同心円干渉縞を用い Cd の赤線で精密に測っておき(干渉縞の次数は§9 で示す二つ以上の波長の光を併用する方法で決められる)，上述の方法で逐次倍のエタロンの長さを決めていけば 1 m のものが波長の何倍であるかが決まる．これを測微顕微鏡で 1 m の標準尺と比べた．この測定値に気圧，温度の補正をした結果は

$$\lambda_r = 6438.4696 \text{ Å}$$

$$\text{または} \quad 1\text{m} = 1{,}553{,}164.13\lambda_r$$

となった．

　その後この倍増方法は長い距離を波長で目盛ることに利用され，25 m, 50 m の基線尺の検定なども行なわれるようになった[1]．Väisälä はこれを改良して反射光により図 8-9(B) のような方法で，大きいエタロン間隔を逐次測ることを提唱しこれも成功をおさめているのでいまでは数十 m を波長により測ることは容易である．

(c) 長さの国際標準

　1927 年にアメリカは国際度量衡委員会へ長さの標準をメートル原器からスペクトル線の波長に変えようという提案をしそれからその規準となるべき線についての研究がすすめられた．これには三つの候補があった．

　(i) **Cd の赤線**　　マイケルソンが用いたもので歴史的なものであるが，その後微細構造があることがわかり，また高温で発光するのでドップラー幅も広く適当でない．

　(ii) **Hg^{198} の線**　　水銀は重い原子で比較的低温で発光するのでドップラー幅も狭く可干渉距離は Cd の約倍もある．しかし同位元素が多く複雑な微細構造(図 8-7 および図 10-2 参照)があり標準としては適当でない．しかるに金を中性子でたたくと放射性の金となりこれが β 線を出し半減期 2.7 日で水銀となる．すなわち

$$^{79}Au^{197} + {}_0n^1 \rightarrow {}^{79}Au^{198} \rightarrow -\beta^0 + {}^{80}Hg^{198}$$

金には同位元素がないからこれにより作られた水銀にも同位元素がなくスペクトルは図

---

1) 例えば村岡一男他：測地学会誌 4(1958)76, 97.

8-10(A)に示すように単純なものである．これを基準とすることは 1946 年アメリカから提唱されている．当時このような核反応を大量にさせ得るものはアメリカのみで，したがって Hg^{198} のランプはアメリカで作り各国に分与されていた．

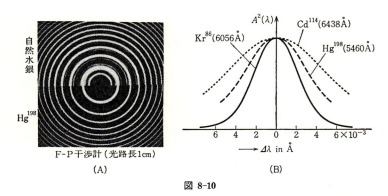

図 8-10

(iii) **Kr^{86} の線**　　ドイツは——Hg^{198} を作れないこともあって——拡散法で作れる Kr^{86} の $\lambda=6056$ Å の線を詳しく調べていた．これは液体窒素の温度で発光させ得るのでドップラー幅は最も狭く Cd, Hg と比べると図 8-10(B) のようである．ドイツはこの採用を主張し数次の検討の結果，1960 年の国際度量衡委員会で Kr^{86} の $\lambda=6056$ Å を採ることに決まり，'1 m とは Kr^{86} の $2p_{10}$-$5d_5$ 線の波長の 1,650,763.73 倍とする' ということになり，メートル原器は同年限り廃止された．これはマイケルソンの研究が始まってから約 70 年の後であり，地球の大きさを基準としたメートル原器が作られてから約 170 年で，これにより長さの標準が人工的のものから自然現象に移ったのみならず，その精度も 10^{-7} から 10^{-9} へと飛躍した[1]．

§9　測長干渉計

§9-1　ケスターズの測長干渉計

マイケルソンは干渉計を用い長さを光の波長を単位として測ることに成功し，その後，§8-7 に記したような変遷を経て長さの標準はメートル原器から光の波長に変った．これが実用になるためには実際に用いられる長さの標準，例えばブロックゲージなどが直接光の波長で測れなければならない．このために作られたものが測長干渉計でいずれも §3-4

---

1)　Kr か Hg かの論争の詳しくは，増井敏郎：計測 **8**(1958) 425, 496.

§9 測長干渉計

で述べた等厚の干渉によるものである．ケスターズの絶対干渉計はその最初のものでツァイスより商品として出ている．

図 9-1 のように点光源 Q を用いレンズ L により平行光線を入射せしめる．この光は定偏角プリズム P により分光し所望の波長のみを用いるようにする．反射鏡の一つを取り去り，光学的平面 F をおきこの表面に測ろうと思うブロックゲージ G を密着 (wring) する．G があまり長くなければその上面と F の面からの反射光による干渉縞が同図の右のように視野に同時に見える．この中央の矩形はブロックゲージの面で，その中に見える干渉縞は G の上面と M_2 で反射された光の干渉によるもの，周囲の円形の部分は F の面と M_2 による反射光の干渉縞である．M_2 の位置は大体その鏡像が G と F の中間 M_2' にあるように調節する．このようにすれば二つの干渉縞はほぼ同じ光路差によるものでそのコントラストもほぼ等しくなる．M_2' の面は G および F 面に対し傾いており，右の図の M_2' はこれを誇張して描いたものである．ブロックゲージの厚さは M_2' との交点で二つに分けて $d=d_1+d_2$ となる．d_1 は干渉縞にして $(N_1+\Delta N_1)$ 本，d_2 は $(N_2+\Delta N_2)$ 本であるとする．ただし N は干渉縞の本数の整数部分，ΔN は小数部分とする．波長 λ の光で測定しているとすれば

$$d = d_1+d_2 = (N_1+\Delta N_1)\frac{\lambda}{2} + (N_2+\Delta N_2)\frac{\lambda}{2} = (N+\Delta N)\frac{\lambda}{2}$$

ただし $\quad N_1+N_2 = N, \quad \Delta N_1+\Delta N_2 = \Delta N$

ΔN は二つの干渉縞のズレとして測ることができるが N は不明である．マイケルソンの場合は M_2' 面を F の面から G の面まで動かしその間に干渉縞が移動する本数を数えたのであるが，そのようなことをしなくても求められる．これはマイケルソンが本数を数える方法にあわせてそのチェックに用いた方法であるのでその歴史的の値をとって説明しよう．

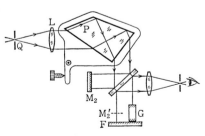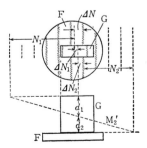

図 9-1

マイケルソンとブノアは Cd のスペクトル線を用い最も小さいエタロンを測り干渉縞の移動量として表 9-1(A) のような値を得た．ただし整数部分を数えたのは赤線についてのみで，緑線および青線については整数部分(括弧内)は未知数で小数部分のみを求めた．エタロンの長さを d とすれば

$$2d = N_r \cdot \lambda$$

であるからまず赤線の測定から d が求められる．ただし 1212 という整数部分はあるいは一，二本の数え誤りがあるかもしれないのでこのようにして求めた d には半波長の数倍の不確定さがある．そこで 1212 の前後のいくつかの整数をとり，同表(B)の第一列のような N_r であると仮定する．この値を用い

$$d_r = \frac{1}{2} N_r \cdot \lambda_r$$

を求め，これを λ_g および λ_b で割ったものを第二および第三列に記す．しかるときはすべての波長に対する分数部分が測定値と最もよく一致する行が正しい値である．いまの場合表(B)で太字で記してある行が表(A)の測定値と一番よく合うので赤線に対する整数部分の正しい値は 1212 であることがわかるとともに，他の波長に対しての整数部分もわかり表(A)の括弧内の数字のようになる．

表 9-1

(A)		(B)		
		赤線 λ_r	緑線 λ_g	青線 λ_b
赤線($\lambda_r = 6438.9$ Å)	$N_r = 1212.35$	$N_r = 1210.35$	$\frac{d_r}{\lambda_g} = 1532.26$	$\frac{d_r}{\lambda_b} = 1623.53$
緑線($\lambda_g = 5086.3$ Å)	$N_g = (1534).79$	1211.35	1533.53	1624.87
青線($\lambda_b = 4800.0$ Å)	$N_b = (1626).17$	**1212.35**	**1534.79**	**1626.21**
		1213.35	1536.06	1627.55
		1214.35	1537.32	1628.90

ブロックゲージの測定のときは称呼寸法から整数部分の概数がわかるから，その付近の整数値についてこのような表を作れば正しい値を知ることができる．その後いろいろ実用に便利な方法が工夫され，整数部分を知る計算尺も考えられている[1]．また現在では干渉縞の移動本数を電気的に測る方法が用いられており，これは反射鏡の振動などで縞が後戻りすれば本数の勘定も戻るようになっており迅速・正確に読める．

---

1) 例えば C. Candler : Modern Interferometry (London, 1951) p. 202.

§9-2 三角光路測長干渉計

前節に記した干渉計では使用するたびごとにブロックゲージを光学的平面Fに密着させねばならないことと，ブロックゲージと光学的平面の材質が異なるときは反射の際の位相のズレが異なり，これが誤差の原因となる等の欠点があるので，ヒルガー・ワット社では図9-2のように光学的平面を用いない光路が三角形の各辺になっているものを作った．

比較測長の場合には標準のゲージSと測ろうとするゲージGとを並べておき，反射鏡の調節により同図(A)のような干渉縞が見えるようにする．まず白色光を用い，S_1, G_1から反射してきた光の干渉縞が同一のところで無色干渉縞を作るようにすれば，S_1, G_1の面は同一のところにそろったことになるから，次に単色光を用いS_2とG_2からきた光とS_1, G_1からの光を干渉させ，この縞の無色干渉縞からのズレでS_2とG_2の面の差が測れる．絶対測長をするのにはこの標準のブロックゲージとして厚さ0のものを用い，これとGの長さの比較測長をやればよい．このために同図(B)のように二つ(または三つ)のブロックゲージをわずかずつずらせてwringしたものを用いると，IのP面とⅡのQ面を両端面とする厚さ0のゲージとなる．ただし厚さは完全に0でなくwringingの厚さ(ほぼ0.008μ)があり負の長さのゲージと考えられる．これは干渉計で測るときは，光路として2倍に影響を及ぼすから比較されるブロックゲージの両端にこの厚さを加えた値が出るが，ブロックゲージを実際に用いるときはその真の長さではなく，いつもこの長さが加わった'working length'を用いているので実用上にはかえって都合がよい．このときの視野は同図(B)

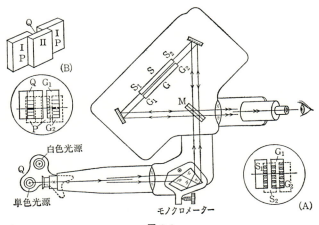

図 9-2

のようになる．まず0ゲージをほぼ中央におき，P, Qからの光による無色干渉縞が中央に出ているようにすればPおよびQ面が半透明鏡から等距離となる．次にG_1とG_2からの光による無色干渉縞が同一位置にできるようにすれば0ゲージの面は正しくGの中央にくる．そこでG_1およびPの光の干渉縞について，§9-1でのべた二つ以上の波長の単色光を用いる方法により$\overline{G_1P}$を求めればその2倍がGの長さとなる．

§9-3 ケスターズ（複プリズム型）測長干渉計

以上の測長干渉計は主として10mm以下のブロックゲージの測定に用いられるが，鋭いスペクトルを持つ光源が開発され可干渉距離が長い光が容易に得られるようになると共に，次第に長いブロックゲージを測る干渉計が作られるようになった．その中でも異色あるものはケスターズがPTB (Physikalisch-Technische Bundesanstalt) で作った複プリズムを用いた干渉計である．これは図9-2の干渉計の三つの反射鏡を一つにまとめたものと考えられ，図9-3のような二等辺三角形のプリズムを用いており中央の貼り合わせ面が半透明鏡である．これにより二分された光束はいつもほとんど同じところを通るので空気の状態の影響を受けない．このようなものを common-path の干渉計という．

図9-3(A)のGはFに密着したゲージ，M_2は参照面（図9-1のM_2に相当）で測定法は前と同様である．同図の(B)のように両端を平行平面ガラスH_1, H_2で閉じた管Tを置きこれを真空にすれば二つの光路長の差が干渉縞のズレとなって現われるから干渉屈折計ともなり，このデータから(A)の測長の空気の補正ができ真空中の波長での測定値となる．(A), (B)をあわせて(C)のような装置としたものが実際に用いられ測定と補正が同一の装

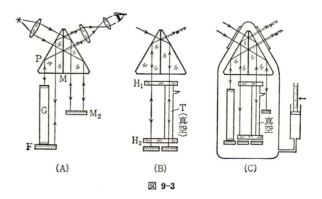

図 9-3

置で行なえるようになっている．

§9-4　測長誤差の検討

干渉縞のズレからゲージの長さを求めるときは光源が完全な点光源で平行光束がゲージの端面に垂直に入射しているとして導いたものである．しかし実際の光源は必ず有限の大きさを持つ．いまケスターズの干渉計で光源(ピンホール)の直径 a を種々に変えたときの干渉縞のズレの小数部分を求めてみると，a^2 を横軸にとり図9-4に示したグラフの○および●印のようになり，ピンホールの直径により異なった値を与える[1]．$a \to 0$ のときの縦軸との交点が完全な点光源のときの値であるから，有限の大きさのピンホールのときはその補正をしてやらなければならず補正の値は a^2 に比例しまたゲージの長さ d によっても異なる．その値を求めてみよう．

光源 Q を半径 a の円としその中の Q_0(中心より r のところ)から出た光がコリメーターレンズ L を通り，二つの反射面 M_2', F で反射されていくとしよう(図9-4)．二つの光が干渉して生ずる明暗の縞の強度は(3-3)により Q_0 の面積を $d\sigma$ として

$$dI = \{1+\cos[k(r_1-r_2)]\}d\sigma, \quad k = \frac{2\pi}{\lambda}$$

(r_1-r_2) は二つの光の光路差で，(3-15)により

$$r_1-r_2 = 2d\cos\theta, \quad \theta = \frac{r}{f}$$

ただし d は二つの反射面間の距離である．光源は半径 a の円であるから，$d\sigma = 2\pi r dr$，また θ は十分小さく $\cos\theta = 1-\dfrac{r^2}{2f^2}$ とおけるとすれば

$$I = 2\pi \int_0^a \left\{1+\cos\left[2kd\left(1-\frac{r^2}{2f^2}\right)\right]\right\}r dr$$

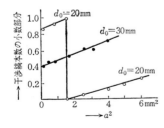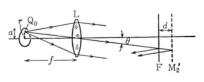

図 9-4

---

1)　朝永良夫：精密機械 **7**(1940)681．

$$= \pi a^2 \left\{ 1 + \frac{\sin k\Delta}{k\Delta} \cos[k(2d-\Delta)] \right\}$$

$$\text{ただし} \quad \Delta = \frac{d}{2f^2}a^2 \tag{9-1}$$

Δ は補正項であるから d の概略値(称呼寸法)d_0 を用いて

$$\Delta = \frac{d_0}{2f^2}a^2$$

とおいてよい．したがって干渉縞による測定では真の長さ d でなく $(d-\Delta)$ が測られているので，いつも Δ だけ正の補正をしてやらなければならない．この補正値は a^2 に比例し始めの実験結果(図 9-4)と一致する．したがってゲージの長さに見合ったものでコントラストが余り落ちない範囲でできるだけ大きいピンホールを用いれば明るい縞が得られて測定が容易になる．干渉縞のコントラストは(5-9)から今の場合

$$V = \frac{I_{\max} - I_{\min}}{I_{\max} + I_{\min}} = \frac{\sin k\Delta}{k\Delta}$$

この値は補正値が大になると共に小さくなり，補正項が $\lambda/4$ のときは $k\Delta = \pi$ であるからコントラストは0になる．したがってコントラストが良くなるような直径のピンホールを用いれば補正も少なくてすむ．これは§30-1で述べるもっと一般的な定理の特別の場合である．また光源の中心が正しく光軸上にないときもそのための誤差を生ずる．これについてはランドヴェールの総合報告に詳しく論じてある[1]．

§10 干渉分光器

光の干渉を利用しスペクトルの測定をするのを干渉分光といい，この目的のための装置を干渉分光器という．これはいずれも光路長が等差数列をなす多数の波の干渉により干渉縞が鋭くなり測定精度が向上することを利用した多波干渉の干渉計で，ファブリー–ペローの干渉計，エシェロン，ルンマー–ゲールケの干渉板などがある．回折格子も原理としては干渉分光器と同じである．

§10-1 干渉分光の基礎常数

光路長が等差数列をなす多数の光の干渉には，§4-2で述べた格子による干渉と§4-3で示したくり返し反射干渉の二つがある．前者の干渉縞の強度分布はスリットの数を N と

---

1) R. Landwehr : Optica Acta **6** (1959) 52.

§10 干渉分光器

して (4-11) により

$$I_1 \sim \left(\sin N\frac{\delta}{2} \Big/ \sin\frac{\delta}{2}\right)^2$$

後者のは finesse を F として (4-23) より

$$I_2 \sim \frac{1}{1+F\sin^2\frac{\delta}{2}}$$

であった．δ はいずれの場合も相隣る光との光路長の差を D として (4-8) から

$$\delta = \frac{2\pi}{\lambda}D$$

ただし

  多スリット干渉の場合： $D = l(\sin\theta - \sin\varphi)$ （記号は図 4-1 参照）
  くり返し反射干渉の場合：$D = 2nd\cos i$ （記号は図 4-5(A) 参照）

この二つの強度分布（図 4-2 および図 4-6）をまとめて示すと図 10-1 のようになり，細かい副極大を除けば両者の極大は同じところにあり，m を整数として

$$\delta = 2m\pi \quad \therefore \quad D(\lambda,\varphi) = m\lambda \qquad (10\text{-}1)$$

を満たす方向 φ にある．上式をテイラー級数に展開して

$$\frac{\partial D}{\partial \varphi}\Delta\varphi + \frac{\partial D}{\partial \lambda}\Delta\lambda = \Delta m\cdot\lambda + m\cdot\Delta\lambda \qquad (10\text{-}2)$$

ここで $\Delta\varphi$ は波長 λ の光の m 次の極大と波長 $\lambda+\Delta\lambda$ の光の $m+\Delta m$ 次（Δm は 0 または整数）の極大との間隔である．

以下にこの式を用い干渉分光計の諸常数を求めて見よう．媒質が空気のときはその分散

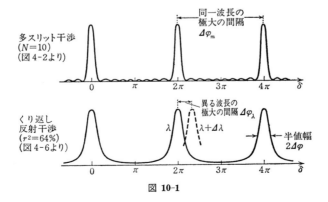

図 10-1

を省略し $\partial D/\partial\lambda=0$ とおく．入射光は完全な平行光束すなわちコリメーターを用いているとし，スリットの幅は無限に細い理想的な場合のみを考える．

(a) 分　散

波長 λ と $\lambda+\varDelta\lambda$ の光の m 次の極大の間隔を $\varDelta\varphi_\lambda$ とすれば(10-2)で $\varDelta m=0$ とおいて

$$\frac{\partial D}{\partial \varphi}\varDelta\varphi_\lambda + \frac{\partial D}{\partial \lambda}\varDelta\lambda = m\varDelta\lambda$$

$$\therefore \quad \frac{\varDelta\varphi_\lambda}{\varDelta\lambda} = \left(m - \frac{\partial D}{\partial \lambda}\right)\bigg/\frac{\partial D}{\partial \varphi} = \frac{m+p}{q} \tag{10-3}$$

$$\text{ただし} \quad p = -\frac{\partial D}{\partial \lambda}, \quad q = \frac{\partial D}{\partial \varphi} \tag{10-4}$$

これを(角)分散という．

(b) 分　散　域

同一波長の光の m 次と $m+1$ 次の主極大の間隔を

$$\varphi_{m+1}(\lambda) - \varphi_m(\lambda) = \varDelta\varphi_m$$

とおけば(10-2)で $\varDelta\lambda=0$，$\varDelta m=1$ とおいて

$$\varDelta\varphi_m = \frac{\lambda}{q} \tag{10-5}$$

スペクトル線が隣の次数と重ならないためには

$$\varDelta\varphi_\lambda \leqslant \varDelta\varphi_m$$

これに(10-3),(10-5)を代入して

$$\varDelta\lambda \leqslant \frac{\lambda}{m+p} \tag{10-6}$$

これを分散域という．次数の大きいしたがって分散域の小さい分光計を用いるときはプリズム分光器などを併用して予備分散を行ない，分光計に入る光の波長幅が上の値を越えないようにしなければならない．

(c) 分　解　能

分解し得る最小波長差を $\varDelta\lambda_{\min}$ として

$$R = \frac{\lambda}{\varDelta\lambda_{\min}}$$

を分解能という．$\varDelta\lambda_{\min}$ は極大の半値幅が小さいほど小さく，半値幅を $2\varDelta\varphi$ としこれと極大の間隔の比を

$$\alpha = \frac{\varDelta\varphi_m}{2\varDelta\varphi} \tag{10-7}$$

とおくと分解能は α に比例する．また図 10-1 から明らかなように次数が高くなるほど波長の異なる光の極大の間隔は広くなるので分解能は m が大きくなれば大きくなる．§ 4-3 によれば分解できるスペクトル線の間隔はほぼ半値幅に等しいから

$$2\varDelta\varphi \leqslant \varDelta\varphi_\lambda \tag{10-8}$$

であれば二つの極大は分かれて観測される．これを分解していると定義すれば（§ 23-1 参照），上式へ (10-3), (10-5) を代入して

$$R = \frac{\lambda}{\varDelta\lambda_{\min}} = \alpha(m+p) \tag{10-9}$$

となる．回折格子は多スリット干渉の原理により極大を鋭くして，すなわち α を大にして R を大にしたものであり，エシェロン，ファブリー‐ペローの干渉計などは α と同時に m を大にして R を大にしたものである．p はガラスの分散でいわゆるプリズム作用でスペクトル分解をする項で干渉分光では無視してよいくらい小さい．

§ 10-2 分解能の標準

干渉分光計の分解能が大体どのくらいであるかを知るには適当な間隔のスペクトル線を決めてそれが分解されているかどうかを見る．Na の D 線の間隔は約 5 Å であるがこれが十分分解されるためには半値幅はその 1/10 程度必要と見ると

$$R = \frac{\lambda}{\varDelta\lambda} \geqslant \frac{6000}{0.5} = 1.2 \times 10^4$$

でなければならない．この値はプリズム分光器などでは丁度よいが干渉分光計の標準としては小さすぎる．

干渉分光計の能力を知るのに最も都合のよいスペクトル線は水銀の $\lambda = 5461$ Å の線である．水銀は多数の同位元素（表 10-1）を持ち，このうち核スピンが奇数のものはさらに超

表 10-1

原子量	核スピン	混在比
196	0	0.15%
198	0	10.12
199	1/2	17.04
200	0	23.25
201	3/2	13.18
202	0	29.54
204	0	6.72

微細構造を持ち数本の線に分かれるから，全体としてはきわめて複雑なものとなる．図 10-2 はこれを示したもので α, β, γ は Hg^{201}, $a, b, \cdots, h$ は Hg^{203} によるものである．全体としては約 0.5 Å に拡がっているから分散域が $\Delta\lambda \leqslant 0.5$ Å のものでは重複が出る．(10-6) から p は小さいとし

$$\Delta\lambda \fallingdotseq \frac{\lambda}{m} \quad \therefore \quad m \leqslant \frac{\lambda}{\Delta\lambda} \fallingdotseq 10000$$

すなわち1万次以上の次数で用いる干渉計ではあらかじめ補助の分光器により 5461 Å の線だけを分離しておかなければならない．微細構造は大体

$$\Delta\lambda = 0.02 \text{ Å} (= 20 \text{ mÅ})$$

とすれば，これを分解して観測し得るためには

$$R_1 = \frac{\lambda}{\Delta\lambda} \geqslant 3 \times 10^5$$

であることが必要である．図 10-2 の右の図は中央の β グループの構造を示したもので 5 本の線の間隔は

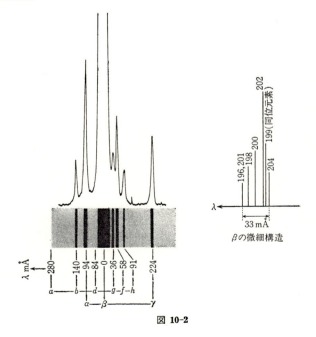

図 10-2

であるからこれを分解するためには
$$\Delta\lambda \fallingdotseq 5 \text{ m\AA}$$
$$R_2 = 1.2 \times 10^6$$
すなわち分解能は約 100 万以上でなければならない(この線の微細構造のファブリー–ペロー干渉計による写真は図 10-11 参照).

§10-3 回折格子

　光学的格子(§4-2(b))を用いた多スリット干渉による分光器を回折格子という．昔は反射型(図 10-3)を，スペキュラムという反射率が良くて軽い特殊の合金の表面に多数の平行溝を引いて作ったが，最近ではガラスの上へ Al メッキしたものをダイヤモンドカッターで引っ掻いて平行溝を作り，これをマスターとし，これから作ったレプリカが用いられている．

　スリットの間隔は使用する光の波長程度であるから可視光に用いるものではミクロンより小さく 1 mm に 500 本内外引いてあり，この線引き作業(ruling)はきわめて困難な作業である．スリットは有限の幅のものであるが，有限であるための影響は図 19-9 に示すように高次の回折像が次第に弱くなることのみで，極大の間隔や幅には関係しないから分光学的の諸性能はスリットが無限に細いときの §10-1 の諸式をそのまま用いてよい．

(a) 分光学的性能

　回折格子を多スリットと考えると極大の角間隔 $\Delta\varphi_m$ は(4-13)から格子の(中心)間隔を l として

$$\Delta\varphi_m = \frac{\lambda}{l \cos\varphi_m}$$

極大の半値幅 $2\Delta\varphi$ は §4-3 に述べたことによりその裾の幅の 1/2 と考えてよく，これは格子の本数を N とすれば(4-15)から

$$2\Delta\varphi = \frac{\lambda}{lN \cos\varphi_m}$$

したがってその比(10-7)は

$$\alpha = N \qquad (10\text{-}10)$$

これを(10-9)へ代入すれば($p=0$ として)

$$R = mN \qquad (10\text{-}11)$$

となる．格子が単位長当り $\overline{N}$ 本あるとすれば格子の全長を W として上式は

$$R = m\overline{N}W \tag{10-12}$$

とも記せる．あるいは m は(10-1)により

$$m = \frac{D}{\lambda} = \frac{l(\sin\theta \pm \sin\varphi)}{\lambda} \tag{10-13}$$

(複号は反射格子のとき－，透過格子のとき＋をとる)．

$$\therefore \quad R = \frac{W(\sin\theta \pm \sin\varphi)}{\lambda} \tag{10-14}$$

ただし W は格子の全長である．したがって一定の入射角および出射角で用いるときは回折格子の分解能はその全長に比例する．回折格子の能力を表わすのに何 cm の格子というのはこのためである．現在 $W=5$ cm, $R=6\times10^4$ くらいのものは普通で，大がいのところでは作れ，最大のものは $W=25$ cm ぐらいまである．これを $m=25$ 次で使えば $R=2\times10^6$ となり前節で述べた水銀線の微細構造が分解して観測される．

　格子の一端 S′ から他端 S への入射光および反射光へ立てた垂線の足を T, T′ とすれば (図 10-3)

$$W(\sin\theta \pm \sin\varphi) = \overline{TS} \pm \overline{ST'} \tag{10-15}$$

これは格子が与え得る最大の光路差であるから，'解像力は格子が与え得る最大の光路差に比例する' といってよい．

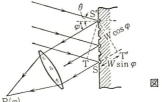

図 10-3

　回折格子がイーグル マウンティング(図 10-6)で用いられるときは $\theta=-\varphi$, ゆえに(10-13)から

$$m = \frac{2l}{\lambda}\sin\varphi$$

また

$$q = \frac{\partial D}{\partial \varphi} = l\cos\varphi$$

ゆえに角分散は(10-3)により($p=0$ として)

$$\frac{\varDelta\varphi_\lambda}{\varDelta\lambda} = \frac{m}{q} \qquad \therefore \quad m = l\cos\varphi\frac{\varDelta\varphi_\lambda}{\varDelta\lambda}$$

この m を (10-12) へ代入すれば $l\overline{N}=1$ を考えて

$$R = W\cos\varphi\frac{\varDelta\varphi_\lambda}{\varDelta\lambda}$$

$W\cos\varphi$ は光束のアパーチュア $\overline{ST}=\overline{S'T'}$ (図 10-3) であるからイーグル マウンティングのときは

$$R = (アパーチュア)\times(角分散) \qquad (10\text{-}16)$$

とも書ける.

回折格子の分解能を表わす式をまとめてみると

$$R = (次数)\times(格子の総本数) \qquad (10\text{-}11)$$
$$= (次数)\times(全長)\times(単位長における格子の本数) \qquad (10\text{-}12)$$
$$= (与え得る最大の光路差)/\lambda \qquad (10\text{-}14)^{1)}$$
$$= (光束のアパーチュア)\times(角分散) \qquad (10\text{-}16)^{2)}$$

などの表現法がある. (10-15) によれば格子を屈折率の高い液体にひたして使えば分解能は増すことが考えられ, これは実験で確められている[3].

(b) 凹面格子

平面の上へ格子を引いた平面格子を分光器として用いるときはレンズを併用し光束を収斂させる. しかしこれではレンズを通らない波長の光(主として紫外線)の測定は困難であるが, 凹面反射鏡の面に格子を引いたものを用いるとこれ自身でレンズを兼ねるから測定し得る波長の範囲が著しく広くなる. これはローランドが初めて作ったもので凹面格子という.

この反射面の曲率半径 $\overline{AC}$ を直径とする円を描くと(図10-4(A)), この上の一点 P から出た光は反射後同じ円上の一点 P' に収斂する. これを証明するため格子 G の中心 A を原点として格子に平行(紙面に垂直)に ξ 軸を, 水平(紙面内)に η 軸, 反射面の半径を ζ 軸とする. $P(\eta=y, \zeta=z)$ から出た光が凹面上の $Q(\xi,\eta,\zeta)$ で反射して $P'(y',z')$ に進むとしよう. このとき P より P' に至る光路長 D を入射点 (ξ,η) の関数として求めておけば P' の位置は, これが幾何光学的の像(光束の収斂点)であれば D が極値をとるという条件

---

1) エシェロン, ファブリ—ペローでは光路長の公差.
2) イーグル マウンティングの時のみ.
3) E. Hulthén & H. Neuhaus: Arkiv. f. Fysik. 8(1954)343.

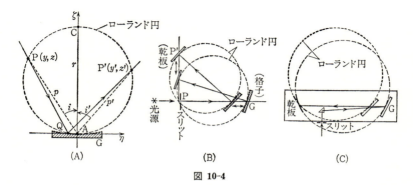

図 10-4

$$\frac{\partial D}{\partial \xi} = 0, \quad \frac{\partial D}{\partial \eta} = 0$$

から求められる．しかるにいま求めている P' は η については干渉による強度最大の点で二つの光の光路差が波長の整数倍のところで二つの光は η が l 変ると D は $m\lambda$ 変るから

$$\frac{\partial D}{\partial \xi} = 0, \quad \frac{\partial D}{\partial \eta} = \frac{m\lambda}{l} \tag{10-17}$$

しかるに

$$D = \overline{PQP'} = \overline{PQ} + \overline{QP'}$$

$$\overline{PQ}^2 = \xi^2 + (y-\eta)^2 + (z-\zeta)^2$$

しかるに Q は球面上の点であるから球面の半径を r として

$$\xi^2 + \eta^2 + (r-\zeta)^2 = r^2$$

$$\therefore \quad \zeta = \frac{\xi^2+\eta^2}{2r} + \frac{(\xi^2+\eta^2)^2}{8r^3} + \cdots$$

$$\therefore \quad \overline{PQ}^2 = y^2 + z^2 + 2r\zeta - 2y\eta - 2z\zeta$$

いま

$$\left.\begin{array}{l} y = p \sin i \\ z = p \cos i \end{array}\right\} \quad \left.\begin{array}{l} y' = p' \sin i' \\ z' = p' \cos i' \end{array}\right\}$$

とおき上式を

$$S = \frac{1}{p} - \frac{\cos i}{r}, \quad T = \frac{\cos^2 i}{p} - \frac{\cos i}{r} \tag{10-18}$$

の級数として展開すると高次の項の計算に都合のよいという見とおしから下のように変形していく．

§10 干渉分光器

$$\overline{PQ}^2 = p^2 - 2y\eta + \left(1 - \frac{p}{r}\cos i\right)\{(\xi^2 + \eta^2)(\cos^2 i + \sin^2 i)\} + \cdots$$

$$= (p - \eta \sin i)^2 + Tp\eta^2 + Sp\xi^2 + \cdots$$

$$\therefore \quad \overline{PQ} = p - \eta \sin i + \frac{\xi^2}{2}S + \frac{\eta^2}{2}T + \cdots$$

$\overline{QP'}$ も同様にして求められるから,結局

$$D = p + p' - (\sin i + \sin i')\eta + \frac{\xi^2}{2}(S + S') + \frac{\eta^2}{2}(T + T') \tag{10-19}$$

ただし T', S' は (10-18) で p を p', i を i' と置いたものである.上式を (10-17) へ代入すれば

$$\left.\begin{array}{l} \dfrac{\partial D}{\partial \xi} = 0 \quad \text{から} \quad S + S' = 0 \\[2mm] \dfrac{\partial D}{\partial \eta} = 0 \quad \text{から} \quad T + T' = 0 \quad \text{および} \\[2mm] \sin i + \sin i' = \dfrac{m\lambda}{l} \end{array}\right\} \tag{10-20}$$

上の第三式は主光線 ($\eta = \xi = 0$ を通る光) の方向を決めるものであり,初めの二式はそれぞれ子午的および球欠的の光束についての式であるから m (meridional) および s (sagittal) の添字を付して

$$\frac{\cos^2 i}{p_m} + \frac{\cos^2 i'}{p_{m'}} = \frac{1}{r}(\cos i + \cos i') \tag{10-21}$$

$$\frac{1}{p_s} + \frac{1}{p_{s'}} = \frac{1}{r}(\cos i + \cos i') \tag{10-22}$$

これは反射鏡の非点収差を与える公式('光学'(11-3),(11-4) で $n = -n'$ とおいたもの) にほかならず,それぞれ紙面に垂直および紙面内 (水平) の焦線を与える.格子の光学系は小口径比で大きな入射角および反射角 (i, i') のものであるから非点収差が一番問題になり ('光学' 表 19-4 参照),以下主としてこれについて論ずる.

上式には下のような解が考えられる.

(i) (10-21) は

$$p_m = r \cos i, \quad p_{m'} = r \cos i'$$

とおけば満足される.これは P, P' および A がローランド円上にある場合で本節の始めに述べたことである.垂直の焦線を与える共軛点であるから P に紙面に垂直のスリットを置けば P' に鮮鋭なスペクトルが得られる.この特別の場合として $i = i'$ とすれば

$$p_m = p_m{}' = r \cos i$$

これはイーグルが採用した方法である．

  (ii) $i=0$ で $p_s=p_m=\infty$ とすれば(10-21)から

$$p_m{}' = \frac{r \cos^2 i'}{1+\cos i'}, \qquad p_s{}' = \frac{r}{1+\cos i'} \tag{10-23}$$

これはワッズウォースの見出した解で，$p_s{}'$ は $p_m{}'$ と同じものになるから非点収差のない像を与える．

  (iii) (10-22)は

$$p_s \cos i = r, \qquad p_s{}' \cos i' = r \tag{10-24}$$

とおけば満足される．これはシルクス[1]の与えた解であるが点光源の水平(分散方向)の焦線を与えるので垂直スリットのときはこのままでは実用にはならない．

  (c) 回折格子分光器

以上の解を満足させるような格子の置き方をするとそれぞれ特徴のある分光器が得られる．格子の置き方をマウンティング(mounting)というのでそれぞれ研究した人の名を冠して何々マウンティングという．

  (i) ローランド マウンティング　　図 10-4(B)のように互いに直角に二本のレールを置きこの上にそれぞれ格子 G および写真乾板の取枠 P′ を置く．二つの間の距離はいつも一定の値(ローランド円の直径)になっているよう棒でつないである．スリットを直角の頂点におけば三者はいつもローランド円の上にある．これをローランドのマウンティングという．この方法では乾板がいつも格子の曲率中心にあるのが特徴である．図 10-4(A)で $\widehat{CP'}=q$ として q を小さいとすれば $\sin i' \fallingdotseq q/r$，これを(10-20)へ代入し両辺を λ で微分すると

$$\frac{dq}{d\lambda} = \frac{mr}{l} = \text{const.}$$

すなわちスペクトルの分散が波長によらない．これをノーマルスペクトルといい未知の線の波長を既知の線のそれから内挿法で決定するのに欠くべからざる方法である．ローランドマウンティングは常にノーマルスペクトルを与えるのが特徴で，ローランドはこれにより多数のスペクトル線の波長の正確な決定を行なっている．ローランドの方法では非点収差のために点光源の光が垂直方向の伸びた線となる．これはスペクトル線の強度の損失となり，また光源と像の一対一の対応がなくなり光源のどの部分がどのようなスペクトルの

---

  1) J. L. Sirks: Astron. & Astrophys. **13**(1894)763.

光を出しているかを知ることができない…などの不利があり，この方法の最大の欠点とされている．これを防ぐのにはスリットまたは像面と格子との間へ軸を水平にした円筒レンズを入れる方法などがあるが，これではレンズを用いないことを特徴とする凹面格子本来の意味は失われきわめて短い波長領域などには適用できない．

(ii) ローランド-アブニー マウンティング 前述の方法はスペクトルの異なる部分を撮るときは格子と乾板の両者を同時に動かさなければならないが，アブニーはこの両者を固定してスリットを動かす配置を考案している．しかしスリットの移動は光源ならびに集光光学系全体の移動を意味するのであまり大型の装置には用いられていない．

(iii) パッシェン-ルンゲ マウンティング 前二者の欠点を除いたもので，スリット，格子のいずれも固定しておき乾板をローランドの円に沿って配置する．すべての次数のスペクトルを一度の露出で撮ることができきわめて便利なものである．この装置全体を一つの室の中に入れ暗室としスリットを暗室の入口におく．

(iv) イーグル マウンティング ローランド マウンティングの特別の場合，すなわち $i=i'$ としたものでプリズム分光器のリトロー マウンティング（'光学' 図 4-5）に似たものである．ローランド円上のものとしては後述のように非点収差が最も少ないマウンティングである．異なる波長部分を撮るときは格子を入射光の方向に前後に動かす（図 10-4 (C)）．全体が小さくまとまっているので真空容器中で用いる極端紫外の分光器などはこの型を採用する．

(v) スティグマティックマウンティング ワッズウォースの与えた解は (10-21), (10-22) を同時に満足する非点収差のない解で，この方法をスティグマティックマウンティング (stigmatic mounting) という．$p_s = p_m = \infty$ すなわち平行光線を入射させるもので図 10-5 (A) のようになる．格子から像面までの距離は (10-23) からわかるようにローランドの場合の約半分であるのでそれだけ分散は小さくなる．

シルクスの解 (10-24) は図 10-5 (B) のように曲率中心 C におけるローランド円の接線上の一点 S に点光源をおくとその水平の焦線が同じ接線上の他の点 S' にできることを示している．$i'=0$ すなわちノーマルスペクトルができているときは S' はローランドの円上 C にあるから，S に水平に長い光源をおき，この光を垂直においた円筒レンズによりローランド円上の P に垂直の焦点を結ばせておけば（ここへ垂直のスリットをおく）C には非点収差のない像が得られる．

ローランド円上の任意の一点 P' に点像を作るには下のようにする．すなわち S' に点像

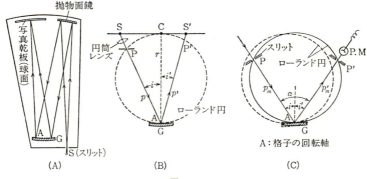

図 10-5

ができるとすれば $p_m' = p_{s'}' = r\cos i'$, これを(10-21), (10-22)へ代入すれば

$$p_m = r\cos i, \qquad \frac{1}{p_s} = \frac{1}{r}(\cos i + \cos i') - \frac{1}{r\cos i'}$$

したがって非点隔差 $\varDelta$ は

$$\varDelta = p_s - p_m = p_m p_s \left(\frac{1}{p_m} - \frac{1}{p_s}\right) \fallingdotseq p_m{}^2 \left(\frac{1}{r\cos i} + \frac{1}{r\cos i'} - \frac{\cos i + \cos i'}{r}\right)$$

$$\therefore \quad \varDelta \fallingdotseq r\cos^2 i \left(\frac{\sin^2 i}{\cos i} + \frac{\sin^2 i'}{\cos i'}\right) \qquad (10\text{-}25)$$

すなわちローランド円上Pに垂直のスリット, これから $\varDelta$ のところに水平の光源をおいて前と同様のことをすれば, S'に非点収差のない像が得られる. これをルンゲ-マンコフの(スティグマティック)マウンティングという.

(vi) 瀬谷マウンティング　これまでに述べたのはいずれも写真乾板にスペクトルを撮影する方法であった. これは瞬間的光源の測定などには便利であるがしかし光電受光器が発達してくると, 受光器を固定しスペクトルを走査させる方法も考えられる. 瀬谷は入射および射出スリット P, P' を固定して格子を回転し走査する方法を吟味している. 入射および射出スリットが固定しているから(図 10-5(C))

$$i + i' = \text{const.} = \alpha$$

これを(10-21)へ代入すれば

$$\frac{\cos^2 i}{p_m} + \frac{\cos^2(i-\alpha)}{p_m{}'} = \frac{1}{r}\{\cos i + \cos(i-\alpha)\}$$

格子が回転すると入射および射出スリットもローランド円から外れるので上式は成り立た

ない．このとき両辺の差をfとおいて

$$f = 0, \quad \frac{\partial f}{\partial i} = 0, \quad \frac{\partial^2 f}{\partial i^2} = 0$$

を満足させる解を数値的に求めると

$$\alpha = 70°15', \quad \frac{r}{p_m} = 1.22247, \quad \frac{r}{p_m'} = 1.2229$$

を得る．これは二次微係数まで0にしてあるので波長範囲が広く$r=1$mの凹面格子で$i=21°30'\sim35°7.5'$を走査して0～6600Åの範囲で$\Delta p_m' \leq 0.15$mmとなる．これは瀬谷氏を中心とするグループが開発した新方式で特にモノクロメーターに優れた方式であり多くの分光器に採用されている[1]．

(vii) エバートマウンティング　これは平面回折格子を分光器に用いる方法である．最近の大きな回折格子は平面格子の方が優れたものができ，また平面格子は平面反射鏡と同様全く収差がないから（'光学'§1-2(a)参照）他のレンズまたは反射鏡とを併用するのに都合がよく，また補助系を全部反射系とすれば使用波長範囲は凹面格子と同じであるので，最近の高性能のものにはこれが用いられモノクロメーターとして多く用いられている[2]．

(d) 各種マウンティングの比較

前記各種のマウンティングにおいて入射角および出射角を縦軸および横軸にとり，どのような波長の光が測定できるかをグラフに描くと図10-6(A)のようになる．このときの非点収差の量（点光源をローランド円上においたときの垂直焦線の長さΔx）は格子の長さを$\bar{\xi}$とすれば幾何学的の関係から

$$\Delta x = \frac{\bar{\xi}}{\Delta + p_m} \Delta$$

ここで$p_m = r\cos i$，Δは両焦線の間隔（非点隔差）であるから，(10-25)により

$$\frac{\Delta x}{\bar{\xi}} \fallingdotseq \cos i \left(\frac{\sin^2 i}{\cos i} + \frac{\sin^2 i'}{\cos i'} \right)$$

$\Delta x/\bar{\xi}$の値を同図(B)に書き込むと図の実線のようになる．これから使用波長が一定のときはイーグルマウンティングが最も収差が少ないことがわかる．

§10-4　エシェロン（階段格子）

分解能を上げるのには回折格子のように総本数$\bar{N}$を大にしなくとも(10-11), (10-14)か

---

1) 瀬谷正男：Sci. Light **2**(1952) 8；波岡武：同誌 **3**(1954) 15.
2) W. T. Welford : Progress in Optics IV (North Holland, 1965) p. 243.

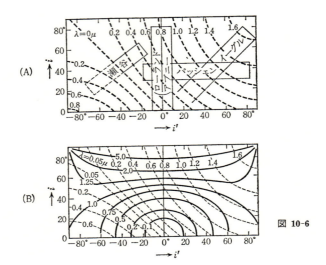

図 10-6

ら明らかなように光路長の公差 D を大にし次数を大にすれば小さい $\overline{N}$ でも D_{max} は大になる．この考えで作られたのがエシェロンで，ガラスの板を積み重ね階段状をなしているのがその名のおこりでこれにも反射型と透過型がある[1]．

(a) 反射エシェロン

図 10-7(A) のように厚さの差が d のガラス板を重ねてその前面をメッキして反射格子として使う．簡単のため垂直入射 ($\theta=0$) とし，光束は無限に細いものとすれば（光束の幅は§10-1 の始めに述べたように分解能の議論には関係ない），同図から明らかなように相

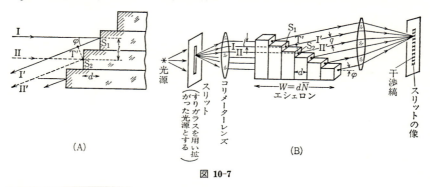

図 10-7

---

1) A. A. Michelson : Astrophys. J. **8** (1893) 36.

隣れる入射光束 I, II は反射面に達するまでに d, 反射後の光束 I', II' は S_2 から I' へ立てた垂線の足を T' とすれば $\overline{S_1T'}=(d\cos\varphi+l\sin\varphi)$ の光路差を生ずるから

$$D = d+(d\cos\varphi+l\sin\varphi)$$
$$= d(1+\cos\varphi)+l\sin\varphi$$

φ, l は小さいとすれば

$$D \fallingdotseq 2d \qquad \therefore \quad m \fallingdotseq \frac{2d}{\lambda}$$

$d=10$ mm としても $\lambda=0.5\mu$ の光について

$$m = 4\times10^4$$

という大きな数となるから $N=25$ としても (10-11) により 10^6 くらいの分解能を得る．ただし m が大きいので分散域すなわち隣の次数と重なり合わないで観測し得る波長幅 $\Delta\lambda$ がきわめて小さく，(10-6) により ($p=0$ であるから) $\lambda=0.5\mu$ として

$$\Delta\lambda = \frac{\lambda}{m} \fallingdotseq 0.1 \text{ Å}$$

したがってプリズム分光器と併用して予備分散を行なっても，水銀の 5461 Å の線を次数の重なりなしには測ることはできない．同じ分解能の回折格子が $m=25$ としても $\Delta\lambda \leqq 200$ Å というのに比べ著しく小さい．反射型であるので紫外，赤外の両波長域で用いられる．実際には赤外用として多く用いられ，紫外域では反射型は板の厚さを波長の程度で厳密に揃えることが困難であるので厚さの揃い方がこれほど厳しくない透過型のエシェロン（水晶を用いる）が用いられる．

(b) 透過エシェロン

反射型と全く同じ原理および構造で，図 10-3 のように各スリットの前へ厚さの公差が d のガラス板を置いたものと思えばよく図 10-7(B) のようにして用いる．相隣る光の光路差は S_2 から光線 I' へ下した垂線の足を T' とすれば

$$D = nd-\overline{S_1T'}, \qquad \overline{S_1T'} = d\cos\varphi-l\sin\varphi$$

したがって干渉の次数は

$$m = \frac{nd-(d\cos\varphi-l\sin\varphi)}{\lambda} \tag{10-26}$$

l, φ が十分小さければ

$$m \fallingdotseq \frac{(n-1)d}{\lambda} \tag{10-27}$$

$n=1.5$ として同じ d の反射エシェロンの 1/4 である．

分散は
$$\frac{\Delta\varphi_\lambda}{\Delta\lambda} = \frac{m+p}{q}$$

ただし $p = -\frac{\partial D}{\partial \lambda} = -d\frac{\partial n}{\partial \lambda}$, $q = \frac{\partial D}{\partial \varphi} = l\cos\varphi + d\sin\varphi = \overline{S_2T'}$

$$\therefore \quad \frac{\Delta\varphi_\lambda}{\Delta\lambda} = \left(m - d\frac{\partial n}{\partial \lambda}\right)\bigg/\overline{S_2T'} \tag{10-28}$$

一方，分解能は(10-9)により
$$R = N(m+p) = Nm - Nd\frac{\partial n}{\partial \lambda} \tag{10-29}$$

である．第一項は(m 次の)干渉による項，第二項はガラスの分散による項であるが，いまは m が 10 の数乗，d が数 mm のものであるから(10-27)を考え

$$R \fallingdotseq mN = \frac{(n-1)Nd}{\lambda}$$

としてよくガラス板の最も厚いところの厚さ $W=Nd$ に比例する[1]．

(c) エシェロンと分光プリズム

図 10-8(A)のようなエシェロンの階段の幅 l およびガラス板の厚さ d を無限に小さくしてそのかわり階段の数 N を無限に多くする．このときその高さ L および W を一定とし

$$\lim_{\substack{N\to\infty \\ l\to 0}} lN = L, \quad \lim_{\substack{N\to\infty \\ d\to 0}} Nd = W$$

とすればこれは同図(B)のようなプリズムと考えてよい．このとき干渉縞の次数は(10-26)から

$$\lim_{d,l\to 0} m = 0$$

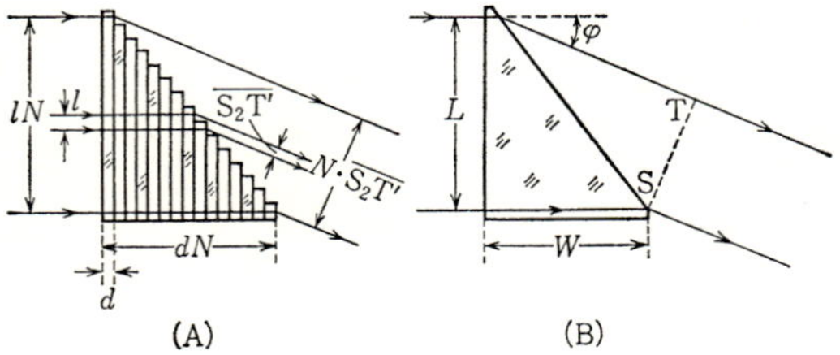

図 10-8

1) エシェロンの分解能について詳しくは K. W. Meissner : J. Opt. Soc. Am. **32**(1942)205.

すなわち0次のスペクトルのみで一次以上は存在しないから干渉による分光ではない．分散は(10-28)で $m=0$ とおいて

$$\frac{\Delta\varphi_\lambda}{\Delta\lambda} = -\frac{d}{\overline{S_2T'}}\frac{\partial n}{\partial \lambda}$$

分母と分子に N を掛けて $\lim \overline{S_2T'}\cdot N = \overline{ST}$ ($\overline{ST}$ は光束の幅，図10-8参照) とおくと $\lim Nd = W$ であるから

$$\frac{\Delta\varphi_\lambda}{\Delta\lambda} = -\frac{W}{\overline{ST}}\frac{\partial n}{\partial \lambda}$$

これは幾何光学的に求めたプリズムの分散式('光学'§4-1参照)にほかならない．プリズムの分解能は(10-29)で $m=0, Nd=W$ とおけば

$$R = -W\frac{\partial n}{\partial \lambda} \qquad (10\text{-}30)$$

ここで W はプリズムの底辺の長さで，プリズムの頂点を通る光と底辺を通る光の光路差は $W\Delta n$ であるから，プリズムの分解能も回折格子の場合と同じく与え得る最大光路差に比例する(§23-3参照)．

分解能を与える式(10-29)は

$$\left.\begin{array}{ll} \text{回折格子のときは} & R = mN \\ \text{エシェロン(透過)のときは} & R = mN - W\dfrac{\partial n}{\partial \lambda} \\ \text{分光プリズムのときは} & R = - W\dfrac{\partial n}{\partial \lambda} \end{array}\right\}$$

これからみると回折格子は光の干渉のみ，プリズムはガラスの分散(波長による屈折率の差)のみを用い分光するもので，エシェロンはその中間であることがよくわかる．

§10-5 エシェレット，エシェル

回折格子を可視域で用い相当の分散を与えるためには，$N=500$ 本/mm くらいにしなければならず，製作はきわめて困難である．しかし赤外の $\lambda=5\sim10\,\mu$ で用いる回折格子であれば十数 μ の間隔のものでよく加工はずっと容易になる．したがって例えば反射格子の場合に溝の形をある程度所望のものにすることができ，その面で幾何光学的に反射される方向で相隣る光の光路差が波長の整数倍になるようにしておけば，その次数に反射光の強度が集中し回折格子の欠点である不要の次数への強度の分散ということが防げる．ウッドは銅板の上へ金メッキして反射を強くしたものをカーボランダムの結晶で図10-9(A)のよう

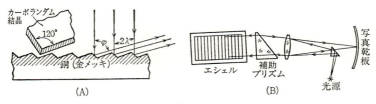

図 10-9

に削り $\lambda \fallingdotseq 3\mu$ の光が2次または3次へ集中するものを作った. これは反射エシェロンと回折格子の中間のものと考えられるのでエシェレット (Echelette) といわれる[1].

回折格子とエシェロンは分解能を得るために(10-11)の m または N のいずれかを著しく大にし他を普通の数にしたものである. また隣の次数と重なり合うことなく観測できる範囲すなわち分散域は(10-6)により次数に逆比例する. これは回折格子においては(m が小さいので)大きく, エシェロンでは小さすぎて異なる次数が重なり合いスペクトル線の解析が困難である. そこで両者の中間のもの, 例えば $m=1000$, $N=1000$ のものであれば, $R=10^6$ という高い分解能を与え, 可視光 ($\lambda=0.5\mu$) で分散域 $\Delta\lambda=5\text{Å}$ を与えちょうどいろいろな測定に手ごろである. これであればエシェレットと同様ある程度溝の形を所望のものにできてスペクトルの強度をある次数へ集中させ得る. これをエシェレット(赤外用)と区別してエシェル (Echelle) という[2].

図 10-9(B) のようにリトロー マウンティングで用いれば $\theta=-\varphi$ であるから格子の全長を W として(10-14)は

$$R = \frac{2W\sin\varphi}{\lambda}$$

スペクトルの重なりを防ぐためプリズムと併用することはエシェロンと同様である.

§10-6 ファブリー-ペローの干渉計

§4-3(b)でのべたエタロンが分光器として高い性能を持つことを利用したもので, 構造はエタロンを用いた干渉屈折計(図7-5)と全く同じである. ただし特別の目的の場合を除いてエタロンは容器内に入れておく必要はない(一枚のガラス板でもよいがこれでは厚さが固定される). これの性能を調べてみよう.

---

1) R. W. Wood : Phil. Mag. VI **20** (1910) 770.
2) G. R. Harrison : J. Opt. Soc. Am. **39** (1949) 522.

(a) 分解能

エタロンの面の反射率を強度で r^2 とすれば極大の半値幅 $2d\delta_0$ と極大の間隔との比は (4-25)により F を finesse として

$$\alpha = \frac{\pi}{2}\sqrt{F}$$

$$\text{ただし}\quad \sqrt{F} = \frac{2r}{1-r^2} \tag{10-31}$$

したがって分解能は(10-9)から($p=0$ として)

$$R = \frac{\lambda}{\Delta\lambda_{\min}} = \alpha m = m\pi\frac{\sqrt{F}}{2} \tag{10-32}$$

これをエシェロンまたは回折格子の同じ次数のものの分解能と比べると，エシェロンのガラス板の枚数を N とすれば

$$N = \frac{\pi}{2}\sqrt{F}$$

したがって $r^2=88\%$ とすれば(10-31)から $\sqrt{F} \fallingdotseq 16$

$$\therefore\quad R = m\pi\frac{\sqrt{F}}{2} = 25m$$

すなわち同じ次数の25枚のエシェロンと同じである．エタロンの間隔を d, 光線が光軸となす角を φ とすれば，くり返し反射の光路長の公差は(3-15)から中間の媒質の屈折率を n として

$$D = 2nd\cos\varphi$$

したがって干渉の次数 m は

$$m = \frac{D}{\lambda} = \frac{2nd\cos\varphi}{\lambda} \tag{10-33}$$

すなわち φ の大きい(外側の干渉環)ほど次数が低い(§3-4参照)．$d=5$ cm とすれば $\lambda=0.5\,\mu$, $n=1.0$ として干渉環の中心付近($\varphi\fallingdotseq 0$)で

$$m = \frac{2d}{\lambda} = 2\times 10^5 \quad\therefore\quad R \fallingdotseq 5\times 10^6$$

である．回折格子の分解能は(10-11)により格子の総本数 N と回折の次数 m の積であるから，例えば $m=10$ 次のスペクトルを観測していれば同じ分解能を得るための総本数は

$$N = \frac{5\times 10^6}{10} = 5\times 10^5$$

で通常の回折格子(§10-3(a)参照)ではこの分解能は実現できない．

(b) 共振器としてのエタロン

この干渉計はまたレーザー光源の共振器として用いられている(§29-3参照). このときその性質を表わす常数として——電気回路の場合の記号を用い——Q というものがある. これは

$$Q = \omega \frac{\text{共振器内に貯えられたエネルギー}}{\text{単位時間の損失エネルギー}}$$

で定義されるものであるが, エタロンの振幅反射率を(両側とも等しいとする) r とすれば一回の反射で半透明鏡を通り外へ出るエネルギーの入射エネルギーに対する比は吸収がないとして $(1-r^2)$ である. 単位時間の反射回数はエタロンの間隔を d, 中の気体の屈折率を n として c/nd (c は光速)であるから

$$Q = \omega \frac{nd}{c} \frac{1}{1-r^2} = \frac{2\pi nd}{\lambda(1-r^2)}$$

しかるに分解能は(10-32)から $m=2nd/\lambda$ とおくと

$$R = \frac{\lambda}{\Delta\lambda} = \frac{nd}{\lambda}\pi\sqrt{F} = \frac{2\pi nd \cdot r}{\lambda(1-r^2)} = rQ \qquad (10\text{-}34)$$

したがって $r \fallingdotseq 1$ とすれば, $Q \approx R$ である.

(c) 分 散 域

(10-6)により分散域は($p=0$ として)

$$\Delta\lambda \leqslant \frac{\lambda}{m} = \frac{\lambda^2}{2nd} \qquad (10\text{-}35)$$

(a)と同じ数字を用いれば

$$\Delta\lambda \leqslant 0.025 \text{ Å}$$

となりエシェロンと同じようにきわめてせまい. このため他の干渉計と同様プリズム分光器を併用する必要がある. 図10-10は定偏角の分光プリズムを二つに分けその面をエタロンとして使い, プリズムの分散とエタロンの干渉を直角方向に起させたもので, 同図の左下に示したようなスペクトルを得る[1]. 図10-11はこのような装置で $d=5$ mm として撮った水銀の $\lambda=5461$ Å の写真であるが, 分散域がこの線の拡がり(約 0.5 Å)よりせまいため m 次と $m+1$ 次が重なっており解析に誤りをおかしやすい(図10-2と比べられたい).

(d) 分散および波長の測定

分散は(10-3)により与えられる. これに(10-33)から

---

1) 三島忠雄, 長岡半太郎：理研報告 V **12**(1925)764.

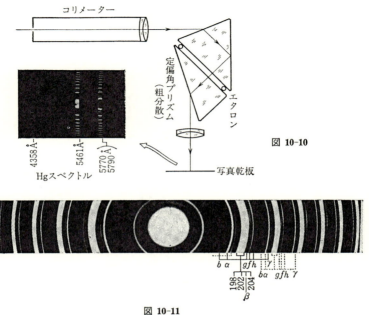

図 10-10

図 10-11

$$q = \frac{\partial D}{\partial \varphi} = -2nd\sin\varphi, \quad m = \frac{2nd}{\lambda}\cos\varphi$$

を代入すれば n=const. として $p=0$ であるから

$$\frac{\varDelta\varphi_\lambda}{\varDelta\lambda} = \frac{-1}{\lambda\tan\varphi} \tag{10-36}$$

図7-5のように焦点距離 f のレンズで干渉環の半径を観測しこれを ρ, 波長差 $\varDelta\lambda$ の光の干渉環の半径の差を $\varDelta\rho$ とすれば上式から

$$\tan\varphi \doteqdot \frac{\rho}{f}, \quad \varDelta\varphi_\lambda = \frac{\varDelta\rho}{f}$$

$$\therefore \quad \frac{\varDelta\lambda}{\lambda} = -\frac{\rho}{f^2}\varDelta\rho$$

これから $\varDelta\rho$ を測り $\varDelta\lambda$ がわかる.

(e) 二組のエタロン (**duplex**)

図 10-12(A), (B) はそれぞれ間隔 d_A および d_B のエタロン ($d_A:d_B\doteqdot 1:8$) による同じスペクトル線の干渉縞の強度分布曲線である. エタロンの性能は,

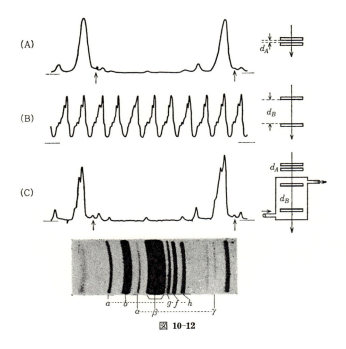

図 10-12

 (10-32), (10-33) から　分解能は d に比例し
 (10-35) から　分散域は d に逆比例するが
 (10-36) から　分散は d に関係しない

ということから，(A)は分散域は大きく隣の次数との重なりが少ないが，分解能は低く，(B)は分解能は大でスペクトル線の細かい構造がよく出ているが，隣の次数と重ならない範囲はせまい．しかし分散は d に関係しないから両者の波長スケールは全く同じである．そこで，二つのエタロンを直列に並べ光が引き続いてこの二つを通るようにすると同図(C)を得る．これは d_A のエタロンと同じ広い分散域を持ち，d_B のエタロンと同じ高い分解能を持つ両者の長所を兼ねそなえたもので，これを duplex という．(A)の場合は分解能の不足のために，(B)のときは隣の次数との重なりのために見られなかった側線(矢印)が明らかに認められる．ただしこのようなことは(A)の m 番目の極大と(B)の m' 番目の極大が正しく一致していなければできない．しかるに(10-1)により間隔 d_A のエタロンの m 次の極大は

$$\cos\varphi_m = \frac{m\lambda}{2nd_A}$$

間隔 d_B のエタロンの m' 次の極大は

$$\cos\varphi_{m'} = \frac{m'\lambda}{2nd_B}$$

にできている．両者が一致するためには

$$\varphi_m = \varphi_{m'} \quad \therefore \quad \frac{d_A}{d_B} = \frac{m}{m'}$$

すなわち二つのエタロンの間隔の比が正しく整数でなければならない．このようなことは初めからは困難であるので，エタロンの一方を屈折干渉計のときのように気密の容器に入れ，その中の気体の圧力を加減し光学的間隔の微細調整をする．同図の写真は 1:3 の duplex で水銀のスペクトル線をとったもので，図 10-11 に見られた次数の重複がなくなっている[1]．

(f) 球面エタロン

いままでに示したエタロンは平面反射鏡を向かい合わせたものであるがこれは平面とはかぎらない．図 10-13(A) は球面反射鏡を用いその曲率中心 C_1, C_2 が互いの鏡面の中心にあるようにしたもので二つの反射鏡は焦点 F を共有するから共焦点(confocal)型という．球面の上半分が半透明，下半分が完全な反射面になっており，M_1 に入射した光は直進し，半分は M_2 から出るが半分は反射して N_1, N_2 で反射して M_1 にもどり先の光と合して M_2 から出ていく．光が光軸に近いときは二つの光の光路差は鏡の曲率半径を d として $4d$ であるが，任意の入射光については，$\overline{M_1N_1}=\rho_1$, $\overline{M_2N_2}=\rho_2$ としこの二つの対角線(同図(B))

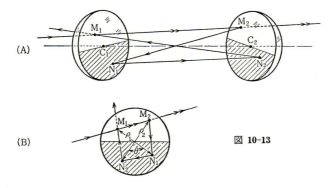

図 **10-13**

---

1) E. Lau: Z. Phys. **63**(1930) 313.

のなす角を θ とすると

$$D = 4d - \frac{\rho_1^2 \rho_2^2 \cos 2\theta}{d^3}$$

となることが証明される[1]．この共焦点球面エタロンは調整が平面のエタロンよりはるかに容易で，気体レーザーの発振器として用いられており，このほか二つの球面鏡をその曲率中心が一致するように向かい合わせた同心 (concentric) 型などもある（エタロンの回折損失については §18-5 参照）．

§10-7　ルンマー-ゲールケの干渉板

ファブリー-ペローの干渉計は構造が簡単で便利なものであるが，当時は紫外部では高反射率を与えるものがなく[2]十分な分解能が得られなかったので，ルンマーとゲールケはガラス板の内面反射を用いてこの難点を克服することを考えた．これは図 10-14 のように薄い平行平面の内面を全反射に近い角でくり返し反射をしながら進む光を上または下の面から取り出し重ね合わせる．他の高解像力の干渉計と同様に分散域がせまいので同図のようにプリズム分光器と併用しあらかじめ大体の単色光としておく．水晶を用いるときは複屈折性のため偏光面によって屈折率が異なるのでニコルプリズムを用い一定の偏光面の光のみを入れる．

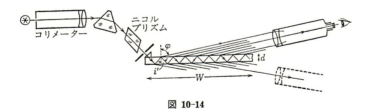

図 10-14

§10-8　各種干渉分光計の比較

ここに記した各種干渉分光計の基本常数をまとめると表 10-2 のようになる．これは一つの例を示したものであるが，どの干渉計が m と N (または $\pi\sqrt{F}/2$) のどのような組み合わせを用いているかがよくわかる．

---

1)　P. Conne : Rev. Opt. **35** (1956) 37 ; J. de Phys. et Rad. **19** (1958) 262.
2)　現在では紫外部でよい反射率を与える蒸着物質がある（例えば J. B. Bradley : Japan J. appl. Phys. **4** suppl. 1 (1965) 467）．

表 10-2 ($\lambda=0.5\,\mu$)

分光計	specification	次数(m)	N または $\frac{\pi}{2}\sqrt{F}$	分解能(R)	分散域($\frac{\lambda}{m}$)
回折格子	$W=5$ cm $=25$ cm	2 25	3×10^3 7.5×10^5	6×10^4 2×10^7	2500 Å 200 Å
エシェロン	反射型 $d=10$ mm	4×10^4	25	10^6	0.125 Å
エシェル	(Harrison)	10^3	10^3	10^6	5 Å
ファブリ—ペロー	$\varphi\fallingdotseq0°, n=1.0$ $r^2=0.88, d=5$ mm	2×10^4	25	5×10^5	0.25 Å
ルンマー—ゲールケ板	$i=42', n=1.5$ $r^2=0.88, d=5$ mm	2×10^4	25	5×10^5	
分光プリズム	base: $d=50$ mm ガラス: SF$_2$	0	∞	$d\dfrac{dn}{d\lambda}=6\times10^3$	∞

第2章　干渉によるレンズ測定

レンズを通り一点に収斂する光の波面はレンズに収差がなければ正しい球面であり，一点から出てレンズを通った光の波面はレンズに収差がなく光源が正しくその焦点にあれば平面である．レンズに収差があればその波面は正しい球面または平面から変形したものになる．この変形を波面収差といい，これについては'光学'§28で詳述した．この波面収差を調べるために作られた干渉計をレンズ干渉計といい，下記の三種がある．

(A) 基準波面によるもの

基準波面を作りこれと重ね合わせたときの干渉縞から波面収差を調べるもので，

(a) 測定するレンズを通る光とは全く別の光路を設け，これにより基準波面を作るもの（§11 トワイマンのレンズ干渉計）

(b) 測定するレンズまたは反射鏡の中心部を通る光は収差を受けないから，これを基準波面とするもの（§12でのべるもの）

の二種があり，干渉縞は波面の凹凸の等高線を表わす．

(B) 波面に変位を与えるもの

光学系を通る波面を二分しその間に変位を与えてから干渉させるもの．変位には横の変位の他，回転や倍率変化（放射状の変位）もあり，干渉縞はそれぞれ近似的に変位の方向に関する波面収差の微係数が等しい点の軌跡を与える．

(A)-(a)以外のものは干渉する二つの光がほとんど同じところを通る共通光路 (common-path) の干渉計であるから，外からの振動，気流の乱れなどによる影響を受けることが少なく動作が安定である．以下にこれらを逐次のべてみよう．

§11　トワイマンのレンズ干渉計

§11-1　原理および構造

基準波面を別の光路で作る唯一の干渉計で，図11-1のようにマイケルソンの干渉計（図8-1(A)）をほとんどそのまま用い，英国ヒルガー社のトワイマンの考案になるのでこの名がある．マイケルソンの干渉計は拡がった光源 Q を用い，反射鏡 M_1 および M_2（の鏡像 M_2'）を平行にするから同図(B)に示したようにその鏡像を考えるとフィゾーの干渉計で等傾角の干渉縞を観測しているとき（図3-12）と全く同じである．

§11 トワイマンのレンズ干渉計

光源を図11-1(A)のように点光源 Q_0 におきかえ眼をその像 Q_0' のところにおいて鏡面を見れば，その展開図(図8-1(B)でQを点光源としその像Wに眼をもっていく)はフィゾーの干渉計で等厚の干渉縞を見ているとき(図3-12の S_1, S_2 を M_1, M_2 に対応させる)と全く同じである．二つの鏡の面がいずれも正しい平面でかつその鏡像が平行であれば視野は一様な明るさで干渉縞は見えない．しかし例えば反射鏡の一方に凹凸があったり或いは図のように光学ガラスの両側を平面に磨いた板Gを入れたときその中に屈折率の不均一のところ(脈理)があったりするとそれによる波面の変形が干渉縞となって現われる．

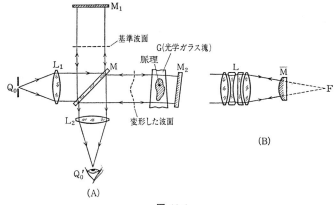

図 11-1

図11-2は脈理の干渉縞の一例であるが，干渉縞は波面の $\lambda/2$ 毎の等高線であるから，図のような作図で波面の形が求められる．図(A)は基準波面が紙面に平行の場合で，このとき η 軸を通る紙面に垂直の平面と波面との交線の形を求めるには，図(A)の右側に示したように横軸に波面の変形量 ΔE(波長単位)をとり，これから η 軸に平行に引いた直線と，η 軸と干渉縞の交点から水平に引いた直線との交点(○印)を連ねればよい．ξ 軸を通り紙面に垂直な平面内における波面の断面も全く同様にして求められ図(A)の上方に示してある．図(B)は同じ脈理であるが，基準波面(鎖線)が紙面と角 θ をなしているため干渉縞は変って見えているが，前と同様の作図で波面の形が求められる．

これでレンズを検査するには図11-1(B)のように平面反射鏡 M_2 の代りに球面反射鏡 $\overline{M}$ を用いる．レンズが無収差のときは光の収斂点Fと球面鏡の中心を一致させれば入射光はすべてもと来た光路に沿って反射されるから，平面波を入射させれば平面波として帰ってくるのでレンズ面は一様な明るさの干渉パターンとなる．収差があるときまたは反射鏡

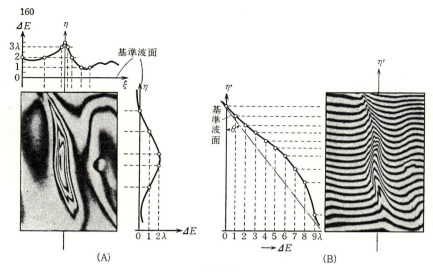

図 11-2

中心とFがずれているときは反射光の波面が変形しその等高線を表わす干渉縞が出る．これを解析すれば収差の種類や量がわかる．

最後に，この干渉計の調整法に触れておこう．光路の一方にレンズやプリズムが入るためその都度M_1を前後して光路長を等しくする．ふつうの低圧放電管による水銀のe線（546 mμ）に対してならばその差は1 mm以内でよい．光源Q_0の大きさは光がレンズL_1を逆に通りQ_0のところで像を結ぶとしたときの0次回折像の大きさより小さくなくてはならない．このため光源位置に虹彩絞りを置いて調整を便利にしておく．

§11-2 収差の干渉図形

レンズ系における収差がザイデルの五収差，すなわち球面収差，コマ収差，非点収差，歪曲収差および像面彎曲である場合，その波面の形については'光学'§29で詳述したが簡単にくりかえしておこう．

図11-3(A)のように調べようとする光学系の射出瞳面に(ξ,η)，像面に(x,y)座標をとる．光学系が光軸について回転対称であれば波面はこの軸のまわりの回転についての不変量のみを含むから

$$x^2+y^2 = p^2, \quad \xi^2+\eta^2 = r^2, \quad x\xi+y\eta = q^2$$

とおけばp, r, qのみの関数で，これらの$N+1$次の同次式をE_Nとおけば

§11 トワイマンのレンズ干渉計

$$V(p,r,q) = E_1 + E_3 + E_5 + \cdots \quad (\text{'光学' (29-6)})$$

ただし E_1 は近軸光線の光路長で

$$E_1 = a_1 r^2 + a_2 q^2 + a_3 p^2 \quad (\text{'光学' (29-7)})$$

E_3 はザイデル収差を表わし

$$E_3 = b_1 r^2 p^2 + b_2 q^2 p^2 + b_3 r^4 + b_4 r^2 q^2 + b_5 q^4 + b_6 p^4 \quad (\text{'光学' (29-7)})$$

この式で (x, y) は近似的に主光線(射出瞳の中心 A を通る光)の値 (x_0, y_0) をとってよい．光学系は光軸について回転対称としたから像点は y 軸上にあるとしても一般性を失わないので $x_0 = 0$ とする．y_0 は光線の像面への入射高で，これはパラメーターであるから簡単のため収差係数の中へ吸収させて，例えば $a_2 y_0$ を a_2，$a_3 y_0^2$ を a_3 と書けば波面の式は下のように表わされる．

$$E_1 = a_1(\xi^2 + \eta^2) + a_2 \eta + a_3 \tag{11-1}$$

$$E_3 = b_1(\xi^2 + \eta^2) + b_2 \eta + b_3(\xi^2 + \eta^2)^2 + b_4(\xi^2 + \eta^2) + b_5 \eta^2 + b_6 \tag{11-2}$$

E_3 の各係数はそれぞれ像面彎曲 (b_1)，歪曲収差 (b_2)，球面収差 (b_3)，コマ収差 (b_4)，および非点収差 (b_5) を表わしている．E_1 の各項は一次(あるいは像点移動)の収差と呼ばれ，波面収差を測る基準の球面の中心 C がガウス像点 F と一致していないために入る項で，C が光軸上で F から Δz，光軸に直角に Δy 外れているときはレンズの焦点距離を f として

$$a_1 = \frac{\Delta z}{2f^2}, \quad a_2 = \frac{\Delta y}{f} \tag{11-3}$$

である('光学'(28-8)参照)．

いまの場合，反射鏡の中心が F から δz 離れた光軸上の点 C_A にあるとすれば(図 11-3 (B))，F に収斂するように入射した光が F_A から発散していくようになり，波面収差を測る基準の球面の中心が F から F_A へ移ったことになり，このため a_1 の項が入る．$\overline{FF_A}$ は

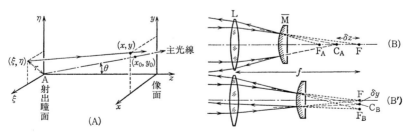

図 11-3

近似的に $2\delta z$ とおけるから

$$a_1 = \frac{\delta z}{f^2}$$

反射鏡の中心が光軸から δy 外れて C_B にあるとすれば(同図(B')),入射光は F_B から発散したようになり a_2 の項が入り $\overline{FF_B} \fallingdotseq 2\delta y$ とおけるから

$$a_2 = \frac{2\delta y}{f}$$

これらを今後焦点外れのための収差(a_1),光軸外れのための収差(a_2)と呼ぶことにする.(11-1),(11-2)で a_i または b_i のうち一つを残し他を0とし一つの収差を表わす波面の式となし,これを $\lambda/2$ ずつ変る常数に等しいとおいて解くと $\lambda/2$ 毎の等高線となる.これがトワイマン型のレンズ干渉計における干渉縞である.以下にこれを逐次吟味してみよう.

(a) 反射鏡中心のズレ($a_1, a_2 \neq 0$)

レンズが無収差(すべての $b_i=0$)でも反射鏡中心Cがレンズの焦点Fからずれているときは上に述べたように a_1, a_2 の項があり,この干渉縞は m を整数として

$$a_1(\xi^2+\eta^2) = m\frac{\lambda}{2} \quad \text{(中心が光軸上でFからずれているとき)}$$

または

$$a_2\eta = m\frac{\lambda}{2} \quad \text{(中心がFを通る光軸に直角の面内にずれているとき)}$$

干渉縞は前者のときは同心円で m 番目の円の半径 r_m は

$$r_m = \sqrt{\frac{m\lambda}{2a_1}}$$

後者のときは ξ 軸に平行の直線群でその間隔は

$$\Delta\eta = \frac{\lambda}{2a_2}$$

である.ズレの量と a_1, a_2 の大きさの関係は前節の二式で与えられる.

(b) 球面収差($b_3 \neq 0$, 他の $b_i=0$)

以下では反射鏡の中心Cは近軸光線の焦点と一致しているとし($a_1=a_2=0$),五収差のうち一つのみがあるとしよう.球面収差のみがあるとすれば干渉縞は

$$b_3(\xi^2+\eta^2)^2 = m\frac{\lambda}{2}$$

で(図11-4(A)),中心が光軸上でずれた場合と同じ同心円であるが,m 番目の環の半径 r_m は

$$r_m = \left(\frac{m\lambda}{2b_3}\right)^{1/4}$$

したがって輪の間隔は周辺に行くにしたがい前節のときより密になる度が大きい．また収差が大であればあるほど輪の間隔は小さい．

(c) コマ収差 (b_4)

$$b_4\eta(\xi^2+\eta^2) = m\frac{\lambda}{2}$$

これは同図(B)のような曲線群を与える．ξ 軸の上下では m が異符号すなわち位相が反対で，このことは干渉縞を観測中反射鏡を軽く手で押し光路長を変えたときの縞の移動が反対方向であることからわかる．

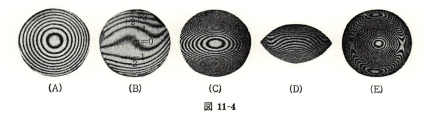

図 11-4

(d) 非点収差 (b_5) および像面彎曲 (b_1)

この二つの収差は同次の項であるからまとめて考える．

$$(b_1+b_5)\eta^2+b_1\xi^2 = m\frac{\lambda}{2}$$

と書けるから同図(C)のような共軸の楕円または双曲線群で，非点収差がなければ $(b_5=0)$ 楕円は円となる．

(e) 歪曲収差 (b_2)

$$b_2\eta = m\frac{\lambda}{2}$$

すなわち ξ 軸に平行の直線群であり，縞の間隔は収差量に反比例する（同図(D)参照）．

実際には五収差の一つのみが存在し他は0というレンズはないが，工夫をしてこれに近いものを作って著者が撮った写真が図 11-4 である．収差が混在するときは前記の単独のときの式の和を一定とおけばよく，例えば球面収差と非点収差の混在するものでは図 11-4(E)のようになる．

§11-3 収差の測定

トワイマン干渉計の干渉縞から収差を求めることは数学的には干渉縞の解析をすればよいがこれはかなり面倒であるので，反射鏡を移動させながら干渉縞を観察し特定の縞が出るための移動距離から収差量を求めたり，補助装置(例えば偏角器)を用いる方法もある．このような目的のためレンズ測定に用いられるトワイマン干渉計はレンズを載せるノーダルスライド('光学'§20参照)をつけたりして測定に便利なようにしてある．図11-5(記号は図11-1と同じ)は通常の焦点距離の写真レンズ，望遠鏡の接眼レンズなどの検査・測定に用いられるもので，焦点距離のきわめて短い，例えば顕微鏡の対物レンズや天体望遠鏡用の大型のレンズや反射鏡のテストにはこれを改造したものがある(§11-5参照)．これにより収差を測定するには下のようにする．

図 11-5

(a) 反射鏡の移動による方法

反射鏡 $\overline{M}$ の位置を光軸に沿って移動させると，レンズ(射出瞳)のある部分を通った光線はその収斂点が $\overline{M}$ の曲率中心に一致したときもときた光路を戻ってくるから，その部分に現われる干渉縞の間隔は他に比べて著しく幅が拡がる(例えば図11-6の×点)．したがって $\overline{M}$ を光軸上に移動しその量を横軸に，瞳上この部分の座標を縦軸にとってグラフを描けばこれが収差曲線を与える．以下にこれを各収差について適用してみよう．波面を与える式は(11-1),(11-2)を加えたもの

$$E = E_1 + E_3$$

とする．

(i) 球面収差(b_3)　　光がレンズの光軸に平行に入射するときは焦点外れ(a_1)と球面収差(b_3)だけを考えればよいから，波面収差Eは次式で与えられる．
$$E = b_3(\xi^2+\eta^2)^2+a_1(\xi^2+\eta^2) = b_3 r^4+a_1 r^2$$
干渉縞が拡がる輪帯の半径は$dE/dr=0$を満足するから
$$r(2b_3 r^2+a_1) = 0$$
より，焦点外れ$a_1=\delta z/2f^2$を与えたとき$r=0$および$r=\pm(-a_1/2b_3)^{1/2}$を通る光線がレンズを往復後互いに平行になっていること，したがってこれら三本の光線の延長線が$\overline{\mathrm{M}}$の中心Cに向っていることは明らかである．かくして$\overline{\mathrm{M}}$の光軸上の移動量δzは縦の球面収差を与える．レンズが球面収差のみでCが光軸上にあれば干渉縞は$\overline{\mathrm{M}}$の位置(δz)により図11-6のように変るから，$\overline{\mathrm{M}}$を移動させそのときのδzの差からδzが求められ，同図の右のような収差曲線が描ける．同図の(A)は三次の，(B)は五次の球面収差があるときである．

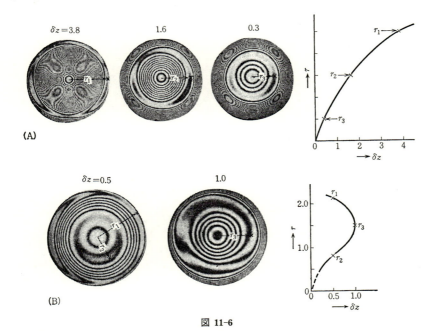

図 11-6

(ii) 非点収差(b_5)および像面彎曲(b_1)　　反射鏡の中心が正しく干渉計の光軸上にあれば$(a_2=0)$，干渉縞はξおよびη軸に対し対称で図11-7のような形となる．(A), (B), …

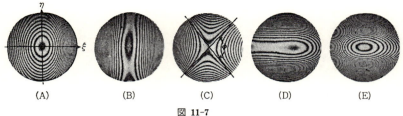

図 11-7

は反射鏡の中心がこの軸上を動いていったときでこのときの干渉縞は

$$\alpha\eta^2 + \beta\xi^2 = m\frac{\lambda}{2}$$

ただし $\alpha = a_1 + (b_1 + b_5), \quad \beta = a_1 + b_1$

である．反射鏡が $\alpha = 0$ すなわち

$$a_1 + (b_1 + b_5) = 0$$

を満足するところにあれば干渉縞は $\xi = $ const. すなわち η 軸に平行の直線群(同図(B))で，ここは横の焦線である．

$\beta = 0$ すなわち

$$a_1 + b_1 = 0$$

を満足するところにあれば $\eta = $ const. すなわち ξ 軸に平行の直線群で，ここは縦の焦線であるから，この間の反射鏡の移動量 δz が非点隔差である．

$\alpha = -\beta$ すなわち

$$-2a_1 = 2b_1 + b_5$$

であればこれは最小錯乱円の位置で干渉縞は直角双曲線(同図(C))である．

(B),(D)の中間では双曲線でその漸近線のなす角 ϕ は

$$\tan\phi = \frac{2\sqrt{-\alpha\beta}}{\alpha + \beta}$$

で与えられ，その他のところ(図(A),(E))では楕円である[1]．非点収差がなければ($b_5 = 0$)，$\alpha \equiv \beta$ で干渉縞はいつも円である．

 (iii) **像面彎曲**(b_1)　　非点収差の最小錯乱円の位置を非点収差があるときの最良像面と考えれば，種々の入射角 θ において上記の方法でこの位置を求め入射角を縦軸としてグラフを描けばこれは像面の彎曲を与える．非点収差がなければこの面はペッツバール面と

---

1) 久保田広：応用物理 **12**(1943)48．

一致する.

(iv) 歪曲収差 (b_2)　歪曲収差のみがあるときは反射鏡の中心がガウス像面上にあるとして干渉縞は

$$r\eta = m\frac{\lambda}{2}$$

ただし　$r = a_2 + b_2$

したがって干渉縞は ξ 軸に平行の直線群である. 縞の間隔は

$$\eta_{m+1} - \eta_m = \frac{\lambda}{2r}$$

したがって反射鏡の中心を光軸に直角に左右へ δy 動かし $r=0$, すなわち

$$a_2 = -b_2$$

としたときは干渉縞の幅が広くほとんど一色となる. このときの a_2 の値 ($a_2 = 2\delta y/f$) から b_2 が求められる.

(b) 偏角器による方法

歪曲収差が起る原因は図 11-8(A)のようにレンズの第一主点へ θ で入射した光線が出ていくときは $\theta + \varDelta\theta$ となるためで, 歪曲収差は

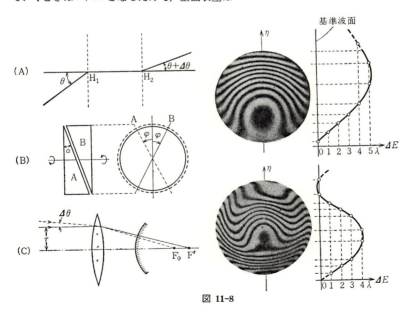

図 11-8

$$\frac{\tan(\theta+\varDelta\theta)}{\tan\theta}-1$$

で与えられる('光学'§12).

　これがあるとレンズを後側主点のまわりに回転し球面鏡を干渉計の光軸に沿って動かし見易い干渉縞をつくったとき，干渉縞の中心は瞳の中心から外れてしまう．そこでレンズの前に適当な偏角器 (deflector) を置いて入射光を $\theta-\varDelta\theta$ としたとき，干渉縞の中心がレンズの中心へ来たとすれば $\varDelta\theta$ を知って歪曲収差が求められる．偏角器としては通常同図(B)のように頂角の等しい薄い二枚のプリズムが互いに等しい角だけ反対に回るようになっているものを用いる．プリズムの頂角を α とし回転角を φ とすると，上下方向の偏角は互いに打ち消し合うが左右方向に

$$\varDelta\theta = 2\alpha\sin\varphi$$

の偏角を与える．これを用いれば球面収差，コマ収差をも求めることができる．すなわち反射鏡の中心がレンズの中心を通る光の収斂点 F_0 にあるように調整しておき，ある半径 r の輪帯に着目する．この輪帯からの光が同図(C)のように収差のため F' に収斂しているとすればその輪帯では干渉縞は密に出ている．いま偏角器を動かし入射光を $\varDelta\theta$ だけ偏らせたとき収斂点が F_0 になったとすれば（これはその輪帯で干渉縞の間隔が著しく広くなることからわかる），$\varDelta\theta$ から $\overline{F_0F'}$，すなわち収差を知ることができる．球面収差の場合は中心対称であるが，中心から上方へ半径 r のところと下方へ半径 r のところでその値が異なればその差がコマ収差を与える．

(c) 干渉縞の解析による方法

　反射鏡を移動したり偏角器を用いる方法は簡単で実用上便利であるが，一回の測定に相当の時間を要しその間に調整が狂わないとも限らない．また後で疑問が生じても同じ条件で再測定するということは不可能である．多数のレンズの測定のときなどは干渉縞の写真を撮っておいて，あとで計算で求めることができれば都合のよいことも多い．

(i) 連立方程式を解く方法　　干渉縞は波面の $\lambda/2$ 毎の等位相線であることを考えれば波面の形は干渉縞から図 11-2 で示したと同様の方法で求められる．図 11-8 の写真はこの方法で η 軸を通り紙面に垂直な平面と波面との交線の形を求めたものである．このようにして求めた波面の形をできるだけよく近似する式を求めればその係数が収差を与える．作図をしないでこれと同じことをするには，任意の干渉縞から算えて m 番目の干渉縞上任意の点 (ξ_m, η_m) を選んでその値を (11-1) と (11-2) の和に代入して次式を得る．

$$b_1(\xi_m{}^2+\eta_m{}^2)+b_2\eta_m+b_3(\xi_m{}^2+\eta_m{}^2)^2+b_4\eta_m(\xi_m{}^2+\eta_m{}^2)$$
$$+b_5\eta_m{}^2+b_6+a_1(\xi_m{}^2+\eta_m{}^2)+a_2\eta_m+a_3=\frac{m\lambda}{2} \tag{11-4}$$

瞳上多数の点についてこのような式をつくり，それらを連立させて最小自乗法で係数を求めればよい．この方法は多くの収差が混在するときそれを分離して求めることができ，ザイデル収差に関する限りは1〜2％の精度で求められるが，高次の収差があるときは方程式の数を多数必要とし複雑になりすぎるのが欠点である．

(ii) 軸上収差へ換算する方法　簡単のために先ず球面収差のみがあるときを考える．波面の頂点 A 付近の曲率中心を F とすれば F は近軸光線の焦点である．波面上の一点 $P(0,\eta)$ における波面の法線の光軸との交点を C_0, PC_0 と F を中心とし，$\overline{AF}=f$ を半径とする円との交点を R とすれば‘光学’§28 により

$$\overline{PR} = 波面収差(=E)$$
$$\overline{C_0F} = \varDelta s = 幾何光学的(軸上)収差$$

である．両者は‘光学’(28-6)により下の関係がある(‘光学’では η の代りに h としてある)．

$$E(\eta) = \frac{1}{f^2}\int_0^\eta (\varDelta s)\eta d\eta$$

両辺を微分して整理すれば

$$\varDelta s = \frac{f^2}{\eta}\frac{dE(\eta)}{d\eta} \tag{11-5}$$

干渉縞の写真において中心から m 番目の干渉環の半径を r_m とすれば

$$\left.\begin{array}{r}d\eta = r_{m+1}-r_m \\ 2\eta = r_{m+1}+r_m \\ dE = \dfrac{\lambda}{2}\end{array}\right\}$$

であるから，干渉縞の写真が一枚あれば r_m を測り，(11-5)により半径 $r_{m+1/2}$ の輪帯の球面収差がわかる．これを種々の半径について行ないグラフにプロットすれば球面収差の曲線を得る．一枚の写真では干渉縞の幅が広くなっている輪帯の付近の収差はよく調べられないので，異なる反射鏡の位置での写真を二枚用いる．図 11-9[1] (A)の(I), (II)はテッサー $f=210$ mm, $F/4.5$ についての，このような写真，右側のグラフはこれらから求めた収差の曲線である．

---

1) 久保田広：理研彙報 **21**(1942)582.

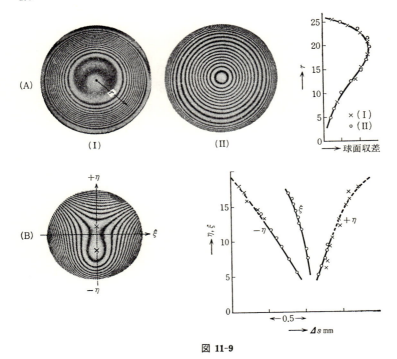

図 11-9

非点収差またはコマ収差のあるときは頂点 A からの方向によって波面収差が異なるから，上の方法を $\pm\eta$ および ξ 方向に適用し収差曲線を求めればよい（図 11-9(B)）．

§11-4 その他の測定・検査
(a) レンズおよび光学系の綜合検査

光学系に前記の収差以外の欠陥があるときもこの干渉計で知ることができる．例えば図 11-10(A)はレンズ単体としては完全なものであるが，肉が薄いため枠に入れて緊定するときの締めすぎのため変形したもので，同図の右に示したような航空写真用レンズに多い．枠への締めつけが弱いと振動で狂うので適度にするのが難しいから干渉計を利用するとよい．同図(B)も一つ一つのレンズは完全なものであるが組み立てるときの心出し不良のため偏心のあるものである．このような完成後の綜合検査は干渉計でのみ可能なもので慣れれば不良の原因が何であるかが一目でわかる．この干渉計はレンズ単体のみならず図 11-

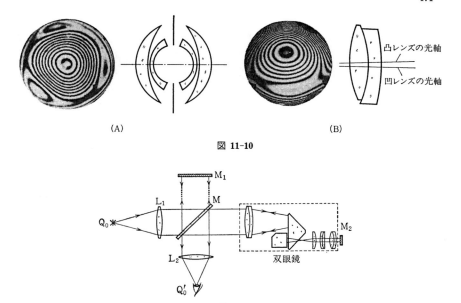

(A)   (B)

図 11-10

図 11-11

11のようにすれば光学系を全体としてテストできる．これは双眼鏡などの最も精密な完成検査の方法とされている[1]．

(b) プリズムその他の検査

プリズムの場合は図 11-12(A)のように反射鏡を屈折光が垂直に入射するように変えてやれば材質と研磨面の検査が同時にでき，完全品でなく荒摺りぐらいのときも同図の下に示したように屈折率の近い値の液体(ガラスの屈折率によりグリセリン，二硫化炭素などを用いる．熔融水晶のときは水ガラスがよい)にひたしてやれば材質を調べることができる．しかし液浸法は種々の困難な問題があり十分の研究をしてからでないとなかなか考えるようにはうまく行かないものである．

水晶プリズムのときは材質がよく研磨が完全でも光がプリズム中で光学軸に平行に走るようにしておかないと複屈折により光が二つに分かれスペクトル線が二重に見えるので分光器用として不適当である．これは干渉計に入れたとき，同図の実線および点線の二つの光(常光線および異常光線)による干渉縞が重なり合って同図(B)に示すように干渉縞のコ

---

1) H. S. Coleman *et al.* : J. Opt. Soc. Am. 37 (1947) 671.

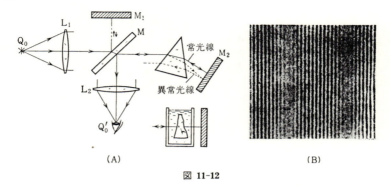

図 11-12

ントラストに周期的な変化が起るのでただちにわかる．光線が光学軸から離れて進むほどこの一周期の間の干渉縞の本数が多い．切断が正しくともプリズムの設置が正しくないと光は光学軸に平行に走らないから最小偏角の方向に正しく入射の方向を決める手段としても用いられる．プリズムを回し入射角を変え干渉縞のコントラストの変化が見えなくなったところでは，複屈折による光路の偏角の差が干渉計で認められないほど小さくなったということであるから，その方向を確認して光学系の中へ組み込めばよい．

§11-5 トワイマン干渉計の変形

(a) 大型レンズ用

ここにのべた干渉計では測定しようとするレンズの$\sqrt{2}$倍の大きさの半透明鏡を必要とするので天体望遠鏡の反射鏡や対物レンズのような大型のものの検査には不適当である．このような目的に適うために改造されたものがある．図11-13(A)はその一つで，半透明鏡を通る光束は平行光束でないからコンペンセーターM'を必要とするがM, M'とも小型のものですむ[1]．半透明鏡の裏面から反射してくる利用しない光線は絞り E を十分小さくしておけば除けるから M は必ずしも半透明のメッキをしておかなくてもよい．これは考案者の名をとってウィリアムズの干渉計という．

(b) 顕微鏡対物レンズ用

顕微鏡の対物レンズはその光学的筒長で決まる有限のところに結像するとき収差が最も少なくなるよう設計されてある（'光学'§24-1 参照）ので，これを調べる干渉計は単に小型のものであるというだけでは不可で，補助レンズを用い光が対物レンズを上記使用状態で

---

1) C. R. Burch : Month. Notice Roy. Ast. Soc. (London) **100** (1940) 488.

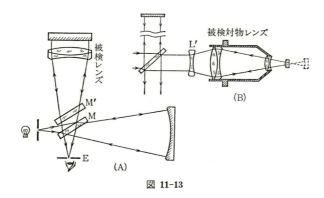

図 11-13

通るようにしたものでなければならない．図 11-13(B) はその原理を示したもので L′ が補助の凹レンズである[1]．

ここで述べたものはすべて通常の光源を用いるとしたものであるが，最近レーザー光の出現により必ずしも二つの光路を等しくする必要がなくなり小型のものが考えられているが，これについては§29-4 で述べる．

§12 干渉計(中心光束を基準とするもの)

調べようとする波面を基準の波面と重ね合わせ干渉により波面の形を調べようとするとき，両者を殆んど同じ光路を通してやれば気流の乱れや振動など外からの影響を少なくし，安定な干渉縞が得られる．以後に述べるものはすべてこのようなもので，これは共通光路 (common-path) の干渉計といわれる．ここでは初めにのべた分類の (A)-(b) に属するもの，すなわち基準波面として中心光束を用いるものを記してみよう．

これは光を二つに分けその一つを反射鏡(またはレンズ)の中心に焦点を結ぶようにする．これから反射してくる光は収差を受けないからこれを基準とし，他の任意のところから反射してくる光と干渉させその点の収差を調べるもので下記の数種がある．

§12-1 マイケルソンの方法

これは光を二つに分ける方法としてスリットを用いるものである．大型の反射鏡またはレンズを干渉計で調べるのにレンズ面の全体を同時に見ることを断念し，図 12-1(A) のよ

---

1) F. Twyman : Transact. Opt. Soc. **24** (1922/3) 189.

うに二つのスリットを用いれば簡単な装置でテストできる[1]. すなわち鏡面 M の中央 A と開口上任意に選んだ点 B とから反射した波による干渉縞を光源のスリットの共軛面で観測する. 干渉縞は複スリット干渉のそれで, 鏡面が正しい球面であれば A および B からスリットの共軛点に至る光路長は等しいが, 面に凹凸があれば B で反射して帰る波に位相のズレが生じこれが干渉縞の変位として観測される. 干渉縞の変位の計算はレーレーの干渉計 (§7-2) と全く同じで, これを凹面鏡の代りに凸レンズを考え (同図(B)) 計算して見る.

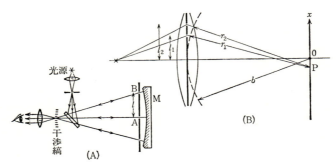

図 12-1

スリットは光軸から l_1, l_2 の距離にあるとし, これらを通過して像面上点 P にいたる光路差を求めるには, 近軸像点 $x=0$ を中心に半径 b の円を描き二本の光線がこれと交わる点より P までの光路長 r_1, r_2 を計算してその差をとればよい. 収斂波面が収差を持つときにはそれぞれのスリット位置における波面収差を δ_1, δ_2 として加えてやり, その結果干渉縞の P における強度は (3-3) により次式で与えられる.

$$I = 1 + \cos k\{(r_1 - r_2) + (\delta_1 - \delta_2)\}, \quad k = \frac{2\pi}{\lambda}$$

x および l が b に比べて十分小さいとすれば (3-6) により $l_2 - l_1 = l$ として

$$r_1 - r_2 = \frac{lx}{b}$$

よって

$$I = 1 + \cos k\left\{\frac{lx}{b} + (\delta_1 - \delta_2)\right\}$$

したがって干渉縞の強度の最大のところ x_m は m を整数として

---

1) A. A. Michelson: Astrophys. J. **47** (1918) 283.

§12 干渉計(中心光束を基準とするもの)

$$\frac{l}{b}x_m + (\delta_1 - \delta_2) = \frac{2\pi m}{k} = m\lambda$$

反射鏡が完全であれば $\delta_1 - \delta_2 = 0$，したがって干渉縞は

$$x_m = \frac{mb}{l}\lambda$$

のところにでき，等間隔平行縞でありその間隔は

$$\Delta x = \frac{b}{l}\lambda \tag{12-1}$$

さてここで図 12-1(A) に戻り，スリット B における面の誤差を Δd とすれば

$$\delta_1 - \delta_2 = 2\Delta d$$

干渉縞の最大強度のところ x_m' は

$$\frac{l}{b}x_m' + 2\Delta d = m\lambda$$

したがって，干渉縞のズレ δx は

$$\delta x = x_m' - x_m = 2\Delta d \frac{b}{l} \tag{12-2}$$

これと (12-1) から

$$\Delta d = \frac{\lambda}{2}\frac{\delta x}{\Delta x} \tag{12-3}$$

かくしてスリット B を動かしそのときどきの $\delta x/\Delta x$ を読み取って l を横軸にグラフを描けば，正しい球面からの偏差の曲線が得られる[1]．この際 δx は同一次数の縞のズレであるからこれを確認するには白色光光源を用いるのが便利である．

この方法は (12-1), (12-2) から明らかなように干渉縞の間隔およびズレの量は $l = l_2 - l_1$ が大になるとともに小さくなり，大型の望遠鏡の周辺部を測るときは測定が困難になる．しかし (12-1) から明らかなようにスリット A, B を一体として動かして，$l_2 - l_1 =$ const. に保ってやれば干渉縞間隔を常に一定にできて測定が容易である．しかし得られる Δd はスリット A と B とを通った光線が鏡面上で反射する部分の面の凹凸の差であるから，全体の形を知るにはこの値を逐次加算しなければならない．なお A と B とをかなり近接させて δx を測定すると，これは A と B の中点を出た仮想的光線が像面を切る点すなわち横収差を与え，一方光軸上に観察顕微鏡を動かして 0 次干渉縞が近軸光による縞に合致する

---

1) この方法の詳しい研究は M. A. Mereland: Rev. Opt. **3** (1924) 401; Y. Väisälä: Z. Instrum-Kde **43** (1923) 198.

場所を探せば縦の収差を知ることができる．これはベゼレの方法と呼ばれ，写真を撮らないでも測定ができる点が便利なものとされている．

§12-2　ガードナー-ベネットの改良

間隔一定の二つのスリットを鏡面上を移動させる代りに間隔一定の短いスリット群(図12-2(A))を直径に沿って配置しておき，焦点面から外れたところに乾板をおくと同図(B)のような干渉縞を得る．

干渉縞はその前後の二つのスリットによって作られたものであるから，その主極大の位置は前節に述べたようにその中点を通る光線が像面を切る点と考えてよい．主極大の位置は鏡面が完全であれば等間隔であるが，面に凹凸があればズレを生じ，その値から面の様子を知ることができる．写真を一度撮りそれをあとで解析すればよく便利な方法である[1]．これは'光学'§21 でのべた幾何光学的なハルトマンテストに干渉の考えを入れた改良であるともいえる．幾何光学的方法の場合は小孔の像の位置を測定して収差を求めたのであるが，ハルトマンプレートの孔が小さければ回折の影響が大きく，孔が大きければ光束が太くなり像の中心の決定が困難であり，いずれにしても相当の誤差をともなったものであるが，この方法では干渉縞の位置が精密に測れるので精度はずっとよくなる．干渉縞の主極大の位置を縦軸に，スリットの中点の座標を横軸にプロットしてグラフを描けば，原点を通る直線 a との差 $\varDelta d$ は横収差を与える．光軸に平行に入射する光についてこれを行なえ

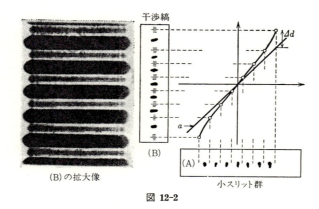

(B)の拡大像

図 **12-2**

---

1)　I.C. Gardner & A. H. Bennett : J. Opt. Soc. Am. and Rev. sci. Instrum. **11** (1925) 441; J. Res. Nat. Bur. Stand. **2** (1929) 685.

ば横の球面収差が得られ，直線 a の傾きを変えることは像平面の位置を変えたことに相当する．

§12-3 フレネルゾーンプレートによる方法

図 12-3 に示すように，調べようとする反射鏡 M の曲率中心 C の付近にフレネルゾーンプレートを置き背後からの光により Q の像を鏡面の中心 A に結ばせる．第一のゾーンプレート P_1 をそのまま通り抜け (0 次の回折光)，A で反射後第二の同型のゾーンプレート P_2 で回折した光が基準波面になる．他方 P_1 で回折した光は鏡の全面をカバーしこれで反射後 P_2 に収斂し，これをそのまま通り抜けた波面は基準波面と干渉して鏡面上に干渉縞を作る．鏡が完全ならば二つのゾーンプレートが共軛位置にあれば一様視野に，一方が横にずれれば平行直線群に，光軸上を動かせば同心円になる．鏡面に凹凸がある場合の縞の解析はトワイマンの干渉計と同じである[1]．

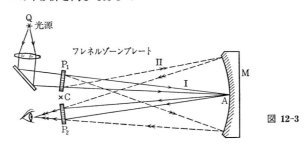

図 12-3

§12-4 散乱光による方法

裏面をメッキした反射鏡の表面に小さな粒子があると鏡面で反射する前に粒子によって回折した光と反射後に回折した光との干渉によってケテレの環と呼ばれる干渉縞が生ずる (§5-3(b) 参照)．環の間隔は板の厚さを d として (5-12) で与えられ $1/\sqrt{d}$ に比例するから板を薄くして $d \to 0$ とすれば縞の間隔は拡がって遂には視野は一様な明るさとなる．もし面に僅かの凹凸 $\varDelta d$ があれば光路差は $2n\varDelta d$，したがって板の近くに localize した等厚の干渉縞が現われる．この原理で反射鏡面などの凹凸を調べるには，図 12-4 のように目の細かいすりガラスを合成樹脂で複製した全く同じ二つの半透明の粗面 G, G′ を G は反射鏡 M の曲率中心におき G′ は半透明鏡による G の共軛像面におく．そうすればこれは原理的に

---

1) M. V. R. K. Murty : J. Opt. Soc. Am. **53**(1963) 568.

は図5-6(A)の板の厚さを0とした場合になり，Mが完全な面であればG′面は一様に明るく干渉縞は見えない．Mの面に凹凸がありGのMによる像がG′上で変形しているとすればこれによる光路差の等しいところが等厚の干渉縞となって現われる[1]．

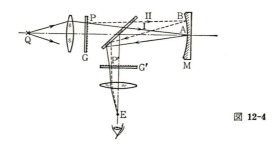

図 12-4

§12-5 複屈折を用いたもの

波面を二つに分ける方法として結晶の複屈折性を利用するものもある．結晶で作ったレンズは常光線と異常光線に対して異なる二つの焦点距離をもつから，一方の光束を鏡面の中心にあてて基準波面とし，他方で鏡面全面をカバーさせることによって前節の散乱光干渉法と同じ効果を生じさせる．通常は光を往復とも通しその前後で常光線と異常光線の振動面を交換して光路差の補償を行なう（レーザーやきわめて鋭い単色光を用いる場合はその必要がない）．

図12-5に示したものは一軸性結晶(水晶や方解石など)を光学軸に斜めに研磨したレンズ(図の点々)とガラスのレンズ(図の斜線)を貼り合わせたもので常光線に対しては平行ガラス板と同様である．これを調べようとする反射鏡の曲率中心におくと，常光線は鏡の中心Aに焦点を結んで基準波面となり，他方異常光線はA′に集光した後Mの全面に拡が

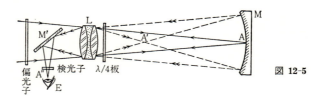

図 12-5

---

1) J. M. Burch: Nature **171**(1953)889 (J. Strong: Concept of Classical Optics, Freeman & Co., 1958 p. 383).

る. 両者とも $\lambda/4$ 板を往復して振動面を交換し, レンズを通過後共通の焦点 A'' に収斂する. ここに眼をおいて鏡面を眺めると面の凹凸を示す干渉縞が観察できる[1].

§13 レンズ干渉計（波面の変位によるもの）

　レンズまたは反射鏡の収差を調べるのに, §11, 12 でのべたような基準の波面を作らず, 調べようと思う光学系を通った後の波面を二つに分け互いにわずかの変位を与えてから重ね合わせる方法によるものを波面変位の干渉計という. この干渉計は共通光路型の干渉計であるから外部の影響を受けることが少なく, また基準の波面を作るための光学系を必要とせず調べようとするレンズまたは反射鏡からの光のみを用いるからどのように大型のものでも小型の装置で測定できる. これは§12-2 でのべた開口上の二点からの光を干渉させる方法を開口の全面で行なっているものとみてもよい. 波面の変位の方法には, 図 13-1 に示す

(A) 横変位(lateral shear)型：(図 13-1 (A))

(B) 角変位(angular shear)型：(図 13-1 (B))

(C) 放射状変位(radial shear)型：(図 13-1 (C))

の三種がある. すなわち(A)はレンズを通って平面波となった光を複像器 P により二分して各々を進行方向に垂直に d だけ変位させるもので, 視野レンズを通してレンズ面を観察

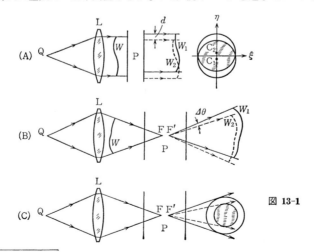

図 13-1

---
1) J. Dyson : J. Opt. Soc. Am. **47** (1957) 386.

すると同図の右方に示したように瞳の二重像が見え，その重なった部分に干渉縞が現われる．この際レンズの波面収差は平面波との差で記述される．(B)は点 F' を中心に角 $\Delta\theta$ だけ変位させたものを干渉させる形式で，レンズの波面収差は F' を中心にして描いた球面との差として与えられる．射出瞳の像面には $\Delta\theta$ に比例して変位した二重像が得られる．(C)は波面の収斂点は等しいが二分された光束の開き角が異なるために二つの同心の射出瞳像を生じその共通部分に干渉縞が現われる．

変位を与える方法は

(α)　平行平面によるもの

(β)　回折格子によるもの

(γ)　特殊プリズムまたは反射鏡によるもの

(δ)　複屈折によるもの

に分類される．本章で説明する干渉計を上記にしたがい分類すると表 13-1 のようになる．

表 13-1　波面の変位による干渉計

干渉計の考案者	変位の種類	変位を与える方法	参照
ウェーツマン(1912)	横　変　位	平　行　平　面	§13-2(a)
ルヌベル(1938)	角　変　位	プ　リ　ズ　ム	〃 (b)
ドーナス(1963)	〃	〃	〃 (b)
D.S.ブラウン(1955)	〃	〃	〃 (c)
ベイツ(1947)	〃	反　射　鏡	§13-3(a)
ドルウ(1951)	〃	〃	〃 (b)
D.ブラウン(1954)	〃	〃	〃 (c)
ロンキー(1926)	〃	回　折　格　子	§13-4
ハリハラン-セン(1959)	〃	反　射　鏡	§13-5(a)
〃　　　(1962)	放射状変位	平行平面とレンズ	〃 (b)
D.S.ブラウン(1959)	〃	〃	〃 (b)
サンダース(1957)	波面折り重ね	プ　リ　ズ　ム	§13-6
フランソン,他(1953)	横　変　位	複屈折(サバールプレート)	§13-7(a)
レヌーブル(1938)	角　変　位	複屈折(ウォラストンプリズム)	〃 (b)

§13-1　干渉図形

(a)　干渉縞の式

波面にその進行方向に垂直に d だけの変位を与えて重ね合わせたときの干渉縞を調べてみよう．図 13-1(A) の右方に示した二つの円は同形の波面 W_1, W_2 を表わすとし，中心 C_1, C_2 を通って η 軸を，これに直角に ξ 軸をとる．波面収差を $E(\xi,\eta)$ とすれば波面 W_1,

§13 レンズ干渉計（波面の変位によるもの）

W_2 はそれぞれ $E(\xi, \eta - d/2)$, $E(\xi, \eta + d/2)$ で与えられる．したがって二つの波面の間の光路差 $D(\xi, \eta)$ は，

$$D(\xi, \eta) = E\left(\xi, \eta + \frac{d}{2}\right) - E\left(\xi, \eta - \frac{d}{2}\right) \tag{13-1}$$

となり，変位 d を階差とする波面収差の差分となる．d が開口の大きさに比べて十分小さければ近似式

$$D(\xi, \eta) = \frac{\partial E(\xi, \eta)}{\partial \eta} d \tag{13-2}$$

が成立ち，干渉縞は次式で与えられる．

$$\frac{\partial E(\xi, \eta)}{\partial \eta} d = m\lambda \tag{13-3}$$

ここに $\partial E/\partial \eta$ は波面法線の η 軸に対する方向余弦で，無収差のときの波面の進行方向を ζ 軸にとると，波面法線が ζ 軸となす角 $\varDelta\theta$ に等しい．$\varDelta\theta$ は角収差といわれるものであるから（'光学'§8-1 参照），干渉縞は'角収差の等しい点の軌跡'を表わしている．瞳から像面までの距離を f とすれば，$f \cdot \partial E/\partial \eta$ は横収差の η 方向の成分であるから干渉縞は横収差の等しい点の軌跡でもある．§11 で述べた基準の平面波を重ねる方法では干渉縞は波面の等高線を与えたが，この方法では波面の差分を与える．それゆえ波面の形を知るには加算操作が必要になる．しかし変位 d が小さいときには上に述べたように干渉縞が横収差の等高線と一致するのでこの方法の方が便利な場合もある．なお変位が ξ 方向の場合には(13-3)に対応して

$$\frac{\partial E(\xi, \eta)}{\partial \xi} d = m\lambda \tag{13-4}$$

が得られる．

(b) 収差の干渉図形

ザイデル領域の収差の一般形 $E(\xi, \eta)$ は ζ-η 面が子午面と一致するとして(11-1)，(11-2)で与えられた．ここに a_1 と a_2 は一次収差で近軸像点からの焦点外れとそれに直交する方向への変位であって，図13-1における光源 Q の微小変位によって実現される．次に各収差についてその干渉図形を調べてゆこう．

(i) 一次収差 (a_1, a_2)　(13-1)により瞳像面の光路差は，

$$D = (2a_1\eta + a_2)d = \frac{\partial E}{\partial \eta} d \tag{13-5}$$

干渉縞の方程式は m を整数として，

$$2a_1\eta + a_2 = \frac{m\lambda}{d}$$

したがって干渉縞は ξ 軸に平行な直線群で，その間隔 $\lambda/2a_1d$ は横変位 d と焦点外れ a_1 に反比例し近軸像点 $a_1=0$ で ∞ になる．

(ii) **球面収差**(b_3)　　焦点外れを含めて波面収差 $E(\xi,\eta)$ は次式で与えられる．

$$E(\xi,\eta) = a_1(\xi^2+\eta^2)+b_3(\xi^2+\eta^2)^2$$

光路差 $D(\xi,\eta)$ は (13-1) により

$$D(\xi,\eta) = 2\eta d\{a_1+2b_3(\xi^2+\eta^2)\}+\eta d^3 b_3$$

第二項を無視すれば $D=d\cdot\partial E/\partial\eta$ となり，種々の a_1（像面位置）のときの干渉縞 $D=m\lambda$ は図 13-2 のような曲線群になる．

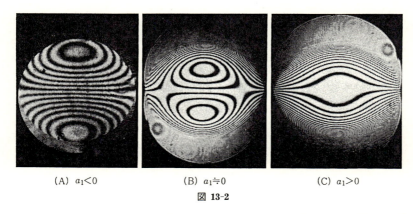

(A) $a_1<0$　　　(B) $a_1\fallingdotseq 0$　　　(C) $a_1>0$

図 13-2

(iii) **コマ収差**(b_4)　　これは非対称収差であるから横変位の方向によって収差図形が異なる．子午面内で変位を与えた場合，干渉縞の方程式は

$$\begin{aligned}D(\xi,\eta) &= b_4(\xi^2+3\eta^2)d\\ &= \frac{\partial E(\xi,\eta)}{\partial\eta}d = m\lambda\end{aligned} \quad (13\text{-}6)$$

となる．これは (ξ,η) を主軸とし軸比が $1:\sqrt{3}$ の楕円である（図 13-3(A)）．一方これに垂直に変位を与えれば，

$$\begin{aligned}D(\xi,\eta) &= 2b_4\xi\eta d\\ &= m\lambda\end{aligned}$$

これは同図 (B) にしめすような $\xi=0$, $\eta=0$ を漸近線とする直角双曲線群である．

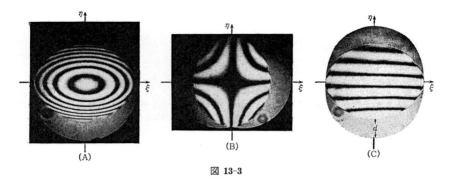

図 13-3

(iv) 像面彎曲と非点収差 (b_1, b_5) 焦点外れ a_1 も含めて考えると波面収差 $E(\xi, \eta)$ は
$$E(\xi, \eta) = (a_1+b_1)(\xi^2+\eta^2)+b_5\eta^2$$
子午面内の横変位に対する干渉縞は
$$D(\xi, \eta) = 2(a_1+b_1+b_5)\eta d$$
$$= \frac{\partial E}{\partial \eta}d = m\lambda$$
で与えられ ξ 軸に平行な直線群になる (図 13-3(C)). 他方 ξ 軸に沿って横変位を与えると干渉縞は
$$D(\xi, \eta) = 2(a_1+b_1)\xi d$$
$$= \frac{\partial E}{\partial \xi}d = m\lambda$$
となり, 今度は η 軸に平行な直線群になる. これらは両方とも (i) で述べた無収差焦点外れの場合と同じ模様であるが, 異なる点は縞の間隔が無限に広くなるときの焦点外れ a_1 が $-(b_1+b_5)$, $-b_1$ となって, 横変位の方向によって異なることである. その位置を測って b_1, b_5 とも求めることができる.

以上に述べたようにザイデル収差に関しては, 球面収差の場合を除き干渉縞は横変位 d の大きさに無関係に横収差そのものを表わしていた. しかしこれは低次の収差に対してのみ成り立つもので, 一般の収差に対して (13-2) が成り立つためには d が十分小さいことが必要である.

(c) 干渉図形の作図

これらの干渉縞は二つの波面が互いに横にずれて重なり合うものであるから, 五収差の

波面の干渉図形(図11-4,これをトワイマン干渉図と呼ぼう)を横にずらして重ね合わせればそのモアレ模様として得られるはずである[1]。

図13-4(A)は焦点外れの収差のみあるときのトワイマン干渉図(フレネルの輪帯,§18-2と同じもので,m番目とm'番目の環の半径の比が$\sqrt{m'/m}$に比例する)を中心をずらして重ねたもので,モアレ模様は平行の直線群である。非点収差の場合の干渉縞はそれぞれの軸長の比が$\sqrt{m'/m}$の楕円群であるから,そのモアレ模様は等間隔の直線群(図13-3(C))である。

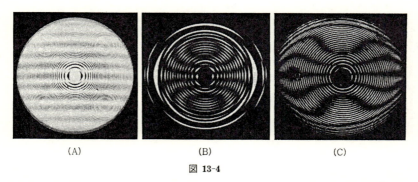

図 13-4

球面収差があるときのトワイマン干渉図形(例えば図11-4(A),半径の比$\sqrt[4]{m'/m}$)をずらして重ね合わせると図13-4(B)のようなモアレ模様となり,これは図13-2(A)に相当する。高次の球面収差があるときは図13-4(C)のようなモアレ模様となる。これは図13-6(B),(C)に相当する。

§13-2 ウェーツマンの干渉計その他

(a) ウェーツマンの干渉計

波面に横変位を与えるのに平行平面板の表面と裏面の反射を利用するもので,ジャマンの干渉計(図7-1)の応用であり,歴史的に最も古いレンズ干渉計である。はじめルンマーが考えたものをウェーツマンがレンズの収差測定用に採り上げたものでこの名がある[2]。図13-5のように平行平面板Pに約45°で平行光を入射させ表面および裏面からの反射光を試験レンズLに入れる。二つの光は厚さの差dでレンズLを通った後(反射鏡Mはな

---

1) E. Lau : Optik **12**(1954)23.
2) E. Waetzmann : Ann. Physik **39**(1912)1042 ; **72**(1923)501.

いとして)図の点線のように進み，Lと焦点を共有するレンズL'を経てPと厚さの等しい平行平面板P'に入る(反射鏡MがあればL', P'はL, PのMによる鏡像). 前に裏側で反射し今度は表面で反射した光とその反射が逆の光とは光路長が等しいから干渉する. このときL'を出た波面Wに着目すると, これはP'によって二つに分かれその重なり合った部分にシャリング干渉縞を生じる. Mで反射させ平行平面板Pを二度通すことは干渉波間の光路差を補償するためであるから, レーザーなどの可干渉距離が長く高輝度の光源を用いるときはMによる折返しは不要になりもっと簡単な配置でよい[1].

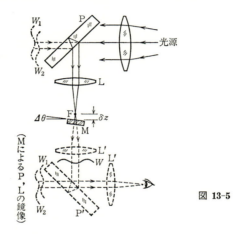

図 13-5

実際には光学的に同じ厚さの板を揃えることは困難であるから反射鏡Mを用い，再びPを通らせることはジャマンの干渉計と同様である. 反射鏡がFからδzだけずれたところにあれば反射後の光はあたかもFから$2\delta z$にある点から出たように進むので，波面の式にはレンズの収差のほかに'焦点外れ'の項$a_1=\delta z/f^2$が加わる. 反射鏡の面の法線が光軸から$\Delta\theta$外れれば'光軸外れの収差'の項a_2が入るが，これは(13-5)により干渉縞の形には関係しない. したがってレンズに収差がなければ干渉縞は平行直線群でその間隔はδzに逆比例するのみである. このとき鏡を前後させて干渉縞の幅が著しく広くなるところをさがせばこれが焦点Fである.

収差の干渉図形は前節に述べたものと同じで，存在する収差により図13-2,3のような干渉縞を与える. 図13-6は高次の球面収差があるときの種々の鏡の位置における干渉縞

---

1) M. V. R. K. Murty : Appl. Opt. 3(1964)535.

で，干渉縞の幅が著しく広くなった所を通った光の光軸との交点が反射鏡面にあるから，ここから中心までの距離を η 軸にそのときの δz を横軸にとりグラフを描けば(同図グラフの○印)球面収差の曲線を与える[1].

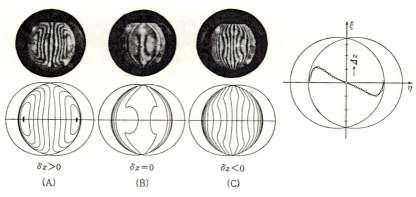

図 13-6

(b) ルヌベルのプリズム干渉計

ウェーツマンの干渉計に次いで歴史的なものはルヌベルの考案したもので，彼は図 13-7(A)のような正方形の半透明プリズムの一辺を少しずらしたものを用い全く同様な干渉縞を得ている．これでは変位量は固定しているがプリズムの形を変えて変位量が加減できるようにしたものもある[2].

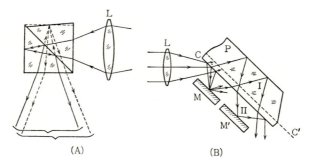

図 13-7

---

1) E. Brakte: Z. Phys. **21** (1924) 22.
2) L. Lenouvel et F. Lenouvel: Rev. Opt. **17** (1938) 350; J. B. Saunders: Appl. Opt. **6** (1967) 1581.

(c) ブラウンの干渉計[1]

この干渉計は変位を与えるのに平行平面を用い，調べようとする光学系 L を出た光に角変位を与える型である（図 13-7(B)）．平行平面 P と反射鏡 M, M′ より成っており，M または M′ を紙面に垂直の軸のまわりに回転させることにより二つの光束 I, II の間に角変位が与えられ，P を CC′ 軸のまわりに回わせば二つの光束の間に傾き (tilt) が与えられる．試験レンズ L からの光の焦点を M または M′ に合わせて干渉縞を観察する．

§13-3 ベイツの干渉計その他

(a) ベイツの方法[2]

前節にのべたのはジャマンの干渉計の原理にもとづいたレンズ干渉計であった．ジャマンの干渉計を変形してマッハ-ツェンダーの干渉計が作られたのであるからこの干渉計を改造したレンズ干渉計もできるはずである．ベイツの考案したのはこれで，図 13-8(A) に示すように収差を調べようとするレンズ L を通った光束をこの干渉計に入れ光路を二つに分けてから一方に角変位を与える．まず干渉計内の光路を図の実線で示すように二つの光 I, II が正しく同じ方向に出てくるようにし，かつ共に M_4 上に焦点を結ばせて E からのぞくとレンズ面は一様の明るさで干渉縞は見えない．半透明鏡 M_4 を紙面に垂直の軸のまわりに $\Delta\theta$ 動かすと，I, II は $2\Delta\theta$ の角変位を受ける．干渉計を通る光は収斂光束であるから M_1 と M_4 とが完全に同じ厚さで同じ傾きのものでないとこれらを通ったときの非点収差が異なるので，コンペンセーター $M_1′, M_4′$ を入れこれを M_4 の回転とともに $M_1′$ は同じ方向，$M_4′$ は反対方向に等量だけ回転させて二つの光路をいつも等しく保つ．干渉縞は

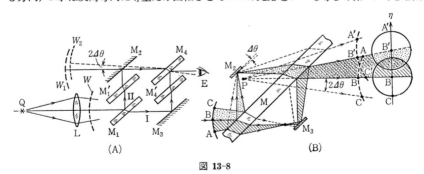

図 13-8

---

1) D. S. Brown: J. sci. Instrum. **32** (1955) 137.
2) W. J. Bates: Proc. Phys. Soc. **59** (1947) 940.

§13-1 で与えたと同じものである.

(b) ドルウの干渉計[1]

ベイツの方法は半透明鏡とコンペンセーターなど四枚の平行平面板と二枚の反射鏡とを必要とし,しかもコンペンセーターの回転を M_4 のそれに連動させねばならないなどめんどうである.そこでドルウは図 13-8(B) のように一枚の平行平面を用いる干渉計を考えた.これによれば二つの光路は自動的に完全に補償されてコンペンセーターは不要となる.入射波面 ABC は平行平面 M の表面による反射光と屈折光とに分かれ,反射鏡 M_2 の $\varDelta\theta$ の回転により P を中心とし互いに軸が $2\varDelta\theta$ だけ傾いた二つの波面 ABC, A'B'C' に分かれる.これが重なっている部分に干渉縞が見える.

(c) ブラウンの干渉計[2]

ドルウの干渉計をできるだけ小型にし使用に便な形にしたもので,図 13-9(A) のように反射鏡 M_2, M_3 を平行平面 M に接着固定させたもので $\varDelta\theta$ はいつも一定の量である.同図 (B) のように比較のために入れた銀貨からもわかるように小型にできているので,大型の望遠鏡の接眼部にはめこんで星を光源として使用状態でテストできる.同図 (C) はこれによる干渉縞の一例である.

図 13-9

§13-4 ロンキーテスト

ロンキーは図 13-10 のように,レンズを経た光束の収斂点の近くに粗い格子を置いてレンズ面をのぞくと,レンズ開口の回折像の重なり合っている部分(図の点を打ったところ)

---

1) R. L. Drew : Proc. Phys. Soc. **B 64** (1951) 1005.
2) D. Brown : Proc. Phys. Soc. **69** (1954) 232.

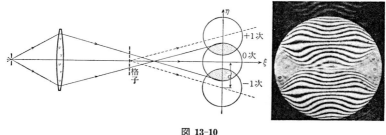

図 13-10

に縞模様が見え，これからレンズの収差が求められることを示した．これはロンキーテストといわれ，格子が十分に粗く縞模様を格子の幾何光学的の影として取り扱えるときは‘光学’§22-2 で詳しく説明した．しかしこの現象は本来は格子による回折によって分離した多くの回折波の重ね合わせによる干渉である．したがって波面横変位の干渉の一種と考えられ，その干渉縞は(13-3)または(13-4)すなわち波面を $E(\xi, \eta)$ とすると横変位が小さいとしてその一次微係数を一定とおいたもので与えられ，これによれば非点収差は平行の直線群，コマ収差は双曲線または楕円となるはずで，このことは‘光学’図 22-14 で示したものと一致する．図 13-10 の写真は高次の球面収差のあるときの干渉縞を示したもので図 13-6 と同じ模様を与える．

§13-5 三角光路型干渉計

(a) 横変位あるいは角変位を与えるもの

図 13-11(A) に示す干渉計は，図 9-2 に示したヒルガー型測長干渉計のブロックゲージを取り去り，二つの光を互いに逆方向に同じ光路を通らせるものと考えてよい．二つの光の光路が同じであるから光路の調節を必要とせず，common-path 干渉計の中でも安定がよ

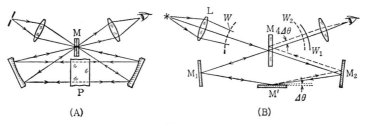

図 13-11

く取り扱いが容易なものである.半透明鏡 M の傾きを変えると調べようと思うもの P(例えば光学ガラス)を右からと左からの光が異なる高さで通るので横変位による干渉縞を与える.これでレンズ L の収差を調べるには,同図(B)のように(A)の球面鏡のかわりに平面鏡 M_1, M_2 を用いその間にもう一つの平面鏡 M′ を置く.調べようとするレンズを通った収斂光束を干渉計に入れて M′ 上に結像させこれを $\Delta\theta$ 回転させれば二つの波面は互いに $4\Delta\theta$ の角変位を受ける[1].

(b) 放射状変位を与えるもの

図 13-11(B) の干渉計を変形して,図 13-12(A) に示すように反射鏡 M′ の代りに焦点距離の異なる二つの補助レンズ L_1, L_2 を置き,一方の光は L_1, L_2,他方の光は L_2, L_1 の順で通過するようにし,いずれのレンズもその一方の焦点は半透明鏡 M 上にあるようにする.L_1, L_2 の焦点距離を f_1, f_2 とすれば,入射光を頂角 θ の円錐とするとき二つの光はそれぞれ頂角 $\theta\frac{f_2}{f_1}$ および $\theta\frac{f_1}{f_2}$ の円錐となって干渉計をでる(同図(B)).したがって一方の円錐の光が半径方向に放射状のズレを与えられたことになり,同図(C)に示すように二つの円錐の共通部分に干渉縞が出る.これを radial shear の干渉計という[2].

入射波の波面をレンズの中心を原点とする極座標で $E(r,\varphi)$ とすれば,半径方向に $r'=\frac{f_2}{f_1}r$ のズレが与えられているから,二つの波面の間の光路差は

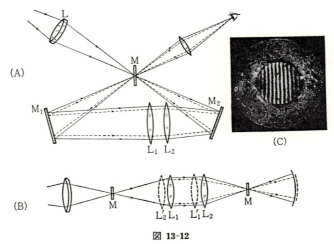

図 **13-12**

1) P. Hariharan & D. Sen: J. Opt. Soc. Am. **49**(1959)1105; J. sci. Instrum. **37**(1960)374.
2) P. Hariharan & D. Sen: J. sci. Instrum. **38**(1961)428.

§13 レンズ干渉計(波面の変位によるもの)

$$D = E(r, \varphi) - E(\gamma r, \varphi)$$

$$\text{ただし}\quad \gamma = \frac{f_2}{f_1}$$

これを常数とおいたものが干渉縞である．(11-1), (11-2) で $\xi^2+\eta^2=r^2$, $\eta=r\cos\varphi$ とおいて上式を計算してみると

$$D = (a_1+b_1)(1-\gamma^2)r^2+(a_2+b_2)(1-\gamma)r\cos\varphi$$
$$+b_3(1-\gamma^4)r^4+b_4(1-\gamma^3)r^3\cos\varphi+b_5(1-\gamma^2)r^2\cos^2\varphi$$

となる．すなわち係数が異なるだけでもとの波面と同じ形の式であるから干渉縞はトワイマン図形とよく似ていて干渉縞は収差波面の等高線を表わす．

§13-6 波面折り返し重ねの干渉

先に述べたケスターズの複プリズム(§9-3)を用い，図 13-13(A)のように光源 Q からでる光がプリズムを出てレンズ L を通り再びプリズムへ戻るようにすると，最初プリズムの半透明面 BC で反射した光 I と，始めは BC 面を通り抜け EC 面で反射し帰路 EC 面で

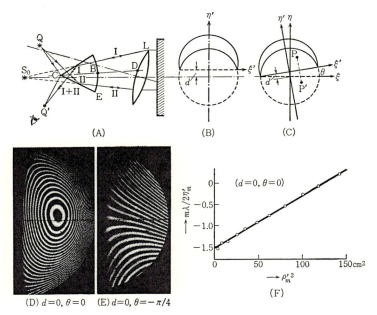

図 13-13

反射してから更にBC面で反射する光IIとはBC面に対するQの鏡像Q′で一致することから，これはレンズの波面を光軸CBDとDで直交し半透明面BCに平行なξ'軸(図(B))で折り返すことになる．したがってこの干渉はいままでとは異なった形式のものであり，ξ'軸が正しくレンズの中心を通りこれを二等分していないときはξ'軸で折り重ねられた波面は図(B)のように重なり，その重なった部分に干渉縞が見える．これはゲイツが示唆しサンダースが実用化したもので，波面の折り返し(wave front reverse)重ね合わせの干渉計という[1]．

干渉縞を与える式を求めるために折り返し線ξ'軸と直角にη'軸をとりξ'軸に対し対称の二点$P(\xi', \eta')$および$P'(\xi', -\eta')$を考え，光源からこれら二点までの光路長を$E(\xi', \eta')$，$E(\xi', -\eta')$とすれば干渉縞は

$$D(\xi', \eta') = E(\xi', \eta') - E(\xi', -\eta') = \text{const.}$$

で与えられる．ザイデルの三次収差まで考えればEは(11-1),(11-2)によりレンズの中心を通る座標で$E = E_1(\xi, \eta) + E_2(\xi, \eta)$として与えられる．一般に瞳の座標と半透明面BCが傾いている場合はη軸がξ'-η'軸の原点を通っているとすれば(このようにしても議論の一般性は失われない)，d, θを図(C)のようにとりξ', η'とは

$$\left.\begin{array}{l} \xi = \xi' \cos\theta - \eta' \sin\theta - d \sin\theta \\ \eta = \xi' \sin\theta + \eta' \cos\theta + d \cos\theta \end{array}\right\}$$

の関係にあるからこれを(11-1),(11-2)へ代入し$D(\xi', \eta')$を求めれば，ξ', η'の係数をまとめて

$$2A\rho'^2 + B\xi' + C = \frac{D}{2\eta'}$$

の形となる．ただし$\rho'^2 = \xi'^2 + \eta'^2$，$A, B, C$は常数で

$$\left.\begin{array}{l} A = 4db_3 + b_4 \cos\theta, \quad B = 4db_4 \sin\theta + b_5 \sin 2\theta \\ C = (4a_1 d + a_2 \cos\theta) + (4b_1 d + b_2 \cos\theta + 8b_3 d^3 + 6d^2 \cos\theta + b_5 d \cos^2\theta) \end{array}\right\}$$

a_i, b_iは収差係数で，b_3は球面収差，b_4はコマ収差，b_5は非点収差等々である．m次の明るい縞では$D = m\lambda$であるから干渉縞の上へ多数の点をとり上式を連立方程式としてA, B, Cを求めればこれからa_i, b_iが求められる[2]．しかしこの方法の妙味は折り返し重ね合わせの対称性を利用して反射鏡やプリズム位置(dまたはθ)の調節により，ある収差係数に

---

1) J. B. Saunders : J. Res. Nat. Bur. Stand. **58**(1957)27.
2) 村岡一男 : J. Res. Nat. Bur. Stand. **70C**(1966)65(写真は同氏の御好意による).

のみ関係する干渉縞が得られ，測定を簡易化することができることである．

図 13-13 の写真で(D)は $d=0, \theta=0$ に調節したときの干渉縞の写真であるが，いまの場合 $A=b_4, B=0$

$$\therefore \quad 2b_4\rho_m'^2 + C = \frac{m\lambda}{2\eta_m'}$$

m 番目の干渉縞について ρ_m', η_m' を求め，$\rho_m'^2$ と $m\lambda/2\eta_m'$ を横および縦軸として描いたものが図 13-13(F) のグラフで，その傾斜からコマ収差が求められる．図 13-13 の写真(E)は $d=0, \theta=-\pi/4$ に調節したもので，$A=b_4/\sqrt{2}, B=b_5$，上と同様な方法で b_4 が求めてあれば b_5 (非点収差)を知り得る．

これと同じ原理で菱形をした小型のプリズムも考えられている[1]．これらプリズムは小型なのでブラウンの干渉計と同様望遠鏡の接眼筒へ挿入し星を光源として使用状態でのテストができる．このプリズムの考案者サンダースはこれを持って世界の大望遠鏡のテスト行脚をしてみたいと著者に語っていた．

§13-7 偏光干渉計

波面を二分し変位を与える方法として結晶の複屈折を用いるものはすでに§12-5 でのべた．ここでは古くから知られているサバールプレート，ウォラストンプリズム(§24-5(c)参照)を用いるものを説明しよう．

(a) 横変位によるもの

(i) サバールプレート 水晶を光学軸に 45°に切ったもの(図 13-14(A), P_1)を光が通れば図のように常光線と異常光線とに分かれ，後者は d の変位をうける．ただし結晶板の厚さを l として

$$d = l\Omega, \qquad \Omega = \frac{n_o^2 - n_e^2}{n_o^2 + n_e^2} \tag{13-7}$$

ここで n_o, n_e はそれぞれ常および異常光線に対する屈折率である．この光を $\lambda/2$ 板に入れると偏光面が 90°回転するから，P_1 と同じ結晶板 P_2 を置けばこの中では常光線と異常光線とが入れ替り全体としての光路差は 0 となり，かつ後者は $-d$ だけ横に変位して二つは再び重なる．これはジャマンの干渉計(図 7-1)の平行平面板の代りに結晶板を用いたものと考えてよくジャマンの偏光干渉計という[2]．

---

1) J. B. Saunders: Japan J. appl. Phys. **4** suppl. 1 (1965) 99.
2) J. Jamin: CR Acad. Sci. (Paris) **67** (1868) 814.

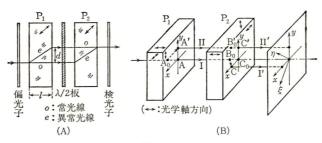

図 13-14

しかし $\lambda/2$ 板は波長 λ の光に対してのみ半波長の光路差を与えるので異なる波長の光に対しては厳密には適用できないが，基準波長を黄緑色にとって，実用上この影響を無視できるほどに鮮明な白色光干渉縞をつくることができる．

P_2 を光軸のまわりに $90°$ 回転させ同図(B)のような配置にすれば $\lambda/2$ 板がなくとも常光線と異常光線は自動的に入れ替るから，P_1 と P_2 とが同じ厚さであれば白色光に対しても光路差は正しく補償される．この結晶片の組み合わせは昔からよく知られているサバールプレートといわれるものである．それぞれの肩に矢印で示してあるように P_1 の光学軸は正面から見て垂直，P_2 のそれは水平である．この方向を x-y 軸にとりこれの二等分線の方向を ξ-η 軸とし，入射光は η 方向に振動する直線偏光とする．結晶板に垂直に左方から光線が入射するとし P_1 の第一面への入射点を A_0 とする．直線偏光の水平成分（常光線）はそのまままっすぐ結晶を通り抜け P_1 の第二面と A で交わる．垂直成分（異常光線）は屈折し結晶中を $\overline{A_0A'}$ の光路をとり第二面の A' へ出てくる．ただし

$$\overline{AA'} = l\Omega$$

である．P_1 を出たのちは二つの光線 I, II となり結晶板に垂直に進み P_2 の第一面と交わる．この点をそれぞれ B_0, B_0' とする．P_2 の主断面は P_1 のそれと直角であるから今度は I が異常光線，II が常光線となる．したがって II は B_0' からまっすぐ結晶中を進み第二面の C' へでる．I は水平面内で屈折し $\overline{B_0C}$ の光路をとり C から出射する．こうして二つの光線 I′, II′ の間隔 $\overline{CC'}$ は次式で与えられる．

$$\overline{CC'} = \sqrt{2}d$$

以上を波面に着目して述べると，サバールプレートに入射した波面はこれを通過後進行方向に垂直に $\sqrt{2}d$ の横変位をうけ，二つの波面の間の光路差は垂直入射光に対しては 0 となる．したがって完全な平面波を入射させた場合，検光子によって ξ または η 軸に平行

な成分を取出して干渉させると一様な視野が得られ，もし入射波に収差があれば§13-1で述べたような干渉縞が得られる．具体的な配置を図13-15(A)にしめす．調べようと思うレンズLを通った収斂光を補助レンズL_cにより平行光としてサバールプレートSを通過させ，Lの射出瞳像を観察するとその二重像の上に干渉縞が重なって見える．なおサバールプレートの横変位は入射角によって僅かに変わるので，その補正のために同図(B)のような中央に$\lambda/2$板を挿入した変形もつくられている[1]．

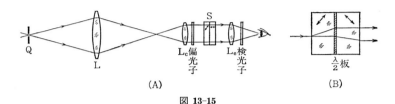

図 13-15

(ii) 干渉縞 このときの干渉縞は図13-14のξ, η軸を座標軸とすれば二つの光I', II'の出射点C, C'はそれぞれ

$$C\left(\frac{d}{\sqrt{2}}, \frac{d}{\sqrt{2}}\right), \quad C'\left(-\frac{d}{\sqrt{2}}, \frac{d}{\sqrt{2}}\right)$$

であるから，レンズを出た波面を$E(\xi, \eta)$とすれば

$$I' \text{ は } E\left(\xi-\frac{d}{\sqrt{2}}, \eta-\frac{d}{\sqrt{2}}\right)$$

$$II' \text{ は } E'\left(\xi+\frac{d}{\sqrt{2}}, \eta-\frac{d}{\sqrt{2}}\right)$$

である．したがって二つの波面の間の光路差はdを十分小さいとして

$$D \fallingdotseq \frac{\partial E}{\partial \xi} \cdot \sqrt{2}\, d \tag{13-8}$$

これを波長の整数倍とおいたものが干渉縞を与える（ξ, ηはサバールプレート面上の値であるが，図13-14に示すようにレンズ面の座標はこれに比例するのでレンズ面での座標としてよい）．これは§13-1で与えたものと同じで，収差を与えれば図13-3(コマおよび非点収差)，図13-2(球面収差)と同じ図形を示す．この方法は光路長の補償が完全なために白色光を用いてもなお明瞭な干渉縞が観察できる．

(iii) 収差の直読 いままではサバールプレートに垂直に光が入射する場合を取り扱っ

---

1) M. Françon et M. Jordey : Rev. Opt. **32**(1953)601 ; J. Opt. Soc. Am. **47**(1957)528.

たが，ここではまず斜入射光がうける光路差 D を求めておこう．入射角を i, η 軸と入射面のなす角を φ として(13-7)の d を用い，

$$D = \sqrt{2}\,d\sin i\sin\varphi$$

D は角度だけの関数であるから，サバールプレートを直交または平行ニコルで挟んで無限遠を観察すると，そこに横変位の方向に垂直に等間隔平行干渉縞が得られ，その角間隔は $\lambda/\sqrt{2}d$ である．

図 13-16(A)のように焦点距離 f の接眼レンズ L_e の後方に第二のサバールプレート S_2 を第一のそれ S_1 に対して $90°$ の方位におくとし，瞳の像の面の座標 ξ' と S_2 への入射角 i, φ とは

$$\eta' = f\tan i\sin\varphi, \quad \sin i\sin\varphi = \eta'\frac{\cos i}{f}$$

したがって i が余り大きくなければ

$$D = \sqrt{2}d\cos i\cdot\frac{\eta'}{f} \fallingdotseq \sqrt{2}d\frac{\eta'}{f}$$

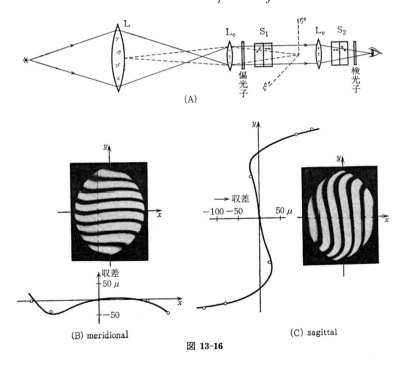

(A)

(B) meridional

(C) sagittal

図 **13-16**

ξ', η' はレンズの瞳上にとった座標 ξ, η と比例で結ばれるから簡単のため比例定数を1とおくと，二つのサバールプレートによって受ける光路差は(13-8)とあわせて，

$$D = \sqrt{2}d\left(\frac{\partial E}{\partial \xi} + \frac{\eta}{f}\right)$$

となる．干渉縞はこれを const. とおいて得られ

$$\eta + f\frac{\partial E}{\partial \xi} = \text{const.}$$

となる．収差がない場合は ξ=const. となり，瞳像の横変位に平行な干渉縞が得られ，収差が残存する場合にはその直線からのズレが横収差 $f \cdot \partial E/\partial \xi$ を表わす．特に瞳の中心を通る干渉縞に着目すれば，$\eta = \xi = 0$ において $\partial E/\partial \xi = 0$ であるから

$$\eta = -f\frac{\partial E}{\partial \xi}$$

こうして干渉縞は原点を通る meridional の収差曲線そのものである[1] (図 13-16 (B))．瞳像の変位がこれと垂直になるようにすれば同様にして sagittal の収差曲線を得る(同図(C))．

(b) 角変位によるもの

ウォラストンプリズム(図 13-17(A))は二枚の複屈折プリズムを図のように光学軸が直交するように貼り合わせたもので，これに入射した光は常光線，異常光線の二つの光に分かれる．偏光子の振動面を二つの光学軸の二等分線の方向にしておけば二つの光は等しい強度となる．これをレンズ干渉計に用いるには同図(C)のように，調べようと思うレンズLをでた光をコリメーターレンズ L_c により収斂光としその収斂点にウォラストンプリズムの中心点を置く．L_c によりレンズ面をスクリーンに投影させればここに波面が二分さ

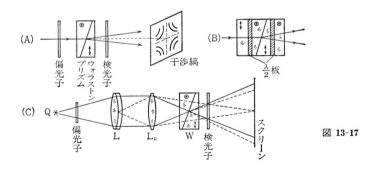

図 13-17

---

1) 鶴田匡夫：応用物理 **32**(1963)225(図 13-16 の写真は同氏の御厚意による)．

れ，互いに角変位を受けて重ね合わせられたときの干渉縞が生ずる[1]．ウォラストンプリズムの中心部付近以外は二つに分かれた光線の光路長は等しくならないから，光源 Q はこの差を無視できるほどに小さい点光源または紙面に垂直のスリットとしておかなければならない．十分な光量を得るため大きな光源を用いるには，もう一つウォラストンプリズムを追加して光源の各部からの光の像面における光路差が同じになるように（光路の補償を）しなければならない（§25-1(c)参照）．ウォラストンプリズムに入射する光の開き角が大であるとレンズ系が無収差でもスクリーン面には図 13-17(A) のような結晶による干渉縞 (isochromatic lines) ができ，この中央の明るさ一様のところのみが用いられるので開き角が制限される．同図 (B) のようなプリズムを用いるとこの開き角が約 2.6 倍となる．

---

1) L. Lenouvel et F. Lenouvel: Rev. Opt. **17** (1938) 350; M. Françon et B. Sergent: Optica Acta **2** (1955) 182.

第3章 光学的薄膜

§14 単 層 膜

§14-1 光学的薄膜

厚さが光の波長ぐらいの薄い透明な膜の上および下の面からの反射光は互いに干渉する. シャボン玉や水面に拡がった油の薄膜がきれいに着色することはこれにより説明され, これを光学的薄膜という. このような薄い膜が任意の厚さに作れるようになったのは, ブロジェットが脂肪酸の単分子層をガラスの上へつけることに成功したのに始まる[1]. わずかにカルシウムイオンを含む水の上へステアリン酸を落すとこれが薄膜となって拡がりカルシウムステアレートの単分子層膜を作る. これは親水性の $(COO)_2Ca$ 群を下にして, その分子が垂直に近く立って水面にぎっちり並んでいる. これにガラス板をひたし引き上げると, 水面と同様の単分子層の膜がガラス板につく. これを再び水にひたすと膜の表面の CH_3 群が互いに引き合い, この部分が相接した逆向きの単分子層がつく. これを引き上げると前と同じ層がつく……. これを反復し任意層数の膜をつけることができる. ブロジェットはこれにより膜の厚さと反射率との関係を始めて理論と比較検討した.

この膜は弱くて実用にはならないが, 1936年ストロングは真空蒸着により低屈折率の丈夫な膜をつけ得ることを示した[2]. すなわち十分よい真空 (少なくとも 10^{-4} mmHg 以上) の中にガラス板をおきその近くで薄膜にすべき物質を電気的に加熱してやると, 蒸発した分子は気体の分子に衝突することなく飛行してガラス面につく. ガラス面が十分清浄 (化学的のみならず加熱し吸着ガスなども十分追い出してある物理的にも清浄) な面であれば, 蒸着した膜は十分堅く真空中から取り出して少しこすったくらいでははげ落ちない. これにより干渉薄膜の研究と実用化が急速に進歩した.

このような薄膜の反射および透過光の強さは膜の両面を平行平面と考えると厚さが極めて薄いエタロンとしてよく, (4-21), (4-22) がそのまま適用できる. 反射率は p 成分と s 成分で異なるが, これを考えた式を求めるには §2 で与えた '一般化した屈折率' で表わすとよい. すなわち膜の上下の媒質の屈折率を n_0, n_g, 膜の屈折率を n, 入射角および屈折角

---

1) K. Blodgett: J. Am. Chem. Soc. **57** (1935) 1007, **41** (1937) 975.
2) J. Strong: J. Opt. Soc. Am. **26** (1936) 73.

を i_0, i_g および i として(図 14-1(A)), (2-13)から

$$r_1 = \frac{N_0 - N}{N_0 + N}, \qquad r_0 = \frac{N - N_g}{N + N_g} \qquad (14\text{-}1)$$

ただし N, N_0, N_g は

s 成分では $\quad N_0 = n_0 \cos i_0, \qquad N = n \cos i, \qquad N_g = n_g \cos i_g$

p 成分では $\quad N_0 = \dfrac{\cos i_0}{n_0}, \qquad N = \dfrac{\cos i}{n}, \qquad N_g = \dfrac{\cos i_g}{n_g}$

である. これらを(4-21)へ代入すれば

$$|R|^2 = \left|\frac{r_1 + r_0 \exp(-i\delta)}{1 + r_0 r_1 \exp(-i\delta)}\right|^2 = \left|\frac{N(N_0 - N_g)\cos\frac{\delta}{2} + i(N_0 N_g - N^2)\sin\frac{\delta}{2}}{N(N_0 + N_g)\cos\frac{\delta}{2} + i(N_0 N_g + N^2)\sin\frac{\delta}{2}}\right|^2 \quad (14\text{-}2)$$

ただし $\quad \delta = \dfrac{2\pi}{\lambda}(2nd \cos i)$

垂直入射のときは(2-16)と比較して $N_0 = n_0$, $N = n$, $N_g = n_g$ として

$$|R|^2 = 1 - \frac{4 n_0 n^2 n_g}{n^2(n_0 + n_g)^2 - (n_g^2 - n^2)(n^2 - n_0^2)\sin^2(\delta/2)} \quad (14\text{-}3)$$

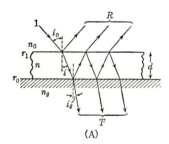
(A)

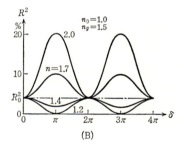
(B)

図 14-1

この値は図 14-1(B)に示すように n が n_0 と n_g の中間にあればいつも膜のない時の値

$$R_0^2 = \left(\frac{n_0 - n_g}{n_0 + n_g}\right)^2$$

より小さく, そのほかの場合は必ず R_0^2 より大きい. すなわちこの膜は $n_0 < n < n_g$ のときは反射を減少させ, その他のときは反射を増加させるように働いている. 前者を A 型の薄膜(反射防止膜), 後者を B 型の薄膜(反射増加膜)という. 両者ともに極値は δ が π の整数倍のとき起きて表 14-1 のようである.

ここで興味あることは $\delta = 2m\pi$ すなわち $nd = m\dfrac{\lambda}{2}$ のときは反射率の極値に n が含まれ

表 14-1

δ	極　値	反射防止膜	反射増加膜
$\delta = 2m\pi$ のとき	$R^2 = \left(\dfrac{n_0 - n_g}{n_0 + n_g}\right)^2$	極　大	極　小
$\delta = (2m+1)\pi$ のとき	$R^2 = \left(\dfrac{n^2 - n_0 n_g}{n^2 + n_0 n_g}\right)^2$	極　小	極　大

ていない，すなわちあたかも見かけ上中間の膜がないかのように見えることで，このことは反射防止膜や増加膜の設計に利用されている．

§14-2　反射防止膜

(a) 振幅および位相条件

(2-16)によればガラスと空気の境の面を光が出入りするときは垂直入射のときでもガラスの屈折率を $n=1.5$ として

$$R^2 = \left(\frac{1-n_g}{1+n_g}\right)^2 = 0.04$$

すなわち4%の光が反射により失われ，斜入射のときの損失はこれより多くなる．双眼鏡や高級写真レンズでは空気に接する面が10～12ぐらいあるから透過率は

$$T^2 = (1-0.04)^{12} \fallingdotseq 1 - 0.48 = 0.52$$

すなわち反射により50%近くが失われている．またこの内面反射をした光が像面に達すればフレアーやゴースト(幽霊像)を作るからこのような反射光はできるだけ除くことが望ましい．

図14-1から明らかなようにガラスの上へこれより屈折率の低い薄膜をつけると反射が減少し，膜の厚さが m を整数として

$$\delta = (2m+1)\pi \quad \text{すなわち} \quad nd = (2m+1)\frac{\lambda}{4} \tag{14-4}$$

であれば反射率は極小となる．その値は表14-1から

$$n = \sqrt{n_g n_0} \tag{14-5}$$

のとき0となる．すなわち上の二つの条件が満たされれば反射光は0となる．(14-4)を完全反射防止の位相条件，(14-5)を振幅条件という．

テイラーは1896年に古くなって表面からの反射光が紫色を呈している(俗にヤケている

という)写真レンズの透過率は新しいレンズのそれよりよいことに気がついている[1]．これは表面に大気の侵蝕により屈折率の異なる薄い膜ができているからで，これを人為的に行なうためガラスを酸に浸しガラス中の金属イオンを溶出させ表面に薄い silica の skeleton 層を作らせたものは反射を減少させる効果がある．しかしこの方法ではできた層の屈折率が十分低くならず(14-5)を満足させ難いが，真空蒸着により低屈折率の薄膜をつけたものはこの条件をよりよく満たす．しかしガラスの屈折率が $n_g=1.5\sim1.7$ であるから膜の屈折率は $\sqrt{n_g}=1.22\sim1.30$ でなければならないが，このような低屈折率のものはないので通常フッ化マグネシウム(MgF_2)または氷晶石(cryolite, $3NaF\cdot AlF_3$)を用いる．これらの屈折率は $\lambda=0.55\mu$ のとき前者が1.38，後者が1.33 ぐらいであり極小値は0とはならないが，相当の反射防止効果がありゴーストも消失し像のコントラストもよくなる．

図14-2(A)は空気との接触面が八面あるズマー型写真レンズ('光学' 図25-11(B))の反射防止処理前後の透過率曲線であるが，処理により透過率が著しくよくなり最大値は90%以上にもなることが示されている．最近赤外分光器に $Ge(n=4.0)$，$Si(n=3.5)$ の窓が用いられているがこれらの反射防止には ZnS, SiO などがよく，図14-2(B),(C)はその例で最大透過率はいずれも100%近くになっている．

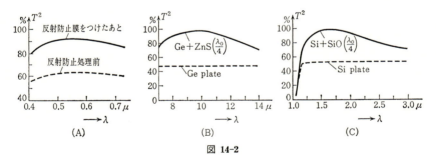

図 14-2

(b) 膜 の 効 率

膜の厚さが $\lambda_0/4$ の奇数倍であれば位相条件(14-4)は満たされ，この膜の波長 λ_0 の光に対する反射率は0である．しかし他の波長に対する残留反射率は0でなくこれは膜厚が薄いほど少ない(図14-3(A))．したがって白色光に対する反射率が最も少なくなる効率のよい反射防止膜は $nd=\lambda_0/4$ のものである．

---

1) H. D. Taylor: The adjustment and testing of telescopic objectives (England, 1946) 4th ed.

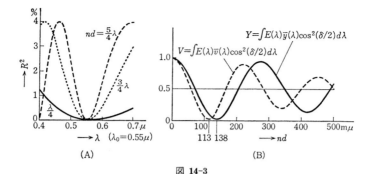

図 14-3

　肉眼に対する場合は反射光の明度 Y が最小のものが最も効率のよいもので，この値は (14-6) で求められ (図 14-3(B) の実線)，Y の極小値は

$$nd = 138 \, \text{m}\mu$$

で生ずるから，肉眼で用いる光学機械の反射防止膜はこの厚さにつけるべきで，そのときの反射光の干渉色の色座標は図 14-4(A) から

$$x = 0.205, \quad y = 0.063 \quad (\text{紫色})$$

である[1]．

　写真レンズ，天体望遠鏡の対物レンズなどは写真乳剤に対する反射防止効率が最大になるような膜厚につけるべきで，感光剤の分光感度を $\bar{v}(\lambda)$ として Y に相当するものを V と記せば

$$V = \int E(\lambda) \bar{v}(\lambda) \cos^2\left(\frac{\delta}{2}\right) d\lambda$$

である．パンクロ乳剤の $\bar{v}(\lambda)$ をこれに代入して V を nd を横軸にとってグラフを描くと図 14-3(B) の点線のようになる．他の乳剤についても大体同じで V の極小は

$$nd = 113 \sim 118 \, \text{m}\mu$$

で与えられる．このときの反射光の色は図 14-4(A) から橙色である．俗にアンバーコートといわれている色の反射防止膜はこれである．レンズの面が多数あるときは各面で異なる厚さにつけ全体として透過率曲線が平坦になるようにするのが望ましく，特にカラー写真用のレンズはこのようにするのがよい．

---

1) 久保田広：応用物理 **18** (1949) 247.

§14-3 干渉色

薄膜の反射率は波長により異なるので，これを白色光で照らすときは反射光はきれいに着色して見える．シャボン玉や水の上の油の薄膜の着色はこれで説明され，これを干渉色という．この色は膜の厚さによって異なるからこれにより膜の大体の厚さを推定することができる．往時はこの色を名称で表わしており，ニュートンの著書にもニュートンリングの色は名称で表わされている（'光学' §34-2 参照）．しかしこれでは正確なことはわからず科学的な表現ではないので，色彩論により色を定量的に表わしておけば反射光の測色により膜厚を精密に知ることができるのでここにその理論を略述しておこう．色の表示に関する基礎的のことや用語は '光学' の §35 を参照していただきたい．

薄膜の反射率を R^2 とすれば干渉色の三刺激値 X, Y, Z は，光源のエネルギー分布を $E(\lambda)$，スペクトル色の三刺激値を $\bar{x}(\lambda)$, $\bar{y}(\lambda)$, $\bar{z}(\lambda)$ として

$$\left.\begin{array}{l} X = \int E(\lambda)\bar{x}(\lambda)R^2(\lambda)d\lambda \\ Y = \int E(\lambda)\bar{y}(\lambda)R^2(\lambda)d\lambda \\ Z = \int E(\lambda)\bar{z}(\lambda)R^2(\lambda)d\lambda \end{array}\right\} \tag{14-6}$$

で与えられる．薄膜の反射率はくり返し反射を考えなければ，(4-18) により

$$R^2(\lambda) = r_0^2 + r_1^2 + 2r_0 r_1 \cos \delta$$

で与えられ，これは波長および膜厚を含む項とそうでない二つの正の項に分けられる．すなわち

(A) $r_0 r_1 > 0$ であれば $\quad R_A^2(\lambda) = (r_0 - r_1)^2 + 4r_0 r_1 \cos^2\left(\dfrac{\delta}{2}\right)$ (14-7)

(B) $r_0 r_1 < 0$ であれば $\quad R_B^2(\lambda) = (r_0 + r_1)^2 - 4r_0 r_1 \sin^2\left(\dfrac{\delta}{2}\right)$ (14-8)

(A) は r_0, r_1 が同符号すなわち外を空気として $n < n_g$ の反射防止膜がついているとき，(B) は二つが異符号で $n > n_g$ の膜すなわち反射増加膜がついているときである．

第一項は波長，膜厚を含まない定数であるから，白色光で照らしたとき反射光の中の白色光成分を与え色の純度にのみ関係する．色相は第二項で決まり，その係数 $4r_0 r_1$ は明るさにのみ関係するから，結局色相だけを考えるときは

(A) $\qquad R_A^2(\lambda) \sim \cos^2\left(\dfrac{\delta}{2}\right), \quad \delta = \dfrac{2\pi}{\lambda}(2nd)$ (14-9)

(B) $$R_B{}^2(\lambda) \sim \sin^2\left(\frac{\delta}{2}\right) \tag{14-10}$$

とおいてよい．これをそれぞれ A および B 型の干渉色という．これを具体的な例について示そう．

(a) 反射防止膜の色

$n < n_g$ の膜があるときで，A 型の干渉色を与え反射防止の振幅条件 (14-5)

$$n = \sqrt{n_0 n_g}$$

を満足していれば $r_0 = r_1$ であるから (14-7) の第一項は 0，したがって反射光の中の白色光成分は 0 で干渉色は最も鮮明である．このときの色の座標は (14-7) を (14-6) へ代入して

$$X = \int E(\lambda)\bar{x}(\lambda)\cos^2\left(\frac{\delta}{2}\right)d\lambda, \quad Y = \int E(\lambda)\bar{y}(\lambda)\cos^2\left(\frac{\delta}{2}\right)d\lambda,$$

$$Z = \int E(\lambda)\bar{z}(\lambda)\cos^2\left(\frac{\delta}{2}\right)d\lambda$$

光源として CIE の C 光源を用い，これから色座標

$$x = \frac{X}{X+Y+Z}, \quad y = \frac{Y}{X+Y+Z}$$

を求め色度図へプロットすると図 14-4[1] (A) のようになる．このグラフにより膜厚 (nd) と干渉色 (x, y) との関係がわかり，干渉色から膜厚を求めることができる．膜厚の大体の値を知ればよいときは色を目測すればよく，その場合は色の名称と座標との関係を与えるグ

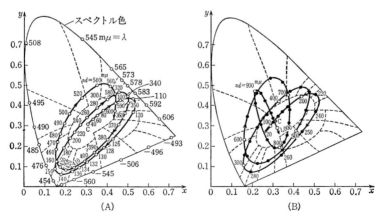

図 **14-4**

---
1) 久保田広，荒哲哉：J. Opt. Soc. Am. **40** (1950) 146.

ラフ('光学'図 35-3)を併用すればよい．反射防止膜として MgF_2 や氷晶石を用いる場合は振幅条件が満たされないから上記の色に白色が加わり純度は低下するが，屈折率の高いガラスほど振幅条件をよく満たすから干渉色は鮮明である．ニュートンリング(透過光)，水面上の油の薄膜の干渉色は A 型である．

(b) 反射増加膜の色

この膜は $n>n_g$ したがって r_0 と r_1 の符号が異なり B 型の干渉色を与えるから，反射率の色相に関係する部分は(14-10)で与えられ，干渉色は同じ膜厚の A 型の膜の補色である．$r_0=-r_1$ の場合は干渉色は(14-10)を(14-6)へ代入し比例常数を除き

$$X = \int E(\lambda)\bar{x}(\lambda) \sin^2\left(\frac{\delta}{2}\right)d\lambda, \quad Y = \int E(\lambda)\bar{y}(\lambda) \sin^2\left(\frac{\delta}{2}\right)d\lambda,$$

$$Z = \int E(\lambda)\bar{z}(\lambda) \sin^2\left(\frac{\delta}{2}\right)d\lambda$$

で与えられる．C 光源を用いこれから色座標を求めグラフにプロットしたものが図 14-4(B)である．ガラス板ではさまれた空気の層(ニュートンリングの反射光)や空気中の薄膜(シャボン玉の反射光)などでは

$$n_0 = n_g \quad \therefore \quad r_0 \equiv -r_1$$

したがって反射光の色は上式で与えられ B 型の干渉色を与える．ガラスの上へつけた薄膜の場合は $r_0 \neq -r_1$ で干渉色はこれより純度が悪い．

これらは光が膜面に垂直は入射する場合であったが，斜入射の場合は s 成分は入射角と共に単調に増加するのみであるが，p 成分では入射角と共に減少しいったん 0 となってから再び増加するので，干渉色も入射角により A 型から B 型またはその逆と変化し複雑な現象が見られる[1]．膜の両側の媒質が等しい場合は入射角の如何にかかわらず s および p 両成分について振幅条件(14-5)が成り立っており，干渉色は B 型の最も鮮明な色を示す．したがってニュートンリング，シャボン玉等の色はどの方向から見てもいつも最も鮮明な色である．

§15 多層膜の反射率

単層膜を光の波長程度の間隔で多数並べるか，または異なる媒質の薄層を多数重ね境の面の反射光が互いに干渉するようにしたものを多層薄膜という．これは単層膜では反射率

---

1) 久保田広，荒哲哉：J. Opt. Soc. Am. **41**(1951)16.

が不十分であったり，または振幅条件を満たす物質がなく完全反射防止が困難であるものを膜の数を増すことにより解決しようというもので，現在では真空蒸着により十数層のものまで実用になっている．この膜の反射率を求めるのに最も下の境の面から反射率を r_0，$r_1, \cdots, r_k$ とすれば，くり返し反射を考えなければ各面からの反射光は入射光を1として r_0, $r_1 \exp(-i\delta_1)$, $r_2 \exp(-i\delta_2)$, $\cdots$ であるから，振幅は

$$\delta_j = \frac{2\pi}{\lambda}(2n_j d_j \cos i_j)$$

として

$$R = r_0 + r_1 \exp(-i\delta_1) + r_2 \exp[-i(\delta_1 + \delta_2)] + \cdots \quad (15\text{-}1)$$

これはくり返し反射を省略した(4-18)の近似に相当するが，非金属の膜のみを用いる多層膜では多くの場合この近似で十分である．

くり返し反射を考えるときは単層膜のときのように反射光を一つ一つ追跡してその総和を求める方法は複雑で見通しが得がたいが，マックスウェルの方程式を境界条件を与えて解けばこれらをすべて含めた解が得られる．これは§2でフレネルの係数を求めたと同じことを忠実に行なえばよい．その他電気回路の相似から示唆されたマトリックスを用いる方法，多層膜を一つの仮想反射面に帰着せしめる方法などがある．

§15-1 マックスウェルの式を解く方法

マックスウェルの方程式を境界条件を与えて解けば多層膜のくり返し反射を全部考慮した解が得られる．この方法は§2で反射の際のフレネルの係数を求める時に用いたが，これと全く同じことを多数の境界面について行なえばよい．

屈折率 n_j，厚さ d_j の薄層が多数重なっているとき，各層に下向きに進む電場波の振幅を A_j，上向きに進むものを $A_j{}'$ とし各層の中の電場波を下のようにおく．ただし光は上方から下方へ垂直に入射するものとし $\delta_j = \frac{2\pi}{\lambda}(2n_j d_j)$ とする．

膜の上方外側の媒質中では

$$E_k = A_k, \quad E_k{}' = A_k{}'$$

膜の各層中では

$$E_j = A_j \exp\left[i\frac{2\pi}{\lambda}n_j(d_{k-1} + d_{k-2} + \cdots + d_j)\right]$$

$$E_j{}' = A_j{}' \exp\left[-i\frac{2\pi}{\lambda}n_j(d_{k-1} + d_{k-2} + \cdots + d_j)\right]$$

膜の下方外側の媒質中では上向きの波はないから

$$E_0 = A_0 \exp\left[i\frac{2\pi}{\lambda}n_0(d_{k-1}+d_{k-2}+\cdots+d_1)\right]$$

磁場波は(1-24)により $\mu_j=1$ として上式から

膜の上方の媒質中では　　　$H_k = n_k A_k, \quad H_k' = -n_k A_k'$

膜の各層中では　　　　　　$H_j = n_j E_j, \quad H_j' = -n_j E_j'$

膜の下方の媒質中では　　　$H_0 = n_0 E_0$

各層の境目では電場および磁場の面に平行の成分は連続であるから，境界条件は下の $2k$ 個の式となる．すなわち

電場波については
$$A_1 + A_1' = A_0$$
$$A_{j+1} + A_{j+1}' = A_j \exp(-i\delta_j/2) + A_j' \exp(i\delta_j/2),$$
$$j = 1, 2, \cdots, k-1$$

磁場波については
$$n_1(A_1 - A_1') = n_0 A_0$$
$$n_{j+1}(A_{j+1} - A_{j+1}') = n_j\{A_j \exp(-i\delta_j/2) - A_j' \exp(i\delta_j/2)\},$$
$$j = 1, 2, \cdots, k-1$$

(15-2)

反射率および透過率は上式から $A_k,\ A_k',\ A_0$ を求めて

$$R^2 = \left|\frac{A_k'}{A_k}\right|^2, \quad T^2 = \frac{n_0}{n_k}\left|\frac{A_0}{A_k}\right|^2$$

で与えられる．

計算は単純であるが根気のいる仕事で膜厚が特殊(例えば $nd = \lambda_0/4,\ \lambda_0/2$ 等々)のときの $k=10$ までの解は岩田が与えている[1]．

§15-2 特性マトリックスによる方法

媒質の境の面に ξ, η 軸を，面の下向き法線の方向に ζ 軸をとる．光が垂直に入射するとすれば電磁場の ζ 成分はなく，ξ, η のいずれの成分をとっても同じことであるから，E_ξ を E，H_η を H と記せばマックスウェルの方程式(1-11)は

$$\frac{\partial H}{\partial \zeta} = -\frac{\varepsilon}{c}\frac{\partial E}{\partial t}, \quad \frac{\partial E}{\partial \zeta} = -\frac{\mu}{c}\frac{\partial H}{\partial t}$$

---

1) 岩田稔：大工試季報 **1**(1950)25.

§15 多層膜の反射率

いま E, H は時間を $\exp i\omega t$ の形で含むとすれば上式は $\mu=1$ として

$$\frac{\partial H}{\partial \zeta} = -i\frac{\varepsilon\omega}{c}E, \qquad \frac{\partial E}{\partial \zeta} = -i\frac{\omega}{c}H \tag{15-3}$$

両式から H を消去して $\varepsilon=n^2$ とおけば

$$\frac{\partial^2 E}{\partial z^2} = -n^2 E$$

ただし $\omega/c=2\pi/\lambda=k$ として $k\zeta=z$ とおいた．この一般解は a, b を常数として

$$E(z) = a \exp inz + b \exp(-inz)$$

したがって (1-24) により

$$H(z) = n\{a \exp inz - b \exp(-inz)\}$$

である．いま $z=0$ のとき E_0, H_0 であるとすれば

$$E_0 = a+b, \qquad H_0 = n(a-b)$$

これを上式へ代入して

$$\left.\begin{aligned} E &= E_0 \cos nz + \frac{i}{n} H_0 \sin nz \\ H &= inE_0 \sin nz + H_0 \cos nz \end{aligned}\right\}$$

これによれば薄膜内で d だけ離れたところの電磁場はマトリックスを用い $z=kd$ であるから

$$\begin{pmatrix} E \\ H \end{pmatrix} = \begin{pmatrix} \cos knd & \frac{i}{n}\sin knd \\ in \sin knd & \cos knd \end{pmatrix} \begin{pmatrix} E_0 \\ H_0 \end{pmatrix} \tag{15-4}$$

$$\begin{pmatrix} \cos knd & \frac{i}{n}\sin knd \\ in \sin knd & \cos knd \end{pmatrix} = (M) \tag{15-5}$$

とおくと，このマトリックス (M) はこの膜に固有のもので，これを薄膜の特性マトリックスという．多数の膜が重なっているとき，その両側の電磁場は j 番目の膜のマトリックスを (M_j) として

$$\begin{pmatrix} E_k \\ H_k \end{pmatrix} = (M_k)\cdots(M_2)(M_1)\begin{pmatrix} E_0 \\ H_0 \end{pmatrix} \tag{15-6}$$

で与えられる．マトリックスの積も同じマトリックスで表わせるから

$$(M_k)\cdots(M_2)(M_1) = \begin{pmatrix} A & iB \\ iC & D \end{pmatrix} \tag{15-7}$$

と書け，これがこの多層膜の特性マトリックスとなる．単層膜については明らかに

$$AD+BC = 1$$

の関係が成り立つが，多層膜のマトリックスについてもこの関係が成り立つことが証明できるので積マトリックスの検算に用いられる．

入射光の電場の振幅を E_a とすれば入射光の磁場の振幅は媒質の屈折率を n として(1-25)により $H=nE_a$，多層膜を一つの反射面と考えその反射率を R とすれば反射光の電場は RE_a である．電場と磁場はその振動面が互いに直角であるから，(2-16)により磁場波に対する反射率は $-R$ である．したがって反射光の磁場波は $-nRE_a$ となる．透過率を T とすれば第二媒質の屈折率を n_0 とし透過光の電場は TE_a，磁場は $n_0 TE_a$ であるから，結局両側の媒質中の電磁場は ($E_a=1$ として)

第一の媒質（屈折率 n）中では　　$E=1+R$,　　$H=n(1-R)$

第二の媒質（屈折率 n_0）中では　　$E_0=T$,　　$H_0=n_0 T$

となる（図 15-1(A)）．

したがって(15-6)，(15-7)により

$$\begin{pmatrix} 1+R \\ n(1-R) \end{pmatrix} = \begin{pmatrix} A & iB \\ iC & D \end{pmatrix} \begin{pmatrix} T \\ n_0 T \end{pmatrix}$$

この式を R, T について解いて

$$\left. \begin{array}{l} R = \dfrac{(nA-n_0 D)+i(nn_0 B-C)}{(nA+n_0 D)+i(nn_0 B+C)} \\[2mm] T = \dfrac{2n}{(nA+n_0 D)+i(nn_0 B+C)} \end{array} \right\} \quad (15\text{-}8)$$

を得る．したがって多層膜の各層の特性マトリックス(15-5)を求めその積のマトリックスの要素 A, B, C および D を知れば上式により多層膜の反射率および透過率が求められる．

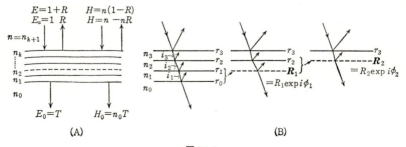

図 15-1

これからただちに導かれる一般的な結論は下のようである.

(1) 反射光が0である($R=0$)ための条件はRの分子の実数および虚数部がそれぞれ0になることである. 非金属の膜ではA,B,C,Dは実数であるからこの条件は下のいずれかである.

$$\left. \begin{array}{ll} \text{(i)} & \dfrac{D}{A}=\dfrac{n}{n_0}, \quad \dfrac{C}{B}=nn_0 \quad (\text{ただし} \quad A,B \neq 0) \\[2mm] \text{(ii)} \quad A=0 \text{ のときは} & D=0, \quad \dfrac{C}{B}=nn_0 \\[2mm] \text{(iii)} \quad B=0 \text{ のときは} & C=0, \quad \dfrac{D}{A}=\dfrac{n}{n_0} \end{array} \right\} \quad (15\text{-}9)$$

(2) 光学的の厚さが$nd=\lambda/4$の膜のマトリックスは

$$M = \begin{pmatrix} 0 & i/n \\ in & 0 \end{pmatrix}$$

したがってこれがk層あるときのマトリックスは

$$M_k = \begin{pmatrix} 0 & i/n_k \\ in_k & 0 \end{pmatrix} \cdots \begin{pmatrix} 0 & i/n_2 \\ in_2 & 0 \end{pmatrix} \begin{pmatrix} 0 & i/n_1 \\ in_1 & 0 \end{pmatrix} = \begin{pmatrix} A_k & iB_k \\ iC_k & D_k \end{pmatrix}$$

これはkが奇数のときは

$$A_k = D_k = 0, \quad B_k = (-1)^{(k-1)/2} \frac{n_2 n_4 \cdots n_{k-1}}{n_1 n_3 \cdots n_k}, \quad C_k = (-1)^{(k-1)/2} \frac{n_1 n_3 \cdots n_k}{n_2 n_4 \cdots n_{k-1}}$$

kが偶数のときは

$$A_k = (-1)^{k/2} \frac{n_1 n_3 \cdots n_{k-1}}{n_2 n_4 \cdots n_k}, \quad D_k = (-1)^{k/2} \frac{n_2 n_4 \cdots n_k}{n_1 n_3 \cdots n_{k-1}}, \quad B_k = C_k = 0$$

これを(15-8)へ代入すれば

$$R_k{}^2 = \left(\frac{P_k - Q_k}{P_k + Q_k} \right)^2$$

の形となる. ただし上式から

$$\left. \begin{array}{l} P_k = n_0 (n_2 n_4 \cdots n_{k-1})^2 n \\ Q_k = (n_1 n_3 \cdots n_k)^2 \end{array} \right\} \ k \text{が奇数のとき} \\ \left. \begin{array}{l} P_k = (n_1 n_3 \cdots n_{k-1})^2 n \\ Q_k = n_0 (n_2 n_4 \cdots n_k)^2 \end{array} \right\} \ k \text{が偶数のとき} \quad (15\text{-}10)$$

という一般式が得られる[1]. 反射防止の振幅条件は$P_k = Q_k$である.

---

[1] この式は小瀬輝次氏が別の方法で初めて導いた(応用光学概論, 金原出版, 1957 p.221). ただし同書には誤植されてあり上式が正しい.

(3) 膜厚が $nd=\lambda_0/2$ の膜があればこの波長に対しマトリックスは

$$(M) = \begin{pmatrix} 1 & 0 \\ 0 & 1 \end{pmatrix} \qquad (15\text{-}11)$$

すなわち単位マトリックスである．任意のマトリックスにこれを掛けても不変であるから，このような膜の存在は波長 λ_0 の光に対しては考えなくてもよい．λ_0 以外の波長の光については単位マトリックスとはならず反射率の式に膜の屈折率 n が入る．したがって光学的膜厚を $\lambda_0/2$ に保ちつつ屈折率 n を変えれば波長 λ_0 に対する反射率を変えず分光反射率を変えることができるので，膜の設計の一つの手段として用いられている．

(4) 単層膜の特性マトリックスの特徴は(15-5)からもわかるように主対角線要素が等しい，すなわち $A=D$ である．しかるに多層膜は二層膜のとき（例えば(16-1)）からもわかるように一般に $A \neq D$ である．したがって多層膜はこれと等価の二層膜には置きかえられるが単層膜におきかえることはできない．しかし対称交互層すなわち膜のどちら側から見ても中間の層を中心として対称の多層膜であれば，そのマトリックスは $A=D$ であることが証明でき単層膜とおきかえられる[1]．

この方法はもとはマックスウェルの式(15-3)が四端子回路の電流・電圧を I, V とすると回路の並列アドミッタンスを Y，直列インピーダンスを Z として

$$\frac{\partial I}{\partial Z} = -YV, \qquad \frac{\partial V}{\partial Z} = -ZI$$

と同じ形であり，薄膜を四端子回路と等価に扱えるということから示唆を得たもので，初期の論文では四端子回路の式をそのまま持ってきて光学的アドミッタンスなどという言葉も使われていたが，電気と光では周波数も全く違い，また前者には'偏り'ということもないのでこの相似はあまり深く進めることが困難で，現在では光については始めから光の問題として解いている[2]．しかし電気回路との類似を推し進め回路の計算に用いられるスミスチャートなどは大ざっぱな計算には便利とされている．

§15-3 仮想面の方法

薄膜の上下の面の振幅反射率が r_0, r_1 のときの膜の振幅反射率は，膜の屈折率および厚さを n_1, d_1 として，くり返し反射も含め(14-2)により

---

[1] L. I. Epstein : Vacuum **4**(1954) 15.
[2] F. Abelés : Ann. Physik **5**(1950) 596, 706 ; C. Dufour et A. Herpin : Rev. Opt. **32**(1953) 321 等々．

$$R_1 = \frac{r_1 + r_0 \exp(-i\delta_1)}{1 + r_0 r_1 \exp(-i\delta_1)}, \qquad \delta_1 = \frac{2\pi}{\lambda}(2n_1 d_1 \cos i_1)$$

と与えられた．これは複素数であることを明かにするため $\boldsymbol{R}$ と記したので，これを

$$\boldsymbol{R}_1 = R_1 \exp i\phi_1$$

とおくと，振幅反射率 R_1，反射による位相の変化が ϕ_1 の一つの反射面と等価である(図 15-1(B))．透過光の強度は上式から

$$T_1{}^2 = 1 - |\boldsymbol{R}_1|^2 = \frac{(r_0{}^2-1)(r_1{}^2-1)}{D_1}$$

ただし $\quad D_1 = 1 + r_0{}^2 r_1{}^2 + 2r_0 r_1 \cos \delta_1$

膜が二層のときは上記の仮想反射面の上へ次の膜があると考えこの膜の厚さおよび屈折率を d_2, n_2 とすれば

$$\boldsymbol{R}_2 = \frac{r_2 + \boldsymbol{R}_1 \exp(-i\delta_2)}{1 + \boldsymbol{R}_1 r_2 \exp(-i\delta_2)} = \frac{r_2 + R_1 \exp i(\phi_1 - \delta_2)}{1 + R_1 r_2 \exp i(\phi_1 - \delta_2)} \qquad (15\text{-}12)$$

$$\delta_2 = \frac{2\pi}{\lambda}(2n_2 d_2 \cos i_2)$$

である．これを反復し R_i, ϕ_i に逐次前の値を代入していけば任意の層数のときの反射率が得られる．しかし実際の計算はかなり複雑で，例えば二層および三層膜のときは各面の反射率を図 15-1(B) のようにとれば

$$T_2{}^2 = 1 - |\boldsymbol{R}_2|^2 = \frac{(r_0{}^2-1)(r_1{}^2-1)(r_2{}^2-1)}{D_2} \qquad (15\text{-}13)$$

ただし $\quad D_2 = 1 + (r_0 r_1)^2 + (r_1 r_2)^2 + (r_2 r_0)^2 + 2[r_1 r_2(1 + r_0{}^2) \cos \delta_2$
$\qquad\qquad + r_0 r_1(1 + r_2{}^2) \cos \delta_1 + r_2 r_0 \{\cos(\delta_1 + \delta_2) + r_1{}^2 \cos(\delta_1 - \delta_2)\}]$

三層膜のときは

$$T_3{}^2 = 1 - |\boldsymbol{R}_3|^2 = \frac{(r_0{}^2-1)(r_1{}^2-1)(r_2{}^2-1)(r_3{}^2-1)}{D_3} \qquad (15\text{-}14)$$

ただし $\quad D_3 = 2r_2 r_3(1 + r_0{}^2)(1 + r_1{}^2) \cos \delta_3 + 2r_1 r_2(1 + r_0{}^2)(1 + r_3{}^2) \cos \delta_2$
$\qquad\qquad + 2r_0 r_1(1 + r_2{}^2)(1 + r_3{}^2) \cos \delta_1 + 2r_0 r_2(1 + r_3{}^2)\{\cos(\delta_1 + \delta_2) + r_1{}^2 \cos(\delta_1 - \delta_2)\}$
$\qquad\qquad + r_0 r_1 r_2 r_3 \{\cos(\delta_1 + \delta_3) + \cos(\delta_1 - \delta_3)\}$
$\qquad\qquad + r_1 r_3(1 + r_0{}^2)\{\cos(\delta_2 + \delta_3) + r_2{}^2 \cos(\delta_2 - \delta_3)\}$
$\qquad\qquad + r_0 r_3 \{\cos(\delta_1 + \delta_2 + \delta_3) + r_2{}^2 \cos(\delta_1 + \delta_2 - \delta_3) + r_1{}^2 r_2{}^2 \cos(\delta_1 - \delta_2 + \delta_3)$
$\qquad\qquad + r_1{}^2 \cos(-\delta_1 + \delta_2 + \delta_3)\}$

一般に N 層膜のときは

$$T_N^2 = \frac{(r_0^2-1)(r_1^2-1)\cdots(r_N^2-1)}{D_N} \tag{15-15}$$

の形となる．D_N はすべての膜厚が等しければ $\delta = \frac{2\pi}{\lambda}(2nd)$ とおいて

$$D_N = a + b_1 \cos\delta + b_2 \cos 2\delta + \cdots + b_N \cos N\delta$$

の形で与えられる．ただし a, b_1, b_2 は各層間の反射率の関数である．膜が高屈折率($n=2.2$)と低屈折率($n'=1.4$)のものの交互層で，すべての膜厚が $nd=\lambda/4$ (すなわち $\delta=\pi$) の場合を上式で求めたものを図 15-2 ($N=5$) および図 17-6 (A) ($N=1, 3, 5, 7, 9$) に示してある．ただし実線はくり返し反射を考え，破線はこれを考えないで係数を求めたものである．

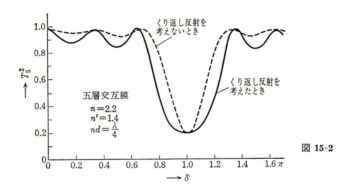

図 15-2

§16 多層反射防止膜

§16-1 二層膜

屈折率 n_g のガラスの上へ屈折率 n_1, n_2，厚さ d_1, d_2 の二層膜があるときを考える．簡単のため外側は空気($n=1$)とし垂直入射のときのみ考える．二層膜の特性マトリックスは単層膜のそれ (15-5) の積で

$$\delta_1 = \frac{2\pi}{\lambda}(2n_1 d_1), \quad \delta_2 = \frac{2\pi}{\lambda}(2n_2 d_2)$$

とすれば

$$(M) = (M_2)(M_1) = \begin{pmatrix} \cos\frac{\delta_2}{2} & \frac{i}{n_2}\sin\frac{\delta_2}{2} \\ in_2 \sin\frac{\delta_2}{2} & \cos\frac{\delta_2}{2} \end{pmatrix} \begin{pmatrix} \cos\frac{\delta_1}{2} & \frac{i}{n_1}\sin\frac{\delta_1}{2} \\ in_1 \sin\frac{\delta_1}{2} & \cos\frac{\delta_1}{2} \end{pmatrix} = \begin{pmatrix} A & iB \\ iC & D \end{pmatrix}$$

§16 多層反射防止膜

$$\left.\begin{array}{l} A = \cos\dfrac{\delta_1}{2}\cos\dfrac{\delta_2}{2} - \dfrac{n_1}{n_2}\sin\dfrac{\delta_1}{2}\sin\dfrac{\delta_2}{2}, \quad B = \dfrac{1}{n_1}\sin\dfrac{\delta_1}{2}\cos\dfrac{\delta_2}{2} + \dfrac{1}{n_2}\cos\dfrac{\delta_1}{2}\sin\dfrac{\delta_2}{2} \\ C = n_1\sin\dfrac{\delta_1}{2}\cos\dfrac{\delta_2}{2} + n_2\cos\dfrac{\delta_1}{2}\sin\dfrac{\delta_2}{2}, \quad D = \cos\dfrac{\delta_1}{2}\cos\dfrac{\delta_2}{2} - \dfrac{n_2}{n_1}\sin\dfrac{\delta_1}{2}\sin\dfrac{\delta_2}{2} \end{array}\right\} \quad (16\text{-}1)$$

$A, B \neq 0$ であれば反射が 0 の条件は (15-9) の (i) から $n_0 = n_g$, $n = 1$ として

$$\left.\begin{array}{l} \dfrac{D}{A} = \dfrac{1}{n_g} \quad \text{すなわち} \quad \tan\dfrac{\delta_1}{2}\tan\dfrac{\delta_2}{2} = \dfrac{n_1 n_2(n_g - 1)}{n_2^2 n_g - n_1^2} \\ \dfrac{C}{B} = n_g \quad \text{すなわち} \quad \tan\dfrac{\delta_1}{2}\Big/\tan\dfrac{\delta_2}{2} = -\dfrac{n_1(n_2^2 - n_g)}{n_2(n_1^2 - n_g)} \end{array}\right\} \quad (16\text{-}2)$$

これを特別の場合について調べて見る.

(a) $n_1 d_1 = n_2 d_2$ のとき

(i) $n_1 d_1 = n_2 d_2$ でかつこれが $\lambda_0/4$ に等しい特別の場合は

$$A = -\dfrac{n_1}{n_2}, \quad D = -\dfrac{n_2}{n_1}, \quad B = C = 0$$

したがって (15-9) の (iii) から

$$\dfrac{D}{A} = \dfrac{1}{n_g} \quad \text{すなわち} \quad \dfrac{n_1}{n_2} = \sqrt{n_g}$$

これは種々の屈折率のガラスにおいて図 16-1(A) のようなものをとればよく, 実在の物質で完全反射防止ができる. このときの分光反射率はこれを (15-8) へ代入すればよい. 同図(B)[1] は $n_g = 1.51$ のガラスの上へ $MgF_2 (n_2 = 1.38)$ をつけたとき高屈折率のものとして $n_1 = 1.6, 1.7$ および 1.8 の膜をつけたときの分光反射率で, $n_1 = 1.7$ のみ上記条件を満たすの

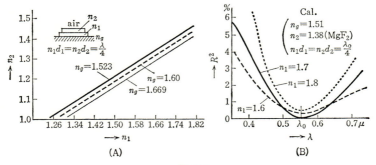

図 16-1

---

1) J. T. Cox & G. Haas: Vacuum **4** (1954) 445.

で $\lambda_0(=0.55\,\mu)$ で反射率が 0 となっているが波長全体にわたっては必ずしもほかよりよい反射防止膜とはいえない.

(ii) 膜の厚さは等しいが $\lambda_0/4$ ではないときは

$$\delta_1 = \delta_2 = \delta$$

とおけば (16-2) の第二式から直ちに

$$n_1 n_2 = n_g \tag{16-3}$$

これを第一式に代入し

$$\tan^2 \frac{\delta}{2} = \frac{n_1 n_2 - 1}{n_2{}^2 - \dfrac{n_1}{n_2}}$$

この式は $\tan\dfrac{\delta}{2}$ の二次式であるから二つの根があり, 二つの波長について反射率が 0 になる色消反射防止膜である. その二根を δ_a, δ_b, 平均値を δ_0 とすれば

$$\delta_a + \delta_b = \pi, \qquad \delta_0 = \pi$$

反射率曲線は δ_0 について対称で, 反射率は δ_a, δ_b で 0, δ_0 で極大となる. このときの反射率はマトリックス要素が

$$A = -\frac{n_1}{n_2}, \qquad D = -\frac{n_2}{n_1}, \qquad B = C = 0$$

であるから, これを (15-8) へ代入し振幅の絶対値を R_m と記せば

$$R_m = \frac{n_2{}^2 n_g - n_1{}^2}{n_2{}^2 n_g + n_1{}^2} \qquad \therefore \quad \left(\frac{n_1}{n_2}\right)^2 = n_g \frac{1 - R_m}{1 + R_m}$$

これと (16-3) から

$$n_1{}^4 = n_g{}^3 \frac{1 - R_m}{1 + R_m}, \qquad n_2{}^4 = n_g{}^3 \frac{1 + R_m}{1 - R_m}$$

となる. $n_g = 1.517$, $R_m{}^2 = 0.5\%$ とすれば上式から

$$n_1 = 1.318, \qquad n_2 = 1.151$$

となり, このときの分光反射率は図 16-2(A) のように反射率極大の波長を $\lambda_0 = 0.55\,\mu$ とすれば $\lambda = 0.373\,\mu$ から $1.12\,\mu$ にわたり反射率が 0.5% 以下のよい反射防止膜となる. ただし実際にはこのような低屈折率の物質がないので実用にはされなかったが, この解は初め電気の四端子回路の理論をそのまま用いて求められたもので, その後のマトリックス理論の発展を促した歴史的の解である[1].

---

1) R. B. Muchmore: J. Opt. Soc. Am. **38** (1948) 20.

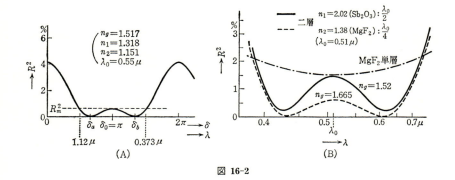

図 16-2

(b) $n_1 d_1 = 2 n_2 d_2$ のとき

$\delta_1 = 2\delta_2 = 2\delta$ とおけば倍角の式を用い，(16-2) から位相条件として

$$\tan^2 \frac{\delta}{2} = \frac{-(n_2^2 - n_g)(n_2^2 n_g - n_1^2)}{n_2^2 (n_1^2 - n_g)(n_g - 1)}$$

(16-2) から δ を消去すれば振幅条件 (屈折率間の関係式) を得る．これも二つの波長について反射を 0 になし得る色消反射防止膜の解である．実際に入手し得る物質として

$$n_2 = 1.38 (\mathrm{MgF_2}) \quad \text{および} \quad n_1 = 2.02 (\mathrm{Sb_2O_3})$$

を用いると比較的高屈折率のガラスで上式が満たされる．$n_g = 1.665$ とし $n_1 d_1 = \lambda_0/2$ ($\lambda_0 = 0.51\,\mu$) のときの分光反射率を求めてみると図 16-2(B) の破線のように最高反射率が 0.5% のものとなる．しかし $n_g = 1.52$ のガラスへつけても同図の実線のように反射率の極大は 1.5% 以下でよい反射防止膜である．$\mathrm{Sb_2O_3}$ は金属ヒーターで蒸着をすれば低温で一部が還元し不透明な膜となるが，アルミナを塗布したヒーターで蒸着をすれば透明な膜を得る．この組み合わせはカメラレンズの反射防止膜に二層を用いた唯一の例として実用になっている．鎖線は比較のために入れた $\mathrm{MgF_2}$ の単層膜である．

(c) 任意膜厚のとき

いままでの解は膜厚を与え，(16-2) を満たすような屈折率の組み合わせを考えたのであるが，蒸着物質が与えられたとき (16-2) を満たすような膜厚を見出すには n_1, n_2 を与えて同式を解けばよい．例えば $n_2 = 1.40 (\mathrm{MgF_2})$, $n_1 = 2.20 (\mathrm{ZnS}$ または $\mathrm{CeO_2})$ を用いたとき下のような解が与えられている．

$$n_1 d_1 = 0.063 \lambda, \qquad n_2 d_2 = 0.326 \lambda \tag{A}$$

$$n_1 d_1 = 0.385\lambda, \qquad n_2 d_2 = 0.190\lambda \tag{B}$$

最近電子計算機が発達し多数の計算が行なえるようになったので δ_1, δ_2 を縦および横軸にとって反射率の等しい点の軌跡を描くことができる．図 16-3[1] は上述の屈折率の組み合わせに対する等反射率の軌跡で，(A), (B) 二点が上記の二つの解に相当する．このいずれが優れているかは分光反射率曲線を描いて比べればよく，これを行なって見ると(A)の解の方が他の波長に対する反射率が少なく，(14-6) の Y の値は $Y=0.5\%$ ともなり MgF_2 の $\lambda_0/4$ の膜の 1.65% に比べ遙かに少ない値となっている．このほかに図 16-3 の(C)という解も特定の波長 ($\lambda_0=0.55\,\mu$) に対し，反射率 0 となる組み合わせである．かつこの解は(B)と反射率が 0 に近い谷で続いており，広い波長範囲にわたり反射率が小さいことを示している．屈折率の組み合わせが適当であれば，(B)と(C)を連なる直線は原点を通りいわゆる色消反射防止膜となるが，いまの場合でも相当これに近いよい色消しになっている．

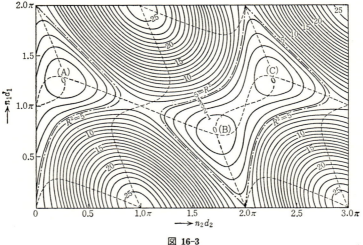

図 16-3

§16-2 三層膜

マトリックス要素は三つのマトリックスの積から求められる．これを(15-9)へ代入し振幅および位相条件が求められるが，一般の場合は複雑で見通しが得難いので特別のときのみを考える．屈折率はガラスの直上より順次 n_1, n_2, n_3 とし垂直入射とする．

---

1) 木村信義：応用物理 **31** (1962) 687.

§16 多層反射防止膜

(a) $n_1 d_1 = n_2 d_2 = n_3 d_3$ のとき

すべての膜厚が $\lambda_0/4$ に等しければ (15-10) から反射率の極値は外側を空気 ($n=1$) として

$$R_3{}^2 = \left(\frac{n_g n_2{}^2 - n_1{}^2 n_3{}^2}{n_g n_2{}^2 + n_1{}^2 n_3{}^2}\right)^2$$

したがってこれが 0 であるためには

$$n_2 \sqrt{n_g} = n_1 n_3$$

このような条件を満足する組み合わせは反射防止膜の研究の初期にショットなどで研究されたが余りよいものはできていない[1].

三つの膜の厚さは等しいが $\lambda_0/4$ でない場合の解も屈折率の組み合わせが実用的の物質でなかったり,または残留反射が大でよい反射防止膜とはならない.

(b) $n_2 d_2 = \lambda_0/2$ のとき

$n_2 d_2 = \lambda_0/2$ であれば第二層のマトリックスが単位マトリックスになり,n_2 が振幅条件に入ってこないのでこれを種々に変えて有用な反射防止膜ができ,三層膜中最も興味ある解を与える.種々の屈折率の膜は,例えば CeF_3 と ZnS を適当の比に混ぜると $n=1.6 \sim 2.4$ の間の任意のものができ,全波長域で極めて反射率の低いものが得られる.

(i) $2n_1 d_1 = n_2 d_2 = 2n_3 d_3 = \lambda_0/2$　　反射率が 0 になる屈折率の組み合わせは (15-10) を解いて

$$n_1 = n_3 \sqrt{n_g} \tag{16-4}$$

この一例として

$$n_g = 1.53, \quad n_1 = 1.80, \quad n_3 = 1.47$$

とおいて,n_2 を種々変えたときの分光反射率は図 16-4(A) に示してあり,n_2 が大なるほど

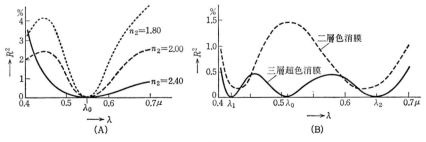

図 **16-4**

---

1) L. B. Lockhart & P. Kings: J. Opt. Soc. Am. **37** (1947) 689.

全体として反射率が低くなる．最近では高屈折率の物質として表 16-1 のようなものの蒸着が可能になり，これらを用いた極めてよい反射防止膜が実現している[1]．

表 16-1

物　質	n ($\lambda=0.55\mu$)	備　　考
TiO_2	2.73	†
ZnS	2.35	
CeO_2	2.35	deposited at 200°C
CeO_2	2.2	deposited at 50°C
ZrO_2	2.1	
Sb_2O_3	2.0	†
Nd_2O_3	2.0	
SiO	2.0	fast (nonoxidized)
SiO	1.5〜1.8	slow (oxidized)
CeF_3	1.65〜1.70	

† は光学ニュース No. 40 より

(ii) $\frac{3}{2}n_1 d_1 = n_2 d_2 = \frac{1}{2}n_3 d_3 = \frac{\lambda_0}{2}$　二つの波長について反射率が 0 になるような解，例えば $n_g=1.52$, $n_1=1.70$ (SiO), $n_3=1.38$ (MgF$_2$) において n_2 を適当に選び第三の波長についても反射率を 0 になし得る．図 16-4(B) の実線はその一例で，Sb_2O_3 ($n_2=2.02$) を用いた三層超色消膜

$$\text{glass} + SiO\left(\frac{3}{4}\lambda_0\right) + Sb_2O_3\left(\frac{\lambda_0}{2}\right) + MgF_2\left(\frac{\lambda_0}{4}\right)$$

の分光反射率で，可視域内に三つの反射率 0 のところがある．同図の点線は参考のために入れた二層色消膜

$$\text{glass} + Sb_2O_3\left(\frac{\lambda_0}{2}\right) + MgF_2\left(\frac{\lambda_0}{4}\right)$$

である (いずれも $\lambda_0 = 0.51\mu$)．

§16-3　不均質膜

いままでは膜が均質でその屈折率はいたるところ同じであるとしたのであるが，膜の屈折率が場所によって変っているときは，外側の媒質の屈折率を n_0，膜の上下の境の屈折率を n_b, n_a として，膜の上下の反射率[2]は近似的に

---

1) J. T. Cox & G. Haas: J. Opt. Soc. Am. **52** (1962) 965；藤原史郎：同誌 **53** (1963) 1317.
2) W. Kofink und E. Mentzer: Ann. Physik **39** (1941) 55.

§16 多層反射防止膜

$$r_1 \fallingdotseq \frac{n_0-n_a}{n_0+n_a} - i\frac{\lambda_0}{4\pi n_a}\frac{1}{(n_0+n_a)}\left(\frac{\partial n}{\partial z}\right)_a + \cdots$$

$$r_0 \fallingdotseq \frac{n_b-n_g}{n_b+n_g} + i\frac{\lambda_c}{4\pi n_b}\frac{1}{(n_b+n_g)}\left(\frac{\partial n}{\partial z}\right)_b + \cdots$$

である．ただし λ_c は真空中の波長, $\left(\frac{\partial n}{\partial z}\right)_a$, $\left(\frac{\partial n}{\partial z}\right)_b$ は膜の上下の境の面における膜面に垂直方向の屈折率の勾配である．第一近似として上式の第一項のみを考えると

$$r_1 = \frac{n_0-n_a}{n_0+n_a}, \qquad r_0 = \frac{n_b-n_g}{n_b+n_g} \tag{16-5}$$

すなわち単層膜の式で (14-1) の代りに上の値を用いればよく，屈折率が膜の上下の境で別々の値がとれるだけ均質のときより自由度が増している．

(a) 単 層 膜

(16-5) を (14-3) へ代入すれば $n_0=1$ として

$$R^2 = 1 - \frac{4n_a n_b n_g}{(n_a n_g + n_b)^2 + (n_g^2 - n_b^2)(1-n_a^2)\sin^2(\delta/2)}$$

$$\text{ただし}\quad \delta = \frac{2\pi}{\lambda}\left(2\int_0^d n(z)dz\right)$$

この式は $q=\frac{n_b}{n_a}$, $\frac{2}{n}=\frac{1}{n_a}+\frac{1}{n_b}$ とおき, $q \fallingdotseq 1$ とすれば (14-3) を一般化した形で

$$R^2 = 1 - \frac{4n_g n^2 q}{n^2(q+n_g)^2 - (n_g^2-q)(n_g^2-n^2 q)\sin^2(\delta/2)}$$

となる．この式の極小値は

$$n_b < n_g \quad \text{ならば} \quad \delta = 2m\pi \quad \text{で} \quad R^2 = \left(\frac{n_g - n_a n_b}{n_g + n_a n_b}\right)^2$$

$$n_b > n_g \quad \text{ならば} \quad \delta = (2m+1)\pi \quad \text{で} \quad R^2 = \left(\frac{n_g - q}{n_g + q}\right)^2$$

となるから完全反射防止の条件は

$$\text{前者の場合}\quad n_a n_b = n_g, \quad \int_0^d n(z)dz = m\frac{\lambda_0}{2} \tag{16-6}$$

$$\text{後者の場合}\quad n_b/n_a = n_g, \quad \int_0^d n(z)dz = (2m+1)\frac{\lambda_0}{4} \tag{16-7}$$

となる．後者は n_a または n_b は大体 $\sqrt{n_g}$ となり均質膜のときと似ているが，前者は n_a, n_b の値は大きなものでよいので硬い丈夫な膜で反射防止膜ができる．図 16-5(A) の実線および鎖線は (16-7) の条件 (いまの場合 $n_0=1$, $n_g=1.5$ として $n_b/n_a=q=1.5$) を満足する二種の

膜の分光反射率曲線である．いずれも $\lambda_0=0.546\mu$ で $R^2=0$ となっているから，この単色光を用いるものにはきわめてよい反射防止膜である．同図の点線は $n_b=2.4$, $n_a=2.0$ (したがって $q=1.2$ で振幅条件を満たさない) 膜の分光反射率で極小値は 0 になっていない．反射率は極小値以外は比較的高いので白色光に対する効果が疑問になるが，Y を求めてみると $MgF_2(n=1.38)$ の単層膜より効率はよい．ただし反射光は相当あざやかな紫色に着色して見える．このような膜を作るには二つの物質を同時に真空中で蒸発させその混合比を加減して蒸着させる．

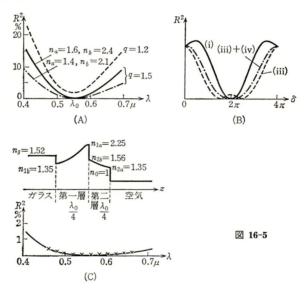

図 16-5

(b) 二 層 膜

不均質膜の反射率は近似的に均質膜のときの式の r_0, r_1 を (16-5) とすることによって得られることを知ったから，不均質二層膜のときも第一近似としては (15-13) を用い求める．ただしそれぞれの膜の上下の境の面の屈折率を n_{1a}, n_{1b}, n_{2a}, n_{2b} とし反射率を

$$r_0 = \frac{n_{1b}-n_g}{n_{1b}+n_g}, \quad r_1 = \frac{n_{2b}-n_{1a}}{n_{2b}+n_{1a}}, \quad r_2 = \frac{n_0-n_{2a}}{n_0+n_{2a}}$$

とすればよい．二層の光学的厚さが等しいときは

$$\delta_1 = \delta_2 = \delta = \frac{2\pi}{\lambda}\left(2\int_0^d n(z)dz\right)$$

とおいて(15-13)から

$$\frac{\partial R^2}{\partial \delta} = 0$$

を求め，反射率の極値を与える式を求めてみるとこれが0になる条件は

(i) $\delta = (2m+1)\pi$ のとき　　$r_1(1+r_0r_2) = r_0+r_1$

(ii) $\delta = 2m\pi$ のとき　　$r_1(1+r_0r_2) = -(r_0+r_1)$

このほかに

(iii) $r_0 = r_2$, $\quad \cos^2\left(\dfrac{\delta}{2}\right) = -\dfrac{r_1(r_0+r_2)(1+r_0r_2)}{4r_0r_2}$

(iv) $r_1^2(1+r_0r_2)^2 = 4r_0r_2$, $\quad \cos^2\left(\dfrac{\delta}{2}\right) = -\dfrac{r_1(r_0+r_2)(1+r_0r_2)}{4r_0r_2}$

(i)と(ii)については膜の厚さは(i)の$m=0$が一番薄く分光反射率曲線が平坦になるのでこれを考える．これは屈折率で表わすと$n_0=1$として

$$\frac{n_{1a}n_{1b}}{n_{2a}n_{2b}} = n_g, \qquad \int_0^d n(z)dz = \frac{\lambda}{4}$$

となる．この型のものの分光反射率曲線は図16-5(B)に実線で示してある．

(iii)の第一式すなわち$r_0=r_2$は屈折率で表わせば$n_0=1$として

$$n_{2a}n_{1b} = n_g \qquad (16\text{-}8)$$

となる．(iii)の第二式を満足する厚さにつけると図の点線のように二ヵ所で$R^2=0$となる曲線を得る．(16-8)が成り立っているとき，さらに(iv)が満足されれば，$\delta=\pi$ すなわち$\int_0^d n(z)dz = \lambda/4$であり，このときの分光反射率は(iii)の二つの0が一つになった図16-5(B)の鎖線のような曲線を与える．このような膜の一例として，$n_g=1.52$のガラスの上へ$\lambda/4$の不均質膜を二層つけ$n_{2a}=n_{1b}=1.35$とすればこれは近似的に(16-8)を満たしていると考えてよい．n_{1a}とn_{2b}はr_1が(iv)の第二式を満たすようにして

$$n_{1a} = 2.25, \qquad n_{2b} = 1.56$$

とおいたもの（図16-5(C)）の分光反射率は同図の下のグラフのようになる．ZnS，TiO_2の混合したものでこのような膜を作り実測した結果は同図の×印で示してある[1]．

§17　干渉フィルター

反射防止膜または反射増加膜ではすべての波長の光に対する反射率または透過率ができるだけ等しくなるように工夫をしたが，この反対に波長に対する選択性を大きくすれば波

[1) 久保田広，沢木司，小瀬輝次：照明学会誌，1950 p. 47, 1951 p. 210.

長フィルターとなる．いままでのフィルターは光の吸収を利用したいわゆる色ガラスが大部分であったが，このように光の干渉を利用したものを干渉フィルターという．光の吸収を利用するフィルターでは使用する物質が限られており任意のところで所望の幅を持つものはできなかったが，干渉フィルターでは原理的にはどのような中心波長のところでも任意の幅のものもできるはずで事実その大部分は実現されている．干渉フィルターを大別して連続スペクトルから幅のせまい光を選びだす単色フィルターと比較的広い範囲の光を取り出す帯域フィルターとに分ける．

§17-1 単色フィルター

多数の輝線を有するスペクトル中からその一本のみを取り出し完全な単色光とするフィルターとしては，干渉フィルター以前にも，例えば水銀灯から $\lambda=0.546\,\mu$ を取り出すためのネオジウムガラスと黄色ガラスを組み合わせたフィルターがある．ネオジウムには $0.57\sim 0.60\,\mu$ に強い吸収がありこれにより $\lambda=0.577$, $0.579\,\mu$ を吸収し，黄色ガラスで $0.436\,\mu$ を除き $0.546\,\mu$ の単色光とするものである（図5-4）．しかし吸収フィルターによればこのような特定の波長に限られてしまう．厚さ d，屈折率が n の透明な層の両側を反射率 r, 透過率 t の薄膜で挟んだものをフィルターとすると，その透過率は(4-23)により

$$I = \frac{t^4}{1-2r^2\cos\delta + r^4} = \frac{I_{\max}}{1+F\sin^2\left(\dfrac{\delta}{2}\right)} \tag{17-1}$$

ただし膜の中での屈折角を i として

$$F = \frac{4r^2}{(1-r^2)^2}, \qquad \delta = \frac{2\pi}{\lambda}(2nd\,\cos i)$$

である．これを δ を横軸として表わしたものは図 4-6 であったが，波長をパラメーターとして入射角を横軸にとって表わすと nd が波長の程度のときは図 4-10 で示したように十数度の視界にわたりある波長の光のみを通し，その透過率曲線は図 17-1 のようになるので，よいフィルターとして用いられる．この透過率の極大の幅を小にし鋭い単色フィルターとするためには上式からわかるように

 (a) 中間層の厚さを大にする
 (b) 中間層の境界の反射率を大にする
 (c) 多数の適当な厚さのフィルターを重ねる

などの方法がある．

§17 干渉フィルター

(a) 反射率を大にしたもの

(i) 金属薄膜 金属薄膜で中間層(spacer)をはさんだもの(エタロン)の分光透過率は図4-6に示したように反射率が大になればなるほど鋭い極大を持つ．反射率を大にするには金属の膜を用いるとよく，銀を用いた例として中間層の膜厚 $nd=\lambda_0/4\,(\lambda_0=0.55\,\mu)$ とし両面の銀の膜厚 ε を種々かえた場合の分光透過率を図17-1(A)に示してある．銀膜を十分厚くすれば半値幅が100Åぐらいになるが吸収が大になり透過率の極大は低くなる．フィルターとしての性能は透過率 T^2 が大で半値幅 $\varDelta\lambda$ が小さいものほどよいが，実験によれば銀膜の厚さが450Åぐらいのものが最大の $T^2_{\max}/\varDelta\lambda$ を与える[1]．

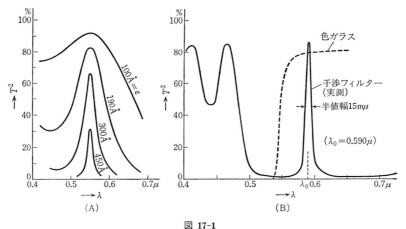

図 17-1

(ii) 非金属多層膜型 金属の膜を用いる代りに非金属の多層膜を用いて反射を大にしたものは吸収がほとんどないからきわめて明るいフィルターとなる．すなわち高屈折率と低屈折率の薄膜を交互に蒸着しその中間に spacer をはさむ．両側の多層膜の反射率が透過光の半値幅を決め，中央の spacer の厚さが中心波長を決める．図17-1[2]は ZnS$(n=2.40)$ と MgF$_2(n=1.38)$ の $\lambda_0/4\,(\lambda_0=0.590\,\mu)$ の層を四層交互に蒸着したもので中間層をはさみ全体として九層になる非金属多層膜フィルターで，最大透過率は80%にも達し中心波長の製作誤差は $1.5\,\mathrm{m}\mu$ 以内である．

非金属の多層膜と金属膜とを併用し非金属多層膜の外側にさらに薄い金属膜をつけ反射率を増しよい性能のものが得られている．

---
1) 吉永弘，岩崎敏勝：応用物理 **20**(1951)180, **21**(1952)67.
2) A. F. Turner : J. Phys. Radium **11**(1950)444.

(iii) 全反射を用いる方法 吸収がほとんどなくしかも高い反射率を得る手段として全反射を利用する方法がある．これを利用した吸収のない半透明鏡はすでに§2-2(e)でのべたが，単色フィルターとするにも原理はこれと同じである．すなわち図 17-2(A) のように斜面へ MgF_2 と ZnS の三層膜をつけて貼り合わせたプリズムに全反射の臨界角に近い角で光を入れると，同図 (B) のような幅数 $m\mu$ の透過帯を得る．ただし斜入射のときは p, s 成分で反射の際の位相の跳びが異なるので二つの透過帯ができる．このズレをなくすために貼り合わせの物質として複屈折のあるものを用いこの複屈折と位相の跳びが打ち消し合うようにした birefringent frustrated total reflection filter というものもある[1].

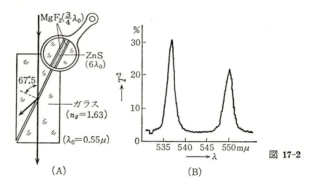

図 17-2

(b) 中間層を厚くする方法

(17-1) を δ を横軸にとって描くと図 4-6 のように $\delta=0, 2\pi, 4\pi, \cdots$ に極大のある曲線を得る．この極大のうち $\delta=0$ のものは $\lambda=\infty$ にあり実在しない．この曲線を λ を横軸にとって描き直すと ((17-1) の $F=20$ として)，種々の膜厚 (nd) について図 17-3 のようになり，各極大は膜厚により異なった波長のところに現われ，膜厚が大きいほど極大の幅はせまく鋭いフィルターとなる．しかし厚さが余り大になると短波長側の極大が接近して単色フィルターとしての働きが悪くなるのでこのようなときは，例えば図 17-1(B) の点線で示したように色ガラスのフィルター（短波長側に比較的急な cut off を持つ）を併用しこれを遮断する．

(c) 厚さが整数比の膜を重ねる方法

図 17-3 からも明かなように厚さが $\lambda_0/2$ の整数倍の膜，例えば $nd=\lambda_0/2, \lambda_0$ および $3\lambda_0/2$ の膜はいずれも λ_0 に透過率の極大を持つ．$nd=\lambda_0/2$ の隣りの極大は十分離れた波長のと

---

1) B. H. Billings: J. Opt. Soc. Am. **40** (1950) 471.

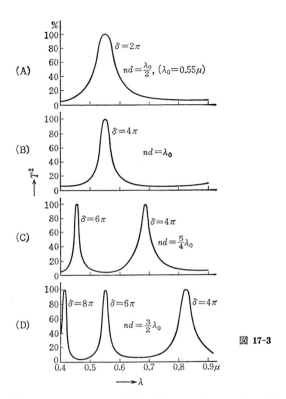

図 17-3

ころにあり，よい単色フィルターであるが極大の幅はやや広い．これに反し $nd=3\lambda_0/2$ のものは幅が狭いが次の次数の透過帯がすぐ近くにあり単色フィルターとはいえない．そこでこの二つを重ね光を引き続き通せば，$nd=3\lambda_0/2$ と同じ半値幅でしかも隣りの次数の極大は $nd=\lambda_0/2$ のと同様の遠くにあるすぐれた単色フィルターとなる．これは図 10-12 の duplex と同じ原理で，図 17-4 は AgCl を spacer とし Sb_2S_3 を反射膜とした赤外用のものの一例で nd の比が 1:2:3 のものを重ねたもので，上図は $nd=\lambda_0(\lambda_0\fallingdotseq 8\mu)$ のもの一枚の透過率，下図は三枚続けて通したときである[1]．

これは二つのフィルターをインコヒーレントに組み合わせたものであるが，spacer の厚さが整数比のものを密着させ二つのフィルターをコヒーレントに結合すれば同じ膜厚の組み合わせであれば，コヒーレントの組み合わせの方がインコヒーレントのより半値幅はせ

---

1) B. H. Billings: J. Opt. Soc. Am. **37**(1947)738; J. Phys. Radium **11**(1950)407.

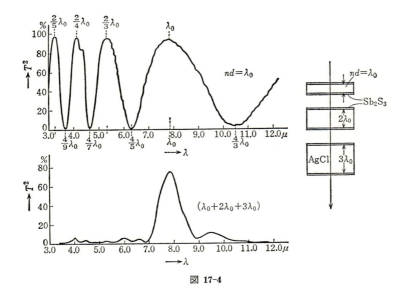

図 17-4

まくなることが証明できる．図 17-5(A) は $(nd)_1=10\lambda_0$, 図 (B) は $(nd)_2=3\lambda_0/2$ のフィルターの分光透過率で，これを図 (C) のようにコヒーレントに組み合わせたものの透過率曲線が図 (D) である[1]．

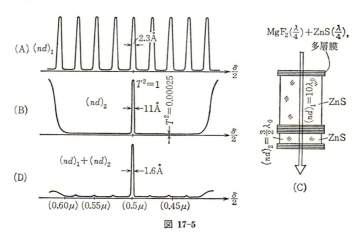

図 17-5

---

1) W. Weinstein: Proc. Symp. on Astro. Optics (North Holland, 1956) p. 409.

§17 干渉フィルター

§17-2 帯域フィルター

(a) 透過率曲線

図 17-6(A) はガラスの上へ高屈折率(ZnS)と低屈折率(MgF$_2$)の膜を交互に全体で N 層つけたものの分光透過率曲線を(15-15)により求め δ を横軸として描いたものである．ただしすべての膜の光学的厚さ nd は等しく

$$\delta = \frac{2\pi}{\lambda}(2nd)$$

としてあるので，主極小は $\delta = \pi, 3\pi, 5\pi, \cdots$ のところにできている．図からわかるように N が大になるとある波長範囲の光を遮断し他を通す帯域フィルターとなり，その遮断曲線の傾斜は N とともに急になる．吸収はほとんどないから遮断帯内の波長の光は完全に反射される．同じ曲線を波長 λ を横軸にとると膜厚 nd により全く異なった波長の遮断帯を有するフィルターとなる．同図(B)は七層膜の場合についてその数例を示したもので，(A)の七層膜のグラフを横軸を λ に書き直したもので，短波長側が点線になっているのは，

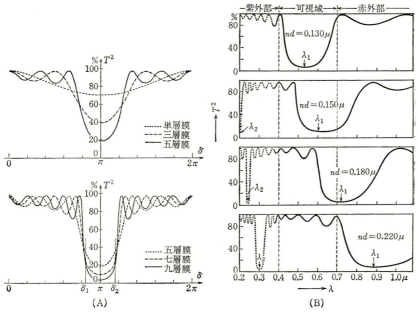

図 17-6

この計算は $\lambda=0.5\mu$ に対する屈折率を用い全波長域の計算をしているが，屈折率は可視部とは大分異なるから実際の曲線は（特に紫外部では）これと異なったものであろうことを意味する．主極小は $\delta=\pi, 3\pi, \cdots$ に対応し

$$\lambda_1 = 4(nd), \quad \lambda_2 = \frac{4}{3}(nd), \quad \cdots$$

にでき，これは同図に $\lambda_1, \lambda_2, \cdots$ と記してある．これらフィルターはその遮断帯の位置によりそれぞれ用途がありこれについては§17-3 でのべる．

(b) 遮断帯の幅と位置

高屈折率と低屈折率の膜が交互にある前節にのべた型の多層膜の遮断帯の位置は層数に関係なく大体一定のところにあることが証明できる．$\delta=\frac{2\pi}{\lambda}(2nd)$ として δ_1 および δ_2 の二層膜の特性マトリックスは(16-1)により与えられているが，これを

$$(M_2) = \begin{pmatrix} A & iB \\ iC & D \end{pmatrix}$$

と記せばこのような膜が N 組ある交互層型 $2N$ 層膜の特性マトリックスは

$$(M_2)^N = \begin{pmatrix} A & iB \\ iC & D \end{pmatrix}^N = \begin{pmatrix} A_N & iB_N \\ iC_N & D_N \end{pmatrix}$$

この要素は下のようになることが証明できる[1]．すなわち

$$\cos\theta = \frac{1}{2}(A+D) \tag{17-2}$$

として

$$\left.\begin{aligned}
A_N &= \{A\sin N\theta - \sin(N-1)\theta\}/\sin\theta \\
B_N &= B\sin N\theta/\sin\theta \\
C_N &= C\sin N\theta/\sin\theta \\
D_N &= \{D\sin N\theta - \sin(N-1)\theta\}/\sin\theta
\end{aligned}\right\}$$

特性マトリックスの要素がわかれば反射率は両側を空気とすれば，(15-8)で $n=n_0=1$ として

$$R_N{}^2 = \left|\frac{A_N+iB_N-iC_N-D_N}{A_N+iB_N+iC_N+D_N}\right|^2$$
$$= \left|\frac{\{(A-D)+i(B-C)\}\sin N\theta}{\{(A+D)+i(B+C)\}\sin N\theta - (A+D)\sin(N-1)\theta}\right|^2$$

で与えられる．(17-2)の右辺の絶対値は必ずしも1より小さくはない．1より小さい部分

---

1) F. Abelés: Ann. Physik **5**(1950)777.

では θ は実数で，$\sin N\theta$ は振動的に変り $R_N{}^2$ も振動的に変るが，$\cos\theta$ が 1 より大きくなるところでは θ は虚数となり $\sin(iN\theta)=i\sinh(N\theta)$ となり，N とともに急激に増加するから反射率も N とともに著しく増加し N が十分大であれば $R_N{}^2\fallingdotseq 1$ となる[1]．二つの層の膜厚が等しいとすれば $\delta_1=\delta_2=\delta$

$$\therefore\quad \cos\theta=\cos^2\left(\frac{\delta}{2}\right)-\frac{1}{2}\left(\frac{n_2}{n_1}+\frac{n_1}{n_2}\right)\sin^2\left(\frac{\delta}{2}\right)=1-\frac{(n_1+n_2)^2}{2n_1n_2}\sin^2\left(\frac{\delta}{2}\right)$$

これは 1 より大きくなることはないが -1 よりは小さくなることができ，その範囲は N（層の数）には関係ない．

図 17-6 の場合のように

$$n_1=1.40,\quad n_2=2.40$$

とすれば $\cos\theta$ が -1 となるところは

$$\sin\left(\frac{\delta}{2}\right)=\frac{2\sqrt{n_1n_2}}{n_1+n_2}=0.966$$

したがって $\cos\theta\leqq-1$ となる範囲は

$$0.84\pi\leqq\delta\leqq 1.16\pi$$

この両端の位置は図 17-6(A) で δ_1, δ_2 と記したところでこの間では透過率が急激に減少して減衰帯を構成している[2]．

§17-3 特殊用途の干渉フィルター

干渉フィルターは膜の厚さを変えれば任意のところに透過または反射率の主極大を有するフィルターとなり，金属膜の厚さまたは多層膜の層数を変えて反射率を変えれば任意半値幅のものが得られるので，いままでの色ガラスを用いたフィルターではできなかったものが作られ，種々の目的に用いられている．

(a) 可変フィルター

干渉フィルターの吸収または反射率の曲線を与える式 (17-1) の変数 δ は

$$\delta=\frac{2\pi}{\lambda}(2nd\cos i)$$

で膜の中への屈折角 i の関数である．したがって一定膜厚 ($nd=$const.) のものでも入射角

---

1) これは電気回路の濾波器の理論で透過および減衰域に相当する．
2) この結果は Abelés が薄膜マトリックスの連乗により導いたものであるが，岩田はこれとほとんど同時に独立に電気回路の反復四端子網の理論を用いて同じ結果を得ている（岩田稔：大工試季報 2 (1951) 103, 5 (1954) 77).

が変り光線が膜の中を通る角 i が変れば分光曲線も変る．図 17-7(A), (B) は両側を銀膜とした干渉フィルターの入射角 i_0 の変化による分光曲線の変化で，斜入射のときは p, s 成分で反射のさいの位相の跳びが異なるので分光曲線も別のものとなる．これは干渉フィルターの視界を制限するもので干渉フィルターの一つの欠点である．入射角が変ってもできるだけ $nd\cos i$ の変化が少ないようにすれば広い視界に使えるものができる．これには i の小さい角すなわち屈折率の大きい膜の厚さを小さい膜のそれより大にしておけばよく，このようにすると，例えば ZnS と MgF_2 の各層が $nd=\lambda_0/4$ の膜は入射角が 15° 変ると中心波長は 30 mμ ずれるが，ZnS を倍の厚さ $\lambda_0/2$ とした膜はこのズレが約半分 15 mμ である．しかしこのことは逆に考えればフィルターを回転することにより透過率曲線の中心が変えられ可変フィルターとして用いられ，または中心波長を極めて厳密にする必要のあるものでは微細の調整をこの方法で行なうこともできる[1]．これは色ガラスフィルターでは考えられない特徴である．

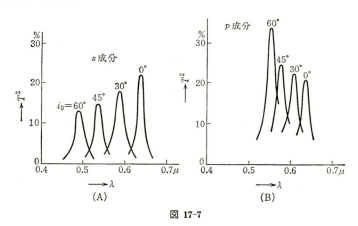

図 17-7

(b) 反射増加膜

ガラスの上へこれより屈折率の大きい物質をつけると反射率は必ずガラスのみの場合より大きくなる（図 14-1(A)）．これを反射増加膜という．反射率は膜の厚さが $\lambda/4$（またはその奇数倍）のとき極大となり，その値は表 14-1 に示したように（外側を空気 $n_0=1$ として）

$$R^2 = \left(\frac{n^2-n_g}{n^2+n_g}\right)^2$$

---

1) 吉永弘，岩崎敏勝：前出．

であるから，屈折率が大であればあるほど大になる．ガラス ($n=1.5$) の上へ ZnS または TiO_2 ($n=2.73$) をつけたものでは反射率は垂直入射のときでも 40% 以上になる．分光反射率は図 17-8(A)[1] の実線 ($N=1$) で示すようにきわめて平坦であり，膜による光の吸収はほとんどないから透過光も多く明るい半透明鏡となる．従来の半透明鏡は金属の薄膜を用いており吸収が著しく，反射光と透過光を等しくすると Ag では 20%，Al では 30% の吸収があったが，この干渉薄膜によれば光の損失はほとんどない明るい半透明鏡が得られる．

同図 $N=3$ および 7 は ZnS と氷晶石の $nd=\lambda_0/4$ ($\lambda_0=0.55\,\mu$) の膜を交互に N 層つけたものであるが $N\geqq 3$ では曲線が平坦でなくなる．これは白色光を入れたとき透過光と反射光が互いに補色となるので補色鏡 (dichroic mirror) といわれている．

カメラ等に用いられる二重像合致式の距離計は左右の窓から入った光を半透明鏡で重ね合わせ，それぞれの像を一つに合致させ距離を測るものであるが，この半透明鏡としてこの補色鏡を用いれば明るくかつ色の異なる像が得られ，合致したときは色はもとに戻るので合致もよく判り正確に測れる．

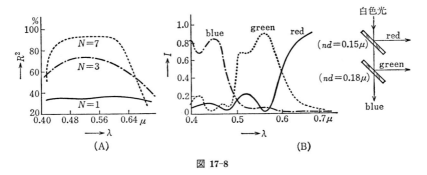

図 17-8

(c) 三色分解フィルター

図 17-6(B) で示したように交互層型多層膜のフィルターは膜厚を変えると種々の波長のところに遮断帯ができていろいろの目的に使える．このうち $nd=0.15\,\mu$ および $0.18\,\mu$ のものを図 17-8(B) の右図のように組み合わせると三色分解の干渉フィルターとなる．すなわち同図のようにまず $nd=0.15\,\mu$ のフィルターにより red が反射されるが，green および blue はこれを通り次の $nd=0.18\,\mu$ のフィルターで green が反射され blue がこれを通る．結局図に示したように三色に分解される．同図 (B) の左のグラフは分解されたスペクトル

---

1) M. Banning: J. Opt. Soc. Am. **37** (1947) 792.

を示すものである.従来の三色分解はまず金属の薄膜を用いた半透明鏡で光を三つに分け(このとき吸収により30%以上の損失がある),これにそれぞれの色のガラスフィルターをかけて三色を取り出したので極めて効率の悪いものであったが,これはほとんど損失なく三色に分解できる.N.T.S.C.方式のカラーテレビの送信機にはこれを用いている.

(d) 熱線フィルター

図17-6(B)で $nd=0.130\,\mu$ のものは可視光を反射し赤外部を通す.光源の反射鏡にこのような膜をつけたものを用いれば熱線は鏡の後方へ逃げ去り,可視光のみ反射されるからこれをコールドミラーという.この反対に同図の最下段 $(nd=0.220\,\mu)$ のものは熱線を反射し可視光のみを通すから,映写機などの光源とフィルムとの間の熱線遮断フィルターとして用いられコールドフィルターといわれる.従来この目的に用いたフィルターは色ガラスの吸収により熱線を遮断していたものであるから熱の吸収によりフィルター自体が高熱になりしばしば割れたりなどしたが,コールドフィルターでは全くそのような心配はない.このフィルターには $\lambda=0.9\,\mu$ 付近に透過率の極小があり,これより長波長側の熱線の透過率は再び上昇する.しかし大型の映写機のように光源がカーボンアークであればそのエネルギー分布は図17-9(A)の破線のようであるのでこれと組み合わせたとき同図の実線のようになり差支えない.§17-1(c)でのべた整数比の膜厚を有する多層膜のフィルターの22および62層の交互膜とすれば図17-9(B)のように長波長側の透過率を十分おさえたコールドフィルターをつくることも可能であることが示されている[1].

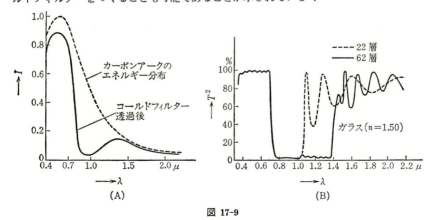

図 17-9

---

1) A. Thelen: J. Opt. Soc. Am. **53** (1963) 1266 (破線は $n_1=1.38$, $n_2=2.30$ の交互22層,実線はこのほかに $n_3=1.90$ の物質を用いた交互40層を付加したもの).

(e) 保護膜

金属の表面またはガラスに金属をメッキした面は機械的にも化学的にも弱いので適当な非金属の膜をつけ保護膜とする.アルミ鏡の面には酸化アルミニウムの約50Åの薄い膜ができておりこのため銀鏡よりも耐久性がよいが,さらに人為的にこれより厚い保護膜をつけるとよい.膜の物質としては SiO_2 がよいがこれは高温でないと蒸着困難であるので,より低温で蒸着ができる SiO を用いる. SiO_2 と Si を適当な比に混ぜて石英管の中に入れ 10^{-4} mmHg の真空中で底部を 1190°C に熱すると

$$SiO_2 + Si \rightarrow 2SiO$$

の反応で SiO ができ,これが管の入口付近に凝着するからこれを用いる.ただし蒸着は十分よい真空でゆっくり行なう必要があり,図 17-10(A) は Al の上へこの膜を蒸着したときの蒸着時間と膜厚による反射率の違いを示す[1].

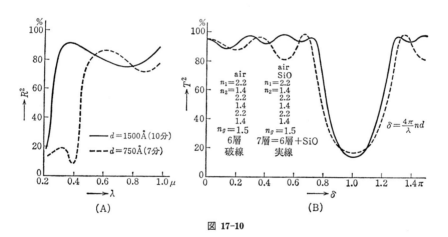

図 17-10

多層膜のときはその上へ保護膜として SiO 膜をつけてもよく,または最上面(空気と接する面)の膜としてこれを用いても曲線に大した変化を与えず保護膜を兼用させることができる.図 17-10(B) はこの一例で,ガラスの上へ $n_1 = 2.2$ (ZnS) と $n_2 = 1.4$ (MgF_2) の交互六層膜 ($nd = \lambda/4$) をつけたもの(同図の破線)の上にさらに SiO の $nd = \lambda/4$ 膜をつけたものである.

---

1) G. Haas & N. W. Scott: J. Opt. Soc. Am. **39** (1949) 179.

(f) 偏光フィルター

多層膜による反射を用い偏光フィルターを作ることもできる．§2-1(f)で述べたガラス板を多数重ねた積層偏光子は板の枚数が多く，ガラスの吸収を考えると余り効率のよい偏光子とはいえない．

ガラスの上へ高屈折率の薄膜をつけると反射率が大になるが，この値も斜め入射のときはp成分とs成分とで異なり，ある入射角では反射光のp成分は0となるから単なるガラス板の場合と同様に偏光子として用いられ，このときの反射光は図17-11(A)で示すように薄膜のないものに比べ相当に強い．さらにZnS+MgF$_2$+ZnSの三層膜とすれば膜の偏光角におけるs成分の残留反射率は90%に達しよい偏光子となる．図17-2では三層膜をプリズムの間に挟み込み全反射に近い角で入射させ単色フィルターとしたが，この際p, s成分が分離されることを述べた．図17-11(B)のようにプリズムの各面に三層膜をつけ，これをやや厚いバルサムで接着し干渉が起らないようにすると偏光率が98%の偏光子となる．しかしポラロイドなどと異なり視界が極めて狭いのが難点である．

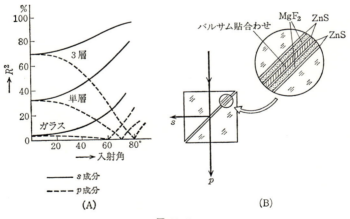

図 17-11

第 III 篇 回　　折

第 1 章　回折基礎論

§18　回折の基礎式

§18-1　回折理論の発展

　光の現象を大まかに観察しているときは光が直進するように見えこれから'光線'の名が生まれた．しかし観察を細かくし光の波長程度のところをよく調べると，光は直線として考えたときの影の部分にまで回りこんでいる．これを光の回折(diffraction)という．この現象はすでに 1665 年グリマルジ（イタリー）によって記述されているが，その説明は二世紀後にいたるまでなされなかった．1690 年ホイヘンス（オランダ）は光は波面を作って進むということを考え，光の進行を'ある瞬間の波面上の各点がそれぞれ新しい光源となりこれから出た二次波の包絡面が次の波面となる'として説明しようとした．これをホイヘンスの原理という．しかし当時は光の干渉ということは知られていなかったので二次波の作る波面のうち包絡面のみがなぜ次の波面として有効であるかについての説明ができず，ニュートンの粒子説(1704 年)の前には影が薄く，これを支持する論文（オイラー，1746 年）があったにもかかわらず光の波動説は皆から忘れられていった．

　波動説が再びとり上げられたのは，§1-1 に述べたように，約 100 年ののちヤング（イギリス）が干渉の実験を行ない波動説の一貫した論陣を展開したとき(1802 年)からである．しかし，回折の説明にはやはり成功せず人々の賛成も得られなかった．光の波動説はこのようにイギリスにおいて説かれていたものであるが実を結ばないままでいたところ，フレネル（フランス）が全く独立に光を波動と考え，ホイヘンスの原理を数式化し干渉による二次波の形成を明らかにし回折を説明することに成功した(1816 年)．これがフランスのアカデミーの懸賞論文に当選し(1818 年)，またヤングの支持も得て光の波動説は広く 19 世紀を風靡するようになった．

　さらにマックスウェルが電磁場の基礎方程式を立て，光の電磁波説を発表(1868 年)するや，ただちにこの式を敷衍し回折の基礎式を導きこれがフレネルの与えたものと一致する

ことを示し，回折理論に確固たる根拠を与えたのがキルヒホッフ(1880年)である．引き続いてロンメルなどが具体的な場合についてキルヒホッフの積分を計算し実験と比較しその正しいことを確めている．キルヒホッフの理論はしかしスカラー場の理論であるため回折による偏光などは説明されない．マックスウェルの式をある境界条件の下でさらに厳密に解いたものがゾンマーフェルドの回折理論(1896年)である．

表 18-1

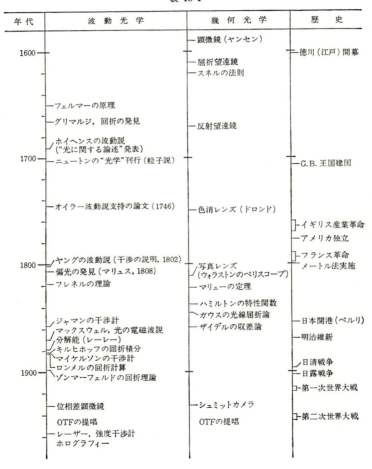

§18-2 フレネルの回折理論

光源 Q から拡がった波のある瞬間における波面 E 上の一点 S の波動を $u(t)$ とすれば，二次波——S を中心とする球面波——がこれから D の距離にある P におよぼす波動は，その振幅が S からの距離に逆比例して小さくなることを考えると光の速度を c として

$$\frac{Ku\left(t-\dfrac{D}{c}\right)}{D}$$

である（図 18-1）．ただし K は一次波と二次波との関係を示す係数で，一次波の振幅を 1 としたときの二次波の複素振幅を表わし，二次波の進行方向 SP が一次波の波面法線となす角 θ の関数で inclination factor といわれる．これが必要であることは後に示される．ホイヘンスの原理によれば P における波動はこのような波が波面上のすべての点から出て集まったものであるからこれを $u(P)$ と記せば，S における小面積を $d\sigma$ として

$$u(P) = \iint K \frac{u(t-D/c)}{D} d\sigma$$

光源 Q から S までの距離を B とし波長を λ とすれば

$$u(t) = \frac{A}{B} \exp\left[-i\frac{2\pi}{\lambda}(ct-B)\right] \qquad (18\text{-}1)^{1)}$$

$$\therefore \quad u\left(t-\frac{D}{c}\right) = \frac{A}{B} \exp\left[-i\frac{2\pi}{\lambda}(ct-B-D)\right]$$

ただし A は光源から単位距離の球面上の振幅である．時間的振動の項 $\exp\left(-i\dfrac{2\pi c}{\lambda}t\right)$ を省略して空間的分布のみに着目すれば

$$u(P) = A\iint K \frac{\exp ik(D+B)}{BD} d\sigma, \qquad k = \frac{2\pi}{\lambda} \qquad (18\text{-}2)$$

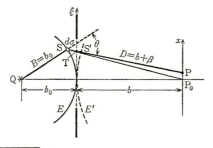

図 18-1

---

1) このようにおくことは光を無限に続く完全な単色光と考えることになる．従来の光学はすべてこの仮定の上に立つ（§30-2 参照）．

一例として図 18-1 のように点光源 Q からの光が衝立における小孔を通った後の軸上の点 P_0 における振幅をこの式によって求めてみよう．衝立から像面までの距離を b とし $D=b+\beta$ とおくと β は微小量であるから分母の D は近似的に b とおいてよく，また積分面を波面 E とすれば衝立から光源までを b_0 として $B=b_0$ とおいてよいから

$$u(P_0) = \frac{A}{bb_0} \exp ik(b_0+b) \iint_E K \exp ik\beta d\sigma$$

しかるに——二次波（ということ）を考えずに——光源からの光がそのまま P_0 へ伝播してきたときの振幅を u_0 とすれば

$$u_0 = \frac{A}{b_0+b} \exp ik(b_0+b) = \bar{f} \frac{A}{bb_0} \exp ik(b_0+b) \tag{18-3}$$

$$\text{ただし} \quad \frac{1}{\bar{f}} = \frac{1}{b_0} + \frac{1}{b} \tag{18-4}$$

これを用いれば

$$u(P_0) = \frac{u_0}{\bar{f}} \iint_E K \exp ik\beta d\sigma \tag{18-5}$$

衝立の面にそって ξ 軸をとり S の高さを ξ とする．S と P_0 を結ぶ直線の衝立の面との交点を T，P_0 を中心とする半径 b の円 E' とこの直線の交点を S$'$ とすれば

$$D = \overline{SP_0} = \overline{ST} + \overline{TS'} + b$$

S$'$ と T の高さは近似的に ξ としてよいから (3-19) により

$$\overline{ST} \doteqdot \frac{\xi^2}{2b_0}, \quad \overline{TS'} \doteqdot \frac{\xi^2}{2b} \tag{18-6}$$

$$\therefore \quad \beta = D-b = \frac{\xi^2}{2}\left(\frac{1}{b_0} + \frac{1}{b}\right) = \frac{\xi^2}{2\bar{f}}$$

また

$$d\sigma = 2\pi\xi d\xi = 2\pi\bar{f} d\beta$$

したがって (18-5) は

$$u(P_0) = 2\pi u_0 \int K \exp ik\beta d\beta \tag{18-7}$$

フレネルはこの積分を行なうのに波面 E と P_0 を中心とし半径が $\lambda/2$ の等差級数をなす多数の同心の球面との交線にかこまれた輪帯——これをフレネルの輪帯という——に分けこれらからの光の和として取り扱った．m 番目の同心円の半径を a_m とすればこの円周の一点から P_0 までの距離は

§18 回折の基礎式

$$D_m = b + \frac{a_m{}^2}{2\bar{f}} = b + m\frac{\lambda}{2}$$

$$\therefore \quad a_m = \sqrt{m\bar{f}\lambda} \tag{18-8}$$

したがって各輪帯の面積は

$$\pi(a_{m+1}{}^2 - a_m{}^2) = \pi\bar{f}\lambda$$

で一定であるから各輪帯からの光量は等しく，各輪帯毎の上記積分を同一 weight ($=1$) で加算すればよいから (18-7) は

$$u(P_0) = 2\pi u_0 \sum_{m=0}^{\infty} K_m \int_{m\lambda/2}^{(m+1)\lambda/2} \exp ik\beta \, d\beta$$

と書いてよい．しかるに

$$\sum_{m=0}^{\infty} K_m \int_{m\lambda/2}^{(m+1)\lambda/2} \exp ik\beta \, d\beta = \frac{i\lambda}{\pi} \sum_{m=0}^{\infty} (-1)^m K_m \tag{18-9}$$

これは相隣る輪帯からの光の P_0 における位相は互いに反対であることを示している．K_m を一定とすれば上式は収斂しないが中心からはなれた輪帯は次第に P_0 に寄与しなくなると考え，K_m は m とともにわずかに変り m が大になるとともに 0 に近づく係数とし，これを公比 $(-1+\varepsilon)$ で初項が K_0 の無限等比級数であるとすれば

$$\sum_{m=0}^{\infty} (-1)^m K_m = \frac{K_0}{1-(-1+\varepsilon)} = \frac{K_0}{2-\varepsilon}$$

ここで $\varepsilon \to 0$ とすれば右辺は $K_0/2$ となり

$$u(P_0) = i\lambda K_0 u_0$$

となる．これは E 上の各点を光源とする二次波が P_0 に到達し重なり合ったときの振幅であるが，$m=\infty$ までとったことは衝立のないことを意味するから，これは (18-3) の u_0 に等しくなければならない．

$$\therefore \quad i\lambda K_0 = 1 \quad \therefore \quad K_0 = \frac{1}{i\lambda} = \frac{1}{\lambda}\exp\left(-i\frac{\pi}{2}\right) \tag{18-10}$$

これにより inclination factor が決定され，二次波は一次波とくらべ振幅が $1/\lambda$，位相が $\pi/2$ 進んでいることがわかった．

フレネルの輪帯の考えから得られる一つの結果として，最初の輪帯 ($a \leqslant \sqrt{\bar{f}\lambda}$) をおおったときの P_0 における振幅を求めてみると (18-9) の和は

$$\sum_{m=1}^{\infty} (-1)^m K_m = \sum_{m=0}^{\infty} (-1)^m K_m - K_0 = -\frac{K_0}{2}$$

となる．すなわち $u(P_0)$ は符号を除きおおいのないときと同じものであるから強度はおお

いのないときと同じである．換言すれば'円形障害物の十分後方における軸上の強度は障害物のないときと同じである'という結果となる．したがって平行光線が入射($b_0=\infty$)しているとすればP_0は障害物の幾何光学的影で暗黒のはずなのが明るい点となる．

フレネルがこの論文をフランスのアカデミーで募集していた光の回折現象を説明する論文として提出したとき，審査員のポアッソン（彼は光の粒子説を信じていた）はその論文からこの事実を引き出し影となるべきところが明るくなるのでフレネルの考えは誤りであるとした．しかし軸上ではすべての光が同一位相で集るから明るいのは当然のことで，同じ審査員の一人のアラゴーが実験によりこれを確かめたため（図18-9(B)参照），かえってこの理論の正しさを証明しフレネルの論文に授賞されるようになったもので，この明るい点をポアッソンの点という[1]．

§18-3 キルヒホッフの積分

フレネルの理論はこのように回折をみごとに説明したが，inclination factor の導入を必要とし二次波は振幅が一次波の$1/\lambda$で位相が$\pi/2$進んでいるという仮定をおかざるを得なかったので，当時は単に計算に便宜な方法で物理的意味はないとさえいわれていた．キルヒホッフは1880年そのころ展開されていたマックスウェルの理論から厳密な数学的過程によって(18-2)を導き，この理論が正しいものであることを示した．

マックスウェルの式(1-12)において光の振動の時間に関する部分を$\exp\left(-i\dfrac{2\pi c}{\lambda}t\right)$とおけば，振幅の空間的分布は

$$\left(\frac{\partial^2}{\partial x^2}+\frac{\partial^2}{\partial y^2}+\frac{\partial^2}{\partial z^2}\right)u = -k^2 u \tag{18-11}$$

で与えられる．これをヘルムホルツの式という．しかるに(18-2)は面積分で与えられているから体積分と面積分の関係を与える定理（グリーンの定理）により上式を面積分の形に書きかえれば(18-2)が得られるはずである．すなわちある面fで囲まれた体積内で(18-11)が成り立っているとすれば，その中の一点Pにおけるuの値はグリーンの定理を用い

$$u(P) = \frac{1}{4\pi}\int_f \left(v\frac{\partial u}{\partial n}-u\frac{\partial v}{\partial n}\right)d\sigma$$

で与えられる．ただしvはuと同じ形の微分方程式を満足する任意の関数，nは積分面の内向き法線である．この積分を図18-2のような無限に拡がった衝立に開口σがあり光源

---

[1] アラゴーの点という人もある．

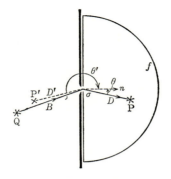

図 18-2

Qからの光がこれに入射しているときにその後方の一点Pにおける波動を求める問題に適用してみよう．考える点Pを囲む面 f は図のようにPから十分遠くにあるものとしこれが衝立の面と交わってから先は衝立の面に一致しているものとする．v としてPおよびその鏡像P'を中心とする球面波の差

$$v = \frac{\exp ikD}{D} - \frac{\exp ikD'}{D'} \quad (18\text{-}12)$$

をとれば(これをキルヒホッフ-ゾンマーフェルドの置換という)，v は開口ならびに衝立の面では 0，f 面上ではこれが十分遠くにあればこの上でも 0 としてよいから

$$u(P) = -\frac{1}{4\pi}\int u\frac{\partial v}{\partial n}d\sigma = -\frac{1}{4\pi}\int_\sigma \left\{u\frac{\partial}{\partial n}\left(\frac{\exp ikD}{D} - \frac{\exp ikD'}{D'}\right)\right\}d\sigma \quad (18\text{-}13)$$

この式は右辺に σ 上の u を含むからこれがわからなければ解けない．これをさけるためキルヒホッフは右辺の u の値は光源からの光による値であると仮定した．これをキルヒホッフの仮定という．しからば光源から開口までの距離を B，光源から単位距離の振幅を A とすれば，これは

$$u = A\frac{\exp ikB}{B}$$

D と開口面の内向き法線 n のなす角を θ とすれば D が λ にくらべ十分大として

$$\frac{\partial}{\partial n}\frac{\exp ikD}{D} = -\frac{\exp ikD}{D^2}\frac{\partial D}{\partial n} + ik\frac{\exp ikD}{D}\frac{\partial D}{\partial n} \fallingdotseq ik\frac{\exp ikD}{D}\cos\theta \quad (18\text{-}14)$$

同様にして D' と n とのなす角を θ' とすれば

$$\frac{\partial}{\partial n}\frac{\exp ikD'}{D'} \fallingdotseq ik\frac{\exp ikD'}{D'}\cos\theta'$$

しかるに $\theta'=\theta+\pi$, $D=D'$

$$\therefore \quad u(P) = \frac{A}{i\lambda} \int_\sigma \cos\theta \frac{\exp ik(D+B)}{BD} d\sigma \qquad (18\text{-}15)$$

これと(18-2)とをくらべると

$$K = \frac{\cos\theta}{i\lambda}$$

となりフレネルの inclination factor をより一般の形で与える．図 18-1 は $\theta=0$ のときでありこのときは

$$K = \frac{1}{i\lambda}$$

となり先に与えたものと一致する．K としてこれをとり，また B, D は開口の中ではほぼ一定であるので開口の中央の値とし(18-3)を用いると

$$u(P) = \frac{u_0}{i\lambda \bar{f}} \int \exp ik\beta d\sigma \qquad (18\text{-}16)$$

となる．積分の前の係数は比強度を問題とする多くの場合は考えなくてよいが，白色光のときは $1/\lambda$ は必要である．

　これらの式はキルヒホッフの仮定の下に成り立っているのであるが，この仮定の正否は(18-16)から求めた値が実験と合うか否かによってのみ判定される．このため多くの精密な実験が行なわれているが，実用上の範囲ではスリットの材質などにも無関係に実測とよく一致することが確かめられている．しかし回折孔が波長と同程度かまたはそれ以下の場合はふちが入射波の電場に与える効果を無視することができずマックスウェルの式に戻りこれに境界条件を与えて解く必要がある．この場合は当然スリットの材質(完全な導体か黒体か等)が関係してくるがこれについては本書では省略する．なお回折波が反射されて戻ってきて入射波に影響を与えるような場合は積分方程式として解かねばならないが，これについては§18-5で述べることとしここではまず(18-16)が成り立つものとして議論を進める．

§18-4　回折像の計算

(a)　回折積分 C および S

　回折積分の基本式(18-16)の応用例としてスリットによる回折像を求めてみよう．スリットは上下に無限に長いとし光源もこれと平行の無限に長い線光源とすれば，これらと直交する平面上ではどの平面でも同じであるからその一つをとり一次元の問題としてよい．

図 18-3(A)のような装置で x 面の回折像を観測するとし，光源 Q からスリット面に下した垂線を ζ 軸，スリット面内でこれと直角に ξ 軸をとる．光源から出た波の中央部がスリットに達したときの波面 K を積分を行なう面にとれば，この上の一点 S から像面上の一点 P(x) までの光路長は T を図のようにスリット面上にとり

$$D = \overline{\text{ST}} + \overline{\text{TP}}$$

とする．しかるに(18-6)と同様にして

$$\overline{\text{ST}} \fallingdotseq \frac{\xi^2}{2b_0}$$

また

$$\overline{\text{TP}} = \sqrt{b^2+(\xi-x)^2} = b + \frac{x^2}{2b} - \frac{x\xi}{b} + \frac{\xi^2}{2b} + \cdots \qquad (18\text{-}17)$$

$$\therefore \quad \beta = D - b = \frac{x^2}{2b} - \frac{x\xi}{b} + \frac{\xi^2}{2\bar{f}} + \cdots$$

またはこれを変形して $\bar{x} = \dfrac{\bar{f}}{b} x$ とおいて

$$\beta = \frac{1}{2b}\left(1-\frac{\bar{f}}{b}\right)x^2 + \frac{1}{2\bar{f}}(\xi-\bar{x})^2 = \frac{x^2}{2(b+b_0)} + \frac{1}{2\bar{f}}(\xi-\bar{x})^2 \qquad (18\text{-}18)$$

とした方が便利なこともある．$u(P)$ はこれを(18-16)へ代入し

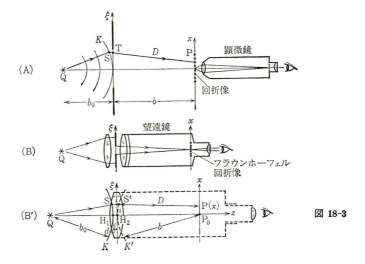

図 18-3

$$u(P) = \left\{\frac{u_0}{i\lambda \bar{f}} \exp ikD_0\right\}(C+iS) \tag{18-19}$$

ただし一次元で取り扱えるため $d\sigma \equiv d\xi$ であるから

$$C+iS = \int \exp ik\left(-\frac{x\xi}{b} + \frac{\xi^2}{2\bar{f}}\right)d\xi \tag{18-20}$$

ただし $D_0 = x^2/2b$

または

$$C+iS = \int \exp ik\left\{\frac{1}{2\bar{f}}(\xi-\bar{x})^2\right\}d\xi \tag{18-21}$$

ただし $D_0 = x^2/2(b+b_0)$

強度はしたがって

$$I = |u(P)|^2 = \frac{I_0}{(\lambda \bar{f})^2}(C^2+S^2) \tag{18-22}$$

ただし I_0 は衝立がないときの像面の中心強度で (18-3) から

$$I_0 = |u_0|^2 = \frac{A^2}{(b+b_0)^2}$$

(b) フラウンホーフェルの回折

(i) フラウンホーフェルの回折　　回折積分 (18-20) は下記の場合指数が ξ の一次式となり積分が容易になる．このような場合をフラウンホーフェルの回折という．ξ^2 の項の入ってくる場合をフレネルの回折というが更に高次の項の入るときもフレネルの回折と総称することもある．

(α) $\bar{f} = \infty$ のとき図 18-3(B) のような装置でコリメーターおよび望遠鏡を用いれば

$$b = b_0 = \infty \quad \therefore \quad \bar{f} = \infty$$

したがって (18-20) の ξ^2 の項は消えフラウンホーフェルの回折となる．フラウンホーフェルが最初に回折像を観察したのはこの方法であったのでその名はこれに由来する．厳密にこの関係が成り立たなくても $\xi^2/\bar{f}$ の光路差 β への寄与が波長に比べきわめて少ないとき，すなわち開口の半径を $a(=\xi_{\max})$ として

$$\frac{a^2}{\bar{f}} \ll \lambda \quad \left(\text{光源が} \infty \text{にあれば} \frac{a^2}{b} \ll \lambda\right) \tag{18-23}$$

であれば近似的にフラウンホーフェルの回折として取り扱ってよい．

(β) 共軛面上の像　　図 18-3(B) の二つのレンズをまとめて一つにして同図 (B') のように，回折口の付近にレンズがあり光源の像が P_0 にできているときもこの共軛面上の回折

像もフラウンホーフェルの回折である．レンズは同図(B')のように入射波の波面 K を，共軛点を中心とする円形波面 K' に変換するものであるから Q から K' 上の各点までの光路長は ξ の如何にかかわらず一定である．K' を積分面にとればこの上の一点 S' から P(x) までの距離は T を図のようにとり

$$D = \overline{SP} = \overline{TP} - \overline{TS'}$$

$\overline{TS'} \fallingdotseq \xi^2/2b$ であるから(18-17)から

$$\beta = D - b = \frac{x^2}{2b} - \frac{x\xi}{b} \qquad (18\text{-}24)$$

二つの波面がそれぞれレンズの第一および第二主点 H_1, H_2 を通るようにとり，b_0, b をこれから測れば Q より P までの光路長は $\overline{H_1H_2} = d$ として

$$b_0 + d + \overline{SP} = D_0 - \frac{x\xi}{b}$$

ただし D_0 は ξ を含まない項

$$D_0 = b_0 + b + d + \frac{x^2}{2b}$$

またレンズの焦点距離を f とすれば

$$\frac{1}{f} = \frac{1}{b_0} + \frac{1}{b} = \frac{1}{f}$$

したがって(18-19)はこれらの値を用い開口の上下を ξ_1, ξ_2 として

$$u = \left\{ \frac{u_0}{i\lambda f} \exp ikD_0 \right\} (C + iS)$$

ただし被積分関数は ξ^2 を含まず

$$C + iS = \int_{\xi_1}^{\xi_2} \exp(-iX\xi) d\xi, \quad X = \frac{2\pi}{\lambda b} x \qquad (18\text{-}25)$$

したがって光学機械にとって最も大切な共軛面上の回折像はフラウンホーフェルの回折となる．このことは今後のいろいろの計算に大変有利なことである．

(ii) スリットの回折像　幅 $2a$ のスリットのフラウンホーフェルの回折は(18-25)の積分の上限，下限を $\xi_1 = -a$, $\xi_2 = a$ とおいて

$$C = \int_{-a}^{a} \cos X\xi d\xi = 2a \frac{\sin aX}{aX}, \quad S = 0 \qquad (18\text{-}26)$$

したがって強度は $I(0) = 1$ に正規化して

$$I(X) = \left(\frac{\sin aX}{aX} \right)^2 \qquad (18\text{-}27)$$

光源が十分遠くにあるとして開口の中心からの角方向を $\varphi=x/b$ とすれば

$$I(\varphi) = \left(\frac{\sin ak\varphi}{ak\varphi}\right)^2 \tag{18-28}$$

これらは図 18-4 のようになり，副極大の位置および強度は同図に与えた数字のようになる[1]．0次回折像の幅(主極大の両側の強度が0になるところまで)を $2\varphi_0$ とすれば

$$\sin\frac{2\pi a}{\lambda}\varphi_0 = 0 \quad \therefore \quad 2\varphi_0 = \pm\frac{\lambda}{a} \tag{18-29}$$

したがって $\pm\varphi_0$ はスリットの周辺と中心を通った光の光路差が

$$D = \pm a\varphi_0 = \pm\frac{\lambda}{2}$$

の方向である．

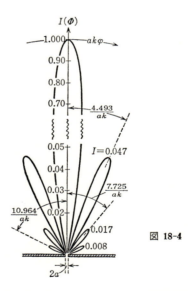

図 18-4

(iii) 光の直進　光が直進するということはその波動性と相反するように見え，これが波動説をはばんだ最大の理由とされていたのであるが，直進という意味を波長程度の小さいところは考えないものとすれば波動説によっても十分説明できることが明らかにされた．これははじめフレネルが彼の輪帯理論によってなしたのであるが回折の計算からいえば下のようになされる．

---

1)　$\sin aX/aX$ および $(\sin aX/aX)^2$ の詳しい値は巻末文献参照．

(18-28)によればスリットの中心からの視角が φ の中に含まれる光量 Q は $ak\varphi=\Phi$ とおいて

$$Q(\Phi) = \int_0^\Phi \left(\frac{\sin\Phi}{\Phi}\right)^2 d\Phi = \mathrm{Si}(2\Phi) - \frac{\sin^2\Phi}{\Phi}$$

$$\text{ただし}\quad \mathrm{Si}(\Phi) = \int_0^\Phi \frac{\sin\Phi}{\Phi} d\Phi$$

したがって 0 次回折像に含まれる光量は $\Phi=\pi$ とおいて

$$Q(\pi) = \mathrm{Si}(2\pi) = \frac{\pi}{2} - 0.153$$

全光量は

$$Q(\infty) = \mathrm{Si}(\infty) = \frac{\pi}{2}$$

したがって全光量との比は

$$\frac{Q(\pi)}{Q(\infty)} = 1 - 0.153\frac{2}{\pi} = 0.903$$

すなわち全光量の 90% 以上が 0 次回折像の中にある．かつ副極大の強度は主極大の 5% 以下であるから多くの場合回折像は 0 次の像のみと考えてよい．これを光の直進方向からの偏りとし $\Delta\varphi$ とおけばスリットの幅を $2a=\Delta l$ として (18-29) から

$$\Delta l \cdot \Delta\varphi \leqslant \lambda \qquad (18\text{-}30)$$

を得る．これは光線の位置と方向との間の不確定性関係を表わすもので，この程度の微小量を問題としないかぎり光は直進する '光線' と考えてよい．

(c) フレネルの回折

フラウンホーフェルの回折は光源と共軛の像面上の回折像を示すから，これを観察するには図 18-3(B) に示したように望遠鏡を用い，対物レンズの焦平面上の像を接眼鏡で拡大して見ればよかった．これに反し開口から有限距離の回折像を見るには図 18-3(A) のように，例えば顕微鏡を見ようと思う面にピントを合わせて見る．この場合 (18-20) の ξ^2 の項は 0 にならず積分は困難となる．一般に e の指数が ξ の二次式のときをフレネルが詳しく研究したのでフレネルの回折という．この回折積分は開口が矩形，スリットまたは半無限開口などのときは直角座標で，円形のときは極座標で求められているが，ここではまず前者の場合を示し極座標による取り扱いは §21 で述べる．

(i) 矩形開口の回折像　　矩形の二辺にそれぞれ平行に開口面上で ξ,η 軸，像面上で x,y 軸をとり，(a) の諸式を二次元の場合に拡張し

とおけば(18-19)は

$$\bar{x} = \frac{\bar{f}}{b}x, \quad \bar{y} = \frac{\bar{f}}{b}y, \quad D_0 = \frac{x^2+y^2}{2(b+b_0)}$$

$$u(P) = u_0 \frac{\exp ikD_0}{i\lambda\bar{f}} \{C(x)+iS(x)\}\{C(y)+iS(y)\} \qquad (18\text{-}31)$$

ただし

$$v = \sqrt{\frac{2}{\lambda\bar{f}}}(\xi-\bar{x}), \quad w = \sqrt{\frac{2}{\lambda\bar{f}}}(\eta-\bar{y})$$

とおき,$\xi=\xi_1,\xi_2$ のとき $v=v_1,v_2$,$\eta=\eta_1,\eta_2$ のとき $w=w_1,w_2$ とすれば(18-21)から

$$\left.\begin{array}{l} C(x)+iS(x) = \displaystyle\int_{\xi_1}^{\xi_2} \exp i\frac{k}{2\bar{f}}(\xi-\bar{x})^2 d\xi = \sqrt{\frac{\lambda\bar{f}}{2}}\int_{v_1}^{v_2}\exp i\frac{\pi}{2}v^2 dv \\[2mm] C(y)+iS(y) = \displaystyle\int_{\eta_1}^{\eta_2} \exp i\frac{k}{2\bar{f}}(\eta-\bar{y})^2 d\eta = \sqrt{\frac{\lambda\bar{f}}{2}}\int_{w_1}^{w_2}\exp i\frac{\pi}{2}w^2 dw \end{array}\right\} \quad (18\text{-}32)$$

したがって強度は

矩形開口: $\quad I(P) = \dfrac{I_0}{4}\left|\displaystyle\int_{v_1}^{v_2}\exp i\frac{\pi}{2}v^2 dv\right|^2 \cdot \left|\displaystyle\int_{w_1}^{w_2}\exp i\frac{\pi}{2}w^2 dw\right|^2 \qquad (18\text{-}33)$

回折像の中心 $P_0(x=y=0)$ の強度は簡単のため正方形としその一辺を $2a$ とすると

$$\bar{v} = \bar{w} = \sqrt{\frac{2}{\lambda\bar{f}}}a$$

とおき

$$I(P_0) = 4I_0\left|\int_0^{\bar{v}}\exp i\frac{\pi}{2}v^2 dv\right|^4 \qquad (18\text{-}34)$$

(ii) スリットおよび半無限平面 開口が上下に無限に延びたスリットの場合は

$$-w_1 = w_2 = \infty, \quad \int_{-\infty}^{\infty}\cos\frac{\pi}{2}w^2 dw = \int_{-\infty}^{\infty}\sin\frac{\pi}{2}w^2 dw = 1$$

$$\therefore \text{ スリット}: \quad I(P) = \frac{I_0}{2}\left|\int_{v_1}^{v_2}\exp i\frac{\pi}{2}v^2 dv\right|^2 \qquad (18\text{-}35)$$

スリットの幅が波長に比べ十分に広くその片方のみを考え他方は無限遠にあるとしてよいとき(半無限平面)は開口部分を $\xi \geqq 0$ として

$$\xi_1 = 0, \quad \xi_2 = \infty \quad \therefore \quad v_1 = -\sqrt{\frac{2}{\lambda\bar{f}}}\bar{x}, \quad v_2 = \infty$$

したがって(18-32)から

$$\therefore \text{ 半無限平面}: \quad I(P) = \frac{I_0}{2}\left|\int_{v_1}^{\infty}\exp i\frac{\pi}{2}v^2 dv\right|^2 \qquad (18\text{-}36)$$

この値は幾何光学的な影($x \leqslant 0$)の十分外側では$x \gg 0$, したがって$v_1 = -\infty$とおいてこの値は

$$I(P) = I_0$$

影の十分内側では$x \ll 0$, したがって$v_1 = \infty$とおいて

$$I(P) = \frac{I_0}{2} \left| \int_\infty^\infty \exp i \frac{\pi}{2} v^2 dv \right|^2 = 0$$

すなわち影の十分外側は衝立のないときと同じ強さI_0で一様に明るく, 影の十分内側は暗黒で結局図18-5(B)の破線のようになり幾何光学と同じ結果を与える.

(iii) フレネルの積分　　前節の回折像の強度を与える諸式は

$$\left. \begin{aligned} A_c(v) &= \int_0^v \cos \frac{\pi}{2} v^2 dv \\ A_s(v) &= \int_0^v \sin \frac{\pi}{2} v^2 dv \end{aligned} \right\} \tag{18-37}$$

とおけば(18-34), (18-35)および(18-36)はそれぞれ

中心(正方形開口)：　　$I(P_0) = 4I_0 \{A_c^2(\bar{v}) + A_s^2(\bar{v})\}^2$ 　　(18-38)

スリット：　　$I(P) = \dfrac{I_0}{2} [\{A_c(v_2) - A_c(v_1)\}^2 + \{A_s(v_2) - A_s(v_1)\}^2]$ 　　(18-39)

半無限平面：　　$I(P) = \dfrac{I_0}{2} \left[\left\{ \dfrac{1}{2} - A_c(v_1) \right\}^2 + \left\{ \dfrac{1}{2} - A_s(v_1) \right\}^2 \right]$ 　　(18-40)

と書けるからA_c, A_sを知れば求められる. $A_c(v)$, $A_s(v)$をフレネルの積分といい, これを求めるにはいろいろの方法がありよい数表もできている. その一部は表18-2に示してある. A_cおよびA_sを横および縦軸にとりグラフを描くと図18-5(A)のような渦線になる. この曲線の曲率半径ρ_nは原点から曲線に沿っての長さvと

$$\rho v = \pi$$

の関係があるから, 原点から離れるに従い小さな円を描き, ついに$v = \infty$で$\mathrm{P}\left(\dfrac{1}{2}, \dfrac{1}{2}\right)$, $v = -\infty$で$\mathrm{P}'\left(-\dfrac{1}{2}, -\dfrac{1}{2}\right)$に収斂する渦線となる. これをコルニュの渦線という.

この曲線上の一点$\mathrm{Q}(v)$と原点とを結ぶ直線の長さ$\overline{\mathrm{OQ}}$は

$$\overline{\mathrm{OQ}}^2 = A_c^2(v) + A_s^2(v)$$

であるから正方形開口の中心強度は(18-38)から

中心(正方形開口)：　　$I(v) = 4I_0 [\overline{\mathrm{OQ}}^2]^2$

この値は振動しつつ$v = \infty$で$I(\infty) = I_0$へ収斂する. $\overline{\mathrm{OQ}}^2$の極大・極小は表18-3に与え

表 18-2

v	A_c	A_s	v	A_c	A_s	v	A_c	A_s
0.0	0	0	3.0	0.6057	0.4963	6.0	0.4995	0.4469
0.1	0.0999	0.0005	3.1	0.5616	0.5818	6.1	0.5495	0.5165
0.2	0.1999	0.0042	3.2	0.4663	0.5933	6.2	0.4676	0.5398
0.3	0.2994	0.0141	3.3	0.4057	0.5193	6.3	0.4760	0.4555
0.4	0.3975	0.0334	3.4	0.4385	0.4297	6.4	0.5496	0.4965
0.5	0.4923	0.0647	3.5	0.5326	0.4153	6.5	0.4816	0.5454
0.6	0.5811	0.1105	3.6	0.5880	0.4923	6.6	0.4690	0.4631
0.7	0.6597	0.1721	3.7	0.5419	0.5750	6.7	0.5467	0.4915
0.8	0.7230	0.2493	3.8	0.4481	0.5656	6.8	0.4831	0.5436
0.9	0.7648	0.3398	3.9	0.4223	0.4752	6.9	0.4732	0.4624
1.0	0.7799	0.4383	4.0	0.4984	0.4205	7.0	0.5455	0.4997
1.1	0.7648	0.5365	4.1	0.5737	0.4758	7.1	0.4733	0.5360
1.2	0.7154	0.6234	4.2	0.5417	0.5632	7.2	0.4887	0.4572
1.3	0.6386	0.6863	4.3	0.4494	0.5540	7.3	0.5393	0.5199
1.4	0.5431	0.7135	4.4	0.4383	0.4623	7.4	0.4601	0.5161
1.5	0.4453	0.6975	4.5	0.5258	0.4342	7.5	0.5160	0.4607
1.6	0.3655	0.6389	4.6	0.5672	0.5162	7.6	0.5156	0.5389
1.7	0.3238	0.5492	4.7	0.4914	0.5669	7.7	0.4628	0.4820
1.8	0.3337	0.4509	4.8	0.4338	0.4968	7.8	0.5395	0.4896
1.9	0.3945	0.3734	4.9	0.5002	0.4351	7.9	0.4760	0.5323
2.0	0.4883	0.3434	5.0	0.5636	0.4992	8.0	0.4998	0.4602
2.1	0.5814	0.3743	5.1	0.4987	0.5624	8.1	0.5228	0.5320
2.2	0.6362	0.4556	5.2	0.4389	0.4969	8.2	0.4638	0.4859
2.3	0.6268	0.5531	5.3	0.5078	0.4404	8.3	0.5378	0.4932
2.4	0.5550	0.6197	5.4	0.5573	0.5140	8.4	0.4709	0.5243
2.5	0.4574	0.6192	5.5	0.4784	0.5537	8.5	0.5142	0.4653
2.6	0.3889	0.5500	5.6	0.4517	0.4700			
2.7	0.3926	0.4529	5.7	0.5385	0.4595			
2.8	0.4675	0.3915	5.8	0.5298	0.5461			
2.9	0.5624	0.4102	5.9	0.4484	0.5163			

表 18-3

v	$2I(v)/I_0$
0	0.25
1.2172	1.3704 (max)
1.8725	1.5562 (min)
2.3445	2.3985
2.7390	1.6864
3.0820	2.2913
3.3913	1.7437
3.6741	2.2521
3.9371	1.7780
4.1832	2.2207
4.4159	1.8012
4.6367	2.1987
4.8473	1.8185

てある．曲線上の二点 $Q_1(v_1)$, $Q_2(v_2)$ を結ぶ弦の長さ $\overline{Q_1Q_2}$ は

$$\overline{Q_1Q_2}^2 = \{A_c(v_2)-A_c(v_1)\}^2 + \{A_s(v_2)-A_s(v_1)\}^2$$

したがってスリットの回折像の強度は(18-39)から

$$\text{スリット：} \quad I(P) = \frac{I_0}{2}\overline{Q_1Q_2}^2$$

半無限平面の回折像の強度は，渦の一方の中心 $P\left(\frac{1}{2},\frac{1}{2}\right)$ と曲線上の一点 $Q(v)$ とを結ぶ直線の長さを $\overline{PQ}$ とすれば

$$\overline{PQ}^2 = \left\{\frac{1}{2}-A_c(v)\right\}^2 + \left\{\frac{1}{2}-A_s(v)\right\}^2$$

したがって(18-40)から

$$\text{半無限平面：} \quad I(P) = \frac{I_0}{2}\overline{PQ}^2$$

影の内側では $v \geqq 0$，したがって Q は第一象限にありこの値は v が $+\infty$ から 0 になるに従い単調に増加し $v=0$ で $I(P)=0.25$ となる．影の外側では $v \leqq 0$ であるから Q は第三象限

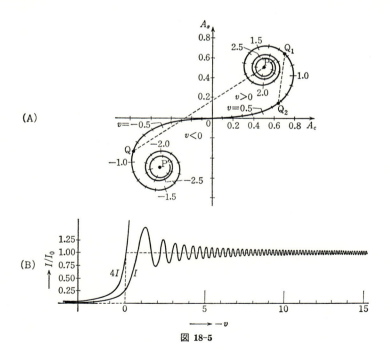

図 18-5

にあり，$|v|$ が増すに従い振動しつつ $I(P)=I_0$ へ収斂する．この様子をグラフに描くと図 18-5(B)のようになりこの値は実測値とよく一致する[1]．(18-40)などの式は既述のようにキルヒホッフの仮定の上に成り立っているものであり，仮定の当否は実験との一致により決められるべきものであるから，この一致は仮定の正しいことを示していると考えられる．

§18-5　回折特論

(a) 回折の積分方程式

回折積分を与える式(18-13)は右辺に未知関数を含む積分方程式であり一般には解き難いので，右辺の未知関数を光源からの光による値に等しいとおいて(キルヒホッフの仮定)回折積分(18-15)を得た．これは開口からの作用が一方的と考えてよい場合には許される仮定であるが，作用が相互的のもの——例えば図 18-6 のように二つの鏡 M_1, M_2 が向いあって置かれファブリー・ペローのエタロンを構成しているとき，この中の点の回折像を求める問題など——には適用できない．それぞれの鏡の上に直角座標 (x,y), (ξ,η) をとり各鏡面上での振幅を $u(x,y)$, $u'(\xi,\eta)$ とすれば，$u(x,y)$ は $u'(\xi,\eta)$ による回折像であるが，一方 $u'(\xi,\eta)$ も $u(x,y)$ による回折像である．簡単のため鏡は y 方向に無限に伸び一次元の問題として取り扱ってよいとすれば(18-13)から

$$u(x) = -\frac{1}{4\pi}\int_{M_1} u'(\xi)\frac{\partial v}{\partial n}d\xi \qquad (18\text{-}41)$$

それぞれの面上の二点 P_1, P_2 間の距離を D とすれば(18-14)により(波面は鏡面に平行に近いとして $\cos\theta \fallingdotseq 1$ とおく)

$$\frac{\partial v}{\partial n} \fallingdotseq ik\frac{\exp ikD}{D}, \qquad k=\frac{2\pi}{\lambda}$$

しかるに鏡間の距離を b とすれば平面鏡の場合は

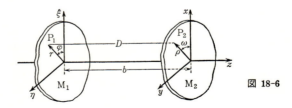

図 18-6

---

1) 例えば K. L. MacDonald & F. S. Harris, Jr.: J. Opt. Soc. Am. **42**(1952)321.

§18 回折の基礎式

$$D = \sqrt{b^2+(x-\xi)^2} = b+\frac{(x-\xi)^2}{2b}+\cdots$$

分母の D は近似的に b とおいてよいから, (18-41) は α を常数として

$$u(x) = \alpha \int_{M_1} u'(\xi) K(x,\xi) d\xi \tag{18-42}$$

ここで

$$K = \exp\left[i\frac{k}{2b}(x-\xi)^2+\cdots\right] = \exp\left[-i\frac{k}{b}x\xi+i\frac{k(x^2+\xi^2)}{2b}+\cdots\right] \tag{18-43}$$

全く同様にして $u'(\xi)$ は $u(x)$ の回折像であるから

$$u'(\xi) = \alpha \int_{M_2} u(x) K(\xi,x) dx \tag{18-44}$$

したがって M_1, M_2 が同じ形のものであれば u と u' は比例常数を除き同じ関数である. したがってこの比例常数を α に入れれば上式は $M_1 \equiv M_2 = M$ として

$$u(x) = \alpha \int_M u(\xi) K(x,\xi) d\xi \tag{18-45}$$

これは $K(x,\xi)$ を核とするフレッドホルムの第二種の同次積分方程式で α は固有値といわれるものである. 核は連続有限であるから固有値は実数で m 番目の固有値 α_m に属する固有解 $u_m(x)$ をモード m の解という.

$K(x,\xi)$ が (18-43) で与えられるフレネルの回折のときはこの方程式は数値計算で解く. すなわちまず適当な $u'(\xi)$ を仮定して (18-42) により $u(x)$ を求め, これを (18-44) に代入し次の近似の $u'(\xi)$ を求める…… これを反復すればよい. これはちょうどエタロン内で定常状態が成立する物理的過程とも同じである[1].

反射鏡の幅と鏡間の距離との比が波長にくらべ十分大きく (18-43) の高次の項を省略してよいときはフラウンホーフェルの回折となり積分方程式は

$$u(x) = \alpha \int_M u(\xi) \exp\left(-ik\frac{x\xi}{b}\right) d\xi$$

これは変域が有限のフーリエ変換ともいわれ, この解はわかっている. 鏡が円形の場合はそれぞれの鏡の中心を中心とする極座標 (r,φ), (ρ,ω) を用い

$$u(r,\varphi) = R_m(r) \exp(-im\varphi)$$

とおき φ についての積分を行なえばベッセル関数の公式により

---

1) F. Li: Bell Syst. Tech. J. **40** (1961) 453, 489.

$$\sqrt{\rho}\,R_m(\rho) = \gamma_m \int_0^a \sqrt{r}\,R_m(r)K_m(\rho,r)dr \qquad (18\text{-}46)$$

を得る．ただし a は鏡の半径，核 $K_m(\rho,r)$ は

$$K_m(\rho,r) = \frac{i^{m+1}k}{b}\sqrt{\rho r}\,J_m\!\left(\frac{k\rho r}{b}\right)\exp i\frac{k}{2b}(\rho^2+r^2)$$

である．上式の n 番目の固有値 γ_{mn} に属する固有解がモード (m,n) の解である．

この方程式を前記数値積分で解くとき，$u(r,\varphi)=\text{const.}$ から出発するとモード $(0,0)$ の対称解，$u(r,\varphi)=\text{const.}\exp(-i\varphi)$ から出発するとモード $(1,0)$ の反対称解，…… が得られ，例えば $b=1$ m, $a=3.5$ mm, $\lambda=1$ μ ((20-15)で定義するフレネルの数 $N=a^2/\lambda b$ として $N=10$)のときは約 100 回の反復計算で 10% ぐらい，200 回の計算で 1% 以内の定常解を与える．図 18-7(A)は上記二つのモードについて計算した結果である．ファブリー-ペローの干渉計が分光器として用いられる場合は N はきわめて大で回折によるエネルギーの損失は問題にならないが，N が上記ぐらいのときは考えなければならない．これは一往復による損失を ΔI としてモード (m,n) の解については

$$\frac{\Delta I}{I} = 1-\gamma_{mn}^{\,2}$$

で与えられる．この値は上記のモードについて図 18-7(B)の実線のようになる．反射鏡を共焦点の凹面系としたときも(18-46)と同じ積分方程式，ただし

$$K_m(\rho,r) = \frac{i^{m+1}k}{b}\sqrt{\rho r}\,J_m\!\left(\frac{k\rho r}{b}\right)$$

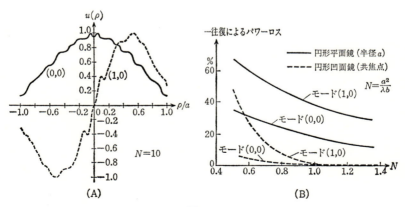

図 18-7

を得るが，この場合のエネルギーの損失は同図点線のように平面鏡よりはるかに少なくなる．これは調整の容易なこととともに凹面鏡ファブリー–ペローの干渉計の利点で気体レーザーに主としてこれが用いられるのはこのためである．

(b) 周辺波の理論

キルヒホッフはグリーンの定理により，空間における問題を開口内の面積分に直し回折の式(18-13)を導いたが，ルビノヴィッチは更にこれが開口の周辺の線積分に直せることを示した．すなわち開口(レンズ)を通った光の振幅は図 18-8 に示すように光円錐の内と外をそれぞれ I, II および III とすれば

$$u_\mathrm{I} = \frac{\exp(-ikR)}{R}, \quad u_\mathrm{II} = -\frac{\exp(-ikR)}{R}, \quad u_\mathrm{III} = 0$$

ただし R は光源から考える点までの距離で，I と II の符号が変っているのは焦点 F における位相の変化(§21-2)を表わしている．(18-13)へこれを代入し，積分面を開口 σ と円錐の底辺 f とすると，f が無限遠にあるときはこれによる寄与が 0 となるので開口 σ による部分 u_1 と円錐面の部分 u_2 とになる．u_1 は入射してきた光そのものであるが，u_2 は開口の周辺 S に沿う線積分

$$u_2 = -\frac{1}{4\pi}\int_S \frac{\exp[-ik(B+D)]}{BD}\frac{\cos(\widehat{n\cdot D})}{1+\cos(\widehat{B\cdot D})}\sin(\widehat{D\cdot dS})dS$$

となる[1]．ただし dS は周辺の線素，B, D は光源から dS までの距離，n は外向きの法線，$\widehat{n\cdot D}, \cdots$ は n と D とのなす角，$\cdots$ である．この積分は $\exp[-ik(B+D)]$ が他に比べ著しく早く振動するから stationary phase の原理によりこれが極値をとる光路についてのみ有限の値を持つ．しかるに $(B+D)$ は光源から dS を経ての P までの光路長で，これは dS における反射光が従うフェルマーの原理と同じものであるから u_1 は開口のふちで反射してきた光を表わすので，これを周辺波という．したがって光が u_1+u_2 で表わせるという

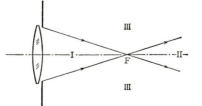

図 18-8

---

1) A. Rubinowicz: Ann. Physik **53**(1917)257.

ことは，回折が開口の中を通ってきた直接波と周辺波との干渉と考えてもよいことを示し，実験的にも確められている(§26-1参照)．このような考え方は実はフレネル以前19世紀の頃ヤングが行なったのであるがフレネルの理論に圧倒されてあまり顧られなかったものである．

ルビノヴィッチの理論は入射波が平面波または球面波の場合のみを論じたのであるが，最近宮本はベクトルポテンシャルを用いた見事な理論を展開し一般の場合を取り扱うことに成功している．これによれば任意の形の波面の場合が論ぜられるので収差の回折理論もこれで取り扱え新しい進展が期待される[1]．

周辺波の存在を実証する例として図 18-9 に示すような回折像があげられている．これは十分遠くにある点光源からの光が小さい遮光板に垂直に入射しているときのその後方の回折像，このとき遮光板の周辺からの反射光は周辺の線素 dS に直交し板の面に垂直な平面内にあるはずである．したがって反射光の作る火面は開口の縮閉線を母線とする開口面に垂直な筒面であるから，開口の後方にスクリーンを置けば開口の縮閉線に相当する火線が認められるはずである．図 18-9 はこれを示したもので，(A)はカーディオイド型の小遮光板があるときで，この縮閉線は円であるが図には周辺からの反射光(カーディオイドの法線)もよく写っており，これが集まり火線(円)を作っているところがよくわかる[2]．(B)は小円盤の後方の回折像で，円の縮閉線は中心の点であるから影の中央に明るい点が見られ，これはポアッソンの点(§18-2)にほかならない．小円盤の周辺に故意にギザギザをつければ反射光は円の接線方向へ向いポアッソンの点は消える(同図(C))[3]．

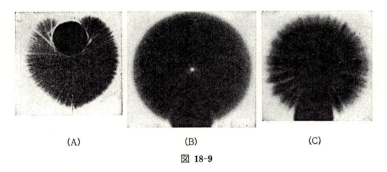

図 18-9

---

1) 宮本健郎：応用物理 **29**(1960)647 ; Proc. Phys. Soc. **79**(1962)617.
2) G. C. Becknell & J. Coulson : Phys. Rev. **20**(1921)607.
3) G. Newkirk の御厚意による(G. Newkirk & D. Bohlin : Appl. Optics **2**(1963)131) (下の三角形は支持棒の影)．

§19 フラウンホーフェルの回折

§19-1 回折積分

　回折像の計算において，像面が光源の共範面であるか，または光源および像面が共に開口から十分遠くにあるときはフラウンホーフェルの回折となり積分が容易にできることを述べ一次元の問題として取り扱えるときを§18-4で示した．ここではもっと一般の場合を示そう．二次元のときは瞳面にξ, η座標をとれば(18-25)は

$$C+iS = \iint_E \exp\left[-i\frac{k}{b}(x\xi+y\eta)\right]d\xi d\eta$$

$$= \iint_E \exp[-i(X\xi+Y\eta)]d\xi d\eta \qquad (19\text{-}1)$$

$$\text{ただし} \quad X = \frac{2\pi}{\lambda b}x, \quad Y = \frac{2\pi}{\lambda b}y$$

である．積分は開口Eの中についてのみ行なうので

$$\left.\begin{array}{ll}F(\xi, \eta) = 1, & \text{開口の中} \\ = 0, & \text{開口の外}\end{array}\right\}$$

という関数——瞳関数という——を用いれば

$$C+iS = \iint_{-\infty}^{\infty} F(\xi, \eta)\exp[-i(X\xi+Y\eta)]d\xi d\eta \qquad (19\text{-}2)$$

　これは$F(\xi, \eta)$のフーリエ変換にほかならずC, Sが知れていれば，この逆変換として$F(\xi, \eta)$が求められ

$$F(\xi, \eta) = \frac{1}{2\pi}\iint_{-\infty}^{\infty}(C+iS)\exp[i(X\xi+Y\eta)]dXdY$$

開口の上下限を与える曲線を

$$g_2(\eta) \leqslant \xi \leqslant g_1(\eta), \quad a \leqslant \eta \leqslant b$$

とすれば変数分離ができて

$$C+iS = \int_a^b \exp(-iY\eta)d\eta \int_{g_2(\eta)}^{g_1(\eta)} \exp(-iX\xi)d\xi$$

$$= \frac{i}{X}\int_a^b \exp(-iY\eta)\{\exp[-iXg_1(\eta)]-\exp[-iXg_2(\eta)]\}d\eta$$

開口がη軸について対称であれば$g_1(\eta) = -g_2(\eta) = g(\eta)$として

$$C+iS = -2\int_a^b \frac{\sin[g(\eta)X]}{X}\exp(-iY\eta)d\eta \qquad (19\text{-}3)$$

となる.

開口が円形のときは極座標で取り扱い,開口面上に (r,φ),像面上に (ρ,ω) をとり

$$\xi = r\cos\varphi, \qquad \eta = r\sin\varphi, \qquad x = \rho\cos\omega, \qquad y = \rho\sin\omega \qquad (19\text{-}4)$$

とし,瞳関数を $F(r,\varphi)$ とすれば $d\varphi$ についての積分は 2π の間について行なえばよいから α を任意の角として

$$C+iS = \int_\alpha^{2\pi+\alpha}\int_0^\infty F(r,\varphi)\exp[-iRr\cos(\varphi-\omega)]rdrd\varphi \qquad (19\text{-}5)$$

瞳関数が φ を含まないときはこれを $F(r)$ とおいて

$$C+iS = 2\pi\int_0^\infty F(r)J_0(Rr)rdr \qquad (19\text{-}6)$$

$$\text{ただし}\quad R = \frac{2\pi}{\lambda b}\rho \qquad (19\text{-}7)$$

ここで J_0 は0次のベッセル関数で上式はハンケル変換と呼ばれ, $C(\rho)$, $S(\rho)$ が知れていればその逆変換

$$F(r) = \int_0^\infty (C+iS)J_0(Rr)RdR$$

により $F(r)$ が求められる.

(a) 矩形開口

二辺の長さがそれぞれ $2a$, $2a'$ の矩形の開口のときはその中心を原点として各辺に平行に ξ, η 軸をとれば

$$\left.\begin{array}{l} F(\xi,\eta) = 1, \qquad -a \leq \xi \leq a, \quad -a' \leq \eta \leq a' \\ = 0, \qquad \text{この他のところ} \end{array}\right\}$$

$$\therefore\quad C = \int_{-a}^a\int_{-a'}^{a'}\cos(X\xi+Y\eta)d\xi d\eta = 4aa'\frac{\sin aX}{aX}\frac{\sin a'Y}{a'Y}, \quad S = 0 \quad (19\text{-}8)$$

したがって中心を1に正規化した強度は

$$I = \left(\frac{\sin aX}{aX}\frac{\sin a'Y}{a'Y}\right)^2 \qquad (19\text{-}9)$$

(b) 円形開口

開口が円形であればその中心を原点とする極座標をとり円の半径を a とすれば瞳関数は

§19 フラウンホーフェルの回折

$$F(r,\varphi) = 1, \quad r \leq a \\ = 0, \quad r > a \Big\}$$

したがって (19-6) より

$$C = 2\pi \int_0^a J_0(Rr) r dr = 2\pi a^2 \frac{J_1(aR)}{aR}, \quad S = 0 \quad (19\text{-}10)$$

したがって像面の振幅は (18-19) へこれを代入し

$$kD_0 = \frac{\pi \rho^2}{\lambda b} = \frac{b}{2k} R^2$$

であるから

$$u = u_0 \frac{2\pi a^2}{i \lambda \bar{f}} \left\{ \exp\left(i \frac{b}{2k} R^2\right) \right\} \frac{J_1(aR)}{aR} \quad (19\text{-}11)$$

$$\therefore \quad I(R) = I_0 \left(\frac{\pi a^2}{\lambda \bar{f}}\right)^2 \left(\frac{2J_1(aR)}{aR}\right)^2 \quad (19\text{-}12)$$

あるいは

$$\lim_{R \to 0} \frac{J_1(aR)}{R} = \frac{a}{2}$$

を用い中心を 1 と正規化すれば

$$I(R) = \left(\frac{2J_1(aR)}{aR}\right)^2 \quad (19\text{-}13)$$

したがって強度は $J_1(aR)$ と同じ周期で変るもので図 19-1 のようなものとなる．位相の項は強度のときは全く関係ないが，$\frac{b}{2k} R^2$ は aR よりきわめて大きいから ($\because \lambda \bar{f}/a^2 \gg 1$)，位相は中心からの距離により (強度に比べ) きわめて早く変る．このことは回折光にバックグラウンドとなる光を加えてそれとの干渉を観測するとわかる．

強度の極大は

$$\frac{d}{dR}\left(\frac{J_1(R)}{R}\right) = -\frac{J_2(R)}{R} = 0 \quad \therefore \quad J_2(R) = 0$$

の根のところで，その値は表 19-1 に与えてある．中心の回折像 (0 次回折像) をとりまく高次の回折環をハロというが，この強さは最も強いところでも中心のそれの 2% 以下であるので多くの場合回折像は中心の円盤状のもののみと考えてよく，これを最初に計算した人の名をとりエアリーの円盤という．この大きさとして最初に $I=0$ になる半径 ρ_0 をとれば表 19-1 から

$$aR_0 = \frac{2\pi a}{\lambda b} \rho_0 = 1.22\pi = 3.83$$

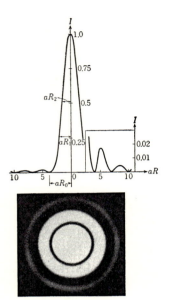

図 19-1

$$\therefore \quad \rho_0 = 0.61 \frac{b}{a} \lambda \tag{19-14}$$

$$\left.\begin{array}{ll} 振幅が中心の 1/2 になるところ & aR_1 = 2.212 \quad (\rho_1 = 0.59\rho_0) \\ 強度が中心の 1/2 になるところ & aR_2 = 1.620 \quad (\rho_2 = 0.36\rho_0) \end{array}\right\} \tag{19-15}$$

中心から半径 ρ の範囲に含まれる光量は (19-13) より

$$Q(R) \sim \int_0^{2\pi} \int_0^R I(R) R dR d\omega$$
$$= \frac{8\pi}{a^2} \int_0^R \frac{J_1^2(aR)}{R} dR = \frac{4\pi}{a^2} \{1 - J_0^2(aR) - J_1^2(aR)\}$$

したがって半径 ρ の円の内にある光量の全光量に対する比(これを encircled energy という)は

$$\gamma(R) = \frac{Q(R)}{Q(\infty)} = 1 - \{J_0^2(aR) + J_1^2(aR)\}$$

これを aR を横軸として描いてみると図 19-2[1]の実線 ($\beta=0$) のようになる ($\beta \neq 0$ は輪帯開口のとき,これについては §19-4(a) 参照).エアリーの円盤の半径を R_0 とすれば

---

1) 長岡半太郎: Phil. Mag. **45**(1898)9 ($\beta=0$), H. Riesenberg: Jenaer Jahrbuch(VEB Carl Zeiss, 1956)30 ($\beta=0.2\sim0.8$).

表 19-1

aR	$u=\dfrac{2J_1(aR)}{aR}$	u^2	aR	u	u^2
0.0	+1.0000	100.00%	6.4	−0.0567	0.32%
0.2	+0.9950	99.00	6.6	−0.0379	0.14
0.4	+0.9801	96.07	6.8	−0.0192	0.04
0.6	+0.9557	91.54	7.0	−0.0013	0.00
0.8	+0.9221	85.03	7.0156	0	0
1.0	+0.8801	77.46	7.2	+0.0151	0.03
1.2	+0.8305	68.97	7.4	+0.0296	0.09
1.4	+0.7742	59.94	7.6	+0.0419	0.18
1.6	+0.7124	50.75	7.8	+0.0516	0.27
1.8	+0.6461	41.75	8.0	+0.0587	0.34
2.0	+0.5767	33.26	8.2	+0.0629	0.40
2.2	+0.5043	25.55	8.4	+0.0645	0.42
2.4	+0.4335	18.79	8.4172	+0.0645	0.42 (max)
2.6	+0.3622	13.12	8.6	+0.0634	0.40
2.8	+0.2926	8.56	8.8	+0.0600	0.36
3.0	+0.2260	5.11	9.0	+0.0545	0.30
3.2	+0.1633	2.67	9.2	+0.0473	0.22
3.4	+0.1054	1.11	9.4	+0.0386	0.15
3.6	+0.0530	0.28	9.6	+0.0291	0.08
3.8	+0.0067	0.004	9.8	+0.0189	0.04
3.8317	0	0	10.0	+0.0087	0.01
4.0	−0.0330	0.11	10.1735	0	0
4.2	−0.0660	0.44	10.2	−0.0013	0.00
4.4	−0.0922	0.85	10.4	−0.0107	0.01
4.6	−0.1115	1.24	10.6	−0.0191	0.04
4.8	−0.1244	1.55	10.8	−0.0263	0.07
5.0	−0.1310	1.72	11.0	−0.0321	0.10
5.1356	−0.1323	1.75 (min)	11.2	−0.0345	0.12
5.2	−0.1320	1.74	11.4	−0.0379	0.14
5.4	−0.1279	1.64	11.6	−0.0400	0.16
5.6	−0.1194	1.53	11.6198	−0.0400	0.16 (min)
5.8	−0.1073	1.15	11.8	−0.0394	0.15
6.0	−0.0922	0.85	12.0	−0.0372	0.14
6.2	−0.0751	0.56			

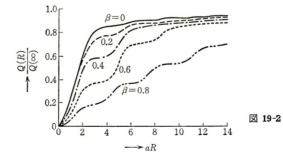

図 19-2

$$aR_0 = 1.22\pi, \quad J_0{}^2(1.22\pi) = 0.162, \quad J_1{}^2(1.22\pi) = 0$$
$$\therefore \quad \gamma(R_0) = 0.838$$

すなわち全光量の84%近くがエアリーの円盤に含まれている．中心から十分遠いところでは振幅はベッセル関数の漸近展開を用い，

$$\frac{2J_1(aR)}{aR} = \frac{2}{aR}\sqrt{\frac{2}{\pi aR}}\sin\left(aR - \frac{\pi}{4}\right)$$

したがって回折環の極大は等間隔となり極大の強度は $1/\rho^3$ に比例して減少していく．

(c) **小粒子の回折像**

回折像と開口の大きさとの間には前節で述べたような一定の関係があるからこれを利用して回折像から孔の大きさが測れる．しかも孔が小さければ小さいほど回折像は大きくなるから小さい孔の測定には都合がよい．また次に述べるバビネの定理を用いれば小粒子の大きさも測れる．

(i) **バビネの定理** 小さい粒子による回折像の振幅 u_1 は粒子がないときの振幅を u_0，粒子と同じ大きさと形の小孔による回折像を u とすれば

$$u_1 = u_0 - u$$

粒子は空中に浮遊する霧滴のようなものであるとしこれが平行光線で照らされているとする．これをレンズ等で収斂させその焦点面におけるフラウンホーフェル回折像を見ているとすれば，レンズの半径は十分大きいとして u_0 は光源像の近傍を除いては殆んど0であるからここを除き

$$u_1 = -u \quad \therefore \quad |u_1|^2 = |u|^2$$

すなわち回折像は(光源像以外は)同じ大きさと形の小孔のそれで，これから'相補的な開口の回折像の強度分布は(光源像付近を除き)同じものである'といえる．これをバビネの定理という．

(ii) **大きさの測定** 曇天の日太陽または月の周囲に明るい環ができることはよく知られており，このうちその視半径の小さいもの(2～3°，きわめて大きいもので5°以下)は霧滴または上空の氷片による回折で生じるもので光環(corona；月光冠，日光冠ともいう)と呼ぶ．これらの回折像は同一大きさの小孔によるものと同じであり(バビネの定理)，その位置に関係なく(§19-2(a)，開口の平行移動の定理)，かつ粒子の分布が全くランダムであれば強度で重なり合い，粒子の数を N とすれば N 倍の明るいものとなる．粒子(小円盤と見なす)の大きさは光源を点と考えてよければ(19-13)から直ちに求められ，大きさが

不揃いで回折環が拡がっているときはその強度から粒子の大きさの平均値，拡がり方からその分布が求められる．しかし太陽または月は点光源と見なすことはできず拡がった光源による回折(§19-6参照)となり計算は複雑である．

そこで図19-3(A)のようにして人工の点光源を用い望遠鏡で(または肉眼ならピントを∞に合わせて)見れば全く同じ原理で，その回折環の大きさから血球，リコポディウムその他小さい円形粒子が多数あるときの粒子の個数の重価平均をとった半径を測ることができる(不定形粒子例えばレンズの荒摺りに用いられるカーボランダムの粒子等でもその各方向を平均した半径が求められそうであるが著者の試みでは不成功であった)．前記の方法では粒子の半径の平均値は求められるが個々の値は求められない．このときは図19-3(B)のようにして顕微鏡で回折像を観測する．バックの光 u_0 は全視野に一様に拡がる $u_0=$ const. であり，これが円板による回折光 u と干渉する．光源が∞にあるとして粒子から像面までを f とすれば，u は(19-11)で $b \to f$ とおいたものであるから $\lambda f/a^2 = \tau$ とおいて

$$u_1 = u_0 - u = u_0 \left\{ 1 + i\frac{2\pi}{\tau} \exp\left[i\frac{\tau}{4\pi}(aR)^2\right] \frac{J_1(aR)}{aR} \right\} \tag{19-16}$$

$$\text{ただし} \quad R = \frac{2\pi}{\lambda f}\rho$$

これを求め $|u_1/u_0|^2 = I/I_0$ をグラフに描くと図 19-4[1] の実線のようになる．破線は $(2J_1(aR)/aR)^2$ であるが，$J_1(aR)$ はその0点前後で符号を変えるから図の矢印のように極大(または極小)が二つ続く点の中間の0点では $J_1(aR) = 0$，すなわち $aR = 1.22\pi$ のところで，これがはっきりわかるのでこれから個々の粒子の半径が正しく求められる．種々の像面で I/I_0 を求めこれの等しい点の軌跡を描いたものはトムソンが与えている[2]．

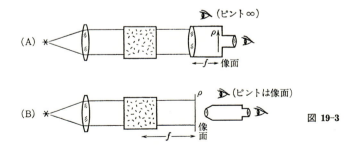

図 19-3

---

[1] G. P. Parrent & B. J. Thompson : Optica Acta **11**(1964)183.
[2] B. J. Thompson : Japan J. appl. Phys. **4** suppl. 1(1965)302.

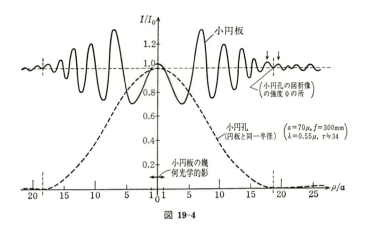

図 19-4

§19-2 回折像の一般的性質

回折像の振幅を与えるフーリエ変換(19-2)または(19-3)からただちに導ける回折像の一般的性質を示しておこう．ただし開口には吸収や位相の変化を与えるものがないとする．

(a) 開口の平行移動

'開口がそのまま平行移動しても回折像の強度分布は変らない．' この証明は次のようにする．すなわち ξ, η 軸に沿っての移動量を a, b とすれば移動後の瞳関数は

$$F(\xi-a, \eta-b)$$

したがって(19-2)により

$$C+iS = \iint_{-\infty}^{\infty} F(\xi-a, \eta-b) \exp[-i(X\xi+Y\eta)]d\xi d\eta$$

$$= \exp[-i(aX+bY)] \iint_{-\infty}^{\infty} F(\bar{\xi}, \bar{\eta}) \exp[-i(X\bar{\xi}+Y\bar{\eta})]d\bar{\xi}d\bar{\eta}$$

ただし $\xi-a=\bar{\xi}, \quad \eta-b=\bar{\eta}$

これは絶対値が 1 の比例常数を除いて(19-2)と同じであり，したがって(位相は変るが)強度分布は不変である．

(b) 開口の点対称性

'開口に点対称性があれば回折像には縞模様が出る．' 回折像の強度は $I \sim C^2+S^2$ で与えられるからこれが 0 のためには C, S ともに 0 でなければならない．C または S のそれぞ

れが 0 の軌跡は曲線であるから強度 0 のところはその交点すなわち'点'である．しかるに開口が原点に対し対称であれば $F(r,\varphi)=F(r,\varphi+\pi)$ であるから (19-6) により

$$S=\int_0^{2\pi}\int_0^\infty F(r,\varphi)\sin[Rr\cos(\varphi-\omega)]rdrd\varphi\equiv 0$$

したがって強度 0 の軌跡は $C=0$ で表わされる曲線であり回折像には縞模様ができる．図 19-5[1] (A), (B) はその例で下段の図が開口，上段の写真が回折像である．

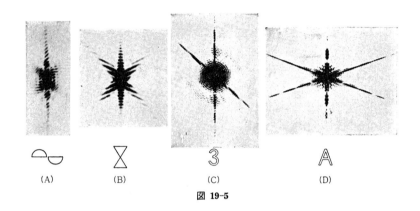

図 19-5

(c) 回折像の点対称性

'どのような形の開口の回折像でも原点(光源の幾何光学的像)を中心に π 回転すれば重ね合わすことができる．'

(19-5) は像面の角座標 ω を $\cos(\varphi-\omega)$ の形でのみ含むから π の回転に対し

$$C(\omega-\pi)=C(\omega),\quad S(\omega-\pi)=-S(\omega)$$

$$\therefore\quad I(\omega-\pi)=C^2(\omega-\pi)+S^2(\omega-\pi)=C^2(\omega)+S^2(\omega)=I(\omega)$$

例えば図 19-5(C) のような不規則な形(数字の 3)を開口とする回折像でも原点を中心に π 回転すれば同一図形を与える．

(d) 線対称性

'開口が或る直線について対称であれば回折像は原点を通りこれと平行ならびに垂直の二つの直線に対し対称である．' 直線 AB を像面上で原点を通り開口の対称線 l と平行に引

---

1) (A), (B) S. Scheiner & S. Hirayama : Abh. könig. Akad. Wiss. Berlin, Anhang-I. (C), (D) レーザー光による (Mr. J. F. Bryant (U. S. Navy Ee. Lab.) の御厚意による).

いた直線とし，P, Q を像面上で l に対し対称の点とすれば P, Q は(対称性から)同一強度である．しかるに(c)によりこれらを原点を中心として π 回転し P, Q がそれぞれ P′, Q′ にきたとすれば，これは P, Q と同一強度であるから，P, Q および P′, Q′ の四点は同一強度となり，結局強度分布は AB に直角のもう一つの直線 A′B′ についても対称である．したがって開口が m 本の直線に対し対称であれば回折像は原点を通る $2m$ 本の直線に対し対称である．下記の諸図はその例である．

表 19-2

開口の形	対称性(m)	回 折 像
二つの半円および ３ の字	$m=0$	図 19-5(A), (C)
Ａ の 字	1	図 19-5(D)
半 円	1	図 19-14
扇 形	1	図 19-13
二つの三角形	2	図 19-5(B)
扁 円	2	図 19-6(C)
正 三 角 形	3	図 19-15
三 矢 型	3	図 19-16
正 五 角 形	3	図 19-6(A)
正 六 角 形	4	図 19-6(B)

ただし m が偶数の場合は $2m$ 本の直線のうち二つずつが同一のものとなり m 本について対称となることもあるので，m の数が多くても偶数の m のものの方が奇数のものより干渉図形は簡単である(例えば図 19-6[1])(A), (B)をくらべよ)．したがって写真機でも絞りの

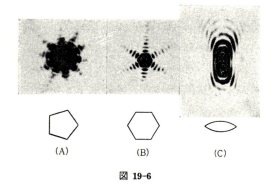

図 19-6

---

1) (A), (B) S. Scheiner & S. Hirayama: 前出; (C) J. F. Bryant: 前出.

回折のために方向性が出にくいようにシャッターの羽根の枚数を奇数としてある.

(e) 対称軸上の強度

開口の形が線対称の場合は対称軸を ξ 軸にとり開口を
$$\eta = \pm f(\xi), \qquad |\xi| \leqslant 1$$
で表わし，像面にこれと平行に x, y 軸をとれば回折像は
$$u(x, y) = \int_{-\infty}^{\infty} d\xi \int_{-f(\xi)}^{f(\xi)} \exp[-i(X\xi + Y\eta)] d\eta$$
x 軸上の回折像は $Y=0$ とおいて
$$u(x, 0) = \int_{-\infty}^{\infty} f(\xi) \exp(-iX\xi) d\xi$$
すなわち $f(\xi)$ のフーリエ変換である.

(f) 相反性

'曲線 $F(\xi, \eta) =$ const. で囲まれた開口の回折像を $U(X, Y)$ とすれば曲線 $F(\xi/A, \eta/B) =$ const. で囲まれた開口の回折像 $U'(X, Y)$ は
$$|U'(X, Y)|^2 = (AB)^2 |U(AX, BY)|^2$$
である.'

(19-2) により $F(\xi, \eta)$ をこの曲線内で 1，その外では 0 を表わすとして
$$U(X, Y) = \iint_{-\infty}^{\infty} F(\xi, \eta) \exp[-i(X\xi + Y\eta)] d\xi d\eta$$
$$U'(X, Y) = \iint_{-\infty}^{\infty} F\left(\frac{\xi}{A}, \frac{\eta}{B}\right) \exp[-i(X\xi + Y\eta)] d\xi d\eta$$
いま
$$\frac{\xi}{A} = \xi', \qquad \frac{\eta}{B} = \eta'$$
とおけば
$$U'(X, Y) = AB \iint_{-\infty}^{\infty} F(\xi', \eta') \exp[-i(AX\xi' + BY\eta')] d\xi' d\eta'$$
$$= AB \cdot U(AX, BY)$$
$$\therefore \quad |U'(X, Y)|^2 = (AB)^2 |U(AX, BY)|^2$$
したがって開口の幅がある方向で $1/A$ となれば回折像はその方向へ A 倍拡がったものとなる.

開口が楕円形でその方程式が

$$\frac{\xi^2}{A^2}+\frac{\eta^2}{B^2}=1$$

であれば回折像の強度分布は開口の半径をaとして

$$I=\left(\frac{2J_1(aR)}{aR}\right)^2$$

ただし　$R^2=A^2X^2+B^2Y^2$

すなわち縦に長い楕円開口の回折像は横に長い同心楕円群である．したがってレンズの開口などが口径蝕により図19-6(C)のような扁平なものとなれば回折像は幅の狭い方向に伸びた図のようなものとなる．

(g) 回折像の色

点光源による回折像の強度分布を与える式は波長を含むから白色光源を用いれば回折像は着色する．これについてはあまり具体的な記述がなく，霧滴の場合内側は青味，白味あるいは黄味，外側は赤，……といった程度のものであるが，これは§14-3でしたように色彩論を用いて正確に表わせる．例えば円形開口(または小円盤)の回折像の色は(19-13)の$I(R)$を(14-7)の反射率の代りに代入し(X,Y,Z)をRの関数として求めればよい[1]．これは図19-7に与えてあるが，Rが十分大きいところではベッセル関数の漸近展開により

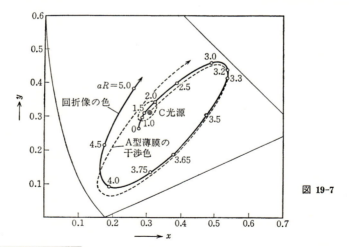

図 19-7

---

1) これは霧滴の大きさが波長の数倍以上のときでこれより小さいものではキルヒホッフの式が用いられない．このようなときの干渉色(スリット)については，清水嘉重郎：機械試験所報告 21 (1967) 55 に詳しい計算がある．

$$\left(\frac{2J_1(aR)}{aR}\right)^2 \doteqdot \frac{8}{\pi}\left\{\frac{\cos\left(aR-\frac{3}{4}\pi\right)}{aR\sqrt{aR}}\right\}^2$$

となるから回折像の半径方向の色の変化は(14-10)で与えた A 型の薄膜の色と殆んど同じである[1]．

§19-3　周期的開口の回折像

前節においてはフラウンホーフェルの回折像がフーリエ変換で表わされることから，開口が単一の場合の回折像の一般的性質を導いた．開口が多数の場合その配列がランダムであれば回折像の強度分布は§5-1で述べたことにより一つの開口のそれに等しいが，開口が規則正しく並んでいる場合にはいわゆる回折格子の回折像となる．これについて開口が互いに平行のスリット群の場合を§4で詳述したが同所では各スリットは無限に細いとした．しかし実際のスリットは有限の幅を有するのでこのようなものの回折像を周期的開口の一般論により調べてみよう．

(a) 基本の式

まずフーリエ変換の性質から格子の回折像の一般的性質を導いておこう．ただしここでいうフーリエ変換とは簡単のため一次元の問題とし

$$G(X) = C(X) + iS(X) = \int_{-\infty}^{\infty} F(\xi)\exp(-iX\xi)d\xi \quad (19\text{-}17)$$

であるとする．

(I)　$F(\xi)$ のフーリエ変換を $G(X)$ とすれば

　　$F(\xi-d)$ のフーリエ変換は $G(X)\exp(-idX)$ である．

(II)　$F_1(\xi), F_2(\xi)$ のフーリエ変換を $G_1(X), G_2(X)$ とすれば

　　$F(\xi) = F_1(\xi) + \alpha F_2(\xi)$ のフーリエ変換は $G(X) = G_1(X) + \alpha G_2(X)$ である．

(III)　$F_1(\xi), F_2(\xi)$ のフーリエ変換を $G_1(X), G_2(X)$ とすれば

$$f(\xi) = \int_{-\infty}^{\infty} F_1(\xi-z)F_2(z)dz \quad (19\text{-}18)$$

のフーリエ変換は

$$g(X) = G_1(X)G_2(X) \quad (19\text{-}19)$$

である．

---

[1]　遠藤毅：応用物理 **29**(1960)716．

(I) の証明は容易で，(19-17) で $\xi-d=u$ とおけば

$$\int_{-\infty}^{\infty} F(\xi-d)\exp(-i\xi X)d\xi = \exp(-idX)\int_{-\infty}^{\infty} F(u)\exp(-iuX)du = G(X)\exp(-idX)$$

(II) は証明するまでもなくフーリエ変換は線型であるといわれるものである．

(III) の証明は (19-17) で $\xi-z=u$ とおけば

$$\int_{-\infty}^{\infty} f(\xi)\exp(-iX\xi)d\xi = \iint_{-\infty}^{\infty} F_1(\xi-z)F_2(z)\exp(-iX\xi)d\xi dz$$

$$= \int_{-\infty}^{\infty} F_1(\xi-z)\exp[-i(\xi-z)X]d\xi \int_{-\infty}^{\infty} F_2(z)\exp(-iXz)dz$$

$$= \int_{-\infty}^{\infty} F_1(u)\exp(-iuX)du \int_{-\infty}^{\infty} F_2(z)\exp(-iXz)dz$$

$$= G_1(X)G_2(X)$$

これは形の上での式の変化を追ったのみであるが，$F(\xi)$ がこの変域で絶対積分可能[1]であれば上式が成り立つことが証明でき，(III) をフーリエ積分のたたみ込み (convolution) の定理という．

(b) 複スリットの回折像

まず最も簡単な複スリットの場合から論じよう．幅 $2a$ の無限に長いスリットが二つ中心間隔 l で並んでいるとすれば，その中点を原点としスリットに平行に η 軸，これと直角に ξ 軸をとれば，原点を中点とする幅 $2a$ の一つのスリットの瞳関数を $F(\xi)$ として，いまの場合の瞳関数は

$$f(\xi) = F\left(\xi+\frac{l}{2}\right)+F\left(\xi-\frac{l}{2}\right)$$

$F(\xi)$ の回折像を $G(X)$ とすれば定理 (I), (II) により回折像の振幅は

$$g(X) = G(X)\left\{\exp\left(i\frac{lX}{2}\right)+\exp\left(-i\frac{lX}{2}\right)\right\}$$

すなわち

$$g(X) = 2\cos\left(\frac{lX}{2}\right)G(X)$$

しかるに $G(X)$ は幅 $2a$ のスリットの回折像であるから (18-26) より

$$G(X) = \frac{\sin aX}{aX}$$

---

[1] 絶対積分可能 $\int_{-\infty}^{\infty}|F|d\xi < \infty$．

$$\therefore \quad g(X) = 2\cos\left(\frac{lX}{2}\right)\frac{\sin aX}{aX}$$

$\cos(lX/2)$ は§3により間隔 l の無限に細い複スリットの干渉縞であるから,'中心間隔 l, 幅 $2a$ の複スリットの回折像は,間隔 l の無限に細い複スリットの干渉縞を幅 $2a$ のスリットの回折像で変調したもの'であり,例えば $N=2$ のときは図 19-8(上から二番目)のようになる.

(c) 格子の回折像

幅 $2a$ のスリットの瞳関数を $F(\xi)$ とすればこれが N 個,間隔 l で並んでいるときの瞳関数は

$$f(\xi) = \sum_{m=0}^{N-1} F(\xi - ml) \tag{19-20}$$

この回折像は定理 (I), (II) により一つのスリットの回折像を $G(X)$ として

$$g(X) = G(X)\sum_{m=0}^{N-1} \exp(-imlX) \tag{19-21}$$

しかるに (4-10) により

$$\sum_{m=0}^{N-1} \exp(-imlX) = \frac{1-\exp(-iNlX)}{1-\exp(-ilX)} = \exp\left[-i(N-1)\frac{l}{2}X\right]\left(\frac{\sin\frac{N}{2}lX}{\sin\frac{l}{2}X}\right)$$

$$\therefore \quad g(X) = \frac{\sin aX}{aX}\frac{\sin\frac{N}{2}lX}{\sin\frac{l}{2}X}\exp\left[-i(N-1)\frac{l}{2}X\right]$$

したがって強度分布は

$$I(X) = \left(\frac{\sin aX}{aX}\right)^2\left(\frac{\sin\frac{N}{2}lX}{\sin\frac{l}{2}X}\right)^2 \tag{19-22}$$

これは (4-11) と同じ形の曲線で,ただその包絡線が $\left(\frac{\sin aX}{aX}\right)^2$ となっているだけであるから複スリットの場合と同じく'無限に細い,N 個のスリットによる干渉縞(図 19-8 点線)が一つのスリットの回折像(同図鎖線)により変調されているもの'にほかならない.$N=2,\cdots,5$ のときをグラフに描いてみると図 19-8 の実線のようになる.各回折像の幅および極大の間隔は

$$\text{幅:} \quad \varDelta X = \frac{2\pi}{Nl}$$

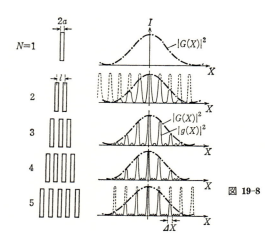

図 19-8

極大の間隔： $\delta X = \dfrac{2\pi}{l}$

これは間隔 l の無限に細い，N 個のスリットの回折像と同じであり，事実(19-20)は原点を中心とする幅 $2a$ のスリットの瞳関数 $F(\xi)$ と，間隔 l の無限に細いスリット群の瞳関数 $F'(\xi) = \sum_{m} \delta(z-ml)$ のたたみ込み

$$f(\xi) = \int F(\xi-z) F'(z) dz = \sum_{m} F(\xi-ml)$$

であるから，定理(III)によりその回折像はそれぞれの回折像の積であるから上のことが成り立つのは当然である．一般に任意の形の開口が周期的に並んでいるときの回折像は無限に細い N 個のスリットによる干渉縞を一つの開口の回折像により振幅変調したものである．開口の数が多くなればなるほど回折像は鋭くなる．

(d) 無限に拡がった格子

図 19-9(A)の左図のように格子が左右に無限に拡がっているときは単に(19-22)で $N=\infty$ とおくと光量が ∞ となり数学的に取り扱えなくなるので各格子の前に吸収を与えるものがあるとし m 番目の格子の振幅透過率を $t^{|m|}$ とする．そうすれば瞳関数(19-20)は

$$f(\xi) = \sum_{m=-\infty}^{\infty} t^{|m|} F(\xi-ml) \qquad (t<1)$$

したがって回折像は(19-21)と同様にして

§19 フラウンホーフェルの回折

$$g(X) = G(X) \sum_{m=-\infty}^{\infty} t^{|m|} \exp(-imlX), \quad G(X) = \frac{\sin aX}{aX}$$

これは無限等比級数の和の公式を用い

$$\sum_{m=-\infty}^{\infty} t^{|m|} \exp(-imlX) = \sum_{m=0}^{\infty} t^{|m|} \exp(-imlX) + \sum_{m=0}^{\infty} t^{|m|} \exp(imlX) - 1$$

$$= \frac{1-t^2}{1-2t\cos lX + t^2} \tag{19-23}$$

$$\therefore \quad g(X) = \left(\frac{\sin aX}{aX}\right)\left(\frac{1-t^2}{1-2t\cos lX + t^2}\right)$$

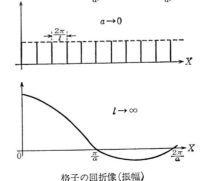

(A) $l = 10a$

(B) $l' = 20a$

(C) $l = 20a'$

(D) $a \to 0$

(E) $l \to \infty$

格子　　　格子の回折像(振幅)

図 19-9

(19-23)はくり返し反射干渉と同じ無限多波干渉であるから(4-22)と同じ形の式で，これを幅 $2a$ のスリットの回折像 $\sin aX/aX$ で振幅変調したものである[1]．したがって図 4-6 から $t \to 1$ になるにしたがい m を整数とし $X_m = 2m\pi/l$ の付近で鋭い回折像を与えるであろうことは想像できる．$t=1$ のときは(19-23)は不定形となるので分子，分母を微分してから $t=1$ とおけば

$$\lim_{t \to 1} \frac{1-t^2}{1-2t\cos lX + t^2} = \frac{1}{2\sin^2 \frac{l}{2}X} \tag{19-23}'$$

の形となるから，$X_m = 2m\pi/l$ のところできわめて鋭い極大を持ち図 19-9(A) の右側の図のように $\sin aX/aX$ (破線)を包絡線とする不連続(輝線)スペクトルと考えてよい．その間隔と振幅は

$$\Delta X = \frac{2\pi}{l}$$

$$g(X_m) = \frac{\sin aX_m}{aX_m} = \frac{\sin m\frac{2\pi a}{l}}{m\frac{2\pi a}{l}} \tag{19-24}$$

したがって格子間隔が大になるほどスペクトルは密になる(同図(B))．

格子間隔を無限大 $l \to \infty$ とすれば極大の間隔は 0 となり包絡線で与えられる連続スペクトルは

$$g_\infty(X) = \frac{\sin aX}{aX}$$

となる．間隔が無限大になることは幅 $2a$ の一つのスリットがあるのと同じであるからこれは当然である(同図(E))．

また同図(B)で包絡線が最初に 0 になるところは $X_0 = \pi/a$ であるから格子が細かくなればなるほどスペクトルは高次まで強度を保持し(同図(C))，$a \to 0$ すなわち無限に細かいスリット群では同図(D)のようにスペクトルは同一強度で無限次まであり，これは図 4-2 で $N=\infty$ としたものにほかならない．

(e) missing order（欠線）

幅が $2a$，間隔 l の格子の回折像(19-22)または(19-23)′ の m 番目の極大は

$$\sin \frac{l}{2}X = 0 \quad \therefore \quad X_m = m\frac{2\pi}{l}$$

---

1) (4-22)はこの式で各スリットの幅が無限大になったものと考えてよい．

しかるに回折像の強度分布の包絡線の m' 番目の 0 は

$$\sin aX = 0 \quad \therefore \quad X_{m'} = m'\frac{\pi}{a}$$

したがって $l/2a$ が二つの整数の比 m/m' であれば m' 番目の回折像は消失する（強度 0 となる）．これを missing order（適当な訳がない．仮に欠線とする）という．したがってこの消失次数 n を数えるのみで a か l のいずれかを知って他を求めることができる．例えば針金で作った篩を格子と考えその回折像を観測すれば，n を数えるのみで（図 19-10 で $n=3$）針金の太さを既知として網目の間隔（この逆数がメッシュ数）を知ることができる．従来の顕微鏡をのぞいて測る方法にくらべきわめて簡単であるのみならず回折像の拡がり（ボケ具合）から網目のそろい方を推定することもできる．

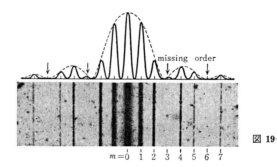

図 19-10

(f) 正弦波格子

透過率が正弦波状に変る格子（正弦波格子）を考える．周期を l とすれば振幅透過率 $T(\xi)$ は

$$T(\xi) = 1+\cos\frac{2\pi}{l}\xi$$

これを垂直に入射する平面波で照らせば $T(\xi)$ を開口面の振幅 $F(\xi)$（瞳関数）として回折像は (19-2) により

$$\begin{aligned}C(x)+iS(x) &= \int_{-\infty}^{\infty}\left(1+\cos\frac{2\pi}{l}\xi\right)\exp(-iX\xi)d\xi \\ &= \int_{-\infty}^{\infty}\exp(-iX\xi)d\xi+\frac{1}{2}\int_{-\infty}^{\infty}\exp\left[-i\left(X+\frac{2\pi}{l}\right)\xi\right]d\xi \\ &\quad +\frac{1}{2}\int_{-\infty}^{\infty}\exp\left[-i\left(X-\frac{2\pi}{l}\right)\xi\right]d\xi\end{aligned}$$

しかるに第一項はディラックのデルタ関数を $\delta(X)$ で表わせば

$$\int_{-\infty}^{\infty} \exp(-iX\xi)d\xi = 2\pi\delta(X)$$

第二，第三項はそれぞれ

$$\int_{-\infty}^{\infty} \exp\left[-i\left(X\pm\frac{2\pi}{l}\right)\xi\right]d\xi = 2\pi\delta\left(X\pm\frac{2\pi}{l}\right)$$

である．したがって正弦波格子は図 19-11 のように 0, ±1 次の三つの回折像があるのみである．

通常の格子はこれをフーリエ級数に展開すれば多数の正弦波格子の集りと見做され，各正弦波格子ごとに異なるところに ±1 次の回折像を作るから，その回折像は無限に多数ある．図 19-11 の下の写真は同一周期の通常の明暗格子の回折像である[1]．

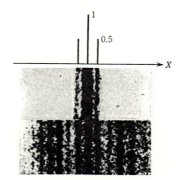

図 19-11

§19-4　特殊の形の開口

(a)　開口の一部を覆ったもの

開口の一部を塞いだ場合の回折像についてはレーレーが最初に研究している[2]．

簡単のためにまず一次元の場合を考え図 19-12(A) のように幅 $2a$ の(上下に無限に長い)スリットの中央部 $2a'$ を塞いだものの回折像は(18-26)の上下限を変えればよく

---

1) W. Ehrenberg: J. Opt. Soc. Am. **39**(1949) 746 (λ=1.5 Å の X 線による)．
2) J. W. S. Rayleigh: Sci. Pap. I p. 422.

§19 フラウンホーフェルの回折

$$C = \int_{-a}^{-a'} \cos(X\xi)d\xi + \int_{a'}^{a} \cos(X\xi)d\xi = \frac{2}{X}(\sin aX - \sin a'X)$$

これは例えば $a'/a=\beta=0.1$ とすると同図(A)のグラフのようになり，一般に中央部を塞ぐと0次回折像は小さくなるが高次回折像が強くなることが判る．

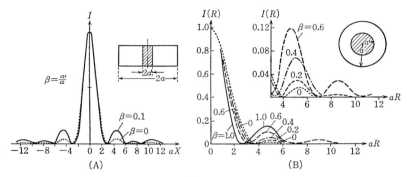

図 19-12

円形開口の中心部を同心の円盤で覆った輪帯開口（図19-12(B)[1]）では回折像は(19-10)の積分を内径 a'，外径 a の間で行なえばよいから

$$C = 2\pi \int_{a'}^{a} J_0(Rr)rdr = 2\pi\left(\int_0^a J_0(Rr)rdr - \int_0^{a'} J_0(Rr)rdr\right)$$

$$= 2\pi\left(a^2\frac{J_1(aR)}{aR} - a'^2\frac{J_1(a'R)}{a'R}\right), \quad S = 0 \tag{19-25}$$

したがって強度分布は中心強度を1に正規化して

$$I_\beta(\rho) = C^2 = \frac{4}{(1-\beta^2)^2}\left(\frac{J_1(aR)}{aR} - \beta^2\frac{J_1(\beta aR)}{\beta aR}\right)^2 \tag{19-26}$$

この値は図19-12(B)に $\beta=0.2, 0.4, 0.6$ のときが示してある（子午面内の強度分布は図21-10参照）．種々の β のときの上式の最小の根すなわち0次回折像の半径は表19-3[2]に，encircled energy（全光量を1に正規化したときの）は図19-2に示してある．β が1に近くなるにつれ0次回折像は小さくなるのでレーレーの意味の解像力は大になり，例えばいままで一つに見えていた連星が分解して見えるようになる．この事実はハーシェルが最初に

---

1) H. Riesenberg : Jenaer Jahrbuch (1956) 60.
2) 鈴木恒子氏の計算による．

表 19-3

β	aR_0 (四桁目切捨)
0	3.831
0.1	3.785
0.2	3.664
0.3	3.501
0.4	3.322
0.5	3.144
0.6	2.973
0.7	2.934
0.8	2.666
0.9	2.530
lim 1.0	2.404

気付き彼はいつも望遠鏡の中央部を紙片で塞いで使っていたという[1]．しかし高次回折像が強くなるので写像性能は必ずしもよくなっているとはいえない(§24-3 参照)．

きわめて幅の狭い輪帯の幅が無限に狭くなったときの回折像は(19-25)で $\beta \to 1$ とした極限値として求めてもよいが，半径 a，幅 dr の輪帯の回折像の振幅は(19-10)より

$$dC = 2\pi J_0(aR)adr$$

であるから回折像の強度は

$$dI = (dC)^2 = I_0(J_0(aR))^2 \qquad (19\text{-}27)$$

これは $I_0=1$ として図 19-12(B)に実線で示してある．

(b) 扇形開口

開口が扇形のときの回折像は種々の頂角 $2\varphi_0$ について図 19-13 のようになる[2]．この強度分布を求めるには扇の頂点を原点とし垂直(対称)軸から φ を測れば瞳関数は

$$\left. \begin{array}{l} F(\varphi) = 1, \quad |\varphi| \leqslant \varphi_0, \ r \leqslant a \\ = 0, \quad \text{その他のところ} \end{array} \right\} \qquad (19\text{-}28)$$

これをフーリエ級数に展開すれば

$$F(\varphi) = \sum_{n=-\infty}^{\infty} \alpha_n \exp(-in\varphi)$$

ただし $\quad \alpha_n = \dfrac{1}{2\pi} \displaystyle\int_{-\varphi_0}^{\varphi_0} \exp(in\varphi)d\varphi$

これを(19-5)へ代入すれば

---

1) J. W. S. Rayleigh：前出，p. 417.
2) A. I. Mahan *et al*.：Japan J. appl. Phys. **4** suppl. 1(1965)276.

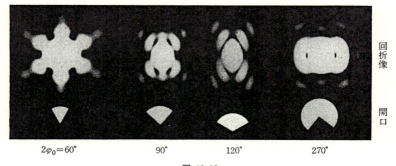

図 19-13

$$C+iS = \sum_{n=-\infty}^{\infty} \alpha_n \int_0^{2\pi} \int_0^a \exp[-i(n\varphi + Rr\cos(\varphi-\omega))]r dr d\varphi$$
$$= 2\pi \sum (i)^n \alpha_n \exp in\omega \int_0^a J_n(Rr) r dr \tag{19-29}$$

これをベッセル関数の積分公式

$$\int_0^a J_n(r) r dr = 2na\left\{\frac{n+1}{n(n+2)}J_{n+1}(a) + \frac{n+3}{(n+2)(n+4)}J_{n+3}(a) + \cdots\right\}$$

で展開すればよい．扇形が変形して $F(\varphi)$ が r も含む $F(r,\varphi)$ となっている開口のときはこれをフーリエ-ベッセル級数に展開して同じ方法で求められる．

半円開口の場合は $\varphi_0 = \pi/2$ とおけば瞳関数のフーリエ係数は

$$\alpha_n = \frac{1}{2\pi}\int_{-\pi/2}^{\pi/2} \exp(in\varphi) d\varphi = \frac{1}{n\pi}\sin\frac{n\pi}{2}$$

したがって(19-29)により

$$\left.\begin{array}{l} C_\pi = \pi a \dfrac{J_1(aR)}{R} \\[2mm] S_\pi = \displaystyle\sum_{n=1}^{\infty} \dfrac{n}{(2n-1)(2n+1)} \dfrac{J_{2n}(aR)}{R} \sum_{m=1}^{n} \cos(2m-1)\omega \end{array}\right\}$$

回折像の写真は図19-14(A)，これから強度を求め5デシベルごとの等強度線を描くと同図(B)のようになる[1]．肉眼の感覚および写真乾板の濃度は強度の対数に比例するからデシベルで等間隔に描くことはこれらに対し等間隔に描いたことになる．半円の底辺に沿っての強度分布は上式で $\omega = \pm\pi/2$ とおくと

---

1) (A) A. I. Mahan : J. Opt. Soc. Am. **54**(1964)721； (B) 斎藤弘義：東大生産技研報告 **9**(1960) No. 3； (C) P. F. Everitt : Proc. Roy. Soc. **A 83**(1909)302.

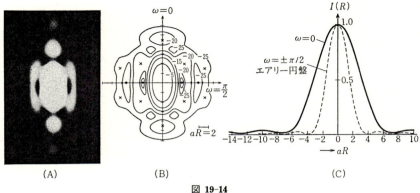

(A)　　　　　(B)　　　　　(C)

図 19-14

$$S_\pi = 0$$
$$\therefore \quad I(R) = C_\pi^2 = (\pi a)^2 \left(\frac{J_1(aR)}{R}\right)^2$$

したがって同一半径の完全な円のそれに等しい．垂直軸に沿っての強度分布は同じ式で $\omega=0$ とおいてもよく，または (19-28) で $\varphi_0 = \pi/2$ としたものを (19-5) へ代入し更に $\omega=0$ とおけば

$$C + iS = \int_0^a \int_{-\pi/2}^{\pi/2} \exp(-iRr\cos\varphi) r\,dr\,d\varphi$$
$$= \int_0^a r\,dr \left\{ \int_0^\pi \cos(Rr\sin\varphi)\,d\varphi - i \int_0^\pi \sin(Rr\sin\varphi)\,d\varphi \right\}$$

しかるに

$$\left. \begin{aligned} \int_0^\pi \cos(Rr\sin\varphi)\,d\varphi &= \pi J_0(Rr) \\ \int_0^\pi \sin(Rr\sin\varphi)\,d\varphi &= \pi \mathrm{H}_0(Rr) \end{aligned} \right\} \tag{19-30}$$

ただし $\mathrm{H}_0(z)$ は 0 次のスツルブの関数である．したがってこれら関数の積分公式で

$$\left. \begin{aligned} C &= \pi \int_0^a J_0(Rr) r\,dr = \pi a^2 \left(\frac{J_1(aR)}{aR}\right) \\ S &= \pi \int_0^a \mathrm{H}_0(Rr) r\,dr = \pi a^2 \left(\frac{\mathrm{H}_1(aR)}{aR}\right) \end{aligned} \right\} \tag{19-31}$$

強度分布 $I = C^2 + S^2 \sim (1/R^2)(J_1^2(aR) + \mathrm{H}_1^2(aR))$ を描くと $\omega = 0$ および $\omega = \pm \pi/2$ の方向

で図 19-14(C) のようになる.

(c) 正三角形開口

高さ h の正三角形 ABC の底辺 BC に沿って ξ 軸をとり頂点 A からこれに下した垂線を η 軸とすれば

$$\left.\begin{array}{ll} \text{辺 AB}: & \dfrac{\eta}{h}+\dfrac{\sqrt{3}\xi}{h}=1 \quad \therefore\ \xi=\dfrac{1}{\sqrt{3}}(h-\eta) \\[2mm] \text{辺 AC}: & \dfrac{\eta}{h}-\dfrac{\sqrt{3}\xi}{h}=1 \quad \therefore\ \xi=-\dfrac{1}{\sqrt{3}}(h-\eta) \end{array}\right\} \quad 0\leq\eta\leq h$$

したがって (19-2) は

$$C+iS=\int_0^h d\eta \int_{-\frac{1}{\sqrt{3}}(h-\eta)}^{\frac{1}{\sqrt{3}}(h-\eta)} \exp\left[-i\frac{2\pi}{\lambda b}(x\xi+y\eta)\right]d\xi$$

$$\frac{2\pi}{\lambda b}x=\sqrt{3}X,\qquad \frac{2\pi}{\lambda b}y=Y$$

とおけば

$$C+iS=\frac{-1}{i\sqrt{3}X}\Big\{\exp(-ihX)\int_0^h \exp[-i(Y-X)\eta]d\eta$$

$$-\exp(ihX)\int_0^h \exp[-i(Y+X)\eta]d\eta\Big\}$$

$$=\frac{-1}{\sqrt{3}X}\Big[\frac{1}{Y-X}\{\exp(-ihY)-\exp(-ihX)\}$$

$$-\frac{1}{Y+X}\{\exp(-ihY)-\exp(ihX)\}\Big]$$

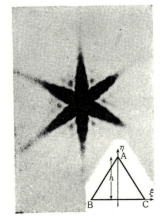

図 **19-15**

$$\therefore \quad I = |C+iS|^2 = \frac{4}{3X^2}\Big\{\frac{1}{(Y-X)^2}\sin^2\frac{h}{2}(Y-X) + \frac{1}{(Y+X)^2}\sin^2\frac{h}{2}(Y+X)$$
$$+2\frac{\cos hX}{Y^2-X^2}\sin\frac{h}{2}(Y-X)\sin\frac{h}{2}(Y+X)\Big\}$$

これは $X=0$ (y 軸上)および $\pm Y=X$ (x 軸と $\pm\pi/6$ の角をなす方向)で極大となり,回折像はこれらの方向に伸びた星型となる(図 19-15).極大の値はこれらの方向の動径を r として $R=\frac{2\pi}{\lambda b}r$ とおき(不定形の極限値をとると)

$$I_{\max} = \frac{16}{3R^2}\Big(\frac{\sin^2(Rh/2)}{R^2} - \frac{h\sin Rh}{2R} + \frac{h^2}{4}\Big)$$

(d) 反射望遠鏡の回折像[1]

図 19-16(A)のように副鏡を支える腕が三本ある反射望遠鏡による明るい星の写真には,同図(B)のように強く輝く放射状の線をともなう.これは副鏡を支える腕の回折によるものである.回折像はバビネの定理(§19-1(c))および平行移動の性質(§19-2(a))により,中心の小円と三本の腕に相当する互いに120°の角をなすスリットの回折像を重ねたものである.中心の小円の半径が腕の幅に比べ大きいとすれば中心から十分遠くでは中心の小円による回折像は弱く三つのスリットによるもののみが残る.腕と直角の方向に x 軸をとれば腕を幅 2ε の平行スリットで近似して

$$u \sim \frac{\sin \varepsilon X}{\varepsilon X} \qquad \Big(X = \frac{2\pi}{\lambda f}x\Big)$$

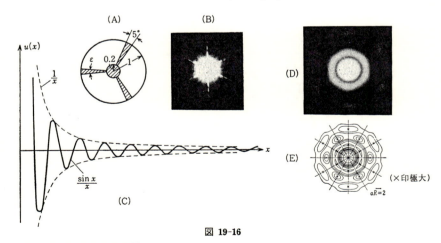

図 19-16

[1] 斎藤弘義:前出.

で与えられ，同図(C)のように遠くまで伸びているから十分の露出を与え中心部をつぶし裾の部分を撮ると写真のように互いに60°をなす6本の直線となる．これは露出を過度にして細く伸びた六本の足を示すようにしたものであるが，中心部はつぶれている．露出を加減し中心部の回折像を示したのが(D)で，腕の角度を5°として計算したこれの等強度線が(E)である．

§19-5 位相差のある開口

(a) 位相差 π の円形開口[1]

円形開口の半分はそのままであるが他の半分に薄膜をつけてこれを通る光の位相を π 変えたもの(図19-17(A))の瞳関数は半径 a の円内で

$$\left.\begin{array}{ll} F(\varphi)=1, & |\varphi|<\dfrac{\pi}{2} \\ \quad =e^{i\pi}=-1, & 残りのところ \end{array}\right\}$$

したがって(19-5)は

$$C+iS = \int_0^a \int_{-\pi/2}^{\pi/2} \exp[-iRr\cos(\varphi-\omega)]rdrd\varphi$$
$$-\int_0^a \int_{\pi/2}^{-\pi/2} \exp[-iRr\cos(\varphi-\omega)]rdrd\varphi$$

したがって

$$C=0, \quad S=-2\int_0^a \int_{-\pi/2}^{\pi/2} \sin[Rr\cos(\varphi-\omega)]rdrd\varphi$$
$$=-2\int_0^a \int_0^{\pi} \sin[Rr\sin(\varphi-\omega)]rdrd\varphi$$

これを数値的に求め5デシベルの間隔でプロットした等強度線および回折像の写真が図19-17(B), (C)に示してある[1]．水平軸($\omega=\pi/2$)に沿っての強度は

$$S_{\omega=\pi/2} = 2\int_0^a rdr \int_0^{\pi} \sin[Rr\cos\varphi]d\varphi = 0$$

したがって写真にも明らかなように中心を通る水平の暗線がある．原点を通る垂直方向の強度は上式で $\omega=0$ とおけば

$$S_{\omega=0} = -2\int_0^a rdr \int_0^{\pi} \sin[Rr\sin\varphi]rdr$$

---

1) 斎藤弘義：前出．

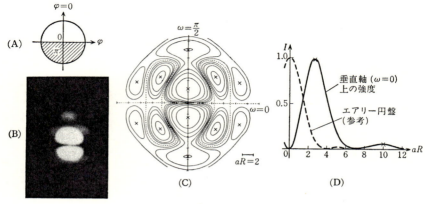

図 19-17

これは(19-30)によりスツルブの関数で表わされ

$$I = |S_{\omega=0}|^2 \sim \left(\frac{\mathrm{H}_1(aR)}{aR}\right)^2$$

これは図 19-17(D) のグラフのようになる．破線は比較のために入れた円形開口の回折像である．

幅 $2a$ のスリットの半分に π の位相差を与えるものがあるとき(一次元の問題)は

$$I = \frac{\sin^2(aR/2)}{aR/2}, \quad \left(R = \frac{2\pi}{\lambda f}\rho\right)$$

となりこれも中心線上では図の実線とほぼ同じ強度分布を与える．

これからわかるように，この暗線はきわめて細いものでスリットまたは点光源の幾何光学的位置を正確に表わしているから，スリットの像(強度の極大)を十字線に合わせるいろいろな測定で像の幅のため測定が不正確になるのにくらべ，この暗線(強度の極小)を用いればはるかに精密な測定ができる．このことは古くストラウブル[1]がすでに気がついていたことであるが，ウォルターによって極小強度法(Minimumstrahlkennzeichnung)として発達させられている[2]．

(b) 偏光顕微鏡における回折像

倍率の大きい顕微鏡の対物レンズの先玉はきわめて大きな曲率の面をもつか，またはそ

---

1) R. Strauble: Ann. Physik **56**(1895)758.
2) H. Wolter: Handbuch der Physik XXIV(Springer, 1956) p. 582.

の法線と大きな角をなして光の入る面があり，この面の入射面に平行の偏光(p 成分)とこれに垂直の偏光(s 成分)に対する反射率が著しく異なるので平面偏光を入射させると偏光面が回転する．このため偏光顕微鏡では対物レンズの前の偏光子と，接眼の後方の検光子の偏光面を直交させておいても——暗黒のはずの——視野に光が洩れる．このときの回折像を調べてみよう．偏光子の振動面と入射面とのなす角を φ とし対物レンズの p および s 成分に対する透過率をそれぞれ t_p, t_s とすれば対物レンズを通った光の振幅は

p 成分： $u_p = t_p \cos \varphi$

s 成分： $u_s = t_s \sin \varphi$

である．t_p, t_s は入射角により変るが入射瞳を中心から r のところを通った光については

$$t_s - t_p = \alpha r^2 + \beta r^4 + \cdots$$

と書ける．第二項以下を省略すれば偏光子と直交する検光子を通ったあとの振幅は

$$F(r, \varphi) = u_s \cos \varphi - u_p \sin \varphi = t_s \sin \varphi \cos \varphi - t_p \cos \varphi \sin \varphi$$

$$= \frac{1}{2} \alpha r^2 \sin 2\varphi$$

この光の作る回折像は $F(r, \varphi)$ を瞳関数とする回折積分を求めればよい．瞳関数に $\sin 2\varphi$ が掛っていることは φ が 90° ごとに符号を変えること，すなわち開口の一象限ごとに位相が π 変ることを意味するから，前節に述べたように回折像は x, y 軸上では強度が 0 で黒い十字線が見えることが予想される．上式を (19-5) へ入れれば

$$S = 0, \quad C = \frac{1}{2} \alpha \int_0^{2\pi} \int_0^a r^2 \sin 2\varphi \exp[-iRr\cos(\varphi - \omega)] r dr d\varphi$$

ただし $R = \dfrac{2\pi}{\lambda b} \rho$

これはベッセル関数の公式により

$$C = \frac{1}{2} \alpha \sin 2\omega \int_0^a r^2 J_2(Rr) r dr \sim \sin 2\omega \frac{J_3(aR)}{aR}$$

これの自乗として強度を求めその等しいところを連ねて等強度線を描くと図 19-18(A) のようになり，回折像は同図 (B) のようで点光源は四つ葉のクローバーのように見える[1]．対角線方向 ($\omega = \pi/4$) の強度分布は $\left(\dfrac{J_3(aR)}{aR}\right)^2$ である．偏光顕微鏡で何も物体がなくても，直交ニコルで点光源を見ているとこのように四つの微小物体があるように見える．したがって拡がりのある光源で複屈折のある物体を見ればさらに複雑な現象を呈することが予想

---

1) H. Kubota & S. Inoue: J. Opt. Soc. Am. **49**(1959)191, 応用物理 **27**(1958)609.

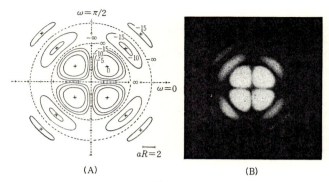

(A)　　　　　　　　(B)

図 19-18

されるから鉱物などを観察するときには十分の注意を要する．

(c) 屋根型プリズムの回折像

屋根型プリズムの屋根の角は技術的には 1″ ぐらいの正確さで作り得るはずのものであるが，どのように正確に作ってもこれの入った光学系の像が y 方向(図 19-19(A))ではややぼける．この原因を究明したところ屋根における全反射の際，位相の飛びが起りその値が入射光の振動面により異なるため自然光を用いると，y 方向では異なる振動面の回折像が少しずつずれて重なり合い回折像の幅が広くなるためであることが明かにされた．

光線を $90°$ 屈曲させる屋根型プリズムについて開口を一辺 $2a$ の正方形としたとき偏光面が反射面と種々の角をなす平面偏光を入射させ，y 方向の回折像の強度を求め，これをすべて重ね合せたもの(自然光の回折像)は図 19-19(B)の点線となるが測定値とよく一致

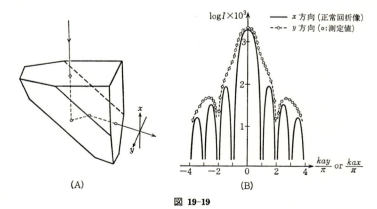

(A)　　　　　　　　(B)

図 19-19

する[1]. x 方向は通常の回折像でこれは同図に実線で示してある. この異常は反射面に銀メッキすることによりさけられ, 回折像はほとんど正常のそれに近くなる. 屋根型プリズムは全反射プリズムであるが精密な目的には銀メッキをして用いるのはこのためである.

§19-6 拡がった光源による回折像

いままでの回折像はすべて点光源から出た光によるもののみを考えたが, 光源が大きさを有するときは光源の各点による回折像が——§6と同じく——強度で重なり合う. その二, 三の例を示しておこう. ただし開口はすべて半径 a の円とする.

(a) 線 光 源

無限に細い線光源の回折像の長さの方向における強度は, 光源の(像の)中央に原点をとり長さの方向に y 軸, これと直角の方向に x 軸をとれば, y における光源(長さ dy)による y 軸上の点 $P'(y')$ の強度は開口から像面までを b として

$$dI(Y') = \left(\frac{2J_1(aS)}{aS}\right)^2 dY$$

ただし $Y = \frac{2\pi}{\lambda b}y, \quad Y' = \frac{2\pi}{\lambda b}y', \quad S = Y - Y'$

したがって光源の長さを $2l$ とすれば

$$I(Y') = \frac{4}{a^2}\int_{-(L+Y')}^{L-Y'}\left(\frac{J_1(aS)}{S}\right)^2 dS$$

ただし $L = \frac{2\pi}{\lambda b}l$

しかるに

$$\int_0^z \frac{J_1^2(S)}{S^2}dS = \left(\frac{J_1(z)}{z}\right)^2 + \frac{2}{3}\left\{J_2^2(z) - J_1(z)J_3(z) + \frac{1}{z}J_1(z)J_2(z)\right\} = G(z)$$

$$\therefore \quad I(Y') = \frac{4}{a}\{G(a(L-Y')) - G(-a(L+Y'))\}$$

光源と直角方向(x 軸上)の強度分布は考える点を $P(x)$ とし y における光源(長さ dy)によるこの点の強度は

$$dI(X) = \left(\frac{2J_1(aR)}{aR}\right)^2 dY$$

ただし $X = \frac{2\pi}{\lambda b}x, \quad R = \sqrt{X^2 + Y^2}$

---

1) A. I. Mahan : J. Opt. Soc. Am. **35**(1945)623, **40**(1950)664; Zeiss Nachrichten **4**(1943)9.

したがって $\sqrt{X^2+L^2}=R_m$ とおけば

$$\therefore \quad I(X) = \int_{-L}^{L}\left(\frac{2J_1(aR)}{aR}\right)^2 dY = \frac{8}{a^2}\int_{X}^{R_m}\frac{J_1{}^2(aR)}{R\sqrt{R^2-X^2}}dR$$

光源が上下に無限に長ければ $(R_m=\infty)$ この積分は(19-31)で与えられたスツルブの関数 $H_1(X)$ を用い

$$I(X) = \frac{4}{a^3}\frac{H_1(2aX)}{X^2} \tag{19-32}$$

と表わされる.

$$\lim_{X\to 0}\frac{H_1(X)}{X^2} = \frac{2}{3\pi}$$

を用い, $I(0)=1$ すなわち光源の(像の)強度を1と正規化すれば

$$I(X) = \frac{3\pi}{8a^2}\frac{H_1(2aX)}{X^2}$$

$H_1(X)$ の表[1]により上式の値を求めグラフにプロットすると図 19-20(A) の実線のようになり, 強度が0になるところがなく点光源の回折像(点線)とは裾の方で異なってくる.

(b) 半無限の面光源

半無限に拡がる面光源の回折像は(19-32)を積分して得られる. 光源のふちと直角に x 軸をとり光源は $x\leqq 0$ に半無限に拡がっているとすれば光源の外側 X_0 のところ $P(X_0)$ の強度は

$$I(X_0) = \frac{4}{a^3}\int_{X_0}^{\infty}\frac{H_1(2aX)}{X^2}dX \tag{19-33}$$

光源の内側 $-X_0'$ のところ $P(-X_0')$ では

$$I(-X_0') = \frac{4}{a^3}\left\{\int_0^{\infty}\frac{H_1(2aX)}{X^2}dX + \int_0^{X_0'}\frac{H_1(2aX)}{X^2}dX\right\}$$

したがって $X_0=X_0'$ のときは

$$I(X_0)+I(-X_0') = \frac{8}{a^3}\int_0^{\infty}\frac{H_1(2aX)}{X^2}dX = \frac{4\pi}{a^2}\text{[2]}$$

すなわち光源の境から内側および外側へ同じ距離 X_0 のところの強度の和は一定であるからいずれかを求めておけばよい. $-X_0'=-\infty$ のときの強度すなわち光源の(像の)強度を

---

1) スツルブの関数およびその表は G. N. Watson: Theory of Bessel Functions (Cambridge, 1922) p.328 (関数), p.666 (数表). このほか表は E. Jahnke & F. Emde: Tables of Functions (Dover, 1945) (ハンケル関数 $Hn(x)$ と混同しないよう).

2) G. N. Watson: 前出.

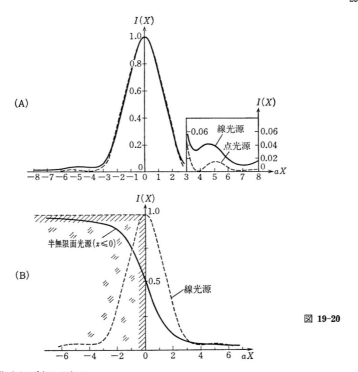

図 19-20

1 と正規化すれば (19-33) は

$$I(X_0) = \frac{1}{\pi a} \int_{X_0}^{\infty} \frac{\mathrm{H}_1(2aX)}{X^2} dX \qquad (19\text{-}34)$$

となり，光源の境 ($X_0=0$) の強度は $I(0)=1/2$ となる．これは半無限の面光源のときであるが，一般に強度 1 で一様に輝く大きな光源の(幾何光学的像の)ふちの強度は $1/2$ とみてよい．(19-34)の値は $\mathrm{H}_1(X)$ を級数に展開し項別積分により求められ[1]，図 19-20(B) の実線のようになる．X_0 が十分大きければ

$$\int_{X_0}^{\infty} \frac{\mathrm{H}_1(2aX)}{X^2} dX \fallingdotseq \frac{2}{\pi X_0}$$

したがって裾の強度は $1/X_0$ に比例し減少する．

　この結果を用いると無限に広い明るい光源の中央に細い幅の上下に無限に長い帯状の暗いところがある光源の像の強度分布なども，この幅の間隔で置かれた二つの相対する半無

---

1) G. M. Byram : J. Opt. Soc. Am. **34** (1944) 571.

限光源の強度分布を重ねれば直ちに求められる[1].

(c) 鋭い角のある光源

図 19-21(A)のような鋭い角をなす光源の像も回折のため図の点線のように丸くなって見える. 頂角が α で二辺が無限に下方まで伸びている三角形光源の頂点の幾何光学的像 P_0 の強度は，三角形内のこれから R のところの小面積 df による強度を $\left(\dfrac{2J_1(aR)}{aR}\right)^2 df$ として $df = R dR d\varphi$ であるから

$$I_\alpha(P_0) = \int_0^\alpha \int_0^\infty \left(\frac{2J_1(aR)}{aR}\right)^2 R dR d\varphi = \frac{2\alpha}{a^2} \qquad (19\text{-}35)$$

$\alpha = \pi$ とおけば半無限面光源のふちの値 $2\pi/a^2$ ((19-33)で $X_0 = 0$ とおいたもの)を与える. 頂点から十分離れたところは半無限の面光源と考えてよく，そのときの面光源からある距離のところの強度は図 19-20(A)から求められるので，頂点の強度と等しいところはふちからどのくらいのところかはわかる. これにより頂点を通る等強度線の大体の形が描けて回折像の形が推定できる. 図 19-21(A)はそれぞれ $\alpha = \pi/12$ および $\pi/2$ の場合で，頂点の強度は(19-34)からそれぞれ $I(P) = \pi/6a^2$ および π/a^2 である. これは図 19-20(B)から半無限平面のふちから $aX = 5.0$ および 1.8 のところの強度であるから，頂点を通る等強度線は図 19-21(A)の実線のようになり，他の部分も破線のようになり頂角の丸められ方が判る. このような鋭角を持つ図形，例えば図 19-21(B)の左の図を縮写するとその角がまるめられ同図の右のようになる. これを防ぐために同図(C)のようにあらかじめ角の外側につのを生やし内側は削っておく. この部分の寸法は縮尺，レンズの開口比により異なるが同図

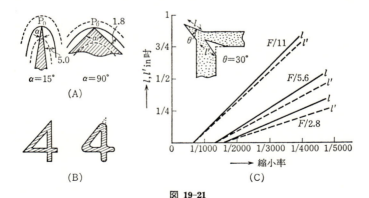

図 19-21

---

1) G. M. Byram: 前出.

§19 フラウンホーフェルの回折

のグラフに示した値とするとよい[1].

(d) 円 形 光 源

円形光源の(円形開口による)回折像は，図 19-22(A) の円を光源の幾何光学的像(中心 O, 半径 t)とし，この中心から x のところ P の強度は小光源 Q(面積 df)によるものの和であるから $\overline{QO}=r$ として

$$I(P) = \iint \left(\frac{2J_1(aS)}{aS}\right)^2 df = \int_0^{2\pi}\int_0^T \left(\frac{2J_1(aS)}{aS}\right)^2 R\,dR\,d\varphi \qquad (19\text{-}36)$$

ただし $\quad S=(X^2+R^2-2RX\cos\varphi)^{1/2}, \quad R=\dfrac{2\pi}{\lambda b}r, \quad X=\dfrac{2\pi}{\lambda b}x$

中心($x=0$，したがって $S=R$)における値は (19-15) の下の式により $T=\dfrac{2\pi}{\lambda b}t$ として

$$I(0) = \frac{4\pi}{a^2}\{1-J_0^2(aT)-J_1^2(aT)\}$$

である．ベッセル関数の加法定理により

$$\frac{J_1(S)}{S} = \frac{2}{XR\sin\varphi}\sum_{m=1}^{\infty} mJ_m(X)J_m(R)\sin m\varphi$$

これを (19-36) へ代入し[2]，ベッセル関数の積分定理および

$$\int_0^{2\pi}\frac{\sin m\varphi \sin m'\varphi}{\sin^2\varphi}d\varphi = \begin{cases} 2m'\pi & (m-m':\text{偶数}) \\ 0 & (m-m':\text{奇数}) \end{cases} \quad m\geqq m'$$

をあわせ用い項別積分で求め，その結果をさらに計算に便利のためべき級数に展開した結

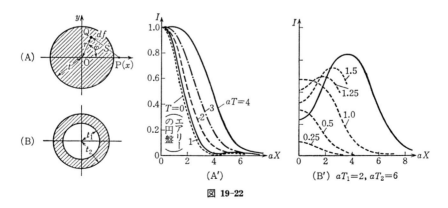

図 19-22

---

1) Kodak Publication : Technique of Microphotography (1963).
2) W. Weinstein : J. Opt. Soc. Am. **45** (1955) 1006.

果は

$$I(X) = \frac{(aT)^2}{\pi\sqrt{1-J_1^2(aT)-J_0^2(aT)}}$$
$$\times\left\{\sum_{m=0}^{\infty}(-1)^m\frac{(aX)^{2m}}{(m!)^2}\left(\sum_{n=0}^{\infty}(-1)^n\frac{\left(n+m+\frac{1}{2}\right)!(aT)^{2n}}{(n+m+1)(n+m+2)!(n+1)!n!}\right)\right\}$$
(19-37)

これを数値的に求めたものは図 19-22(A′) に示してある．

(e) 輪帯状光源

図 19-22(B) のような半径 t_1 および t_2 の二つの同心円に囲まれた蛇の目型の輪帯状光源の場合は，中心から X のところの強度は半径 t_1 および t_2 の円形光源の回折像の強度分布を $I_1(X)$, $I_2(X)$ として

$$I(X) = I_1(X) - I_2(X)$$

$t_1/t_2=1/3$ のときの強度分布をこの方法で求めたものが同図(B′)のグラフで，このような光源を観察したとき中心部に孔があると認められるのは $a \geqslant 1.170\left(\frac{\lambda b}{2\pi t_1}\right)$ のときであるという報告がある．図からこのときの強度の極大と中心強度との差は極大の 3.3% でありこれはセルヴィンの結果と一致する[1]．

このような面倒な積分計算をしなくても電子計算機の発達した今日では，任意の形 Q の光源の円形開口による回折像は光源の一点 Q_j の幾何光学的像より考える点までの距離を R_j として

$$I = \sum_{Q}\left(\frac{2J_1(aR_j)}{aR_j}\right)^2$$

を直接計算した方がよいことも多い．一辺 l の正方形光源の一辺の垂直二等分線上の強度をこの方法で計算した結果によれば l の像の大きさが 0 次回折像の半径の 3 倍以上のときは半無限の光源のそれと見做してよいという結果が与えられている．

(f) 星の太陽面経過

二つの光源が接近するとそれが解像限界より離れていても双方から明るい腕が出て二つをつないだり，二つの影が十分接近すると影が伸びて明るいバックに暗い橋がかかることは日常観察されることである．この現象は天体観測，例えば星の太陽面経過(図 19-23 の写真)で，これから正しい接触，離脱の時刻を知るためにも解明しておく必要がある．同図

---

[1] P. Hariharan : J. Opt. Soc. Am. **45** (1955) 44.

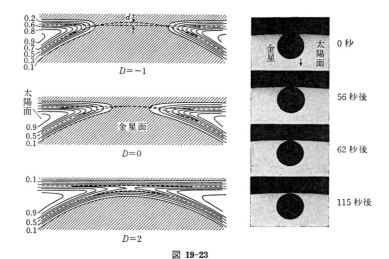

図 19-23

左のグラフはこれを(19-37)を用いて描いた等強度線で,太陽面の明るさを $I=1$ とし星および太陽の視半径 $\rho_1,\ \rho_2$ および相互の間隔 d は望遠鏡の口径比を $2a/f$ として,それぞれ

$$R_1 = \frac{2\pi a}{\lambda f}\rho_1 = 1000, \qquad R_2 = \frac{2\pi a}{\lambda f}\rho_2 = 50, \qquad D = \frac{2\pi a}{\lambda f}d = -1, 0, 2$$

として描いてある[1](金星と太陽の視半径の比は約 20:1).

§20 フレネルの回折

§20-1 円形開口の回折像

(a) 回折積分

光源の共軛面以外の像面における回折像を与える積分では (18-20) の ξ^2 の項を省略できないから被積分関数は二次の指数関数となる.開口に吸収または位相の変化を与えるもの(波面収差)があるときはこれを瞳関数 $F(\xi,\eta)$ で表せば (18-20) を二次元の場合に拡張したものは

$$C+iS = \iint F(\xi,\eta)\exp ik\left(\frac{\xi^2+\eta^2}{2\bar{f}} - \frac{x\xi+y\eta}{b}\right)d\xi d\eta \qquad (20\text{-}1)$$

---

1) 長岡半太郎: Phil. Mag. **45**(1898)1; Astrophys. J. LI(1920)73. 面倒な計算をしているが Weinstein(前出)式によれば同じことが簡単に求められる.

となる．$F(\xi,\eta)$ が高次の指数関数を含むときは被積分関数はさらに高次の指数関数となる(例えば§22-1)．被積分関数が一次の指数関数のときをフラウンホーフェルの回折といったがそれ以外のときをすべてフレネルの回折という．

円形開口の場合は極座標(19-4)を用い，開口の半径を a，瞳関数を $F(r,\varphi)$ として上式は

$$C+iS = \int_0^a \int_0^{2\pi} F(r,\varphi) \exp ik\left[\frac{r^2}{2\bar{f}} - \frac{\rho r}{b}\cos(\varphi-\omega)\right] rdrd\varphi$$

$$= \int_0^a \int_0^{2\pi} F(r,\varphi) \exp i[Zr^2 - Rr\cos(\varphi-\omega)] rdrd\varphi \quad (20\text{-}2)$$

ただし $\quad Z = \dfrac{k}{2\bar{f}} = \dfrac{\pi}{\lambda \bar{f}}, \quad R = \dfrac{2\pi}{\lambda b}\rho$

本節以降は簡単のため光源は無限遠にあるとし，開口より像面までの距離を b の代りに f と記し

$$Z = \frac{\pi}{\lambda f}, \quad R = \frac{2\pi}{\lambda f}\rho \quad (20\text{-}3)$$

とする．中心対称系であれば

$$F(r,\varphi) = F(r,\varphi+\pi)$$

$$\therefore \quad C+iS = 2\int_0^a \exp(iZr^2) rdr \int_0^\pi F(r,\varphi)\cos[Rr\cos(\varphi-\omega)]d\varphi \quad (20\text{-}4)$$

$F(r,\varphi)$ が φ を含まなければ φ に関する積分を行ない

$$C(\rho)+iS(\rho) = 2\pi \int_0^a F(r) \exp iZr^2 \cdot J_0(Rr) rdr \quad (20\text{-}5)$$

開口に吸収や位相の変化を与えるものがなく衝立に孔をあけただけのものであれば瞳関数は $F(r)=1$，したがって回折積分は

$$C+iS = 2\pi \int_0^a \exp iZr^2 \cdot J_0(Rr) rdr \quad (20\text{-}6)$$

$\exp iZr^2$ をベッセル関数の級数に展開し項別積分を行なえば下のような結果を得る．

$\rho > a$ のとき

$$C+iS = \lambda f (\exp ia^2 Z)(U_1 - iU_2) \quad (20\text{-}7)$$

$$\text{ただし} \quad \left.\begin{aligned} U_1(\rho) &= \left(\frac{a}{\rho}\right) J_1(aR) - \left(\frac{a}{\rho}\right)^3 J_3(aR) + \left(\frac{a}{\rho}\right)^5 J_5(aR) + \cdots \\ U_2(\rho) &= \left(\frac{a}{\rho}\right)^2 J_2(aR) - \left(\frac{a}{\rho}\right)^4 J_4(aR) + \left(\frac{a}{\rho}\right)^6 J_6(aR) + \cdots \end{aligned}\right\}$$

強度はこれを(18-22)に代入し

§20 フレネルの回折

$$I = I_0(U_1{}^2 + U_2{}^2) \tag{20-8}$$

$\rho < a$ のときは ρ/a の級数とした方が収斂がよくこれを C_1, S_1 と記せば

$$C_1 + iS_1 = i(\lambda f)\{\exp(-i\rho^2 Z) - (\exp ia^2 Z)(V_0 - iV_1)\} \tag{20-9}$$

ただし
$$\left.\begin{array}{l} V_0(\rho) = J_0(aR) - \left(\dfrac{\rho}{a}\right)^2 J_2(aR) + \left(\dfrac{\rho}{a}\right)^4 J_4(aR) - \cdots \\[6pt] V_1(\rho) = \left(\dfrac{\rho}{a}\right) J_1(aR) - \left(\dfrac{\rho}{a}\right)^3 J_3(aR) + \left(\dfrac{\rho}{a}\right)^5 J_5(aR) - \cdots \end{array}\right\} \tag{20-10}$$

強度は (18-22) により

$$I_1(Z, R) = I_0(C_1{}^2 + S_1{}^2)$$
$$= I_0[1 + V_1{}^2 + V_0{}^2 + 2\{V_0 \sin(\rho^2 + a^2)Z - V_1 \cos(\rho^2 + a^2)Z\}] \tag{20-11}$$

衝立がないときの値を求めるため (20-10) で $a \to \infty$ とすれば $V_0 = 0$, $V_1 = 0$, したがってこのときの (20-9) の値を C_∞, S_∞ と記せば

$$C_\infty + iS_\infty = i(\lambda f)\exp(-i\rho^2 Z)$$

これを (18-19) に代入し

$$u_\infty = \frac{u_0}{i\lambda f} \exp ikD_0 \{i(\lambda f)\exp(-i\rho^2 Z)\}$$

ただし D_0 は (18-18) を二次元のときに拡張し x^2 を ρ^2 とおいたもので, ここでは b を f と記すから

$$D_0 = \frac{\rho^2}{2f} \quad \therefore \quad kD_0 = \rho^2 Z \tag{20-12}$$

$$\therefore \quad u_\infty = u_0 \tag{20-13}$$

これは当然のことで (20-10) の正しいことを示すものである. これらの式はキルヒホッフの式の出たすぐあとでその具体化としてロンメルにより導かれた歴史的なもので, U_1, U_2, V_0, V_1 をロンメルの級数という[1]. しかし $\rho \leqq a$ にしたがい別の公式を用いる不便があるので, $\exp iZr^2$ を circle polynomial に展開するといずれの場合にも用いられる式

$$C + iS = \frac{\sqrt{\lambda f}}{a} \exp i\frac{a^2}{2} Z \cdot W(Z, R)$$

ただし
$$W(Z, R) = \sum_{m=0}^{\infty} (-i)^m (2m+1) J_{m+\frac{1}{2}}\left(\frac{a^2}{2}Z\right) \frac{J_{2m+1}(aR)}{aR}$$

を得る[2]. $J_0(aR)$ を r のべき級数に展開し項別積分してもよく, これは輪帯開口したがっ

---

1) E. Lommel: Abh. d. II. ce. kaiserliche Akad. Wiss. **15** (1884) 229.
2) B. R. A. Nijboer: Theses (Groningen, 1942) 43.

てフレネルの輪帯板の計算に都合がよい[1].

(b) 回折像の強度

光源は無限遠にありとしピンホールから像面までを f と記せば，光軸上の強度は(20-6)で $R=0$ とおけばよく，これは直ちに積分でき

$$C(Z,0)+iS(Z,0) = 2\pi \int_0^a \exp iZr^2 r dr = \frac{2\pi}{Z} \exp i\frac{a^2}{2}Z \sin\frac{a^2}{2}Z$$

$$\therefore\quad I(Z,0) = \frac{I_0}{(\lambda f)^2}(C^2+S^2) = 4I_0 \sin^2\frac{a^2}{2}Z = 4I_0 \sin^2\frac{\pi}{2}N \quad (20\text{-}14)$$

ただし I_0 はピンホールのないときの強度で光源が無限遠にあれば常数である．また

$$N = \frac{a^2 Z}{\pi} = \frac{a^2}{\lambda f} = \frac{1}{\tau} \tag{20-15}$$

で，N はフレネルの数といわれ回折の計算にはよく用いられる無次元の数である．N の逆数 τ は $a=\text{const.}$ であればピンホールから像面までの距離に比例するから，これを横軸にとり $I(0)/4I_0$ をグラフに描くと図 20-1(A) のようになり

$$\tau = 1,\ \frac{1}{3},\ \frac{1}{5},\ \cdots$$

に極大があることがわかる．光軸に直角の面における強度分布を(20-8),(20-11)により求めると同図(B)のようになり，ピンホールの近くでは高次回折像の強いフレネルの回折像

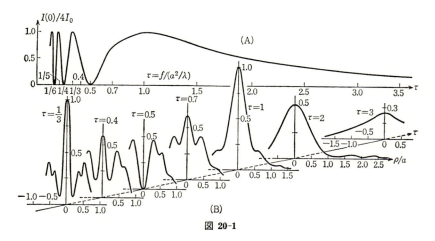

図 20-1

---

1) A. Boivin : J. Opt. Soc. Am. **42**(1952)60.

であるが,遠くなるにしたがい(18-23)の条件に近づきフラウンホーフェルの回折像となり $\tau=\infty$ においては ρ/f を横軸にとれば図19-1と同じものとなる(子午面内等強度線は図20-9(A)参照).

(c) 小円板の回折像

半径 a の小円板の後方の回折像の振幅 u' とこれと相補的の開口すなわち無限に大きい衝立に半径 a の小孔のあるときの振幅 u の和は衝立のないときの振幅 u_0 に等しいから

$$u'+u = u_0 \quad \therefore \quad u' = u_0 - u$$

$\rho > a$ であれば(18-19)および(20-7)により

$$u' = u_0 - \frac{u_0}{i\lambda f}(\exp ikD_0)(C+iS) = u_0\{1-(\exp i(a^2-\rho^2)Z)(U_1-iU_2)\}$$

$$\therefore \quad I' = I_0\{1+U_1^2+U_2^2-2U_1\cos(a^2-\rho^2)Z-2U_2\sin(a^2-\rho^2)Z\}$$

$\rho < a$ のときのこれらの値を u_1', I_1' と記せば(20-9)により

$$u_1' = u_0 - \frac{u_0}{i\lambda f}(\exp ikD_0)(C_1+iS_1) = u_0(\exp i(a^2-\rho^2)Z)(V_0-iV_1)$$

$$\therefore \quad I_1' = I_0(V_0^2+V_1^2)$$

これは(20-8)および(20-11)と対をなすもので U および V の意味を示すものである.$\tau=1$ の像面における強度分布を上式で求めると図20-2のようになる[1].点線は参考のために入れた同一半径のピンホールのそれである.

光軸上の点 $(\rho=0)$ では $V_0=1$, $V_1=0$ であるから

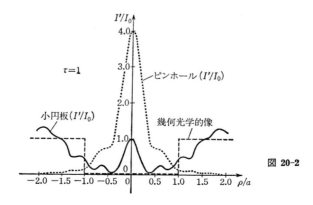

図 20-2

---

1) τ がきわめて大きくフラウンホーフェル回折像と考えられるときは図19-4の破線となる.

$$I'(Z=0) = I_0$$

すなわち円形障害物の後方の軸上の点の強度は，その幾何光学的影の真中であるにかかわらず小円板のないときのそれに等しい．これが§18-2で述べたポアッソンの点にほかならない．

§20-2 ピンホールカメラ

図20-3(A)のように小さい孔(ピンホール)を通して光を暗箱中に導き入れると暗箱の底に外界の倒立した像が得られる．これは最も簡単なカメラ(ピンホールカメラ)として知られ，軟体動物のような下等動物の眼もこれである(図20-3(B))．このカメラはただ構造が簡単であるというほかにレンズを用いないので適当な光学材料のない遠赤外または紫外域のカメラとしても重用される．図20-4(A)のようにピンホールの代りに，二つの互いに直角のスリットを用いそれぞれのスリットから像面までの距離を異ならせれば縦と横の倍率

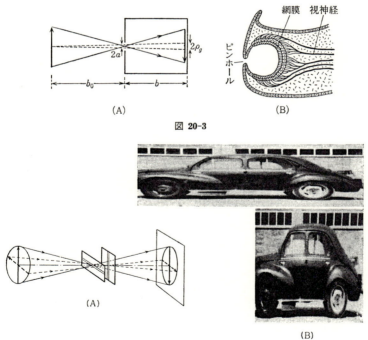

図 20-3

図 20-4

の異なる同図(B)[1]のような写真も得られる.

ピンホールカメラはピント合わせの必要もなく,かつ歪曲,像面彎曲の収差もないからよいカメラといえるがきわめて暗いものである.このカメラの結像性能を回折の理論を用いて調べてみよう.ただし簡単のため光源は光軸上無限遠にあるとし,ピンホールから像面までの距離すなわちカメラの胴の長さを f と記す.

(a) ペッツバールの理論

小孔が半径 a の円であるとすれば点光源の小孔の後方 f のところの幾何光学的像は半径 $\rho_g=a$ の円である. a が十分小さくてこれが点と見なせるときは物体と像は一対一の対応をなし物体の像が見え,孔が小さく ρ_g が小さければ小さいほど像は鮮明なはずである.しかるに実際は回折による拡がりがありこれは孔の大きさに反比例するから孔があまり小さくても像は鮮明さを欠く.この二つの条件は相反するからカメラの長さ f が与えられたとき最も鮮明な像を与える小孔の半径があるはずである.この問題を最初に論じたのはペッツバールで,錯乱円の幾何光学的な半径に回折による拡がりが加わったものとして

$$\rho = \rho_g + \rho_a = a + 0.61 \frac{f}{a}\lambda \tag{20-16}$$

とおき,これから f が与えられたときの最小の錯乱円を与えるピンホールの半径として

$$\frac{\partial \rho}{\partial a} = 1 - 0.61 \frac{f}{a^2}\lambda = 0 \quad \therefore \quad a^2 = 0.61\lambda f$$

を得ている.しかし(20-16)は一つの目安としてはよいが全くの仮定である.フレネル積分を計算するロンメルの式(1884年)が発表されていなかった当時(1859年)としてはこのようにするよりほかなかったのであろう.

(b) 主焦点および副焦点

この問題を§20-1で述べた回折の理論で調べてみよう.図20-1(A)を見るとピンホールの後方の光軸上の強度は

$$\tau = 1, \ \frac{1}{3}, \ \frac{1}{5}, \ \cdots$$

で極大値を持ち,同図(B)からわかるようにこれらの像面で点光源の像はかなりよくまとまっている.またこれらの中間の像面の強度分布を求め光軸を含む面(子午面)内の等強度線を描くと図20-9(A)のようになり,上記の点では三次元的にも光が集中しているので,これらの点も焦点と考えられるのでピンホールは一種の多焦点のレンズと考えられる.こ

---

[1] 近藤正夫教授(学習院大学)の御厚意による(同氏の愛用車はクライスラーかダットサンか?).

のうち $\tau=1$ は最も強度が大であるからこれを主焦点という．しかし(20-14)からわかるようにその中心強度はレンズのない時の強度のわずか4倍であるから集光力はレンズ((21-10)参照)に比べ問題にならない．

図 20-1(B)は各像面で倍率が異なっているので像面を一定($f=$const.)にしてピンホールの半径を変えたときの像を比べてみよう．こうすれば同じ倍率および視界角のときが比べられる．このとき露出時間を $1/a^2$ に比例して変えて異なる a のとき入射光量が一定であるようにしておき(これは拡がった光源例えばバックの青空の明るさを一定にすることになる)中心強度を比べて見る．これは既述のように光がどのくらい高次回折像へ散っているか，すなわち像の良さの目安になる．$I(Z,R)/a^2$ を縦軸にとり $\tau=1$ のときの強度を1にして，横軸には $\rho/\sqrt{\lambda f}$ をとって[1] $\tau=1/3, 1, 2$ および 3 のときの像面上の強度分布を描くと図 20-5 のようになる．これによると $\tau=1$ および 2 の面は像もよく強度も十分で，この間のどこをとっても大差はないのでこの間をピンホールカメラの焦点深度と考えてよい．この距離は a^2/λ(すなわちカメラの胴長と同じ値)となり，ピンホールカメラの焦点深度は幾何光学でいうように無限大でないとしても著しく深いものであることが判る．このときの像面の中心強度は(20-14)から

$$I'(Z,0) = \frac{I(Z,0)}{a^2} = 4\frac{I_0}{a^2}\sin^2\frac{\pi a^2}{2\lambda f}$$

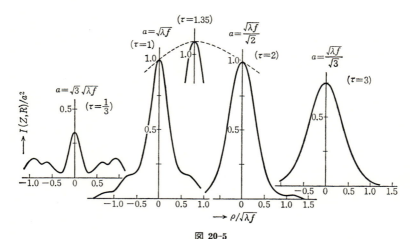

図 20-5

---

[1] $\tau=1$ のとき図 20-1(B)と同じスケールになるよう $\sqrt{\lambda f}$ で割る．

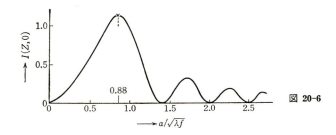

図 20-6

これを $a/\sqrt{\lambda f}$ を横軸にとりグラフに描くと図 20-6 のようになる．I_0 は const. であるから $\pi a^2/2\lambda f = x$ とおいて

$$\frac{dI'(Z,0)}{da} \sim \frac{d}{dx}\left(\frac{\sin^2 x}{x}\right) = 0, \quad \text{この根は} \quad 2x = \tan x$$

この最も小さい正の根は

$$x = 0.37\pi \quad \therefore \quad a^2 = 0.74\lambda f \quad (\text{または } \tau = 1.35)$$

このときの中心強度は $I(0)/4I_0 = 1.1$ であるから(図 20-5 参照) $\tau = 1$ と余り差がないので数字の上のきれいさをとって最良像面は $\tau = 1$ と考えてよい．この値はペッツバールの与えた値に近い．

この場合の F ナンバーは $f/2a = a/2\lambda$ となり，このようなカメラはきわめて胴の長く暗いもの($\lambda = 0.5\,\mu$, $a = 1$ mm として $f = 2$ m, $F = 10^3$)となるが副焦点($\tau = 1/3, 1/5, \cdots$)を用いれば胴長は 1/3，または 1/5 ですみ明るさは 3 倍または 5 倍となる．ただしこれらの像面ではガンマの大きい乳剤を用い露出を加減しコントラストの高い物体の高次回折像を写さないなど被写体の選択と撮り方の工夫がいる．ただしこのときは図 20-1(A)から明らかなように焦点を外れると中心強度は急激に落ちるから焦点深度はきわめて浅い．

(c) 解 像 力

図 20-7 は主焦点($\tau = 1$ とする)における点光源のピンホールによる回折像(実線)および幾何光学的に考えたその像(破線)を比べたもので，実際の像は幾何光学的に考えたものよりはるかにまとまりのよいもので，同じ F ナンバー($F = a/2\lambda$)の無収差レンズの回折像(点線：いずれも中心強度を 1 に揃えた)と裾の部分を除いて殆んど同じぐらいのものである．ピンホールの周辺および中心からこの点までの光路長の差は

$$D = \sqrt{a^2 + f^2} - f \doteqdot \frac{a^2}{2f} = \frac{\lambda}{2\tau}$$

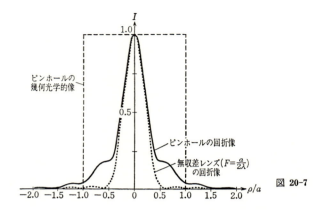

図 20-7

であるから主焦点では $D=\lambda/2$, すなわち無収差レンズで約 $\lambda/2$ のピント外れをしたものに相当するから,よい像を作るのは当然である.ピンホールの半径が同じであれば,カメラの胴が長くなればなるほど τ は大きく,したがって D は小になるので像はよくなるが,視界が狭く倍率が大きくなりすぎ実用には向かない.これからピンホールの解像力は同一 F ナンバーのレンズのそれと同じと考えればその値(0次回折像の半径 ρ_0 の逆数)は(19-14)から

$$\frac{1}{\rho_0} = \frac{1}{0.61a}$$

したがってピンホールの半径が小さいほど解像力はよい.

(d) その他の理論

ピンホールカメラの最初の理論を与えたレーレーは $a^2=\lambda f$ から $\frac{1}{2}\lambda f$ の間の種々の大きさのピンホールを作り白色光で写真をとりこれから

$$a^2 = 0.9\lambda f \qquad (\tau = 1.11)$$

が最もよい条件としている[1].ただしこれは視野中心の像のみを云々したものであるが,画面全体としては

$$a^2 = 0.45\lambda f \qquad (\tau = 1.05)$$

が最もよいという人もあるが,いずれにしても焦点深度内にあり大差はない[2].

---

1) J. W. S. Rayleigh: Sci. Pap. III p. 429.
2) 佐柳和男: J. Opt. Soc. Am. 57(1967)1091.

§20-3 フレネルの輪帯板

ピンホールカメラは前述のようにきわめて暗いもので,明るくするためにピンホールの径を大にすれば像がぼけてくる.そこで一つの孔の代りに多数の輪帯を用い各輪帯からの光が一点へ一定位相差で集まるようにする.§18-2 で述べたフレネルの輪帯では相隣る輪帯からの光が逆位相で一点に集まっているから,輪帯を一つおきに塞ぎ,半径方向を横軸とした光の強さが図 20-8 のようにすれば,互いに打消す作用をする光は除かれ,互いに助け合う光のみとなりレンズに似た作用をする.輪帯板にこのような作用があることは最初にソレーによって見出されたので,これをソレーの輪帯板ともいうが一般にはフレネルの輪帯板といわれている[1].これを用いればピンホールより光量が大になるだけではなく多波干渉 (§4-1) の理により像は鮮鋭になることが予想される.半径 a_m' と a_m の間の輪帯から来る光による振幅 u_m は (20-6) により

$$u_m(\rho) \sim C_m + iS_m = 2\pi \int_{a_m}^{a_m'} \exp iZr^2 \cdot J_0(Rr) r dr$$

ただし $\quad a_m = \sqrt{2m}\, a_1, \qquad a_m' = \sqrt{2m+1}\, a_1$

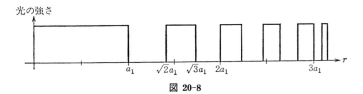

図 20-8

この積分はロンメルの式で求められ,全体の光による強度は輪帯の数を M として

$$I = |u|^2 = \left| \sum_{m=0}^{M-1} u_m \right|^2$$

である.これを求め等強度線を描いたものが図 20-9 の (B), (C) である[2].

軸上の強度は

$$I(Z, 0) = |\sum u_m(0)|^2 = \frac{4\pi^2}{(\lambda f)^2} I_0 \left| \sum_{m=0}^{M-1} \int_{\sqrt{2m}\,a_1}^{\sqrt{2m+1}\,a_1} (\exp iZr^2) r dr \right|^2$$

しかるに

$$\sum_{m=0}^{M-1} \int_{\sqrt{2m}\,a_1}^{\sqrt{2m+1}\,a_1} (\exp iZr^2) r dr = \left\{ \int_0^{a_1} (\exp iZr^2) r dr \right\} \sum_{m=0}^{M-1} \exp i2m a_1^2 Z$$

---

1) J. L. Solet : Ann. Physik VI **156** (1875) 99.
2) 図 20-9, 10, 11 は鈴木恒子:生産研究 **20** (1968) 455 による.

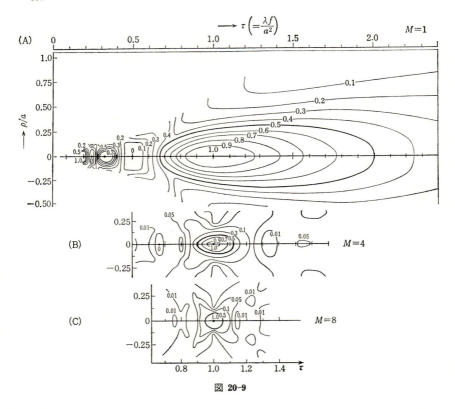

図 20-9

多波干渉の式(4-10)により

$$\left|\sum_{m=0}^{M-1} \exp i2ma_1^2 Z\right|^2 = \left(\frac{\sin(Ma_1^2 Z)}{\sin(a_1^2 Z)}\right)^2$$

また積分は半径 a_1 の一つのピンホールのときの値で

$$\left|\int_0^{a_1} (\exp iZr^2) r dr\right|^2 = \frac{1}{Z^2} \sin^2\left(\frac{a_1^2 Z}{2}\right)$$

$$\therefore \quad I(0) = \frac{4\pi^2 I_0}{Z^2 (\lambda f)^2} \left\{\sin\frac{a_1^2 Z}{2} \frac{\sin(Ma_1^2 Z)}{\sin(a_1^2 Z)}\right\}^2$$

$$= I_0 \left\{\sin\left(M\frac{\pi}{\tau_1}\right) \Big/ \cos\left(\frac{\pi}{2\tau_1}\right)\right\}^2 \qquad (20\text{-}17)$$

これを図 20-10 に示してある．ただし異なる M の $\tau_1 = \lambda f/a_1^2 = 1$ における極大をそろえ

§20 フレネルの回折

てある．これと図 20-9(B), (C) の等強度線などからピンホールのときと同様 $\tau_1=1$ の面を主焦点と考えてよいであろう．図 20-10 によれば $\tau_1=1/3$, $1/5$ にも中心強度の極大があり副焦点があるように見えるが，ソレー[1]が $M=200$ の輪帯板を作り観測した結果によれば $\tau_1=1$ でのみ光源の鮮明な像を与え $\tau_1=1/3$ ではぼけた像，$\tau_1=1/5$ では像は見えなかったといっている．焦点深度は図からわかるように $M=8$ までは M が大になるにしたがい急激に浅くなるがその後は M を増しても著しくはよくならない．(20-17)から主焦点の両側の強度0のところは

$$f = \frac{M}{M-1}\frac{a_1^2}{\lambda} \quad \text{および} \quad f = \frac{M}{M+1}\frac{a_1^2}{\lambda}$$

であるからこの間を極大の幅とすれば，これは M が大きいとき $\frac{2}{M}\frac{a_1^2}{\lambda}$ で焦点深度は M に逆比例して浅くなる．

　光軸に直角の像面上でも図 20-11 に示すように M が大になると0次の回折像は鋭いも

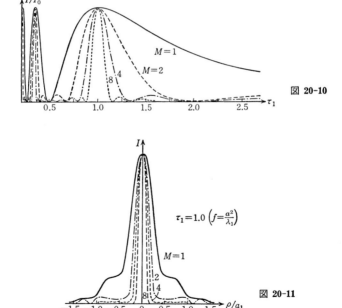

図 20-10

図 20-11

---

1) J. L. Solet: 前出.

のとなり像が鮮鋭なものとなる．半値幅は M にほぼ逆比例して鋭くなっているが $M=6$ 前後で大体飽和するので，光量の増加を計るため以外には輪帯の数はこれ以上殖しても無意味である．光量を増加するためには輪帯の数を殖すよりもむしろ輪帯の塞がれている部分を光が通るようにしここに π の位相差を与える薄膜をつけた方がよく，これによれば光を通す面積が倍になるから同一輪帯数のもので光量は 4 倍になる[1]．

---

1)　R. W. Wood : Physical Optics(Macmillan, 1934, 3rd ed.)p. 39.

第2章 像 の 性 質

　光学系の焦点というのは通常無限遠にある光軸上の点光源が像を結ぶところを言い，レンズが無収差のときは幾何光学的な点である．この点およびその近傍の光束の収斂状態および強度分布，位相の異常などを調べて見よう．光源が有限のところにあるときのその共軛点(ガウス像面)付近も全く同じ性質を示すので光源は無限遠にあるとしレンズより焦点までの距離(焦点距離)を f で表わす．

§21 焦 点 論

§21-1 焦点付近の位相異常

　レンズの焦点においては位相が異常な変化をしているということは古くから知られている．これを回折を考えないときと考えたときに分けて述べる．

　(a) 回折を考えない場合

　一点へ収斂しまたこれから発散する光束を考え，振幅はこの点からの距離 r のみの関数として(1-18)から

$$u = \frac{1}{r}\{f(r-ct)+g(r+ct)\}$$

の形に表わされているとする．c は波の速度，f, g は任意の関数でその形は境界条件から決まる．光源付近で f および g を r のテイラー級数に展開すれば

$$u = \frac{1}{r}[\{f(-ct)+g(ct)\}+r\{f'(-ct)+g'(ct)+\cdots\}]$$

もし中心に光源がないならば $r=0$ のとき u は無限大ではあり得ないから

$$f(-ct)+g(ct) = 0$$

すなわち一点へ収斂する波(g波)とこれから発散する波(f波)は中心付近では同じ大きさで符号が反対のものでなければならない．符号が反対ということは $-1=\exp i\pi$ すなわち位相が π 異なるということであるから収斂波が焦点を通り発散波となるとき位相が π 飛ぶ．

　これをもっと具体的にレンズなどにより光が一点に収斂しているときを考えて見よう．レンズの中心を原点とし光軸を ζ 軸にとり波面の二つの主曲率面を ξ-ζ および η-ζ 面とし二つの主曲率半径を b_1, b_2 とすればレンズを出た波面の一般の形は二次の項まで考えると

$$\frac{\xi^2}{2b_1} + \frac{\eta^2}{2b_2} = \zeta$$

で与えられる．波面上の一点と光軸上の原点から b のところまでの光路長を D とすれば焦点近傍では ζ^2 を b^2 に比べ小さいとして省略し

$$D = \sqrt{\xi^2+\eta^2+(b-\zeta)^2} \fallingdotseq b-\zeta+\frac{\xi^2+\eta^2}{2b}+\cdots$$

$$= b + \frac{\xi^2}{2}\left(\frac{1}{b}-\frac{1}{b_1}\right) + \frac{\eta^2}{2}\left(\frac{1}{b}-\frac{1}{b_2}\right) + \cdots$$

考える点の振幅は (18-16), (18-19) から

$$u = \frac{u_0}{i\lambda f}(\exp ikb)(C+iS)$$

ただし $\quad C+iS = \int \exp ik\beta d\sigma$

積分面としてこの波面をとれば

$$\beta = D-b = \alpha\xi^2+\gamma\eta^2, \quad d\sigma = d\xi d\eta$$

ただし $\quad \alpha = \frac{1}{2}\left(\frac{1}{b}-\frac{1}{b_1}\right), \quad \gamma = \frac{1}{2}\left(\frac{1}{b}-\frac{1}{b_2}\right)$

$$\therefore \quad C+iS = \iint \exp ik(\alpha\xi^2+\gamma\eta^2)d\xi d\eta$$

開口が十分大で積分の上下限を $\pm\infty$ としてよいとすれば

$$\int_{-\infty}^{\infty} \exp ik\alpha\xi^2 d\xi = \sqrt{\frac{\pi}{2k|\alpha|}}(1\pm i), \quad \pm: \begin{matrix}\alpha>0\\ \alpha<0\end{matrix}$$

したがって像面が第一の共軛点よりレンズ側にあれば

$$\alpha>0, \quad \gamma>0 \quad \therefore \quad u(0) = A(1+i)^2 = 2A\exp i\frac{\pi}{2}$$

二つの共軛点の中間またはそれより後方にあればそれぞれ

$$\alpha>0, \quad \gamma<0 \quad \therefore \quad u(0) = A(1+i)(1-i) = 2A$$

$$\alpha<0, \quad \gamma<0 \quad \therefore \quad u(0) = A(1-i)^2 = 2A\exp\left(-i\frac{\pi}{2}\right)$$

ただし $\quad A = \dfrac{u_0 \exp ikb}{if\sqrt{|\alpha\gamma|}}$

すなわち二つの焦点で位相が $\pi/2$ 飛び全体として π 飛ぶ．

(b) 回折を考えた場合

このような位相の不連続な変化が生じたのは開口が十分大きいとして積分の上下限を無

§21 焦点論

限大にしたためで，すなわち回折を考えなかったからである．開口を有限とし回折の影響を考えるときは位相 ϕ は振幅を $u=\text{const.}(C+iS)$ の形に表わすときは

$$\phi = \tan^{-1}\frac{S}{C}$$

で与えられ開口の形や入射光の方向に関係しそれぞれの場合で異なる．円形レンズ $(F/3.5)$ に光軸と θ の角をなす光が入射しているときの焦点付近の C, S を求め（この計算は次節参照），グラフに描くと図 21-1 のようになり位相は焦点付近で連続的に変っており焦点の前後で π 変っている[1]．$\theta=0°$（軸上）では $a^2Z=4\pi, 8\pi$ で位相が π 飛ぶがここでは強度そのものが 0 であり，この前後で振幅の符号が変ることを示しているにほかならない．更に詳しい計算をしてレンズの後方の等位相面を描いてみると図 21-2 のようになり焦点のところでは平面波になっている[2]．

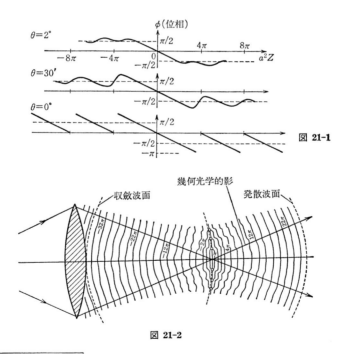

図 21-1

図 21-2

---

1) E. H. Linfoot & E. Wolf: Proc. Phys. Soc. **B 69** (1956) 827.
2) G. W. Farnell: Canad. J. Phys. **35** (1957) 177. 可視光では波面の実測は困難であるがこれはマイクロ波での実験結果である．

(c) 実験的証明

　焦点付近の位相の飛びは下のようにして観察することができる．図21-3のようにフレネルの鏡（図3-2(B)）の一方 M′ を凹面鏡として点光源 Q の焦点を F に作る．これと平面鏡 M で反射して来た波の干渉縞は（光源が十分に小さければ）二つの波の重なっている空間のいたるところにできているから図のように虫眼鏡 L を用い任意の点にピントを合わせ，その干渉縞を観察することができる．いま焦点 F 付近を見ると F を中心とする同心円の干渉縞が見えており，F より鏡面に近いところで中心が明るく輝いていれば，拡大鏡を次第に鏡面から遠ざけていくと F より遠いところでは中心は暗い干渉縞に変りまたはその逆となる．これは凹面鏡で反射された光（斜線をほどこしたもの）の位相が F を通ったとき π 変っていることを示すものにほかならない[1]．

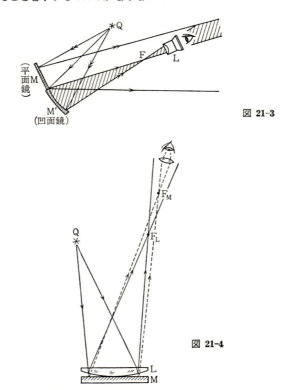

図 21-3

図 21-4

---

1) M. Gouy : CR Acad. Sci. (Paris) **110** (1890) 1251.

同様の実験は図 21-4 のような装置でもできる．すなわち度の弱い平凸レンズ L を平面鏡 M の上へ載せたもの（ニュートンリングの実験）を十分小さい光源 Q で照らすと，凸レンズの内面で反射した光と平面鏡の面で反射した光とが重なり合ってこの前面の空間のいたるところに干渉縞を作る．前と同様に虫眼鏡でレンズ L の球面を反射鏡とした時の像点 F_L およびレンズ L による像点 F_M の付近の干渉縞を鏡面に近いところから次第に遠いところへ動かしながら観察すると，F_L より鏡面に近いところでは中心の黒い干渉環が観察される．これはレンズの内面で反射するとき位相が π 変っているからである．次いで M のピントが F_L に合うと環は消失しそのすぐ後で今度は中心が明るく輝く環が見えてくる．これは実線で示した光の位相がその焦点前後で π 変ったことを示している．M を更に遠ざけ F_M より遠くなると中心が再び暗い環となる．これは点線で示した光の位相が π 変ったことを示す[1]．

§21-2 回折像の強度

(a) 回折積分

回折像の強度を求めるには図 21-5 のようにレンズ L を出て F へ収斂する波面 K について回折積分を求めればよい．波面収差を $E(r,\varphi)$，レンズに吸収があるときはこれを $A(r,\varphi)$ とすれば瞳関数は

$$F(r,\varphi) = A(r,\varphi) \exp[ikE(r,\varphi)], \quad r \leqslant a$$
$$= 0, \quad r > a$$

となるから焦平面上の回折像であればこれを (19-5) へ代入し

$$C+iS = \int_0^a \int_0^{2\pi} A(r,\varphi) \exp i[kE(r,\varphi) - Rr\cos(\varphi-\omega)] r dr d\varphi \quad (21\text{-}1)$$

$E(r,\varphi)$ が φ を含まなければ φ についての積分ができて

$$C+iS = 2\pi \int_0^a A(r) \exp[ikE(r)] J_0(Rr) r dr \quad (21\text{-}2)$$

ただし光源は無限遠にあるとしているから $R = \dfrac{2\pi}{\lambda f}\rho$ である．

焦平面でない像面すなわちピント外れのときはこれに光路長の変化による項を付加してやればよい．簡単のため一次元の問題とし F へ収斂する波面すなわち F を中心とし f を半径とする円 K 上の一点を S とする．O を原点とする座標系での $S(\xi,\zeta)$ と F を原点と

---

[1] M. P. Joulin: CR Acad. Sci. (Paris) **115** (1892) 932.

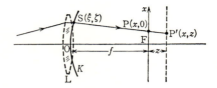

図 21-5

する座標系での $P'(x,z)$ 間の光路長と f との差 β' は

$$\beta' = \{(f+z-\zeta)^2+(\xi-x)^2\}^{1/2}-f$$

しかるに

$$\xi^2+(f-\zeta)^2 = f^2 \quad \therefore \quad \zeta \fallingdotseq \frac{\xi^2}{2f}$$

これらを代入すれば

$$\beta' = z-\frac{\xi x}{f}-\frac{\xi^2}{2f^2}z+\cdots$$

これと P が焦平面上にあるときの値 β との差すなわち z のピント外れの波面収差は (18-24) から (同式の b を f として)

$$E = \beta'-\beta = z-\frac{\xi^2}{2f^2}z$$

二次元のときは $\xi^2+\eta^2=r^2$ として

$$E(r) = -\frac{r^2}{2f^2}z+D_0 \qquad (D_0 = z) \tag{21-3}$$

したがって瞳関数は積分に関係のない比例常数 $\exp ikD_0$ を除き

$$F(r) = \exp ikE(r) = \exp iZr^2, \quad Z = -\frac{\pi}{\lambda f^2}z \tag{21-4}$$

となる．これを (19-6) へ代入して吸収がない ($A(r)=1$) とすれば

$$C+iS = 2\pi \int_0^a \exp(iZr^2)J_0(Rr)r dr \tag{21-5}$$

ただし像面上の中心からの距離を ρ として

$$R = \frac{2\pi}{\lambda f}\rho$$

である．この式の形は半径 a の小孔の回折像の振幅を与える式 (20-6) と全く同じものである．ただし同式では小孔から像面までを b とし

$$Z = \frac{\pi}{\lambda b}, \quad R = \frac{2\pi}{\lambda b}\rho$$

であった．したがって小孔の回折像について得た諸結果は

$$b \to \frac{-f^2}{z}, \quad \rho \to -\frac{f}{z}\rho \tag{21-6}$$

とおけば z のピント外れの場合にそのまま使える．

(b) 焦平面および光軸上の値

焦平面上では $Z=0$ であるから積分は直ちに求められ，これは比例常数を除き§18-4(b)と同じものになる．すなわち(18-19)へ(21-5)を代入し

$$u = \frac{2\pi u_0}{i\lambda f}\exp ikD_0 \int_0^a J_0(Rr)rdr = \frac{2\pi a^2}{i\lambda f}u_0 \exp ikD_0 \frac{J_1(aR)}{aR}$$

$$\therefore \quad I(\rho) = I_0\left(\frac{\pi a^2}{\lambda f}\right)^2\left(\frac{2J_1(aR)}{aR}\right)^2$$

中心強度は上式で $R=0$ とおき

$$I(0) = I_0\left(\frac{\pi a^2}{\lambda f}\right)^2 \tag{21-7}$$

すなわち入射全光量は a^2 に比例して増すのに対し，中心強度は a^4 に比例して増加し光が中心へ集中することを示している．I_0 はレンズのないときの強度であるから $(\pi a^2/\lambda f)^2$ はレンズの集光力を表わし（ストレールはこれを集光係数と呼んだ），例えば $a=1$ cm, $f=5$ cm, $\lambda=0.5\mu$ として実に 2×10^8 に達する．

中心から十分遠くではベッセル関数の漸近展開により

$$I = I_0 \frac{8\pi a}{R^3}\cos^2\left(aR - \frac{3}{4}\pi\right)$$

したがって強度の極大値は a に比例する．

光軸上の強度は(21-5)で $R=0$ とおいて直ちに求められ

$$C + iS = 2\pi\int_0^a \exp(iZr^2)rdr = 2\pi \exp i\frac{a^2}{2}Z\left(\sin\frac{a^2}{2}Z\Big/Z\right)$$

したがって光軸に沿っての強度は焦点のそれを1として

$$I(z) = \left(\sin\frac{\pi a^2 z}{2\lambda f^2}\Big/\frac{\pi a^2 z}{2\lambda f^2}\right)^2 \tag{21-8}$$

これは幅 $a^2/2f$ のスリットのフラウンホーフェル回折像と同じ形である．

(c) 幾何光学的影の境

レンズの周辺と焦点とを結ぶ直線すなわち幾何光学的な影と明るいところとの境では

$$\frac{a}{f} = \frac{\rho}{z}$$

この線上の値は(21-5)を計算して求められる．円形開口の回折像の光軸からρのところの強度は(20-7)により

$$I(\rho) = I_0(U_1{}^2 + U_2{}^2)$$

で与えられたが，ロンメルの関数 U_1, U_2 はいまの場合(21-6)に従い変数が変り

$$\left.\begin{aligned}U_1 &= \left(\frac{a'}{\rho}\right)J_1(aR) - \left(\frac{a'}{\rho}\right)^3 J_3(aR) + \left(\frac{a'}{\rho}\right)^5 J_5(aR) - \cdots \\ U_2 &= \left(\frac{a'}{\rho}\right)^2 J_2(aR) + \left(\frac{a'}{\rho}\right)^4 J_4(aR) - \left(\frac{a'}{\rho}\right)^6 J_6(aR) + \cdots\end{aligned}\right\}$$

ここで $R = \dfrac{2\pi}{\lambda f}\rho$, $a' = \dfrac{z}{f}a$

影の境では $az/\rho f = 1$ であるから $a'/\rho = 1$，したがってベッセル関数の公式により

$$\left.\begin{aligned}U_1 &= J_1(aR) - J_3(aR) + J_5(aR) + \cdots = \frac{1}{2}\sin aR \\ U_2 &= J_2(aR) - J_4(aR) + J_6(aR) + \cdots = \frac{1}{2}(J_0(aR) - \cos aR)\end{aligned}\right\}$$

$$\therefore\quad I = \frac{I_0}{4}(1 - 2J_0(aR)\cos aR + J_0{}^2(aR))$$

(d) 焦平面の前後の強度分布

(21-8)において z の符号が変ってもその共軛複素数をとれば積分の値は変らない．すなわち

$$u(R, Z) = u^*(R, -Z) \qquad \therefore\quad |u(R, Z)|^2 = |u(R, -Z)|^2$$

すなわち'無収差レンズの回折像の強度分布はガウス像面の前後で対称である'．これは'光学'§21-1(a)では証明なしで述べたが('光学'図21-1参照)，この事実は顕微鏡の対物レンズの検査や調整に用いられる．すなわち顕微鏡の対物レンズは一定の鏡筒長に対し収差がないように設計してあるが，製作誤差その他のため設計値より異なる鏡筒長で収差がとれていることが多い．そこで物体面にピンホールをおき鏡筒長を変えピント面の前後で対称の回折環が得られるかどうかをしらべ，これを与える鏡筒長で用いる．

(e) 子午面内の強度分布

(21-5)を種々の Z, R について計算してその結果から描いた各像面の強度曲線およびこれから描いた子午面(x-z面)内の等強度線は図21-6(A)[1]および(B)[2]である．図中の数

---

1) L. C. Martin: Transact. Opt. Soc. **27**(1925/6) 249.
2) F. Zernike et B. R. A. Nijboer: in "Theorie de la Diffraction des Aberrations"(1949, Paris) p. 227.

字は中心強度を 1000 としたときの強度で，S と記した太い直線は幾何光学的な明暗の境で図は $F/0.8$ のレンズのときを示してあるが縦および横軸の縮尺の比を変えれば任意の F 値の場合となる．実験との比較は光波の領域では行なわれていないがマイクロ波 ($\lambda=1.25$ cm) での測定がある[1]．

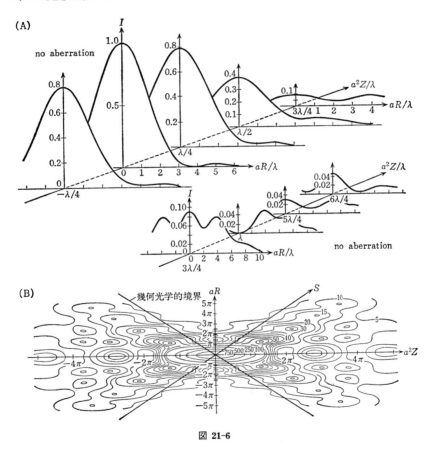

図 21-6

(f) 口径比の大きいとき

口径比が大になり光束の収斂角が大になると，電磁場をスカラーとして取り扱うフレネル-キルヒホッフの理論では不十分でこれをベクトルとして取り扱わなければならない．

---

1) M. P. Bachinsky & G. Bekefi: J. Opt. Soc. Am. **47** (1957) 428.

主光線の方向をz軸に，瞳面にξ, η座標，像面にx, y座標をとり入射光はξ-z面内に振動しているとしよう．いまξ-z面とϕの角をなす面(図21-7の面)を考えこの面内にξ'軸をとりξ'に平行の像面の座標軸をx'とする．波面とこの面の交線をKとしこれはFを中心とする円であるとしよう．この波面上で原点Oに対し互いの反対の点Q_1, Q_2の振幅は位相および大きさは等しいが，方向はそれぞれQ_1FとQ_2Fに直角である．したがってこれがF点におよぼす影響はξ'-z面内のベクトルu_1, u_2で表され，これは大きさは等しいが紙面に直角のy'方向では互いに打ち消し合いx'成分のみ助け合う．u_1方向がx軸となす角をθとすれば光線のz軸となす角をαとして

$$\sin\theta = \sin\alpha \sin\phi$$

したがってx成分は$|u_1|=|u_2|=u$として

$$u_x = (|u_1|+|u_2|)\cos\theta = 2u\sqrt{1-\sin^2\alpha\sin^2\phi}$$
$$u_z = (|u_1|-|u_2|)\sin\alpha = 0, \quad u_y = (|u_1|-|u_2|)\sin\theta = 0$$

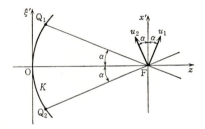

図 21-7

これからFにおける光の強さはϕにより異なることがわかる．フレネル-キルヒホッフの理論ではQ_1とQ_2からの影響を単にスカラー和として取り扱ったから中心対称の光学系では像も回転対称であったのが，これをベクトルと考えるとこのように方向によって異なる．これから回折像の振幅を求めてみると，比例常数を除き$\phi=\pi/2$，すなわち入射光の偏光面と直角の面内では

$$u = \frac{J_1(aR)}{aR} - \tan^2\alpha\frac{J_2(aR)}{aR} + \frac{25}{8}\tan^4\alpha\frac{J_3(aR)}{aR} - \frac{203}{8}\tan^5\alpha\frac{J_4(aR)}{aR} + \cdots$$

偏光面内($\phi=0$)では

$$u = \frac{J_1(aR)}{aR} - \beta_2\frac{J_2(aR)}{aR} + \beta_3\frac{J_3(aR)}{aR} - \beta_4\frac{J_4(aR)}{aR} + \cdots$$

ただしβ_jは表21-1に与えられる係数である[1]．(21-7)で与えた結果は上式の第一項でF

---
1) H. H. Hopkins : Proc. Phys. Soc. LV(1943)116.

表 21-1

α	β_2	$\tan^2 \alpha$	β_3	$\dfrac{25}{8}\tan^4 \alpha$	β_4	$\dfrac{203}{8}\tan^5 \alpha$
10°	0.0928	0.0311	0.0119	0.0030	0.0024	0.0008
20°	0.3897	0.1325	0.2117	0.0548	0.2369	0.0782
30°	0.9583	0.3333	1.3308	0.3472	2.8596	0.9399
40°	1.9668	0.7041	5.8774	1.549	26.628	8.858

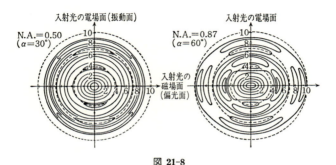

図 21-8

ナンバーの小さいときの第一近似であることがわかる．このときのガウス像面内の等強度線は $\alpha=30°$, 60° のとき図 21-8 のようになり相当の非対称性が見られる[1]．偏光面およびこれと直角の面内の等強度線は Boivin と Wolf が描いている[2]．

§21-3 焦点深度

(a) 錯乱円の半径と焦点深度

焦点深度というのはピントが合っていると認められる範囲のことで，像面が一定のときのこの範囲の物体位置を被写体焦点深度，被写体がレンズから一定距離にあるときこの範囲内の像面を像面焦点深度という．この二つの焦点深度は軸上倍率 ('光学' (2-7)) を掛ければ互いに換算できる．ただし 'ピントが合っている' というのは，幾何光学では焦点を頂点とする光円錐が像面と交わったときの円 (錯乱円) の半径が或る一定値を越えない範囲をいった．像面が焦点から z のところにあるとすればレンズの半径を a, 焦点距離を f として錯乱円の半径は

---

1) B. Richards & E. Wolf : Proc. Roy. Soc. **A 253** (1959) 358.
2) A. Boivin & E. Wolf : Phys. Rev. **138** (1965) B 1561.

$$\rho = a\frac{z}{f}$$

であり，$\rho \leqslant f/1000$ ならピントが合っているとしたから幾何光学的な焦点深度は

$$|z| \leqslant \frac{a}{1000}\left(\frac{f}{a}\right)^2$$

であった('光学'§3-2参照)．波動光学ではその中に含まれている光量が一定値以上の錐体と像面との交線を錯乱円とする．ガウス像面から z の像面上，中心から ρ のところの強度を $I(\rho, z)$ とすれば，半径 ρ の円内に含まれる光量(encircled energy)は

$$Q(\rho, z) = \int_0^\rho \int_0^{2\pi} I(\rho, z)\rho d\rho d\omega$$

共軛像面におけるこの値についてはすでに図 19-2 で与えたが，この像面以外のところでは I は (21-5) から計算すれば求められる．これを求めると全光量の W % が含まれている錐体は図 21-9 のようになる[1]．図の点線は幾何光学的錯乱円の半径(幾何光学的にはこの中には全光量が含まれている)である．この図から $W=80$% を含む円を波動光学的な錯乱円とすればその半径は(共軛像面を除き)幾何光学的なそれとほぼ同じとなる．

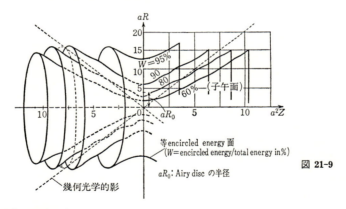

図 21-9

(b) 中心強度と焦点深度

焦点深度を'点光源の像の中心の強度がある一定の値より下らない範囲'と定義することもある．中心強度はストレールのディフィニションと言われ，像の良否の目安とされたもので('光学'§19-10)，これが大きければ大きいほど点光源の像の拡がりは小さく像のまとまりがよいと考えられるからこの定義は十分意義がある．軸上強度は(21-8)で与えられる

---

[1] 数値は E. Wolf : Proc. Roy. Soc. **A 204**(1951)33 より．

からこれが焦点の80%を下らない範囲 z_0 を焦点深度とすれば

$$\frac{\pi a^2}{2\lambda f^2}|z_0| \leqslant \frac{\pi}{4} \quad \therefore \quad |z_0| \leqslant \frac{\lambda}{2}\left(\frac{f}{a}\right)^2 \tag{21-9}$$

を得る('光学'(28-10)参照). これは特定の開口のときを除いて幾何光学的なそれとは一致しないが，これは定義のし方のちがいによるものでいずれをとるかは経験にまつよりほかない.

(c) レーレーの限界値

レンズの焦点から z のところにおけるレンズの周辺と中心からの光の光路差は(21-3)で $r=a$ とおいて

$$\beta = -\frac{a^2}{2f^2}z$$

したがって(21-9)は

$$|\beta| \leqslant \frac{\lambda}{4}$$

と書ける. すなわち焦点深度のもう一つの定義として'波面収差が $\lambda/4$ より小さい範囲'ということができる. 焦点深度のみでなく後に述べるように(§22参照)，球面収差，コマ収差があるときでもこれらが波面収差にして $\lambda/4$ より小であれば中心強度は無収差のときの80% より低くはなっていない. これらのことからレーレーは波面収差にして $\lambda/4$ までを焦点深度のみならず一般の収差の許容限度とした. これをレーレーリミットという[1]. これによればレンズおよび反射鏡の面の研磨精度(面の凹凸)などの許容値 Δd を決めることもできる. すなわち

レンズ，プリズムの場合はガラスの屈折率を n として

$$(n-1)\Delta d = \frac{\lambda}{4} \quad \therefore \quad \Delta d \leqslant \frac{\lambda}{2} \quad (n \fallingdotseq 1.5)$$

反射鏡の場合は

$$2\Delta d \leqslant \frac{\lambda}{4} \quad \therefore \quad \Delta d \leqslant \frac{\lambda}{8}$$

となり，反射鏡の研磨精度はレンズ，プリズムよりはるかに厳しいことがわかる.

(d) 輪帯開口の焦点深度

半径 a のレンズの中心部が半径 a' の同心の円で覆われている輪帯開口(図21-10(A))のときの焦点前後の振幅は(21-5)から

---

[1] J. W. S. Rayleigh: Sci. Pap. I p. 431.

$$C'+iS' = 2\pi \int_{a'}^{a} \exp(iZr^2)J_0(Rr)rdr$$

で与えられる．強度はこの絶対値の自乗であるが，この積分の上下限が a および 0 のもの，すなわち(21-5)で与えられるものを C_a, S_a, 上下限が a' および 0 のものを $C_{a'}, S_{a'}$ とすれば上式は

$$C'+iS' = (C_a - C_{a'}) + i(S_a - S_{a'}) \qquad (21\text{-}10)$$

と記せる．これにより種々の像面の強度分布を求め，子午面内の等強度線を描いたものが図 21-10(B)[1] である(斜線は幾何光学的に明るい部分)．像面中心の強度は $\rho=0$ とおき

$$C'(0)+iS'(0) = \int_0^a \exp(iZr^2)rdr - \int_0^{a'} \exp(iZr^2)rdr$$

$$= \frac{2\pi}{Z}\left(\exp i\frac{a^2}{2}Z \sin\frac{a^2}{2}Z - \exp i\frac{a'^2}{2}Z \sin\frac{a'^2}{2}Z\right)$$

$$\therefore\ I(0) = |C'+iS'|^2 = \left(\frac{\pi}{Z}\right)^2 \{(\sin a^2 Z - \sin a'^2 Z)^2 + (\cos a^2 Z - \cos a'^2 Z)^2\}$$

$$= \left\{\frac{2\pi}{Z}\sin\left[\left(1-\frac{a'^2}{a^2}\right)\frac{a^2}{2}Z\right]\right\}^2$$

$a'/a=1/\sqrt{2}$ のときのこの値を同図(C)に示してある．この外径と同じ直径の円形開口 (a'/a

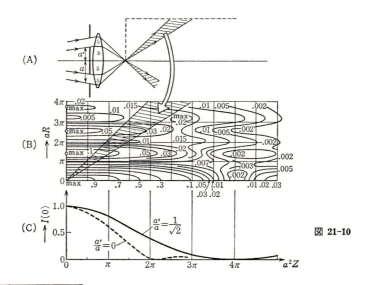

図 21-10

---

1) E. H. Linfoot & E. Wolf : Proc. Phys. Soc. **B 66** (1953) 145.

=0)と比べると図からもわかるように等強度の軌跡を与える楕円の長軸は$1\bigg/\sqrt{1-\left(\dfrac{a'}{a}\right)^2}$だけ伸びているから，(b)の意味での焦点深度はそれだけ深くなっている．共軛面上の強度分布は図19-12に与えてある．

レンズを用いない結像系すなわちピンホールおよび輪帯板による像の焦点深度は幾何光学的考察はできないから，中心強度が最良像面のそれのあるパーセント以下にならない範囲を焦点深度とするという定義を用いる．これについては§20-1, 2で述べた．

§21-4 最良像面

光学系に収差のないときは物体面の共軛面が最も明瞭な像を与え，これが最良像面である．収差があるときは種々の考え方があるが，幾何光学的には錯乱円の半径が最小になるところを最良像面とし，波面光学的には波面収差の平均値が最も少ない像面を最良像面とした．その結果球面収差があるときは幾何光学的には近軸光線の収斂点と周辺光線の収斂点(以後周辺光線の像点と呼ぶ)の中間3/4のところが最良像面であり('光学'§16-3)，波面光学的にはガウス像点とレンズの周辺を通る光線が光軸と交わる点との中間となる('光学'§28-3)．ここでは光軸上の強度を像の良否の目安としこれが最大のところを最良像面とするとして球面収差があるときの最良像面を調べてみよう．

その前に'光学'§28-1で与えた波面収差と幾何光学的収差との関係を略述しておく．簡単のために光軸に平行の平行光線が入射しレンズにより焦点F付近に収斂しているとしよう．光軸をz軸としこれと直角に瞳面上にξ軸をとる(図21-11)．波面をK，Fを中心とする球面をK_0とすれば波面上の一点Sを出た光のK_0との交点をS'として波面収差は$E=\overline{\mathrm{SS'}}$である．波面$K$の方程式はSの座標を$(\xi, \eta, \zeta)$として

$$\xi^2+\eta^2+\zeta^2=(f+E)^2$$

Eは小さいとしてE^2をfに対し省略すれば

$$\xi^2+\eta^2+\zeta^2-f^2-2fE=0$$

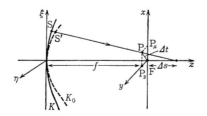

図 21-11

Sを出た光の方向余弦の比は近似的に

$$\xi - f\frac{\partial E}{\partial \xi} : \eta - f\frac{\partial E}{\partial \eta} : \zeta$$

したがってSを出た光のFからzのところの像面との交点を(x,y)とすれば，これの方程式は

$$\frac{x-\xi}{\xi - f\dfrac{\partial E}{\partial \xi}} = \frac{y-\eta}{\eta - f\dfrac{\partial E}{\partial \eta}} = \frac{f+z-\zeta}{\zeta}$$

光線のガウス像面との交点をP，そのx,y軸への投影をP_x, P_yとすれば上式から

$$\text{横の収差：} \quad x = \overline{\mathrm{FP}}_x = f\frac{\partial E}{\partial \xi}, \quad y = \overline{\mathrm{FP}}_y = f\frac{\partial E}{\partial \eta} \quad (21\text{-}11)$$

球面収差のみであれば瞳の中心からrのところを通った光のガウス像面との交点をPとして

$$\text{横の収差：} \quad \varDelta t = \overline{\mathrm{FP}} = f\frac{\partial E}{\partial r} \quad (21\text{-}12)$$

したがって縦（軸上）収差は

$$\varDelta s = \frac{f}{r}\varDelta t = \frac{f^2}{r}\frac{\partial E}{\partial r} \quad (21\text{-}13)$$

球面収差のみがある場合の$E(r)$は一般にrの偶数べきで

$$E(r) = \text{const.} + b_1 r^2 + b_3 r^4 + b_3' r^6 + b_3'' r^8 + \cdots$$

またはレンズの半径をaとして$(r/a)^2 = t$とおいて

$$E(t) = A_0 + At + Bt^2 + B't^3 + \cdots \quad (21\text{-}14)$$

で与えられる．$B = a^4 b_3$, $B' = a^6 b_3'$, $\cdots$は長さの次元を持つ係数でそれぞれ三次，五次，$\cdots$の球面収差の最大値を表わしているから，各次の球面収差の量はこれを波長単位で表わし何波長の球面収差という．Aは像面の位置を表わす係数でこれがガウス像点からzのところにあれば（光源は無限遠にあるとしたから），(21-4)により

$$A = \frac{a^2 Z}{k} = -\frac{a^2}{2f^2}z \quad (21\text{-}15)$$

常数項は任意にとってよいので計算に都合のよいように

$$\int_0^1 E(t)dt = 0 \quad (21\text{-}16)$$

と正規化する．

軸上収差$\varDelta s$はガウス像点から測れば(21-13)で$z=0$とおいて

$$\Delta s(r) = \frac{2f^2}{a^2}(2Bt+3B't^2+\cdots) \tag{21-17}$$

波面収差が $E(r)$ のときの瞳関数は

$$F(r) = \exp ikE(r)$$

であるから回折像の振幅はこれを(21-2)へ代入して求められる．軸上の強度は同式で $R=0$ とおけば

$$u(0) = C(0)+iS(0) = 2\pi \int_0^a F(r)rdr = \pi a^2 \int_0^1 \exp ikE(t)\,dt \tag{21-18}$$

これを収差が大きいときと小さいときとに分けて調べてみよう．

(a) 収差が小さいとき[1]

波面収差が $\lambda/2$ またはこれより小さいときは指数関数をべき級数に展開し E の二次の項までとり

$$u(0) = \pi a^2 \int_0^1 \left\{1-ikE(t)-\frac{k^2}{2}E^2(t)\right\}dt \tag{21-19}$$

としても誤差は数パーセント以下である．これは(21-16)により

$$u(0) = \pi a^2 \int_0^1 \left\{1-\frac{k^2}{2}E^2(t)\right\}dt \tag{21-20}$$

強度の極大のところは

$$\frac{\partial u}{\partial A} = -\pi k^2 a^2 \int_0^1 tE(t)dt = 0 \tag{21-21}$$

この点での強度が最も大きくなるような収差係数のバランスは

$$\frac{\partial u}{\partial B} = -\pi k^2 a^2 \int_0^1 t^2 E(t)dt = 0, \qquad \frac{\partial u}{\partial B'} = 0 \tag{21-22}$$

から決まる．

(i) 三次球面収差　　三次球面収差のときは t^3 以上の項はなく

$$\left.\begin{array}{l} E(t) = A_0+At+Bt^2 \\[4pt] \Delta s = 4\dfrac{f^2}{a^2}Bt \end{array}\right\} \tag{21-23}$$

したがって A_0 を決める式(21-16)は

$$\int_0^1 (A_0+At+Bt^2)dt = A_0+\frac{A}{2}+\frac{B}{3} = 0$$

---

[1] Wang Ta-Hang: Proc. Phys. Soc. LIII(1940)57.

$$\therefore \quad E(t) = \left(t - \frac{1}{2}\right) A + \left(t^2 - \frac{1}{3}\right) B \tag{21-24}$$

これを(21-21)へ代入すれば

$$\frac{\partial u}{\partial A} \sim \frac{1}{12}(A+B) = 0 \quad \therefore \quad A = -B \tag{21-25}$$

したがって最良像面のガウス像点からの距離を z_0 とすれば(21-15)から

$$A = -\frac{a^2}{2f^2} z_0 = -B \quad \therefore \quad z_0 = \frac{2f^2}{a^2} B$$

しかるに $z = \frac{4f^2}{a^2} B$ は(21-23)で $t=1$ とおいたもの,すなわち周辺光線が光軸と交わる点(これを以後最大収差の点という)であるから,'最良像面はガウス像点と最大収差の点との中間である'.これは瞳の $r = a/\sqrt{2}$ のところから出た光が光軸と交わる点でもある.

この点は先に述べた幾何光学的な最良像点とは一致しない.これは定義の相違によるものであるが焦点付近では幾何光学より波動光学の示すところにしたがうべきである.

ガウス像点($z=0$ あるいは $A=0$),最良像点($z=z_0$ あるいは $A=-B$)の波面収差は A_0 を(21-16)を満足するように決めると

$$\left.\begin{array}{ll} \text{ガウス像点:} & E = \left(-\dfrac{1}{3} + t^2\right) B \\[6pt] \text{最良像点:} & E_0 = \left(\dfrac{1}{6} - t + t^2\right) B \end{array}\right\} \tag{21-26}$$

であり,それぞれ図 21-12(A), (B) のような形のものである.これらの点での波面収差の変化量の最大値は図から

$$\left.\begin{array}{ll} z = 0 \text{ では} & \Delta E = a^4 b_3 = B \\ z = z_0 \text{ では} & \Delta E = \dfrac{B}{4} \end{array}\right\}$$

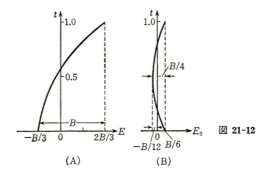

図 21-12

これは像面移動のための収差が球面収差と相殺するためである．したがって B の（レーレーの）許容値はピント調節を許す場合は $B \leqslant \lambda$ としてよい．

最良像点における振幅は(21-26)を(21-20)へ代入して

$$u(0) = \pi a^2 \int_0^1 \left\{ 1 - \frac{k^2}{2} \left(\frac{1}{6} - t + t^2 \right)^2 B^2 \right\} dt = \pi a^2 \left(1 - \frac{k^2}{360} B^2 \right)$$

$B \leqslant \lambda$ とすれば

$$u(0) \geqslant 0.89 \pi a^2$$

無収差のとき ($B=0$) の中心の振幅を $u_0(0)$ とすれば

$$\left| \frac{u(0)}{u_0(0)} \right|^2 \geqslant 0.80$$

これは図 22-4 の結果と一致する．

(ii) 五次収差　　五次まで考えた収差は

$$\left. \begin{array}{l} \text{波面収差：} \quad E(t) = A_0 + At + Bt^2 + B't^3 \\ \text{幾何光学的収差：} \Delta s(t) = \dfrac{f^2}{a^2}(2Bt + 3B't^2) \end{array} \right\} \tag{21-27}$$

A_0 が(21-16)を満足するように決め，(21-21), (21-22)を用いれば

$$A = \frac{3}{5} B', \quad B = -\frac{3}{2} B' \tag{21-28}$$

を得る．したがって最良像点における波面収差 E_0 は

$$E_0(t) = \left(-\frac{1}{20} + \frac{3}{5} t - \frac{3}{2} t^2 + t^3 \right) B' \tag{21-29}$$

これは図 21-13(A)に示すように $t=1/2$ について逆対称，すなわち

$$E_0(t) = -E_0(1-t) \tag{21-30}$$

である．このときの幾何光学的の軸上収差は

$$\Delta s(t) = \frac{3f^2}{a^2}(-t+t^2) B' \tag{21-31}$$

これは $t=1$ で $\Delta s=0$，すなわち同図(B)に示すように周辺光線がガウス像点で光軸と交わる再帰型の補正である．

最良像点の振幅は(21-29)を(21-20)へ代入して

$$u(0) = \pi a^2 \left(1 - \frac{k^2}{5600} B'^2 \right)$$

最良像点における波面収差の変化量の最大値は図 21-13(A)からわかるように $\Delta E \leqslant B'/10$

であるから，これがレーレーの許容値内であれば

$$\frac{B'}{10} \leqslant \frac{\lambda}{4} \quad \therefore \quad B' \leqslant \frac{5}{2}\lambda$$

したがって無収差($B=B'=0$)のときとの強度比は

$$\left|\frac{u(0)}{u_0(0)}\right|^2 \geqslant 0.91$$

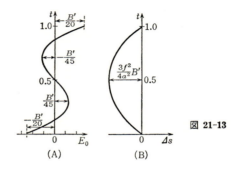

図 21-13

(b) 収差が大きいとき

(a)で述べたことは収差が小さく波面収差で半波長以下のときであるから顕微鏡や望遠鏡の対物レンズにのみ適用される．しかし写真レンズなどのように収差が数波長以上のときでも三次または五次収差については同様のことがいえることを示そう[1]．

(i) 三次収差 収差が僅かのときは三次収差までであればガウス像点と最大収差との中点(以下中点と略称)が最良像点となることを示した．収差が大きいときも強度分布を求めてみると図 22-2 のように中点に対してその前後で対称であり，このことは解析的に証明できるから収差が大きいときでも中点が最良像点である．しかしこの証明は§22-1(a)で示すこととし，ここでは前と同様中点で $\partial I/\partial A=0$ になることで証明してみよう．

軸上の振幅は(21-18)で与えられるから強度は

$$I(0) = \pi^2 a^4 \left|\int_0^1 \exp ikE(t)dt\right|^2$$
$$= \pi^2 a^4 \left\{\left(\int_0^1 \sin kEdt\right)^2 + \left(\int_0^1 \cos kEdt\right)^2\right\} \qquad (21\text{-}32)$$

したがって最良像点は

---

1) R. Richter : Z. InstrumKde **45** (1925) 1.

$$\frac{\partial I(0)}{\partial A} = -2\pi^2 a^4 k \left(\int_0^1 \sin kE dt \int_0^1 t \cos kE dt - \int_0^1 \cos kE dt \int_0^1 t \sin kE dt \right)$$
(21-33)

が 0 になることから決められる．しかるに中点における波面収差を $E_0(t)$ とすればこれは図 21-12(B) に示したように $t=1/2$ に対し対称すなわち

$$E_0(t) = E_0(1-t)$$

であるから

$$\int_0^1 t \exp ikE_0(t)dt = -\int_1^0 (1-t) \exp ikE_0(1-t)dt = \int_0^1 (1-t) \exp ikE_0(t)dt$$

$$\therefore \left. \begin{array}{l} \displaystyle\int_0^1 t \sin kE_0(t)dt = \frac{1}{2}\int_0^1 \sin kE_0(t)dt \\ \displaystyle\int_0^1 t \cos kE_0(t)dt = \frac{1}{2}\int_0^1 \cos kE_0(t)dt \end{array} \right\}$$

これを (21-33) へ代入すれば

$$\frac{\partial I(0)}{\partial A} = 0$$

したがって中点が強度の極値を与えこれは（特別の場合を除き）極大である．

(ii) 五次収差 収差が小さくないときでも最良像点で強度が最大になるような補正方法は小さいときと同じであることを示そう．中心強度が最大点は前と同様 (21-33) が 0 になるところであるが，このときの中心強度が最大になる三次と五次収差のバランスは (21-22) から決められる．五次収差が (21-27) で与えられていれば (21-32) から比例常数を除き，

$$\frac{\partial I(0)}{\partial B} = 2k \left(\int_0^1 \sin kE dt \int_0^1 t^2 \cos kE dt - \int_0^1 \cos kE dt \int_0^1 t^2 \sin kE dt \right)$$
(21-34)

(21-33) とこの式が 0 になることから $A:B:C$ が決められる．

収差が少ない場合は最良像点は波面収差が図 21-13(A) のような $t=1/2$ について逆対称すなわち (21-30) を満たすところであったから，収差が少なくないときもこのような点ではないかと考えこの点を調べてみる．

収差曲線が $t=1/2$ について逆対称であるためには (21-27) を (21-30) へ代入し

$$A_0 + At + Bt^2 + B't^3 = -\{A_0 + A(1-t) + B(1-t)^2 + B'(1-t)^3\}$$

$$\therefore \quad (2A_0 + A + B + B') - (2B + 3B')t + (2B + 3B')t^2 = 0$$

これが t の如何にかかわらず成り立つためには

$$B = -\frac{3}{2}B', \quad 2A_0 + A + B + B' = 0 \tag{21-35}$$

したがってこの点の波面収差を $E_0(t)$ とすれば

$$E_0(t) = -\frac{1}{2}\left(A - \frac{B'}{2}\right) + At + \left(-\frac{3}{2} + t\right)t^2 B' \tag{21-36}$$

$B = -\frac{3}{2}B'$ はこれを(21-27)へ代入すれば $t=1$ で $\varDelta s = 0$, すなわち収差曲線が図 21-13(B) のような再帰型である条件である. $E_0(t)$ は $t = 1/2$ について逆対称であるから下の関係は直ちに成り立つ.

$$\int_0^1 \sin kE_0 dt = 0, \quad \int_0^1 \left(t - \frac{1}{2}\right)^2 \sin kE_0 dt = 0 \tag{21-37}$$

$$\therefore \int_0^1 t^2 \sin kE_0(t)dt = \int_0^1 t \sin kE_0(t)dt \tag{21-38}$$

(21-36)で A が未だ自由に決め得る係数であるからこれを

$$\int_0^1 t \sin kE_0(t)dt = 0 \tag{21-39}$$

になるように決めればすべての係数は完全に決まる. このとき(21-38)は

$$\int_0^1 t^2 \sin kE_0(t)dt = 0 \tag{21-40}$$

したがってこの E_0 を(21-33)および(21-34)へ代入すれば

$$\frac{\partial I}{\partial A} = 0, \quad \frac{\partial I}{\partial B} = 0$$

すなわち予想したように波面収差が $t = 1/2$ に対し逆対称になるような A, B, C の組み合わせが最大強度を与える.

この組み合わせは先に述べたように収差曲線が図 21-13(B) のような周辺光線がガウス像点に収斂する再帰型のものであるが, このことは古くガウスが幾何光学的な考察から示唆したもので昔はレンズ設計者の間で秘伝とされていたものである[1]. 事実多くの顕微鏡対物レンズや写真レンズにはこのような補正がされている (例えば '光学' 図 24-5 参照).

(c) 高次収差があるとき

写真レンズで波面収差が数波長以上のものでは五次以上の項を考えなければならないも

---

1) E. Lihotzky: Centralz. Opt. u. Mech. **45** (1924) 207 ($\int_0^\infty \rho^2 I(\rho) \cdot \rho d\rho$ が小さいほどよい像として).

のが多い．このようなものでは軸上の強度の極大のところは必ずしも一ヵ所ではなく，例えば図21-14[1]は同図に示したレンズ(ズマー型 $F/2.0$, $f=50$ mm, 収差曲線は図21-16参照)について種々の絞りのときの軸上の強度分布の実測値であるが，絞り開放のときは三ヵ所，絞りが小さくなっても二ヵ所に明瞭な極大を与える像面がありこれらはいずれもよい像を与える．図21-15[2]の上段は同じような型のレンズ(ゾナー型 $F/1.5$, $f=52$ mm)について種々の像面における横収差曲線，下段は各像面におけるスポットダイヤグラムで，収差曲線の横軸はスポットダイヤグラムと同じ寸法にとってある．(D)は比較のために入れたこのレンズが無収差としたときの0次回折像($\lambda=0.5\mu$の光で半径 0.7μ)のものである．両者をくらべると瞳面上の半径 r_0 の円内の光が像面で集中して半径 ρ_0 の核を作っていることがよくわかる．図21-14のグラフはこの核の強度をプロットしたものといえる．収差曲線がわかっていれば r_0, ρ_0 は図21-15の上段に示したような収差曲線の極大の幅として求められ，これから強度は

$$I \sim \left(\frac{r_0}{\rho_0}\right)^2$$

となる．種々の像面における収差曲線はガウス面上の収差曲線が与えられていればこれから換算で求められる．図21-14で示したレンズ(ガウス像面での収差[3]は図21-16の点線)について上記の方法で中心核の強度を求め，これが極大となる像面をグラフにプロットすると図21-16の○印のようにN.A.の大きいときは三ヵ所，小さくなっても二ヵ所ありこれは実測値(図21-14の極大)とよく一致する．

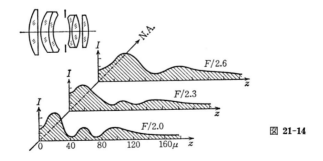

図 21-14

---

1) J. Kämmerer: Optik **14** (1957) 399.
2) 久保田広，宮本健郎：生産研究 **13** (1963) 38.
3) 縦の球面収差が一次と三次で表わせるときはレンズ型式による差はなくなる．

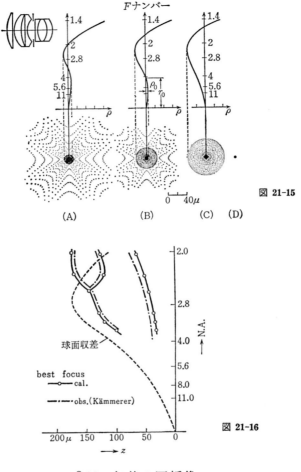

図 21-15

図 21-16

§22 収差の回折像

光学系に収差があるときのガウス像面より z の距離にある像面における回折像は波面収差を $E(r,\varphi)$ とすれば,瞳関数は (21-4) にこれが加わったもの

$$F(r,\varphi) = \exp i\{Zr^2 + kE(r,\varphi)\}$$

であるから (21-1) の代りに

$$C+iS = \int_0^{2\pi}\int_0^a \exp i\{Zr^2 - Rr\cos(\varphi-\omega) + kE(r,\varphi)\}r\,dr \qquad (22\text{-}1)$$

を計算すればよい．E が φ を含まなければ φ についての積分ができて

$$C+iS = 2\pi \int_0^a \exp i\{Zr^2+kE(r)\}J_0(Rr)r dr \qquad (22\text{-}2)$$

$E(r,\varphi)$ は無収差の場合の波面と収差のあるときとの光路長の差で幾何光学的に求められるものであるから，収差の回折像の計算は光路長が媒介となり幾何光学と波動光学とが結びついた典型的な波面光学的方法（'光学' 第 III 篇参照）である．まず光学系が中心対称でザイデルの収差のみあるとして瞳関数が極座標で表わされる場合を §22-1 で述べる．しかし口径蝕や偏心があるときは系は中心対称として取り扱えない．このときは瞳面上の直交座標 ξ, η のべき級数に展開しその各項の性質を調べる方が便利である．これについては §22-2 で述べる．更に関数の展開にはべき級数のほかに直交関数系による展開があり，直交関数系の性質から波動光学的な収差論はこれによる方が多くのすぐれた点があるのでこれについて §22-3 で述べる．

§22-1　ザイデル収差の回折像

ザイデル収差の波面収差は瞳面上の直角座標によれば(11-2)で E_3 と表わしたものである．これを極座標(19-4)で書き改め，球面収差，コマ収差および非点収差の項のみを考えると

$$E = \cdots + b_3 r^4 + b_4 r^3 \cos\varphi + b_5 r^2 \cos^2\varphi \qquad (22\text{-}3)$$

またはレンズの半径を a として

$$E = \cdots + B\left(\frac{r}{a}\right)^4 + B_4\left(\frac{r}{a}\right)^3 \cos\varphi + B_5\left(\frac{r}{a}\right)^2 \cos^2\varphi$$

という記号を使えば

$$B = a^4 b_3, \qquad B_4 = a^3 b_4, \qquad B_5 = a^2 b_5$$

これらはいずれも長さの次元を持ち各収差の最大値を表わすので，各収差の大きさはこれらを波長の倍数で表わし '何波長の収差' という．像面彎曲の収差は像面がガウス像面と変るのみでピント外れと同一項であり，歪曲収差は光線の像面との交点が変り回折像は像面内で移動するのみで本質的な変化はないからいずれもここでは考えない．

(a) 球面収差

球面収差のみであれば波面収差は

$$E(r) = b_3 r^4 = B\left(\frac{r}{a}\right)^4$$

これを(22-2)へ代入し

$$C+iS = 2\pi \int_0^a \exp i(Zr^2+kb_3r^4)J_0(Rr)rdr \qquad (22\text{-}4)$$

これは数値計算で求めるよりほかないが下記のことは数値計算をしないで判る[1].

(i) **軸上強度**　光軸上の点の振幅は上式で $R=0$ と置いたものを(18-19)へ代入すればよい．しかるに $R=0$ であれば

$$C+iS = 2\pi \int_0^a \exp[i(Zr^2+kb_3r^4)]rdr = \pi a^2 \int_0^1 \exp ikD dt$$

ただし $(r/a)^2=t$ とし

$$kD(z) = Zr^2+kb_3r^4 = k\left(-\frac{a^2}{2f^2}zt+Bt^2\right) \qquad (22\text{-}5)$$

これから下のことが判る．

(a) z と B の符号を同時に変えたものは $C+iS$ の共軛複素数に等しくなる．しかるに強度は

$$I(z,B) = \frac{I_0}{(\lambda f)^2}|C+iS|^2 \quad \therefore \quad I(z,B) = I(-z,-B)$$

z は焦点から考える点までの距離であるから，補正過剰($B>0$)の球面収差がある光学系と補正不足($B<0$)の系の軸上の強度はガウス像点に対し対称である．

(b) レンズの周辺($r=a$)を通った光の光軸との交点(最大収差の点)を P_m とすれば, (21-13)から

$$\overline{FP_m} = \left(\frac{f^2}{r}\frac{\partial E}{\partial r}\right)_{r=a} = \frac{4f^2}{a^2}B$$

したがってガウス像点 F と P_m の中点を P_0, 任意の像点を P とし $\overline{P_0P}=z'$ とすれば

$$\overline{P_0P} = z' = z - \frac{2f^2}{a^2}B$$

(22-5)を z' で表わせば

$$D(z') = -\frac{a^2}{2f^2}z't - Bt + Bt^2$$

したがって P の強度は

$$I(z') = \alpha \int_0^1 \exp ikD(z')dt \qquad (22\text{-}6)$$

$$\text{ただし}\quad \alpha = I_0\left(\frac{\pi a^2}{\lambda f}\right)^2$$

---

[1] R. Richter: 前出.

P_0 より $-z'$ の点 $P(-z')$ の強度は上式の z' の符号を変えまた $t=1-t'$ とおけば

$$D(-z') = \frac{a^2}{2f^2}z' - \frac{a^2}{2f^2}z't' - Bt' + Bt'^2$$

$$\therefore \quad I(-z') = \alpha \left| \int_1^0 \exp ikD(-z')dt' \right|^2$$

これと (22-6) を比べると $D(z')$ と $D(-z')$ の差は常数であるから

$$I(z') = I(-z')$$

すなわち'軸上の強度は P_0 に対し対称である'.

(c) 強度分布は P_0 について対称であるから P_0 の強度は極値をとるが多くの場合極大であり,'三次球面収差があるときの最良像点は F と P_m の中点である'. これは§21-4(a)の(i)で既に述べたことで図22-2はその実例である.

(ii) **像面上の強度分布** これは(22-4)を計算すればよい. この値は z の符号が変れば変るので無収差のときと異なり回折像は最良像面の前後で対称ではない. しかし b_3 の符号も同時に変えれば $|C+iS|^2$ は同じ値を与える. すなわち球面収差により周辺光線と光軸の交点がガウス像点よりレンズに近いとき(補正不足)とその反対(補正過剰)のとき強度分布は焦点の反対方向をとれば同じである[1].

(22-4)は指数関数を r のべき級数に展開しこれと $J_0(Rr)$ との積の積分としてベッセル関数の積分公式で求められる[2]. この式により種々の球面収差の場合のガウス像面内の強度分布を求めたものが図22-1, 球面収差が $-\lambda$ のときの種々の像面内の強度分布を描いた

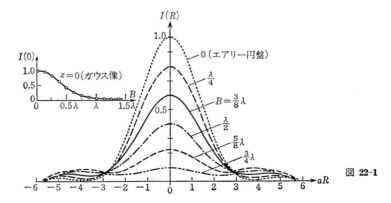

図 22-1

---

1) R. Richter: 前出.
2) K. Strehl 他.

ものが図22-2で,それぞれの図の左肩または右下の小さい図はそれぞれの場合の中心強度を描いたもので,ガウス像面の中心強度は球面収差と共に低下するが,球面収差があるときはピント外れの収差と補償し合うので $B=-\lambda$ のときはピント外れが λ の面で中心強度は最大になる.

図22-3は,(i) 無収差のときのガウス像面,(ii) $\lambda/4$ の収差があるときのガウス像面,(iii) 無収差のときの $\lambda/4$ のピント外れの像面,(iv) λ の収差があるときの最良像面($a^2Z=\lambda$)の強度分布を描いたものであるが,後の三者は殆ど同じもので一般に収差が λ より少

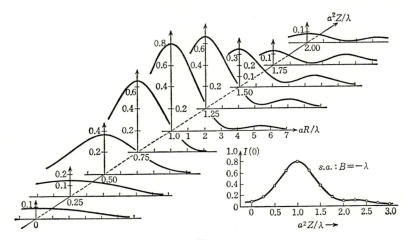

図 22-2

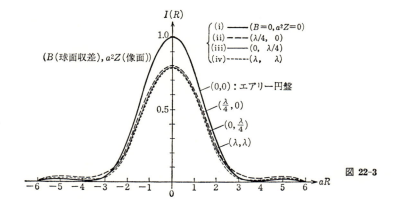

図 22-3

なければピントを合わせることにより最良像面の中心強度は無収差のときの80%にまで上ることができる．したがって球面収差の許容量として$B \leqq \lambda$をとってよく，これは§24-1(a)で得るのと同じ結果である．

図22-4は$B=\lambda/2$のときの多数の像面における強度分布を求めこれから子午面内の等強度線を描いたもので，Fはガウス焦点，F_0は最良像面，太い実線は火線，数字は最大強度を1000としたときの強度である．図は$F/0.8$の場合が描いてあるが縦軸と横軸の比を変えれば任意のFナンバーのときのものとなる[1]．なおこのほかの多くの場合の回折像の等強度線が描かれているがこれは巻末の文献を参照されたい．

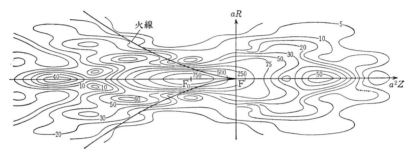

図 22-4

(iii) 幾何光学的強度 強度分布は幾何光学的にも求められることを'光学'§28-5で述べたがこれがどのくらい波動光学的に求めた値を近似し得るかを調べてみよう．射出瞳の半径rと$r+dr$の間の輪帯からの光が共軛像面上ρと$\rho+d\rho$の輪帯に収斂するとする．瞳面上の半径rの円を通った光円錐が像面と交わって作る円の半径ρは(21-12)により

$$\rho = f\frac{\partial E}{\partial r} = 4fb_3 r^3 \qquad \therefore \quad d\rho = 12fb_3 r^2 dr \qquad (22\text{-}7)$$

瞳面での強度をI_0とすればこの面上の半径r，幅drの輪帯がガウス像面上では半径ρ，幅$d\rho$のものになるから強度は

$$\begin{aligned}
I_g(\rho) &= I_0 \frac{2\pi r dr}{2\pi \rho d\rho} = I_0 \left(\frac{1}{4fb_3}\right)^{2/3} \frac{1}{3\rho^{4/3}}, & \rho &\leqq \rho_0 \\
&= 0, & \rho &> \rho_0
\end{aligned}\right\}$$

ただしρ_0は幾何光学的錯乱円の半径，すなわち(22-7)で$r=a$とおいたもの

---

1) F. Zernike & B. R. A. Nijboer (La Théorie des Images Optiques, 1949) より（これを$F/0.8$に伸したもの）．

$$\rho_0 = 4fa^3b_3$$

である.強度は $\rho^{4/3}$ に逆比例して減少し,例えば $a^4b_3=B=0.64\lambda$ のときをグラフに描くと図 22-5 の破線のようになる.ただし横軸には $aR=\dfrac{2\pi a}{\lambda f}\rho$ がとってあるから $aR_0=\dfrac{16}{3}\pi$ が錯乱円の半径でこれより外では 0 となる.

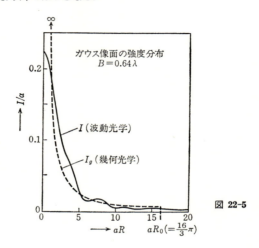

図 22-5

波動光学的な値は (22-4) で $Z=0$ としたものを数値計算で求めると,同じ収差のとき同図の実線で示したようになり相当よく一致している.中心強度は無収差のときを 1 として $I(0)=0.23$ であり,強度の不連続点はなく漸減しつつ $R=\infty$ に至る[1].

これは $B=0.64\lambda$ という特別の場合を例にとったものであるが,一般に球面収差がこれと同じ性質のピント外れのときは波面収差にして 2λ 以上であれば幾何光学的の強度計算は波動光学的のそれと事実上一致する (§ 24-4 (b) 参照).

(b) コマ収差

(i) 円筒レンズ　コマ収差があるときの回折像の強度分布はレーレーが初めて示した.これは一次元 (円筒レンズ) の場合を取り扱ったもので,瞳面において円筒の母線に直角方向の座標を ξ とすれば波面収差および瞳関数は

$$E(\xi) = b_4\xi^3 \quad \therefore \quad F(\xi) = \exp ikb_4\xi^3$$

で与えられるから,ガウス像面における回折像はスリットの幅を $2a$ として (18-25) に上記瞳関数が入り

---

1) K. Nienhuis: Thesis (Groningen, 1948) p. 19, Fig. 7.

$$u = \int_{-a}^{a} \exp ik\left(-\frac{x\xi}{f} + b_4\xi^3\right)d\xi$$

これは

$$kb_4\xi^3 = \frac{\pi}{2}v^3, \quad k\frac{x\xi}{f} = \frac{\pi}{2}\Phi v$$

とおけば $a^3b_4 = \alpha\frac{\lambda}{4} = B_4$ として

$$u(x) \sim \int_0^{\sqrt[3]{\alpha}} \cos\frac{\pi}{2}(v^3 - \Phi v)dv \tag{22-8}$$

となる．これは'虹の積分'といわれ計算に必要な数表をエアリーが与えているので((22-28)参照)それを用い，$B_4 = \lambda/4, \lambda/2$ のとき強度を求めると図 22-6 のようになる[1]．実線は無収差のときであり各曲線の下の面積(全光量)は等しくなるよう正規化してある．B_4 が大になるに従い最大強度が下り $\alpha = 1$ では無収差のときの 80% となる．これが下ればその分の光は回折像の裾の方へ回るのでこの低下量が像の崩れを表わすものである．これからレーレーは最大強度が 80% までをコマ収差の許容値とした．したがって $a^3b_4 = B_4 \leq \lambda/4$ となる．先に述べた球面収差のときも同様に(ピント合わせをしなければ)，$a^4b_3 = B \leq \lambda/4$ であれば中心強度は 80% を下らないのでこれからレーレーは一般の場合も波面収差が $\lambda/4$ までを許容値とした．これがレーレーリミットといわれるものである[2]．したがってこの許容量を適用するときはこのことをよく知って用いなければならない．何でもかでも $\lambda/4$ ならよいというのは大きな誤りである．

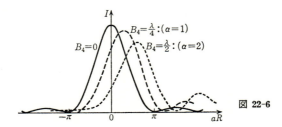

図 22-6

(ii) 円形および矩形レンズ　レンズが円形のときは波面収差は(22-3)により

$$E = b_4 r^3 \cos\varphi$$

であるから振幅はこれを(22-1)へ代入すれば比例常数を除き

---

1) J. W. S. Rayleigh: Sci. Pap. I p. 431.
2) J. W. S. Rayleigh: Sci. Pap. I p. 430.

$$u = \int_0^{2\pi}\int_0^a \exp i\{Zr^2 - Rr\cos(\varphi-\omega) + kb_4 r^3 \cos\varphi\} r\,dr\,d\varphi$$

$$= \int_0^{2\pi}\int_0^a \exp i\{Zr^2 - \Phi\cos(\varphi-\phi)\} r\,dr\,d\varphi$$

ただし
$$\left.\begin{array}{l}\Phi^2 = R^2 r^2 - 2Rkb_4 r^4 \cos\omega + (kb_4 r^3)^2 \\ \tan\phi = \dfrac{Rr\sin\omega}{Rr\cos\omega - kb_4 r^3}\end{array}\right\} \quad (22\text{-}9)$$

φ について積分を行なえば

$$u(Z) = \int_0^a \exp(iZr^2) J_0(\Phi) r\,dr \quad (22\text{-}10)$$

u の共軛複素数をとり同時に Z の符号を変えれば

$$u(Z) = u^*(-Z)$$

したがって

$$u(Z)u^*(Z) = u(-Z)u^*(-Z)$$
$$\therefore\ |u(Z)|^2 = |u(-Z)|^2$$

すなわち強度分布はガウス像点に対し対称である．またコマ収差の形はピント外れによって単に大きさが変るのみで本質的な変化がないことが知られているので，ここではガウス像面 ($Z=0$) におけるもののみを考えることとする．しかしコマの大きさ B_4 によっては図 22-7 のようにかなり違ってきてこれが大きくなるにつれコマ収差の名の由来である彗星 (comet) 型の尾を引いたものになる．

(22-10) を求めるには $J_0(\Phi)$ を加法定理によりベッセル関数の級数に展開するか，または $\exp iZr^2$ をべき級数に展開し項別積分を行なう．これにより $B_4=0.5\lambda$, 1.4λ および 6.4λ のときの等強度線を描いたものが図 22-8[1] である．図中の数字は収差がないときの中心強度を 1000 とした強度で，破線は幾何光学的の収差図形 ('光学' 図 8-3 参照) である．

この図形は無収差の場合の同心円的図形が B_4 が大になると共に次第に変ってきたものであるが，このことは矩形開口についてみると更によく判る．レンズが一辺 $2a$ の正方形であれば瞳面に直角座標をとりコマ収差の瞳関数は

$$F(\xi,\eta) = b_4 \xi(\xi^2+\eta^2) = \frac{1}{a^3} B_4 \xi(\xi^2+\eta^2)$$

で与えられるから，ガウス像面の振幅はこれを (20-1) へ代入し

---

[1] (A) B. R. A. Nijboer: Thesis (Groningen, 1942); (B) K. Nienhuis: Thesis (Groningen, 1948); (C) R. Kingslake: Proc. Phys. Soc. **61** (1948) 147.

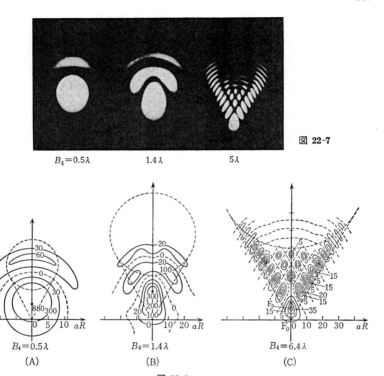

図 22-7

図 22-8

$$u(x,y) = \int_{-a}^{a}\int_{-a}^{a} \exp ik\left\{-\frac{x\xi+y\eta}{f}+\frac{B_4}{a^3}\xi(\xi^2+\eta^2)\right\}d\xi d\eta \qquad (22\text{-}11)$$

これから $B_4=0, 0.3\lambda, 2\lambda$ の場合について等強度線を求めると図 22-9[1])のようになり，無収差の場合から次第に変形したものであることが一層よく判る．

(iii) 波面光学的計算 コマ収差の強度分布を波面光学的に求めることは '光学' §28-5で示したが，これによるコマの主軸(子午面と像面の交線)上の強度分布は $B_4=1.4\lambda$ のとき図 22-10 の破線のようになり頂点の強度は無限大となる．これを波動光学で求めるには (22-10)で $Z=0$, $\omega=0$ とおいて

$$u = \int_0^a J_0(Rr-kb_4r^3)rdr \qquad (22\text{-}12)$$

の絶対値の自乗をとればよい．これは(22-8)に対応する($\cos(\cdots)$ が $J_0(\cdots)$ となった)もの

---

1) R. Barakat & A. Houston: J. Opt. Soc. Am. **54**(1964)1085.

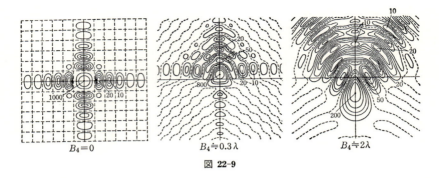

図 22-9

で,これから $a^3b_4=B_4=1.4\lambda$ のときを求めて見ると図 22-10 の実線のようになり,主極大 F_0 は幾何光学的コマ図形の頂点 F' から少しはずれたところにあり,この値(求め方は (22-26) 参照)は

$$\overline{F_0F'} = -\frac{2}{3}a^5b_4f = -\frac{2}{3}a^2fB_4$$

でその強度は無収差のときの中心強度を 1000 として 320 である.

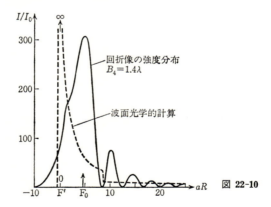

図 22-10

(c) 非点収差

(i) 幾何光学との関係　非点収差 b_5 があるときのガウス像面から z のところの波面収差は (22-3) から極座標または直角座標で

$$kE = Zr^2 + kb_5r^2\cos^2\varphi \tag{22-13}$$

または

§22 収差の回折像

$$kE = Z\xi^2 + (Z+kb_5)\eta^2$$

瞳面上の中心から r のところを出た光が焦平面と交わる点を x, y とすれば (21-11) により

$$\left. \begin{aligned} x &= f\frac{\partial E}{\partial \xi} = 2fZ\frac{\xi}{k} \\ y &= f\frac{\partial E}{\partial \eta} = 2f(Z+kb_5)\frac{\eta}{k} \end{aligned} \right\}$$

$Z = -z/\lambda f^2$ であるから $x=0$ および $y=0$ の点を F_1, F_2 とすれば (図 22-11), これらの焦点からの距離は波長を含まずそれぞれ

$$\left. \begin{aligned} &F_1(横の焦線面): & z_1 &= 0 \\ &F_2(縦の焦線面): & z_2 &= 2\pi f^2 b_5 \\ &F_0(最小錯乱円): & z_0 &= \pi f^2 b_5 \end{aligned} \right\} \quad (22\text{-}14)$$

最小錯乱円はこの中間

二つの焦線間の距離は $\overline{F_1 F_2} = 2\pi f^2 b_5$ でこれは r に関係ない常数で非点隔差といわれるもの('光学' §8-3(c) 参照) である.

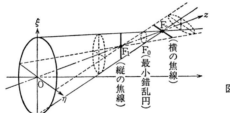

図 22-11

(ii) 強度分布 焦点から z のところの面上の振幅は (22-13) と (22-1) から比例常数を除き

$$u(Z, \omega) = \int_0^{2\pi} \int_0^a \exp i\{Zr^2 + kb_5 r^2 \cos^2\varphi - Rr\cos(\varphi-\omega)\} r\,dr\,d\varphi \quad (22\text{-}15)$$

これから直ちに下のことがわかる. すなわち被積分関数は

$$\exp i\left\{\left(Z+\frac{kb_5}{2}\right)r^2 + \frac{kb_5}{2}r^2 \cos 2\varphi - Rr\cos(\varphi-\omega)\right\}$$

と書けるから Z の z を z' とおいたものを $Z' = -z'/\lambda f^2$ として

$$\left(Z'+\frac{kb_5}{2}\right) = -\left(Z+\frac{kb_5}{2}\right), \quad \varphi' = \varphi - \frac{\pi}{2}, \quad \omega' = \omega - \frac{\pi}{2} \quad (22\text{-}16)$$

とおけばすべての項は符号を変え，積分の上下限は周期 2π の関数の一周期についての積分であるから依然 $0\sim2\pi$ としてよいので共軛複素数を ＊ で記せば，結局

$$u^*(Z',\omega') = \int_0^{2\pi}\int_0^a \exp i\left\{Z'r^2 + \frac{kb_5}{2}r^2\cos 2\varphi' - Rr\cos(\varphi'-\omega')\right\}rdrd\varphi'$$

$$\therefore \quad |u(Z,\omega)|^2 = |u^*(Z',\omega')|^2$$

このことと (22-16) が

$$Z'+Z = -kb_5 \quad \therefore \quad z+z' = 2\pi f^2 b_5, \quad \omega-\omega' = \frac{\pi}{2}$$

であることから幾何光学的の収差図形と同じく，'非点収差があるときの像面上の強度分布は最小錯乱円 ($z_0 = \pi f^2 b_5$) の前後で一方の座標軸を $\pi/2$ 回転すれば同じものである' ということになる．強度分布は (22-15) の被積分関数を $\cos\varphi$, $\sin\varphi$ のべき級数に展開すれば各項はベッセル関数を用いて積分できる．

図 22-12(A), (B)[1] は $B_5 = 0.16\lambda$ および 1.3λ のときの収差図形の写真，これらの等強度線を描いたものが図 22-13, 14[2] で，数字は収差がないときのガウス像面（縦の焦線の面）の中心強度を 1000 とした強度である．図 22-13 の破線は幾何光学的な収差図形，すなわち（最小）錯乱円および縦の焦線を表わしている．なおこのほか種々の収差のときの強度分布が描かれている（巻末文献参照）．

$B_5 = 0.16\lambda$
(最小錯乱円面)

(A)

$B_5 = 1.3\lambda$
(最小錯乱円面)

(B)

(焦線面)

図 22-12

---

1) (A) K. Nienhuis：前出；(B) A. Maréchal：Thesis (Paris, 1948)
2) 図 22-13 B. R. A. Nijboer：前出；図 22-14 A. Maréchal：上記論文．

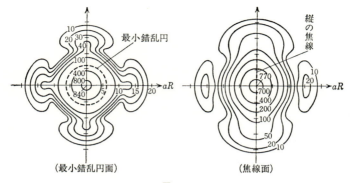

図 22-13

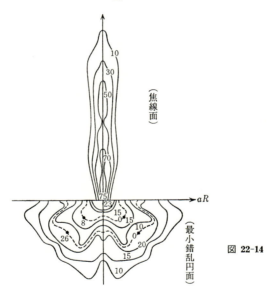

図 22-14

§22-2 収差のべき級数による分類とその回折像

ザイデル収差の分類は光学系を中心対称と仮定したものであるが実際の光学系は中心対称系でないことが多い．このようなときは直角座標を用い，ξ, η を瞳面座標を開口の最大値で割った無次元の換算座標として波面収差をこれのべき級数で表わし

$$E = \sum \alpha_{nm} \xi^n \eta^m$$

としこの各項を一つの収差として考える．ザイデル収差はこの線型結合である．$n+m=N$ とすれば E_N の項は下のようになる[1]．

$$\left.\begin{aligned} E_1 &= A\xi+B\eta \\ E_2 &= F\xi^2+F'\eta^2+C\xi\eta \\ E_3 &= I\xi^3+J\eta^3+G\xi^2\eta+H\xi\eta^2 \\ E_4 &= M\xi^4+N\eta^4+L\xi^2\eta^2+P\xi^3\eta+Q\xi\eta^3 \end{aligned}\right\} \quad (22\text{-}17)$$

この係数は長さの次元を持ち各収差の最大値を表わすのでこれが波長の何倍であるかにより '何波長の収差' という．図 22-14 に記した値はこれである．この各項の収差図形および回折像を調べてみよう．

(a) 収差図形

瞳面上の (ξ,η) を出た光の像面との交点 (x,y) は $f=1$ として(21-11)により

$$x=\frac{\partial E}{\partial \xi}, \quad y=\frac{\partial E}{\partial \eta}$$

したがって瞳面上の半径 r の輪帯を出た光円錐が像面と交わって描く曲線は上式と

$$\xi^2+\eta^2=\beta^2$$

ただし $\dfrac{r}{a}=\beta$

から ξ,η を消去して得られる．これを収差図形という．上記の分類についてそれぞれの収差のみがあるときのこの図形を求めてみると下のようになる（ザイデル収差のこの図形については '光学' §8-3 で詳論した）．

(1) A および B の収差図形

$$E = A\xi+B\eta$$

であるから x,y はいずれも常数で収差図形は点である．これはいわゆる像点移動の収差で像の位置が移動するのみで点光源の像はいぜんとして点である．

(2) C の収差図形

$$E = C\xi\eta$$

であるから

$$x=\frac{\partial E}{\partial \xi}=C\eta, \quad y=\frac{\partial E}{\partial \eta}=C\xi$$

したがって収差図形は

---

1) R. Barakat & A. Houston : Optica Acta **13** (1966) 14 (3-67).

$$x^2+y^2 = (C\beta)^2$$

すなわち収差図形は同心の円である(図22-15(A)).

(3) F, F' の収差図形

$$E = F\xi^2 \quad \text{または} \quad E = F'\eta^2$$

とすれば

$$\left. \begin{array}{l} x = 2F\xi \\ y = 0 \end{array} \right\} \quad \text{または} \quad \left. \begin{array}{l} x = 0 \\ y = 2F'\eta \end{array} \right\}$$

$$\text{ただし} \quad |\xi|, |\eta| \leq 1$$

これはそれぞれ座標軸と一致する線分で,ザイデル収差の非点収差があるときは幾何光学的な縦および横の焦線面における波面収差で,幾何光学的な最小錯乱円の位置では

$$E = F(\xi^2 - \eta^2)$$

したがって収差図形は

$$x^2 - y^2 = 4\beta^2 F^2$$

これは直角双曲線群である(図22-15(B)).

(4) G, H の収差図形

$$E = G\xi^2\eta \quad \text{または} \quad E = H\xi\eta^2$$

前者であれば

$$\left. \begin{array}{l} x = 2G\xi\eta \\ y = G\xi^2 \end{array} \right\}$$

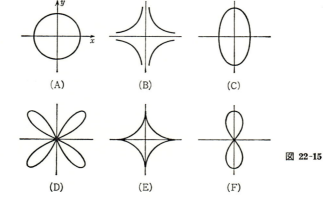

図 22-15

$$\therefore \quad \left(y-\frac{G\beta^2}{2}\right)^2 + \frac{x^2}{4} = \left(\frac{G\beta^2}{2}\right)^2$$

すなわち軸比が 1:2 の楕円でその主軸の大きさは β とともに大になる．$E=H\xi\eta^2$ の収差図形はこれを $90°$ 回したものである（図 22-15(C)）．

(5) I, J の収差図形

$$E = I\xi^3 \quad \text{または} \quad E = J\eta^3$$

の収差図形はそれぞれ x 軸および y 軸に一致する線分である．ザイデルのコマ収差はこれと H, G の線型結合の特別の場合すなわち

$$E \sim (\xi^2+\eta^2)(H\xi+G\eta)$$

でこの収差図形は $H=G$ のときはよく知られた頂角 $60°$ の彗星型のものである．

(6) L の収差図形

$$E = L\xi^2\eta^2$$

$$\therefore \quad x = 2L\xi\eta^2, \quad y = 2L\xi^2\eta$$

したがって収差図形は

$$\left(\frac{x^2}{y}\right)^{2/3} + \left(\frac{y^2}{x}\right)^{2/3} = \beta^2(2L)^{2/3}$$

これを極座標 $x=\rho\cos\omega,\ y=\rho\sin\omega$ に直せば

$$\rho = L\beta^3 \sin 2\omega$$

となり図 22-15(D) の正葉線を与える．

(7) M, N の収差図形

それぞれが単独の場合は x, y 軸に平行の線分であるが両者が共存していれば

$$E = M\xi^4 + N\eta^4$$

$$\therefore \quad x = 4M\xi^3, \quad y = 4N\eta^3$$

したがって収差曲線は

$$\left(\frac{x}{M}\right)^{2/3} + \left(\frac{y}{N}\right)^{2/3} = 4^{2/3}\beta^2$$

これはアステロイド（図 22-15(E)）である．ザイデル収差の球面収差は

$$E = B(\xi^2+\eta^2)^2 = B\xi^4 + B\eta^4 + 2B\xi^2\eta^2$$

であったから M, N および L の三つの収差の線型結合である．

(8) P, Q の収差図形

$$E = P\xi^3\eta, \quad E = Q\xi\eta^3$$

これはそれぞれ

$$x = 3P\xi^2\eta \atop y = P\xi^3 \Bigg\} \qquad x = Q\eta^3 \atop y = 3Q\xi\eta^2 \Bigg\}$$

収差図形はそれぞれ図 22-15(F) に示すような双葉の曲線である.

(b) 強度分布

これらの強度分布は各項を極座標に直し (22-1) へ代入して求められる. E, F は非点収差の縦および横の焦線の像面のそれを示すもので, すでに図 22-13, 14 で示してあるのでこれ以外のものを図 22-16 に示してある. 図中の数字は中心強度 (中心を 1000 としたときの強度) である.

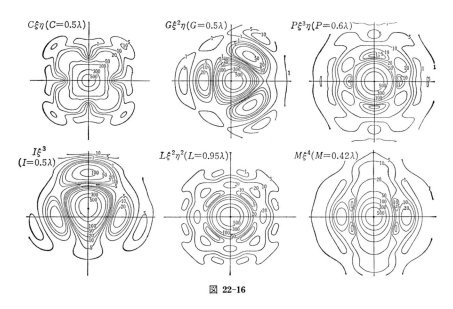

図 22-16

§22-3 収差関数の直交関数系による展開

収差関数は前二節に述べたように瞳面上の変数のべき級数に展開できるほか, この変数の直交関数でも展開できる. 強度分布や中心強度を求める波動光学的な議論にはこの方法が多くの利点をもつ. これは主として直交多項式のパーシバルの定理によるもので以下これを述べてみよう.

このほか直交関数系による展開は任意曲線を'一様に近似'し，特にチェビシェフの多項式は'近似誤差の最大値を最も小さくする多項式である'ので収差曲線の近似に用いられ少ない項数でよい近似を示すがここではふれない[1].

(a) パーシバルの定理

一次元(円筒レンズ)の問題とし瞳面上の円筒の軸に直角方面の座標を ξ, $f_m(\xi)$ を ξ^m を最高次としこれ以下のべきのみを含む瞳面 S の中での正規直交多項式とする．すなわち，

$$\int_S f_m(\xi) f_{m'}(\xi) d\xi = 1, \quad m = m' \atop = 0, \quad m \neq m' \Bigg\} \tag{22-18}$$

とすれば(以下積分領域の S を省略する)，波面収差 $E(\xi)$ をこれにより展開できて

$$E(\xi) = \sum_{m=0}^{\infty} a_m f_m(\xi) \tag{22-19}$$

$$\text{ただし} \quad a_m = \int E(\xi) f_m(\xi) d\xi \quad (m \neq 0)$$

常数項 a_0 には物理的な意味はなく任意の値をとってよいので E の平均値が 0 になるようにとる．すなわち

$$\int E(\xi) d\xi = \sum_{m=0}^{\infty} a_m \int f_m(\xi) d\xi = 0 \tag{22-20}$$

このとき E の自乗の和は(22-18)を用い

$$W = \int E^2(\xi) d\xi = \int \left\{ \sum_{m=0}^{\infty} a_m f_m(\xi) \right\}^2 d\xi$$

$$= \sum_{m,m'} a_m a_{m'} \int f_m(\xi) f_{m'}(\xi) d\xi = \sum_{m=0}^{\infty} a_m^2 \tag{22-21}$$

これから

(i) W は m の異なる係数の積の項($a_m a_{m'}$, $m \neq m'$)を含まない．すなわち直交多項式の各項の G への寄与は互いに独立である．

(ii) ある一つの a_m を残し他はすべてが 0 であるとき，すなわち E が多項式の一つで表わされているとき W は——E が多くの $f_m(\xi)$ の線型結合であり，しかも ξ^m の係数が a_m であるときにくらべ——最小値をとる．これを直交多項式の極小性という[2].

---

1) R. Barakat: J. Opt. Soc. Am. **52**(1962)985; J. Kross: Optik **21**(1964)504; J. Kross: Mitt-u. Berichte der Opt. Inst. Tech. Univ. Berlin **10**(1966)48.
2) クーラン・ヒルベルト(訳)：物理数学の方法 I (東京図書) p. 72.

これをそれぞれパーシバルの定理の系(i), 系(ii)ということにする．この系により直交関数系による展開には下のような利点があることが判る．

(b) 収差の中心強度

光学系の良否すなわち収差の多少の一つの目安として瞳の中心を通った光と像面との交点の強度が古くから用いられ，これをストレールのディフィニション(S.D.)といった．これは(21-18)で求められるが一次元のときは変数を ξ とし

$$I(0) = |u(0)|^2$$

$$u(0) = \int \exp ikE(\xi) d\xi$$

$E(\xi)$ があまり大きくないときは[1]展開の二次の項までをとり

$$\exp ikE(\xi) \fallingdotseq 1 + ikE(\xi) - \frac{k^2}{2} E^2 + \cdots$$

$$\therefore \quad I(0) = \left| \int \left(1 + ikE - \frac{k^2}{2} E^2 \right) d\xi \right|^2$$

(22-20)により，$\int d\xi = A$ として

$$I(0) = \left| A - \frac{k^2}{2} \int E^2 d\xi \right|^2 \fallingdotseq A^2 \left(1 - \frac{k^2}{A} W \right)^2 \tag{22-22}$$

これから S.D. をできるだけ大にするには W をできるだけ小さくすればよいことがわかる．

上の結果とパーシバルの定理から(収差が少ないとき)レンズの自動設計のときの merit function として S.D. を用い，かつ収差を直交関数に展開しておくときわめて都合がよいことがわかる．すなわち

(I) 同定理の系(i)により各収差の S.D. への寄与は互いに全く独立であるから S.D. を大きくするのには各収差の寄与がそれぞれできるだけ小さくなるようにすればよく，各収差のバランスを考えるために連立方程式などを解く必要はない．

(II) また S.D. は収差の大きさの目安であるので各収差が個々に存在しているときは強度の最大値であることが望ましい．しかるにザイデルの収差ではガウス像点が必ずしも強度の最大値ではない．例えば球面収差があるときの軸上強度の最大の点はガウス像点ではなくこれより若干軸上を移動したところであり(§21-4, §22-1(b)参照)，コマ収差の強度最大の点はガウス像面上で中心から若干はずれたところである(§22-1(c))．しかるに

---

1) $\frac{k^2}{2} E^2 \leq \frac{1}{10}$ とすれば $E_{\max} < \frac{\lambda}{15}$.

収差関数を直交多項式で展開し，その各項を一つの収差として分類すると W は最小値をとる(パーシバルの定理の系(ii))から(22-22)により $I(0)$ はいつも最大となる．これはこの分類法では一次収差(中心の軸上移動およびガウス像面上での原点の移動)と各次の収差が適当な割合で組み合わさり収差をバランスさせているからで，この分類を'バランスされた収差'という人もある[1]．§21-4 は三次，五次の球面収差についてこれをいちいち計算で行なったものであるが直交多項式ではこれが自動的に行なわれている．

マレシャルは'波面とその平均値との差すなわち波面収差の自乗の和が最小値をとる収差の組み合わせ'が最もよい像になるとして，このようなザイデル収差の組み合わせを調べている[2]．波面収差を E とすればこれは

$$\int E^2 d\xi - \int E d\xi = \min.$$

ということになるが，第二項は(22-20)により 0 にとってあるから，結局

$$W = \int E^2 d\xi = \min.$$

となる．この値は E が多項式の一つ $a_m f_m$ で表わされているとき(前述の性質により極小値をとるから)，多項式の各項の係数が求めるザイデル収差の組み合わせる係数を与え，この条件は中心強度が最大となるのと同じである．

(c) 展開に用いられる直交多項式

直交多項式には種々のものがあるが[3]，収差の展開に用いられるものは瞳面内で有限の値を持ちその外では0のもの，すなわち変域が有限のものでなければならない．かつザイデル収差との関連が明らかであるために ξ^m を最高べきとしこれより低いべきの項を含む多項式であることが望ましい．一次元のときこれらの条件を満たすもの，すなわち変域 $|\xi| \leq 1$ における整多項式にルジャンドルの多項式 $P_m(\xi)$ がある．二次元の場合は矩形開口であれば矩形の二辺に沿って ξ, η 軸をとれば変数分離ができ一次元の場合と同じに取り扱えるので，やはりルジャンドルの多項式であるが，円形開口のときは極座標を用い角変数 φ については $\exp im\varphi$ とおき動径変数と分離すると，これについてのルジャンドルの多項式に相当する(これを二次元に拡張した)ものとしてゼルニケの circle polynomial を得る．

(i) ルジャンドルの多項式　　これは $|\xi| \leq 1$ で定義される多項式

---

1) E. H. Linfoot: 前出.
2) A. Maréchal: Rev. Opt. **26**(1947) 257.
3) 例えば，森口繁一他：数学公式集 II(岩波) p. 258.

$$P_m(\xi) = \frac{1}{2^m m!} \frac{d^m(\xi^2-1)^m}{d\xi^m}$$

でこの変域内で'完全'であり直交性

$$\int_{-1}^{1} P_m(\xi) P_{m'}(\xi) d\xi = \left. \begin{array}{ll} \dfrac{2}{2m+1}, & m=m' \\ =0, & m \neq m' \end{array} \right\}$$

を持ち，初めの数項は下のようである．

$$P_0(\xi)=1, \quad P_1(\xi)=\xi, \quad P_2(\xi)=\frac{3}{2}\left(\xi^2-\frac{1}{3}\right), \quad P_3(\xi)=\frac{5}{2}\left(\xi^3-\frac{3}{5}\xi\right),$$

$$P_4(\xi)=\frac{1}{280}\left(\xi^4-\frac{6}{7}\xi^2+\frac{3}{35}\right), \quad \cdots\cdots$$

これで収差を分類したものは原点が強度の最大値をとっているはずである[1]．これを§21-4で行なったように（同所のは二次元のとき）直接計算で確めてみよう．例えば三次の球面収差がありレンズの幅を $2a=1$ とすれば波面収差は変域 $|\xi| \leqslant 1$ で

$$E = b_0 + b_2 \xi^2 + \xi^4$$

で与えられる．ここで b_0 は(22-20)により下式から決める．

$$\int_{-1}^{1} E d\xi = 2\left(b_0 + \frac{b_2}{3} + \frac{1}{5}\right) = 0 \tag{22-23}$$

自乗平均は

$$W = \frac{1}{2}\int_{-1}^{1} E^2 d\xi = \frac{1}{2}\int_{-1}^{1}(b_0+b_2\xi^2+\xi^4)^2 d\xi$$

$$= b_0^2 + \frac{1}{5}b_2^2 + \frac{2}{3}b_0 b_2 + \frac{2}{5}b_0 + \frac{2}{7}b_2 + \frac{1}{9}$$

原点の強度が極大となるためにはこれが極小値をとればよく，このためには

$$\left. \begin{array}{l} \dfrac{1}{2}\dfrac{\partial W}{\partial b_0} = b_0 + \dfrac{1}{3}b_2 + \dfrac{1}{5} = 0 \\[2mm] \dfrac{1}{2}\dfrac{\partial W}{\partial b_2} = \dfrac{1}{5}b_2 + \dfrac{1}{3}b_0 + \dfrac{1}{7} = 0 \end{array} \right\} \quad \begin{array}{l}(22\text{-}24)\\[2mm](22\text{-}25)\end{array}$$

(22-23),(22-24)は同じものであるから，これらと(22-25)から

$$b_0 = \frac{3}{35}, \quad b_2 = -\frac{6}{7}$$

すなわち

---

[1] R. Barakat & L. Riseberg : J. Opt. Soc. Am. **55**(1965)878.

$$E = \frac{3}{35} - \frac{6}{7}\xi^2 + \xi^4$$

これは比例常数を除き $P_4(\xi)$ にほかならない．すなわちルジャンドル多項式の $P_4(\xi)$ を一つの収差とすれば中心強度は自動的に最大になっている．またその位置は最低次の項を 0 とする条件から求められる．この多項式で展開された収差の回折像を求めるのには収差があまり大でないときは瞳関数を再びこれで展開し

$$F_n(r) = \exp ikP_n(\xi) = \sum_m a_{nm}P_m(\xi)$$

これを回折積分の式へ代入すれば $P_m(\xi)$ のフーリエ変換

$$\int_{-1}^{1} P_m(\xi)\exp(-iX\xi)d\xi = (-i)^m \sqrt{\frac{\pi}{2}}\frac{J_{2n+1}(X)}{\sqrt{X}}$$

により回折像の振幅が求められる．

(ii) ゼルニケの多項式　　円形レンズのときの収差関数の直交関数系による展開にはレンズの中心を極とする極座標 (r,φ) により角変数の部分を $\cos m\varphi$，動径変数の部分を $R_n{}^m(r)$ として

$$R_n{}^m(r)\cos m\varphi \qquad (n \geqslant m)$$

とおいて変数分離をする．ただしレンズの半径は 1，したがって $r>1$ で 0 とする．$R_n{}^m(r)$ は r^n と r^m の間のべきの線型結合よりなる整多項式である．この関数としてゼルニケが円形反射鏡のシュリーレンの理論のために最初に導いた circle polynomial（'光学' §29 参照）を用いればこれは半径 1 の円内で '完全な直交系'

$$\left.\begin{array}{ll}\int_0^1\int_0^{2\pi}R_n{}^m(r)\cos m\varphi\cdot R_{n'}{}^{m'}(r)\cos m'\varphi\, rdrd\varphi = \dfrac{\pi}{2(n+1)}, & n = n',\ m = m' \\ \hspace{7cm}= 0, & n \neq n'\ \text{or}\ m \neq m'\end{array}\right\}$$

であり収差関数を

$$E(r,\varphi) = \sum a_{nm}R_n{}^m(r)\cos m\varphi$$

と展開できる．$R_n{}^m(r)$ の具体的の形とそれを表わす収差の名称は '光学' 表 29-3 に与えてあり，例えば

$$E_{40} = R_4{}^0(r) = 6\left(r^4 - r^2 + \frac{1}{6}\right): \quad \text{三次球面収差}$$

$$E_{60} = R_6{}^0(r) = 20\left(r^6 - \frac{3}{2}r^4 + \frac{3}{5}r^2 - \frac{1}{20}\right): \quad \text{五次球面収差}$$

$$E_{31} = R_3{}^1(r)\cos\varphi = (3r^3 - 2r)\cos\varphi: \quad \text{一次コマ収差}$$

初めの二式（球面収差）は(21-26)および(21-29)($a=1$とおいたもの)と全く同じもので，同所で行なった計算をすることなく自動的に原点を強度最大の点とする分類をしていることがわかる．第三の式（コマ収差）も同様で，ザイデルのコマ収差 $3r^3\cos\varphi$ に像点移動の収差 $-2r\cos\varphi$ を加えることにより，自動的に原点を極大にしている．この移動量（図22-10，$\overline{FF_0}$) はコマ収差が $B_4 r^3 \cos\varphi$ のときは r が換算座標であることを考え，レンズの焦点距離を f，半径を a とするとき

$$\overline{FF_0} = -\frac{2}{3}a^2 f B_4 \tag{22-26}$$

となる．

この関数により展開したときの回折像の計算は収差があまり大きくないときは瞳関数を再びこれで展開し

$$F_n(r) = \exp[ikR_n{}^m(r)] = \sum a_m R_n{}^m(r)$$

として，これを(19-16)へ代入する（多くの場合この展開は四項ぐらいで十分である）[1]．しかるときは circle polynomial とベッセル関数の積の積分となるが，これは

$$\int_0^1 R_n{}^m(r) J_m(Rr) r dr = (-1)^{(n-m)/2} \frac{J_{m+1}(R)}{R}$$

という極めて便利な性質により容易に求められる．

§22-4 虹の理論

虹は太陽の光が水滴の中で数回反射をして出てきたものがそのうちの最小偏角のものを漸近線として作る火線であり，一回の内面反射による最小偏角は $\pi-42°$，二回のものは $\pi+51°$ でありこれがそれぞれ主虹および副虹となる（'光学'§16-4）．色の順序は図22-17

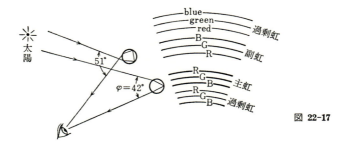

図 22-17

---

1) B. R. A. Nijboer : 前出．

のごとくであるといわれており水滴による分散を考えると説明される．内面反射が三回，四回のものは太陽の方向に出るので直接光に妨げられて見えない（'光学' 表 16-1）．しかしこのほかに図で示すように主虹，副虹と並んでそれぞれと色の順序が同じ過剰虹が見られるがこの説明は幾何光学ではなし得ない．これは火線付近の光の干渉を考えた波動光学による回折の計算によってはじめてなされる．

図 22-18 は太陽と水滴の中心を含む平面内の光束を示したものであるが，火線はこの面内にあるからこの面内の二次元の問題としてよく，主虹のみを考えると太い線で示した光が最小偏角を受け，この上方および下方に入射した光がこれを漸近線とする火線 K および K' を作る．出射光の波面はこの火線を構成する光束の直交表面すなわち火線の伸開線である（'光学'§16-2）．漸近線を ζ 軸としこれと直角に任意の点 S_0 を原点とし図のように ξ 軸をとり波面の式を

$$\zeta = E(\xi)$$

とし，これと適当な基準波面との差を波面収差と考え収差の回折像を与える式へ代入すれば，虹の強度分布が得られる．光源と観測者はともに無限遠にあるから回折はフラウンホーフェルの回折で，基準の波面としては ξ 軸それ自身をとれば $E(\xi)$ が波面収差を表わすから収差の回折像と同じに取り扱える．

波面の式を原点近傍でテイラー級数に展開し

$$E(\xi) = E_0 + \left(\frac{dE}{d\xi}\right)_0 \xi + \left(\frac{d^2E}{d\xi^2}\right)_0 \frac{\xi^2}{2} + \left(\frac{d^3E}{d\xi^3}\right)_0 \frac{\xi^3}{6} + \cdots$$

ただし添字 ₀ は原点における値をとることを示す．原点を通る波面を考えれば $E_0=0$，また波面の頂点は ζ 軸に直交しているから $(dE/d\xi)_0=0$ である．したがって $1\Big/\left(\dfrac{d^2E}{d\xi^2}\right)_0$ は波面の曲率半径すなわち光束の収斂点までの距離を表わす．しかるに光束の包絡線である火

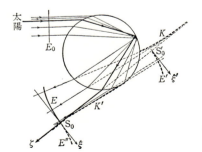

図 22-18

線はζ軸に沿って無限遠まで伸びているから収斂点は無限遠(収斂しない)と考えてよく $(d^2E/d\xi^2)_0=0$ である．したがって上式は γ を常数として

$$E(\xi) = \gamma\xi^3 + \cdots \qquad (22\text{-}27)$$

ただし γ は水滴の半径を a，屈折率を n として(幾何光学的な計算により)主虹については

$$\gamma = \frac{1}{4a^2(n^2-1)}\sqrt{\frac{4-n^2}{n^2-1}}$$

で与えられる[1]．

　高次の項は光束の開き角が小さいとして考えなくてよいから，結局，波面は ξ の三次式で火線 K に対応する波面は図 22-18 の実線 E のようになる．火線 K' の直交表面は S_0' を原点とする ζ, ξ' 軸を考えると全く同様のもので図の E' となるが，S_0 へ原点を移せば E'' (点線)となり E とあわせて(22-27)で表わされる一つの曲線となる．このときの回折積分は $x/b = \varphi$ (観測者から見た前記火線を $\varphi=0$ とする虹の各部分の角方向)とおけば(22-27)のフーリエ変換で

$$u(\varphi,\lambda) \sim C+iS = \text{const.} \times \int \exp ik(-\varphi\xi+\gamma\xi^3)d\xi$$

ここで

$$k\varphi\xi = \frac{\pi}{2}\Phi v, \qquad k\gamma\xi^3 = \frac{\pi}{2}v^3$$

とおき，水滴が波長に比べ十分大きく ($\xi_{\max} \gg \lambda$)，$v_{\max}$ も大で積分の上下限を $\pm\infty$ とおいてよいとすれば(これは水滴による回折を考えないことを意味する)

$$u(\varphi,\lambda) \sim \int_0^\infty \cos\frac{\pi}{2}(v^3-\Phi v)dv \qquad (22\text{-}28)$$

これをエアリーの虹の積分という．これはコマ収差を与える積分(22-8)の上限を ∞ としたもので，虹の強度分布はコマと数学的に同じものであることがわかる．上の積分は $\pm 1/3$ 次のベッセル関数の和として表わされ，$|u|^2$ を Φ を横軸にとって表わすと図 22-19 のようになる[2]．最初の極大が主虹，次が一次，二次の過剰虹で，これにより過剰虹の存在が説明され，また主虹の方向は幾何光学的な火線の方向 ($\varphi=0$) でなく主虹と第一過剰虹との間隔の約 1/2 だけ過剰虹の方によったものであることがわかる．

　虹の色を国際表色法(§14-3)により表わすには，$|u(\varphi,\lambda)|^2$ を(14-7)の $R^2(\lambda)$ の代りに代

---

[1] 藤原咲平：岩波講座 物理学及び化学，宇宙物理学 I. B(岩波，1931) p. 135(原式は J. M. Pernter & F. Exner の書('光学' p. 416 参照)にあるが初めから計算し同書の誤りが訂正されている)．
[2] G. B. Airy : Transact. Camb. Phil. Soc. **6**(1838)141．

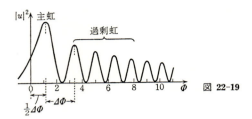

図 22-19

入し三刺激値 (X, Y, Z) を求めればよい．光源として CIE の E 光源を用い $a=0.5\text{mm}$ の水滴についてこれを求め CIE 色度図上にプロットしたものが図 20-20(A) で，曲線の太さはその角における虹の明るさ（Y 値）に比例している[1]．これを見ると $\varphi=41°20'\sim30'$ に主虹があり，その色は上方からいうと赤に始まるスペクトル色の順といってよく俗にいう虹の色（図 22-17）とよく一致する．第一過剰虹は $\varphi=40°40'\sim50'$ にあり主虹よりずっと淡いが色の順序は主虹と同じで観測と一致する．水滴が小さいとき（例えば $a=0.05\text{mm}$ のとき）は図 22-20(B) のようにほとんど白色となるのでこれを白虹（または霧虹）という．

図 22-19 によれば極大が多数あり更に第二，第三，… の過剰虹が認められるはずであるが，いままでの計算は太陽を点光源としたものであるが実際には視直径 32′ の輝く円盤で

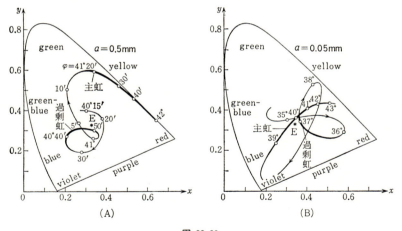

図 22-20

---

1) $a=0.5\text{mm}$ のときを初めて計算したのは，愛知敬一，田中舘寅四郎：Phil. Mag. 4, 8(1904)598 である．$a=0.05\text{mm}$ のは J. A. Prins & J. J. M. Reesensink: Physica 9(1944)49；このほか $a=0.125, 0.05, 0.02, 0.01\text{mm}$ の場合を E. Buchwald: Ann. Physik(5)43(1943)488, Optik 3(1948)4 が計算している．

あるのでこれを考えると(22-28)を更に光源の大きさについて積分しなければならない．その結果，明度(三刺激値の Y 値)は図 22-21 の点線($a=0.5$mm)のようになり，第一過剰虹もコントラストが悪くほとんど見えるか見えないものであり，第二，第三の過剰虹は認められないことがわかる．このことはいち早く長岡半太郎が指摘し愛知および田中舘の計算[1]により明らかにされたものであるが欧米の文献は全く引用していない．

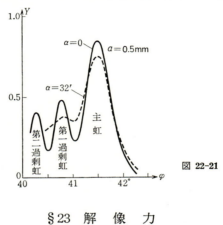

図 22-21

§23 解 像 力

§23-1 解 像 力

幾何光学によれば光学系が無収差のときは点光源の像は点となるので，倍率を十分大きくすればどのように接近した二つの点光源でも見分けられるはずである．しかし実際には光の波動性のために点光源の像はエアリーの円盤という光の波長程度の半径の円盤となっているので，二つの点があまり接近していると互いに重なり合いもはや二つの点とは見えなくなる．どの程度の間隔のものまで分解して観察し得るかは光学系の重要な性能の一つで，これを解像限界という．この逆数を解像力といい，通常何本/mm と表わし硅藻などの細かい格子構造をどこまで分解して観察し得るかを示す．光学系に収差があるときの解像力は収差が大であれば '光学' §21-1 で述べたように幾何光学的に求め得るが，波面収差にして数波長ぐらい以下のときは波動光学で解明すべきものである．

(a) レーレーの解像限界

無収差の光学系でもこれを波動光学的に取り扱うと分解し得る極限があることを最初に

---

1) 愛知敬一，田中舘寅四郎：前出．

示したのはレーレーである[1]. Q_1, Q_2 を二つの点光源の幾何光学的像とするとき焦点面における回折像の強度分布は, Q_1 または Q_2 から ρ のところでは (19-13) により開口を半径 a の円としレンズの焦点距離を f として

$$I(\rho) = \left(\frac{2J_1(aR)}{aR}\right)^2$$

ただし $R = \dfrac{2\pi}{\lambda f}\rho$

で与えられる. Q_1, Q_2 を連ねる線を x 軸にとりその中心を原点とし, Q_1, Q_2 がそれぞれ $\pm \Delta x/2$ にあるとすれば, これらによる合成強度は x 軸上では

$$I(X,\varepsilon) = \left\{\frac{2J_1\left[a\left(X-\dfrac{\varepsilon}{2}\right)\right]}{a\left(X-\dfrac{\varepsilon}{2}\right)}\right\}^2 + \left\{\frac{2J_1\left[a\left(X+\dfrac{\varepsilon}{2}\right)\right]}{a\left(X+\dfrac{\varepsilon}{2}\right)}\right\}^2 \quad (23\text{-}1)$$

ただし $X = \dfrac{2\pi}{\lambda f}x$, $\varepsilon = \dfrac{2\pi}{\lambda f}\Delta x$

二つの点光源の間隔が十分大であれば $I(X,\varepsilon)$ は中央に明瞭な凹みを持ち光源が二つであることがわかるが, ある程度よりせまくなるとこの凹みが小さくなり光源が二つであることがわからなくなる (図 23-1(A)). 中央の凹みがどのくらいになるまで分解して観測し

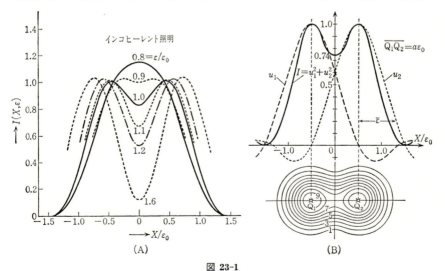

図 23-1

---
1) J. W. S. Rayleigh: Sci. Pap. I p. 415.

得るかは観測の条件や観測者の視力によって異なるもので一定の値のものではない．しかし回折像の強度分布の最初の0すなわち $J_1(a\varepsilon)=0$ の根を ε_0 として $\varepsilon=\varepsilon_0$ のとき，すなわち一方の回折像の極大が他方の回折像の最初の0に一致しているとき(同図(B))は，この凹みは両側の極大の 74% であり二つは確実に分離して観測される．レーレーはこの ε_0 を分解し得る極限とした．ε_0 を像面上の長さで $\varDelta x_0$ とすると表 19-1 から

$$a\varepsilon_0 = \frac{2\pi a}{\lambda f}\varDelta x_0 = 1.22\pi$$

$$\therefore \quad \varDelta x_0 = 0.61\frac{f}{a}\lambda \tag{23-2}$$

これをレーレーの解像限界という．例えばパロマ山天文台の直径 200 インチ (508 cm) の望遠鏡は焦点距離が $f=16.8$ m であるから波長 $0.55\,\mu$ の光によれば $\varDelta x_0/f=0.03''$ 離れた二重星を分離して観測し得る能力がある[1]．開口が幅 $2a$ のスリットであればその回折像の最初の根は $a\varepsilon_0=\pi$ であるから

$$\varDelta x_0 = 0.50\frac{f}{a}\lambda \tag{23-3}$$

(b) レーレーの値に対する注意

レーレーの仕事は光学系に解像限界というものがあることを初めて明らかにした重要なものであるが，(23-2) または (23-3) の値を適用するときは下のようなことに注意しないといけない．

(i) 一つの目安であること 光の回折に関する議論は先に与えた 0 次回折像の半径 ($a\varepsilon_0=1.22\pi$ または $\varDelta x_0=0.61\frac{f}{a}\lambda$) を単位にとると便利でこれを '回折単位' というが，レーレーの値をこれで表わせば 1 となる．レーレーの値は多分にこのような数学的なきれいさを加味して定義された一つの目安で実際に分解し得る極限を示しているものではない．事実中央の凹みが両側の極大の 97% になっても二つとわかるという人もあり，これよりはるかに小さい間隔の二重星を分離して観測したという報告もあり，顕微鏡でもこの理論値よりはるかに細かい構造を識別している(v 参照)．

(ii) 光源はインコヒーレントのものである 二つの光源は——何もことわっていないが——インコヒーレントのものと考えている．もしコヒーレントであれば同一位相または反対位相であるに従い，(23-1) の代りに

---

[1] 空気の動揺による像の乱れ(シーイング)は通常よいときで $1''$，悪いときは $5''$ ぐらいとされているからこの解像力がフルに用いられることはなく，大口径は集光のためである．

$$I(X,\varepsilon) = \left\{ \frac{2J_1\left[a\left(X-\frac{\varepsilon}{2}\right)\right]}{a\left(X-\frac{\varepsilon}{2}\right)} \pm \frac{2J_1\left[a\left(X+\frac{\varepsilon}{2}\right)\right]}{a\left(X+\frac{\varepsilon}{2}\right)} \right\}^2 \quad (23\text{-}4)$$

となるから，同一位相であれば(複号＋)図23-2(A)のようになって見え全く分解していない．これがレーレーの意味で分解されているためには同図(B)のように $\varepsilon \geqslant 1.37\varepsilon_0$ でなければならない．これからコヒーレントで同一位相の照明の場合の解像限界はインコヒーレントのときの倍で

$$\varDelta x_0 \geqslant \frac{f}{a}\lambda$$

となる．開口が幅 $2a$ のスリットのときもほぼ同じである．コヒーレントで位相が逆(位相差が π)であれば同図(C)のように二点がどのように接近していても中央は強度 0 で，いつも二つの点光源として認められる．これを利用すると二点の中心が正確に測れることはウォルターの方法(§19-5(a)参照)と同様である．

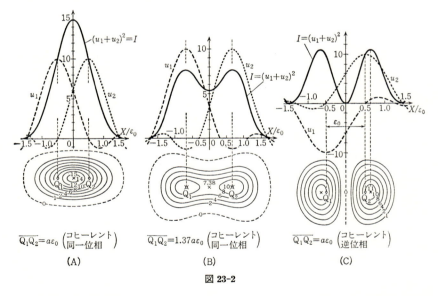

図 23-2

(iii) 一次元の取り扱いである レーレーの議論は二つの点光源を結んだ直線上の強度分布のみを問題とし一次元で取り扱っている．しかし実際の視野は二次元であり強度分布は図23-2, 3の諸図に示すように中央にくびれのあるひょうたん型であるので，二つの

光源がレーレーの解像限界以下より接近していても二つの点光源があると認められる．例えば $\varepsilon=0.8\varepsilon_0$ のときの x 軸上の強度は(図 23-1 で示したように)極大が一つで分解していないようであるが，二次元的に見ると図 23-3[1](A)のように明らかに二つの点光源と認められる．$\varepsilon \leqslant 0.78\varepsilon_0$ になると同図(B)のように二次元的にも一つとなるのでこれが解像限界である．

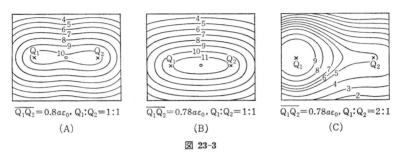

図 23-3

(iv) **等しい強度の二つの点光源であること** 二つの点光源の強度が異なればここで述べたことはあてはまらない．例えば強度比が 2：1 のときは図 23-3(C)のようになり相当接近していても二つの光源であることがわかる．またこの定義は点光源が二つあるときのもので，多数の点光源があり特にこれらが規則正しく並んで格子を形成しているときは顕微鏡などで重要である．この場合の考え方は§24 で詳述するが解像力は同じ値となる．

(v) **像面での解像力であること** (23-2), (23-3)で与えた値は像面での解像力である．天体望遠鏡の場合は両辺をその対物レンズの焦点距離で割れば，角度で表わした解像限界を与えるからこれがそのまま物体側の値ともなる．顕微鏡などの場合は物体面での値に直すには物体面および像面における光線の開き角を $2\varphi, 2\varphi'$，媒質の屈折率を n, n' とすれば横倍率を β として顕微鏡の対物レンズについては正弦条件

$$\frac{n \sin \varphi}{n' \sin \varphi'} = \beta$$

が成り立っているとする[2]．像側の開き角 φ' は小さいから $\sin \varphi' \fallingdotseq \varphi' = a/f$，また像側は通常空気 $(n'=1)$ であるから，上式が成り立っていれば

$$\frac{f}{a} = \frac{\beta}{n \sin \varphi}$$

---

1) B. E. Mourashkinsky: Phil. Mag. **46** (1932) 29.
2) '光学' (10-1)参照(同書では φ の代りに u が用いてある)．

したがって物体面での解像限界を Δx_0 とすれば

円形レンズでインコヒーレント照明のとき

$$\left.\begin{array}{c} \Delta x_0 = 0.61 \dfrac{\lambda}{n \sin \varphi} \\[2mm] \text{一次元(円筒)レンズでインコヒーレント照明のとき} \\[2mm] \Delta x_0 = 0.50 \dfrac{\lambda}{n \sin \varphi} \end{array}\right\} \tag{23-5}$$

このレンズでコヒーレントの照明のときは(23-4)から

$$\Delta x_0 = \frac{\lambda}{n \sin \varphi} \tag{23-6}$$

'光学'(24-2)で与えたのはこの値である．$n \sin \varphi$ は顕微鏡では対物レンズの開口数(N. A.)という(写真レンズでいえば F ナンバーの逆数の 1/2 であり，N. A. と F ナンバーの換算は'光学'表 3-1 に与えてある)．n は物体側の屈折率であるから n を大にすれば解像限界は小さくなる．これが顕微鏡における液浸系('光学'§24-2(b)参照)の原理である．現在最も大きい N. A. のものは油浸で用いるアポクロマートの N. A.=1.40 で，これの解像限界は($\lambda=0.55\,\mu$ として)上式から

$$\Delta x_0 = 0.24\,\mu\,(約\,4000\,本/mm)$$

となるが実際にはこれより細かいもの(例えば'光学'図 24-18 の硅藻の微細構造)を識別している．

(vi) **定量的な解像力**　レーレーのいう分解というのは二つの点光源が二つに分離して見られているか否かという定性的な判定であり，二つの間隔が正しく測れるかどうかという定量的なものではない．二つの点の間隔として測られるものは回折像の二つの極大の間隔であるから，二点の間隔が十分大で極大が幾何光学的像の位置 Q_1, Q_2 に一致していれば正しい値を与えるが，ε がある値より小さくなると極大の間隔は $\overline{Q_1 Q_2}$ より小さくなるので正しい値を与えない．幾何光学的像の間隔が ε のときの極大の間隔を Δ として両者の関係をグラフに描くと図 23-4 のようになり，$\varepsilon \geqq \varepsilon_0$ のときは両者は等しく間隔は正しく測れる．この値はレーレーの限界値にほかならないからレーレーの値をこのように定量的な解像限界と考えると単なる目安でなくはっきりした意味のある数字となる．

(vii) **無効倍率**　望遠鏡や顕微鏡では対物レンズで分解し得ない物体はいくら倍率を大きくしても解像して見えない．このような無意味な高倍率を無効倍率という．顕微鏡や望遠鏡の倍率は拡大された像が肉眼の解像限界より少し大きくなる位のものがよい．これ

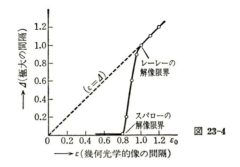

図 23-4

から対物レンズの焦点距離はその半径から自ずと決ってくる('光学'図 24-8 参照).

(viii) スパローの解像限界　解像限界としてのレーレーの限界値は数学的にはきれいな値であるが実際にはやや甘く, これより細かいものまで分解して見える. この反対に中央の凹みがなくなったときをとるとやや辛すぎるきらいはあるが二次元的に見れば十分解像していると思われるので, これも解像限界の一つの目安となる. これをスパローの解像限界という[1]. 二つの点光源の強度が等しいとすれば図 23-1 からわかるように強度分布の中央$(X=0)$が凹から凸に変るところは, (23-1)から

$$\frac{\partial^2}{\partial\varepsilon^2}\left(\frac{2J_1(a\varepsilon)}{a\varepsilon}\right)^2 = 0$$

の根である. これは $I(X) \sim X$ 曲線の彎曲点の半径でもある. 上式の解はベッセル関数の公式により $a\varepsilon = 2z$ とおいて

$$z(J_2(z))^2 = J_1(z)(J_2(z) - zJ_3(z))$$

の根として与えられ $a\varepsilon = 2.98 (= 0.78\varepsilon_0)$, したがって

$$\rho = 0.54\frac{f}{a}\lambda$$

である.

§23-2　顕微鏡の解像力

(a) 照明と解像力

前節に述べた解像力は二つの点からの光が完全にコヒーレントかまたは完全にインコヒーレントである場合のみを考えたが, 前者は理想的な点光源により照明されている場合であり, 後者は二重星のような二つの発光体を観測するときにのみ適用されるもので, 有限

---

1)　C. Sparraw: Astrophys. J. **44**(1916)76.

の大きさの光源で照らされているものを顕微鏡で観察するときの解像限界がどうなるかは未だ与えられてない．この値がどのようになるかは一時は論争の的であったが，本当の解決は与えられておらず論じつくされたように見えた顕微鏡の解像理論の盲点であった[1]．

図 23-5 は照明系を含めた顕微鏡の光学系で，L_c, L_o はコンデンサーおよび対物レンズで照明は図のように臨界照明であるとする．したがって光源 Q の一小部分 dq の像は L_c により物体面上の Q′ にできている．物体（小孔 Q_1, Q_2）の像は L_o により像面上の P_1, P_2 にできているとする．L_c, L_o の半径を a', a, これらから物体面および像面までの距離をそれぞれ f', f とし，Q′ は Q_1, Q_2 からそれぞれ ρ_1, ρ_2 のところ，P は P_1, P_2 から r_1, r_2 のところにあるとすれば，円形レンズの回折像は (19-10) で与えられる．Q_1, Q_2 の光源 Q による振幅を u_1', u_2', Q_1, Q_2 における単位振幅の光の P における振幅をそれぞれ u_1, u_2 とすれば P の強度は

$$I(P) = \int_Q |u_1 u_1' + u_2 u_2'|^2 dq \tag{23-7}$$

ここで dq は Q の小部分であり

$$u_1' = \frac{J_1(a'R_1')}{a'R_1'}, \quad u_2' = \frac{J_1(a'R_2')}{a'R_2'}$$

ただし $R_1' = \frac{2\pi}{\lambda f'}\rho_1, \quad R_2' = \frac{2\pi}{\lambda f'}\rho_2$

$$u_1 = \frac{J_1(aR_1)}{aR_1}, \quad u_2 = \frac{J_1(aR_2)}{aR_2}$$

ただし $R_1 = \frac{2\pi}{\lambda f}r_1, \quad R_2 = \frac{2\pi}{\lambda f}r_2$

である．$\int_Q |u_1'|^2 dq = \int_Q |u_2'|^2 dq$ は光源全体による Q_1, Q_2 の強度でこれを 1 とおけば

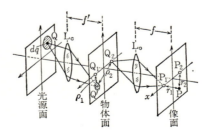

図 23-5

---

1) この論争については中村日色：応用物理 **21**(1952) 251 に詳しい．

$$I(P) = \left(\frac{J_1(aR_1)}{aR_1}\right)^2 + \left(\frac{J_1(aR_2)}{aR_2}\right)^2 + 2\frac{J_1(aR_1)}{aR_1}\frac{J_1(aR_2)}{aR_2}\int \frac{J_1(a'R_1')}{a'R_1'}\frac{J_1(a'R_2')}{a'R_2'}dq$$

Q_1 または Q_2 のいずれか一つのみの強度をそれぞれ I_1, I_2 とすれば上式は

$$I(P) = I_1 + I_2 + 2\sqrt{I_1 I_2}\,\gamma(\overline{Q_1Q_2}) \tag{23-8}$$

とおける．ただし γ は光源が無限に大きいとして[1]

$$\gamma(\overline{Q_1Q_2}) = \int_{-\infty}^{\infty} \frac{J_1(a'R_1')}{a'R_1'}\frac{J_1(a'R_2')}{a'R_2'}dq = \frac{2J_1(a'\varepsilon')}{a'\varepsilon'}$$

$$\text{ただし}\quad \varepsilon' = \frac{2\pi}{\lambda f}\overline{Q_1Q_2}$$

あるいは $\varepsilon = \frac{2\pi}{\lambda f}\overline{P_1P_2}$ とおけば対物レンズの N. A. を $n\sin\varphi$ として

$$\overline{Q_1Q_2} = \overline{P_1P_2}\,n\sin\varphi$$

$$\therefore\quad a'\varepsilon' = \frac{2\pi a'}{\lambda f'}\overline{Q_1Q_2} = \frac{a'f}{af'}n\sin\varphi\cdot a\varepsilon$$

したがって $\frac{a'f}{af'}n\sin\varphi = p$ とおけば

$$\gamma(\overline{Q_1Q_2}) = \frac{2J_1(pa\varepsilon)}{pa\varepsilon} \tag{23-9}$$

これは $p=0$ または ∞ であれば $\gamma=0$ または 1 となり，(23-1) または (23-4) すなわち照明が完全にインコヒーレントまたはコヒーレントの場合を与える．この結果はコンデンサーを含めた顕微鏡の分解能を与え，アッペ，ヘルムホルツ以来の分解能の論争に終止符を打つものである．$\gamma(\overline{Q_1Q_2})$ は二点 Q_1, Q_2 における照明のコヒーレンス度といわれるもので，(23-8) は円形レンズに限らずもっと一般の場合に成り立つ式の特別の場合であり，上式はコヒーレンスの理論が展開される緒となったものである．これについては §30-1 で詳述する．

$\overline{P_1P_2}$ を連ねる直線を x 軸としこれに沿っての強度分布を種々の γ のときについて上式により計算してみると，例えば $\varepsilon \fallingdotseq \varepsilon_0$ のとき図 23-6[2] のようになる．これらの結果と (23-9) から種々の p のときのレーレーの解像限界（P_1 と P_2 との中点の強度が両側の極大の 73.5% になる間隔）$\varepsilon_{\min}$ を求めてみると図 23-7 のようになり，p の値によっては ε_0 より小さい値が得られることがわかる（実際には収差があるためこのようにはいかないが）．これは照明を臨界照明であるとして求めたがケーラー照明のときも同じ結果を得る．

---

1) H. H. Hopkins & P. M. Barham : Proc. Phys. Soc. **B 63** (1950) 737.
2) D. N. Grimes & B. J. Thompson : J. Opt. Soc. Am. **57** (1967) 1330.

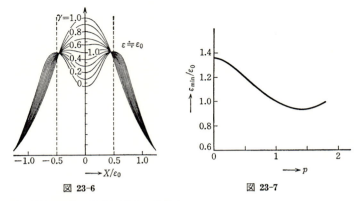

図 23-6   図 23-7

(b) 周期的構造を持つ物体に対する解像力

顕微鏡で見る物体には例えば硅藻のように規則正しい周期的構造を持ったものが多い．このような物体に対する解像力を求めるため等間隔の点光源の列を考えてみる．これの幾何光学的像 $Q_1, Q_2, \cdots, Q_m$ が $x=ml$ ($m=0,1,2,\cdots$) にあるとし（図 23-8），円筒レンズ（一次元）の問題とし[1]，レンズの幅を $2a$，レンズより像面までを f とすれば回折像の振幅は (19-8) により

$$A_m(x) = \frac{\sin a(X+mL)}{a(X+mL)}, \quad X = \frac{2\pi}{\lambda f}x, \quad L = \frac{2\pi}{\lambda f}l$$

であるからこれらが左右に無限に拡がっているとすれば像の強度分布は

$$I(X) = \sum_{m=-\infty}^{\infty} \left(\frac{\sin a(X+mL)}{a(X+mL)}\right)^2 \tag{23-10}$$

これを周期 $X=L$ のフーリエ級数に展開すれば

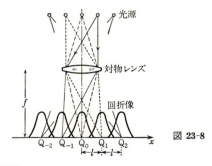

図 23-8

---

1) 円形レンズ（二次元）のときは解けていない．J. W. S. Rayleigh: Sci. Pap. IV p. 260; G. N. Watson: A Treatise on the Theory of Bessel Functions (Cambridge Univ. Press. 1944) p. 389.

§23 解像力

$$I(X) = \sum_{j=0}^{\infty} c_j \cos \frac{2j\pi X}{L}$$

ただし c_j は

$$c_0 = \frac{1}{L}\int_0^L I(X)dX, \qquad c_j = \frac{2}{L}\int_0^L I(X)\cos\frac{2j\pi X}{L}dX$$

これは $a(X+mL)=u$ とおけば

$$c_0 = \frac{1}{aL}\sum_{m=-\infty}^{\infty}\int_{amL}^{a(m+1)L}\frac{\sin^2 u}{u^2}du = \frac{1}{aL}\int_{-\infty}^{\infty}\frac{\sin^2 u}{u^2}du$$

$$c_j = \frac{2}{aL}\sum_{m=-\infty}^{\infty}\int_{amL/2}^{a(m+1)L/2}\frac{\sin^2 u}{u^2}\cos\frac{2j\pi u}{aL}du = \frac{2}{aL}\int_{-\infty}^{\infty}\frac{\sin^2 u}{u^2}\cos\frac{2j\pi u}{aL}du$$

しかるに $\alpha=2j\pi/aL$ とおけば

$$\int_{-\infty}^{\infty}\frac{\sin^2 u \cos \alpha u}{u^2}du = \int_{-\infty}^{\infty}\frac{1}{u}\frac{d}{du}(\sin^2 u \cos \alpha u)du$$

$$= \int_{-\infty}^{\infty}\frac{1}{u}\left\{-\frac{\alpha}{2}\sin \alpha u + \frac{2+\alpha}{4}\sin(2+\alpha)u + \frac{2-\alpha}{4}\sin(2-\alpha)u\right\}du$$

$$= \frac{\pi}{4}\{(2-\alpha)\pm(2-\alpha)\}, \qquad \text{ただし} \quad \pm : \alpha \lessgtr 2$$

$$\therefore \quad c_0 = \frac{\pi}{aL}$$

$$\left.\begin{array}{ll} c_j = \dfrac{2\pi}{aL}\left(1-\dfrac{j\pi}{aL}\right), & \dfrac{aL}{\pi} > j > 0 \\[2mm] = 0, & \dfrac{aL}{\pi} \leqslant j \end{array}\right\} \qquad (23\text{-}11)$$

したがって $I(X)$ を表わす級数は無限項のものでなく aL/π に最も近くこれより小さい整数を n として n 項の有限項の級数である。例えば $aL=6\pi$ とすれば $n=5$, したがって常数項を除き五項あり

$$I_5(X) = \frac{1}{3}\left(\frac{1}{2} + \frac{5}{6}\cos\frac{a}{3}X + \frac{4}{6}\cos\frac{2a}{3}X + \frac{3}{6}\cos aX + \frac{2}{6}\cos\frac{4a}{3}X + \frac{1}{6}\cos\frac{5a}{3}X\right)$$

これを第二項までとったものが図 23-9 の I_1 で, I_5 はすべての項をとったときの像の強度分布である[1]. これが無限項であれば像は元の物体を忠実に表わしたもの(間隔 $X=6\pi/a$ の格子, 図の I_∞)となるはずである. (23-11)から

$$\frac{aL}{\pi} > 1 \quad \text{すなわち} \quad l \geqslant 0.5\frac{f}{a}\lambda$$

---

1) 久保田広：応用物理 **13**(1944) 87.

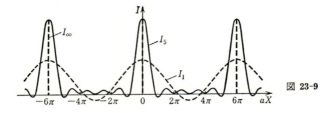

図 23-9

であれば少なくとも $c_1 \neq 0$ で級数は図 23-9 の I_1 のような強度分布を示し，間隔 l の光源が多数存在していること，およびその中心の位置がわかる．l がこれより小さくなれば $j=0$ すなわち常数項のみとなり視野は一様の明るさで明暗の変化はない．したがってこの値が解像限界でこれは(23-3)で与えた値に等しい．これは像面での値であるから顕微鏡の対物レンズが正弦条件を満たしているとすれば物体面での値は

$$l_{\text{obj}} \geq 0.5 \frac{\lambda}{n \sin \varphi}$$

である．

Q_m が点光源からの光でコヒーレントに照明されている場合は各点からの光は振幅で重なり合うから，合成振幅は(23-9)の代りに

$$A(X) = \sum \frac{\sin a(X+mL)}{a(X+mL)}$$

となる．これを周期 $aL/2$ のフーリエ級数に展開したときに少なくとも $m=1$ の項が存在する条件を考えると全く同様にして解像力として(23-4)と同じ値を得る．

(c) 再回折系としての顕微鏡

顕微鏡は幾何光学的には対物および接眼レンズによる二段の拡大とされているが，これでは説明できない現象がある——例えば対物レンズの後方で光の一部をさえぎると幾何光学的に考えれば単に像が暗くなるだけのはずが物体と異なった像を与えることがある等々——．このようなことを説明するためにアッベは，光源から出た光が対物レンズに入射し物体を通ってからその共軛面にフラウンホーフェルの回折像を作りこれが光源となって出る二次波の干渉図形が物体の拡大像であると考えた．写像がこのように波動光学的に二段に行われるものを再回折光学系という．

図 23-10 がケーラー照明('光学' §24-3 参照)で使用されている顕微鏡であるときこれを再回折光学系と考えれば，光源 Q から出た光はコンデンサーレンズ L_c により平行光束となり物体面に入りここで回折せられた光のうち対物レンズ L_o の開口内に入るもののみ対

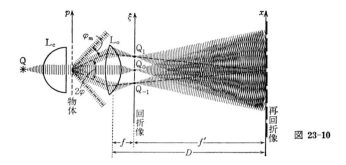

図 23-10

物レンズの後方へ進み，その後側焦点(ξ面)に Q の回折像 $Q_0, Q_1, Q_{-1}, \cdots$ を作る．この回折像の各点が光源となって出る二次波の x 面における干渉像が物体の拡大像である．接眼鏡はこの像を更に若干拡大して見せるものであるが，これは波長に比べ大きいものを取扱っているので虫めがねと考える幾何光学の説明で十分である．

この再回折による写像を簡単のため一次元で考え物体の振幅透過率を $A(p)$，位相の変化を $\phi(p)$ とすれば複素透過率は

$$E(p) = A(p) \exp i\phi(p)$$

で表わされ，これを瞳関数とする回折像は光源の共軛面ではフラウンホーフェルの回折で(19-2)により

$$F(\xi) = \int E(p) \exp iP\xi dp, \qquad P = \frac{2\pi}{\lambda f}p$$

で与えられる．$F(\xi)$ を光源とする二次波による再回折像の振幅 $u(x)$ は像面が十分遠くにあるとすれば再び $F(\xi)$ を瞳関数とするフラウンホーフェル回折として与えられ

$$u(x) = \int F(\xi) \exp i\xi X d\xi = \iint E(p) \exp[i(P+X)\xi] dp d\xi \qquad (23\text{-}12)$$

$$X = \frac{2\pi}{\lambda f'}x$$

コンデンサーレンズの開口が波長に比べ十分大きく p に関する積分の上下限を $\pm\infty$ としてよく，また対物レンズの開口も波長に比べ十分大で ξ に関する積分の上下限も $\pm\infty$ にとってよく，回折光のすべてが次の結像に用いられるとすれば上式はフーリエの二重積分となり右辺は $E(p)$ と同じ形のもの

$$u(x) = \iint_{-\infty}^{+\infty} E(p) \exp[i(P+X)\xi] dp d\xi$$

$$= \iint_{-\infty}^{\infty} E(p) \exp\left[i\frac{2\pi}{\lambda}\left(\frac{p}{f}+\frac{x}{f'}\right)\xi\right] dp d\xi = \pi E\left(-\frac{f'}{f}x\right) \quad (23\text{-}13)$$

となる．これは物体の f'/f 倍に拡大された倒立像ができていることを示す．f' は f に比べ十分大で f'/f は D/f（ただし D はレンズから像面までの距離で顕微鏡の光学的筒長といわれる）に等しいとしてよいから，これは幾何光学で与えられる結果にほかならない．この拡大比が波長を含まないことは§5-3(d)で述べた再回折像の色消性にほかならない．この結果は回折の式を用いたにもかかわらず幾何光学のそれと同じになったのは，二つのレンズの開口を波長に比べ無限大とした，換言すれば波長を0としたためである．開口を有限にすなわち積分の上下限を有限にすれば同式の等号は成り立たず回折による像の崩れが出てくる．

顕微鏡の作用はこのように二段の回折で行われることを実験的に示すために作られたのが図23-11のアッベの模擬顕微鏡（Demonstrationsmikroskop）である[1]．Cはコリメーターで顕微鏡の照明系（ケーラー照明）に相当しコンデンサーレンズ L_c により光源からの光を平行光束として物体を照らす．L_o, L_o' は併せて顕微鏡の対物レンズの働きをして物体はその前側焦点面Fにありそれによる回折像は後側焦点面F′にできている．F′面の後方に望遠鏡Tを入れそのピントを無限遠に合わせればこれが顕微鏡の接眼レンズの働きをして（実線で示した光線により）物体の拡大した像が見える．このほかに拡大鏡Mが同じ軸

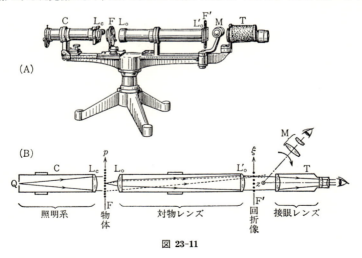

図 23-11

---

1) C. Pulfrich: Z. Wiss. Mikro. 38(1921)264.

§23 解像力

zを中心として回転しこれと入れ替えられるようになっている。Tを除きMを持ってきてそのピントをF′面に合わせると(点線の光線により)回折像が見られる.

物体として二次元の格子構造を持つ硅藻を用いると,その回折像は上下左右に等間隔で無限に続く明るい点の群であるが,拡大鏡でのぞくと視野が有限のためその一部だけが図23-12(A)の左側の図のように見える.拡大鏡を除いて望遠鏡を入れるとその視野には再回折像,すなわち物体の拡大像(同図右側)が見える.いまF′面に同図(B)のような絞りを入れ回折像の左右の二つをさえぎれば物体の縦の格子構造は消え,同図(C)のような絞りをおき上下の回折像をさえぎると左右の格子構造は消える.このとき回折像の間隔は(A),(B)のときの倍であるから拡大像の間隔は図に見られるように 1/2 の細かいものとなる.この事実は顕微鏡の再回折理論の正しいことを示すと共に顕微鏡で見えているものがいつも物体の正しい像とは限らないという警告を与えるものでもある.

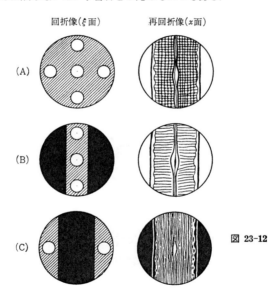

図 23-12

(d) 再回折系の解像力

前節では対物レンズの後方に故意に障害物を置いて回折像の一部をさえぎったときの像の変化を観察したが,このようにしなくとも対物レンズの口径比が小さく回折光の一部を受け入れないときも同様のことが起る.すなわち対物レンズが物体面の中心で張る角を 2φ とし m 次の回折光が光軸となす角を φ_m とすれば(図 23-10 参照),$\varphi_m > \varphi$ の回折光は

対物レンズに入らない．したがって開口が無限に大きい対物レンズでない限り物体の完全な像は期待できない．開口が小さくて0次の回折光のみしか受け入れないときはこれが二次光源となって出る光は視野を一様に照らすのみで明暗構造は何も見えない．物体の構造が見えるためには少なくとも0および±1次の回折光は対物レンズへ入っていなければならない．物体を格子常数 l の明暗格子とすれば m 次の回折光の光軸となす角 φ_m は(4-12)により媒質の屈折率を n として垂直入射のとき

$$\sin\varphi_m = \frac{m\lambda}{nl}$$

少なくとも $m=\pm 1$ の回折光が対物レンズへ入るためには $\varphi \geqq \varphi_1$, すなわち

$$\sin\varphi > \frac{\lambda}{nl} \quad \therefore \quad l \geqq \frac{\lambda}{n\sin\varphi}$$

これが解像限界を与える式で，$n\sin\varphi$ は対物レンズの N.A. であるからこれは(23-6)と一致する．ただしこの場合の二次光源(0 および ±1次の回折像)は間隔 $\varDelta\xi = \frac{f}{l}\lambda$ の三つの点光源であるからそれぞれの振幅を A_0, A_1 とし

$$\begin{aligned}F(\xi) &= A_0, \quad \xi = 0 \quad (0\text{次回折像}) \\ &= A_1, \quad \xi = \pm\frac{f}{l}\lambda \quad (\pm 1\text{次回折像})\end{aligned}\Biggr\}$$

とおけば拡大像の振幅は(23-12)より

$$u(x) = A_0 + A_1\exp\left(i\frac{f\lambda}{l}X\right) + A_1\exp\left(-i\frac{f\lambda}{l}X\right) = A_0 + 2A_1\cos 2\pi\frac{fx}{f'l}$$

したがって像面に周期が $\varDelta x = \frac{f'}{f}l$ の明暗が見え周期 l の物体があることがわかるのみで物体の像ができているわけではない．N.A. が大になり高次回折光が多数入るほど明暗の境が鋭くなり像は鮮鋭となり物体と相似になる(図 24-2 参照)．照明光が斜入射で0次のほかに +1 または -1 次の回折光のみが入っても明暗の縞模様は見え周期 l の格子があることはわかる．したがって斜入射の解像力は上記の値の倍である．ただし像には一方にいわゆるシュリーレン効果といわれる著しい影ができる．

§23-3 プリズム分光器の分解能

(a) レーレーの公式

分光器では接近した二つの波長の光をどのくらいまで分解して観測し得るかという能力を分解能といい，光の干渉を用いる分光器(干渉分光器)のこの値については§10 で詳論し

§23 解像力

た.プリズムを用いる分光器も幾何光学的に考えれば分光器のスリットを無限に細くして,かつ十分な分散を与えてやればどのように接近した波長の光でも分解して認め得るはずであるが,実際にはスリットの像の回折による拡がりのための限界がある.

スリットは無限に細いとしこれに波長 λ_1, λ_2 の二つの単色光が入射しておりその幾何光学的像を Q_1, Q_2 とすれば(図 23-13),回折像は Q_1, Q_2 を中心として右の図のように拡がっている.この拡がりはレンズを円筒形とし,その幅を $2a$ とすれば(23-3)から二つの光の平均波長を λ として

$$\varDelta x = 0.50 \frac{f}{a} \lambda$$

二つの光の分散角を $\varDelta\theta$ とすれば

$$\overline{Q_1 Q_2} = f\varDelta\theta \tag{23-14}$$

しかるにプリズムの底辺の一隅 A から二つの出射光に立てた垂線の足を B, C とすれば,$\overline{BC}$ は二つの光が底辺を通ったときの光路差に等しく,二つの光に対する屈折率の差を $\varDelta n$ とすれば底辺の長さを W として

$$\overline{BC} = -\varDelta n \cdot W \quad \text{また} \quad \varDelta\theta = \frac{\overline{BC}}{2a} = \frac{-W}{2a}\varDelta n$$

$$\therefore \quad \overline{Q_1 Q_2} = \frac{-fW}{2a}\varDelta n \tag{23-15}$$

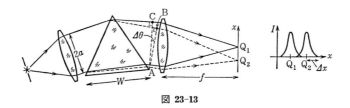

図 23-13

レーレーの解像力を定義したときと同様に,スペクトル線についても $\overline{Q_1 Q_2} \geq \varDelta x$ であれば,分解しているとすれば(23-14), (23-15)を用い上式から分解能(10-9)は

$$R = \frac{\lambda}{\varDelta\lambda} = -W\frac{\varDelta n}{\varDelta\lambda}$$

となる.これはプリズムをエシェロン分光器の階段が無限に細くなった極限の場合として求めた値(10-30)と一致し,プリズム分光器の分解能も,その与え得る最大光路差($W\varDelta n$)に比例するという干渉分光器のときの法則がそのまま成り立つことを示す.$\varDelta n/\varDelta\lambda$ はプリ

ズムの材質の分散でガラスが決まれば常数であるから，プリズム分光器の分解能はプリズムの底辺の長さに比例する．したがって多数のプリズムをどのように配列しても分解能はこれらの底辺の和を底辺とする一つの大きなプリズムのそれより大きくはならない．これはレーレーが導いた有名な結果である[1]．

(b) スリット幅およびスペクトル線幅の補正

前記の分解能の計算は二つのスペクトルが完全な単色光でありスリット幅が無限に細いものとした．スリットの幾何光学的像の幅が回折像にくらべ十分小さいときはこれでもよいが，スリットの幅が大きいときの強度分布はその幾何光学的像が x_0 のところにあるとすれば (18-27) により

$$I(X, X_0) = \left(\frac{\sin a(X-X_0)}{a(X-X_0)}\right)^2, \quad X = \frac{2\pi}{\lambda f}x, \quad X_0 = \frac{2\pi}{\lambda f}x_0$$

スリットの幾何光学的像の幅を $2a\varDelta x$ とすれば回折像は

$$I(X, \varDelta X) = \int_{-a\varDelta X}^{a\varDelta X}\left(\frac{\sin a(X-X_0)}{a(X-X_0)}\right)^2 dX_0, \quad \varDelta X = \frac{2\pi}{\lambda f}\varDelta x$$

しかるに

$$\int_0^u \frac{\sin^2 u}{u^2}du = \mathrm{Si}(2u) - \frac{\sin^2 u}{u}, \quad \mathrm{Si}(u) = \int_0^u \frac{\sin u}{u}du$$

$$\therefore \quad I(X, \varDelta X) = \mathrm{Si}[2a(X-\varDelta X)] + \mathrm{Si}[2a(X+\varDelta X)]$$

$$-\left(\frac{\sin 2a(X-\varDelta X)}{a(X-\varDelta X)} + \frac{\sin 2a(X+\varDelta X)}{a(X+\varDelta X)}\right)$$

これを $\mathrm{Si}(u)$ の表を用いて計算しグラフにプロットすると図 23-14 のようになる（破線はスリットの幾何光学的像）．

回折像の半値幅 $\overline{\varDelta X}$ と $\varDelta X$ との関係は図 23-15 のようになり，これから $\overline{\varDelta X} \leqslant \varepsilon_0$ であれば回折像の半値幅は幾何光学的像より大きく，$\varDelta X$ がこれより大になれば幾何光学的像と同じと考えてよい．このときの中心強度 $I(0, \varDelta X)$ は

$$I(0, \varDelta X) = 2\mathrm{Si}(2a\varDelta X)$$

であり，同図の太い破線のようになるのでスリット幅はその幾何光学的像が 0 次回折像の半分（$\varDelta X = \varepsilon_0/2$）ぐらいのときが分解能を低下させることなく最も明るい像を与える[2]．

---

1) J. W. S. Rayleigh : Sci. Pap. I p. 423.
2) P. H. van Cittert : Z. Phys. **65**(1930)547.

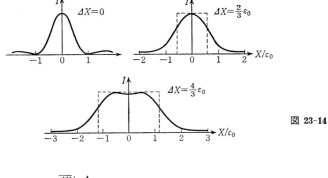

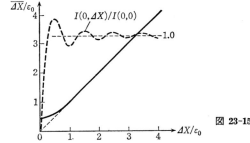

図 23-14

図 23-15

　この議論はスペクトルを完全な単色光としたのであるが，スペクトル線に幅があるときはそのスペクトルの強度分布を $f(X_0)$ としスペクトル線の幅の中では分散は波長に比例するとすれば

$$I(X) = \int_{-\infty}^{\infty} f(X_0)\left(\frac{\sin a(X-X_0)}{a(X-X_0)}\right)^2 dX_0$$

スペクトルはガウス分布すなわち $f(X_0)=\exp(-\alpha^2 X_0^2)$ として種々の α についてこの値を計算し，二本のスペクトル線があるときの中央の強度の極小が両側の極大の 0.8 すなわちレーレーの意味での分解し得る間隔 Δ を求めると図 23-16 のようになる．横軸はスペクトル線の半値幅すなわち $\overline{X}=\sqrt{\log 2/\alpha}$ で表わしてある．これから半値幅が ε_0 の 1.5 倍より大になると Δ は図の破線で示したように

$$\Delta = 2.3\overline{X}$$

で表わされる[1]．

---

1)　F. L. O. Wadsworth : Phil. Mag. V **43**(1897)332.

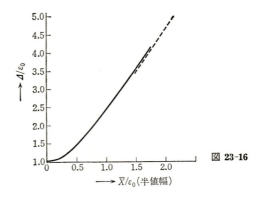

図 23-16

§24 光学系の周波数特性

§24-1 レスポンス関数

(a) 周波数フィルターとしての光学系

光学系は光により物体の形,配置,色などを伝えるものであるから電気通信の回路と同じく情報の伝送系である.このような系の性能はもとの物体や信号をどのくらい正しく伝えるかということで評価される.写真でいえば像がぼけたり歪んだり,ラジオや電話でいえば声の調子が変って伝えられるものはよい系ではない.

光学系の場合に簡単のため一次元とし,物体面および像面上にそれぞれ x', x 軸をとり倍率を1とする.物体面の原点における明るさ(振幅または強度)1の点光源の像を $h(x)$ とすれば明るさ $f(x')$ の物体の像は

$$g(x) = \int_{-\infty}^{\infty} f(x')h(x-x')dx' \qquad (24\text{-}1)$$

で与えられる.電気系では時間を t として瞬間的な強さ1の信号(衝撃波)を入れたときの出力波の波形を $h(t)$ とすれば,波形 $f(t')$ の信号は受信側においては

$$g(t) = \int_{-\infty}^{\infty} f(t')h(t-t')dt' \qquad (24\text{-}2)$$

(24-1), (24-2)は全く同じ式であるから光学系と通信回路は数学的には全く同じに取り扱え, $h(x)$ または $h(t)$ を知ればその系の性能を論ずることができる.このようにして系の性能を論ずることを通信理論の方では波形伝送論という.

ここで各関数のフーリエ変換を

§24 光学系の周波数特性

$$G(\omega) = \int_{-\infty}^{\infty} g(x) \exp i\omega x dx, \qquad F(\omega) = \int_{-\infty}^{\infty} f(x) \exp i\omega x dx \qquad (24\text{-}3)$$

$$H(\omega) = \int_{-\infty}^{\infty} h(x) \exp i\omega x dx \qquad (24\text{-}4)$$

とおけばフーリエ変換のたたみ込みの定理(§19-3(a)参照)により

$$G(\omega) = F(\omega)H(\omega) \qquad (24\text{-}5)$$

すなわち'二つの関数 f, h の相関関数 g のフーリエ変換 G は各関数のフーリエ変換 F, H の積に等しい'．このことはちょうど対数をとると掛け算が足し算になるのと同様，フーリエ係数あるいはスペクトルを取り扱うと積分が掛け算ですむことを示し大変重宝なことで，特に多数の光学系または回路を直列に並べた場合に多重積分となるものが連乗ですみ計算も見通しも容易になる．(24-5)は回路を $H(\omega)$ という周波数フィルターと考えるもので，電気系(TVやラジオなど)の伝送路や増幅器の良否をこの曲線で表わしこれを周波数特性と呼んでいることはよく知られている．光学系と電気系は前記のように数学的には同じものであるから光学系もこのような周波数フィルターと考えられる．光の場合 ω は空間座標に対する周波数であるからこれを空間周波数(以後は周波数と略記する)という．$H(\omega)$ は通常 $H(0)=1$ として正規化して用いられこれを光学系の optical transfer function (OTF) またはレスポンス関数という[1]．

光学系をこのように空間周波数フィルターと考えその性能をレスポンス関数で表わす方法は，以下に述べるように光学系の評価法としてすぐれたものであるのみならず，この方法によれば今まであまりなされていなかった受光器(眼または写真フィルム等)を含めた取り扱いができるほか，通信回路への応用で発達した情報理論の成果をもそのままとり入れることができる．ただしこの関数による取り扱いが実用になるためにはその理論的研究が十分なされるほかに，光学系の構成データが与えられた場合これからこの関数が算出し得ること，でき上ったレンズのレスポンス関数が容易に測定し得ること，肉眼，写真乳剤など受光器のレスポンス関数のデータが十分に求められていることなどが必要であるが，これについて日本ではかなり研究が進められ十分な用意ができている[2]．

(b) 無収差系のレスポンス関数

理想的な光学系とは物体の構造を空間周波数スペクトルに分解したとき，すべてのスペクトルを減衰や変形なく像面に伝えるもの，したがってそのレスポンス関数が $H(\omega) \equiv 1$

---

1) ICOの取り決めにより国際的には前者を用いる．
2) 久保田広：Japan J. appl. Phys. **4** suppl. 1 (1965) 137.

のものである.無収差の系の共軛点についての幾何光学的レスポンス関数はこのようなものであるが,回折の影響を考えると無収差系の回折像は(一次元の場合)点光源の回折像が(18-26)により

$$u(x) = \frac{\sin a\kappa x}{a\kappa x}, \qquad \kappa = \frac{2\pi}{\lambda b}$$

で与えられる.ただし $2a$ はレンズの大きさ, b はレンズより共軛像面までの距離である.点光源により照明されている透明物体のように結像光が互いにコヒーレントなものであれば,(24-1)が振幅について成り立つから $h(x)=u(x)$ とおいてこの系のレスポンス関数は(24-4)から

$$H(\omega) = \int_{-\infty}^{\infty} h(x) \exp i\omega x dx = \int_{-\infty}^{\infty} \frac{\sin a\kappa x}{a\kappa x} \exp i\omega x dx = \frac{\pi}{a\kappa}, \quad |\omega| \leq a\kappa \\ = 0, \quad |\omega| > a\kappa \quad (24\text{-}6)^{1)}$$

ここで空間周波数 ω は像面でのピッチを d として $\omega=2\pi/d$ である.物体面でのピッチを d_0 とすれば——正弦条件が成り立っているとして§23-1(a)と同様にして——物体側の開口数を $n \sin u$ とすれば

$$\frac{\omega}{a\kappa} = \frac{\lambda b}{ad} = \frac{\lambda}{n\sin u}\frac{1}{d_0} = s \qquad (24\text{-}7)$$

の関係にある.グラフに描くときなどは s を横軸にとる方が像面または物体面での値が直ちに求められ便利であるのでこれを用いる.

物体が自身で発光するもの,または粗い反射面からの光のように結像光が互いにインコヒーレントのものでは(24-1)は強度について成り立つから

$$h(x) = |u(x)|^2$$

$$\therefore \quad H(\omega) = \int_{-\infty}^{\infty} |u(x)|^2 \exp i\omega x dx \\ = \int_{-\infty}^{\infty} \left(\frac{\sin (a\kappa x)}{a\kappa x}\right)^2 \exp i\omega x dx = \frac{\pi}{a\kappa}\left(1 - \frac{\omega}{2a\kappa}\right), \quad \omega \leq 2a\kappa \\ = 0, \qquad \omega > 2a\kappa \quad (24\text{-}8)$$

(24-6),(24-8)を $H(0)=1$ に正規化したものは図 24-1(A)のように遮断特性が矩形および三角形の低域フィルターである.コヒーレントのとき $s=1$,インコヒーレントのとき

---

1) 我々が観察するものは強度であるが強度について(24-6)がレスポンス関数となるのは物体のコントラストが低く振幅の自乗で高次の項を省略し得るときに限る.

§24 光学系の周波数特性

$s=2$ に対応する ω_0 を遮断周波数といい，これは光学系の物理的な解像限界を与えるものである．しかし通信系の場合は因果律からいって入力信号のくる前に出力がでることはなく，これは数学的にいうと $H(\omega)$ が

$$\int_0^\infty \frac{\log |H(\omega)|^2}{\omega^2} d\omega < \infty$$

を満足しなければならないというペーリー-ウィーナーの条件となる．しかるに図のようにある周波数より高いところを全く遮断するフィルターは(このところで $\log H(\omega) = -\infty$ となり上記条件を満たさないから)あり得ないが，光学系ではそのような制限がないので上記のような特性の系が——少なくとも理論上では——あり得る．

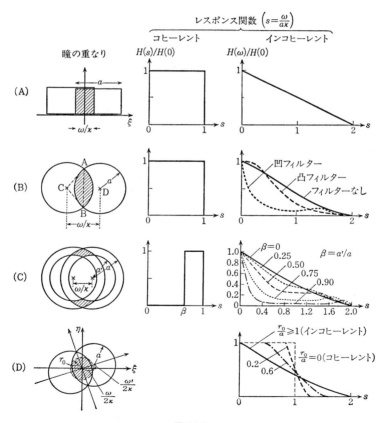

図 24-1

(c) レスポンス関数の計算法

レスポンス関数はその定義によれば点光源の像のフーリエ変換で，(24-6)，(24-8)は定義にしたがい求めた例である．収差があるときは点光源の像の形が求め難くこの方法では困難な場合が多いが以下の考察によりそれを知らなくても瞳関数から直ちに求められる．

(i) コヒーレント照明　結像光が互いにコヒーレントのもの，例えばコンデンサーの絞りを十分に絞った顕微鏡，投影検査法などでは系の射出瞳における波面を表わす関数すなわち瞳関数を $F(\xi)$ とすれば，点光源の共軛面における像の振幅 $u(x)$ は(19-2)により

$$u(x) = \int_{-\infty}^{\infty} F(\xi) \exp(-i\kappa x\xi) d\xi \tag{24-9}$$

で与えられる．この系では(24-4)の $h(x)$ は $h(x)=u(x)$ とおくべきであるからコヒーレント系のレスポンス関数 $H(\omega)$ は

$$H(\omega) = \int_{-\infty}^{\infty} u(x) \exp i\omega x dx = \int_{-\infty}^{\infty} \exp i\omega x dx \int_{-\infty}^{\infty} F(\xi) \exp(-i\kappa x\xi) d\xi$$

これはフーリエの二重積分の定理で

$$H(\omega) = \frac{2\pi}{\kappa} F\left(\frac{\omega}{\kappa}\right)$$

$H(0)=1$ と正規化すれば瞳関数の ξ を ω/κ におきかえたものである．例えば一次元の問題(円筒レンズ)であれば無収差のときは

$$\left.\begin{aligned} F(\xi) &= 1, & |\xi| \leq a \\ &= 0, & |\xi| > a \end{aligned}\right\}$$

したがってこの系の正規化したレスポンス関数は

$$\left.\begin{aligned} \frac{H(\omega)}{H(0)} &= 1, & \omega \leq a\kappa \\ &= 0, & \omega > a\kappa \end{aligned}\right\}$$

これは(24-6)を正規化したものにほかならない．二次元の場合も同様で，ある方向に沿っての $F(\omega/\kappa)$ を与えればその方向のレスポンス関数が求められる(図24-1(A), (B))．輪帯開口のときは輪帯の部分のみ1で他は0であるから同図(C)のようになる．

(ii) インコヒーレント照明　顕微鏡で発光物体を見ているとき，または写真機で通常の物体を撮っているときのように結像光が互いに全くインコヒーレントな場合には $h(x)=u(x)u^*(x)$ とおくべきであるから

$$H(\omega) = \int_{-\infty}^{\infty} u(x) u^*(x) \exp i\omega x dx \tag{24-10}$$

§24 光学系の周波数特性

しかるに(24-5)で述べたフーリエ変換のたたみ込みの定理(の逆定理)によれば，二つの関数の積のフーリエ変換はおのおのの関数のフーリエ変換の相関関数である．しかるに$u(x)$のフーリエ変換は(24-9)により$F(\xi)$に等しいから

$$H(\omega) = \int_{-\infty}^{\infty} F(\xi)F^*\left(\xi - \frac{\omega}{\kappa}\right)d\xi = \int_{-\infty}^{\infty} F\left(\xi + \frac{\omega}{2\kappa}\right)F^*\left(\xi - \frac{\omega}{2\kappa}\right)d\xi \quad (24\text{-}11)$$

すなわち$H(\omega)$は瞳関数の自己相関関数であるという重要な結果を得る．これにより$H(\omega)$の計算は多くの場合直接(24-10)を計算するよりはるかに容易となる．

例えば一次元の無収差レンズの瞳関数は

$$\left.\begin{array}{ll} F(\xi) = 1, & |\xi| \leq a \\ = 0, & |\xi| > a \end{array}\right\} \quad (24\text{-}12)$$

であるから，この系のインコヒーレント光によるレスポンス関数は高さ1，幅$2a$の矩形がω/κずれたときの重なっている面積(図24-1(A)の斜線)で

$$\left.\begin{array}{ll} H(\omega) = 2a - \dfrac{\omega}{\kappa}, & \dfrac{\omega}{\kappa} \leq 2a \\ = 0, & \dfrac{\omega}{\kappa} > 2a \end{array}\right\}$$

これは$H(0)=2a$で正規化すれば(24-8)を正規化したものである．二次元の場合でも円形レンズのように中心対称であれば一つの直径方向についてのみ考えてよく，(24-11)から半径aの無収差レンズのレスポンス関数は中心がω/κずれた半径aの二つの円の重なっている部分の面積(図24-1(B))で，これは扇形CABの面積から△CABの面積を引いたものの倍で∠ACB=$\cos^{-1}(\omega/2a\kappa)=\gamma$とすれば

$$\left.\begin{array}{ll} H(\omega) = a^2\gamma - 2a^2 \sin\dfrac{\gamma}{2}\cos\dfrac{\gamma}{2} = a^2(\gamma - \sin\gamma), & \omega \leq 2a\kappa \\ = 0, & \omega > 2a\kappa \end{array}\right\}$$

である．これは$H(0)=a^2$で正規化し$s=\omega/a\kappa$を横軸にとり同図の右のグラフに実線で示してある．吸収のあるフィルターを掛けたときのレスポンス関数はこの面積に吸収率を掛けたものであるから吸収率の分布を工夫することによりレスポンス曲線を所望のものになし得る．すなわち中心部の透過率が周辺部より小さい(透過率曲線が凹型の)フィルターを掛ければレスポンス曲線は同図の点線のようになり，この反対に凸型の透過フィルターを掛ければ図の破線のようになる．凹型の一つとして円形開口の中心部を同心の円盤でおおった輪帯開口のときの$H(\omega)$は二つの輪帯の重なっている部分の面積(図24-1(C)の斜線)

に等しく,これは輪帯の外径を a, 内径を a' とすると種々の $a'/a=\beta$ について同図右のグラフのようになる.

(iii) **部分的にコヒーレントな照明** 完全にコヒーレントな照明は点光源による照明でこのような照明は実在しない.完全にインコヒーレントな照明は無限に大きい光源により照らされているときでこれも(物体自身が発光体であるときを除き)実現し得ず,実際の場合はその中間の部分的コヒーレントの照明である.このコヒーレンスの理論は§30で述べるが,幻燈器,映写機やコンデンサーの絞りのやや大きい顕微鏡のレスポンス関数はこの理論による.これは(24-11)を二次元に拡張しさらに関数 $\Phi(\xi,\eta)$ を導入し

$$H(\omega,\omega') = \iint_S \Phi(\xi,\eta) F\left(\xi+\frac{\omega}{2\kappa},\eta+\frac{\omega'}{2\kappa}\right) F^*\left(\xi-\frac{\omega}{2\kappa},\eta-\frac{\omega'}{2\kappa}\right) d\xi d\eta \quad (24\text{-}13)$$

で与えられる.ただし $\Phi(\xi,\eta)$ は(30-14)で与えられるコヒーレンス係数のフーリエ変換で effective source といわれるもので,これは例えば映写機や再回折光学系であれば物体面にピンホールをおいたときの光源の射出瞳面への投影である.これを半径 r_0 の円とすれば(24-13)の積分領域 S は図 24-1(D)で二つの円の重なっている部分のうちさらにこの円(破線)の中に含まれているもの(図の斜線部分)である. $r_0/a=0.2, 0.6$ のときのレスポンス関数を上式から求めてみると同図右のグラフの破線および鎖線のようになる.光源が $r_0/a=0$ の点であればコヒーレント照明(細い破線), $r_0/a \geqslant 1$ であればインコヒーレント照明と同じもの(実線)となる[1].

§24-2 レスポンス関数と像の性質

(a) **コントラストとレスポンス関数**

レスポンス関数は像のどのような性質を示しているものかを調べてみよう.(24-5)の $F(\omega)$, $G(\omega)$ はそれぞれ物体および像をスペクトルに分解したときの周波数 ω の成分の振幅であるから $H(\omega)$ はこれの写像による減衰比を与えている.したがって白黒の正弦波状の強度分布を持つチャート

$$f(x') = 1+\cos\omega x' = 1+\text{Re}[\exp i\omega x']$$

の像は

$$g(x) = H(0)+\text{Re}[H(\omega)\exp i\omega x]$$

となる.ただし Re は実数部分を意味する. $H(\omega)$ は複素数であるからこれを

---

[1] H. H. Hopkins: Proc. Roy. Soc. **A 217**(1953)408.

$$H(\omega)=|H(\omega)|\exp i\phi(\omega) \tag{24-14}$$

とすれば

$$g(x)=H(0)+|H(\omega)|\cos(\omega x+\phi(\omega))$$

像のコントラストとして(5-9)の定義を用いれば

$$V(\omega)=\frac{g_{\max}-g_{\min}}{g_{\max}+g_{\min}}=\frac{|H(\omega)|}{H(0)}$$

すなわちレスポンス関数の振幅 $|H(\omega)|$ は像のコントラストを表わし，位相 $\phi(\omega)$ は像の横ズレ(歪曲)を表わす．$H(\omega)$ がきわめて小さいということはそのような周期を持つ物体の像はコントラストが悪く像ができていることが認められないということである．したがって $H(\omega)$ がある値より小さくなる ω がこの系の見かけ上の解像限界を与える．通常 $H(\omega)$ はいったん0になるとそれ以後は余り大きな値とならないので $H(\omega)=0$ の最初の根 ω_0 を見かけの解像限界とする．これは単位長さあたりの格子本数で表わすと $\omega_0/2\pi$ であり，これが解像力に対応するものである．

(b) 鮮鋭度とレスポンス関数

レスポンス関数は物体のスペクトルが写像の際どのように減衰したかを示すものであるからこの曲線の形と像との関係は物体のスペクトルの一部を除いたり弱めたりしたら像はどのようになるかを調べればよく，物体のスペクトルとは周期的な構造をもつ物体の場合は明暗をフーリエ級数に展開した係数であるからこの係数が変ったときの級数が表わす形を調べればよい．例えば中心間隔 d で幅 $d/2$ のスリットが左右無限に拡がったもの(明暗格子)がコヒーレントに照らされているとすればこのフーリエ展開は周期が d であるから

$$f_\infty(x)=1+\frac{4}{\pi}\left(\cos\frac{2\pi}{d}x-\frac{1}{3}\cos\frac{6\pi}{d}x+\frac{1}{5}\cos\frac{10\pi}{d}x+\cdots\right) \tag{24-15}$$

したがってこのスペクトルの偶数項は0で奇数項は $a_m=(-1)^m\dfrac{4}{\pi}\dfrac{1}{2m-1}$ である．(24-15)を M 項までとったものは

$$f_M(x)=1+\frac{4}{\pi}\sum_{m=1}^{M}u_m(x)$$

$$\text{ただし}\quad u_m(x)=a_m\cos\frac{2(2m-1)\pi}{d}x \tag{24-16}$$

これをグラフに描くと $M=1,2,3$ および4の場合図24-2のようになり，項の数が多いほど明暗の境は鮮鋭となりもとの格子の形をよく表わす．このことからもレスポンス関数の減衰が大で高次のスペクトルが弱められるほど像は不明瞭なものとなることがわかる．

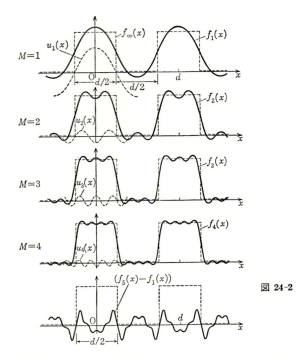

図 24-2

レスポンス関数が低周波成分をさえぎりある特殊の周波数のもののみを通す系では上記の明暗格子の像は低次および高次の像を除き中間の数項によるものとなる．例えば $M=1$ および $M \geqq 6$ を除き $M=2,3,4,5$ 項のみを残せば，(24-16) は図 24-2 の最下段のような曲線を表わし物体の輪郭は判るが明暗は正しく再現されていない像となる．

図 23-10 に示した再回折光学系としての顕微鏡においては物体の回折像が ξ 面にできているから，$\xi = \dfrac{\lambda f}{2\pi} \omega$ とおけば回折像は物体の空間周波数スペクトルにほかならない．対物レンズの開口が小さいときまたは ξ 面に障害物があり回折光の一部がさえぎられることは，スペクトルすなわち上述の級数のある項が除かれることであるから，このようなことがなく高次の回折光まで結像に寄与できるほど像は物体に相似なものとなる．ここでは明暗が交互にある明暗格子のみを考えたが，一様に透明であるが位相の変化が交互にある位相格子も同じような回折像を作る．この回折像の一部を故意に変えて位相の変化が像面で強度の変化となるようにし位相の変化が明暗の変化として見えるようにしたのが，§25 で述べる位相差顕微鏡および§26 のシュリーレン法である．

§24-3 光学系の評価法

(a) レスポンス関数と解像力

(i) $H(\omega)=0$ の根と解像力 光学系の性能の良否を量的に表わすもの——評価尺度——としては§23で述べた解像力が古くから用いられているが，レスポンス関数もまた系の性能を表わすものであるから両者の関係を調べ評価尺度としてどのような役に立つかをくらべてみよう．先に述べたように周期的構造の見かけの解像限界というのは光学系が写像し得る最高の周期であり，これはレスポンス関数でいえば $H(\omega)$ がある値より小さくならない最高の周期であるが事実上 $H(\omega)=0$ の根と考えてよい．一次元の無収差レンズ(円筒レンズ)の場合でいえばこの根は(24-6), (24-8)から

$$\left.\begin{array}{ll}\text{コヒーレント照明のとき：} & \dfrac{\omega_0}{2\pi}=\dfrac{1}{\lambda}\dfrac{a}{b} \\[2mm] \text{インコヒーレント照明のとき：} & \dfrac{\omega_0}{2\pi}=\dfrac{2}{\lambda}\dfrac{a}{b}\end{array}\right\}$$

であり，物理的な解像限界と一致しこれはまたレーレーの解像限界とも一致する．

しかるに円形レンズの中心を同心円でおおったもの(輪帯開口)では内径 a' と外径 a との比 $a'/a=\beta$ が大きくなるほど，回折像の中心核が小さくなりレーレーの定義による分解能はよくなり系の性能がよくなっているようであるが，この系のレスポンス関数の根は図24-1(C)に示すように β に関係なく一定 $(s=2)$ であるから，レスポンス関数から見ると物理的な解像限界は同じである．

(ii) 解像力の定義できない光学系 解像力というものは誰にでも容易にわかる概念で測定も比較的容易であるから広く用いられているものであるが，どのような光学系でも解像力で系の性能が与えられるものではない．例えば幅 $2a$ の円筒レンズの内側幅 $2a'$ をおおったもの(図24-3(A))のレスポンス関数はコヒーレントおよびインコヒーレント照明のとき同図の下のグラフのようになり，ある特殊の周波数のもののみを通しこれより低周波および高周波のものを遮断する．このような光学系では低周波すなわち粗い構造のものを写像せずある細かい構造のもののみを写像するから見かけの解像限界(解像力)というものは意味がない．また円形の無収差レンズで少しピントを外して図24-3(B)に小さく示したチャート(ジーメンススター)を写すと同図の上のような像を得る．これはある低周波数のところでいったん像のコントラストが消えこれが見かけの解像限界(解像力)のようであるが，これより高い周波数のところで像は再び現われ，またこれより更に高いところで再び

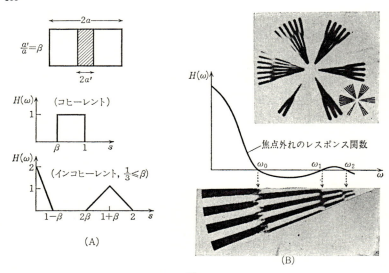

図 24-3

消えて…これを反復している．ただし像が消えて再現するごとに白黒が逆になっているのでこれを像の反転という．いったん消えてからこれより高い周波数のところで再び解像しているのを昔は偽解像と呼んでいたが，このような系のレスポンス関数は(24-26)で示すように錯乱円の半径を ρ_0 とすると幾何光学的な近似では

$$H(\omega) \sim \frac{2J_1(\rho_0 \omega)}{\rho_0 \omega}$$

で与えられ，図 24-3(B)の下の図に示したような形を持ち $\omega_0, \omega_1, \cdots$ に $H(\omega)=0$ の根を持つ．この根が見かけの解像限界を与えるとすれば，この系ではそれに相当するものが多数あるので光学系には見かけの解像限界（解像力）というものが一つあり一つに限りこれにより系の性能が表わされるという考えは適用できない． $H(\omega)<0$ のところはこれを $|H(\omega)|\cdot \exp i\phi(\omega)$ と書くと $\phi=\pi$ ，すなわち図形の位相が π ずれているところで白黒が逆になる．すなわち像の反転とはレスポンス関数でいえば位相が π ずれることである．したがって一般に解像力のみではその性能を表わすことができない光学系でもレスポンス関数によればその全ぼうを表わすことができる．

(b) 評価尺度としての解像力

解像力というものはその定義をよく吟味すればわかるように，あらかじめ一つかあるい

§24 光学系の周波数特性

は二つの物体があるということがわかっておりそれがどちらに見えるかという——1ビットの情報のみを必要とする——ときにのみ系の性能を表わすことができるもので，像の鮮鋭度または鮮明度などいわゆる忠実性を示すものではない．

無収差光学系の解像力はレーレーの定義にしたがえばコヒーレント照明の場合はインコヒーレントの場合の半分になる．しかしレスポンス関数(図24-1(A))を見ると，インコヒーレント照明のときは ω が大になるにしたがいレスポンス関数は小さくなり像のコントラストは低下するに反し，コヒーレント照明では解像限界ぎりぎりまで100%のコントラストで写像している．したがって解像力だけを見ていると前者の性能が後者の倍のようであるが，コントラストを含めて考えると後者の写像性能が必ずしも前者に劣っているとはいえない．また細い輪帯や高解像フィルターによる像は中心核が小さくなり解像力は大となるが高次回折像が強くなるので特別の場合を除き写像性能がよくなっているとはいえない．この反対にアポディゼイションフィルターを用いた系では点像の中心核がやや大になるので解像力は低下するが光束全体がよくまとまり鮮明度のよい像を与える．

図24-4[1]はゾナー型写像レンズ(F/1.5)の軸上三つの像面位置におけるスポットダイヤグラムおよびそのレスポンス関数である．このうち，(A)面は中心核が最も小さく最大の解像力を与え眼で見たとき微細構造に対して最もよい像を与え，(B)は中心核がやや大で解像力は小さくなるが点像がよくまとまっており全体として最も鮮明な像を与える像面であ

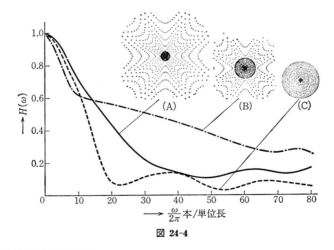

図 24-4

---

1) 久保田広，宮本健郎：東大生産技研報告 **13**(1963)38.

る．前に述べた例のうち，インコヒーレント照明または高解像フィルターを用いた光学系は(A)に似た，コヒーレント照明またはアポディゼイションフィルターを用いた系は(C)に似た形のレスポンス関数を持つから，この曲線を見れば系の性能を正しく知ることができる．

しかしいちいちこのような曲線を持ち出すのはめんどうであるし解像力が広く用いられているのもこれが一つの数字ですむという簡便さによるのであるから両者を折中していくつかの数字で表わすことも一つの方法で，日本の工業標準規格(JIS)の写真レンズの解像力表示法が従来は'高または低コントラストチャートに対する解像力の値で示す'と規定されていたものを'高および低コントラストチャートに対する値で示す'として二つの数字で表わすように改正されたのはこのためである[1]．

(c) 中心強度(S. D.)

どうしても光学系の性能を一つの数字で表わしたいときは，解像力より合理的な数字として通信系でその性能を評価するのに用いられている周波数特性曲線と両軸の間の面積に等しい矩形的な特性曲線を仮定しその遮断周波数(nominal cut off という)で表わすのも一つの方法である．これによれば図 24-1(A)のコヒーレントおよびインコヒーレントの場合のレスポンス関数の直線が両軸をかこむ面積は等しいから，無収差光学系の性能は照明のコヒーレンシーに関係なく一定であるということになる．図 24-4についていえばこの面積は平均してよい像を与える(B)が(A), (C)いずれの場合より大である．この面積を Q とすればその定義から

$$Q = \int_0^\infty H(\omega)d\omega = \int_0^\infty \int_{-\infty}^\infty h(x)\exp i\omega x\,dx\,d\omega$$
$$= \int_{-\infty}^\infty h(x)dx \int_0^\infty \exp i\omega x\,d\omega = 2\pi \int_{-\infty}^\infty h(x)\delta(x)dx = 2\pi h(0)$$

すなわち像の中心強度で，S. D. (Strehl's definition)として収差があるときの光学系の評価法として古くから用いられてきたものにほかならない．

この値による評価の一例として輪帯開口の性能を調べて見るとこのときの回折像の中心強度は(19-25)により

$$I(0) = C^2(0) = 4\pi^2 a^4 (1-\beta^2)^2$$

開口における吸収または光の遮断により瞳を通る光量が異なるときはこれを一定として比

---

[1] JIS B 7174-1962.

較すべきであるが,これは $a^2-a'^2=a^2(1-\beta^2)$ に比例するから

$$\text{S. D.} = 4\pi^2 \frac{a^4(1-\beta^2)^2}{a^2(1-\beta^2)} = 4\pi^2 a^2(1-\beta^2) \sim (1-\beta^2)$$

したがって輪帯開口の写像性能は β が 1 に近づくにしたがい急激に低下する. これは開口の中央をふさぐことにより中心核が小さくなり解像力が向上するが, より高次回折像が強くなるための中間周波数に対する像の悪化の方が全体としての写像能力を低下させるためである. このことと §24-3(a) で述べたこととは (定義の仕方の差によるもので) 矛盾するものではない.

(d) その他の評価尺度

系の性能の(単一)評価尺度としてはこのほかにレスポンス関数が $\omega=0$ のときの値よりある程度低くなる(通常これの 80%)周波数で示すという方法もある. これは濃度差のきわめて少ない低コントラストチャートに対する解像力を与えるもので, 通信回路の帯域幅をレスポンスがある一定値(通常 -3 デシベル)以上の部分とするのに相当する. また特定の周波数に対するレスポンス関数の値を用いる方法もある. このようにすればその測定法も簡単で, 例えば一つの周波数のチャートを用い光学系の状態を変えてこのときのレスポンス関数を連続的に記録させるようなこともできる. 図 24-5 はこのような装置で記録した一例で[1], 種々のピント状態を横軸にとったときの($\omega/2\pi=10$ 本/mm のチャートに対する)レスポンス関数が一つの曲線で与えられてある. これを同図のように画角 θ をパラメーターとして描いておけば一見してレンズの性能全体がよくわかる. 将来のレンズ設計にはこのような方法が大いに利用されるであろう.

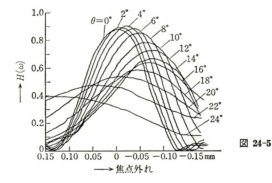

図 24-5

---

1) 村田和美: Progress in Optics Vol. V (North Holland, 1966) p. 201.

このほかの有効な評価法として例えば encircled energy の屈曲点による方法もある．これは中心から一定の半径内に含まれている光量を半径を横軸として描いたもの(encircled energy 曲線)の屈曲点までの半径は大体像の中心核の半径と考えてよいので(例えば図27-4参照)，これを像のよさの目安とする．ハルトマンの特性常数('光学'§21-2(b))，強度分布のモーメント

$$\int_0^\infty I(\rho)\rho d\rho, \qquad \int_0^\infty I(\rho)\rho^2 d\rho$$

なども単一評価尺度として用いられる．

(e) サンプリングの定理

　光学系の解像力が $\omega_0/2\pi$ であるということは像がこれ以上高い周波数の成分を含まないということである．すなわちレスポンス関数の遮断周波数を ω_c とすると像のスペクトルは $2\omega_c$ 内に限られてしまう．いま一次元で考えてこのように像のスペクトル $G(\omega)$ がある幅内に限られる場合の像の強度分布 $g(x)$ を求めて見る．$g(x)$ は $G(\omega)$ のフーリエ変換で与えられるが $G(\omega)$ は $|\omega|>\omega_c$ では 0 であるから

$$g(x) = \frac{1}{2\pi}\int_{-\infty}^\infty G(\omega)\exp(-i\omega x)d\omega = \frac{1}{2\pi}\int_{-\omega_c}^{\omega_c} G(\omega)\exp(-i\omega x)d\omega \quad (24\text{-}17)$$

一方 $G(\omega)$ は基本周波数 $2\omega_c$ のフーリエ級数展開で表わすことができ

$$G(\omega) = \sum_{n=-\infty}^\infty C_n \exp in\omega X_0, \qquad X_0 = \frac{\pi}{\omega_c}$$

ここに

$$C_n = \frac{X_0}{2\pi}\int_{-\omega_c}^{\omega_c} G(\omega)\exp(-in\omega X_0)d\omega$$

C_n は (24-17) より $C_n = X_0 g(nX_0)$ となるから

$$G(\omega) = X_0 \sum_{n=-\infty}^\infty g(nX_0)\exp in\omega X_0$$

を得る．これを(24-17)に代入すると

$$g(x) = \frac{X_0}{2\pi}\int_{-\omega_c}^{\omega_c}\sum_{n=-\infty}^\infty g(nX_0)\exp[-i\omega(x-nX_0)]d\omega$$

$$= \sum_{n=-\infty}^\infty \Psi_n(x)g(nX_0) \quad (24\text{-}18)$$

ただし $\quad \Psi_n(x) = \dfrac{\sin[\omega_c(x-nX_0)]}{\omega_c(x-nX_0)} \quad (24\text{-}19)$

これは像 $g(x)$ は $\varDelta x = X_0 = \pi/\omega_c$ ごとのサンプリング点すなわちスペクトル幅 $W = 2\omega_c$ と

すると $\varDelta x=2\pi/W$ の値によって完全に表わされることを示している．ここでは光学系の像について考えたが一般には原関数とスペクトルの間でこの関係が成り立ちサンプリングの定理といわれる．

物体の幅を $2L$ とすればこの物体のスペクトル面でのサンプリング点の間隔は κ/L ($\kappa=2\pi/\lambda b$)，このサンプリング点をいくつ通すかを光学系の情報伝達の能力を表わす一つのパラメーターと考えてよく，系の自由度といわれる．系の帯域幅を W とすると自由度 N は

$$N = \frac{WL}{\kappa}+1 \approx \frac{WL}{\kappa}$$

で与えられる．幅 $2a$ のスリット開口の場合コヒーレント系ではレスポンス関数の遮断周波数 $\omega_c=a\kappa$ であるから $W=2a\kappa$，したがって

$$N \fallingdotseq 2aL$$

である．この場合，振幅情報と位相情報は独立に系を通すことができるから自由度は2倍して $2N=4aL$ である．インコヒーレントの場合はレスポンス関数の遮断周波数 $\omega_c=2a\kappa$ であり $W=4a\kappa$ となる．したがって

$$N \fallingdotseq 4aL$$

この場合は位相情報は考えられぬので結局，スリット開口の自由度はインコヒーレントでもコヒーレントでも同一である，すなわち情報伝達能力は同一であるということになる．これは先にのべた一次元のとき S. D. からの評価と同じ結論である．

§24-4 収差のレスポンス関数

(a) 収差のレスポンス関数

瞳面に ξ, η 座標をとり波面収差を $E(\xi, \eta)$ とすれば瞳関数は

$$F(\xi, \eta) = \exp ikE(\xi, \eta)$$

であるから，インコヒーレント系とすればそのレスポンス関数はこれの自己相関関数で，ω, ω' をそれぞれ ξ, η 方向の周波数とすれば (24-11) を二次元に拡張して

$$H(\omega, \omega') = \iint_{S'} F\left(\xi+\frac{\omega}{2\kappa}, \eta+\frac{\omega'}{2\kappa}\right) F^*\left(\xi-\frac{\omega}{2\kappa}, \eta-\frac{\omega'}{2\kappa}\right) d\xi d\eta$$

$$= \iint_{S'} \exp ik\left[E\left(\xi+\frac{\omega}{2\kappa}, \eta+\frac{\omega'}{2\kappa}\right) - E\left(\xi-\frac{\omega}{2\kappa}, \eta-\frac{\omega'}{2\kappa}\right)\right] d\xi d\eta \quad (24\text{-}20)$$

ただし $F(\xi, \eta)$ は瞳の外では0であるから，S' は瞳の中心を互いに $(\omega/2\kappa, \omega'/2\kappa)$ だけずら

したときの重なっている部分である．ここでは系は中心対称とし[1]ザイデル収差についてのみ考えることとする．ザイデル収差の $E(\xi,\eta)$ は (11-2) で与えてある．一方 (24-20) の積分記号の中を ω, ω' のテイラー級数に展開すると物理光学的な値という意味で H に添字 phys をつけて

$$H_{\text{phys}}(\omega,\omega') = \iint_{S'} \exp i\Big[f\Big(\omega\frac{\partial}{\partial\xi}+\omega'\frac{\partial}{\partial\eta}\Big)E(\xi,\eta)$$
$$+\frac{f^2\lambda^2}{96\pi^2}\Big(\omega^3\frac{\partial^3}{\partial\xi^3}+\omega'^3\frac{\partial^3}{\partial\eta^3}\Big)E(\xi,\eta)+\cdots\Big]d\xi d\eta \quad (24\text{-}21)$$

ここで $\lambda\to 0$ とすれば第二項以下は 0 となり S' は開口 S と同じものになり

$$\lim_{\lambda\to 0} H_{\text{phys}}(\omega,\omega') = \iint_S \exp if\Big(\omega\frac{\partial}{\partial\xi}+\omega'\frac{\partial}{\partial\eta}\Big)Ed\xi d\eta \quad (24\text{-}22)$$

これは波長を含まないから幾何光学的レスポンス関数であることは明らかである．これは下のようにして直接求めることもできる．すなわち幾何光学的像の強度分布を $I_{\text{geo}}(x,y)$ とすればこれのフーリエ変換であるから

$$H_{\text{geo}}(\omega,\omega') = \iint_{-\infty}^{\infty} I_{\text{geo}}(x,y)\exp i(\omega x+\omega' y)dxdy$$

しかるに瞳の小面積 $(d\xi d\eta)$ を通った小光束の像面における面積を $(dxdy)$ とすれば瞳が強度 I_0 で一様に照らされているとして

$$I_{\text{geo}}(x,y) = I_0\frac{(d\xi d\eta)}{(dxdy)}$$

$$\therefore\quad H_{\text{geo}}(\omega,\omega') = I_0\iint_S \exp i(\omega x+\omega' y)d\xi d\eta \quad (24\text{-}23)$$

x,y は瞳面上の (ξ,η) を通った光の像面との交点であるから (21-11) を代入すれば

$$H_{\text{geo}}(\omega,\omega') = I_0\iint_S \exp if\Big(\omega\frac{\partial}{\partial\xi}+\omega'\frac{\partial}{\partial\eta}\Big)Ed\xi d\eta$$

これは (24-22) と同じものである．

(b) 波動光学と幾何光学との比較

前節で幾何光学的なレスポンス関数は波動光学的なそれで $\lambda\to 0$ とした極限のものであることを示したが，このことは定性的にはもっと一般の形ですでに証明した（'光学' §27-2）．

---

[1] 中心対称でない系の収差 (§22-2) のレスポンス関数については同所で引用の文献 (R. Barakat & A. Houston) を参照．

§24 光学系の周波数特性

しかし両者のレスポンス関数を比較することにより幾何光学的な計算は波動光学的のそれをどのくらいまで近似できるかを定量的に知ることができる．これをまず無収差ではあるが像面が共軛面から z だけピントが外れているときについて調べてみよう．レンズは半径 a の円形のものとすれば波動光学的なレスポンス関数は瞳関数の自己相関関数として求められる．波面収差は(21-3)から光源は無限遠にあるとして

$$E = b_1 r^2 = b_1(\xi^2+\eta^2), \qquad \left(b_1 = -\frac{z}{2f^2}\right)$$

であるから瞳関数は

$$F(\xi,\eta) = \exp ikE = \exp ikb_1(\xi^2+\eta^2)$$

中心対称であるから中心を通る一つの直径方向のレスポンス関数を求めればよく，これを η 軸方向とすれば波動光学的なレスポンス関数は瞳面の光の強度を1として(24-20)により $k/\kappa = f$ であるから

$$H_{\text{phys}}(\omega) = \iint_{S'} \exp ikb_1\left[\left(\eta+\frac{\omega}{2\kappa}\right)^2 - \left(\eta-\frac{\omega}{2\kappa}\right)^2\right]d\xi d\eta = \iint_{S'} \exp i(2b_1 f\omega\eta)d\xi d\eta \tag{24-24}$$

ただし S' は中心が ω/κ ずれた半径 a の二つの円の重なっている部分である．$\xi = a\bar{\xi}$, $\eta = a\bar{\eta}$ としピント外れ（波面収差の最大値）を $a^2 b_1 = B_1$ とおけば $\frac{\lambda f}{2\pi a}\omega = s$ として

$$ab_1 f\omega = a^2 b_1 \frac{f}{a}\omega = kB_1 s$$

$$\therefore \quad H_{\text{phys}}(\omega) = a^2 \iint_{\bar{S}} \exp\left[i(2kB_1 s)\bar{\eta}\right]d\bar{\xi}d\bar{\eta} \tag{24-25}$$

(ω は像面での周波数であるから物体面のそれに換算するには(24-7)を用いればよい．）ただし $\bar{S}$ は半径1の円の中心が $\omega/a\kappa$ ずれたものの重なっている部分である．この式を数値計算[1])で求め，B_1 をパラメーター，s を横軸にとってグラフへプロットすると図 24-6 の実線のようになる．

一方幾何光学的レスポンス関数は点光源の像（錯乱円）のフーリエ変換として与えられる．しかるにこの半径を ρ_0 とすれば瞳面での光の強度を1として像の強度分布は

$$\left.\begin{aligned}h(x,y) &= \left(\frac{a}{\rho_0}\right)^2, & \sqrt{x^2+y^2} &\leq \rho_0 \\ &= 0, & \sqrt{x^2+y^2} &> \rho_0\end{aligned}\right\}$$

---

[1] H. H. Hopkins: Proc. Roy. Soc. **A231**(1955)91, または W. H. Steel: Optica Acta **3**(1956) 65.

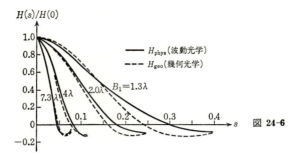

図 24-6

したがって y 方向のレスポンス関数は

$$H_{\text{geo}}(\omega) = \left(\frac{a}{\rho_0}\right)^2 \iint_0^{\rho_0} \exp i\omega y \, dx dy = \left(\frac{a}{\rho_0}\right)^2 \int_0^{\rho_0}\int_0^{2\pi} \exp(i\omega r \sin\varphi) r dr d\varphi$$

$$= 2\pi\left(\frac{a}{\rho_0}\right)^2 \int_0^{\rho_0} J_0(\omega r) \, r dr = \pi a^2 \frac{2J_1(\rho_0 \omega)}{\rho_0 \omega} \tag{24-26}$$

しかるに

$$\rho_0 \omega = \frac{-a}{f} z\omega = 2kB_1 s$$

$$\therefore \quad H_{\text{geo}}(\omega) = \pi a^2 \frac{2J_1(2kB_1 s)}{2kB_1 s}$$

ただし J_0, J_1 は 0 次および 1 次のベッセル関数である．これを前と同じ s についてグラフに描くと図 24-6 の破線のようになり両者は $B_1 \geq 2\lambda$ であれば事実上一致している．

(c) 非点収差およびコマ収差のレスポンス関数

(i) 非点収差　　分光器のような一辺 $2a$ の正方形開口のときはこの各辺に平行に ξ, η 軸をとれば積分変数が分離でき計算が容易になる．非点収差があるときの共範面から z のところの像面上の点に対する波面収差は (11-2) により

$$E = b_1 \xi^2 + (b_1 + b_5) \eta^2$$

収斂光が ξ または η に平行の線分となる像面（縦または横の焦線面）およびこの中間の最小錯乱円を与える像面では

$$\left.\begin{array}{ll}
(\text{I}) \quad \text{縦の焦線面}(b_1 = 0), & E = b_5 \eta^2 \\
(\text{II}) \quad \text{横の焦線面}(b_1 + b_5 = 0), & E = -b_5 \xi^2 \\
(\text{III}) \quad \text{最小錯乱円}(b_5 = -2b_1), & E = -\dfrac{b_5}{2}(\xi^2 - \eta^2)
\end{array}\right\}$$

したがって(III)の像面におけるη方向の波動光学的レスポンス関数はピント外れのときと同様にして

$$H_{\text{phys}}(\omega) = \iint_{S'} \exp i\frac{kb_5}{2}\left[\left(\eta+\frac{\omega}{2\kappa}\right)^2 - \left(\eta-\frac{\omega}{2\kappa}\right)^2\right]d\xi d\eta = \iint_{S'} \exp i(b_5 f\omega\eta)d\xi d\eta$$

開口は正方形であるからS'は二つの正方形がη軸に沿ってω/κずれたときの重なっている部分で,$\xi=a\bar{\xi}$,$\eta=a\bar{\eta}$,$\dfrac{\lambda f}{2\pi a}\omega=s$とし波面収差の最大値を$a^2 b_5=B_5$とすれば

$$H_{\text{phys}}(\omega) = a^2 \int_{-1}^{1} \int_{-(1-s/2)}^{1-s/2} \exp ikB_5 s\bar{\eta} d\bar{\xi}d\bar{\eta} = 4a^2 \frac{\sin\left[kB_5 s\left(1-\dfrac{s}{2}\right)\right]}{kB_5 s} \quad (24\text{-}27)$$

(I)または(II)の像面で焦線に直角方向のレスポンス関数の場合もこれと同じであるが,$kB_5 s$の代りに$2kB_5 s$となる.各焦線面で焦線に平行の方向のレスポンス関数は$E=0$であるから上式で$B_5=0$とおいたもの

$$H_{\text{phys}}(\omega) = 4a^2\left(1-\frac{s}{2}\right)$$

これは無収差レンズのレスポンス関数として(24-8)で与えたものである.一方,幾何光学的なレスポンス関数は点光源の像が(I),(II)の面では長さ$4y_0$の線分,(III)の面では一辺$2y_0$の正方形でこのフーリエ変換として与えられる.しかるに

$$y_0 = afb_5 \quad \therefore \quad y_0\omega = kB_5 s$$

したがって瞳の面での強度を1とすれば(III)の面では点光源の像は

$$\left.\begin{aligned} h(x,y) &= \left(\frac{a}{y_0}\right)^2, & x^2+y^2 &\leq y_0^2 \\ &= 0, & x^2+y^2 &> y_0^2 \end{aligned}\right\}$$

$$\therefore \quad H_{\text{geo}}(\omega) = 2y_0\left(\frac{a}{y_0}\right)^2 \int_{-y_0}^{y_0} \exp i\omega x\, dx = 4a^2 \frac{\sin y_0\omega}{y_0\omega} = 4a^2 \frac{\sin kB_5 s}{kB_5 s} \quad (24\text{-}28)$$

(24-28)と(24-27)との差は

$$H_{\text{geo}}(\omega) - H_{\text{phys}}(\omega) = 8a^2 \frac{\sin\dfrac{kB_5}{4}s^2}{kB_5 s}\cos\left[kB_5 s\left(1-\frac{s}{4}\right)\right]$$

この値は例えば$B_5=2\lambda$であれば$s=0.1$に対し0.017となり幾何光学的な計算は2%以内で波動光学のそれを近似する.

各焦線面の焦線と直角方向については同様にして$B_5>\lambda$ならばよい[1].

---

1) M. De : Proc. Roy. Soc. **233**(1955)96.

(ii) コマ収差　コマ収差があるときの波面収差は(22-3)から
$$E = b_4 r^3 \cos\varphi = b_4 \xi(\xi^2 + \eta^2)$$
したがって η 方向の波動光学的レスポンス関数は(24-20)から
$$H_{\text{phys}}(\omega) = \iint \exp ikb_4 \left[\xi\left(\eta + \frac{\omega}{2\kappa}\right)^2 - \xi\left(\eta - \frac{\omega}{2\kappa}\right)^2 \right] d\xi d\eta = \iint_S \exp i(2b_4 f\omega\xi\eta) d\xi d\eta$$
ただし S は中心が ω/κ ずれた二つの瞳の重なっている部分である．瞳は一辺 $2a$ の正方形として前と同様波面収差の最大値を $a^3 b_4 = B_4$ とおけば
$$a^2 b_4 f\omega = kB_4 s$$
$$\therefore\ H_{\text{phys}}(\omega) = a^2 \int_{-1}^{1} \int_{-(1-s/2)}^{(1-s/2)} \exp i(2kB_4 s\bar\xi\bar\eta) d\bar\xi d\bar\eta$$
$$= 4a^2 \frac{1}{2kB_4 s} \int_0^1 \frac{\sin 2kB_4 s\left(1 - \frac{s}{2}\right)\bar\xi}{\bar\xi} d\bar\xi$$
$$\left.\begin{aligned} &= 4a^2 \frac{\text{Si}\left[2kB_4 s\left(1 - \frac{s}{2}\right)\right]}{2kB_4 s}, & s \leqslant 2 \\ &= 0, & s > 2 \end{aligned}\right\} \quad (24\text{-}29)$$

$s>2$ では $H_{\text{phys}}(\omega) = 0$ である．幾何光学的なレスポンス関数を求めるには
$$\frac{\partial E}{\partial \eta} = 2b_4 \xi\eta$$
したがって(24-22)により S を瞳の面積として
$$H_{\text{geo}}(\omega) = \iint_S \exp i(2b_4 f\omega\xi\eta) d\xi d\eta = a^2 \int_{-1}^{1} \int_{-1}^{1} \exp i(2kB_4 s\bar\xi\bar\eta) d\bar\xi d\bar\eta$$
$$= 4a^2 \frac{\text{Si}(2kB_4 s)}{2kB_4 s} \tag{24-30}$$

したがって $s>2$ のときは $H_{\text{phys}}(\omega)$ は 0 となるが，$H_{\text{geo}}(\omega)$ は必ずしもそうではない．B_4 の種々の値について(24-29),(24-30)を求め s を横軸としてプロットすると図 24-7 のようになり $B_4 \geqslant 2\lambda$ のときは両者は実用上等しいとみてよい[1]．

　ξ 方向のレスポンス関数（y 軸に平行の周期構造の周波数に対するもの）も同様にして比較できるが，この場合は点像が左右非対称であるからレスポンス関数に位相の項が入ってくる．

---

1) 宮本健郎：J. Opt. Soc. Am. **48**(1958)567.

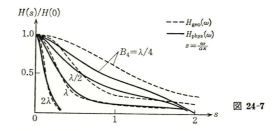

図 24-7

(d) スポットダイヤグラムによるレスポンス関数の算出

レスポンス関数による光学系の評価法をレンズの設計に活用するにはそのデータ（レンズ面の曲率半径，ガラスの屈折率，厚さ，絞りの位置など）が与えられたときこれらからレスポンス関数が求められなければならない．いままでに述べた方法は理論的にはきれいであるが，いったんザイデルの収差係数を求めてからでなければ求められないので実用的でない．しかし (24-23) を利用すれば光線追跡の結果からレスポンス関数が求められる．

いま瞳面を等しい小面積に細分しその一つの中心 (ξ_j, η_j) を出た光が像面と (x_j, y_j) で交わるとすれば $d\xi d\eta =$ const. であるから，(24-23) の積分は和の形として——瞳面は一様に照らされている $(I_0 =$ const.$)$ として——

$$H_{\mathrm{geo}}(\omega, \omega') = \mathrm{const.} \sum_j \exp i(\omega x_j + \omega' y_j)$$

としてよい．x 軸と角 ϕ をなす任意の方向についてはこの方向の空間周波数を $\bar{\omega}$ とすれば

$$\omega = \bar{\omega} \cos \phi, \quad \omega' = \bar{\omega} \sin \phi$$

$$\therefore \quad H_{\mathrm{geo}}(\bar{\omega}) = \mathrm{const.} \sum_j \exp i \bar{\omega} \rho_j \quad (24\text{-}31)$$

ただし $\rho_j = x_j \cos \phi + y_j \sin \phi$ でこれは (x_j, y_j) 点の原点からの距離である．(x_j, y_j) または ρ_j はレンズの構成データが与えられれば光線追跡法により数値的に求めることができるからこれを上式に代入して $H_{\mathrm{geo}}(\bar{\omega})$ を求めることができる[1]．図 24-4 の曲線は同図のスポットダイヤグラムからこの方法で求めたものである．

§24-5 レスポンス関数の測定法

レスポンス関数が光学系の性能を表わすのにすぐれたものであることが明らかになり，また瞳関数または光学系の構成データがわかっていればこれから算出できることもわかっ

---

1) H. Kubota, K. Miyamoto & K. Murata : Optik **17** (1960) 143.

たが，レスポンス関数が実用になるためには更に所与の光学系がどのようなレスポンス関数を持っているかを測定により知ることができなくてはならない．レスポンス関数はその定義によれば点光源の像のフーリエ変換であるから，(i) 点光源の像をスリットで走査しその出力を電気的にフーリエ変換してやってもよく，(ii) あるいは正弦波チャートの像を作らせればこの関数はその像のコントラストに等しいからそれを測ってもよい，(iii) またインコヒーレント系においてはレスポンス関数は§24-1により瞳関数の自己相関関数であるからこのことを用いても測定できる．これらの方法による装置はそれぞれ要求される測定精度や使用目的により種々のものができている．ここではその代表的なもののみを記しておこう．

(a) 電気的フーリエ解析法

像面に振動するスリットをおいて点光源の像 $h(x)$ を周期 T で走査してやれば出力波形は T のフーリエ級数

$$h(t) = \sum_{n=-\infty}^{\infty} C_n \exp i\frac{2\pi nt}{T}$$

で表わされる．ただし C_n は走査速度を v とすれば $x=vt$, $vT=L$ として

$$C_n = \frac{1}{T}\int_0^T h(t)\exp\left(-i\frac{2\pi nt}{T}\right)dt = \frac{1}{L}\int_0^L h\left(\frac{x}{v}\right)\exp(in\omega x)dx$$

ここで $\omega=2\pi/L$ である．L が $h(x)$ の拡がりより十分大であれば $\int_0^\infty$ としてよく，これは $h(x)$ のフーリエ変換となるから，出力のうち周波数 ω のものを取り出せばこれがその周波数のレスポンス関数の値となる．この装置の最初に作られたものはスリットを振動させる代りに図 24-8[1]のように，回転軸にやや斜めにとりつけられ章動運動をする反射鏡(nutating mirror) M でテストするレンズ L により作られる点像を固定スリット P 上で走査させスリットを出た光を受光器で受ける．その出力を増幅後周波数分析器にかけ，周波数を横軸に出力を縦軸に記録をさせればこの図がただちにレスポンス関数の曲線となる．曲線の突起は周波数のマーク(5本/mmおき)である．

(b) コントラスト法

上述の方法はレスポンス関数の絶対値がわかるのみで位相が測れないこと，および $\omega=0$ の値が測れないので正規化ができない欠点がある．(ii)を利用する方法は正弦波チャート(透過光または反射光の強さが正弦波的に周期的に変っているチャート)を必要とするが，

---

1) H. D. Polster: Engineering Report (Perkin Elmer, 1955).

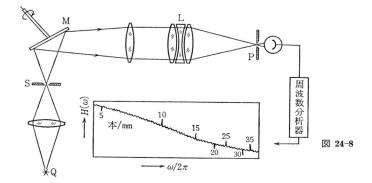

図 24-8

これができればある周波数のチャートについてその像の強度分布を測りコントラストを求めればこれがレスポンス関数の絶対値を与え，極大または極小の位置のズレを測ればこれが位相を与える．これには下の三つがある．

(i) **写真法**　'光学'図 21-3(A)はこのようなチャートで，それを写したものが同図(B)である．このコントラストが0になっているところ(図の○印)を連ねた曲線は縦軸を適当にとればレスポンス関数を与える．この方法では厳密にいえば正弦波チャートを用いなければ正しい $H(\omega)$ は得られないが，同図は実は強度分布が矩形のものである．これを図 24-2 の点線のような周期 d, 幅 $d/2$ のものとすれば $\omega=2\pi/d$ としてフーリエ級数で表わせば

$$f(x') = 1 + \frac{4}{\pi}\left(\cos\omega x' - \frac{1}{3}\cos 3\omega x' + \frac{1}{5}\cos 5\omega x' - \cdots\right)$$

この像は正弦波に対するレスポンス関数を $H(\omega)$ とすれば，それぞれの項に $H(\omega)$ をかけたものであるから

$$g(x) = H(0) + \frac{4}{\pi}\left\{H(\omega)\cos\omega x - \frac{1}{3}H(3\omega)\cos 3\omega x + \frac{1}{5}H(5\omega)\cos 5\omega x - \cdots\right\}$$

この像のコントラストが矩形波に対するレスポンス関数でこれは

$$K(\omega) = \frac{g_{\max} - g_{\min}}{g_{\max} + g_{\min}}$$

で与えられる．しかるに収差が対称型のもののときは $g_{\max}$ は上式で $x=2\pi/\omega$, $g_{\min}$ は $x=\pi/\omega$ またはこの整数倍とおいたものであるから

$$K(\omega) = \frac{4}{\pi H(0)}\left\{H(\omega) - \frac{1}{3}H(3\omega) + \frac{1}{5}H(5\omega) - \cdots\right\}$$

この式から $H(m\omega)$ の高次の項を消去するよう $K(m\omega)/m$ の級数を逐次差引くと $H(\omega)$ についての解

$$H(\omega) = \frac{\pi H(0)}{4}\left\{K(\omega) + \frac{1}{3}K(3\omega) - \frac{1}{5}K(5\omega) - \frac{1}{7}K(7\omega) + \cdots\right\}$$

が得られる．したがって $K(\omega)$ を知り $H(\omega)$ が求められる[1]．

(ii) **一枚の移動チャートによる方法**　上記の方法は簡単ではあるがコントラストが0になるところの判定が困難で十分な精度は望めない．そこで図24-8と同じ装置で回転反射鏡Mは固定し，スリットPのところで図24-9(A)のように周波数が連続的に変っているチャートを速度vで走らせれば線光源の像をこれで走査したことになる．上は矩形チャート，下は面積型の正弦波チャート（これで線像を走査すると透過光量が正弦波的に変る）である．このときの透過光を受光器（光電子増倍管など）で受けその出力を縦軸にとり走査に同期して横軸を走らせると同図(B)のような記録を得る．チャートの移動速度をvとす

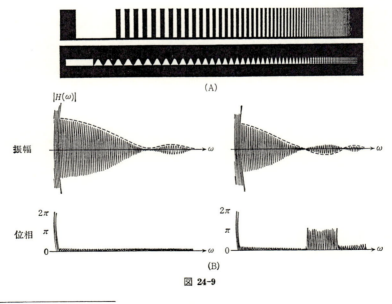

図 **24-9**

---

1) J. W. Coltman : J. Opt. Soc. Am. **44**(1954)468.

れば出力は

$$I = \int_{-\infty}^{\infty} h(x)\{1+\cos\omega(x-vt)\}dx = I_0 + C\cos\omega vt + S\sin\omega vt$$

$$\left.\begin{array}{l} \text{ただし}\quad I_0 = \int_{-\infty}^{\infty} h(x)dx = \text{const.},\qquad C = \int_{-\infty}^{\infty} h(x)\cos\omega x\, dx, \\[6pt] \qquad S = \int_{-\infty}^{\infty} h(x)\sin\omega x\, dx \end{array}\right\}$$

これは

$$H(\omega) = \sqrt{C^2 + S^2}, \qquad \phi(\omega) = \tan^{-1}\frac{S}{C}$$

とおけば

$$I = I_0 + H(\omega)\cos(\omega vt + \phi)$$

したがってこの記録の包絡線がレスポンス関数の振幅を与える.ただしその符号は判らないから別に位相を測る装置を付加して同図の下のような位相の記録も併せてとらなければならない.これによると左右二つの記録は同じようであるが位相が π のところは振幅が負であるから包絡線は図の破線のようにとらなければならない[1].

(iii) 二枚のチャートによる方法 同じチャートを互いに反対の方向に走らせると逆方向に走らせたものは上式で v の符号を変えたものであるから,これを通って受光器に入る光を I' とおけば

$$\left.\begin{array}{l} \dfrac{1}{2}(I+I') = I_0 + H(\omega)\cos\phi\cos\omega vt \\[6pt] \dfrac{1}{2}(I-I') = H(\omega)\sin\phi\sin\omega vt \end{array}\right\}$$

したがって二つの受光器の出力の和および差から $H(\omega)\cos\phi$ および $H(\omega)\sin\phi$ を知ることができこれから $H(\omega)$ および $\phi(\omega)$ が判る.ただし同じ特性の受光器を二つそろえなければならないので,これを一つですませるために回転遮光板を用いそれぞれの光を交互に一つの受光器に入れれば I, I' をそれぞれ $1+\sin\omega_0 t,\ 1-\sin\omega_0 t$ で変調したことになるからその出力は

$$I(1+\sin\omega_0 t) + I'(1-\sin\omega_0 t) = (I+I') + (I-I')\sin\omega_0 t$$

したがって出力の直流成分は I と I' の和を,交流成分は差を表わすから受光器は一つでよ

---

[1] K. Murata : Optik **17** (1960) 152.

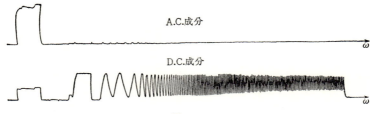

図 24-10

く，出力を交流と直流とに分けて記録すれば図 24-10[1]のような記録を得，これから $H(\omega)$, $\phi(\omega)$ を求め得る．

(c) 相関関数法

(i) 干渉計による方法　図 24-11[2]のように点光源 Q からの光をテストするレンズ L に入れこれから平行光線で出るようにしてこれを干渉計に入れる．小型の干渉計で大口径のレンズがテストできるように望遠系 C で光束を小さくする．入射光は半透明鏡 M により二つに分けられ，二つの光束は平行平面 T により d の変位を与えられて，再び重ねられレンズ L′ により受光器に入る．反射鏡 M_1, M_2 で二回反射するから二枚鏡の原理（'光学' §1-2(b)）により干渉計が全体として動いても干渉計から出てくる光の方向は変らず光路差がその影響を受けない．受光器から見るとレンズ L の面は中心が d だけずれて重なった二つの円 S_1, S_2 でその重なった部分 S に干渉縞が見えている．レンズ L の面における瞳関数を $F(\xi, \eta)$，二つに分けられた光路に沿った光路長をそれぞれ D_1, D_2 とすれば

$$F_1(\xi,\eta) = F\left(\xi+\frac{d}{2},\eta\right)\exp ikD_1, \qquad F_2(\xi,\eta) = F\left(\xi-\frac{d}{2},\eta\right)\exp ikD_2$$

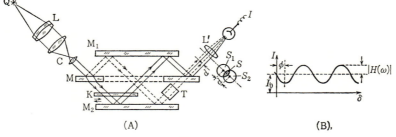

図 24-11

---

1) 小瀬輝次：東大生産技研報告 **11**(1961)195.
2) A. I. Montgomery: J. Opt. Soc. Am. **54**(1964)191.

受光器に入射する光の強度はこの二つの光が干渉したもので

$$I = \iint_S \left| F\left(\xi+\frac{d}{2}, \eta\right) \exp ikD_1 + F\left(\xi-\frac{d}{2}, \eta\right) \exp ikD_2 \right|^2 d\xi d\eta$$

これは

$$I = \iint \left| F\left(\xi+\frac{d}{2}, \eta\right) \right|^2 d\xi d\eta + \iint \left| F\left(\xi-\frac{d}{2}, \eta\right) \right|^2 d\xi d\eta$$
$$+ 2\,\mathrm{Re}\left[\exp ik(D_1-D_2) \iint_S F\left(\xi+\frac{d}{2}, \eta\right) F^*\left(\xi-\frac{d}{2}, \eta\right) d\xi d\eta \right]$$

第一,第二の項は瞳面の透過光量で常数であるからこれを $I_0/2$ とし,第三項は $d=\omega/\kappa$ とすれば(24-11)によりレンズのレスポンス関数であるからこれを $H(\omega)\exp i\phi$ とおけば

$$I = I_0\{1 + H(\omega)\cos(\delta+\phi)\}$$

ただし $\delta = k(D_1-D_2)$

そこで T を傾け d を変えながら S からの光量を測れば図24-11(B)のような曲線を得るから,これから $H(\omega)$, $\phi(\omega)$ を知ることができる.ϕ は像を中心対称のものとすれば $\phi=0$ であるからこれとくらべて求める.S は瞳の重なっている部分 S の面積であるが,受光器へは瞳の他の部分 S_1, S_2 からの光も入る.この部分からの光だけを取り出すには δ を変えるための楔 K を動かせば S からの光の強度は正弦波的に変るが,S_1, S_2 からの光量は変らないから出力の交流部分を測ればよい.

 (ii) **偏光による方法**　このように瞳を二つ作りそれを互いにずらせて重ね合わせるものにはすでに収差の測定(§13-7)で述べた結晶の複屈折を用いる方法がある.ウォラストンプリズムは常光線と異常光線に角変位を与えるから有限距離の結像系である顕微鏡レンズに用いられ,サバールプレートはこれを通る平行光線に横変位を与えるから平行光線が入射する写真レンズの測定に適している[1].これらにより光線を二つに分けその分離の量を変えながら測定をする.ここではウォラストンプリズムの例をとって説明しよう.この場合二つの光の分離角は二つの結晶の貼り合せ面が光軸となす角に比例するからこれを可変とするため,図24-12(B)のように貼り合せ面を球面とし光の入射点の中心からの距離 q が変えられるようにする.このようにすれば常光線と異常光線は貼り合せ面の曲率半径を R として

---

 1) 鶴田匡夫：Appl. Opt. 2(1963)371(顕微鏡用)；J. Opt. Soc. Am. 53(1963)1156(写真レンズ用).

$$\varDelta\theta = 2\varDelta n\frac{q}{R}$$

だけ分離する．ただし $\varDelta n$ はこれら光線に対する屈折率の差である．測定のための光学系は顕微鏡対物レンズの場合，同図(A)のようなもので光源 Q からの光はコンデンサーレンズ L によりウォラストンプリズム W_1 へ入りここで常光線と異常光線とに分れ，テストレンズ L_1 およびこれと同じ参照レンズ L_2 を通り受光器(PM)へ入る．受光器側から見ると同図(C)のように常光線によるものと異常光線による二つの瞳の像が見え，その間隔はネジ S_1 で光の入射点を変えることにより変えられる．セナルモンの補償子 S によって干渉する波の間の位相差を変え，それによって変化した光量を光電的に読みとりレスポンス関数が求まる．光源 Q が点でなく大きさがあるものであれば光源の各部について q の値が異なり干渉縞の位置が異なるから，これの重なりとしての全体の干渉模様のコントラストは悪く十分な測定精度が望めない．そこで W_1 を裏返しにしたもの W_2 を W_1 と対称の位置におき光源のどの部分からの光も光路差が同じになるようにしてやる．これを光路の補償といい，このようにしたものでは十分大きい光源が用いられ明るい系で正確な測定ができる．

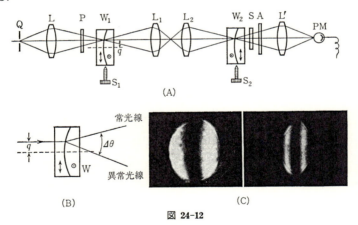

図 24-12

(iii) ランダムチャートによる方法 物体 $f(x')$ の像を $g(x)$ とすると倍率を1として両者の関係は(24-1)により

$$g(x) = \int_{-\infty}^{\infty} f(x')h(x-x')dx' = \int_{-\infty}^{\infty} f(x-u)h(u)du$$

いまこの像面に物体(と同じもの)を χ だけずらして重ねればこれを透過してくる光量は物

§24 光学系の周波数特性

体と像の相互相関関数で,これを $\phi_{gf}(\chi)$ とおけば

$$\phi_{gf}(\chi) = \int_{-\infty}^{\infty} g(x)f(x-\chi)dx$$

上式をこれへ代入して

$$\phi_{gf}(\chi) = \int_{-\infty}^{\infty} f(x-\chi)dx \int_{-\infty}^{\infty} f(x-u)h(u)du$$

$$= \int_{-\infty}^{\infty} h(u)du \int_{-\infty}^{\infty} f(v)f(\chi-u+v)dv$$

$$= \int_{-\infty}^{\infty} \phi_{ff}(\chi-u)h(u)du$$

ただし $\phi_{ff}(\chi-u)$ は物体の自己相関関数である.両辺のフーリエ変換をとれば ϕ_{gf} および ϕ_{ff} のフーリエ変換をそれぞれ Φ_{gf}, Φ_{ff} として,また $h(u)$ のフーリエ変換はレスポンス関数 $H(\omega)$ であるから

$$\Phi_{gf}(\omega) = H(\omega)\Phi_{ff}(\omega)$$

したがって物体と像の相互相関関数および物体の自己相関関数を測ればこれらのフーリエ変換の比として $H(\omega)$ が求められる.物体として白色スペクトルを持つランダムチャートを用いれば $\Phi_{ff}(\omega) =$ const.,したがって比例定数を除き物体と像の相互相関関数が直ちに $H(\omega)$ を与える.

相関関数を求めるには図 24-13 のような光学的相関計を用いる.すなわち物体およびその倍率 1 の写真 P_1, P_2 を二枚重ねこれをモーター P により互いにずらしながらその透過光量を光電子増倍管 PM により測れば,この出力のフーリエ変換が $H(\omega)$ を与える.同図の記録はランダム物体として写真感光膜の粒状を用いたときの一例で,上図左は感光膜を

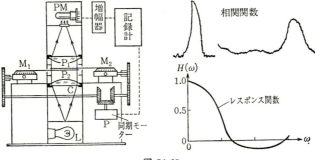

図 24-13

一様に露光，現像したものの顕微鏡写真を P_1, P_2 としたときの出力の記録，すなわち ϕ_{ff}, 右の図はこれをピント外れの光学系で写したものを P_2 としたときの出力，すなわち ϕ_{fg} で，これらのフーリエ変換の比として下図のようなレスポンス関数が求められる[1].

(d) 肉眼および感光材料のレスポンス関数

光学系と感光面とを一つとして考えたときの性能は，往時は例えば光学系の解像力を R_1, 感光剤のそれを R_2（本数/mm）とし全体としてのそれを R とすれば

$$\frac{1}{R} = \frac{1}{R_1} + \frac{1}{R_2}$$

となるといったような経験則が知られていたのみでこれもよく適用される場合とそうでない場合とがあったが，レスポンス関数を用いれば合成系のはそれぞれのレスポンス関数の積であるからより合理的に全系の性質を推測し得る．図 24-14[2] の二つの曲線 N, G はネガおよびポジフィルムのレスポンス関数の一例で，L（点線）で示すレスポンス関数を持つ光学系と組み合わせた場合のプリント像のレスポンス関数の実測値が○印である．図の実線は N, G および L の積で両者はよく一致している．このようなことのため肉眼および感光剤のレスポンス関数を調べておく必要がある．これらは最も簡単にはコントラスト法を用いて測定できる．ただし肉眼の光に対する能力は入射光量に対し線型ではないから輝度比較法を用い，平均輝度 B の正弦波図形でコントラストが0になる輝度差を ΔB とするとき

$$H(\omega) = \frac{B}{\Delta B}$$

と定義し，周波数は通常明視の距離における 1 mm 当りの本数で示す．感光剤の場合はある周波数を持つ正弦波チャートを密着して露光，現像したものをミクロフォトメーターで測り，濃度 D の最大と最小の値を求め，これを γ 曲線により有効露光量に換算し $E_{\max}$,

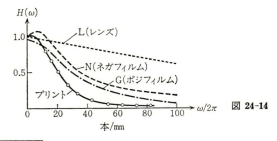

図 24-14

---

1) 久保田広，大頭仁：J. Opt. Soc. Am. **47**(1957) 666.
2) ネガフィルムの $H(0)$ の付近に $H(\omega) > 1.0$ のところがあるのは現像時の像の周辺効果として説明されている．

$E_{\min}$ とするとき

$$H(\omega) = \frac{E_{\max} - E_{\min}}{E_{\max} + E_{\min}}$$

と定義する．感光材料の解像力はこの値が $H(0)$ の 1.5～2% になる周波数とされている．感光剤における点光源の像の拡がりは大体一定の型のもので，感光剤の表面で座標を考えその動径を r として

$$h(r) = \frac{1}{2\pi\sigma} \exp\left(-\frac{r}{\sigma}\right)$$

で与えられる．σ は空間常数といわれ従来混濁度(turbidity)といわれていたものに相当し，レスポンス関数はこの二次元のフーリエ変換, すなわち

$$H(\omega, \omega') = \iint r(x, y) \exp(\omega x + \omega' y) dx dy$$

に代入し $r(x, y)$ は中心対称であるから極座標を用い

$$H(\omega) = \frac{1}{\sigma^2} \int J_0(\omega r) \exp\left(-\frac{r}{\sigma}\right) r dr = \{1 + (\sigma\omega)^2\}^{-3/2}$$

で与えられる．これから感光材料のレスポンス関数は σ によって表わすことができる．この値は二,三のものについて表 24-1 に示してある．

表 24-1

感光材料	現像条件	σ
ネオパン SSS	パンドール, 20°, 7分	11.1 μ
ネオパン SS	〃	8.6
ネオパン S	〃	7.6
ポジフィルム	D-72, 20°, 3分	7.6
ミニコピーフィルム	FD-3, 20°, 3分	2.4

第 IV 篇　波動光学特論

第 1 章　特殊な光学系

§25　干渉および位相差顕微鏡

　通常の顕微鏡は明暗のある微小物体を拡大して見せるもので，厚さの異なる部分や屈折率の異なるところがあっても同じように透明であれば知ることはできない．細胞中の染色体は周囲と同じように透明な物体であるので，これを見るためには染色という特殊な技術が必要でありこのためその名があるが，染色のため細胞は枯死し細胞分裂の際の染色体の様子などを観察することはできない．またわずかに凹凸のある面を金属顕微鏡などで見てもその深さを知ることはできない．このような物体はこれを透過または反射した光に位相の変化のみを与えるので位相物体というが，この位相差を検出できればその存在がわかる．これには物体による位相差を参照光との干渉による干渉縞の明暗の差とすれば（等位相線が例えば図 25-1[1]のように等強度線となり）目に見えるようになる．これには干渉お

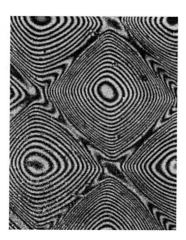

図 25-1

---

1)　和田教授（東京都立大）のご厚意による．

よび位相差顕微鏡の二種があるが，参照光を作るために特別の光路を設けたものが前者で，§11-11 で述べた収差の測定と同じ原理によるものである．位相差顕微鏡は§23-2 で述べた顕微鏡の回折理論の応用で位相板を用い0次回折光の位相を変えたものを参照光として用いるものである．

このほかに特殊の顕微鏡として偏光顕微鏡といわれるものがあるが，これは通常の顕微鏡に偏光子および検光子を付加し互いに直角な偏光の位相差を強度の差として見せるもので複屈折の検出に用いられる．

§25-1 干渉顕微鏡

(a) 透過型干渉顕微鏡

(i) ライツの干渉顕微鏡　　干渉顕微鏡は干渉縞の変化により位相物体の存在および位相の変化量を知るものであるから，物体がないときの干渉縞は規則正しいものでなければならない．かつ物体と干渉縞が一対一の対応にあるために縞はできるだけ物体面の近傍に localize したものであることがのぞましい．このためには拡がった大きな光源を用い，かつ二分された二つの光について光源のどこから出た光についても物体面までの光路長が恒等(完全に補償されたもの)でなければならない．顕微鏡の対物レンズはかなりの残存収差があるものであるから，同じ対物レンズを二つ用い同じような収差のある光路を二つ作り上の条件を満足させるのが最も容易である．この考えで作られたのが図 25-2 に示すもので，(A)はマッハ-ツェンダー型干渉計と同じ構造を持ち，できるだけ同じ収差を持つ対物レンズ L_1, L_2 を選んで用い物体はそのうちの一つ例えば L_1 の前へ置く．(B)は同じレンズ系を反対に光を通すものでフィルポーのサイクルといわれる．

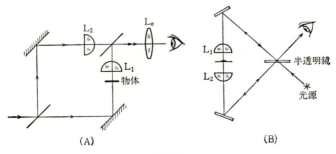

図 25-2

(ii) ダイソンのアタッチメント　前記のものは始めから干渉顕微鏡として設計したものであるが通常の顕微鏡に取り付ければ干渉顕微鏡となるアタッチメントがあれば便利である．図 25-3 に示すものは通常の顕微鏡の対物レンズ L の前へ取り付けるようにしたもので，これは顕微鏡で見る物体はきわめて小さいものであることを利用しその周囲を通る光を基準の光とし物体を通った光と干渉させるものである[1]．同図(A)のように三つの面 A, B および C は半透明，M_1, M_2 は反射面になっている．Q から入射した光は A の面で二分され，一つは物体を通り C で反射され，一つは M_1 で反射され B 面で合致しいっしょに M_2 面の方へ進み，M_2 および C 面で反射され対物レンズへ入る．ネジ S で M_1 の位置を動かし A で二分された光の一つのみが物体を通るように調節する．Q' から入る光も同様である．これは全体として枠に入っており通常の顕微鏡の対物レンズの前へとりつけるようになっている．同図(B)はこれを落射型の顕微鏡につけ金属面の干渉縞によるテストができるようにしたものである．

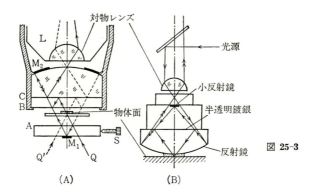

図 25-3

(iii) 複プリズム干渉顕微鏡　図 25-4 のようにフレネルの複プリズム(図 3-2(A))の原理によるもので構造が簡単であるので電子顕微鏡にも用いられる．同図(A)は Na の単色光によるコロジオンの小滴の，(B)は電子顕微鏡による炭素の薄膜の写真である[2]．

(b) 落射型干渉顕微鏡

金属面の凹凸やその他表面の検査に用いるため上方より照明する落射型の顕微鏡系で，干渉縞が見えるようにしたものには前記のダイソン型のほかに下記のようなものがある．

---

1) J. Dyson : Proc. Roy. Soc. **A 204** (1950) 170, **216** (1952) 493.
2) R. Bahl : Z. Phys. **155** (1959) 396.

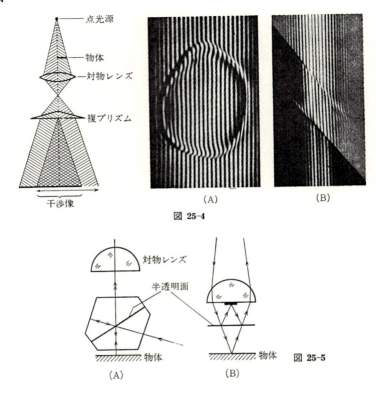

図 25-4

図 25-5

(i) サニヤックの干渉アタッチメント　図 25-5(A)に示すように特殊の形をしたプリズムを物体と対物レンズとの間に挿入し,その半透明面で光を二分するものであるが,対物レンズと物体との距離(working distance)の小さい高倍率のものには用いられない.ミローは落射型対物レンズの前へ同図(B)のような半透明の平行平面を付するのみで同様の効果があることを示している.

(ii) リニークの干渉顕微鏡　トワイマンの干渉計(図 11-1)の原理によるもので図 25-6はこれを示し,実線は物体を照明する光束,点線は表面を観測する光の光路である.点光源Sよりの光はコンデンサーレンズC,対物レンズL_1およびこれと全く同じ型のレンズL_2により平行光線となり,反射鏡M_1, M_2で反射後半透明鏡を経て接眼レンズに入る.M_1とM_2とをわずか傾けておけば視野には平行の干渉縞が見えている.観察しようと思う物体を反射鏡M_1の直前におき対物レンズのピントをこれに合わせれば物体を通った光

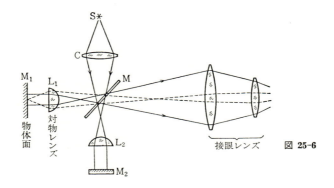

図 25-6

とこれを通らなかった光による干渉縞が認められる[1]．この干渉計は同じ収差の対物レンズ二つを必要とするのでこれが一つですむようなものも考えられている[2]．

(c) 複屈折を用いたもの

これは光を二つに分ける方法として結晶の複屈折を用いるもので，横方向の変位(lateral shear)，角方向の変位(angular shear)および二重焦点法の三種に分けられる．偏光を用いているが光学的に等方(isotropic)媒質中の異質のところを見るもので，物体の複屈折を観察する偏光顕微鏡とは全く異なるものである．

(i) 横変位を与えるもの　結晶を用いたジャマンの(偏光)干渉計の結晶の部分(図 13-15(B))を小型にして顕微鏡の対物レンズの前へおき，物体を二つの結晶板の間において二分された光のうち一方のみ物体を通るようにすれば他方の光を基準として物体を通った光の波面の変化が干渉縞として見られる[3]．$\lambda/2$ 板を用いているが，これはある波長に対してのみ正しい $\lambda/2$ 板として働くから，二枚の結晶板の間の光路補償が他の波長に対して不完全となり0次の干渉縞とその付近の白色干渉のコントラストの鮮明さが低下する．広い範囲で用いられる白色干渉縞を作ることと，試料と対物レンズとの間に結晶板をおく不便さを解消するために§13-7で述べたサバールプレートの応用が考えられる．すなわち図 13-16 の接眼部の L_e，サバールプレートSおよび L_e からなる部分を接眼レンズとして通常の顕微鏡に挿入すれば図 25-7 に示すような干渉顕微鏡となる．しかし光束はサバールプレートSを平行光束として通過しなければならないから，光源 Q は変位の方向に垂直

---

1) W. Kinder: Zeiss Nachr. Aug.(1937).
2) W. Krug & E. Lau: Ann. Physik VI **8**(1950/1)329.
3) M. A. A. Lebedeff: Rev. Opt. **9**(1930)385.

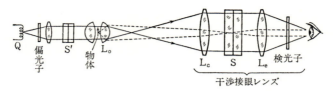

図 25-7

な細いスリット光源でなければならず,照明に十分の光量を必要とする高倍率のものには不適当である.そこでコンデンサーレンズの前にもう一つのサバールプレート S' を置き光路を補償しスリットを広くしてもその各点からの光が同じ光路差を持つようにする.このことは明るい視野を必要とする高倍率のものについては極めて大切なことである[1].

この顕微鏡で見える明暗は物体の屈折率や凹凸の変化ではなくその微係数を表わす場合が多いから縞の解釈には注意が必要である.

(ii) **角変位を与えるもの** §13-7(b)においてウォラストンプリズムを用いれば二つの光に角変位を与えることができることを述べた.これを顕微鏡に応用したものが図25-8(A)で,物体により変形された波面は二つに分けられ対物レンズの像面で横に変位して重なるので,接眼レンズにより波面の横変位による干渉縞が観測される.

しかしウォラストンプリズムを光が通過するさい一方のプリズムを d_1,他方を d_2 の厚さで通るとすれば二つの光の光路長はそれぞれ

$$D_1 = n_o d_1 + n_e d_2 \quad \text{および} \quad D_2 = n_e d_1 + n_o d_2$$

で光路長には

$$D_1 - D_2 = (n_o - n_e)(d_1 - d_2)$$

の差があり,中央部 M 以外のところを通る光については光路長が等しくなくなる.した

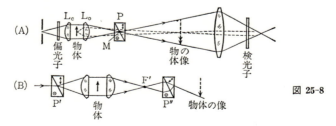

図 25-8

---

1) M. Françon et T. Yamamoto: Rev. Opt. **31**(1952)65; J. Opt. Soc. Am. **47**(1957)528; Optica Acta **9**(1962)395.

がって点光源を用い対物レンズの焦点 F′ にウォラストンプリズムの中心 M がくるように置かなければならない．これでは十分な光量が用いられず顕微鏡としては困るので，前と同様コンデンサーレンズの前へもう一つのウォラストンプリズム P′ を P に対して上下反対の向き（同図(B)）に置いて光路を補償してやれば拡がった光源が用いられる．また高倍率の対物レンズではその後側焦点は複合レンズの内部にあることが多く（例えば'光学'図 24-4 F′），ここへプリズムを置くことは困難である．これを改めるため同図(B)のような光学軸を傾けた改良ウォラストンプリズム P″ を用いると対物レンズの後側焦点 F′ の若干外に置けるので高倍率のものにも用いられる．

(iii) 二重焦点法 波面に横の変位を与える方法では小さい物体を観察するとき横ズレのため二重像を作りまぎらわしい．図 25-9 は光学軸に対し種々の角に切った結晶のレンズを組み合わせ，二つに分けた光の一つは物体に焦点を結ばせ物体の観察に用い，もう一つには縦(光軸)方向のズレを与え物体面よりはずれたところに焦点を結ばせ，物体面に対してほぼ一様な光路差を持つバックグラウンドの光としたものである[1]．この二つが干渉して物体による波面の変形を示す．結晶レンズは光学軸に平行および垂直に切った水晶の凹および凸レンズより成り，紙面内に偏光面を持つ光に対しては $f=\infty$，これと直角の偏光面の光に対しては約 $f=40\,\mathrm{cm}$ ぐらいにしてある．検光子および偏光子の偏光面は紙面と 45°の角をなすように置く．バビネ-ソレイユの補償板は二つの光の位相を変え視野の明るさを調節するためにある．

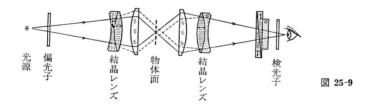

図 25-9

結晶レンズの代りに光学軸に平行に切った水晶板を物体を挟んで対物レンズとコンデンサーレンズに貼りつけても同じ作用をなしこれをスミスの干渉顕微鏡という．

(d) くり返し反射干渉顕微鏡

試料を薄いガラス板で挟みその向い合っている面を半透明メッキをしてエタロンを構成させ，この間でくり返し反射干渉を起させればきわめて鋭い干渉縞が得られるから精密な

---

1) J. St. Philpot : Proc. CIO Conference (Paris, 1951) p. 42.

測定ができる．メッキは数回の使用に耐えるよう Al を用いる．照明には完全な単色光を必要とし，かつエタロンへの入射角が異なると光路差と干渉縞のできる位置が異なるので入射光の方向がそろっていること，換言すれば点に近い光源で小さい N.A. のものにしか用いられない．またくり返し反射ごとに試料を通るところが異なると解像力が低下するので，エタロン間隔は小さく試料はきわめて薄いものでなければならない．

N.A. が大で光束の収斂度が大きいときはガラス板の一つの面をすりガラスにすると光束の方向が適当に乱れて干渉縞のコントラストを大きく低下させることなく像を明るくすることができる．すりガラスにするかわりに対物レンズに入る前に光を一様な間隔のエタロンを通すと，これは一種の角度フィルターとして働き視野に入る光線の方向を制限するので同様の効果がある．エタロンのかわりにコンデンサーレンズの前に半径の比が $\sqrt{m}$ (m は整数) の zone plate をおいてもよい[1]．

§25-2　位相差顕微鏡

顕微鏡を再回折光学系と考えると物体による回折像が対物レンズの後側焦点面にできていることを示した（図 23-10 参照）．物体を格子状のものとするとき明暗が交互にある明暗格子の回折像は §19 および §23-2 で詳述したが，次に述べるように，一様に透明であるが位相の変化が交互にある位相格子も 0 次回折像を除き明暗格子と同じような回折像を作る．そこで回折像面に位相の変化を与えるもの——位相板——をおき 0 次回折像の位相を変えて明暗格子の回折像と同じものにしてやれば，位相の差を明暗の変化として観測することができる．これの実用化には幾多の困難があったがそれを克服し，上記の原理で位相物体を明暗に直して見せるようにしたものが位相差顕微鏡である．位相の違いの定量的な測定は干渉顕微鏡にくらべ困難であるが，わずかの位相差をも十分なコントラストで見せる．ただし本来ならば見えないはずのものを見えるようにするものであるから見えているものが何を意味するかは慎重に考えて用いなければならない．これは今次大戦直前にゼルニケが §26 に述べるシュリーレン法の改良として考えツァイスの協力で実用化されたものであるが，大戦でそのままになっていたものが戦後各国——特に日本およびアメリカ——において改良発達されたものである．

(a) 位相格子の回折像

位相格子というのは図 25-10(A′) のように一様に透明であるが位相の変化が明暗格子

---

1) T. Merton: Proc. Roy. Soc. **A 189** (1947) 309, **191** (1948) 1.

(同図(A))と同じように規則正しくあるものである．位相の変化を与えない部分(同図 I)を通った光の振幅を

$$u_I = A \sin \omega t$$

とすれば位相の変化を与える部分(同図 II)を通った光は

$$u_{II} = A \sin(\omega t + \delta)$$

と記せる．しかるに δ が小さければ

$$u_{II} = A \sin(\omega t + \delta) \fallingdotseq A \sin \omega t + A\delta \cos \omega t \qquad (25\text{-}1)$$

と書ける．これは全体にわたり

$$u_{I+II} = A \sin \omega t \qquad (25\text{-}2)$$

という光と II の部分だけ

$$u_{II} = A\delta \cos \omega t \qquad (25\text{-}3)$$

という光があると考えてもよい．後者は位相格子と同じ構造で透過率が δ の明暗格子からの光と同じであるから，位相格子からの光は(25-3)にこれと位相が $\lambda/4$ 異なり全面に一様の明るさのバックグラウンド(25-2)が加わったものと考えてよい．

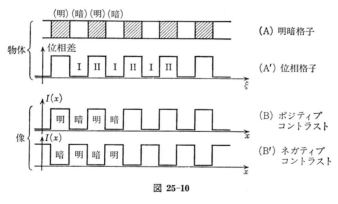

図 25-10

(25-3)で与えた光は対物レンズを通過後その焦点面(回折像面)へ明暗格子と同じ回折像を作り，(25-2)の光はこの像面で中心へ集中する．したがって位相格子と明暗格子の回折像の差は 0 次回折像の位相が $\lambda/4$ 異なるだけである．そこで 0 次回折像のできているところへ薄膜(これを位相板という)をおいてこれに $\lambda/4$ の位相の変化を与えてやれれば回折像は明暗格子のそれと全く同じになる．したがってこの回折像が光源となって出る二次波による干渉像——顕微鏡による像——は位相格子と同じ構造を持つ明暗格子であり，最初に

述べた目的が達せられたことになる．したがって位相差顕微鏡は通常の顕微鏡と何ら異なるものでなく，ただその回折像面に位相板を備えているのみである．位相板が $+\lambda/4$ の位相変化を与えるものであれば位相の遅れている（光学的厚さが大きい）ところが明るい図 25-10 (B) に相当する像，$-\lambda/4$ であればその反対の (B') となる．これをそれぞれブライトおよびダークコントラスト（またはポジティブおよびネガティブコントラスト）と呼ぶ．位相板は全く透明なものよりも透過率 T のものを用いればコントラストがよくなり，位相差検出の能力は $1/\sqrt{T}$ だけ増加する[1]．

(b) 位相差顕微鏡

原理は上記のように簡単明瞭なものであるが，上述の理論は物体を簡単な一次元の格子と考え光源も点光源とした．しかし実際の物体は複雑な形状のものであり，光源も強い光を得るために大きさを持ったものが用いられているので，これらを理論的に取り扱いその示すところに従う理想的な位相差顕微鏡を作ると極めて複雑な構造のものとなりほとんど実用価値がないものとなる．したがって位相差顕微鏡の一番問題となる点は理論と実用性をどこで妥協させるかということにある．

照明の光量を大にし，かつ方向性をなくすため光源を円形とすれば，格子状物体によるその回折像はその幾何光学的像が少しずつ重なって並んだもの（図 25-11 の右上）となり 0 次回折像は ± 1 次のものと相当重なる．そこで 0 次回折像と同じ形と大きさの位相板を作り，これにのみ $\pm\lambda/4$ の位相の変化を与えようとしても ± 1 次回折像の位相もいくぶん変ってしまう．この影響をできるだけ少なくするために光源したがって位相板の形を同図の下のような輪帯状のものにしてある．このようなものの異なる次数の回折像の重なりは輪帯の幅が狭いほど中心間隔がわずか離れても急激に減少する（図 24-1 (C) 参照）から，実際の位相差顕微鏡は図 25-11 のようにコンデンサーレンズの前へ輪帯状の絞り S をおきこの像 S' のところにこれと同じ形の位相板をおく．位相板は絞りの像と正確に重なっていなければいけないので使用前に接眼レンズに補助レンズをつけ（または小型望遠鏡を接眼レンズの代りに挿入し），S および S'（の像）にピントを合わせ微動ねじ H により絞り S を動かし両者を正しく重ねる．

(c) 可変位相差顕微鏡

位相板 S' は対物レンズ L_o の後側焦点面（光源の回折像ができているところ）へおくのであるが，焦点面は対物レンズの外にあることはまれで多くの場合レンズ群の中間にある．

---

[1] 久保田広，及川昇：応用物理 **18** (1956) 163.

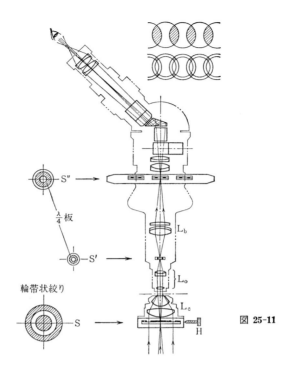

図 25-11

したがって位相差顕微鏡に使う対物レンズは，図 25-11 のようにその中に位相板を持つ特殊なもので通常の対物レンズをそのままは用いられない．しかも位相板の位相差が $\lambda/4$ であるのは，(25-1)が成り立つ $\delta \to 0$ という極限の場合のみであり，一般には δ により異なりまたブライトコントラストにするかダークコントラストにするかにより与える位相差や吸収が異なるので観察する物体により適当な位相板を用いなければならない．このため種々の位相板を持つ対物レンズを多数備えてこれを取りかえて観察をし一番よいものをえらばなくてはならず，これをすべての倍率でそろえるとなると大変な数となる．そこでこれをさけるため下記のような工夫がなされている．

(i) **マルティピュービィル位相差顕微鏡**　位相板は光源の共軛面 S' にあるが，図 25-11 に示すように対物レンズと接眼レンズとの間に補助レンズ L_b[1]を入れ，共軛面を対物レンズの外 S'' へ取り出しこの面に位相板をおく．こうすれば種々の位相板をこの面で挿し

---

1) 偏光顕微鏡のベルトランレンズに相当するもの．

かえて使用すれば対物レンズは一つしかも通常の顕微鏡のそれですむ．これをマルティピ ューピィル(位相差)顕微鏡という．

(ii) ポランレット顕微鏡　位相板S'(またはS")を多数準備しこれを挿しかえて用い る代りに，偏光を利用して位相板の位相変化と吸収を任意の値にし得るようにしたもので， このような位相板をミコイドディスクという．これは図 25-12(A)で縦線をほどこした輪 帯(コンデンサー絞りの幾何光学的像，これを conjugate area という)と横線をほどこした 部分(これを complementary area という)に互いに偏光面が直角の偏光板を貼りつけ，こ れにこの二等分線の方向(X, Y)に主軸を持つ$\lambda/4$板を重ねたもので，この前後に偏光子， 検光子をおく(同図(B)，これらはコンデンサーの前，接眼レンズの後においてもよい)． 偏光子の主軸がX軸とθをなすようにすれば図において$\lambda/4$板を出た光のX, Y成分は

$$\left.\begin{array}{l}X = \cos\theta \exp i\omega t \\ Y = \sin\theta \exp i\left(\omega t + \frac{2\pi}{\lambda}\frac{\lambda}{4}\right) = i\sin\theta \exp i\omega t\end{array}\right\}$$

これが偏光板を出た後は

$$\left.\begin{array}{l}\text{conjugate area の光：}\quad A = X\cos\frac{\pi}{4} + Y\sin\frac{\pi}{4} = \frac{1}{\sqrt{2}}\exp i(\omega t + \theta) \\ \text{complementary area の光：}B = X\cos\frac{\pi}{4} - Y\sin\frac{\pi}{4} = \frac{1}{\sqrt{2}}\exp i(\omega t - \theta)\end{array}\right\}$$

したがってθを変えれば二つの光に任意の位相差2θを与え，さらにこの二つの光は互い に直角の振動面を持つから検光子の偏光面を変えればこの二つの光の振幅比を任意にとり， 位相差検出の感度を変えることができる[1]．

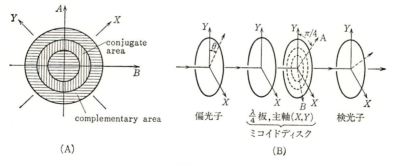

図 25-12

---

1) H. Osterberg: J. Opt. Soc. Am. **37**(1947)726.

§26 シュリーレン法

一様に透明ではあるが部分的に厚さまたは屈折率が異なる位相物体は，シュリーレン法（またはフーコーテスト，ナイフエッジテストともいう）により位相の変化を明暗として見ることができる．この方法およびこれが幾何光学的影として説明できることは'光学'§22において述べたが，顕微鏡と同様に幾何光学では説明できないことが多い．幾何光学的の説明は位相の変化が波長に比べ大きいときにのみ通用するもので，僅かな（数分の一波長くらいの）波面の乱れがあるとき，および幾何光学では説明のつかない像の異状は波動光学により解明しなければならない．

この方法は図 26-1 に示すような光学系を用い，点光源 Q により物体を照らしレンズ L_c は物体の回折像を Q の共軛面（ξ 面）に作る．レンズ L_o は物体の像を像面（x 面）に作る．この像は ξ 面上の回折像の各点が二次光源となってできる二次波の重なり（干渉）によりできていると考えてよいから，図 23-10 に示した顕微鏡の像と同じ再回折光学系で，レンズ L_o が十分大きく回折光をすべて受入れ，かつ回折像面に何も障害物がなくこれがそのまま通るとすれば像は完全に物体と同じものである．したがって部分的に位相の差はあるが，一様に透明な物体（例えば図のようなローソクの上の熱気流）はやはり一様に透明で何も見えない．そこで回折像面にナイフエッジを置き故意に回折像の一部をさえぎりその（空間周波数）スペクトルを変えると物理光学的の影（シュリーレン像）ができ，位相の変化をも

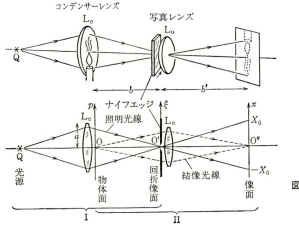

図 26-1

明暗として認められるようになる．位相物体がなくともレンズ L_c の収差による波面の乱れがあればこれも明暗として認められるので収差の検出および測定にも用いられる．

§26-1 無収差レンズのシュリーレン像

(a) 円筒レンズのシュリーレン像

図 26-1 の下に示したように，物体，回折像および最終の像ができる面と紙面の交線をそれぞれ p, ξ および x 座標にとり紙面内の二次元の問題として考える．レンズ L_c を含む系 I は ξ 面に回折像を作る回折系で物体面に何もないとすればこの系の瞳関数 $E(p)$ はレンズの幅を $2a$ として

$$E(p) = 1, \quad |p| \leqslant a \atop = 0, \quad |p| > a \Big\} \tag{26-1}$$

したがって Q の回折像は (18-25) により

$$F(\xi) = \frac{u_0}{i\lambda b} \int_{-a}^{a} \exp\left(-i\frac{2\pi}{\lambda b}\xi p\right) dp = -i\frac{u_0}{\pi}\frac{\sin A\xi}{\xi} \tag{26-2}$$

$$\text{ただし} \quad A = \frac{2\pi}{\lambda b}a$$

x 面における像は $F(\xi)$ を瞳関数とする系 II による回折像であるからナイフエッジが光軸の両側 ξ_1, ξ_2 にある（光を通す部分が $\xi_1 \leqslant \xi \leqslant \xi_2$）とすれば（再回折）像は

$$u(x) = \frac{1}{i\lambda b'} \int_{\xi_1}^{\xi_2} F(\xi) \exp\left(-i\frac{2\pi}{\lambda b'}x\xi\right) d\xi = -\frac{u_0}{\pi\lambda b'}(C+iS) \tag{26-3}$$

ここで $X = \frac{2\pi}{\lambda b'}x$ として

$$C = \int_{\xi_1}^{\xi_2} \sin A\xi \cos X\xi \frac{d\xi}{\xi}, \quad S = -\int_{\xi_1}^{\xi_2} \sin A\xi \sin X\xi \frac{d\xi}{\xi}$$

したがって強度は

$$I(x) = \frac{I_0}{\pi_2}(C^2+S^2), \quad I_0 = \left(\frac{u_0}{\lambda b'}\right)^2$$

である．この式は計算の便のために Si および Ci

$$\text{Si}(t) = \int_0^t \sin t \frac{dt}{t}, \quad \text{Ci}(t) = -\int_t^{\infty} \cos t \frac{dt}{t}$$

を用い下のように変形しておく．すなわち

$$2C = 2\int_{\xi_1}^{\xi_2} \sin A\xi \cos X\xi \frac{d\xi}{\xi} = \int_{\xi_1}^{\xi_2} \left\{\frac{\sin(A+X)\xi}{\xi} + \frac{\sin(A-X)\xi}{\xi}\right\} d\xi$$

$$= \{\mathrm{Si}[(A+X)\xi_2]+\mathrm{Si}[(A-X)\xi_2]\} - \{\mathrm{Si}[(A+X)\xi_1]+\mathrm{Si}[(A-X)\xi_1]\}$$

(26-4)

$$2S = \int_{\xi_1}^{\xi_2}\left\{\frac{\cos(A+X)\xi}{\xi}-\frac{\cos(A-X)\xi}{\xi}\right\}d\xi = \{\mathrm{Ci}[(A+X)\xi_2]-\mathrm{Ci}[(A-X)\xi_2]\}$$
$$+ \{-\mathrm{Ci}[(A+X)\xi_1]+\mathrm{Ci}[(A-X)\xi_1]\}$$

(26-5)

この式からただちにわかることは ξ_1, ξ_2 のいかんにかかわらず X と $-X$ の強度は同じ,すなわちナイフエッジが非対称であっても再回折像は左右対称であることで,これは回折像の対称性(§19-2 参照)から当然のことである.これをナイフエッジの種々の位置について吟味してみよう.

(i) **ナイフエッジがないとき** $\xi_1=-\infty$, $\xi_2=\infty$ とおくと

$$\mathrm{Ci}(\pm\infty)=0, \quad \mathrm{Si}(\pm\infty)=\pm\frac{\pi}{2}$$

$$\therefore\ I=\frac{I_0}{\pi^2}(C^2+S^2)=I_0, \quad |X|\leqslant A$$
$$\qquad\qquad =0, \quad |X|>A$$

$|X|\gtreqless A$ (すなわち $x\gtreqless \frac{b'}{b}a$) はレンズの像の外および内を意味するから,上の結果はレンズ面内は一様に明るくその外は一様に暗いことを示し幾何光学的な結果と一致する.この結果はこのような複雑な過程を経なくとも (26-1) を (26-3) へ代入し積分の上下限を $\pm\infty$ とすれば

$$u(x)=-\frac{u_0}{\lambda^2 bb'}\int_{-\infty}^{\infty}E(P)\exp\left(-i\frac{2\pi}{\lambda b}\xi p\right)dp\int_{-\infty}^{\infty}\exp\left(-i\frac{2\pi}{\lambda b'}x\xi\right)d\xi \sim E\left(-\frac{b}{b'}x\right)$$

からも明らかである.

(ii) **ナイフエッジが対称にあるとき** ナイフエッジが光軸の両側に対称にあるときは $-\xi_1=\xi_2=\xi$ として

$$C=\mathrm{Si}(A+X)\xi+\mathrm{Si}(A-X)\xi, \quad S=0$$

$$\therefore\ I=\frac{I_0}{\pi^2}\{\mathrm{Si}[(A+X)\xi]+\mathrm{Si}[(A-X)\xi]\}^2$$

図 26-2 はナイフエッジのすき間の幅 2ξ が種々の値(ナイフエッジ面における0次回折像の幅を $2\xi_0=\frac{f}{a}\lambda$ として $\xi/\xi_0=\beta$ で表わしてある)のときの強度分布を表わしたもので,破線はナイフエッジがないとき($\xi=\infty$, 幾何光学的像)である. $\beta=0.4$ ではナイフエッジが両側から深く切り込んでおり,回折像の大部分がさえぎられているときは像面の中心が

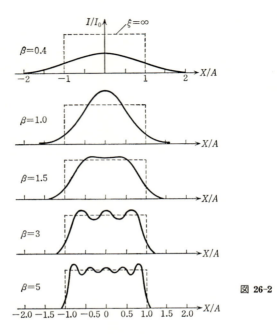

図 26-2

他よりわずかに明るいくらいで像の形は何もわからない．ナイフエッジの間のすき間がやや大に $\beta=1$ となり 0 次回折像の光のみを通せば（§19-1 で記したように）全光量の 90% 以上を通したことになるが像の形（レンズの縁）はまだ十分明瞭に出ていない．$\beta=3$ すなわち二次回折像の光まで入れるとやや明瞭になる．これから高次回折像は強度は弱いが像の形成には重要な役割をしていることがわかる．

　これとは逆に回折像の中央部をさえぎり両側の高次回折像の一部分を通すような遮光板があり，光を通す部分が図 26-3 のように $-\xi_2 \leqq \xi \leqq -\xi_1$ および $\xi_1 \leqq \xi \leqq \xi_2$ であれば（26-4, 5) から

$$C = \int_{-\xi_2}^{-\xi_1} \sin A\xi \cos X\xi \frac{d\xi}{\xi} + \int_{\xi_1}^{\xi_2} \sin A\xi \cos X\xi \frac{d\xi}{\xi} = 2\int_{\xi_1}^{\xi_2} \sin A\xi \cos X\xi \frac{d\xi}{\xi}$$

$$= C_1 + C_2, \quad S = 0 \tag{26-6}$$

ただし

$$C_1 = \operatorname{Si}(A+X)\xi_2 - \operatorname{Si}(A+X)\xi_1, \quad C_2 = \operatorname{Si}(A-X)\xi_2 - \operatorname{Si}(A-X)\xi_1 \tag{26-7}$$

強度は C^2 で与えられる．$\operatorname{Si}(x)$ は x が π のところに極大（最大）値があり以後減衰振動

をなしつつ $\pi/2$ に収斂する．したがって $\xi_1 \ll \xi_2$ とすれば $X=\pm A$ でほとんど 0 で，その両側 $\pm\left(A\pm\dfrac{\pi}{\xi_2}\right)$ のところが強く輝き，その他のところは暗く，図 26-3 のグラフのような強度分布となる．このような明るい二重線が出ることはシュリーレン法で 0 次回折像を遮断したときの特有の現象でレーレーにより最初に指摘されたものである．

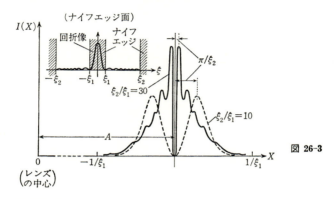

図 26-3

(iii) **明るさが不連続のところ**　このような明るい線はレンズの縁に限らず一般に物体面の明るさが不連続に変るところに生ずる．例えば物体面の中央を境とし，これより左半分 ($\xi<0$) が暗く右半分が明るいとすれば，その境の線が明るく輝く．これは (26-1) の瞳関数を

$$E(p) = 1, \quad 0 < p < a \\ = 0, \quad p < 0 \Bigg\}$$

とおけば ξ 面の回折像は

$$F(\xi) = \dfrac{u_0}{i\lambda b}\int_0^a \exp\!\left(-i\dfrac{2\pi}{\lambda b}\xi p\right)dp = -i\dfrac{u_0}{\pi}\exp\!\left(-i\dfrac{A\xi}{2}\right)\dfrac{\sin A\xi/2}{\xi}$$

したがって (26-7) は $(A/2)+X=X'$ として

$$C = 2\int_{\xi_1}^{\xi_2}\sin\dfrac{A\xi}{2}\cos X'\xi\dfrac{d\xi}{\xi} = C_1' + C_2', \quad S = 0$$

ただし　$C_1' = \mathrm{Si}(A+X)\xi_2 - \mathrm{Si}(A+X)\xi_1, \quad C_2' = \mathrm{Si}(X\xi_2) - \mathrm{Si}(X\xi_1)$

これと (26-7) を比べると $X=-A$ および 0 付近に図 26-3 に示した輝く二重線があることが判る．したがって視野の端 $X=-A$ が十分遠く視野外にあり中央付近に明暗物体（例えばネジの写真）を置くと図 26-4[1] のようにその縁は暗くその両側が強く輝く像が得られ

---

1) K. G. Birch : Optica Acta **15** (1968) 113.

図 26-4

る．ξ_2/ξ_1 の比を十分大にすれば，この暗線はいくらでも細いものになるから精密測定などに利用されシュリーレン法の新しい用途といえよう．

(iv) **ナイフエッジが非対称のとき** ナイフエッジの一方は光軸に接するまで切り込み($\xi_2=0$)，すなわち0次回折像の光の半分を通すようにし，他方はあるところ($\xi_1=\xi>0$)でとめたときは

$$\text{Si}(0) = 0 \quad \therefore \quad 2C = \text{Si}(A+X)\xi + \text{Si}(A-X)\xi$$

$\text{Ci}(0)\to\infty$ であるが公式により

$$\lim_{\xi\to 0}\{\text{Ci}(A+X)\xi - \text{Ci}(A-X)\xi\} = \log\frac{A+X}{A-X}$$

$$\therefore \quad 2S = -\text{Ci}(A+X)\xi + \text{Ci}(A-X)\xi + \log\frac{A+X}{A-X}$$

したがって中心($X=0$)においては

$$S = 0 \quad \therefore \quad I = \frac{I_0}{\pi^2}\{\text{Si}(A\xi)\}^2$$

縁 $|X|=A$ では

$$\lim_{X\to A}\text{Ci}(A-X)\xi = \gamma + \lim_{X\to A}\log(A-X)\xi, \quad \text{ただし} \quad \gamma = 0.577(\text{オイラーの数})$$

を考えると

$$2S = \gamma - \text{Ci}(2A\xi) + \log(2A\xi)$$

$$\therefore\ I = \frac{I_0}{4\pi^2}\bigl[\{\mathrm{Si}(2A\xi)\}^2 + \{\gamma - \mathrm{Ci}(2A\xi) + \log(2A\xi)\}^2\bigr]$$

これは $A\xi$ が十分大きければ

$$I \fallingdotseq \frac{I_0}{4\pi^2}\{\log(2A\xi)\}^2$$

とおけ，ナイフエッジの切り込みが非対称のときはレンズの縁 $(X = \pm A)$ は $\log(2A\xi)$ に比例する強い輝きがある．$\xi = 500\xi_0$ として上式を計算してみると図 26-5 のようになる．ナイフエッジの位置が非対称であるにもかかわらず像は光軸に対し対称で本文の始めに述べたことと一致する．

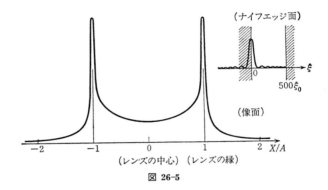

図 26-5

(v) 位相が不連続のところの像 以上はレンズが幾何光学的に無収差でかつ物体面は一様に照らされている $(E(p) = \mathrm{const.})$ ときであったが，これに不連続のところがあったらどうなるであろうか．簡単のためレンズ面の上下半分ずつ位相がそれぞれ $+\varepsilon$ および $-\varepsilon$ であり $p=0$ で 2ε の不連続があったとしよう (図 26-6(A))．このときのシュリーレン像は (26-1) で

$$\left.\begin{array}{ll}E(p) = \exp i\varepsilon, & a > p > 0 \\ = \exp(-i\varepsilon), & -a < p < 0 \\ = 0, & \text{他のところ}\end{array}\right\}$$

とおいて得られる．すなわちナイフエッジ面の回折像は (18-16) に上記の値を入れて

$$F(\xi) = \frac{u_0}{i\lambda b}\left\{\int_0^a \exp\left[-i\left(\frac{2\pi}{\lambda b}p\xi - \varepsilon\right)\right]dp + \int_{-a}^0 \exp\left[-i\left(\frac{2\pi}{\lambda b}p\xi + \varepsilon\right)\right]dp\right\}$$

$$= 2\frac{u_0}{i\lambda b}\int_0^a \cos\left(\frac{2\pi}{\lambda b}p\xi - \varepsilon\right)dp = \frac{u_0}{i\pi\xi}\{\sin(A\xi - \varepsilon) + \sin\varepsilon\}$$

$$= iu_0' \frac{1}{\xi}\sin\frac{A\xi}{2}\cos\left(\frac{A\xi}{2} - \varepsilon\right)$$

ただし $u_0' = \dfrac{2u_0}{\pi}$, $A = \dfrac{2\pi}{\lambda b}a$

これを(26-3)へ代入して x 面の振幅を求めればよい．ナイフエッジの一方は 0 次回折像を残し高次の回折像をさえぎるように切り込み($\xi_1 = \xi_0$)，反対側のナイフエッジは光軸から十分離れている($\xi_2 = 500\xi_0$)とき（図 26-6(B)），強度分布を上式から計算してみると同図(C)のようになり位相の不連続点が著しく輝く．(iii),(iv)ではレンズの縁(位相の不連続点)が明るく輝いたが，フーコーテストで非対称の切り込みのときは振幅および位相の不連続点が著しく輝くことが判る．

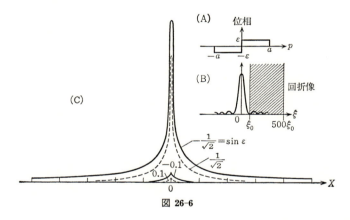

図 26-6

このようにシュリーレン法によれば，きわめてわずかの位相の変化でも変化の微係数が大であればこれを著しい明暗の差として見ることができる．したがって一様に透明で普通には何も認められないもの——位相物体——の存在が見え，例えば空気の密度変化などが明暗模様として認められる．この方法は空気力学に応用されその開発者の名をとりテプラーの方法ともいわれている．ただし明暗は位相の変化でなくその勾配にほぼ比例するから著しい明または暗でも位相の変化にすればそれほどでもないということがある．このため光学ガラスの脈理などをこの方法で調べるとき注意が必要であることは既に述べた('光学' §22-1 参照)．

(b) 円形レンズのシュリーレン像

(i) ナイフエッジのとき　レンズの開口は通常円形であるから一般に二次元の問題として取り扱わなければならない．半径 a の無収差レンズの回折像は (19-10) により $r=\sqrt{\xi^2+\eta^2}$ として

$$F(\xi,\eta) \sim \frac{J_1(Ar)}{r} = \frac{J_1(A\sqrt{\xi^2+\eta^2})}{\sqrt{\xi^2+\eta^2}}, \quad A = \frac{2\pi}{\lambda b}a \qquad (26\text{-}8)$$

これを，(26-2) を二次元のときに拡張した式に代入すればシュリーレン像の振幅は

$$u(X,Y) = \int_{\xi_1}^{\xi_2}\int_{\eta_1}^{\eta_2} F(\xi,\eta)\exp[-i(X\xi+Y\eta)]d\xi d\eta \qquad (26\text{-}9)$$

$$\text{ただし}\quad X = \frac{2\pi}{\lambda b'}x, \quad Y = \frac{2\pi}{\lambda b'}y$$

である．

ナイフエッジの刃先は η 軸に平行で，一方 ($\xi<0$) から ξ まで切り込んでいるとすれば，ξ が $\xi_2=\infty$ と $\xi_1=\xi$ の間，および $\eta_2=-\eta_1=\infty$ のとき $F(\xi,\eta)$ で，その外では 0 であるから

$$u(X,Y) = \int_{\xi}^{\infty}\left\{2\int_{0}^{\infty}\frac{J_1(A\sqrt{\xi^2+\eta^2})}{\sqrt{\xi^2+\eta^2}}\cos(Y\eta)d\eta\right\}\exp(-iX\xi)d\xi \qquad (26\text{-}10)$$

これから $|u|^2$ は X を $-X$ または Y を $-Y$ とおいても不変，すなわち回折像はナイフエッジの切り込みが一方的であるにもかかわらず一次元のときと同様光軸について中心対称であることが判る．まず η に関する積分を行なうと

$$\left.\begin{aligned}2\int_0^\infty \frac{J_1(A\sqrt{\xi^2+\eta^2})}{\sqrt{\xi^2+\eta^2}}\cos(Y\eta)d\eta &= \frac{2}{A}\frac{\sin(\xi\sqrt{A^2-Y^2})}{\xi}, \quad 0<|Y|\leqslant A \\ &= 0, \qquad\qquad\qquad |Y|>A\end{aligned}\right\}$$

$|Y|>A$ すなわち $|y|>\frac{b'}{b}a$ のところの強度は 0 であるということは，$\frac{b'}{b}a$ がレンズの像の半径であるから，光は垂直のナイフエッジで水平に散らされているということがわかる (図 26-8)．

ξ に関する積分は上式を (26-10) へ代入し

$$u = \frac{2}{A}\int_{\xi}^{\infty}\frac{\sin(\xi\sqrt{A^2-Y^2})}{\xi}\exp(-iX\xi)d\xi = u_C - iu_S$$

これは $|Y|<A$ であれば実数部は

$$u_C = \frac{2}{A}\int_{\xi}^{\infty}\frac{\sin(\xi\sqrt{A^2-Y^2})\cos X\xi}{\xi}d\xi$$

$$= \frac{1}{A}\int_\xi^\infty \{\sin(X+\sqrt{A^2-Y^2})\xi - \sin(X-\sqrt{A^2-Y^2})\xi\}\frac{d\xi}{\xi}$$

$$= \frac{1}{A}\{\mathrm{Si}(\infty)\mp\mathrm{Si}(\infty)\} - \frac{1}{A}\{\mathrm{Si}(X+\sqrt{A^2-Y^2})\xi + \mathrm{Si}(X-\sqrt{A^2-Y^2})\xi\}$$

ただし複号は $X \gtreqless \sqrt{A^2-Y^2}$ により $\mp$ をとる．$\mathrm{Si}(\infty)=\pi/2$ であるから第一項はレンズの像の内部では π/A, 外では 0 である．虚数部は

$$u_S = \frac{2}{A}\int_\xi^\infty \frac{\sin(\xi\sqrt{A^2-Y^2})\sin X\xi}{\xi}d\xi$$

$$= \frac{-1}{A}\int_\xi^\infty \{\cos(X+\sqrt{A^2-Y^2})\xi - \cos(X-\sqrt{A^2-Y^2})\xi\}\frac{d\xi}{\xi}$$

$$= \frac{1}{A}\{\mathrm{Ci}(X+\sqrt{A^2-Y^2})\xi - \mathrm{Ci}(X-\sqrt{A^2-Y^2})\xi\}$$

ナイフエッジが0次回折像を全部通す位置 $(\xi=-\xi_0)$ にあるとしてこれから

$$I = \frac{I_0}{(\lambda b)^2}(u_C{}^2 + u_S{}^2)$$

を求めてグラフを描くと，レンズの像の内部の等強度線は図 26-7(A) の，さらに光軸に近く切り込む $(\xi=-\xi_0/\pi)$ ときは同図(B)のようになる(数字は上式の I の値)．

ナイフエッジが光軸に接するところまで切り込んでいれば $(\xi=0)$ 上式から

$$\mathrm{Si}(0) = 0$$

$$\lim_{\xi\to 0}\{\mathrm{Ci}(X+\sqrt{A^2-Y^2})\xi - \mathrm{Ci}(X-\sqrt{A^2-Y^2})\xi\} = \log\left|\frac{X+\sqrt{A^2-Y^2}}{X-\sqrt{A^2-Y^2}}\right|$$

を考え，レンズの像の内外，および上下では(図 26-8(A) の(I),(II),(III))

$$\begin{aligned}
\text{レンズの面内 (I)}: \quad & u = \frac{1}{A}\left(\pi - i\log\left|\frac{X+\sqrt{A^2-Y^2}}{X-\sqrt{A^2-Y^2}}\right|\right), & 0 < |X| < \sqrt{A^2-Y^2} \\
\text{レンズの横 (II)}: \quad & u = -\frac{i}{A}\log\left|\frac{X+\sqrt{A^2-Y^2}}{X-\sqrt{A^2-Y^2}}\right|, & |X| > \sqrt{A^2-Y^2} \\
\text{レンズの上下(III)}: \quad & u = 0, & |Y| > A
\end{aligned}\right\}$$

$$(26\text{-}11)$$

等強度線は

$$\frac{X+\sqrt{A^2-Y^2}}{X-\sqrt{A^2-Y^2}} = \mathrm{const.} = C \qquad \text{すなわち} \qquad \frac{x^2}{\left(\frac{1+C}{1-C}\right)^2} + y^2 = \left(\frac{b'}{b}a\right)^2$$

これは AB を軸とする楕円群(図 26-8(B))である．その下の図は x 軸上の強度で，$x=\pm\frac{b'}{b}a$ で強度は無限大となるが，これは積分の上限を無限大としたためで実際は或る有

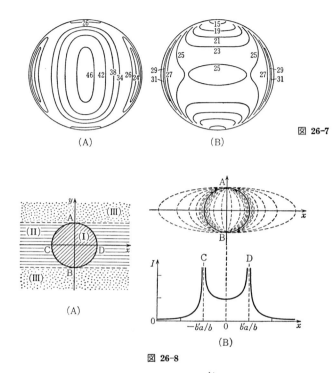

図 26-7

図 26-8

限の大きい値となる．しかし縁の上下端($x=0, y=\pm\dfrac{b'}{b}a$)では有限であるからレンズの縁は中央両端が強く輝き上下にいくにつれ弱くなっている(図26-7)．このようにレンズの縁が強く輝くことは一次元の場合でも見られ(図26-3)，同所で述べたように0次回折像を遮断したシュリーレン像の特徴で，これを始めて理論的に明らかにした人の名をとりレーレーの環という．

シュリーレン像のレンズの瞳面内で高さ Y の帯状の面積内に含まれている光量 Q はレンズの縁が

$$X = \pm\sqrt{A^2-Y^2}$$

であるから(26-11)から

$$Q = \int_{-\sqrt{A^2-Y^2}}^{\sqrt{A^2-Y^2}}|u|^2 dX = \int_{-\sqrt{A^2-Y^2}}^{\sqrt{A^2-Y^2}}\left\{\pi^2+\log^2\left|\frac{X+\sqrt{A^2-Y^2}}{X-\sqrt{A^2-Y^2}}\right|\right\}dX$$

$X/\sqrt{A^2-Y^2}=z$ とおけば

$$Q = \sqrt{A^2-Y^2}\int_{-1}^{1}\left\{\pi^2+\log^2\left|\frac{z+1}{z-1}\right|\right\}dz$$

しかるに

$$\int_{-1}^{1}\log^2\left|\frac{z+1}{z-1}\right|dz = \frac{2}{3}\pi^2 \quad \therefore \quad Q = \frac{8}{3}\pi^2\sqrt{A^2-Y^2}$$

同じ帯状の面積内の全光量は同じく (26-11) の第二式を考え

$$Q_\infty = \int_{-\infty}^{\infty}|u|^2 dX = \sqrt{A^2-Y^2}\left\{\int_{-1}^{1}\pi^2 dz + \int_{-\infty}^{\infty}\log^2\left|\frac{z+1}{z-1}\right|dz\right\} = 4\pi^2\sqrt{A^2-Y^2}$$

したがってナイフエッジによる散乱のためにレンズ面の外へあふれ出る光量は

$$\frac{Q_\infty - Q}{Q_\infty} = \frac{1}{3}$$

すなわち全光量の 1/3 である.

(ii) **円形遮光板があるとき** ナイフエッジのかわりに半径が r_1 の遮光板が ξ 面にあれば (図 26-1), ξ および x 面の極座標を (r, φ) および (ρ, ω), レンズ L_c による点光源の回折像を $F(r, \varphi)$ として (19-5) からレンズ L_o の半径を a_0 として

$$u(\rho, \omega) = \int_0^{2\pi}\int_{a_0}^{r_1} F(r, \varphi)\exp[-iRr\cos(\varphi-\omega)] r\, dr\, d\varphi, \quad \left(R = \frac{2\pi}{\lambda b'}\rho\right)$$

F が φ を含まなければ φ についての積分を行ない

$$u(\rho) = 2\pi \int_{a_0}^{r_1} F(r) J_0(Rr) r\, dr \tag{26-12}$$

$F(r)$ へ (26-8) を代入し

$$u(\rho) = 2\pi \int_{a_0}^{r_1} J_1(Ar) J_0(Rr) dr$$

r/λ は十分大きいとしてベッセル関数の漸近展開を用いれば

$$u(\rho) = \frac{4}{\sqrt{AR}}\int_{a_0}^{r_1}\sin\left(Ar-\frac{\pi}{4}\right)\cos\left(Rr-\frac{\pi}{4}\right)\frac{dr}{r}$$

$$= \frac{\lambda\sqrt{bb'}}{\pi\sqrt{a}}\frac{1}{\sqrt{\rho}}\left\{\int_{a_0}^{r_1}\frac{\cos(A+R)r}{r}dr - \int_{a_0}^{r_1}\frac{\sin(A-R)r}{r}dr\right\}$$

$$= -\frac{\lambda\sqrt{bb'}}{\pi\sqrt{a}}\frac{1}{\sqrt{\rho}}[\{-\text{Ci}(A+R)r_1+\text{Ci}(A+R)a_0\} + \{\text{Si}(A-R)r_1 - \text{Si}(A-R)a_0\}]$$

これの大体の様子を見るに図 26-3 から明らかなように $\text{Ci}(x)$ は $\text{Si}(x)$ に比べ原点付近を除き小さいことを考えると上式は (26-7) と同じ形の式と見てよく, レンズの縁 ($R=A$) は暗く, その内外に半径 π/a_0 および π/r_1 の二つの輝いたレーレーの環があり前者が著し

く強い。$r_1:a_0=3:50$ (r_1 は大体エアリー環の大きさ)のときを計算すると図 26-9 のようになる．

(iii) コロナグラフ　図 26-10 のような光学系で太陽のような有限の大きさの光源を見ているとき L_c, L_o の一組は既述のシュリーレン系を作るから対物レンズ L_c の焦点に光源の像と同じ形の遮光板 S を置けば直接の光はすべてさえぎられるが，この系の像面 S' に図 26-9 に示した明るい環（レーレーの環）ができる．これを S' における絞りで取り去れば光源からの光は——レンズなどによる散乱光を除き——全く入らない．そこで第二のレンズ L をここへ置いて光源の像を再結像させれば光源の周辺からの光（太陽でいえばコロナ）のみが見える．これが若くして逝いた天才リオの発明によるコロナグラフの原理で，レンズのガラスとして十分泡や細かい脈理のない良質のものを用いれば散乱光は入射光を 1 として 5×10^{-6} 程度になし得るので，太陽光の 10^{-6} 程度の輻射密度を持つコロナまで日蝕を待たずして常時観測される．日本では東京大学乗鞍コロナ観測所に国産のが一台ある[1]．

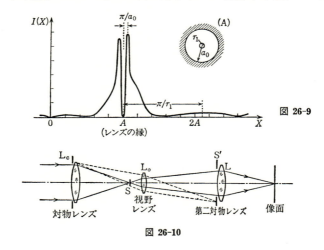

図 26-9

図 26-10

§26-2　収差のシュリーレン像

(a) ナイフエッジ

レンズが円形であるときのザイデル収差のナイフエッジによるシュリーレン像を求めてみよう．

---

1) B. F. Lyot : Month. Notice Roy. Ast. Soc. **99**(1939) 580 ; 宮本健郎：応用物理 **33**(1964) 192.

レンズの瞳面に座標 p, q をとり波面収差を $D(p, q)$ とすれば瞳関数は

$$\left.\begin{array}{ll} \overline{E}(p,q) = \exp ikD(p,q), & \sqrt{p^2+q^2} \leqq a \\ \phantom{\overline{E}(p,q)} = 0, & \sqrt{p^2+q^2} > a \end{array}\right\}$$

である. いま

$$P = \frac{2\pi}{\lambda b} p, \quad Q = \frac{2\pi}{\lambda b} q, \quad \overline{E}(p, q) = E(P, Q)$$

とすれば

$$F(\xi, \eta) = \left(\frac{\lambda b}{2\pi}\right)^2 \iint_{-\infty}^{\infty} E(P, Q) \exp\left[-i(\xi P + \eta Q)\right] dPdQ$$

ナイフエッジは η 軸に平行で一方 $(\xi<0)$ から光軸まで切り込んでいる. すなわち

$$\xi_1 = 0, \quad \xi_2 = \infty, \quad -\eta_1 = \eta_2 = \infty$$

とすれば再回折像は(26-9)により

$$\begin{aligned} u(X, Y) &= \int_0^\infty \left\{\int_{-\infty}^\infty F(\xi, \eta) \exp\left[-i(X\xi + Y\eta)\right] d\eta \right\} d\xi \\ &= \left(\frac{\lambda b}{2\pi}\right)^2 \int_{-\infty}^\infty \int_0^\infty \exp\left[-i(P+X)\xi\right] \\ &\quad \times \left\{\int_{-\infty}^\infty \int_{-\infty}^\infty E(P, Q) \exp\left[-i(Q+Y)\eta\right] dQd\eta\right\} d\xi dP \quad (26\text{-}13) \end{aligned}$$

ただし, η についての積分は上下限が $\pm\infty$ であるからフーリエの定理により

$$\int_{-\infty}^\infty \int_{-\infty}^\infty E(P, Q) \exp[-i(Q+Y)\eta] dQ d\eta = 2\pi E(P, -Y)$$

$$\therefore \quad u(X, Y) = \frac{(\lambda b)^2}{2\pi} \int_{-\infty}^\infty \left\{E(P, -Y) \int_0^\infty \exp[-i(P+X)\xi] d\xi \right\} dp$$

$d\xi$ についての積分の上下限が $\pm\infty$ であればフーリエの定理でただちに

$$u(X, Y) = (\lambda b)^2 E(-X, -Y) \quad \therefore \quad u(x, y) = (\lambda b)^2 \overline{E}\left(-\frac{b}{b'} x, -\frac{b}{b'} y\right)$$

を得. 像は物体と同じ (f'/f 倍の倒立像) で何も見えないからシュリーレン法で像が見えるのはナイフエッジで回折像の半分がさえぎられる(数学的には積分の下限が0である)ためである. (26-13)は比例常数を除いて

$$u(X, Y) = \frac{1}{i} \int_{-\infty}^\infty E(P, -Y) \left\{\frac{1}{P+X} - \lim_{\xi\to\infty} \frac{\cos(P+X)\xi - i\sin(P+X)\xi}{P+X}\right\} dP$$

しかるにフーリエ積分の公式により

§26 シュリーレン法

$$\lim_{\xi\to\infty}\int_{-\infty}^{\infty}E(P,-Y)\frac{\sin(P+X)\xi}{P+X}dP = \pi E(-X,-Y)$$

またリーマン-ルベックの定理により

$$\lim_{\xi\to\infty}\int_{-\infty}^{\infty}E(P,-Y)\frac{\cos(P+X)\xi}{P+X}dP = 0$$

$$\therefore\quad u(X,Y) = \pi E(-X,-Y) - i\int_{-\infty}^{\infty}\frac{E(P,-Y)}{X+P}dP \quad (26\text{-}14)$$

これにより波面収差 E の回折像が求められる.

無収差のときは $E=0$,

$$\therefore\quad \begin{aligned}E(P,Q) &= 1, & \sqrt{P^2+Q^2} &\leq A \\ &= 0, & \sqrt{P^2+Q^2} &> A\end{aligned}\Bigg\}$$

したがって像の振幅はレンズの面内では(面外では0)

$$\int_{-\infty}^{\infty}\frac{E(P,-Y)}{X+P}dP = \int_{-\sqrt{A^2-Y^2}}^{\sqrt{A^2-Y^2}}\frac{dP}{X+P} = \log\left|\frac{X+\sqrt{A^2-Y^2}}{X-\sqrt{A^2-Y^2}}\right| \quad (26\text{-}15)$$

すなわち(26-11)を得る.

収差のあるときはその瞳関数を(26-13)へ代入する. 一般には積分困難であるが, 収差があまり大でないときは(収差が大きいときは幾何光学で取り扱える)瞳関数をべき級数に展開し積分する. 例えば像面 O″ が O の共軛面になく, かつ球面収差があるときは波面収差を D とすれば

$$kD = \alpha r^2 + \beta r^4 \quad (r = \sqrt{P^2+Q^2})$$

これから瞳関数を

$$E(P,Q) = \exp ikD \fallingdotseq 1 + i(\alpha r^2 + \beta r^4)$$

とおいて

$$u(X,Y) = \pi E(-X,-Y) - i\int_{-\sqrt{A^2-Y^2}}^{\sqrt{A^2-Y^2}}\frac{dP}{X+P} + \int_{-\sqrt{A^2-Y^2}}^{\sqrt{A^2-Y^2}}\frac{\alpha r'^2+\beta r'^4}{X+P}dP$$

$$\text{ただし}\quad r' = \sqrt{P^2+Y^2}$$

これを計算してみると $\sqrt{X^2+Y^2}\leq A$ のときは

$$u(X,Y) = \pi + \{i - \alpha(X^2+Y^2) - \beta(X^2+Y^2)^2\}\log\left|\frac{X+\sqrt{A^2-Y^2}}{X-\sqrt{A^2-Y^2}}\right|$$

$$-2\sqrt{A^2-Y^2}\left\{\alpha X + \beta X(5X^2+2X-5Y^2-A^2) - \frac{2}{3}\beta(5Y^2-2A^2)\right\}$$

図 26-11(A)は三次球面収差がなく($\beta=0$), ナイフエッジを $\alpha=\pi/10$ のピントはずれ面

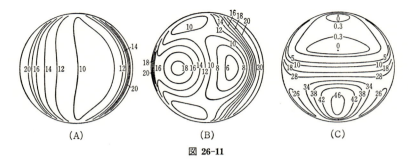

図 26-11

で光軸まで切り込んだ時,同図(B)はピントはずれと三次球面収差($B=-4\pi/5$)のときその最良像面($\alpha=-\beta$)での強度を上式で求め等強度線を描いたもの(数字は$|u|^2$),同図(C)は非点収差のあるときを同様にして求めたものである.ただしいずれもナイフエッジは光軸に接するまで切り込んでいる.これらの写真は'光学'図 22-4 および図 22-5 に示してあるから対照して見られたい.

(b) 位相差法による収差の検出

波面収差が D であるということはレンズの瞳面における振幅が収差がないときを $\mathrm{Re}(A\exp i\omega t)$ として

$$E = \mathrm{Re}[A\exp i(\omega t-kD)] = A\cos(\omega t-kD)$$

(Re は実数部を示す)であることを意味するが,これは D が十分小さいときは(25-1)と同様に

$$E = \mathrm{Re}[A(\exp i\omega t)(1-ikD+\cdots)] = A\cos\omega t+(kAD)\sin\omega t+\cdots$$

と書け,収差がないときの波(第一項)に位相がこれと $\pi/2=k\lambda/4$ 異なり振幅が収差に比例する波(第二項)が加わったものと考えられる.第一項の光は大部分 0 次回折像に集中するから 0 次回折像と同じ半径 ξ_0 の位相板をおけばこれにのみ所望の位相変化を与えることができる.これを $\pi/2$ とすれば位相板を通った光は $A\sin\omega t$ となる.第二項の光は大部分位相板を通らずそのまま像面へ進み再回折像を作るから振幅はもとと同じ $AkD\sin\omega t$ で,結局像面の振幅は

$$u(\rho) \fallingdotseq A(1+kD)\sin\omega t \tag{26-16}$$

したがって強度は

$$I(\rho) = A^2(1+kD)^2 \fallingdotseq A^2(1+2kD)$$

すなわち像の明暗は収差 D を示す.これは収差検出の位相差法といわれるシュリーレン

法の改良であるが，位相差顕微鏡は実はこれから発想されたものである．シュリーレン法では前に記したように像の明暗は収差の勾配に比例したが，位相差法によれば D に比例するから D を知るのにあとから積分する必要がない[1].

§27 フィルタリングによる像の改良

透過率や位相の変化を与えるフィルターをレンズ系の瞳のところに，あるいは再回折光学系の物体のスペクトルを生じる面においたりして点像の形を所望のものに変えてよい像にすることをフィルタリングによる像の改良という．透過率を変えるフィルターを振幅フィルター，位相のみを変えるものを位相フィルター，両者を同時に変えるものを複素フィルターという．像の改良には点像の中心部の拡がりを狭くしてレーレーの解像力を向上させる目的のものや，点像の中心部の拡がりは少し大きくなるが周辺部の強度を弱くしアポディゼイション(apodization, a は除く, $\pi o \delta o$ は脚)を行なう目的のものがある．これは天体観測において明るい星の近くの弱い光の衛星を発見したり，分光測定のとき強い線の側の弱い側線を分離観察するのによい．その他ピンボケ像の修正のように像の忠実性を向上する目的のものや，電気通信における雑音除去に相当するフィルターを作り雑音に相当する乳剤の粒子による像の荒れを目立たなくする目的のものなどがある．

§27-1 振幅フィルター

絞りを入れて入射瞳の形を変えるのも入射瞳における光の分布を変える一種の振幅フィルターであるのでまずこれから述べる．

(a) 菱形開口

半径 a の円形開口に内接する正方形の中の部分のみ光を通す菱形の絞り(図 27-1)では，この正方形の各辺に平行に像面で x', y' 座標をとれば正方形の一辺は $\sqrt{2}a$ であるから回折像の強度は(19-9)により

$$I(x',y') = \left(\frac{\sin\frac{a}{\sqrt{2}}X'}{\frac{a}{\sqrt{2}}X'} \frac{\sin\frac{a}{\sqrt{2}}Y'}{\frac{a}{\sqrt{2}}Y'} \right)^2$$

ただし $X' = \frac{2\pi}{\lambda f}x', \quad Y' = \frac{2\pi}{\lambda f}y'$

---

[1] C. R. Burch : Month. Notice Roy. Ast. Soc. 94(1934)384.

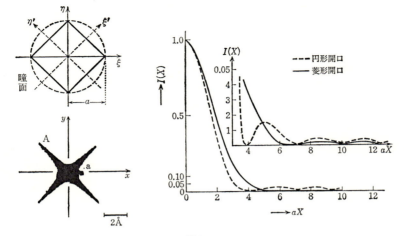

図 27-1

したがって対角線(水平, 垂直方向)に沿い, x, y 軸をとり $X=\frac{2\pi}{\lambda f}x, Y=\frac{2\pi}{\lambda f}y$ とおけば

$$I(x,y) = \left\{\frac{\cos aX - \cos aY}{a^2(X^2-Y^2)/2}\right\}^2$$

したがって X 軸上の強度は $Y=0$ として

$$I(x,0) = \left(\frac{\sin\frac{a}{2}X}{\frac{a}{2}X}\right)^4$$

これは図 27-1 のグラフの実線のようになり, 半径 a の円形開口のそれ(破線)に比べ中心核はやや大きくなるが, これにエネルギーが集中し高次回折像がほとんどなくアポディゼイションの目的を達している. 同図の写真[1] は分光器の瞳にこのような形の絞りを入れ He の $\lambda=5857$ Å のスペクトル線をピンホールを光源として撮ったもので, 主線の回折像 A は 45° の方向に延びているのでこれと波長差がわずか 1 Å で強度比が $1:10^{-4}$ の弱い側線 a の存在が認められる.

(b) 輪帯開口

レンズの中央部を同心の円盤で覆った輪帯開口も透過率が不連続に変る振幅フィルターと考えられる. この回折像は図 19-12 に示したように円盤の半径が大きくなるほど高次回

---

1) P. Jacquinot: Proc. Phys. Soc. **B 63**(1950)969.

折像は強くなるが0次回折像は小さくなりレーレーの解像力は向上するので解像力向上フィルターである．昔ハーシェルはこのようにして，いままで分解していなかった二重星を分解して観測することに成功したという．

(c) 中心強度が最大のフィルター

回折像の中心強度(S.D.)は系に収差があるときその良否を表わす一つのパラメーターであるが，どのようなフィルターを用いればこれを最も大きくすることができるかを調べて見よう．瞳面で瞳の中心からの距離を r，透過率を $F(r)$ とすれば，ガウス像面の振幅は(19-6)により像面の中心からの距離を ρ として

$$u(\rho) = 2\pi \int_0^a F(r)J_0(Rr)rdr \qquad (27\text{-}1)$$

で与えられるから中心強度は

$$I(0) = |u(0)|^2 = \pi^2 \left\{ \int_0^a F(r)rdr \right\}^2 \qquad (27\text{-}2)$$

これが最大になるような振幅フィルターを求めてみる．ただし瞳面を通る全光量 Q は一定すなわち

$$Q = \int_0^a \{F(r)\}^2 rdr = \text{const.} = 1 \qquad (27\text{-}3)$$

とする．この問題を解くため λ をラグランジュの未定係数として

$$V(r) = \left\{ \int_0^a F(r)rdr \right\}^2 + \lambda \int_0^a \{F(r)\}^2 rdr \qquad (27\text{-}4)$$

が(27-3)を満たして極大値となる条件を求める．いま $F(r)$ が極大を与える解であるとし，これの小さい変分 $F(r)+\varepsilon g(r)$ を考える．ただし $g(r)$ は $r=0$ および 1 で 0 となる任意の関数である．$F(r)$ の代りにこれを(27-4)へ代入すれば $V(r)$ は ε の関数で $\varepsilon=0$ で極大値を与える．すなわち

$$\lim_{\varepsilon \to 0} \frac{dV}{d\varepsilon} = 0$$

これの計算を行なうと上式は

$$\int_0^a g(r) \left\{ \int_0^a F(r')r'dr' + \lambda F(r) \right\} rdr = 0$$

これが成り立つためには $\{\cdots\}=0$ すなわち

$$F(r) = \frac{-1}{\lambda} \int_0^a F(r')r'dr' = \text{const.}$$

したがって全光量が一定の場合に最大の中心強度を与えるフィルターは透過率が一様のもの，すなわちフィルターをかけないときである[1].

(d) 解像力向上フィルター

今度は全光量が一定のとき中心強度が最大でかつ0次回折像の半径が所与の値 ρ_0 になるものを求めて見る．これが小さければ小さいほどよい解像力を与えるわけである．フィルターの透過率分布 $F(r)$ を与える式は(27-1)から

$$u(\rho_0) = 2\pi \int_0^a F(r) J_0(R_0 r) r dr = 0 \qquad (27\text{-}5)$$

ただし簡単のため光源は無限遠にあるとしレンズの焦点距離を f として $R_0 = \dfrac{2\pi}{\lambda f}\rho_0$ である．再びラグランジュの未定係数を λ, μ として下のような関数 $V(r)$

$$V(r) = \left| \int_0^a F(r) r dr \right|^2 + \lambda u(\rho_0) + \mu \int_0^a \{F(r)\}^2 r dr$$

を考えるとこの極値を求める問題となる．前と同様に変分法によるとし所望の解を $F(r)$ とし $F(r)$ の小変分 $F(r)+\varepsilon g(r)$ を考えると $\varepsilon=0$ のとき $V(r)$ が極値を持てばよい．このため上式を ε で微分して0とおけば

$$\int_0^a g(r)\left\{2\int_0^a F(r) r dr + \lambda J_0(R_0 r) + 2\mu F(r)\right\} r dr = 0$$

これがいつも成り立つためには $\{\cdots\}$ 内が0でなければならずこれはフレッドホルムの第二種積分方程式でその解は α, β を常数として

$$F(r) = \alpha - \beta J_0(R_0 r) \qquad (27\text{-}6)$$

とおき，α, β を(27-3)および(27-5)が満足されるように決めればよい．上式を(27-5)へ代入すれば

$$\frac{\alpha}{\beta} = \frac{\int_0^a J_0^2(R_0 r) r dr}{\int_0^a J_0(R_0 r) r dr} = \frac{1}{2} a R_0 \frac{J_0^2(aR_0)+J_1^2(aR_0)}{J_1(aR_0)}$$

この結果を(27-6)へ代入し

$$F(r) = \gamma \left\{ J_0^2(aR_0) + J_1^2(aR_0) - \frac{2J_1(aR_0)}{aR_0} J_0(aR_0) \right\}$$

γ はこれを(27-3)へ代入して決める．

フィルターのないときの0次回折像の半径を1として $\rho_0=0.9,\ 0.8$ のときの透光率曲線

---

1) R. Barakat: J. Opt. Soc. Am. **52** (1962) 264.

を描くと図 27-2(A) で，これを (27-1) へ代入し回折像の強度を求めたものが同図 (B) である[1]．これらおよび輪帯開口のように凹型の透過率曲線を持つフィルターでは一般に 0 次回折像が小さくなる代りに高次回折像が大になる．これは図 24-1(C)(レスポンス関数)からもわかることである．このように 0 次回折像を小さくするフィルターをこの問題を前記のようにして始めて解いた人の名をとりリューネベルグのフィルターという．

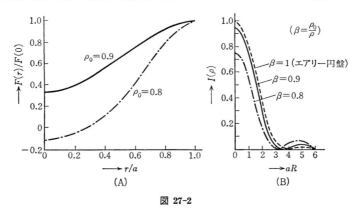

図 27-2

(e) アポディゼイション

0 次回折像がやや大になりレーレーの解像力は落ちても高次回折像を弱くし拡がりの小さい像を得ようとするアポディゼイションフィルターは，(a) の例から推して，上記のものと逆に透過率が周辺に行くにしたがい少なくなる凸型透過率曲線を持つものである．これは高次回折像は開口の周辺からの回折波であるという周辺波の理論(§18-5(b)参照)から考えても当然のことである．

(i) $F(r) = \exp(-\gamma r^2)$　　吸収が中心から周辺に行くにしたがいガウス曲線で減少するものはこれを (27-1) へ代入すれば

$$u(\rho) = 2\pi \int_0^a \exp(-\gamma r^2) J_0(Rr) r dr = 2\pi \exp(-\gamma) \sum_{m=0}^{\infty} \frac{L_{m+1}(R)}{(m+1)!}$$

ただし　$L_m(R) = 2^m m! \dfrac{J_m(aR)}{(aR)^m}$

で与えられる．このときの振幅は中心を 1 に正規化して図 27-3(A)[2]のようになり，γ が大

---

1) R. Barakat: 前出.
2) (A) G. Lansraux: Diff. Instrumentale.(Rev. Opt. Paris, 1953) p. 55; (B) D. J. Innes & A. L. Bloom: Laser Tech. Bull. 5(1966)1.

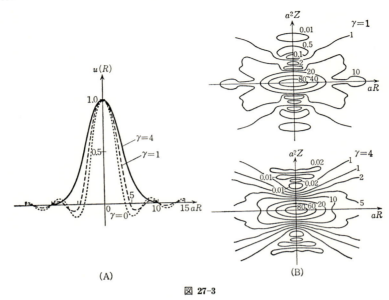

図 27-3

になるほど高次回折像は弱くなりアポディゼイションの目的にかなう．このときの子午面内の等強度線は同図(B)のようになり，γ が大になるほど焦点深度も大になることは輪帯開口の場合(§21-3)と同じである．

(ii) $F(r) = \sum_{n=0}^{N} \alpha_n (1-r^2)^n$　この一つの項はこれを(27-1)へ代入すれば回折像の振幅は

$$u(\rho) = 2\pi \int_0^a (1-r^2)^n J_0(Rr) r dr = \frac{\pi(n+1)}{2^{n-1}} L_{n+1}(aR)$$

これは n が大になるほど0次の像は大になるが，高次の像が弱くなる回折像を与えアポディゼイションフィルターとなる．係数 α_n をうまく選ぶと $N=2$ くらいで0次回折像(半径 aR_0)のみあり高次回折像はほとんど0となるものを得ることができる．図27-4の写真はこのようにして $aR_0=5$ としたものによる回折像の一例で高次回折像は完全に消えている[1]．このようなフィルターの性能を比較するために encircled energy 曲線(半径 aR の円の中に含まれる光量 Q を aR を横軸として描いたもの，§24-3(d)参照)を用いて見る．上記フィルターでは図27-4のグラフの実線のようになり，フィルターのない場合(これは図

---

1) G. Lansraux : Japan J. appl. Phys. **4** suppl. 1(1965)261.

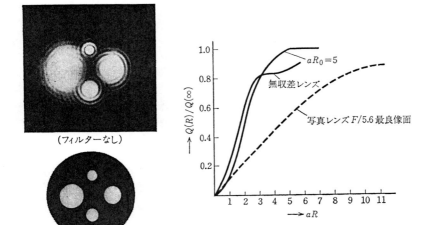

(フィルターなし)

(フィルター使用)

図 27-4

19-2 で与えたもの)に比べエネルギーは完全に $aR \leqslant 5$ の円の中に集中している．同図の下方の破線は優秀な写真レンズの最良像点近傍の同じ曲線であり，これと比べこのフィルターを掛けたレンズがいかによいものであるかがわかる．ただしこれは視野の中心のみこのようによくなるので広い視野にわたる全体を考えると写真レンズの方がはるかによいのはもちろんである．このような最適のフィルターを一般論で求めることは困難で試行錯誤により作られる．

§27-2 複素フィルター

(a) ピンボケ像の改良

波面収差が $D(r)$ の光学系に $f(r)$ のフィルターをかけたものの瞳関数は

$$F(r) = f(r) \exp ikD(r) \tag{27-7}$$

したがって

$$f(r) \sim \exp[-ikD(r)] \tag{27-8}$$

というフィルターをかければ $F(r)=$const. すなわち収差が完全に除去された系となる．これは位相フィルターで，シュミットカメラの補正板('光学' §15-5)やレンズの非球面化はこれである．

しかし指定の位相変化を与えるものは製作困難であるので，この代りに半径方向に正弦波形の吸収を与える振幅フィルター

$$f(r) = \frac{1}{2}\{1+\cos[kD(r)+\delta(r)]\}, \quad r \leqq a \,(a: レンズの半径) \quad (27\text{-}9)$$

でどのくらいまで代用し得るか，すなわちこの $\delta(r)$ をどのように選べば複素フィルターと同じ働きをして，よい像を与えるかを調べる．ただし'よい像'というのは回折像の中心強度(S.D.)が最大の値をとるものとする．ただしここでは異なる振幅フィルターのそれを比べるので全光量で正規化したもの

$$I(0) = \frac{\left\{\int_0^a F(r)r dr\right\}^2}{\int_0^a |F(r)|^2 r dr} \quad (27\text{-}10)$$

が最大の値をとるものとする．

レンズは無収差であるが像面が共軛像面から z だけピント外れであるときの波面収差は(21-3)から

$$D = b_1 r^2 \quad ただし \quad b_1 = -\frac{\pi}{\lambda f^2} z$$

波面収差の最大値は $a^2 b_1$ で，これがピント外れの量を表わすパラメーターとなる．これと(27-9)を(27-7)へ代入して

$$F(r) = \frac{1}{2}\exp ikb_1 r^2 \cdot \{1+\cos[kb_1 r^2+\delta(r)]\}$$

$$= \frac{1}{2}\exp ikb_1 r^2 + \frac{1}{4}\exp i(2kb_1 r^2+\delta) + \frac{1}{4}\exp(-i\delta)$$

これを(27-2)へ代入し $I(0)$ が最大になるところを求めると

$$\frac{\partial I(0)}{\partial \delta} = 0$$

の根は二つあり m を整数として

$$\delta_1 = 2m\pi - kb_1 r^2, \quad \delta_2 = \delta_1 + \pi$$

これを(27-9)へ戻せば下の二種のフィルターを得る．

$$\left.\begin{array}{ll} フィルター \delta_1: & f_1(r) = \frac{1}{2}\{1+\cos[kb_1(r^2-1)]\} = \cos^2\left[\frac{kb_1}{2}(r^2-1)\right] \\ フィルター \delta_2: & f_2(r) \hspace{7em} = \sin^2\left[\frac{kb_1}{2}(r^2-1)\right] \end{array}\right\} (r \leqq a)$$

これは例えば $a^2b_1=B_1=3\lambda/4$ のときは図 27-5(A) のような振幅透過率を与える．このフィルターの補償効果を知るためレスポンス関数を求めてみると，同図(B) のように δ_1 の方は高周波のところのコントラストが増し像の縁がはっきりしてくることを示しているが，δ_2 は像の反転が起ることを示し，この部分は S.D. への寄与が負であるからこれを減少させる効果となり像はよくなるとはいえない．

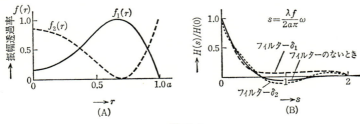

図 27-5

(b) 二重焦点フィルター

図 27-6(A) に示すような

$$f(r) = \cos(\beta r^2), \quad r \leqq a \atop = 0, \quad r > a \qquad (27\text{-}11)$$

というフィルターを考える．これは $f(r)$ が負のところは $|f(r)|$ の吸収と π の位相変化を与える複素フィルターであるが，このような複素フィルターが直接製作困難であれば同図(B) のような振幅フィルターと同図(C) のような位相フィルターを重ねたものを用いても

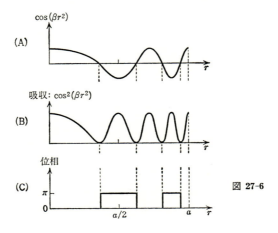

図 27-6

よい．このフィルターを $kD(r)=\beta r^2$ というピンボケのある系にかけると瞳関数は

$$F(r) = (\exp i\beta r^2)\cos(\beta r^2) = \frac{1}{2}(1+\exp i2\beta r^2), \quad r \leq a$$
$$= 0, \quad r > a$$

このときの像の振幅は(27-1)により

$$u(\rho) = 2\pi \int_0^\infty F(r)J_0(Rr)rdr = u_0(\rho)+u_2(\rho)$$

ただし $\quad u_0(\rho) = \pi \int_0^a J_0(Rr)rdr = \pi \dfrac{J_1(aR)}{aR}$

$$u_2(\rho) = \pi \int_0^a (\exp i2\beta r^2)J_0(Rr)rdr$$

したがって強度は実数部を表わす記号を Re として

$$I(\rho) = |u_0|^2+|u_2|^2+2\,\mathrm{Re}\,[u_0 \cdot u_2{}^*]$$

ここで $\rho=0$ の強度(ストレールのディフィニション)を考えると，u_0 は中心付近($\rho\fallingdotseq 0$)以外はきわめて小さく，また β が十分大きければ $u_2{}^*$ は $\rho=0$ 付近では小さいから $u_0 \cdot u_2{}^*$ は 0 とおいてよく，結局 $I(0)$ は β のみの関数となり

$$I(\beta) = |u_0|^2+|u_2|^2$$

しかるに u_0 は収差がない(ピントが合っている)ときの中心強度で，これはこのフィルターがピンボケの補償をしていることを示す．u_2 はピントが外れている面における中心強度であるからその位置で u_2 は極大にできる．したがって無収差のレンズにこのフィルターをかけると光軸上に二つの物体面でストレールのディフィニションの極大値があることになり，これは同時にピントが合った像ができることを示し，これを二重焦点フィルターという．全く同様の原理で三重焦点フィルターも作ることができる[1]．

§27-3 空間周波数フィルター

ピンボケ等の調整不十分の写真機による写真はその原因が判っていれば図 26-1 の再回折系を用いある程度修正することができる．すなわちピンボケの写真を同図の物体面に置き点光源 Q からの光で照らせばこの写真の透過率分布が系 I の瞳関数となるから ξ 面にはその(空間周波数)スペクトルができる．ここに適当な(空間周波数)フィルターを置けばそのスペクトルを変え系 II による再生像を所望のものとすることができる．

---

1) 辻内順平：機械試験所報告 **40**(1961)1．

§27 フィルタリングによる像の改良

初めのピンボケ写真を撮った系のレスポンス関数を $H_0(\omega)$, 被写体のスペクトルを $F(\omega)$ とすれば，その像のスペクトル $G_0(\omega)$ は

$$G_0(\omega) = H_0(\omega)F(\omega)$$

これを修正再撮影する光学系(図 26-1, 系 II)のレスポンス関数を $H(\omega)$ とすれば，再生像のスペクトルは

$$G(\omega) = H(\omega)G_0(\omega) = H(\omega)H_0(\omega)F(\omega)$$

したがって再生像をもとの物体と同じスペクトルのものにするためには

$$H(\omega)H_0(\omega) = 1$$

であればよい．ξ 面はスペクトルのできている面であるから α を比例常数として

$$\alpha\xi = \omega \quad \therefore \quad H(\alpha\xi) = \frac{1}{H_0(\alpha\xi)}$$

という吸収(および位相の変化)を与える複素フィルターをかければよい．

完全に写った写真でも取り扱い中に汚れのついたものは，汚れのスペクトルはその方向に直角に拡がるから汚れと平行の適当な幅のスリットをフィルターとして用いればある程度除去できる．印刷のため網点写真を複写して用いるときもモアレは規則正しいスペクトルを作るからこれを除くフィルターで消すことができる．野球のネット裏からの TV 中継もフィルターを入れた二段結像のカメラを用いればネットの像を除き得るはずである[1]．

小型カメラで撮った写真はこれを大きく引き伸ばすとフィルムの銀粒子の荒れのため見にくくなる．これを除くため引き伸ばすときピントをはずし粒子の像をぼかすとかんじんの像もぼけてしまう．このようなとき粒子の分布のスペクトルが分っていればこれを除くフィルターにより再回折法で除くことができる．しかるに粒子分布の透過率を $f(x)$ とすればこれは

$$\int_{-\infty}^{\infty} |f(x)|^2 dx \to \infty$$

となり，$f(x)$ はフーリエ解析のできない，したがってスペクトルの求められないもので，通信系における雑音と同じものでスペクトルは求められずこれを除くフィルターは作れなかったものである．しかし雑音のパワーが有限すなわち

$$\lim_{X \to \infty} \frac{1}{2X} \int_{-X}^{X} |f(x)|^2 dx < \infty$$

---

1) 辻内順平：前出．

であれば，これの自己相関関数

$$\phi_{ff}(x) = \lim_{X\to\infty}\frac{1}{2X}\int_{-X}^{X} f(x')f(x+x')dx'$$

のフーリエ変換 $\Phi_{ff}(\omega)$ が雑音のスペクトルの絶対値の自乗(パワースペクトル)を与える．すなわち

$$\Phi_{ff}(\omega) = \left|\lim_{X\to\infty}\frac{1}{2X}\int_{-X}^{X} f(x)\exp i\omega x dx\right|^2$$

ということがウィーナーの拡張された調和解析により知られているので電気通信の場合に倣って雑音除去のフィルターが作れる．これは通信の場合と全く同じでこの場合の周波数を空間周波数におき代えればよく

(i) 信号と雑音の比(S/N比)をできるだけよくするもの，

(ii) 出力の波形を入力のそれにできるだけ近くするもの，

などが考えられる[1]．感光乳剤の粒子の自己相関関数は乳剤を一様に感光させたものの顕微鏡写真を光学的相関計にかければ得られ，図24-14に示したものはその一例である．これにより粒子の荒れに埋れた像の中から物体の像のみを取り出すことができる[2]．

§27-2,3は極めて興味のあることであるが，その原理の可能性を示す写真が二，三発表されたのみでその後の研究は余り行なわれていないのでいずれも実用にはなっていない．

---

1) 例えば S. Goldman: Information Theory (New York, 1953) p. 267.
2) E. L. O'Neill: IRE Trans. **IT 2**(1956)56.

第2章 コヒーレンス光学

§28 ホログラフィー

§28-1 波動の記録と再生

(a) 波動の記録

　光は一秒間に 10^{15} 回ぐらい振動するものであるから,肉眼,写真感光剤,光電管などすべての受光器はその瞬間瞬間の値を知ることはできず,ただその振幅の自乗(強度)の時間平均のみを感受する自乗検知器である.しかし何らかの方法によって振幅と位相を記録しさらにこれを適当な方法で再生することができたとすれば,あたかも記録された物体がそこにありそこから光が来ているかのように見えるからレンズの不要な写真や三次元物体の記録を作ることができる.三極真空管の格子電圧対陽極電流特性は同じく自乗検知器の作用を持ち,プレート電流 i_p はグリッド電圧 v_g の二次式で表わされ

$$i_p = c(v_g + \alpha v_g^2)$$

したがって信号 v_s と搬送波 v_c をグリッドに送り込めば $v_g = v_s + v_c$ となり,プレート電流は

$$i_p = c\{v_s + \alpha(v_s^2 + v_c^2) + v_c(1 + 2\alpha v_s)\}$$

このプレート電流の中よりフィルターを通し搬送波付近の周波数のみを取り出せば搬送波に乗ったもとの信号 $v_c(1+2\alpha v_s)$ を取り出すことができる.これは v_c の振幅は v_s の振幅で v_c の位相は v_s の位相で変調されているからこの変調波には信号波の情報がすべて入っていることになる.そこで光学においても振幅と位相を記録するには図28-1(A)のように,物体からの光(信号 u_s)のほかに側方からこれと可干渉の参照波(搬送波 u_c)を入れて両者の干渉縞(振幅変調波)を撮影すれば乾板上に位相と振幅の記録が残る.すなわち乾板面上に ξ 軸をとり

$$\text{物体からの光を:} \quad u_s(\xi) = A_s(\xi) \exp[i(\omega t + \phi_s(\xi))]$$

$$\text{参照波を:} \quad u_c(\xi) = A_c(\xi) \exp[i(\omega t + \phi_c(\xi))]$$

とすればこの重ね合わせは

$$I(\xi) = |u_s + u_c|^2 = |A_s \exp i\phi_s + A_c \exp i\phi_c|^2$$
$$= A_c^2 + A_s^2 + A_s A_c^* \exp[i(\phi_s - \phi_c)] + A_s^* A_c \exp[-i(\phi_s - \phi_c)]$$

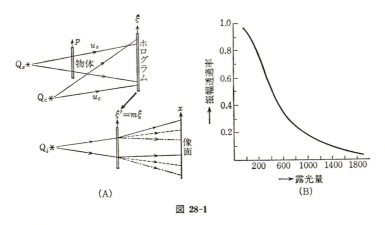

図 28-1

この $I(\xi)$ は前述の振幅変調波に相当するから,これを写真乾板に記録すれば物体からの光の位相と振幅を記録したことになる.この記録を通常の写真 photogram に対して hologram (holo はギリシヤ語の whole)[1] という.このようなことが可能であるためには参照光が物体からの光とホログラム面で完全に可干渉でなければならない.したがって従来の光では可干渉距離が短いため困難であったがレーザー光の利用により始めて実用になったもので,このことに気付いたのがリースとウパトニークスで,その再生像は原板とほとんど変りなく我々を驚かせた[2].本格的なホログラフィーはこれに始まるといってよくコロンブスの卵のよい例である.

(b) 像の再生

写真乾板の振幅透過率と露光量の関係を図 28-1(B)に示すが,適当な露光量を選ぶことによって特性曲線の直線的な部分を用いることができ $I(\xi)$ に比例した振幅透過率 $T(\xi)$ を得ることができる.すなわち

$$T(\xi) = a - bI(\xi) \tag{28-1}$$
$$= \{a - b(|A_c|^2 + |A_s|^2)\} - bA_c{}^*A_s \exp[i(\phi_s - \phi_c)]$$
$$- bA_cA_s{}^* \exp[-i(\phi_s - \phi_c)] \tag{28-2}$$

これに再生のために $A_r \exp i\phi_r$ なる振幅の光をあてると第一項は入射光の方向に透過するが,第二項,第三項は

---

1) E. N. Leith & J. Upatnieks: Physics Today **18**(1965)26.
2) E. N. Leith & J. Upatnieks: J. Opt. Soc. Am. **54**(1964)1295.

§28 ホログラフィー

$$bA_rA_c{}^*A_s\exp[i(\phi_s-\phi_c+\phi_r)]$$
$$bA_rA_cA_s{}^*\exp[i(\phi_r-\phi_s+\phi_c)]$$

と入射光とはちがう方向にすすむ．しかしその方向の光には $A_s\exp i\phi_s$, $A_s{}^*\exp(-i\phi_s)$ と物体からの波面およびそれと共軛な波面を含んでいる．前者は直接像を，後者は共軛像をつくる．このように再生によって二つの像をつくるのは通信の振幅変調によって側帯波ができるのに相当し自乗検知器の性質としてやむをえないものである．この二つが空間的に分離されていなくては実用にならないので結像の計算を行ないこれを吟味してみよう．

ホログラムを撮影する場合その面上の振幅は物体の透過(または反射)率 $F(p)$ を瞳関数とする回折像のそれと考えてよいから，光路長 $R(p)$, $D(p,\xi)$ および $R_c(\xi)$ を図28-2(A)のようにとれば波長を λ, $k=2\pi/\lambda$ として比例常数を省略し，(18-16)から

物体からの光： $\displaystyle A_s\exp i\phi_s=\int_{-\infty}^{\infty}F(p)\exp[ik(R+D)]dp$

参照波： $\quad A_c\exp i\phi_c=\exp[ikR_c(\xi)]\quad (A_c=1$ とする$)$

$$A_sA_c{}^*\exp[i(\phi_s-\phi_c)]=\exp[-ikR_c(\xi)]\int_{-\infty}^{\infty}F(p)\exp[ik(R+D)]dp$$

(28-3)

再生像はホログラムの透過率 $T(\xi)$ を瞳関数とする回折光であるから，光路長 $R'(\xi')$, $D'(\xi',x)$ を同図(B)のようにとり照射光の波長を λ', $k'=2\pi/\lambda'$ とすれば再生像面における振幅 $u(x)$ は

$$u(x)=\int_{-\infty}^{\infty}T(\xi)\exp[ik'(R'+D')]d\xi$$

これは(28-1), (28-2)により

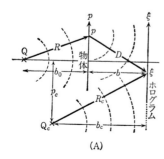
(A)

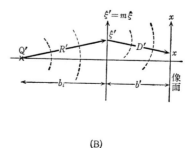
(B)

図 28-2

$$u(x) = \int_{-\infty}^{\infty}(a-bI(\xi))\exp[ik'(R'+D')]d\xi = u_0(x)+u_1(x)+u_2(x) \quad (28\text{-}4)$$

ただし $\quad u_0(x) = \int_{-\infty}^{\infty} A\exp[ik'(R'+D')]d\xi, \quad A = \{a-b|A_s|^2-b|A_c|^2\}$

$$u_j(x) = \iint F(p)\exp[i\phi_j(p,\xi)]dpd\xi \quad (28\text{-}5)$$

ここで

$$\phi_j(p,\xi) = \{\mp kR_c \pm k(R+D) + k'(R'+D')\} \quad (28\text{-}6)$$

(複号は $j=1$ のとき上, $j=2$ のとき下をとる)

　(28-4)がホログラフィーの結像式で第一項は点光源の回折像と物体の自己相関を，第二，第三項が直接像および共軛像を与える．この計算法から明らかなようにホログラフィーの結像は顕微鏡やシュリーレン法におけると同様再回折によるものである．ただこれらでは中間の回折像が空中像であったが，ホログラフィーではこれは乾板上に記録されたものである．この中間像の良否は再生像の質を決めるからホログラムに用いる乾板は十分微粒子のもので干渉縞をできるだけ精密に記録するものでなければならない．現在ホログラムに用いられているのはコダック 649 F，シアンチャ 10 E 70 乾板などである．

(c) ホログラフィーの光学常数

(i) フレネルホログラフィー　　再生像を与える式で(28-6)が ξ の一次式

$$\phi = (\alpha p + \beta x + \gamma)\xi + c \quad (28\text{-}7)$$

であれば(28-5)はフーリエの二重積分

$$u_j(x) = e^{ic}\iint_{-\infty}^{\infty} F(p)\exp[i(\alpha p+\beta x+\gamma)\xi]d\xi dp = \frac{2\pi}{\alpha}e^{ic}F\left(-\frac{\beta x+\gamma}{\alpha}\right) \quad (28\text{-}8)$$

となり，物体の $-\alpha/\beta$ 倍の像ができ再生は完全である．ϕ に ξ^2 以上の項があればこれは波面収差があると同じで収差のため再生像が変歪されることを示している．しかるに図 28-2(A)からホログラム撮影時の各点間の距離は

$$\left.\begin{array}{l} R = \sqrt{p^2+b_0{}^2} = b_0 + \dfrac{p^2}{2b_0} + \cdots \\[4pt] D = \sqrt{(p-\xi)^2+b^2} = b + \dfrac{(p-\xi)^2}{2b} + \cdots \\[4pt] R_c = \sqrt{(p_c-\xi)^2+b_c{}^2} = b_c + \dfrac{(p_c-\xi)^2}{2b_c} + \cdots \end{array}\right\} \quad (28\text{-}9)$$

§28 ホログラフィー

ホログラムは m 倍に引き伸ばして再生に用いるとすれば $\xi'=m\xi$, したがって同図(B)から

$$\left. \begin{array}{l} R' = \sqrt{\xi'^2+b_i^2} = b_i + \dfrac{m^2\xi^2}{2b_i} + \cdots \\[6pt] D' = \sqrt{(\xi'-x)^2+b'^2} = b' + \dfrac{(m\xi-x)^2}{2b'} + \cdots \end{array} \right\} \tag{28-10}$$

これを展開して物体は小さいとして $p^2/b^2 \ll 1$ とし，この項は省略すれば

$$\phi_j = \text{const.} + k\left\{\mp\frac{p}{b} + \left(\pm\frac{p_c}{b_c} - \frac{m\lambda}{\lambda'}\frac{x}{b'}\right)\right\}\xi + \frac{k}{2}\left\{\pm\left(\frac{1}{b}-\frac{1}{b_c}\right) + m^2\frac{\lambda}{\lambda'}\left(\frac{1}{b_i}+\frac{1}{b'}\right)\right\}\xi^2 \tag{28-11}$$

これが(28-7)のように ξ の一次式であれば再生は完全である．このためには ξ^2 の係数が 0，すなわち

$$\pm\left(\frac{1}{b}-\frac{1}{b_c}\right) + m^2\frac{\lambda}{\lambda'}\left(\frac{1}{b_i}+\frac{1}{b'}\right) = 0 \tag{28-12}$$

これから

$$\pm\frac{1}{b} + \frac{m^2\lambda}{\lambda'}\frac{1}{b'} = \frac{1}{f}$$

$$\text{ただし} \quad \frac{1}{f} = \pm\frac{1}{b_c} - \frac{m^2\lambda}{\lambda'}\frac{1}{b_i}$$

これは $m=1, \lambda=\lambda'$ であればホログラフィーは焦点距離 f の薄肉レンズによる写像と同じであることを示している．像が虚か実であるかはやや面倒で，上式の複号は直接像のとき正，共軛像のとき負をとることを考えると，発散光をあてたときは（光の進行方向を正としているから）$b_i>0$ したがって $b_c>b>0$ であれば（物体より遠いところに参照光の光源があれば）直接像は虚像（倍率 $M>0$）である．収斂光 ($b_i<0$) をあてれば共軛像は実像 ($M<0$) である．

(28-11)と(28-7)を比べ

$$\alpha = \mp\frac{k}{b}, \quad \beta = -\frac{m\lambda}{\lambda'b'}k, \quad \gamma = \pm k\frac{p_c}{b_c}$$

これを(28-8)へ代入し

$$u_j = \mp b\lambda \cdot F(\pm bx') \tag{28-13}$$

$$\text{ただし} \quad x' = \pm\frac{p_c}{b_c} - \frac{m\lambda}{\lambda'b'}x$$

これは直接および共軛の像が

$$x = \pm\frac{\lambda'}{m\lambda}\frac{p_c}{b_c}b' \tag{28-14}$$

を中心として再生されていることを示す．倍率はこれから

$$M = \mp \frac{\lambda'}{m\lambda} \frac{b'}{b}$$

M の正負は倒立または正立像を意味する，かつ直接および共軛の像に対応するから両像の倍率はいつも異符号，すなわち直接像が正立であれば共軛像は倒立（またはその逆）である[1]．

$\lambda = \lambda'$ であれば倍率はレンズのそれと同じ幾何光学的なもので，例えば図 28-3 のような組み合わせで同一波長の光を用い，150 倍ぐらいまでの倍率が得られている．しかし倍率に λ'/λ が入っていることは異なる波長の光を用い物理光学的な拡大ができることで，例えば撮影に電子ビーム(10万 V, $\lambda = 0.05$ Å)を用い再生を可視光($\lambda = 5000$ Å)でやれば実に 10^5 の倍率を得る．幾何光学的な拡大は通常の顕微鏡にまさることは何もないがこの点はホログラムでなければできない．(28-7) が満足されないときは ξ^2 が残り，これは通常の光学系にピント外れがあったときに相当する．(28-9, 10) をさらに高次の項までとれば ξ^4 の係数は通常の光学系と同様に五収差を与えるが，再生光が参照光と全く同じ状態であてられているとき

$$m \fallingdotseq \frac{\lambda'}{\lambda}$$

であれば，この各項は 0 または極めて小さい値となる[2]．したがって前述の例のようなときはホログラムの引き伸ばしは著しく大きな倍率を要し実用となるかどうかは未だ断言できない．

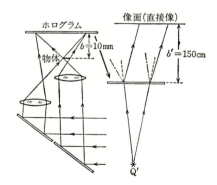

図 28-3

1) 像と符号の関係は小瀬輝次：応用物理 **36**(1967) 718 に詳しい．
2) R. W. Meier: J. Opt. Soc. Am. **55**(1965) 987.

(ii) **フラウンホーフェルホログラフィー**　ホログラムの製作および再生は(28-3,5)および(28-9,10)から明らかなように製作，再生とも $\exp(i\xi^2+\cdots)$ の項を含むフレネル回折であるので，これをフレネルホログラムと呼ぶ．しかし光源や像面をホログラムから十分離すかまたはレンズ系を用いこれらを共範面とすれば両段階ともフラウンホーフェル回折となる．このときは ξ^2 の項がなくホログラムはフレネル回折のそれより簡単であるから，同一粒度の乾板を用いても解像力はフレネルホログラムより大になるという利点がある．これをフラウンホーフェルホログラム（またはフーリエ変換ホログラム）という．

このようにレンズを用いなくても図 28-2 の配列で参照光源を物体面と同じところ ($b=b_c$) におけば (28-3) の exp の指数は ξ^2 が互いに相殺し，ξ の一次式

$$R+D-R_c = \frac{1}{b}(p_c-p)\xi+\text{const.}$$

となるから，ホログラムはフラウンホーフェル回折となる．これをレンズレスのフラウンホーフェル（またはフーリエ変換）ホログラムという．

§28-2　ホログラフィーの応用

ホログラフィーは顕微鏡やシュリーレン法と同じく二段の回折による結像——数学的にいえばフーリエの二重積分による写像——であるが，先に述べたように空中像を媒介とせず写真乾板上の記録を用いるから撮影と再生に異なる波長のものを用いることもできるし時間的に異なる波を重ね合わせることもできる．このため従来の写真と全く異なった用途を有しその応用はきわめて広い．これらは目下盛んに開拓されており多くの研究が発表されつつある．その数例を示せば：

(a) 立体像の再生

レーザー光を用いれば可干渉性がよいので，スライド等の透過光のみならず任意の物体からの反射光も参照光とよく干渉するので三次元物体のホログラムを作ることができる．これを再生して得る像は立体的のもので通常の写真機でこれを撮るのに任意の深さにピントを合わせ得る．

図 28-4(A) は一つのホログラムから得た前方の人物と後方の人物のそれぞれにピントを合わせた二つの再生像で，写真機は同一のところにおき焦点深度を浅くするため $F/2.2$ としてある．撮影位置を変えると立体視のパララックスも生ずる．同図(B), (C)はこれを示すため同一ホログラムからの光をカメラの位置を変えて撮ったもので，このときは $F/8$ で

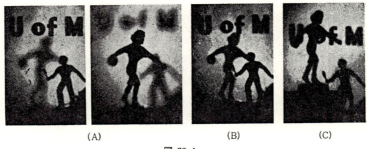

(A)　　　　　　　　(B)　　　　　　　(C)

図 28-4

撮ってあるから焦点深度は深くピントは二つの物体に同時に合っている[1].

(b) 実時間法および多重露光法

ホログラムを媒介とすれば今まで考えられなかった時間的に異なる光の干渉の観測ということもできる．例えばある面からの反射光で作ったホログラムを撮影した位置におき再び物体からの光を当て再生像を作らせると，もしこのときの面の形が前とは変っていれば，反射光はホログラムによる再生像と重なり変形を表わす干渉縞を作るので時間をおいた二つの面の変形が干渉縞として観測される．これを実時間干渉法という．従来でもトワイマン干渉計の一方の反射鏡の代りに水晶片の面にメッキしたものを用い，水晶片を振動させながら露出をすれば振動の節のところのみ明瞭な干渉縞が認められるので振動のモードを知ることができたが，ホログラフィーでも全く同じことが可能でこれを多重露光法という．

(c) 収差の補正

写真を撮るとき収差の十分とれたレンズを用い得ないことがある．そのようなときは下の方法を用いる．すなわち点光源 Q（その空間周波数スペクトル t_Q）を参照光源とし物体 O（空間周波数スペクトル t_O）を同一面内に置いてフラウンホーフェルホログラムを撮れば，その強度分布のスペクトルは[2]

$$|t_Q|^2+|t_O|^2+t_Qt_O{}^*+t_Q{}^*t_O$$

したがってこれからフラウンホーフェル回折で再生した像のスペクトルは $t_Qt_O{}^*$ または $t_Q{}^*t_O$ である．いま収差のあるレンズ L（これによる点光源の像のスペクトルを t_L とする）による物体 P（スペクトル t_P）の像を上記の物体 O とすれば $t_O=t_Pt_L$. したがって再生像

---

1) E. N. Leith & J. Upatnieks：前出．
2) G. W. Stroke *et al.*：Phys. Letters **18**(1965)274.

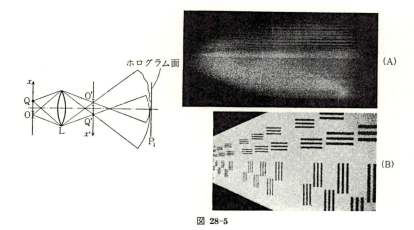

図 28-5

のスペクトルは $t_Q{}^*(t_P t_L)$ または $t_Q(t_P t_L)^*$ であるから $(t_Q{}^* t_L)$ が常数であれば，再生像のスペクトルは t_P または $t_P{}^*$ で像は物体そのものを正しく表わす．そこでホログラムを作るとき図28-5のように物体 O および点光源 Q の像 O′ および Q′ を同一レンズ L で作り，これを物体および光源とするホログラムを作ればその再生像は収差のないレンズで写したものと同じものが得られる．同図の写真(A)は L として円筒レンズを用いチャートを直接これで写したものでほとんど像になっていないが，上記方法でホログラムを撮りその再生像を作ると同図(B)のように通常のレンズで撮ったと同じ像を与える[1]．

この他に収差のあるレンズで点光源からの光を参照光として通常のホログラムを作りそれの再生のとき収差を補正するような光学系を用いても目的を達し得る．ただしこれは原理的には可能であるが，§28-1(c)で述べたように補正系が実際に作り得るものになるかどうかは何ともいえない．

(d) 電子波によるホログラフィー

ホログラフィーの原理は可視光に限らずあらゆる波長の電磁波または音波にでも適用でき，またホログラムの撮影と再生を異なる波長で行なうことができるので，これを組み合わせると応用範囲が著しく大きくなり，すでに電子波，X線および超音波によりホログラムを作りこれを可視光で再生するという試みも多く行なわれている．電子波でホログラムを作りそれを可視光で再生すれば既述のように光と電子線の波長の比(10^5 ぐらい)の高い

---

1) 小瀬輝次他：生産研究 **20**(1968)464．

倍率が得られるが，この他に電子顕微鏡では収差をある程度以上除けないがこれに上記の再生系により収差を補正する方法を用いれば電子ビームのみでは得られないよい像が得られるはずである．ホログラフィーはもともとこの目的でガボーアが始めたものであるが[1]，電子波の可干渉距離が短いためと斜方向から入射するコヒーレントな参照光を作ることができず二つの像の分離ができなかったため実現に至らなかったものである．しかし透明な物質中に散在する微粒子を照射すれば透明部を素通りした光が $(\theta=0$ の) 参照光となり粒子による回折光と重なり干渉縞を作る．これは図 28-2(A) で Q と Q_c が一致している場合で光源が十分遠くにあり $(b_0 \equiv b_c = \infty)$，平行光線が入射しているとして ξ 面の振幅は粒子の周囲を素通りしてきたバックグラウンドとなる光 u_0 と粒子による回折光 u との差で，u_0 は const., u はフラウンホーフェルの回折であるから粒子の断面を半径 a の円盤と仮定すればその強度は (19-16) から

$$I = |u|^2 = I_0 \left\{ 1 - \frac{2\pi}{\tau} \sin\frac{\tau}{4\pi} (aR)^2 \frac{2J_1(aR)}{aR} + \left(\frac{\pi}{\tau}\right)^2 \left(\frac{2J_1(aR)}{aR}\right)^2 \right\}$$

すなわち干渉縞の中には粒子の回折像の振幅 $J_1(aR)/aR$ がそのまま保存されているのでホログラムとして用いられ，この再生により粒子の像を得る[2]．

外村，渡辺は日比の開発した針状熱電子源を電子顕微鏡の光源とし十分可干渉距離の長い電子波を得て，図 28-6(A) のピント外れの回折像(B)をとり，これをホログラムとして

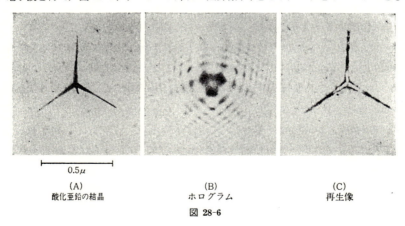

(A) 酸化亜鉛の結晶　　(B) ホログラム　　(C) 再生像

図 28-6

1) ホログラフィーが最初に提唱されたのは，D. Gabor: Proc. Roy. Soc. **A 197** (1949) 454, Proc. Phys. Soc. **B 64** (1951) 449.
2) B. J. Thompson: Japan J. appl. Phys. 4 suppl. 1 (1965) 302.

これから再生させて同図(C)のようなよい写真を得ている．この場合実像と共軛像は(参照光が $\theta=0$ であるから)同一直線上にできるが，ホログラムを撮影するとき $a^2 \ll b\lambda$ の条件を満足させて共軛像を十分遠くに作り実像にピントを合わせて写真を撮っているので共軛像は事実上邪魔にならない[1]．これはガボーアの夢へ一歩近づいたもので，更に再生のとき収差を除く光学系を用い電子顕微鏡の解像力を上げその夢が達成されることが期待されている．

(e) X線ホログラフィー

X線は通常の光学材料を通らないからこれをレンズ等で集光させることができない．ピンホールカメラを用いることも考えられるが，これも§21で述べたように半径 a のピンホールではその最良像面で F ナンバーは a/λ，フレネルの輪帯を用いてもその中心の開口の半径を a，輪帯の数を m とすれば外径は $\sqrt{2m}a$ であるから輪帯の塞がれている部分も全部光が通るとしても F ナンバーは

$$F = \frac{a}{2\sqrt{2m}\lambda} \approx \frac{a}{\lambda}$$

実際の光量はこの半分でこれらはX線に対してはきわめて大きな値となり暗い光学系で像の良否は別としても天体の撮影などには問題にならない．そこでフレネル輪帯と同じ形に切り抜いたものPを図28-7[2](A)のようにレンズの代りにおいて星(点光源)の光を撮る

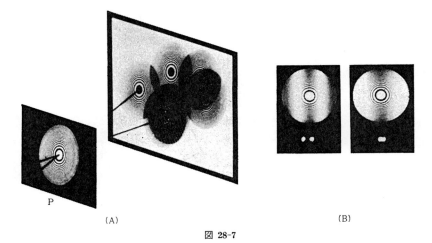

図 28-7

---

1) 外村彰, 福原明, 渡辺宏, 菰田孜 : Japan J. appl. Phys. **7**(1968)295(写真は外村氏のご厚意による).
2) H. J. Einighammer : Optik **23**(1966)627.

と図の像面にこれの影ができる．X線の波長はきわめて短いからこの影は幾何光学的影であるが，他方波動光学的に見れば微粒子のガボーアのホログラムにほかならないからこれを現像したものを点光源で照射してやれば星の位置を知り得る．これをホログラム望遠鏡という．これの解像力は同図(B)のように二つの輪帯板によるモアレ模様が見えるうちは解像されるから，同一解像力を持つフレネル輪帯板より約6倍の半径の輪帯板を使い得て約36倍の明るさを持つことが判る．これはX線星の撮影用という天文学的の目的のために考案されたものである[1].

§29 レーザーの光学

§29-1 光の発生

光は物体の内部から出てくるもので原子，分子の内部構造研究の重要な手掛りである．したがって光の発生機構の研究の歴史はそのまま核物理学以前の物質構造論の歴史といってもよいが，ここではこのようなことには立ち入らず光の発生はどのようにしてなされるかのみを略述する．

(a) 調和振動子

荷電粒子がその速度を変えれば周囲に電磁波動を送り出す．光の発生は古典的なモデルによれば正負の電荷を有する双極子の振動によるものとされ，そのエネルギーは熱，化学または電気的に供給される（ローレンツの原子）．放射される波は双極子から十分遠いところではこれを中心とする球面波と考えてよく，双極子の振動方向をz軸にとればこれとθの方向の電場および磁場の振幅は下式で与えられる．

$$u = E = H = \frac{\sin\theta}{c^2 r}\frac{\partial^2 z}{\partial t^2} \tag{29-1}$$

ただしzは双極子のモーメントである．放射される電磁波は電場波がz軸を含む平面内，磁場波がこれと直角の面内で振動しつつ伝播する．しかし多数の双極子がランダムの方向に振動している場合にはz軸は不定で放射波は一定の偏光面は持っていない．このような光を自然光という．双極子の振動を

$$z = P_0 \exp i(\omega_0 t + \delta) \tag{29-2}$$

とすれば

---

1) L. Mertz & N. O. Young : Proc. Conf.(London, 1961) p. 305; N. O. Young : Sky & Tel. **25/26**(1963) 8.

$$u = A \exp i(\omega_0 t + \delta), \quad A = -\frac{P_0 \omega_0^2 \sin\theta}{c^2 r} \tag{29-3}$$

放射されるエネルギーは(1-26)で与えられるから θ 方向に放射されるエネルギーは $\mu = \varepsilon = 1$ として

$$S(r, \theta) = \frac{c}{4\pi}\overline{u^2} = \frac{c}{8\pi}|u|^2 = \frac{P_0^2 \omega_0^4}{8\pi c^3}\frac{\sin^2\theta}{r^2} \tag{29-4}$$

したがって単位時間に双極子から放射されるエネルギーはこれを立体角 Ω について積分して

$$W = \int S(r,\theta) r^2 d\Omega = 2\pi \int_0^\pi S(r,\theta) \sin\theta d\theta = \frac{P_0^2 \omega_0^4}{3c^3} \tag{29-5}$$

(b) 制動放射

荷電粒子が負の加速度(制動)を受けたとき出す放射を制動放射という．電子が対陰極に衝突して発生するX線などはこれである．この放射の強度分布は粒子の速度があまり速くなければ($v/c \leqslant 0.1$)静止双極子のそれと同じく(29-1)で与えられ双極子に対し対称であるが，粒子の速度が早くなり相対論による補正が必要になると進行方向の強度が強くなる．この放射の強度のスペクトル分布は図29-1(A)のように短波長側に極限のある連続スペクトルで極限波長の少し長波長側に強度最大のところがあり以後単調に減少しているのが特徴である．

(c) シンクロトロン発光

サイクロトロンやシンクロトロンの中の粒子のように円運動をしているものは絶えず進行方向に直角の加速度を受けているのでこれも電磁波を放射する．放射の全エネルギーは

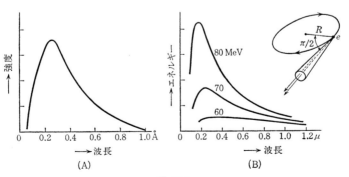

図 29-1

(29-5)で与えられるが，これは低速粒子に対するもので高速粒子に対しては相対論的な補正を考慮に入れ，

$$W = \frac{2e^2}{3c^3} R^2 \dot{\varphi}^2 \left(\frac{E}{mc^2}\right)^4$$

となる．ただし R は運動の曲率半径，$\dot{\varphi}$ は角速度で E は粒子のエネルギーである．放射がこのように E^4 に比例してくるのでシンクロトロン級になるとこの放射のための損失が装置の能力を制限する．放射エネルギーの波長分布は連続X線のそれと同じく，例えば図29-1(B)のような形を持ちその極大値は E^7 に比例する．放射の全エネルギーは既述のように E^4 に比例したから粒子のエネルギーが大になるほど極大波長の付近に集中したスペクトルが観測される．同図はこの現象が初めてくわしく観測された G.E. の研究所のシンクロトロン ($R=29$ cm, $E=40\sim80$ MeV) によるもので可視域から赤外へかけての放射が認められる[1]が，より高エネルギーのシンクロトロンによるもの例えば 300 MeV くらいのものではスペクトルの極大は著しく短波長となりX線の領域におよぶのでこの方面の新光源として注目されている．

(d) スミス-パーセル効果

光の振動数程度の双極子の振動を人為的に起させることは至難であるが，例えば細かい凹凸のある金属面に沿って点電荷 e を走らせるとこれとその鏡像で作る双極子の能率は時間と共に変るから凹凸を十分細かくし電荷の速度を早くすれば可視光の振動数となる．凹凸が正弦波状であればその周期を d，電荷の速度を v とすれば発生する波の振動数は

$$\nu = \frac{v}{d}$$

であるが，これを走路と角 θ をなす前方から観測すればドップラー効果により振動数は

$$\nu + \Delta\nu = \nu\left(1 + \frac{v}{c}\cos\theta\right) \qquad (29\text{-}6)$$

あるいは波長にして

$$\lambda = \frac{c}{\nu + \Delta\nu} \fallingdotseq d(\beta^{-1} - \cos\theta), \qquad \beta = \frac{v}{c}$$

となる．鋸歯状の場合はこれが基本周波数となり高調波の方が強く出る．

スミスとパーセルは $d=1.67\,\mu$ の回折格子の表面に沿ってファンデグラフ加速器からの 3×10^5 eV の電子を走らせ $\theta=20°$ の方向から観測し $\lambda=0.55\,\mu$ の光を得ておりこの値は上

---

1) F. R. Elder : Phys. Rev. **74** (1948) 52.

式と一致する．これをスミス-パーセル効果というが，この方法は数キロ電子ボルト程度の遅い電子によるサブミリ波の発生源としても研究されている．発生する波の強度は多数の電子によるもので N 個の電子が全くランダムに走っておれば一つの電子の発生する波の強度の N 倍であるが，電子が周期 d の整数倍の間隔で来るかあるいはきわめて短い時間にかたまってきていわゆるコヒーレントな放射をすれば強度は N^2 倍に近くなる．このために種々の工夫をして電子ができるだけ短い集団となってくるようにする[1]．

(e) アンジュレーター

図 29-2 のように周期的に変化する磁場(または電場)の間を電子を通過させると，電子は図のように行路と直角方向に振動しながら進むのでこれも一種の振動電荷であり電磁波を放射する．最近のように加速器が発達し十分高速の電子流が得られるようになると極間の距離が著しく小さいものでなくとも振動数を光波のそれに近くすることができる．この場合に放射される波の振動数は磁場の周期を d とおくとスミス-パーセルの場合と同じく (29-6) で与えられる．モッツは 1500 ガウスの磁場を交互に置いて $d=4\,\mathrm{cm}$ としたものにファンデグラフ加速器からの電子($95\sim120\,\mathrm{MeV}$)を入れて $\lambda=3400\sim5500\,\mathrm{Å}$ の可視光を観測している[2]．これも紫外や可視光の光源としてはこのような高速電子を必要とし大仕掛けなものになるのであまり実用性はないが低速電子によって発生するサブミリ波の光源として期待されている．

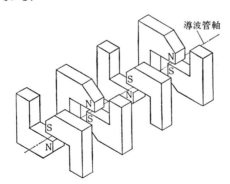

図 29-2

(f) チェレンコフ効果

電子その他の荷電粒子がある速度で走れば周囲には磁場ができるから電子が加速度を受

---

1) S. J. Smith & E. M. Purcell: Phys. Rev. **92**(1953)1069; 田幸敏治, 石黒浩三: 応用物理 **26**(1957)129.
2) H. Motz: J. appl. Phys. **22**(1951)527(理論), **24**(1953)826(実験).

ければ電磁波の発生が予想される.しかし真空中では電磁波を発生しない.これは真空中での振動数 ω の光子の運動量は $\frac{h}{2\pi c}\omega$ であるが,速度 v の電子が光子を放出するときに失う運動量は $\frac{h}{2\pi v}\omega$ で,両者は等しくないから運動量の保存則が成立せず,したがって放射は起り得ないと説明されている.しかしある媒質中を粒子が走るときはその媒質を分極させるための余分の運動量が要るので保存則が成り立ち放射が観測される.荷電粒子の速度が遅ければ分極は対称的に起り電場の変化はその近所のみで遠くへは何らの影響をおよぼさない.しかし粒子の速度が十分速くなると分極は粒子の進行方向に非対称に生じその影響が遠くまでおよび,これが電磁波として遠くへ伝わっていく.粒子が進むにつれてこれから出た波が四方に拡がり,その包絡面は円錐形の波面を描き粒子は常にその円錐の頂点にある.これは空気中を音速より速く飛ぶ弾丸の衝撃波と弾丸と同じ関係にあるから,このような波面ができる条件は光速を c', 粒子の速度を v とすれば

$$v > c' \tag{29-7}$$

すなわち媒質中をその中の光速より速い速度で飛ぶ粒子でなければならない.このような速い粒子でしかも相当のエネルギーを持っているものは少ないのでこの現象は永く気づかれずにあった.1934年チェレンコフは Ra から出る γ 線が水中に入ると青い光を出すことを見出しこれが螢光,燐光の類でないことを確めた.その後これは γ 線の散乱電子線による上記効果であることが明らかになったのでこれをチェレンコフ効果という[1].媒質の屈折率を n とすると $c'=c/n$ であるから (29-7) は

$$n > \frac{c}{v}$$

しかるに粒子の速度は c より速くなることはないから $n>1$ の媒質中でなければこの効果は観測されない.n は紫外域より長波長のところでなければ 1 より大きくはならないから,X 線および極端紫外域ではこの効果は観測されることなく,紫外・可視および遠赤外やラジオ波の領域でのみ観測される.放射される光の強度分布は λ^3 に逆比例するので,可視領域の場合は青味の勝った色になり,波長の短い光の方がより強く出るので紫外光の光源として注目されている.これを利用して明るさの標準を作ることが考えられている.明るさの標準は国際的一次標準としては融解点にある白金からの放射を用い,二次標準としてタングステン電球などを用いているが光度一定のものを得ることは容易でない.ところが放射性元素からの放射線によるチェレンコフ効果を用いれば光度のきわめて安定した光源

---

1) P. A. Cerenkov: Phys. Rev. **52**(1937)378.

が得られる．この装置は例えば水中に放射性元素を少量入れたものでよく，きわめて簡単であり長寿命の元素を用いれば相当の期間一定の明るさを保ち，かつ温度，圧力などの影響もほとんど受けない．元素としては $(^{90}Sr+^{90}Y)$ が最もよいとされているがこれは半減期が 25 年でありこれにより 3000〜7000 Å の光を含む半永久的な標準光源が得られる[1]．

§29-2 誘導放射（レーザー）

(a) 自然放射と誘導放射

原子や分子を調和振動子と考える光の放射の古典論はエネルギーの温度分布としてレーレー-ジーンズの式を与える．これは長波長ではよく事実と合うが，波長が短くなるにしたがいこれからはずれ短波長の極限においては放射エネルギーが無限大となり，いわゆるviolet catastroph を起す．これを救うためプランクの量子仮説が生まれ量子化された振動子が考えられ，気体の原子，分子からの光が不連続スペクトルを持つことが明らかになってからは発光機構も全く量子論的なボーアのモデルによるようになった．このモデルでは原子，分子はいくつかの整数の量子数で表わされる定常状態（エネルギー準位）を持ち，この状態にあるときは光を出さないが，ある状態から他の状態へ移るとき光を放射または吸収する．このとき放射または吸収される光の振動数と二つの状態のエネルギーの差 E_2-E_1 との間にはプランクの常数を h として

$$E_2-E_1 = h\nu \tag{29-8}$$

という関係がある（ボーアの条件）．低準位から高準位への励起は光（電磁波），熱，電気および化学エネルギーなどにより行なわれる．高準位から低準位への遷移が自然に行なわれるとき放射される光を自然放射光という．この強度が物質の種類と温度にのみ関係するものを温度放射という．螢光，燐光も高準位から自然に低準位に落ちるとき出す光であるが温度放射ではない．高準位から直ちにもとの準位に戻るものを螢光，いったん中間の準安定状態を経て発光するものを燐光といい，前者の方が高準位にとどまる時間——寿命——が短いものが多い．エネルギーが E_1, E_2 の二つの準位にある原子または分子の数 n_1, n_2 はボルツマンの法則により k をボルツマン常数，T を絶対温度として

$$n_1 : n_2 = \exp(-E_1/kT) : \exp(-E_2/kT) \tag{29-9}$$

で与えられる．二つの準位の間および他の準位との間にはたえず遷移が行なわれて平均として平衡状態にあるが，このとき放射される光の強度は高準位から低準位への遷移（自然

---

[1] W. Anderson & E. H. Balcher : Brit. J. appl. Phys. 5(1954)53.

放射)の確率 p_e と低準位から高準位への遷移(吸収)の確率 p_a の比 p_e/p_a で決まる.しかるに温度放射のエネルギーの強さと温度との関係はよく知られているようにプランクの式で与えられ,同式はパラメーターを二つ含む.したがってこの二つの遷移確率のみでは同式を導くことができずどうしてももう一つの量が必要となる.アインスタインは上記の遷移のほかに,外部のエネルギーを吸収しこれに誘導されて起る放射(負の吸収)があることを指摘し,この確率を p_i とすれば二つの準位の間にこれらの遷移が行なわれつつ平衡にある条件からプランクの式が導けることを示した.すなわち放射光または吸収光の平均強度を $\bar{I}(\nu)$ とすれば正または負の吸収はいずれも $\bar{I}(\nu)$ に比例するが,自然放射はこれに関係ないから準位間の平衡条件は

$$n_1 p_a \bar{I}(\nu) = n_2(p_i \bar{I}(\nu) + p_e)$$

これと (29-8), (29-9) から

$$\bar{I}(\nu) = \frac{p_e}{p_i} \frac{1}{\frac{p_a}{p_i}\exp\left(\frac{h\nu}{kT}\right) - 1} \tag{29-10}$$

この式は $T \to \infty$ のときは $\bar{I}(\nu) \to \infty$,すなわち分母が 0 にならなければならないから

$$p_i = p_a \tag{29-11}$$

また高温のとき $(kT \gg h\nu)$ には上式はレーレー-ジーンズの式

$$\bar{I}(\nu) = \frac{8\pi\nu^2}{c^3} kT$$

となるべきであるから

$$\frac{p_e}{p_a} = \frac{8\pi h\nu^3}{c^3} \tag{29-12}$$

$$\therefore \quad \bar{I}(\nu) = \frac{8\pi h\nu^3}{c^3} \frac{1}{\exp\left(\frac{h\nu}{kT}\right) - 1}$$

すなわちプランクの式を得る.各瞬間におけるこの平均値からの偏倚(ゆらぎ)は同じくアインスタインにより下式で与えられている.

$$\Delta I^2 = \overline{I^2} - \bar{I}^2 = h\nu\left(\frac{8\pi\nu^2}{c^3}\bar{I}^2 + \bar{I}\right) \tag{29-13}$$

このような入射光に誘導されて起る放射を誘導放射という.

(b) レーザー光の発生

光の吸収とその逆過程(負の吸収)すなわち誘導放射は (29-11) により同じ確率を持つから,誘導放射が吸収より大になり誘導放射光が外部に認められるようになるためには $n_1 <$

n_2 でなければならない．(29-9)によれば温度 T のとき二つの準位間には

$$T = \frac{E_2 - E_1}{k \log(n_1/n_2)}$$

の関係があるから，$E_1 < E_2$ として $T>0$ であれば $n_1 > n_2$ すなわち通常の状態では低エネルギーの状態にある原子の方が多い．$n_1 < n_2$ であれば $T<0$ となるからこれを負温度の状態という．したがって誘導放射が吸収より大になるためには原子を負温度の状態にしなければならない．このような状態が可能であることは理論的には古くから知られていたが実際にこの状態を作り出そうという試み（ポンピングという）が行なわれたのは最近のことである．これを用い入射エネルギーの増幅作用を行なわせることは(29-12)から明らかなように p_e/p_a が ν^3 に比例するので，振動数の大きい光波では自然放射の方が誘導放射よりはるかに多く純粋に近い誘導放射を得ることは困難であるので，先ずマイクロ波で実現され micro-wave amplification by stimulated emission of radiation(略して maser)といわれたが，次いで光で実現されこれを(micro-wave を light に代えて) laser と呼ぶ．これが最初に実現されてからその後の発展は日進月歩ともいうべく次々と新しい理論や応用が展開されて行くので，その最新のものまでを追跡することは本書では不可能であり目的でもないのでそのうちの各方面で最初に発表された歴史的なもののみについて述べることとする．

レーザー作用を行なわせるものは光を吸収し高準位になることが容易なもの，すなわち幅の広い吸収線を持ち多くの光の波長と容易に共鳴するものであることが望ましく，かつ負温度の状態を作ることが容易であるため寿命の長いすなわち幅の狭い準位であることが必要である．この二つの条件を一つの準位で満たすことは困難であるので，幅の広い高準位とこれより低いところにある寿命の長い準位があるものを組み合わせて利用する．このようなもののスペクトルは前者を示す幅の広い吸収帯と後者の存在を示す鋭い吸収または発輝スペクトルがあり，前者が後者より短波長側にあるもので，図 29-3(A)はこのような物質がレーザー光をだす作用を示したものである．基底準位 E_1 から外からの刺激を吸収していったん幅の広い準位 E_3 へ上り，これから無放射で寿命の長い準位 E_2 へ移り，これから誘導で基底状態へ落ちレーザー光をだす．これを三準位レーザーという．これも E_2 から E_1 へもどるのでは初めの E_1 の数を E_2 より少なくして負温度の状態にしにくいので，同図(B)のようにこれに近い別の状態 E_1' へ戻るものがなお望ましい．$E_1' - E_1$ が(k をボルツマンの常数として kT に比べ)十分大きいときはこれを四準位間の遷移と考え四準位レーザーという．

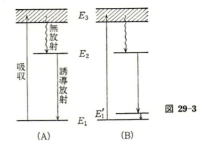

図 29-3

(c) レーザー光の特徴

レーザー光の発振には誘導放射を起す物質を平行平面の反射鏡(エタロン, §4-3(b)参照)の間に入れて発光させる. 放射された光の一部は反射されこの両端の鏡の間を往復し定在波を作りこれが更に多数の放射光を誘導しカスケード作用で強い放射が生起され, これらの光はどの部分からのものも全断面のいたるところ誘導光と同一位相のものである. したがってレーザー光はレンズを用いなくともほぼこの断面積の円筒形のビームとなって進みその拡がりは(18-30)で与えられるわずかのものである. エタロンの共振波長はエタロン間隔を d, また m を整数として

$$\lambda_m = \frac{2d}{m} \quad \text{または} \quad \nu_m = \frac{m}{2d}c \qquad (29\text{-}14)$$

であるから(図 29-4[1]), 異なるモードの光の振動数の差は $\Delta\nu = c/2d$ である. これは $d=1$ m として 150 MHz であるからドップラー幅(半値幅にして約 900 MHz, 同図鎖線)に比べ十分小さいので数個のモードの共振光が存在し得てその幅と強度比は同図の破線のようになる. レーザー光では同一位相の光が次から次へと発生されるからきわめて長い波連のもので, この長さは同一位相の光を出す原子の数が多ければ多いほど, すなわち放射光の強

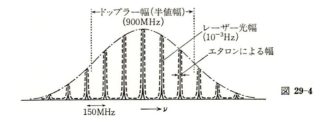

図 29-4

---

1) D. R. Herriot : J. Opt. Soc. Am. **52**(1962)36.

度が強ければ強いほど長い．しかるに§30-1で述べるように波連の長さ(寿命)とその半値幅は逆比例するからレーザー光はきわめて幅の狭いものである．この幅を求めるのに振動数νの光の強度はそのエネルギー$h\nu$を寿命で割ったものであるから

$$I(\omega) = \frac{h\nu}{\Delta T} = \frac{h\omega}{2\pi}\frac{1}{\Delta T}$$

半値幅$\Delta\omega$と寿命との関係を与える式(30-4または6)の常数をαとおけば波長をλとして

$$I(\omega) = \frac{h\omega}{2\alpha\pi}\Delta\omega = \frac{h\nu}{\alpha}\Delta\omega$$

一方スペクトル線の中心強度と半値幅との積は一定((30-7)参照)であるからレーザー光およびエタロンの強度，半値幅をそれぞれ$I(\omega)$, $\Delta\omega$ および $I_c(\omega)$, $\Delta\omega_c$ とすれば

$$I(\omega)\Delta\omega = I_c(\omega)\Delta\omega_c$$

$$\therefore \quad \Delta\omega = \frac{I_c(\omega)}{I(\omega)}\Delta\omega_c = \frac{h\nu_c}{\alpha I(\omega)}(\Delta\omega_c)^2$$

$\Delta\omega_c$ はエタロンの分解能を R とすれば(10-34)から

$$\frac{\omega}{|\Delta\omega_c|} = R = \frac{2\pi n dr}{(1-r^2)\lambda} \quad \therefore \quad |\Delta\omega_c| = \frac{(1-r^2)c}{ndr}$$

後に述べるHe-Neレーザーでは$n \fallingdotseq 1$, したがって$\lambda = 1.15\,\mu$ の放射光については$d = 1$ m, $r^2 = 0.98$ とし$I(\omega) \fallingdotseq 1$ mW $= 10^4$ erg/sec, これらを上式へ代入し

$$\Delta\omega = \frac{0.014}{\alpha}$$

となる．α はレーザー光の波形がわからなければ決まらないが(30-4または6)から大体一桁の数であるので仮に1とすれば

$$\Delta\omega = 0.014 \text{ rad/sec} = 0.0022 \text{ Hz} \qquad (29\text{-}15)$$

これは大体の値であるが，自然放射光の幅($\Delta\omega_N \approx 10^{10}$ Hz)とは比べものにならない鋭いものであり，図29-4の実線で示すようにエタロンの共振幅よりもずっと狭い．しかし実際はこのような理想的な発振はしないのでこれより大分広くHe-Neの最初のレーザーで観測された値は

$$\Delta\omega = 12 \text{ Hz}$$

であった．これでも自然放射光より著しく狭く可干渉距離をDとすれば

$$D = c\Delta T = \frac{3 \times 10^{10}}{12}\text{cm} \fallingdotseq 2 \times 10^4 \text{ km}$$

これは地球と月間の平均距離(3.8×10^5 km)と比べられるものであるが，いままでのとこ

ろ実験的には場所の関係もあって可干渉の認められる距離は200mぐらいまでしか確かめられていない．それもレーザーの発振光には異なるモード，したがって異なる波長の光が多く混在するので干渉縞のコントラストはこの距離までの間でも周期的に変り干渉縞は見えたり見えなかったりする[1]．

§29-3 レーザー装置

レーザー光を発振させる装置をそれの開発された順に述べよう．

(a) 固体レーザー

光学的ポンピングにより負温度の状態を作りレーザー光を放射させ得る物質としては液体は光の散乱のための吸収の量子効果のよくないことや対流等による屈折率の不均一のためによいエタロンが作れない等のことから，まず固体が選ばれた．その物質としては先に述べたことから鋭い螢光を出すものが望ましいわけであるが，一般に稀土類または遷移元素では寿命の長い f または d 準位に空席があるので刺激によりこの準位に上った電子が永く留まり鋭い螢光を出す可能性がある．しかし自由イオンでは選択律のためこの準位からの線は出てこない．そこでこの元素を少量結晶の中へ散在させると格子との相互作用のため選択則が破れこのような線が出てくる．例えば遷移金属である Cr_2O_3 を Al_2O_3 へ重量比で 0.05% ぐらい入れたもの（ルビー）は図 29-5(A) のような鋭い吸収線 (R_1, R_2, B) を示し，かつこれより短波長側に幅の広い吸収線 (U, V) があり，これらからルビーのエネルギー準位は同図(C)のごときものと思われ三準位レーザー（図 29-3）としての条件を満たし

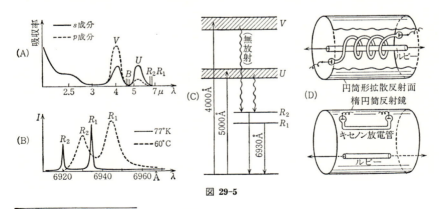

図 29-5

---

1) 諸隈肇他：J. Opt. Soc. Am. **53**(1963)394.

ている. R_1, R_2 から直接基底状態へ戻るので四準位のものより基底準位との間に負温度の状態を作り出すことが困難であるが, キセノンランプの蓄積放電の強い光を入射させ瞬間的なものではあるが最初のレーザー光の発振に成功した. 更にルビーの螢光は図 29-5 (B)に示すように温度が低くなると著しく鋭くなるので, レーザー光の発振は低温ほど容易であるのでルビーを液体窒素に浸し高圧水銀灯の光を入射させ連続発振を行なわせることにも成功している.

この装置は図 29-5(D)のようにルビーを円筒状のものとしてこれを上の図のようにらせん状の光源(キセノンランプ)で包むか, または下図のようにそれぞれを楕円鏡の二つの焦点においてキセノンランプからの光をルビーに集中照射して励起する. ルビーの両端は光学的平面に磨いて真空蒸着により反射率 99% で吸収がほとんどない多層薄膜を一端面につけ他端は完全な反射面とする. 二つの反射面がエタロンを構成し発振したレーザー光は前者の面から外へ取り出される. ルビーに脈理がなく屈折率が完全に一様であれば全断面から同一位相の光が出るはずであるが, 実際にはいまのところ光学的に完全に一様な(脈理のない)ルビーもできず, また self-trapping の効果 (§ 29-4(f)参照)のため多くの細かいビームに分割されて出てくる.

(b) 気体レーザー

気体では原子または分子の間隔が大で相互作用がないので吸収線の幅が固体に比べてきわめて狭く, したがってこれと一致する波長を用い吸収により励起をさせることは困難であるので真空放電による電子の衝突により励起する. 二種以上の気体を混合し一方の気体を放電により励起しておくと原子同士の衝突によりエネルギーを交換し他の原子を都合のよい準位におし上げる. この代表的なものは He と Ne の混合気体を用いたもので, ルビーの次に開発されたレーザーとして有名である. 図 29-6(A)に示すように Ne には He の準安定状態 2^3S ときわめて接近した準位 $2s$ があるので, この状態に励起された He が基底状態の Ne と非弾性衝突すると Ne は $2s$ の状態になる. この準位の寿命は約 10^{-7} 秒であるがこのすぐ下の $2p$ は寿命が短く 10^{-8} 秒ぐらいであるので, この二つの準位の温度差は負にしやすく, この間の遷移が誘導により行なわれたとき波長 1μ 付近のレーザー光がでる. 両方の準位の微細構造を考えると放射スペクトルは 20 数本あり得るが, このうち十分の強さを持つのが $\lambda = 11523$ Å のものである. 同様のことが He の 2^1S の励起状態についてもいえ, これのエネルギーを受けて Ne は $3s$ 状態となりこれと $2p$ 間の誘導遷移により 6328 Å の線が出る. 二つの遷移とも基底状態 $(2p)^6$ より少し高い $1s$ へ自然放射で落ち, こ

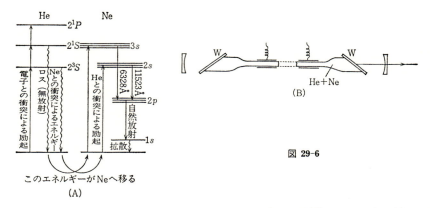

図 29-6

の分子は管壁へ衝突しエネルギーを失い基底状態へ戻る(これを拡散によるエネルギーロスといっている)四準位レーザーである．放電のため直接 $2p$ へ励起されるものは負温度の妨害となり最高出力を制限する一つの原因となるが，放電の強さ，気体の圧力などを加減すればある程度おさえることができる．この気体レーザーでは瞬間的な強度は弱いが連続した光が得られるので固体のものに劣らぬ出力となる．装置は図 29-6(B)のように無極放電管を用い放電管の両端またはその外部に固体の場合と同じく反射鏡をおきエタロンを構成させる．反射鏡が放電管の外にあるときは放電管の窓で反射される光があり往復する回数が多いのでこのための損失が大になる．これを防ぐため窓は放電管の軸に対し偏光角をなすようにしておけば窓面の垂線と光軸を含む平面内で振動する偏光の反射による損失はなくなる．これと直角の偏光は極めて弱くなるから出てくる光はほとんど完全な偏光である．反射鏡は必ずしも平面鏡である必要はなく，図のように凹面鏡を用いたエタロンでもよくこの方が調整が容易で損失が少ない (§10-6(f) 参照)．放射光のスペクトル幅は固体レーザーよりはるかにせまくまた管の長さが長いので軸に平行でない光のモードも少なく完全な単色光に近いのでレーザー光の本質を調べるのには都合がよい．

(c) 半導体レーザー

半導体のエネルギー準位はかなり幅が広い電導帯(高エネルギー準位)と充満帯(低エネルギー準位)の二つより成っている．充満帯中の電子が電導帯に上れば充満帯中には正の電荷をもった孔ができ，両者は半導体の中を動きつつ適当なとき再結合しエネルギーを格子振動として放出するかあるいは光として放射する．レーザー作用をする可能性のあるものは光の放出の効率がよいものの中に見出される．両者の数が少ないときは再結合による

放射の位相もばらばら(自然放射)であるが，両者が十分多数にあるときは一つの再結合が他のそれを誘導し順次結合が行なわれコヒーレントの光が放射されるようになる．これを利用してレーザー光を得る装置は半導体の p-n 接合の p の方を $+$, n の方が $-$ になるように外部電圧をかけて，多くの電子が n から p へ移りこれと同数の正孔が p から n へ流れこむようにしてやると接合部付近で再結合による誘導放射が起る．これは順方向電流によるキャリヤーの注入によるので注入レーザー(injection laser)という．最初に作られたものは十分に n 型にドープした GaAs を用い，図 29-7 のように p-n 接合部を厚さ数 μ 程度の薄い板にし両側に電極(タングステンまたはモリブデンなど)をつけダイオードとしてこれを 77°K の低温とし 1000 A/cm² の電流を注入した．電流密度が大で相当高温になるのでパルス発振(数 μ 秒，毎秒 50 回以内)にとどまった．この半導体は大きな屈折率($n \fallingdotseq 3.6$)のものであるので劈開面(100 面)を上下の面としてこれがエタロンを作るようにすれば十分な反射率を与えこの間に定常波ができる．図のように側面を梯形にしてあるのはこの面間での不必要な共振を防ぎ，できるだけモードを少なくするためである．発光波長は GaAs では $\lambda = 8500$ Å，各線のスペクトル幅は 50 MHz 程度であるが多モード発振のため全体としての拡がりは数 Å になる．

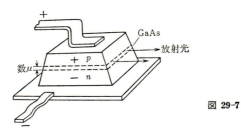

図 29-7

(d) 巨大パルスレーザー

レーザー光の強さは高準位にある原子の数に比例する．この数は注入されるエネルギーにより次から次へと補充される．したがってエネルギーを外から注入するのみで放射の誘起は一時止めておき，高準位の原子の数が十分多くなったところで瞬間的にいっせいに誘導放射をさせればきわめて強い光が得られる．このためには，発振器の内部エネルギーと単位時間の損失(放射)との比 Q(§ 10-6(b))を小さくしておき次の瞬間 Q を大にしてやればよいので，これを 'Q の切り替えによる巨大パルス(giant pulse)の発振' という．Q は (10-34) に示したようにエタロンの反射率 r^2 が 1 に近づけば急に大きくなるから誘導放射

をおさえるには反射率を低くしておけばよい．ルビーの場合高エネルギー準位の寿命は $100\,\mu$ 秒ぐらいであるから，Q の切り替えはこの程度の早さで行なわねばならずカーセルのシャッターを用いる．図 29-8(A) のようにルビーレーザーのエタロンの内部に偏光板 P とカーセル K をおきカーセルに電圧をかけると偏光面が $90°$ 回転されるようにしておけば，電圧がかかっている間は鏡 M で反射した光は復路は P で遮断され鏡の反射率が 0 になったと同じことになる．十分高準位の原子数が多くなったところで急に電圧を切れば Q が大となりいっせいに誘導放射が起る．同図 (B) はキセノン放電管の発光後 $500\,\mu$ 秒で Q を切り替えたときのパルスで，発光に細かい振動がなく強い一発の光が出ており出力は数百 kW に達している．

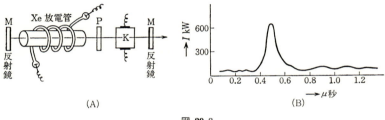

図 29-8

(e) ラマンレーザー

ラマン効果というのは物質に光が当ったときこれから散乱光として入射光と異なる波長の光が出てくる現象で，その波長の変化は物質に固有のものであるので物質の構造を探るのに吸収スペクトルと同じくらい有力な手がかりとされてきた．この散乱光はきわめて弱く強い光を入射させねばならないのでまずレーザー光がその強力ということで利用されたが，この他に幅の狭い光であるため入射光との波長差が少なく入射光の拡がりの蔭にかくれている散乱光のスペクトルを見出すにも好都合であった．更にラマン光は螢光，燐光と同じような機構で出る光で，その位相もランダムであるが高準位に留まる時間が短いので散乱光といわれているが上下の準位間に負の温度差を作ることができれば誘導によるラマン光も出し得る．この原理によるものをラマンレーザーという．これの最初のものはニトロベンゼンのカーセルを使った巨大パルスのレーザーの光がそのシャッターとして使っているニトロベンゼンに入射したときこれから出ている $\lambda=7670\,\text{Å}$ のラマン光である[1]．

---

1) E. J. Woodbury & W. K. Ng : Proc. IRE **50** (1962) 2367.

§29-4 レーザー光の応用

レーザー光は先に述べたように時間・空間のコヒーレンスのいずれもよいのできわめて多くの用途がある.

(a) 干渉計への応用

可干渉性がよいということからすぐ考えられることはこれを干渉計の光源として用いればその調整が容易になるであろうということで，スペクトル幅も狭いから干渉縞も鋭いものになると考えられる．事実これをマイケルソン型の干渉計に用いれば二つの光路の光路差を等しくする必要がなく，このための調整が不要で従来相当の熟練と根気を必要としたこの干渉計もほとんど調整なしで明瞭な干渉縞が認められる．可干渉距離が長いから参照光路はきわめて短くてよく大型の反射鏡のテストをするときでも干渉計全体が小型ですむ(図 29-9)[1]．更に同図の点線のように半透明鏡 M' を入れてこれと M_1 との間でくり返し反射をさせれば参照光路(反射鏡 M_2)は不要となり，その上くり返し反射干渉で干渉縞はきわめて鮮鋭となる[2]．可干渉性がよいので鏡面からの反射でなく粗面からの反射光でも原光線と十分の可干渉性を持つので反射光による立体ホログラムを作ることができ，事実ホログラムはレーザー光の利用により初めて本格的なものになったことは§28で述べた．

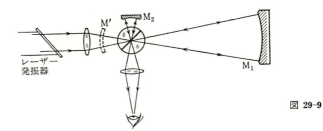

図 29-9

しかしよいことばかりではなく，レーザー光をそのまま用いると可干渉性がよすぎて光路差の全く異なる内面反射光などとも干渉し不必要な干渉縞が出て困る．このようなときは干渉計などを仮調整の後レーザーと干渉計の間のすりガラスまたは乳濁液などの光を散乱させるものを置き空間的なコヒーレンスを悪くしてやれば拡がった(インコヒーレント)光源による干渉(§19-6 参照)と同様になり干渉縞の localization により不必要な縞は消える[3]．このよい例は干渉顕微鏡でレーザー光を用いると可干渉性がよすぎて標本のどの深

---

1) R. E. Hopkins: J. Opt. Soc. Am. **52**(1962)1218.
2) D. R. Herriot: J. Opt. Soc. Am. **56**(1966)720.
3) W. H. Steel: Optica Acta **9**(1962)111.

さの部分の干渉縞であるかわからないのでかえって不利である．したがって干渉顕微鏡では物体の所望の深さに対してのみ二つの光路があらゆる入射角について完全に補償されているようにし，光源としては拡がった白色光を用いた方がよく干渉顕微鏡には(補償を完全にし)白色光源を用いた方がよい[1]．

干渉計のように光を二つに分けて重ね合わせなくとも一つのビームの光でも互いに干渉し合い，いわゆる斑点模様(speckle pattern)を生ずることもよく知られており，これらはやはり回転するすりガラス等を用いて除く．

(b) 精密測長

レーザー光はスペクトル幅が狭いから波長または長さの標準としてよい．この研究は各国の度量衡標準局などで一斉に始められたが，レーザー光の発振には原子の内部以外の諸条件が関係するため波長そのものが不安定であるという伏兵に出会い未だ実用にはなっていない．例えば $\lambda=0.6\,\mu$ の光で 10 m を $\lambda/20$ の精度で測るには発振周波数を $\Delta\nu/\nu=3\times10^{-9}$ で安定させなければならないが，いまのところ気体レーザーで 10^{-8} 程度の安定度である．その原因の大部分はエタロン間の距離の変化で，これの温度による変化を防ぐため両端の反射鏡をインバールとステンレス鋼を組み合わせた棒で支え，熱膨張の折返しにより両鏡間の距離を一定にするなどの工夫がされている．このようにして安定な標準発振器が得られれば，例えば $L=50$ cm, $\nu=2.6\times10^{14}$ のもので鏡間距離の変化を Δd とすれば

$$\Delta\nu = -0.52\times10^{13}\Delta d$$

であるから $\Delta d=10^{-10}$ mm の変化でも 50 Hz のビートとなる．これは原子核の半径に近い値で従来のいかなる方法よりも高感度のものである．これを用い地殻の変動などを精密に測るという計画も進められており，マイケルソンの干渉計において一方の鏡を静かに動かせば，反射光はドップラー効果により僅かに波長が変りこれを検出できるので原理的には速度0から連続的に速度を知ることができる．

(c) 遅い角速度の精密測定

レーザーを図 29-10(A) のように四辺形の各辺となるよう並べて四つの鏡で作られる閉光路を発振器とし，全体に回転運動を与えれば回転と同一および反対方向の光は一周の所要時間が異なる．一周の所要時間を t とすれば tc は発振器の有効の長さで，発振される光の波長はこの整数分の一である(29-14)から，それぞれの方向の光の所要時間を t_1, t_2, その発振波長を λ_1, λ_2 とすれば m_1, m_2 を整数として

---

1) 山本忠昭：応用物理 **36**(1967)158.

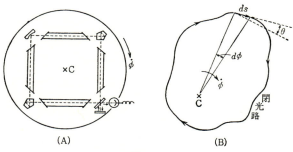

図 29-10

$$t_1 c = m_1 \lambda_1, \quad t_2 c = m_2 \lambda_2$$

したがって同じ m の光については振動数の差は

$$\Delta \nu = \frac{c}{\lambda_1} - \frac{c}{\lambda_2} = m\left(\frac{1}{t_1} - \frac{1}{t_2}\right) \fallingdotseq m \frac{\Delta t}{t^2}$$

この二つの光をとり出し重ね合わせれば唸りの周波数として $\Delta \nu$ を求められる。同図(B)のようにレーザー発振管を含む任意の形の閉光路全体が C を中心にして角速度 $\dot{\phi}$ で回転しているとしよう。光路に沿って ds をとると光が ds 進む間にこの光路自身は回転により vdt 進む。v は光路の接線速度であり

$$v = r\dot{\phi} \cos \theta, \quad \cos \theta = \frac{rd\phi}{ds}$$

ただし $d\phi$ は dt の間の回転角である。$dt = ds/c$ を考えると

$$vdt = r^2 \dot{\phi} d\phi \frac{dt}{ds} = \frac{\dot{\phi}}{c} r^2 d\phi$$

したがって光が閉光路を一周する間に回転と同じ方向に進む光の光路長はその静止のときの値より Δs 延び、反対の方向に回る光のそれは Δs 縮む。ただし

$$\Delta s = \oint vdt = \frac{\dot{\phi}}{c} \int_0^{2\pi} r^2 d\phi = \frac{2\dot{\phi}}{c} A$$

A は閉光路の面積である。したがって右および左回りのモード m の光の波長をそれぞれ λ_1, λ_2 とすれば閉光路の全長を L として

$$m = \frac{L - \Delta s}{\lambda_1} = \frac{L + \Delta s}{\lambda_2}$$

$$\therefore \quad \frac{\Delta \lambda}{\lambda} = \frac{2\Delta s}{L} = \frac{4A}{cL} \dot{\phi} \quad (\Delta \lambda = \lambda_1 - \lambda_2, \ 2\lambda = \lambda_1 + \lambda_2)$$

または $\nu = c/\lambda$ から

$$\frac{\Delta\nu}{\nu} = -\frac{\Delta\lambda}{\lambda} \quad \therefore \quad \Delta\nu = -\frac{4A}{\lambda L}\dot{\phi}$$

したがって図 29-10(A) のように一辺 l の四辺形で回転中心がその内部にあるときは

$$A = l^2, \quad L = 4l \quad \therefore \quad \Delta\nu = -\frac{l}{\lambda}\dot{\phi}$$

仮に $l=1$ m として唸りが数 Hz まで測れるとすれば $\lambda=1\,\mu$ として 10^{-6} ラジアン $(0.2'')$/秒ぐらいの角速度まで測れる．

かつてマイケルソンは東西 2000 フィートの四辺形の光路を作り光の干渉により地球の自転の速度を測ろうとした．このときの左回りと右回りの光の光路の差は約 $\lambda/5$ であったが干渉縞の移動により測ったので縞の間隔の 1/5 であり，回転しているということを検出し得たにとどまったが，この方法によれば十分定量的結果が得られる．この方法は角速度を積分すれば回転角が測れジャイロコンパスの代りともなる．

(d) 宇宙通信

強い光を遠方まで送るには例えば光源を抛物面鏡の焦点におき平行光束として送り出してやればよい．しかし強い光源は有限の面積のものであり正しく焦点にない部分ができ，ある拡がりを持った発散光となる．幅 $\Delta l = 5$ mm の光源の中心を焦点距離 $f=50$ cm の完全な抛物面鏡の焦点においたときの光束の拡がりは $\Delta\varphi = \Delta l/f \fallingdotseq 0.01$ となり，この光を地球から月に向けて送り出したとすれば，月面では幅約 4000 km（月面いっぱい）に拡がるので強度（単位幅当りのエネルギー）はきわめて弱いものになる．しかるに光源が全面にわたりコヒーレントな光を放射しているとすれば幅 Δl の光源からの光束の拡がり $\Delta\varphi$ は (18-30) から

$$\Delta\varphi \approx \frac{\lambda}{\Delta l}$$

であるから，光源の幅が広ければ広いほど拡がりはせまくなる．先と同じ幅の光源で $\lambda = 0.5\,\mu$ として $\Delta\varphi = 0.0001$，月までは 38.4×10^4 km であるから月面での拡がりは 40 km（月の直径の 1/100）に留まる．これをレーザー光の遠達性といいレーザー光が宇宙通信に適しているといわれるゆえんである．

(e) 強電場の発生

光源の面積を S としこの中に N 個の原子がありそれぞれ振幅 a の光を送り出しているとする．これをレンズにより面積 S' の中に収斂させたとすれば焦点における強度は通常

§29 レーザーの光学

の光であれば
$$I_1 = \frac{S}{S'} N a^2$$
であるが，放射光の位相が全部そろっていれば振幅の和の自乗であるから
$$I_2 = \frac{S}{S'} (Na)^2 = NI_1$$
N は原子の数であるから I_2 は I_1 にくらべきわめて大きいものになる．これを加工に応用すれば従来真空中でなければ行なわれなかった電子ビームによる加工と同じことが空気中でもでき，眼球をコンデンサーレンズとして網膜の剥離部分の手術などが光凝固によりメスを入れることなく行なわれる．また光源として巨大パルスレーザーを用いればさらに強い電場が得られ原子核の破壊に用いることも可能となる．

(f) 高調波の発生

媒質の中に $u = \exp i\omega t$ という光が入射するとこれに比例した分極
$$P = a_1 u = a_1 \exp i\omega t \qquad (29\text{-}16)$$
が誘起される．ただしこの式は入射光が余り強くなく高次の項を省略してよいときのもので，入射光が十分強いときは分極は電場の高次の項にも関係し（§1-1 参照）
$$P = a_1 u + a_2 u^2 + a_3 u^3 + \cdots$$
となる．いままでは高次の項まで必要になるような強い光がなかったので実際には(29-16)すなわち分極は線型であるとしていたのである．しかるにレーザーのようなコヒーレンスのよい光源からの光を一点に収斂させればきわめて強いものとなる．このときの分極は上式から
$$P = a_1 \exp i\omega t + a_2 \exp 2i\omega t + a_3 \exp 3i\omega t + \cdots$$
であり，このような双極子からの放射はいわゆる非線型現象で $2\omega t$, $3\omega t$ という高調波も出る．ただし isotropic か中心対称の分子構造を持ち P が u の奇関数であるようなものでは偶数倍の高調波は出ない（例えばガラス，液体などの isotropic なもの，方解石のような中心対称の分子構造のもの）．これは光の周波数の変換（倍増）装置として用い得る可能性があり興味ある現象である．結晶などのときは a_i はスカラーでなくテンソルで偏極はもっと複雑である．

誘起された光の周波数はもとのものの整数倍であるから媒質に分散があり屈折率が周波数により異なるときは，その伝播速度したがって位相が異なり入射光との干渉を起し強度

は弱められる．これを防ぐには複屈折の物質を用い二つの波長に対する屈折率 n, n' の等しい方向があるもの（屈折率楕円体が交わっている，例えば KDP 結晶）を用いれば二つの波は同一位相となり強い高調波が見られる．図 29-11[1]は KDP 結晶の屈折率楕円体とこれに種々の方向からレーザー光を入れたときの高調波の強度を表わしたものでこの効果が明らかに認められる．これを位相合致の効果という．

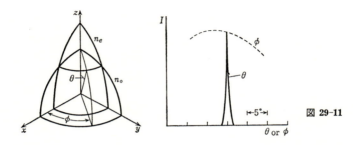

図 29-11

この非線型項の興味ある効果として，十分強いレーザー光が入射されると媒質の屈折率が変りレンズ効果または全反射が起き平行光束を入射しても光束は自働的に収斂する．これを self-trapping の効果といっている．図 29-12 はこれを示すもので，(A) は通常の光をレンズで収斂させて水中に入射させたもので焦点を通ってからは発散しているが，(B) のように巨大パルスのレーザー光を入射すればこの効果で焦点を通ってからも発散せず導波管内の波のように細い糸となって進んでいる[2]．

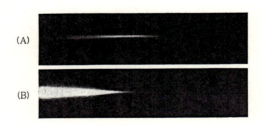

図 29-12

(g) そ の 他

二つの光の唸りを利用して遠赤外やサブミリ波などいままで発生困難であった波長のも

---

1) P. D. Maker *et al.*: Phys. Rev. Letters 8(1962)21.
2) F. Kaczmarke(A. Mickiewicz Univ., Poland. Rochester Coherency Conference(1966)で発表)のご厚意による．

のを発振させることも可能で，この方面の新しい光源として期待されている．また従来の光はいわば雑音でこれによる通信も光の明滅によるもの（モールス符号による通信）しかできなかったが，レーザー光はきわめて長時間続く一定位相の光であるからこれを搬送波としてこれに TV やラジオの波を乗せることができる．振動数が約 3×10^{14} Hz という高いものであるため利用率を 1% としても例えば幅 6 MHz の TV 信号であれば実に 5×10^5 チャンネルを同一ビームで送れる．このためにカーセルなどを用いたレーザービームの変調，復調の研究がさかんに行なわれている．

これらはいままでの自然放射光にくらべるとおどろくべき用途であるが若干のものを除きいずれも実験の段階で広く実用されているものは少ない．しかし近い将来には広く用いられるようになり種々の方面に多くの変革をもたらす現実性のある大きな夢となっている．

§30 統 計 光 学

§30-1 光の可干渉性

(a) 光 の 寿 命

原子，分子より放射されている光はこれらをいつまでも減衰せずに同じ振動を続ける調和振動子と考えると，これより放射される光は

$$u = A \exp i(\omega t + \delta)$$

で表わされる．これは完全な単色光で波連が無限に続くものであることを意味する．しかし実際の振動子は光の放射によりエネルギーを持ち去られるから振幅は減衰していく．毎秒持ち去られるエネルギーは(29-5)の W として表わされるからこれを $-dI/dt$ とおけば双極子の荷電を ε，二つの極の間隔を z_0 とすればモーメントは $P_0 = z_0 \varepsilon$ であるから

$$-\frac{dI}{dt} = \frac{z_0^2 \varepsilon^2 \omega_0^4}{3c^3}$$

しかるに振動子の運動エネルギーは質量を m として

$$I = \frac{1}{2} m \omega_0^2 z_0^2$$

$$\therefore \quad \frac{dI}{I} = -\frac{2\varepsilon^2 \omega_0^2}{3mc^3} dt$$

$$\therefore \quad I = I_0 \exp(-2\gamma t) \quad \text{ただし} \quad \gamma = \frac{\varepsilon^2 \omega_0^2}{3mc^3} \tag{30-1}$$

したがって放射される光の振幅は $\exp(-\gamma t)$ で減衰するもので
$$u = A \exp[-\gamma t + i(\omega_0 t + \delta)] \tag{30-2}$$
で表わされる．強度が $t=0$ のときの $1/e$ になるまでの時間 $\Delta T = 1/2\gamma$ をその光の寿命(緩和時間)とすればその値は(30-1)に電子の m, ε を入れると $\omega_0 = 2\pi \dfrac{c}{\lambda_0}$ として
$$\Delta T = \frac{1}{2\gamma} \simeq \frac{\lambda_0^2}{20}$$
となりこれは種々の波長について表30-1のようになる．

表 30-1

	波　長	寿　命	degeneracy
マイクロ波	$\lambda = 1$ cm	$2\Delta T = 0.1$ sec	$g = 3 \times 10^9$
可　視　光	0.55μ	0.3×10^{-10}	1.7×10^4
X　　線	0.5 Å	2.5×10^{-18}	150

二つのエネルギー準位間の遷移により光が放出されると考える量子論的モデルにおいては寿命を決めるものは遷移確率 p である．ある準位にある原子が N 個あるとすれば t 時間後にこの準位にある原子の数は $N(1-p)^t$，したがって t と $t+dt$ の間にこの準位を去る原子の数は $pN(1-p)^t dt$ であるから，この準位の平均寿命 ΔT は
$$\Delta T = \frac{1}{N}\int_0^\infty t p N(1-p)^t dt = p\int_0^\infty t(1-p)^t dt = \frac{p}{\{\log(1-p)\}^2}$$
p は十分小さいとすれば $\Delta T \fallingdotseq 1/p$ すなわち遷移確率の逆数である．

(b) 寿命と半値幅

無限に続く振動数 ω_0 の正弦波は完全な単色光であるが，有限時間例えば ΔT だけ続くもの(図30-1(A))は
$$\begin{aligned} u_T(t) &= \exp i\omega_0 t, & |t| &\leq \Delta T/2 \\ &= 0, & |t| &> \Delta T/2 \end{aligned}\Bigg\}$$
と書けるからこのスペクトルは
$$A(\omega) = \int_{-\infty}^\infty u_T(t)\exp(-i\omega t)dt = \int_{-\Delta T/2}^{\Delta T/2} \exp[i(\omega_0 - \omega)t]dt$$
$$= \Delta T \frac{\sin(\omega_0 - \omega)\cdot \Delta T/2}{(\omega_0 - \omega)\cdot \Delta T/2} \tag{30-3}$$
この強度分布は同図の右のようなものであり $A^2(\omega)$ が ω_0 値の $1/2$ になるのは
$$|(\omega_0 - \omega)|\frac{\Delta T}{2} \fallingdotseq 1.4$$

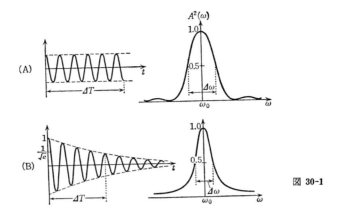

図 30-1

したがってスペクトル線の半値幅を $\Delta\omega$ とすれば半値幅と寿命は

$$\Delta\omega \cdot \Delta T = 5.6 = \text{const.} \tag{30-4}$$

の関係にある．(30-3)はまた

$$u_T(t) = \frac{\Delta T}{2\pi} \int_{-\infty}^{\infty} \frac{\sin(\omega_0-\omega)\cdot \Delta T/2}{(\omega_0-\omega)\cdot \Delta T/2} \exp(+i\omega t) d\omega$$

と書けるから，'有限時間続く単色光は無限に続く多くの振動数の波の合成で，ある瞬間を考えるとその半値幅が継続時間に逆比例するスペクトル分布を持つ'といえる．

(30-2)で与えた減衰振動(図 30-1(B))はそのスペクトルを求めると

$$A(\omega) = \int_0^{\infty} A_0 \exp[-\gamma t + i(\omega_0-\omega)t] dt = \frac{A_0}{-\gamma+i(\omega_0-\omega)}$$

したがって

$$|A(\omega)|^2 = \frac{A_0^2}{\gamma^2+(\omega_0-\omega)^2} \tag{30-5}$$

これをローレンツ分布(同図右)という．半値幅を $\Delta\omega$ とすればこのときは半値幅と寿命は

$$\Delta\omega = 2\gamma \quad \therefore \quad \Delta\omega \cdot \Delta T = 1 = \text{const} \tag{30-6}$$

これは const. は異なるが(30-4)と同じものである[1]．スペクトルの半値幅を波長にして $\Delta\lambda$ とすれば(1-22)から

---

1) (30-4)と(30-6)の const. の違いは寿命の定義の仕方の違いによる．

$$\varDelta\lambda = -2\pi c\frac{\varDelta\omega}{\omega_0^2}$$

これへ(30-1)を代入すれば

$$|\varDelta\lambda| = \frac{2\pi\varepsilon^2}{3mc^2} = 0.6\times10^{-4}\ \text{Å}$$

これをスペクトル線の自然幅といい,上式からわかるように波長に関係ない.

　熱運動や原子相互の電磁場によるスペクトル線の拡がり(ドップラー幅,スタルク,ゼーマン効果)は各スペクトル線の位相がランダムであるからこれと同じように論ずるわけにはいかないが,これについても(30-6)と同様の関係の成り立つことが証明できる(§30-2(a)参照).

　スペクトル線の総エネルギーはパーシバルの定理によりスペクトル強度の自乗の和で与えられるから,例えばローレンツ分布を持つスペクトル線では(30-5)から

$$E = \int_{-\infty}^{\infty}|A(\omega)|^2 d\omega = \frac{\pi}{\gamma}A_0^2$$

しかるにこのスペクトル線の中心強度を $I(\omega_0)$ とすれば(30-6)を考え

$$I(\omega_0) = \frac{A_0^2}{\gamma^2} = \frac{E}{\pi\gamma} = \frac{E}{\pi\varDelta\omega} \quad \therefore\quad I(\omega_0)\cdot\varDelta\omega = \frac{E}{\pi}$$

ローレンツ分布でなく例えばガウス分布であれば右辺は $\sqrt{\log 2/\pi}\cdot E$, (30-3)で与えられるようなスペクトル分布のものであれば右辺は $E/2$ となり,いずれにしても全エネルギーが一定であれば

$$I(\omega_0)\cdot\varDelta\omega = \text{const.} \tag{30-7}$$

という関係がある.これは吸収線の場合も同様で全吸収量を E として同様の式が成り立つ.

(c) 光のコヒーレンシー

(i) 時間的コヒーレンシー　　二つの光の振幅が $u_1(t)$, $u_2(t+\tau)$ で表わされているときこれを重ね合わせたものの強度は

$$|u|^2 = |u_1(t)+u_2(t+\tau)|^2$$
$$= |u_1(t)|^2+|u_2(t+\tau)|^2+2\,\text{Re}\,[u_1(t)u_2{}^*(t+\tau)]$$

ただし * は共軛複素数,Re は実数部を示す.これは速く振動する振幅の瞬間的な値であり,われわれが観測するものはこの時間平均である.光の振動は時間の原点のとり方に関係のない stationary time series として,おのおのの光の強度を時間平均をとり

と記せば上式は

$$I = \overline{|u|^2} = I_1 + I_2 + 2\,\mathrm{Re}\,[\overline{u_1(t)u_2{}^*(t+\tau)}] \tag{30-8}$$

いま

$$\left.\begin{array}{l} u_1(t) = A_1 \exp[i(\omega_0 t + \delta_1)] \\ u_2(t) = A_2 \exp[i(\omega_0 t + \delta_2)] \end{array}\right\}$$

で表わされているとすればこれから $\delta_2 - \delta_1 = \delta(t)$ として

$$I = I_1 + I_2 + 2\sqrt{I_1 I_2}\,\overline{\cos[\omega_0\tau + \delta(t)]} \tag{30-9}$$

となる．異なる光源から出た光は位相が全く無関係であるから $\delta(t)$ はランダムに変り

$$\overline{\cos[\omega_0\tau + \delta(t)]} = 0 \quad \therefore \quad I = I_1 + I_2 \tag{30-10}$$

このような光を互いにインコヒーレントな光という．もし $\delta=0$ であれば

$$I = I_1 + I_2 + 2\sqrt{I_1 I_2}\cos\omega_0\tau \tag{30-11}$$

あるいは二つの光の光路差を $\varDelta D$ とすれば

$$\omega_0\tau = \omega_0\frac{\varDelta D}{c} = k\varDelta D \quad \left(k = \frac{2\pi}{\lambda}\right)$$

$$\therefore \quad I = I_1 + I_2 + 2\sqrt{I_1 I_2}\cos k\varDelta D \tag{30-12}$$

これは時間を含まないから $\varDelta D$ が場所の関数であれば場所による定常的な明暗すなわち干渉縞が観測される．われわれがいままでの干渉の計算の基礎としてきた式はこの式にほかならない．このような光を互いに(時間的に)コヒーレントな光という．しかし前節に述べたように光の波連は有限の長さのものであるから同一光源を出た光を二つに分けたものでも光路差を与えれば一部分は次の波連と重なり互いに完全にコヒーレントでなくなり，光の寿命を $\varDelta T$ として光路差が $c\varDelta T$ より大になれば全くインコヒーレントになる．この中間の状態を互いに'半ばコヒーレント'な光という．したがって(30-12)は同一光源を出た光でも $\varDelta D = 0$ の場合にのみ適用されるものである．一般には $\delta(t)$ は重なり合っている光波の一部については0であるが残りの部分では全くランダムに変り任意の値をとるから $0 \leq \gamma \leq 1$ の係数を用いると

$$\overline{\cos[k\varDelta D + \delta(t)]} = \gamma(\tau)\cos k\varDelta D$$

と書け，(30-12)は正しくは

$$I = I_1 + I_2 + 2\sqrt{I_1 I_2}\,\gamma(\tau)\cos k\varDelta D \tag{30-13}$$

と書かれる．$\gamma(\tau)$ はコヒーレンス係数といわれ，これが 0 および 1 のときがそれぞれイン

コヒーレントおよびコヒーレントの場合である．

干渉模様のコントラスト V を(5-9)のように定義すれば

$$V = \frac{2\sqrt{I_1 I_2}}{I_1+I_2}\gamma(\tau) \tag{30-14}$$

したがって I_1, I_2, V を測れば $\gamma(\tau)$ は求められる．ΔD が十分に小さく(30-12)が(近似的に)成り立っているとしても光源が多数の波長の光を含むときはその干渉模様は(5-7)となることを先に示した．これは(30-13)と同じ形の式で，幅のあるスペクトル光による干渉模様はその中心周波数 ω_0 で代表される'半ばコヒーレントな単色光'として取り扱ってよくそのときの γ は(5-8)で与えられる．

 (ii) **空間的コヒーレンシー**　小光源 dq から出た光のその共軛面上の二つの小孔 Q_1, Q_2 における振幅を u_1', u_2'；Q_1, Q_2 を光源とする二次波が別のレンズによる共軛面上の P 点における振幅を u_1, u_2 とすれば，P における振幅は光源の全面積を Q として(23-7)すなわち

$$I(P) = \int_Q |u_1 u_1' + u_2 u_2'|^2 dq$$

で与えられる(図 23-5 参照)．§23 では二つのレンズをいずれも無収差の円形レンズとし $u = J_1(aR)/aR$ の形となるとして議論を進めたがもっと一般的に考えて見る．光源の各点はインコヒーレントの光を出しているとすれば光源全体による P の強度は

$$I = \int_Q |u|^2 dq = \int |u_1 u_1' + u_2 u_2'|^2 dq$$
$$= |u_1|^2 \int |u_1'|^2 dq + |u_2|^2 \int |u_2'|^2 dq + 2\,\mathrm{Re}\,[u_1 u_2^* \int u_1' u_2'^* dq] \tag{30-15}$$

dq から Q' までの光路長を $\widetilde{QQ'}$ と記し

$$\widetilde{QQ_1} = b_1', \quad \widetilde{QQ_2} = b_2'\,;\quad \widetilde{Q_1P} = b_1, \quad \widetilde{Q_2P} = b_2$$

とおけば $\exp i\omega_0 t$ の項を略し

$$\left.\begin{aligned} u_1' &= A(Q)\frac{1}{b_1'}\exp ikb_1', & u_2' &= A(Q)\frac{1}{b_2'}\exp ikb_2' \\ u_1 &= \frac{1}{b_1}\exp ikb_1, & u_2 &= \frac{1}{b_2}\exp ikb_2 \end{aligned}\right\}$$

したがって

$$|u_1|^2 \int |u_1'|^2 dq = \frac{1}{b_1^2}\int \frac{A^2}{b_1'^2} dq = I_1, \quad |u_2|^2 \int |u_2'|^2 dq = \frac{1}{b_2^2}\int \frac{A^2}{b_2'^2} dq = I_2$$

$$(u_1 u_2{}^*) \int (u_1' u_2'{}^*) dq = \frac{\exp ik\Delta D}{b_1 b_2} \int \frac{A^2 \exp ik\Delta D'}{b_1' b_2'} dq$$

ただし $\Delta D' = b_1' - b_2'$, $\Delta D = b_1 - b_2$

通常分母の b, b' は $\exp ik\Delta D$ にくらべゆっくり変るからこれを積分の外に出してよく

$$I_1 = \frac{1}{b_1 b_2 \cdot b_1' b_2'} \int A^2 dq = I_0, \quad I_2 = I_0$$

$$\therefore \quad I = 2I_0 \{1 + \mathrm{Re}\,[\gamma \exp ik\Delta D]\}$$

ただし $\quad \gamma = \dfrac{1}{I_0} \displaystyle\int_Q A^2 \exp ik\Delta D' dq \qquad (30\text{-}16)$

γ が実数であれば

$$I = 2I_0(1 + \gamma \cos k\Delta D) \qquad (30\text{-}17)$$

これは(30-13)において $I_1 = I_2 = I_0$ とおいたもので，(30-16)が拡がった光源による二点 Q_1, Q_2 のコヒーレンス係数である．(30-17)は§5-2で与えた種々の干渉模様の強度の式と同じもので，それぞれの場合の γ は(30-16)の特別の場合として与えられる．γ は Q_1, Q_2 の関数であるが，前節に述べたように時間差 τ の関数でもあるので $\gamma(Q_1, Q_2; \tau)$ または $\gamma_{12}(\tau)$ と記し，これが複素数であるときは複素コヒーレンス係数と呼ぶ．

(d) ファンシッタート-ゼルニケの定理

(30-16)は比例常数を除き S を開口とし開口内の振幅分布が $A^2(Q)$ の光の回折像を与える式(18-16)と同じ形のものである．したがって'光源 S による Q_1, Q_2 の複素コヒーレンス係数は光源と同じ形で，その中の振幅分布が光源の輝度分布と同じ開口の，Q_1 を基準とする Q_2 の回折像の振幅分布と同じである'といえる．これをファンシッタート-ゼルニケ (van Cittert-Zernike) の定理という．

例として前節の計算では小孔 Q_1, Q_2 が無限に小さいものであるとしたのを有限幅のものとし簡単のため二次元の問題として計算してみよう．光源はスリットに平行な幅 $2p$ の帯状のものとしスリット間隔を $\overline{Q_1 Q_2} = l$ とすれば，この光源を開口とするフラウンホーフェル回折像は Q_1 を原点とし先ずスリット幅が無限に狭いとすれば(18-26)により

$$u = \sin kl \frac{p}{f'} \Big/ kl \frac{p}{f'}$$

p/f' は光源の拡がりを角度で表わすものであるからこれを $\Delta\theta$ とおけば

$$\gamma = \frac{\sin kl\Delta\theta}{kl\Delta\theta}$$

像面上に二つのスリットを結ぶ方向と平行に x 軸をとり P の座標を x，これのスリット

の中間からの角方向を φ とすれば (3-6) から

$$\Delta D = -\frac{l}{f}x = -\varphi l$$

したがって像面上の強度分布はこれを (30-17) へ代入し

$$I = 2I_0\left(1 + \frac{\sin kl\Delta\theta}{kl\Delta\theta}\cos kl\varphi\right)$$

これは拡がった光源の強度分布として §6 で求めたもの (6-4) にほかならない．ここでスリットを有限幅のものとすれば，I はこれを一つのスリットの回折像の強度分布で振幅変調したものである (§19-3(b) 参照) から，スリットの幅を $2d$ とすればスリットの回折像は

$$A = \frac{\sin kd\varphi}{kd\varphi}$$

である．したがって

$$I' = A^2 I = 2I_0\left(\frac{\sin kd\varphi}{kd\varphi}\right)^2\left(1 + \frac{\sin kl\Delta\theta}{kl\Delta\theta}\cos kl\varphi\right)$$

これは細かく振動しつつ減少する $(\sin \Phi/\Phi)^2$ 形の曲線で，$\gamma>0$ のときは中央 ($\Phi=0$ のところ) が極大，$\gamma<0$ のときは極小となる．$\gamma\fallingdotseq 0$ のときには干渉模様は認められない．このときは m を整数として

$$\gamma = 0 \quad \text{すなわち} \quad kl\Delta\theta = m\pi \quad \therefore \quad \Delta\theta = \frac{m\pi}{kl}$$

したがってこのときの l が判れば光源の大きさ $\Delta\theta$ (または $2p$) が求められる．これは §6-3 で述べた二重星の間隔の測定法であるから天体干渉計は換言すればコヒーレンシーを測って光源の大きさを求めるものであるといってよい．

(e) 光のうなり

(i) 自然放射光のうなり　　光の干渉により強度分布が空間で周期的に変ったものが干渉縞であるが，異なる周波数 (または波長) の光を重ね合わせればその合成強度は時間的に変る．これが周期的に変る場合を音のときになぞらえてうなりという．自然放射による光は寿命がきわめて短く位相の全くランダムな光が次々と放射されるので，異なる光源から出た光は空間的に定常な干渉縞を作らない．これと同様，一般に異なる光源から出た光は (定常的な) うなりを生じないからこれを観測するには一つの光源から出た光を二つに分け一方の波長をわずかに変えて重ね合わせなければならない．例えばある光を振幅変調したときの側帯波はもとの光と変調波の和または差の振動数を持つからこれを重ね合わせればうなり

が観測される．また速い速度で動いているものからの反射光はドップラー効果により波長が少しずれるのでこれともとの光とを重ねても唸りは観測される[1]．しかし寿命が唸りの周期より長い二つの光を用いれば異なる光源からの光を重ね合わせても——寿命の間の過渡的な——唸りが観測されるはずである．これが検知できる周波数のものであればその存在を検知し得る．例えば寿命が $\varDelta T = 10^{-9} \sim 10^{-8}$ 秒ぐらいのスペクトル線があればこれの幅は(30-4)により波数にして

$$\varDelta \omega \sim \frac{1}{\varDelta T} = 10^9 \sim 10^8$$

したがって $\lambda = 5000$ Å の光であれば波長にして幅 $\varDelta \lambda \approx 0.01$ Å ぐらいのものがあればよい．水銀の $\lambda = 5460$ Å の微細構造の各線は大体このくらいの幅を持つ．これに磁場を掛けると図30-2(A)に示すように分離し，そのうち矢印をした輝線は約3000ガウスの磁場で間隔 0.1 Å となるから，これの重ね合わせによる唸りは 10^{10} Hz となり，スペクトル線の寿命を 10^{-7} 秒とすればこの間約1000の唸りが認められる．各回の唸りの位相は全くランダムであるが，この光を自乗検知器(例えば光電管)に入れれば位相には関係なくその出力により唸りの存在がわかる．フォレスターはこの光を特別に作った光電管(同図右)に導きその出力をマイクロ波の空洞共振器に導いた．磁場を変えながら光電管からの出力を測ったところ同図(B)のような結果を得て，3000ガウス付近において所期の周波数の唸りが発生していることを確めた．これは異なる光源からの光の唸りの最初の測定であるのみならず自乗検知器(出力が強度に比例し位相には関係のないもの)によりこれを検知し得ることを確認し，その後のレーザー干渉計や多くの実験の基礎となった大切な研究である[2]．

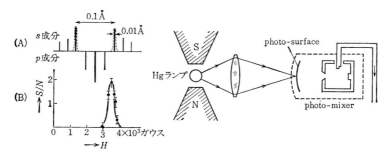

図 30-2

---

1) これらの例は，久保田，小倉他：応用物理 **33**(1964)67.
2) A. T. Forrester, R. A. Gudmunsen & P. O. Johnson: Phys. Rev. **99**(1955)1691.

(ii) **共鳴輻射の唸り**　光の発生機構のボーアモデルによれば，光は電子が高いエネルギー準位から低いエネルギー準位へ遷移するとき放射される．二つの高い準位からそれぞれ低い準位への遷移が起れば異なる波長の二つの光が放射されるがこれらの間には何らの位相関係もない．しかし二つの準位がある値——スペクトル線の幅——より接近していると準位間の相互作用により放射される二つの光はコヒーレントになり唸りが観測される．このとき二つの準位は互いにコヒーレントの状態にあるという．

このことは図 30-3 のような実験により He のスペクトルについて最初に見出された．すなわち同図(A)において二つの高い準位 A, B と低い準位 C とをそれぞれ添字 a, b, c で区別し二つの共鳴線 ω_{ac}, ω_{bc} が放射されているとしよう．A, B 準位は接近しており磁場をかけると互いにクロスするとする．図のように He ランプ L で照射した He を満たした管 T よりの共鳴線 (2^3P_1-2^3S, $\lambda=10380$ Å) は He の原子が基底準位 C から共鳴光を吸収して A, B へ上りこれから C へもどるときの光であるが，これに磁場をかけその強さを変えて同図(B)のように A, B 準位を交叉させながらその強さを観測すると，ちょうど二つの準位が交叉する磁場の強さ H_0 付近で放射光の強度が最大になる．この線の強度は三つの準位間の放射の遷移確率を f_{bc}, f_{ac}，吸収のそれを g_{cb}, g_{ca} とすれば二つの準位が十分離れているときは

$$I = |f_{bc} \cdot g_{cb}|^2 + |f_{ac} \cdot g_{ca}|^2$$

であるが，両準位が自然幅以内に接近して両者がコヒーレントの準位になると

$$I = |f_{bc} \cdot g_{cb} + f_{ac} \cdot g_{ca}|^2$$

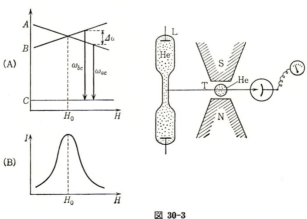

図 30-3

となるためである[1]. これは光の干渉を粒子論で説明するとき一つの光子が二つのスリットに同時に存在する確率が0でなくなるからで説明するのと同様に, 一つの電子が二つの準位に同時に存在する確率が0でなくなるので二つの準位からの光がコヒーレントになるからである.

この実験はその後さらに準位が交叉しなくとも二つの準位の間隔に相当する周波数の波をあててやるとこの準位がコヒーレントになり放射または吸収線の強度が変ることが知られた. すなわち図30-4のような装置で水銀の $\lambda=2537$ Å の線で水銀蒸気の入った管Tを照射してやると共鳴輻射が観測されるが, 磁場の中では選択則により $\Delta m=0$ $(0\to 0)$ の光のみしか観測されない(同図(A)). このとき外部から $m=\pm 1$ と0との間隔 $\Delta\nu$ にほぼ等しい周波数の電場をかけてやり磁場を変えていくと準位の間隔が $\Delta\nu$ に等しくなったとき共鳴線の強度が急増する(同図(B)). これは高周波電場により $m=\pm 1$ と0の準位がコヒーレントになって $\Delta m=\pm 1$ の遷移が可能となるためであり, $\Delta m=0$ の光との唸りである ν_0, $2\nu_0$ の放射が観測される. これは磁場の強さによる準位の変化を差し引けば磁場のないときの準位の間隔が逆算されるので微細構造の精密測定に利用されている[2].

全く同様なことが吸収線においても観測される. このときの唸りの周波数はゼーマン効果のために分かれた基底状態の準位の間隔に比例しこれは外部磁場に比例するので磁場の強さが精密に測れ, これを利用した地磁気の測定装置などもある[3].

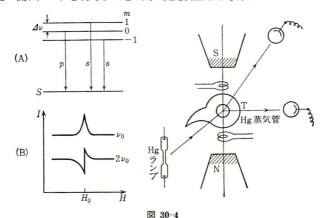

図 30-4

1) P. A. Franken : Phys. Rev. **121** (1961) 508.
2) J. N. Dodd & G. W. Series : Proc. Roy. Soc. **273** (1963) 41.
3) A. L. Bloom : Sci. Am. Oct. **1** (1960).

(iii) 誘導放射光の唸り　レーザー光はきわめて寿命が長いので唸りは容易に観測される．光の唸りは二つの光を同時に光電管に入れればその出力として観測されることがフォレスターの実験で確認されているので，レーザー光の場合も図 30-5 のようにレーザーからの光を一つの光電管に入れその出力を観測すればよい．レーザー光は理論上はきわめて狭い幅のものであるが，実際にはドップラー効果のための拡がりの幅の中に等間隔に各モードの光が多数ある(図 29-4)．光電管の出力にはまずこの間隔(いまの場合 150 MHz)を示すビートが見られる(同図)．しかしこのほかに高次のモードがありこれらとの間の唸りがその両側の小さい山となって観測される．レーザー光は可干渉距離が数 km ともいわれるので通常の可視光の方法などではその幅を求めることができないが，このような唸りの観測によってその幅を推定できる[1]．

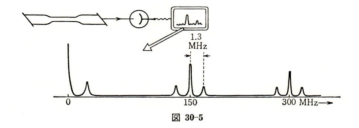

図 30-5

§30-2　統 計 光 学

(a) 光波の相関関数

§18 において回折の諸公式を導くのに光の時間的振動の部分を

$$V(\omega) = A(\omega) \exp i(\omega t + \delta) \tag{30-18}$$

とおいて空間変数から分離して回折像の空間的分布のみを論じた．時間に関する部分をこのようにおくことは光を無限に続く完全な正弦波形の単色光としたことになる．しかし光は多数の原子から出る位相が全くランダムな波連の集まりであり，位相のみならず各原子の熱運動によるドップラー効果などを考えると異なる波長のものが混り合っており，このような波は実際にはあり得ない．たとえ正弦波としてもその長さの有限なものはある瞬間を考えると有限幅のスペクトルを持っている(§30-1(b)参照)から，実際の光波は正しくは $A(\omega)$, $\delta(\omega)$ をランダムの関数として

---

1) D. R. Herriot : J. Opt. Soc. Am. **52**(1962)31.

$$v(t) = \int_0^\infty A(\omega) \exp i[\omega t + \delta(\omega)] d\omega \tag{30-19}$$

と記されるべきもので[1]，これを一つの複合過程と考えると，振幅，位相が時間とともに変るランダム現象すなわち雑音である．したがって光の振幅や位相は確率関数としてのみ意味がある．各波が全く独立であれば合成波の振幅の自乗は各成分波の振幅の自乗の和とされているが，これとてもその最も確からしい値にすぎずこのほかの値をとる確率は小さくない（§5-1 参照）．いままでに述べた光の干渉や回折の理論では振幅および位相は明確に定義された量であり微分方程式により完全に記述される，換言すれば因果律に従うものとして取り扱ってきた．事実これにより光の現象は完全に近いまでに説明されてきたのであるが，振幅および位相が確率的意味しか持たないものであれば本来は統計論的方法で取り扱わなければならない．これは古典力学に対する統計力学と全く同じ事情で統計光学という新しい分野を必要とするものである．

スペクトルの幅が余り広くないときは中心を ω_0, μ を微小量として (30-18) は

$$V(\omega) = A(\omega_0+\mu) \exp i\delta(\omega_0+\mu) \exp i(\omega_0+\mu)t$$

したがって始めの二項を $V(\mu)$ とおけば (30-19) は

$$v(t) = \exp i\omega_0 t \int_0^\infty V(\mu) \exp i\mu t d\mu$$

仮定により μ は小さく積分は時間によりあまり激しく振動する成分を含まないから時間とともにゆっくり変る関数 $\bar{A}, \bar{\delta}$ を用い上式は

$$v(t) \doteqdot \bar{A}(t) \exp i[\omega_0 t + \bar{\delta}(t)] \tag{30-20}$$

とおける．すなわち振幅，位相が時間とともにゆっくり変る振動数 ω_0 の単色光と考えてよい．図 1-7 および 8 で示した波はこのようなものの一例である．この振幅，位相の緩徐な変化を'ゆらぎ'といい，このような光を準単色光という．われわれがふつう単色光といっているのは厳密にはすべてこの'ゆらぎ'を伴う準単色光である．

(30-19) で表わされる光波の振幅および位相は確率関数であるからフーリエ解析によりそのスペクトルを求めることはできないが，このような関数の秩序性を把握するのには相関関数をとればよいことが知られている．二つの光波を $v_1(t), v_2(t)$ とすればその相関関数は $v(t)$ が stationary time series であるからこれを $|t| \leqslant T$ で定義し $T \to \infty$ にするという常とう手段で

---

[1] 通信理論の方ではこれを analytical signal といっている．

$$\Gamma_{12}(\tau) = \lim_{T\to\infty} \frac{1}{2T} \int_{-T}^{T} v_1(t) v_2^*(t+\tau) dt \tag{30-21}$$

これはもはや確率関数ではなく明確に定義せられた関数で，二つの振動の T 時間内のクロスパワースペクトルを $G_T(\omega)$ とすればウィーナーの定理により Γ と G_T はフーリエ変換の関係にあり

$$\int_{-\infty}^{\infty} \Gamma_{12}(\tau) \exp(-i\omega\tau) d\tau = \lim_{T\to\infty} \frac{1}{T} |G_T(\omega)|^2 \tag{30-22}$$

したがって $\Gamma_{12}(\tau)$ は二つの光を重ね合わせたときの強度と密接な関係がある．ところで二つの光 v_1, v_2 を重ね合わせたときの強度は通常の波動関数 $u(t)$ について (30-8) を導いたと同様にして時間平均強度として

$$\bar{I} = \overline{|v_1(t)|^2} + \overline{|v_2(t+\tau)|^2} + 2\,\mathrm{Re}\left[\overline{v_1(t)v_2^*(t+\tau)}\right]$$

となる．ただし $\overline{|v|^2}$ は平均強度を意味するから，これらを $\bar{I}_1, \bar{I}_2$ とし，また第三項は

$$\overline{v_1(t)v_2^*(t+\tau)} = \Gamma_{12}(\tau) = \lim_{T\to\infty} \frac{1}{2T} \int_{-T}^{T} v_1(t) v_2^*(t+\tau) dt \tag{30-23}$$

と書けるから (30-21) から

$$\bar{I} = \bar{I}_1 + \bar{I}_2 + 2\,\mathrm{Re}\,[\Gamma_{12}(\tau)] \tag{30-24}$$

$\Gamma_{11}(0) = \bar{I}_1, \Gamma_{22}(0) = \bar{I}_2$ であることを考え $\Gamma_{12}(\tau)$ を正規化して

$$\gamma_{12}(\tau) = \frac{\Gamma_{12}(\tau)}{\sqrt{\Gamma_{11}(0)\Gamma_{22}(0)}} = \frac{\Gamma_{12}(\tau)}{\sqrt{\bar{I}_1 \bar{I}_2}}$$

とおけば上式は

$$\bar{I} = \bar{I}_1 + \bar{I}_2 + 2\sqrt{\bar{I}_1 \bar{I}_2}\,\mathrm{Re}\,[\gamma_{12}(\tau)] \tag{30-25}$$

準単色光であれば (30-20) より $\bar{A}, \bar{\delta}$ は時間と共にゆっくり変る量として

$$v_1(t) = \bar{A}_1 \exp[i(\omega_0 t + \bar{\delta}_1)], \quad v_2(t) = \bar{A}_2 \exp[i(\omega_0 t + \bar{\delta}_2)]$$

とおき，これを (30-23) へ代入すれば $\bar{A}, \bar{\delta}$ は積分の外へ出せるから

$$\gamma_{12}(\tau) = \gamma_{12}(0) \exp[i(\omega_0\tau + \bar{\delta}_1 - \bar{\delta}_2)]$$

とおける．$\omega_0\tau + \bar{\delta}_1 - \bar{\delta}_2 = k\overline{AD}$ とおけば

$$\bar{I} = \bar{I}_1 + \bar{I}_2 + 2\sqrt{\bar{I}_1 \bar{I}_2}\,\gamma_{12}(0)\cos(k\overline{AD}) \tag{30-26}$$

これはゆらぎが 0 となった極限として (30-11) と一致し，$\gamma_{12}(\tau)$ は完全な単色光におけるコヒーレンス係数に相当することを示す．そこで統計光学においても $\gamma_{12}(\tau)$ を複素コヒーレンス，$\Gamma_{12}(\tau)$ を相互コヒーレンスという．これを用い寿命および半値幅の 1/2 を

§30 統計光学

$$(\Delta T)^2 = \int_{-\infty}^{\infty} \tau^2 |\Gamma_{11}(\tau)|^2 d\tau \Big/ \int_{-\infty}^{\infty} |\Gamma_{11}(\tau)|^2 d\tau$$

$$(\Delta \omega)^2 = \int_0^{\infty} (\omega - \bar{\omega})^2 I(\omega) d\omega \Big/ \int_0^{\infty} I(\omega) d\omega$$

ただし $\bar{\omega} = \int_0^{\infty} \omega I(\omega) d\omega \Big/ \int_0^{\infty} I(\omega) d\omega, \quad I(\omega) = |V(\omega)|^2$

と定義すれば(30-6)と同じ不確定関係

$$\Delta \omega \cdot \Delta T \simeq \frac{1}{2}$$

を得る．

(b) Γ の場

雑音としての光波では振幅，位相というものは定義できない．しかるにその相関関数は明確に定義されたものであるから $\gamma_{12}(\tau)$ は明確に定義された関数であり，かつ(30-14)により干渉縞のコントラストに比例するから測定により求めることのできる量である．そこで統計光学においては光波を表わすものとして，振幅，位相の代りに $\Gamma, \sqrt{I}$ を用いる．Γ はファンシッタート-ゼルニケの定理からもわかるように波動関数と似た性質を持つから波動方程式と同じような微分方程式を満足し空間を速度 c で伝播すると考えられる．事実二点 P_1, P_2 の座標を $(x_1, y_1, z_1), (x_2, y_2, z_2)$ としてラプラシアン

$$\nabla_j^2 = \frac{\partial^2}{\partial x_j^2} + \frac{\partial^2}{\partial y_j^2} + \frac{\partial^2}{\partial z_j^2}, \quad j = 1, 2$$

を(30-21)に作用させれば

$$\nabla_2^2 \Gamma_{12}(\tau) = \lim_{T \to \infty} \frac{1}{2T} \nabla_2^2 \int_{-T}^{T} v_1(t) v_2^*(t+\tau) dt = \lim_{T \to \infty} \frac{1}{2T} \int_{-T}^{T} v_1(t) \cdot \nabla_2^2 v_2^*(t+\tau) dt$$

しかるに $v_2(t)$ は波動方程式(1-12)を満足し $\varepsilon = \mu = 1$ として

$$\nabla_2^2 v_2(t+\tau) = \frac{1}{c^2} \frac{\partial^2 v_2}{\partial \tau^2} \tag{30-27}$$

$$\therefore \quad \nabla_2^2 \Gamma_{12}(\tau) = \lim_{T \to \infty} \frac{1}{2T} \frac{1}{c^2} \int_{-T}^{T} v_1(t) \cdot \frac{\partial^2}{\partial \tau^2} v_2^*(t+\tau) dt = \frac{1}{c^2} \frac{\partial^2}{\partial \tau^2} \Gamma_{12}(\tau)$$

(30-21)はまた

$$\Gamma_{12}(\tau) = \lim_{T \to \infty} \frac{1}{2T} \int_{-T}^{T} v_1(t+\tau) v_2^*(t) dt$$

とも書けるから全く同様にして

$$\nabla_1^2 \Gamma_{12}(\tau) = \frac{1}{c^2} \frac{\partial^2}{\partial \tau^2} \Gamma_{12}(\tau)$$

これが Γ の伝播の式である．$\Gamma_{11}(0)$ は P_1 の強度であることを考えるとこれから §18-3 で波動方程式から回折積分を導いたのと全く同様にしてある点の Γ を与えて所望の点の Γ または強度を求めることができる．

すなわち時間変数を分離するため (30-22) から $\Gamma_{12}(\tau)$ は

$$\Gamma_{12}(\tau) = \int_0^\infty G_T(\omega) \exp i\omega\tau d\omega \qquad (30\text{-}28)$$

とおけるからこれを (30-27) へ代入し積分の順序を変えると

$$\int_0^\infty (\nabla_j^2 + k^2) G_T \exp(-i\omega\tau) d\omega = 0 \qquad \left(j = 1, 2; \ k = \frac{\omega}{c} = \frac{2\pi}{\lambda} \right)$$

これがすべての τ について成り立つためには（簡単のため G と記して）

$$\nabla_j^2 G = -k^2 G \qquad (30\text{-}29)$$

これがヘルムホルツの式 (18-11) に相当するものである．これを図 30-6 のようなスリット S_1, S_2 について $G(S_1, S_2)$ が既知の場合に $G(P_1, P_2)$ を求める問題に応用してみよう．P_1, P_2 をかこむ面積を図の f としてグリーンの定理を用い上式から面積分の式を導けばよい．この場合のグリーンの定理に相当するものはスリットのところの法線を n_1, n_2 として

$$\left. \begin{aligned} G'(P_1, S_2) &= \frac{1}{4\pi} \int \left(G \frac{\partial H_1}{\partial n_1} - H_1 \frac{\partial G}{\partial n_1} \right) df \\ G''(P_1, P_2) &= \frac{1}{4\pi} \int \left(G' \frac{\partial H_2}{\partial n_2} - H_2 \frac{\partial G'}{\partial n_2} \right) df \end{aligned} \right\}$$

H_1, H_2 は (30-29) を満たす任意の関数であればよく，(18-12) にならい P_1, P_2 およびこれらの衝立に関する鏡像 P_1', P_2' から出る球面波との差

$$H_1 = \frac{\exp ikD_1}{D_1} - \frac{\exp ikD_1'}{D_1'}, \qquad H_2 = \frac{\exp(-ikD_2)}{D_2} - \frac{\exp(-ikD_2')}{D_2'}$$

をとる．また G, $\partial G/\partial n$ はスリット以外では 0 とすれば積分はスリット面のみとなるが，ここでは $H_1 = H_2 = 0$ であるから上式は

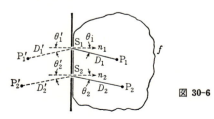

図 30-6

§30 統計光学

$$G'(P_1, S_2) = \frac{1}{4\pi} \int_{S_1} G \frac{\partial H_1}{\partial n_1} df_1$$

$$G''(P_1, P_2) = \frac{1}{4\pi} \int_{S_2} G' \frac{\partial H_2}{\partial n_2} df_2 = \frac{1}{(4\pi)^2} \int_{S_1} \int_{S_2} G \frac{\partial H_1}{\partial n_1} \frac{\partial H_2}{\partial n_2} df_1 df_2$$

これがキルヒホッフの積分(18-13)に相当する．したがって D と n とのなす角を θ とすれば(18-14)と同様にして

$$\frac{\partial H_1}{\partial n_1} \fallingdotseq 2ik\cos\theta_1 \frac{\exp ikD_1}{D_1}, \quad \frac{\partial H_2}{\partial n_2} \fallingdotseq -2ik\cos\theta_2 \frac{\exp(-ikD_2)}{D_2}$$

$$\therefore \quad G''(P_1, P_2) = \frac{1}{\lambda^2} \int_{S_1} \int_{S_2} G(S_1, S_2) \cos\theta_1 \cos\theta_2 \frac{\exp ik(D_1-D_2)}{D_1 D_2} df_1 df_2 \quad (30\text{-}30)$$

両辺のフーリエ変換をとれば(18-15)に相当するものとして

$$\Gamma(P_1, P_2) = \frac{1}{\lambda^2} \int_{S_1} \int_{S_2} \Gamma(S_1, S_2) \cos\theta_1 \cos\theta_2 \frac{\exp[-ik(D_1-D_2)]}{D_1 D_2} df_1 df_2 \quad (30\text{-}31)$$

これにより S_1, S_2 における Γ の値を与え P_1, P_2 のそれを求めることができる．

(c) スリットの回折像

二つの点光源のコヒーレンシーが与えられたときの回折像は§23-2(a)で与えたので，ここではスリットに直角に ξ 軸をとりスリット内のコヒーレンシー $\Gamma(\xi_1, \xi_2)$ が与えられたときの回折像を上式で求めて見よう．S_1, S_2 は一つのスリットの中の二点とし $P_1 \equiv P_2 \equiv P$ とすれば $\Gamma(P, P)$ はこれによる P 点の回折像の強度を与える．スリット面の ξ 軸に平行に像面に x 軸をとり二つの面の距離を b とすれば，P の座標を x として(3-6)から

$$D_1 \fallingdotseq -\frac{\xi_1}{b}x, \quad D_2 \fallingdotseq -\frac{\xi_2}{b}x$$

スリットの幅を $2a$，スリットの中の二点をそれぞれ ξ_1, ξ_2 として

$$\Gamma(\xi_1, \xi_2) = \exp\left[\frac{1}{\alpha}(\xi_1-\xi_2)\right]$$

と仮定すれば(30-31)は $\theta \fallingdotseq \theta' \fallingdotseq 0$ として

$$I(P) = \Gamma(P, P) = \frac{1}{\lambda^2 b^2} \iint_S \exp\left[\frac{1}{\alpha}(\xi_1-\xi_2) + i\frac{k}{b}(\xi_1-\xi_2)x\right]d\xi_1 d\xi_2$$

$$= \frac{1}{\lambda^2 b^2} \int_{-a}^{a} \Big(\int_{\xi_2}^{a} \exp\left[\frac{1}{\alpha}(\xi_2-\xi_1) + i\frac{k}{b}(\xi_1-\xi_2)x\right]d\xi_1$$

$$+ \int_{-a}^{\xi_2} \exp\left[\frac{1}{\alpha}(\xi_1-\xi_2) + i\frac{k}{b}(\xi_1-\xi_2)x\right]d\xi_1 \Big) d\xi_2$$

これを計算すると $\frac{2\pi}{\lambda b}a = A$ とおいて

$$I(\theta) = \frac{\alpha^2}{A^2\alpha^2\theta^2+a^2}\{(A^2\alpha^2\theta^2-a^2)e^{-a/\alpha}\sin A\theta(\sin A\theta\cosh A\theta+\cos A\theta\cosh A\theta)$$

$$-2A\alpha\theta a e^{-2a/\alpha}\sin 2A\theta\} + \frac{a\alpha}{A^2\alpha^2\theta^2+a^2}$$

種々の a/α についてこれをグラフに描くと図 30-7 のようになる[1].

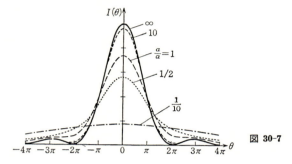

図 30-7

(d) 光の'ゆらぎ'

光波は先に示したように位相がランダムな多数の波の集まりで，一つの波として考えると振幅および位相は一定の値を持たず絶えずその平均値の周囲を変化しているものである．この平均値からの偏りを'ゆらぎ'といい，この'ゆらぎ'は(30-20)で示したように光のスペクトル幅がせまくなるほどゆっくり変るものである．量子統計力学によれば振動数 ν の光波の強度の自乗の'ゆらぎ'を $\varDelta I$ と記せば時間平均として

$$\overline{(\varDelta I)^2} = h\nu \bar{I} + \frac{c^3}{8\pi\nu^2}\bar{I}^2 \tag{30-32}$$

で与えられる．$h \to 0$ とすれば第二項のみとなることからもわかるように第一項は量子的な'ゆらぎ'であり，第二項が(a)で述べた光の波動性からくる'ゆらぎ'で，このときのフォトンの数を n とすれば $\bar{I}=nh\nu$，また $8\pi\nu^2/c^3$ は統計力学でいう位相空間の単位体積におけるこの光のモードの数((1-46)参照)であるからこれを g とおくと

$$\overline{(\varDelta I)^2} = \bar{I}^2\left(\frac{1}{n}+\frac{1}{g}\right)$$

となる．相関関数の測定に関係してくるのは第二項のみで，第一項は全く相関がなく相関関数測定における雑音の原因となる．そこで相関関数測定の S/N は(30-32)の第一項と第二項の比

---

1) G. B. Parrent, Jr. : J. Opt. Soc. Am. **49**(1959)790; G. B. Parrent, Jr. & T. J. Shinner : Optica Acta **8**(1961)101.

§30 統計光学

$$\frac{S}{N} = \frac{nc^3}{8\pi\nu^2} \tag{30-33}$$

ただしこの式は放射がボース-アインシュタインの統計にしたがう熱光源からの光についてのみ，すなわち天体などからの光や電波にのみ正しく適用され，真空管で発振される電波，真空放電や§29 で述べた特殊の発振法による光（スミス-パーセル光，アンジュレーター光，レーザー光）にはこの式は適用できない．

しかしこの値は振動数の自乗に逆比例するから同じ熱光源からのものであればマイクロ波では相関関数をとることが容易であるが，光波では至難であり相関がとれるかとれないかはやってみなければわからない．これを初めて試みたのがブラウン-トゥイスで図 30-8 のような装置を用いた．光源 Q(Hg アーク)からの光をフィルターを通し $\lambda = 4358\,\text{Å}$ の単色光としこれを半透明鏡により二つに分け，互いに鏡像の位置の近くにおいた二つの光電子増倍管 (RCA 6342) で受けその出力の相関をとったのである．二つの光電面が正しく鏡像の位置にあれば相関は最大値を示しこれから離れるにしたがい相関は悪くなる．一方の光電子増倍管をネジで横に動かしながら鏡像の位置からの横ズレ d を横軸として正規化した相関関数をとると同図右のグラフのようになった．実線は理論値であるがこれとの一致は満足なものと認められる．

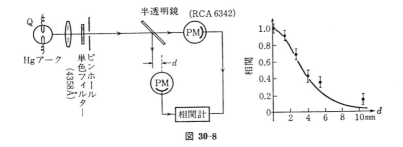

図 30-8

(e) 強度干渉計

いま振動数がほとんど等しい二つの波が重なり合っているとすればその'ゆらぎ'は

$$\overline{(\Delta I)^2} = \overline{(\Delta I_1 + \Delta I_2)^2} = \overline{(\Delta I_1)^2} + \overline{(\Delta I_2)^2} + 2\overline{\Delta I_1 \Delta I_2}$$

しかるに (30-32) により

$$\overline{(\Delta I_1 + \Delta I_2)^2} = h\nu \overline{(I_1 + I_2)} + \frac{c^3}{8\pi\nu^2} \overline{(I_1 + I_2)^2}$$

$$= \left(h\nu\overline{I_1} + \frac{c^3}{8\pi\nu^2}\overline{I_1{}^2}\right) + \left(h\nu\overline{I_2} + \frac{c^3}{8\pi\nu^2}\overline{I_2{}^2}\right) + \frac{c^3}{8\pi\nu^2}\cdot 2\overline{I_1I_2}$$

第一および第二項は $\overline{(\Delta I_1)^2}$, $\overline{(\Delta I_2)^2}$ であるから(30-24)により

$$\overline{\Delta I_1 \Delta I_2} = \frac{c^3}{8\pi\nu^2}\overline{I_1I_2} = \frac{c^3}{8\pi\nu^2}|\varGamma_{12}|^2$$

すなわち二つの光の'ゆらぎ'の相関は光の強度の相関に比例する．したがって二点における'ゆらぎ'の相関を測ることによりその点の間の光のコヒーレンス係数が求められる．しかるに二点のこの値をその間隔の関数として知ればそのフーリエ変換として光源の強度分布が求められることを示した(§30-1(e)参照)．これはマイケルソンの天体干渉計(§6-3参照)の原理であって，マイケルソンは二点を通った光の(振幅の)干渉縞のコントラストからコヒーレンス係数を求めたのであるが，これを載せる望遠鏡の機械的強度の関係および両端における空気の動揺の差のため基線長は余り長くできず測定精度に制限があった．この方法によれば二点においた光電管の出力の相関を測ればよいのであるから基線長は容易に大にでき，また'ゆらぎ'の周期は光波のそれにくらべ十分長いから(波長が大で)空気の動揺による影響も少ない．ただし強度の干渉であるから位相の情報は失われるので光源は中心対称のものと仮定する必要はある．

(30-33)に示したように S/N は ν^2 に逆比例するから長波長のものほど測定が容易であり，まず(1956年)電波干渉計($\lambda \fallingdotseq 3$ m)でラジオ星の直径の測定が行なわれた[1]．光についてこの干渉計が最初に作られたのはその二年後であるが通常の干渉は振幅の重ね合わせであるのに反しこれは強度の相関をとるので強度干渉計と名付けられた[2]．現在最も大きなものはオーストラリアのナラブライ(Narrabri)にあり望遠鏡の直径は 6.6 m，焦点距離 11 m，ただしこれは望遠鏡というより集光器であるから天体望遠鏡のような精度を必要とせず，小さな鏡を 250 枚寄せ集めたもので，二つの望遠鏡は直径 200 m の円形のレールの上を移動し測定時間中(一つの測定に約3時間)自働的に星を追うようになっている．これにより織女星(Vega)を測り図 30-9 のような値を得ている．図の破線は視直径を

$$2\Delta\theta = 0.0037''$$

としたときの理論値(ただし γ (§6-3参照)を 0.7 として)である．これは§6-3 で述べたマイケルソンの測定値より一桁小さいもので，同所で述べた例によれば富士山頂の人の身長を東京から 0.1 mm の精度で測ったことになる．

---

1) R. C. Jennison & M. K. Das Gupta : Phil. Mag. VIII **1**(1956)55, 65.
2) R. H. Brown & R. Q. Twiss : Proc. Roy. Soc. **A 248**(1958)222.

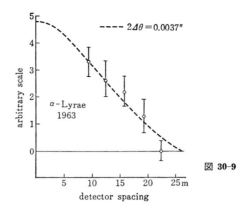

図 30-9

　これは天体からの光が通常の熱光源からのものとしての話であり，特殊な光源からの光についてはその従う統計により必ずしも適用できない．しかし上述の基本的のことは全く同じであるから，いままでの議論で考えられなかった高次のコヒーレンスを考え高次相関関数をとれば同様の測定ができる．また逆にこれらの測定からその光の従う統計を知ることもできる．

付録　回折像のグラフおよび数値表

　回折像の振幅および位相は電子計算機の発達した今日では所望の間隔および精度で容易に求められるが，理論上の見通しや予備的な計算には既存の数表やグラフまたは写真等が有用である．そこで種々の形の開口および収差があるレンズの回折像の文献を挙げておこう．ただし無収差レンズの焦平面における回折像は多くの書物に出ているので略する．収差（ピント外れを含む）の大きさはすべてその最大波面収差で表わし，光軸と直角の面を像面，光軸と主光線とを含む面を子午面と記す．＊印は本書に引用してある図を示す．

付録1　回折像の等強度線

　M. Bachinsky and G. Bekefi (1957) : J. Opt. Soc. Am. **47** 425.

無収差およびコマ並びに非点収差があるマイクロ波レンズの焦点面付近の強度および位相分布の実測値が理論値と並べてグラフで示してある．

　A. Boivin and E. Wolf (1965) : Phys. Rev. **138** B1561.

口径比が大きく計算に高次の項までとる必要があるときの回折像の等強度線（像面および子午面）．入射光は偏光．

　P. Everitt (1919) : Proc. Roy. Soc. **A83** 302.

半円形レンズの像面における回折像の等強度線．太陽やその他天体の大きさを測るのに用いられたヘリオメーターは半円形の対物レンズを用いていたので当時この研究は大切であった．

　G. W. Farnell (1957) : Canad. J. Phys. **35** 780.

無収差のマイクロ波レンズの回折像の強度および位相の実測値（子午面）．

　H. H. Hopkins (1943) : Proc. Phys. Soc. **LV** 116.

口径比が大きくて高次の近似を要するときの回折像の強度のグラフおよび数値．入射光の偏光面内とこれに直角の面内の強度分布が与えてある．Boivin(1965)などの研究の先駆となったもの．

　R. Kingslake (1948) : Proc. Roy. Soc. **61** 147.

コマ収差（$B_4=0.64\lambda$, 3.2λ および 6.4λ＊）があるときのガウス面上の回折像の等強度線図．このほかに種々の大きさおよびピント外れの像面上のコマの写真がある．

H. Kubota and S. Inoue (1959) : J. Opt. Soc. Am. **49** 191.

開口比の大きい偏光顕微鏡ではニコルを直交させても視野は暗黒とならずなお漏洩する光がある．これの作る回折像およびニコルの角が変ったときの回折像の等強度線図．

E. H. Linfoot and E. Wolf (1956) : Proc. Phys. Soc. **B 69** 823.

円形開口の回折像の像面および子午面内の強度および位相分布．

E. Lommel (1884) : Abh. Kais. Akad. Wiss. **XV** II-Abt.

ピンホール並びに小円板の後方のフレネル場の計算に必要なロンメル関数およびこれを用いて求めた回折像の強度分布の詳しい数表が(本書の記号で $0.2 \leqslant \tau \leqslant 2$, $0 \leqslant aR \leqslant 12$ の間を $\tau=0.2$, $aR=1$ おきに)与えてある．なおロンメル関数の表としては E. N. Dekanosidze: Tables of Lommel's Functions (Pergamon Press, 1960) があり $0.5 \leqslant \tau \leqslant 10.0$, $1 \leqslant aR \leqslant 4$ の値が $\tau=0.02$, $aR=0.01$ おきに与えてある．

A. Maréchal (1948) : Theses, Univ. Paris.[1]

等強度線を描く装置を作り非点収差($B_5=1.3\lambda$ の最小錯乱円面および焦線面上)の回折像の強度を描いた図*と回折像の写真*がある．この原文は入手し難いがそっくり Rev. Opt. に三回に分けて載っている(第1章，装置の理論：**26**(1947)257；第2章，装置の説明：**27**(1948)73；第3章，非点収差の等強度線：**27**(1948)269)．

A. Maréchal (1953) : Communication des Laboratoires de Inst. d'Opt. **2** Nov.

前記装置で描いた下記収差の回折像の等強度線で本報告はあまり広く頒布されていないが[1]，大部分は同氏，Françon および Linfoot の著書(表1，(IV)(V)(VI))に転載されている．

　球面収差($B=3.75\lambda$, 7.50λ, 11.25λ があるときの $v_0=0.9$, 1.0 および 1.1 の像面)
　コマ収差($B_4=2.5\lambda$, 5λ, 7.5λ があるときの $v_0=1$, 1.1, 1.2, 1.3 の像面)
　非点収差($B_5=0.5\lambda$, 1.0λ, 1.5λ があるときの最小錯乱円および焦線面)
　混合収差($B=2\lambda$, $B_4=\lambda$, $B_5=\lambda$ が混在するときのガウス像面)

B. R. A. Nijboer (1942) : Theses, Groningen.

ゼルニケの circle polynomial を用いて計算した非点収差($B_5=0.08\lambda$, 最小錯乱円面；0.16λ, 最小錯乱円面*および焦線面*)およびコマ収差($B_4=0.48\lambda$, ガウス像面*)の等強度線図．

K. Nienhuis (1948) : Theses, Groningen.

同じく circle polynomial による計算で非点収差($B_5=0.64\lambda$, 最小錯乱円面)およびコマ収

---

1) 山本忠昭(日本光学)の御厚意により入手．

差($B_4=1.4\lambda$, ガウス像面*)の等強度線図が示されているが，このほかにこれら収差の写真*があり前記 Nijboer の論文と共に等強度線および収差像の写真の決定版とされ多くの文献に転載されている(表1参照).

J. W. S. Rayleigh (1880) : Phil. Mag. 8 & 9(Sci. Pap. Vol. I : Cambridge, 1902).

収差の回折像を論じたものとしては最初の論文で，有名なレーレーリミットはこの論文中のコマ収差($B_4=\lambda/2, \lambda/4$, ガウス像面)の強度分布のグラフをもとにして提唱されたものである.

B. Richards and E. Wolf (1959) : Proc. Phys. Soc. **A 253** 358.

口径比が大きく高次の近似まで考えなければならないときのガウス像面の回折像の強度線図*. 入射光の偏光面が関係し中心対称ではない.

H. Saito (1960): 東大生産技研報告 **9** No. 3.

種々の形および位相差を持つ開口の回折像の等強度線およびその写真で，副鏡のある天体望遠鏡の回折像もあり行き届いた研究である．

F. Zernike and B. R. A. Nijboer (1949) : in "La Theorie des Images Optique"(Rev. Opt. Paris).

無収差*および一次球面収差($B=0.48\lambda^*$)，二次球面収差($B=2.4\lambda r^4+1.6\lambda r^6$)があるときの子午面内の等強度線図．circle polynomial による計算であるから自動的に中心強度最大の像面における強度分布が与えられている．

付録2　回折像の写真

複雑で計算できない場合を理論や計算を抜きにして見た目にきれいであるということを主とした回折像の写真，またはこれを主としたものには下のようなものがある．

J. D. Armitage and A. W. Lohman (1965) : Appl. Opt. **4** 461.

アルファベット全部および数字の0から9までの(形をしたスリットの)フラウンホーフェル回折像の写真．図形認知の理論に参考となる．

M. Cagnet, M. Françon and J. C. Thrierr (1962) : Atlas Optische Erscheinungen (Springer, Berlin).

干渉，回折の美しい写真が多数収めてある．強度の差の大きい像の撮影にいろいろの工夫をしたらしく明るいところをつぶさずに弱いところの微細な構造までよく出している．

E. Everhart and J. W. Kantrosky (1959) : Astrophys. J. **64** 455.

20 数種のいろいろな形をした開口のフラウンホーフェル回折像の写真．修正のあとが著しい．

　　F. S. Harris (1964)：Appl. Opt. **3** 909.

種々の特異な形をした開口のレーザー光による回折像の写真．露出を十分長くし弱い高次回折像までよく出ている．

　　A. I. Mahan, C. V. Bitterli and S. M. Cannon (1964)：J. Opt. Soc. Am. **54** 721.

頂角 $\theta=60°$, $90°$, $120°$, $180°$, $240°$, $270°$ および $330°$ の扇形開口の回折像の写真*および強度分布の計算値のグラフ．

　　S. Scheiner und S. Hirayama (1894)：Abh. König. Akad. Wiss. Berlin, Anhang-I.

いろいろの形の開口*およびその組み合わせたもののフラウンホーフェル回折像の写真．

付録3　著　　書

収差の回折像を多数載せてある著書には下記のものがある．付録1，付録2で述べた原論文中の図や写真で入手し難いものも大部分これらに転載されている．（番号の付してあるものは付録4の表1に内容が記してある．）

　　(I)　K. Bahner："Telescope" in Handbuch der Physik Vol. **29** (Springer Verl., Berlin, 1967)

　　(II)　R. Barakat：Progress in Optics Vol. **1** (North Holland, 1961).

　　　　M. Born：Optik (Springer Verl., Berlin, 1932).

著者の計算による無収差レンズのピント外れ像面のコマ収差，非点収差の強度分布のグラフおよびこれらの計算に必要な $J_1(v)J_2(v)/v$, $J_1(v)J_2(v)/v^2$ の数表が載っている．

　　(III)　M. Born and E. Wolf：Principles of Optics (Pergamon Press, London, 2nd Ed., 1964).

各種収差の回折像の強度および位相分布，回折像の写真が多数転載してある．

　　(IV)　M. Françon："Interference, Diffraction et Polarization" in Handbuch der Physik Vol. **24** (Springer Verl., 1956).

収差の回折像の等強度線および写真のほかに無収差レンズのピント外れ面*，球面収差があるときの種々のピント面の回折像の強度*の数表が A. Buxton (Month. Notice Roy. Ast. Soc. **81** (1921) 547, **83** (1923) 475), A. E. Conrady (同前, **79** (1919) 575) および L. C. Martin (同前, **82** (1922) 310) より抜粋し手際よく一つの表にまとめてある．

(V) E. H. Linfoot : Recent Advances in Optics (Oxford, 1955).

収差の回折像およびシュリーレン像の強度分布が多数載っている.

(VI) A. Maréchal and M. Françon : Diffraction (Rev. Opt. Paris, 1960).

(VII) J. Picht (1931) : Optische Abbildung (Braunschweig).

無収差レンズ(一次元,二次元)および球面収差があるときの子午面内の等強度線図. 同種の図としては最初のもので多くの文献に引用されている.

(VIII) F. M. Schwerd (1835) : Beugungserscheinungen aus dem Fundamentalgesetzen der Undulationstheorie, analytisch entwickelt und im Bilden dargestellt (Manheim).

いろいろの形の開口およびそれを規則正しく並べたもの(格子)の回折像を丹念に計算し図(木版)で表わしたもの. 回折像の図としては最も古いものの一つである(理化学研究所蔵書).

付録4 回折像の強度分布図一覧表

付録3の著書に収録されてある等強度線図をまとめて記した(表1). 書名の '(III) M. Born and E. Wolf' などは付録3の(III)の著者を意味し, 各欄内の (N : 1948) 等は付録1または付録2に記した原論文 'K. Nienhuis (1948) : Theses, Groningen' からの引用であることを示す.

付録5 主な数表および公式集など

G. N. Watson : A treatise on the theory of Bessel functions (Cambridge Univ. Press, 1944).

A. Gray and G. M. Mothens : A treatise on Bessel functions and their applications to physics (London, 1922).

F. Oberhättinger : Tabellen zur Fourier Transformation (Springer, Berlin, 1957).

E. Jahnke and F. Emde : Tables of functions (Dover, IVth Ed., 1945).

National Bureau of Standards, Applied Mathematics Series 32. Table of sine- and cosine-integrals for arguments from 10 to 100 (1954).

森口繁一他:岩波全書, 数学公式 I, II, III (1956).

林桂一著, 森口繁一補:高等函数表第2版(岩波, 1967).

E. N. Dekanosidze : Tables of Lommel's functions of two variables : U. S. S. R. Academy

表 1

書　名	無　収　差	球　面　収　差	コ　マ　収　差	非　点　収　差	そ　の　他
(I) K. Bahner (1967)	写真(C:1962)		$B_4=0.48\lambda$ (N:1942)	$B_5=0.16\lambda$ (N:1942)	写真(C:1962)
(II) R. Barakat (1961)	円形開口, 子午面 (Z:1949) 半円開口, 像面 (E:1919) 特殊開口, 像面 (S:1960)				偏光顕微鏡(K:1959)
(III) M. Born and E. Wolf (1964)	円形開口, 子午面 (L:1956) 輪帯開口 (S:1928)	$B=0.48\lambda$ (Z:1949)	0.48λ(N:1942) 1.4λ(N:1948) 3.2λ(K:1948) 6.4λ(K:1948)	0.16λ(N:1942) 0.64λ(N:1948)	等位相線図(F:1957) 非点収差, コマ収差, 球面収差の写真(N:1948)
(IV) M. Françon (1956)	円形開口(Z:1949)	1.9λ(P:1931) $4\lambda, 10\lambda$(M:1953) 一次5.625＋二次3.25 (M:1953)	$\lambda, 2\lambda$(M:1953) 12.8λ(K:1948)	0.16λ(N:1942) 0.64λ(N:1948) 1.275λ(M:1948)	混合収差(M:1948)
(V) E. H. Linfoot (1955)	円形開口(L:1953) および(Z:1949) 輪帯開口(L:1953)	0.48λ(Z:1949) 一次 $2.4\lambda+$二次 1.6λ $3\lambda, 4\lambda, 6\lambda, 10\lambda$ (M:1953)	$0.24\lambda, 0.48\lambda$ (N:1942) 1.4λ(N:1948) $3.2\lambda, 6.4\lambda$(K:1948)	0.08λ(N:1942) 0.16λ(焦面および最小錯乱円面) (N:1942) 0.64λ(N:1948)	混合収差(M:1953)
(VI) A. Maréchal and M. Françon (1960)			0.16λ(N:1942)	0.64λ(N:1948) 1.3λ(M:1948)	球面収差, コマ収差, 非点収差の写真(N:1948) 混合収差(M:1953) 非点収差の写真(C:1962)
本　　書 (1971)	輪帯開口(L:1953) 大口径比(R:1959) 円形開口(Z:1949)	0.48λ(Z:1949)	1.4λ(N:1948) 6.4λ(K:1948) 0.48λ(N:1942)	0.16λ(N:1942)	種々の形の開口 (M:1954, S:1894) コマ 0.16λ(N:1948) コマ 1.3λ(M:1948)

of Science Computing Center (Pergamon Press, 1960).

D. Bierens de Haan : Nouvelles Tables d'Intégrales Définies (P. Engels, Libraire Éditeur. 1867) (岩波, 1935).

C. F. Lindman : Examen des N. T. I. D. de M. Bierens de Haan (Amsterdam, 1867) (Stockholm, 1891), reprint 1944, N. Y.

あ と が き

　本書の姉妹編である"光学"を先生が岩波書店から出版されたのは 6 年前の昭和 39 年 9 月，ちょうど国際光学会議が，東京，京都で開催されていた時であった．本書はその続編ということで早くより執筆が進められていたが，昭和 40 年 11 月，心筋梗塞にかかられた以後は病床で執筆を継続され，昭和 43 年 1 月にはほぼ完成された．不幸にして，細部の修正中に同年 7 月序文もないまま遺稿となってしまった．この間の先生の執筆の御努力はまことになみ大抵のものではなかった．本書の完成にその全力をつぎこまれたということができる．序文については二，三のメモが枕元に残されていたが，それによると，

　'本書は物知りになるためのものではなく，基礎知識を多くつけてもらうもの，ゆえに新知をさけ温故に重きをおいた'，また'ありきたりのテキストから一歩突込んだ疑問を持たれたとき役立つ本として書いたつもり'，さらに'本書は近代光学の発展のトップを紹介しようというものではない''古典としての光学をしっかり身につけ新しいことを学んでほしいために書いたことは"光学"と同様'．

　わずか数行のメモではあるが，先生の本書の執筆の意図はこれで充分にくみとられることと思う．

　先生は昭和 9 年東大理学部物理学科を卒業後，理化学研究所石田研究室に入られたが，昭和 10 年現役兵として応召，昭和 14 年よりは陸軍兵技少尉として東京造兵廠に召集勤務された．昭和 17 年応召解除とともに東大第二工学部の助教授となられ応用物理学第二講座を担当され，昭和 23 年教授に昇任，昭和 25 年からは東大生産技術研究所に勤務され，以後昭和 43 年まで二十数年，光学の分野で指導的な研究を進められた．

　先生の光学における研究分野は，干渉計の応用研究，干渉薄膜の研究，色彩論の研究，偏光顕微鏡，位相差顕微鏡の研究，レンズ収差の研究，レスポンス関数の研究，レーザー光の光学への応用研究等，多方面にわたったが，その中心は光の干渉と回折の研究であったといえる．干渉の研究は，陸軍造兵廠でトワイマン干渉計によるガラスの脈理の研究をふりだしに，戦後は干渉薄膜の研究，干渉色の研究と発展した．また回折の研究は，昭和 14 年頃格子のミッシングオーダーを利用した網目の測定などから戦後の鋭い角を有する光源の回折像の研究をへて，位相差顕微鏡の結像性能，偏光顕微鏡の回折像の研究へと進

あ と が き

んでいった．また，レンズ収差とその性能の研究は，戦時中の光学系の分解能の研究からはじまり，偏心光学系の収差の研究，さらにレスポンス関数の研究へと発展した．

先生の業績は以上のように光の干渉，回折の研究を幹として，多岐にわたる研究がその枝となって栄えたものである．昭和34年には光学系の映像に関する研究で日本学士院賞が贈られ，また，昭和42年には干渉膜の研究に対して紫綬褒章が贈られている．

本書が，干渉，回折が柱となっているのには，このような先生の研究の集大成であるからである．

この大部の書を幸い先生の御遺志通り，岩波書店から出版されることになったが，とうてい私一人の手には余ることで，東大の小倉磐夫助教授，日本光学の鶴田匡夫主任研究員の両君にそれぞれ専門の項を分担していただき原稿の正確さを期した．さらに研究室の助手，院生諸君の協力を得て初校の段階で出来るかぎり誤りのないことを期した．なお不備の点が残っていることを心配するものである．読者諸賢の叱正を得て，本書をよりよいものにしたいと念願している．

岩波書店編集部の荒井秀男氏をはじめ本書の完成に御協力いただいた方々に，また先生の助手として執筆当初より膨大な文献の整備と原稿の整理に献身された只木靖子嬢に厚く感謝するものである．

　昭和45年12月

小　瀬　輝　次

人名索引

A

Abbe, E. 367, 370
Abelés, F. 212, 230, 231
愛知敬一 358, 359
Airy, G. B. 339, 357
Anderson, J. A. 93
Anderson, W. 467
荒 哲哉 206
Arago, D. 242
Armitage, J. D. 507
Artman, K. 36

B

Bachinsky, M. 317, 505
Bahl, R. 413
Bahner, K. 508, 510
Balcher, E. H. 467
Banning, M. 233
Barakat, R. 341, 346, 350, 353, 442, 443, 508, 510
Barham, P. M. 367
Barrel, H. 107
Bates, W. J. 187
Becknell, G. C. 258
Bekefi, G. 317, 505
Bennett, A. H. 176
Benoist, J. R. 124, 128
Bierens de Haan, D. 511
Billings, B. H. 226, 227
Birch, K. G. 427
Bitterli, C. V. 508
Blodgett, K. 199
Bloom, A. L. 443, 493
Bohlin, D. 258
Boivin, A. 298, 319, 505
Born, M. 508, 510
Bradley, J. B. 156

Brakte, E. 186
Brewster, D. 12, 28
Brossel, J. 69
Brown, D. 180, 188
Brown, D. S. 180, 187
Brown, R. H. 502
Bryant, H. C. 35
Bryant, J. F. 267, 268
Buchwald, E. 358
Burch, C. R. 172, 439
Burch, J. M. 178
Buxton, A. 508
Byram, G. M. 291, 292

C

Cagnet, M. 507
Candler, C. 128
Cannon, S. M. 508
Cerenkov, P. A. 466
Coleman, H. S. 171
Coltman, J. W. 402
Conne, P. 156
Conrady, A. E. 508
Conroy, J. 27
Coulson, J. 258
Cox, J. T. 215, 220

D

Das Gupta, M. K. 502
De, M. 397
Dekanosidze, E. N. 506, 509
Dodd, J. N. 493
Drew, R. L. 188
Drude, P. 47
Dufour, C. 212
Dugan, R. H. 35
Dyson, J. 179, 413

E

Eagle, A.　142
Ehrenberg, W.　278
Einighammer, H. J.　461
Einsporen, E.　53
Einstein, A.　468
Elder, F. R.　464
Emde, F.　290, 509
遠藤　毅　271
Epstein, L. I.　212
Euler, L.　237
Everhart, E.　507
Everitt, P.　281, 505
Exner, F.　357

F

Fabry, C.　124
Faraday, M.　3
Farnell, G. W.　311, 505
Fizeau, H.　2, 75, 119
Forrester, A. T.　491
Foucault, L.　2
Françon, M.　195, 198, 416, 506, 507, 508, 510
Franken, P. A.　493
Fresnel, A. J.　2, 23, 25, 237, 242, 258
藤原咲平　357
藤原史郎　220
福原　明　461

G

Gabor, D.　460
Garbuny, M.　19
Gardner, I. C.　176
Gates, J. W.　50
Gebbie, H. A.　122
Gehrcke, E.　65
Goldman, S.　450
Goos, F.　36
Gouy, M.　312
Gray, A.　509

Grimaldi, F.　237
Grimes, D. N.　367

H

Hänchen, H.　36
Hariharan, P.　190, 294
Harris, F. S.　254, 508
Harrison, G. R.　150
Haas, G.　215, 220, 235
林　桂一　509
Helmholtz, H. L. F.　23, 367
Herpin, A.　212
Herriot, D. R.　470, 477, 494
Herschel, F. W.　279
Hertz, H. R.　2, 3
日比忠俊　460
Hirayama, S.　267, 268, 508
Hopkins, H. H.　318, 367, 384, 395, 505
Hopkins, R. E.　477
Houston, A.　341, 346
Hulthén, E.　139
Huygens, C.　2, 237

I

Innes, D. J.　443
井上信也　287, 506
石黒浩三　465
岩崎敏勝　225, 232
岩田　稔　208, 231

J

Jacquinot, P.　440
Jahnke, E.　290, 509
Jamin, J.　193
Jennison, R. C.　502
Jordey, M.　195
Joulin, M. P.　313

K

Kaczmarke, F.　482
Kämmerer, J.　331

Kantrosky, J. W.　　507
木村信義　218
Kinder, W.　　415
Kings, P.　　219
Kingslake, R.　　340, 505
木下是雄　69
Kirchhoff, G. R.　　238, 242, 257
Kofink, W.　　220
Kohlrausch, R.　　1, 2
菰田 孜　461
近藤正夫　301
Kösters, W.　　109, 130
Kraus, K.　　110
Kross, J.　　350
Krug, W.　　415
久保田 広　34, 38, 78, 84, 166, 169, 203, 206, 223, 287, 331, 369, 379, 389, 399, 408, 420, 506

L

Landwehr, R.　　132
Lansraux, G.　　443, 444
Lau, E.　　155, 184, 415
Lebedeff, M. A. A.　　415
Leith, E. N.　　452, 458
Lenouvel, F.　　186, 198
Lenouvel, L.　　186, 198
Li, F.　　255
Lihotzky, E.　　330
Lindman, C. F.　　511
Linfoot, E. H.　　311, 322, 352, 506, 509, 510
Lyot, B. F.　　435
Lockhart, L. B.　　219
Lohman, A. W.　　507
Lommel, E.　　238, 297, 301, 506
Lorentz, H. A.　　2, 23
Löwe, F.　　102
Lummer, O.　　65

M

Mach, L.　　108

MacReady, L. L.　　44
Mahan, A. I.　　280, 281, 288, 508
Maker, P. D.　　482
Maréchal, A.　　344, 352, 506, 509, 510
Martin, L. C.　　316, 508
増井敏郎　110, 124, 126
Maxwell, J. C.　　1, 3, 5, 7, 113, 237, 238, 242
Meier, R. W.　　456
Meissner, K. W.　　148
Mentzer, E.　　220
Mereland, M. A.　　175
Merton, T.　　418
Mertz, L.　　462
Michelson, A. A.　　95, 96, 97, 99, 110, 113, 118, 119, 121, 123, 127, 146, 174
三島忠雄　152
宮本健郎　258, 331, 389, 398, 399, 435
Mölenstedt, G.　　47
Montgomery, A. I.　　404
森口繁一　352, 509
諸隈 肇　472
Mothens, G. M.　　509
Motz, H.　　465
Mourashkinsky, B. E.　　363
Muckmore, R. B.　　216
村岡一男　54, 125, 192
村田和美　391, 399, 403
Murty, M. V. R. K.　　177, 185

N

長岡半太郎　152, 262, 295, 359
中村日色　366
波岡 武　145
Nernst, W.　　47
Neuhaus, H.　　139
Newkirk, G.　　258
Newton, I.　　2, 204
Ng, W. K.　　476
Nienhuis, K.　　338, 340, 344, 506
Nijboer, B. R. A.　　297, 316, 337, 340, 344, 355, 506, 507

O

Oberhättinger, F.　509
大頭 仁　408
及川 昇　420
O'Neill, E. L.　450
小瀬輝次　78, 211, 223, 404, 456, 459
Osterberg, H.　19, 422

P

Parrent, Jr., G. B.　500
Parrent, G. P.　265
Pernter, J. M.　357
Pérot, A.　124
Philpot, J. St.　417
Picht, J.　509
Poisson, S. D.　242
Polster, H. D.　400
Prins, J. A.　358
Pulfrich, C.　372
Purcell, E. M.　465

R

Rayleigh, J. W. S.　21, 71, 81, 84, 101, 102, 117, 278, 280, 304, 321, 339, 360, 368, 376, 507
Renard, R. H.　36
Richards, B.　319, 507
Richter, R.　328, 334, 335
Riesenberg, H.　262, 279
Riseberg, L.　353
Rowland, H. A.　139, 142
Rubinowicz, A.　257, 258

S

斎藤弘義　281, 284, 285, 507
佐藤俊夫　38
里見恭二郎　38
Saunders, J. B.　186, 192, 193
沢木 司　223
佐柳和男　304

Schäfer, C.　78, 84
Scheiner, S.　267, 268, 508
Schönrock, O.　117
Schwerd, F. M.　509
Scott, N. W.　235
Searls, G. F. C.　89
Selwyn, E. W. H.　294
Sen, D.　190
Sergent, B.　198
Series, G. W.　493
瀬谷正男　145
清水嘉重郎　270
Shinner, T. J.　500
Sirks, J. L.　142
Smith, S. J.　465
Snitzer, E.　19
Solet, J. L.　305, 307
Sparraw, C.　365
Steel, W. H.　110, 395, 477
Strauble, R.　286
Strehl, K.　335
Stroke, G. W.　458
Strong, J.　178, 199
鈴木恒子　279, 305

T

田幸敏治　118, 465
田中舘寅四郎　358, 359
Taylor, H. D.　201, 202
Thelen, A.　234
Thompson, B. J.　265, 367, 460
Tolansky, S.　67, 68, 70
朝永良夫　131
外村 彰　460, 461
辻内順平　448, 449
鶴田匡夫　197, 405
Tuckerman, L. B.　31
Turner, A. F.　225
Twiss, R. Q.　502
Twyman, F.　109, 173

U

Upatnieks, J.　452, 458

V

Väisälä, Y.   175
van Cittert, P. H.   376, 489

W

Wadsworth, F. L. O.   142, 143, 377
Wang Ta-Hang   325
渡辺 宏   460, 461
Waterstein, I.   113
Watson, G. N.   290, 368, 509
Waetzmann, E.   184
Weber, W.   1, 2
Weinstein, W.   228, 293, 295
Welford, W. T.   145
Williams, W. E.   102

Wolf, E.   311, 319, 320, 322, 505, 506, 507, 508, 510
Wolter, H.   286
Wood, R. W.   150, 308
Woodburg, E. J.   476
Woodson, R. A.   113

Y

山本忠昭   416, 478, 506
吉原邦夫   122
吉永 弘   225, 232
Young, N. O.   2, 40, 237, 258, 462

Z

Zehnder, L.   108
Zernike, F.   104, 316, 337, 418, 507

事 項 索 引

ア

アステロイド　348
アッベの模擬顕微鏡　372
analytical signal　495
油の薄膜　199, 204
アポディゼイション　439, 443
アポディゼイションフィルター　390
アラゴーの点　242
アルブレヒトの四面体　102
アンジュレーター　465
アンバーコート　203
アンペールの定理　3

イ

イーグルマウンティング　138, 143, 145
位相合致の効果　482
位相格子　418
位相差顕微鏡　386, 418, 420
位相差法　438
位相速度　20, 21
位相板　419
位相反転　28
位相フィルター　439
一般化した屈折率　27, 199
色消位相差板　34
色消干渉縞　84
色消反射防止膜　216, 217
inclination factor　239, 241
interferogram　122

ウ

ウィーナーの実験　12, 46, 47, 99
ウィリアムズの干渉計　172
ウェーツマンの干渉計　184
ウォラストンプリズム　197, 405, 416
ウォルターの方法　286

宇宙通信　480

エ

エアリーの円盤　261, 264, 359
エアリーの虹の積分　357
液浸系　364
エシェル(Echelle)　149, 150
エシェレット(Echelette)　149, 150
エシェロン(階段格子)　145
S/N 比　450
エタロン　66, 417
　――分光器　65
　――を用いた干渉屈折計　105
　球面――　155
　共焦点型――　155
　共振器としての――　152
　同心型球面――　156
　二組の――　153
X線ホログラフィー　461
エーテル　2, 27, 109, 113
A(文字)の回折像　268
エバートマウンティング　145
effective source　384
encircled energy　262, 279, 320, 392, 444
円偏光　13

オ

凹凸の測定　49, 53
optical transfer function (OTF)　379
オームの法則　4, 14
凹面格子　139
温度放射　467

カ, ガ

開口数(N.A.)　364
回折　237
　――積分　244

事項索引   521

——の積分方程式　254
フラウンホーフェルの——　246, 255, 259, 371
フレネルの——　249, 295, 296
回折格子　137
　——の角分散　139
　——の分解能　138, 139
　——の分光学的性能　137
　——分光器　142
回折像　244
　——の一般的性質　266
　——の色　270
　——の強度分布　335, 340, 343, 344, 349
　——の軸上強度　315, 325, 334
　——の中心強度　315, 320, 338, 390, 446
　——の等強度線　281, 285, 287, 292, 307, 316, 322, 340, 341, 344
　位相格子の——　418
　位相差のある開口の——　285
　A（文字）の開口の——　268
　円形開口の——　260, 285, 295
　円形光源の——　293
　開口の一部を覆ったものの——　278
　共軛面上の——　246
　矩形開口の——　249, 260
　格子（N個のスリット）の——　273
　3（数字）の開口の——　268
　周期的開口の——　271
　収差の——　332
　小円板の——　299
　小粒子の——　264
　スリットの——　247, 250, 251, 499
　鋭い角のある光源の——　292
　正弦波格子の——　277
　正五角形開口の——　268
　正三角形開口の——　283
　正六角形開口の——　268
　扇形開口の——　280
　線光源の——　289
　半円開口の——　281
　半無限の面光源の——　290
　半無限平面の——　250, 251
　拡がった光源の——　289
　複スリットの——　272
　二つの三角形開口の——　268

　二つの半円開口の——　268
　扁円開口の——　268
　三矢型開口の——　284
　無限に拡がった格子の——　274
　屋根型プリズムの——　288
　輪帯状光源の——　294
解像限界　359, 370, 374, 381
　コヒーレントでの——　362
　スパローの——　365
　二次元的——　363
　物体面での——　364
　レーレーの——　359
解像力　303, 359, 387, 388
　——向上フィルター　441, 442
　顕微鏡の——　365
　再回折系の——　373
　周期的構造を持つ物体に対する——　368
　定量的な——　364
　ピンホールカメラの——　303
可干渉（コヒーレント）な光　39
角周波数　10
可視度曲線　113
　——による分光測定　114
　H_α 線の——　121
　Na の D 線の——　119
　Hg の緑線の——　121
過剰虹　356
火線　355
偏った波　11
Cd の赤線　118, 125
可変位相差顕微鏡　420
可変フィルター　231
干渉　39
　——の応用　99
　格子による——　57
　振幅分割の——　39, 47
　振幅分割の多波——　62
　等傾角の——　54
　波面分割の——　39
　波面分割の多波——　57
　複スリットの——　40
干渉顕微鏡　412
干渉縞　39, 40, 71, 195, 198
　——の諸常数　59

――の測定精度　42
――の finesse　64
等厚の――　47
白色――　79, 101, 112, 415
干渉色　204
干渉フィルター　38, 66, 223
干渉分光器　132
干渉模様　71, 85
――の所在(localization)　87, 89
吸収スペクトルの――　78
矩形スペクトル分布をもつ光の――　76
楔面の――の所在　89
完全反射防止の条件　201, 221

ガウス像点　326
ガウスの定理　5
ガードナー－ベネットの改良干渉計　176
ガンマの場　497

キ, ギ

幾何光学的影の境　315
基準波面　158
気体の屈折率　99, 106, 107
――の精密測定　99
――の変化の測定　106
気体レーザー　473
Q　152
吸収係数　15
球面エタロン　155
球面波　7
共焦点(confocal)型エタロン　155
共焦点の凹面系　256
共振器　152
強電場の発生　480
強度干渉計　97, 501
共鳴輻射の唸り　492
共軛像　453
極小強度法　286
曲率の測定　53
巨大パルスレーザー　475
キルヒホッフの積分　242
キルヒホッフ－ゾンマーフェルドの置換　243
金属薄膜　225

偽解像　388

ク, グ

空間周波数　379
空間周波数フィルター　448
空間的コヒーレンシー　488
矩形波チャート　401
楔形の空隙の測定　50
屈折干渉計　99, 105
屈折率　7
――の測定(気体)　106
一般化した――　27, 199
群――　104
複素――　14
くり返し反射　18, 29
――干渉　62
――干渉顕微鏡　417
――の位相差　68
cliff interferometer　44, 92
Kr^{86}線　118, 126
クーロンの法則　1

グリーンの定理　242
grazing incidence　27, 32
群屈折率　104
群速度　20, 21, 104

ケ, ゲ

硅藻　373
KDP 結晶　482
ケスターズ
――の絶対干渉計　127
――測長干渉計　126
――(複プリズム型)測長干渉計　130
ケテレの環　80
ケーラー照明　367, 370
顕微鏡の解像力　365
顕微鏡対物レンズ用トワイマン干渉計　172

ゲルマニウム　202

コ, ゴ

高解像フィルター　389, 390
光学系の評価法　387
光学的アドミッタンス　212
光学的格子　57
光学的相関計　407
光学的筒長　372
光学的薄膜　199
光環(corona：月光冠，日光冠)　264
高屈折率の蒸着物質　220
格子　57
　——の回折像(N個のスリット)　273
高次の群速度　22
高調波の発生　481
光波による測長　123
光波の相関関数　494
光路差　40
固体レーザー　472
コヒーレンシー
　空間的——　488
　時間的——　486
コヒーレンス係数　489, 496
　複素——　489
コヒーレント系のレスポンス関数　382
コヒーレントな光　39
コマ収差　163, 182, 338, 397
　——の許容値　339
common-path の干渉計　130, 173
コールドフィルター　234
コルニュの渦線　251
コロナグラフ　435
混濁度　409
コントラスト　74, 86, 384, 385
コントラスト法　400
コンペンセーション　112
コンペンセーター　102, 110, 112, 187, 188

ゴースト(幽霊像)　201
五層膜　214
五次球面収差　354
五次収差　327, 329

サ, ザ

再回折による色消し　85
再回折(光学)系　370, 423
　——としての顕微鏡　370
　——の解像力　373
再回折像の色消性　372
最小偏角　355
最大収差の点　326
最大振幅(振幅)　9
最良像点　326, 328, 329, 335
　——の波面収差　327
最良像面　323
　幾何光学的——　323
　収差が大きいときの——　328
　収差が小さいときの——　325
circle polynomial　297, 352
錯乱円　319
　幾何光学的——　320
　最小——　343
サニヤックの干渉アタッチメント　414
サバールプレート　193, 196, 415
3(数字)の回折像　268
三角光路型干渉計　189
三角光路測長干渉計　129
三次球面収差　325, 354
三次収差　328
三準位レーザー　469, 472
三色分解フィルター　233
三層超色消膜　220
三層膜　218
サンプリングの定理　392
三枚鏡(cube corner)　110
散乱光による干渉法　177

ザイデル収差　333, 345, 394
　——の回折像　333
雑音除去フィルター　439, 450

シ, ジ

色相　204
自然光　12, 462
自然幅　118, 119

事項索引

自然放射　467
自然放射光の唸り　490
1/4波長板　34
遮断周波数　381, 390
遮断波長　18
シャボン玉　199, 204, 206
収差
　——関数の展開　349, 352
　——図形　346
　——の回折像　332
　——の干渉縞の解析　168, 169
　——の干渉図形　160, 181, 184
　——の検出(位相差法)　438
　——のシュリーレン像　435
　——の測定　164
　——の直読　195
　——の中心強度　351
　一次——　181
　一次コマ——　354
　球面——　162, 163, 333, 348
　五次——　327, 329
　五次球面——　354
　コマ——　163, 182, 338, 397
　三次——　328
　三次球面——　325, 354
　縦(軸上)——　324
　横の——　324
周波数スペクトル　21
周波数フィルター　378
周辺波の理論　257
主虹　355, 357
主焦点　301, 304
シュミットカメラの補正板　445
シュリーレン　354
　——効果　374
　——法　386, 423
シュリーレン像　423
　明るさが不連続のときの——　427
　位相が不連続のときの——　429
　円形レンズの——　431
　収差の——　435
　ナイフエッジが対称のときの——　425
　ナイフエッジがないときの——　425
　ナイフエッジが非対称のときの——　428

　無収差レンズの——　424
消失性の波　15, 18
焦点深度　319, 320, 321
焦点付近の位相異常　309
silicaのskeleton層　202
シルクスの解　143
シンクロトロン発光　463
浸透深度　15
振動の腹　16
振動の節　16
振動面分割による干渉　40
振幅および位相条件　201
振幅フィルター　439, 491
振幅分割による多波干渉　62
振幅分割による干渉　39, 47

時間的コヒーレンシー　486
自己相関関数　383
自乗検知器　451
実時間(干渉)法　458
ジーメンススター　387
ジャマンの干渉計　83, 100, 110
ジャマンの偏光干渉計　193
自由度　393
寿命　467
　——と半値幅　484

ス

スカラー場の理論　238
stigmatic mounting　143
スツルブの関数　290
stationary phaseの原理　257
ストークスの定理　5
ストレールのディフィニション(S.D.)
　320, 351, 390, 448
スネルの式　25
スネルの法則　23
スパローの解像限界　365
スペクトル線
　——の半値幅　377
　水銀の——　125
　水素の——　121
スペクトルの微細構造　119, 122
spacer　225

事　項　索　引　　　525

スミスチャート　212
スミス-パーセル光　501
スミス-パーセル効果　464
鋭い角のある光源　292

セ，ゼ

正弦波格子　277
正弦波チャート　400
正五角形開口　268
正三角形開口　283
制動放射　463
正六角形開口　268
積層偏光子　30
瀬谷マウンティング　144
self-trapping の効果　473, 482
遷移（自然放射）の確率　467
鮮鋭度　385, 389
扇形開口　280
線光源　289

ゼルニケの干渉計　104
ゼルニケの多項式（circle polynomial）
　　352, 354
全反射
　——における横変位　35
　——の場合の屈折波　34
　——半透明鏡　37
　——を用いる干渉フィルター　226

ソ，ゾ

双極子　11
相互コヒーレンス　496
相反性　269
相補的な開口　264
相補的な分光分布　77
測長干渉計　126
測長誤差の検討　131
ソレーの輪帯板　305
像
　——のコントラスト　202
　——の鮮鋭度　389
　——の反転　388

像面彎曲　163, 165, 166, 183
ゾナー型写真レンズ　389
ゾンマーフェルドの回折理論　238

タ，ダ

帯域フィルター　224, 229
多重露光法　458
多焦点のレンズ　301
多色光の干渉（模様）　71, 73
多層膜
　——の反射率　206
　五層膜　214
　三層膜　218
　多層反射防止膜　214
　二層膜　214, 222
たたみ込み（convolution）の定理　272, 379
多波干渉　56, 57, 62
単一評価尺度　392
単色フィルター　224
単層膜　199, 221

ダイソンのアタッチメント　413
楕円偏光　12
ダークコントラスト　420

チ

中心強度が最大のフィルター　441
忠実性　389
注入レーザー　475
チェレンコフ効果　465
超微細構造　135
調和振動子　462
直交多項式　350
直接像　453
直線偏光　11, 12
直列インピーダンス　212

テ，デ

TE 波　44, 45
TEM 波　11
TM 波　44, 45

定常状態　467
定常波　15, 17, 44
テプラーの方法　430
点像強度分布のモーメント　392
天体干渉計　93, 96

電子波によるホログラフィー　459
電磁波　1
　——の速度　2
　——の伝播　6
　——ベクトル　44
電磁場のエネルギー　11
電場波の振動面　12

ト，ド

等厚の干渉縞　47
透過エシェロン　147
透過型干渉顕微鏡　412
透過型積層偏光子　30
透過率
　——のフレネル係数　27
　帯域フィルターの——　229
　多層膜の——　210
同心(concentric)型球面エタロン　156
透磁率　1
特殊用途の干渉フィルター　231
特性マトリックス　209, 214, 230
トランスキーの方法　67
トワイマンの干渉計　158, 172

導体中の波　14
導波管　17, 18
ドップラー幅　116, 119, 470
ドルウの干渉計　188

ナ

ナイフエッジ　424
ナイフエッジテスト　423
半ばコヒーレント　487
長さの国際標準　125
NaのD線　119
　——の可視度曲線　120
波の位相　9

ナラブライ　502

ニ

肉眼のレスポンス関数　408
虹　355
　——の色　357
　——の強度分布　356
二次波　239
二重焦点フィルター　447
二重焦点法を用いた干渉顕微鏡　417
二重星の測定　93
二層膜　214, 222
　——の反射率の軌跡　218
　任意膜厚の——　217
入射面　23
ニュートンの粒子説　237
ニュートンリング　50, 74, 90, 206, 313
　——の色　204

ネ

ネガティブコントラスト　420
熱線遮断フィルター　234
熱線フィルター　234
ネーレンベルグの偏光器　29

ノ

ノーダルスライド　164
ノーマルスペクトル　142
乗鞍コロナ観測所　435
nonlocalized fringe　40

ハ，バ，パ

ハイディンガー干渉縞　55, 110
白虹（または霧虹）　358
白色干渉縞　79, 101, 112, 415
白色光
　——による厚い板の干渉縞　80
　——の干渉模様　79
波数　10
発散光束　17
波動光学的レスポンス関数　395, 398

事項索引　　　　　　　　　　　　　　　　　527

波動方程式　6
波面　9
波面折り返し重ねの干渉　191
波面光学的最良像面　323
波面収差　323
波面分割による干渉　39,40
波面分割による多波干渉　57
ハルトマンの特性常数　392
ハロ　261
半円開口　281
反射エシェロンの分解能　146,147
反射・屈折の法則　23
反射増加膜　204,232
反射望遠鏡の回折像　284
反射防止膜　201,204,217,219,220,221
反射率　26
半値幅　377,484
斑点模様　478
半導体レーザー　474
半無限の面光源　290

パーシバルの定理　350
パッシェン-ルンゲ マウンティング　143

birefringent frustrated total reflection filter　226
バビネの定理　77,264
バランスされた収差　352

ヒ, ピ

光
　　――の唸り　39,490
　　――の可干渉性　483
　　――の干渉　39
　　――の寿命　483
　　――の直進　248
　　――の波長差の測定　75
　　――の波動説　237
　　――の'ゆらぎ'　500
光凝固　481
非線型現象　5,481
左回りの偏光　13
非点隔差　343
非点収差　163,165,183,342,396

瞳関数　260,274,287
評価尺度　387,388,391
ヒルガー・ワット社　129
拡がった光源　85,289

ピンホール　298
ピンホールカメラ　300
　　――の焦点深度　302

フ, プ, ブ

ファブリー-ペロー
　　――およびブノアの測定　124
　　――の干渉計　124,150
　　――の干渉分光計　66
　　――の分解能　151
ファラデーの法則　3
ファンシッタールト-ゼルニケの定理　489
フィゾー
　　――の干渉計　54
　　――の干渉縞　49,90
　　――の方法　75
フィルタリング　439
　　――による像の改良　439
フィルポーのサイクル　412
フェルマーの原理　257
負温度の状態　469
不確定関係　497
不均質二層膜　222
不均質膜　220
副極大　58
副虹　355
副焦点　301,307
複スリット　40
　　――の回折像　272
　　――の干渉縞　40,273
複素屈折率　14
複素コヒーレンス係数　489
複素振幅　9
複素フィルター　439,445
複プリズム干渉顕微鏡　413
フーコーテスト　423
フーコーの測定　2,7
二つの三角形開口　268

事項索引

二つの波長の光の干渉模様　73
二つの半円開口　268
フラウンホーフェルの回折　246, 255, 259, 371
フラウンホーフェルホログラフィー　457
フーリエの定理　9
フーリエ変換　259
　——の基本の式　271
　——ホログラム　457
フレネル
　——の回折　249, 295, 296
　——の回折理論　239
　——の鏡　312
　——の係数　25, 27
　——の数　256, 298
　——の積分　251
　——の複プリズム　43, 90
　——の菱面体　33
　——の輪帯（板）　240, 298, 305
フレネルゾーンプレートを用いた干渉計　177
フレネルホログラフィー　454, 457
不連続（輝線）スペクトル　276

プランクの量子仮説　467
プリズムの検査　171
プリズム分光器　375
　——の分解能　374
プルフリッヒの屈折計　32

物理光学的な拡大　456
部分的コヒーレント光のレスポンス関数　384
ブラウンの干渉計　187, 188
ブルースター
　——の干渉縞　82
　——の実験　106
　——の縞　110, 124
　——の装置　83
　——角　28
ブロックゲージの測定　128
分解能　149
　——の標準　135
　回折格子の——　138, 139
　ファブリー－ペローの——　151

プリズム分光器の——　374
分光反射率　216, 217, 222, 223
分散域　152
分散および波長の測定　152

ヘ，ペ，ベ

平行（parallel）成分　23
平面電磁波の性質　10
平面波　7, 8
　——の磁場波　10
平面偏光　12
並列アドミッタンス　212
heterogeneous な波　16
変位電流　3
扁円開口　268
偏角器（deflector）　168
偏光　11
　——干渉計　193
　——顕微鏡の回折像　286
　——フィルター　236
　——面　12
　——率　31
　左回りの——　13
　右回りの——　13

ペッツバールの理論　301
ペーリー－ウィーナーの条件　381

ベイツの干渉計　187
ベイルビー層　27
ベクトルポテンシャル　258
ベテルギウス　97

ホ，ポ，ボ

ホイヘンスの原理　237, 239
放射されるエネルギー　463, 464
保護膜　235
星の視直径の測定　93
星の太陽面経過　294
補色　206
補色鏡（dichroic mirror）　233
homogeneous な平面波　10
ホログラフィー　451

事項索引

　　――実時間法　458
　　――多重露光法　458
　　――による収差の補正　458
　　――の光学常数　454
　　――の倍率　456
　　フラウンホーフェル――　457
　　フレネル――　454, 457
ホログラム
　　――望遠鏡　462
　　レンズレスのフーリエ変換――　457

ポアッソンの点　242, 258
ポジティブコントラスト　420
ポランレット顕微鏡　422
ポンピング　469

ボーアの条件　467
ボーアのモデル　467
ボルツマンの法則　467

マ

マイケルソン
　　――の可視度曲線の方法　122
　　――の干渉計　83, 109, 115
　　――干渉計の干渉縞の形　110
　　――干渉計によるスペクトル線の幅の測定　116
　　――の方法　123, 173
　　―‐モーレーの実験　99, 109, 113
マウンティング　142
　　――の比較　145
膜の効率　202
マックスウェル
　　――の関係式　7
　　――の方程式　23, 208
　　――の理論　2, 23, 242
マッハの干渉計　108
マッハ-ツェンダーの干渉計　108, 412
マルティピューピル位相差顕微鏡　421

ミ

右回りの偏光　13
ミコイドディスク　422

missing order（欠線）　276
三矢型開口　284
脈理　159, 430

ム

無効倍率　364
無収差レンズ
　　――の回折像　261, 316
　　――のシュリーレン像　424
　　――のレスポンス関数　379, 383

メ

明暗格子　278, 374, 418
明度　203
メーザー　469
メートル原器　126
merit function　351

モ

モアレ模様　71, 184
モード　19, 256
　　――の次数　19
　　――定常波　18

ヤ

ヤケ　201
屋根型プリズムの回折像　288

ユ

誘電率　1
誘導放射　467, 468
誘導放射光の唸り　494
ゆらぎ　73, 495

ヨ

四つ葉のクローバー　287
四端子回路　212

ラ

ライツの干渉顕微鏡　412
落射型干渉顕微鏡　413
ラマン効果　476
ラマンレーザー　476
ランダムチャート　406

リ

理研式ガス干渉計　101
立体像の再生　457
リトローマウンティング　150
リニークの干渉顕微鏡　414
粒子サイズの測定　264
リューネベルグのフィルター　443
菱形開口　439
臨界角　31, 32
　——の測定　32
臨界照明　367
リンギングの厚さ　129
輪帯開口　440
　——の回折像　279
　——の焦点深度　321
輪帯状光源　294
輪帯状の絞り　420

ル

ルジャンドルの多項式　352
ルヌベルのプリズム干渉計　186
ルンゲ-マンコフの(スティグマティック)
　マウンティング　144
ルンマー-ゲールケの干渉板　156

レ

レーザー　467, 469
　——光の特徴　470
　——装置　472
レスポンス関数　378, 379, 393
　——の計算法　382
　——の測定法　399
　インコヒーレント系の——　383
　感光材料の——　408
　幾何光学的な——　394, 395, 397, 398
　コヒーレント系の——　382
　肉眼の——　408
　波動光学的——　394, 395, 398
　部分的コヒーレントの——　384
　無収差系の——　379, 383
レーレー
　——の解像限界(リミット)　321, 339,
　　359, 361, 367, 375, 387
　——の干渉計　42, 101
　——の許容限界　321, 339
　——の公式　374
　——-ジーンズの式　19, 468
　——-レーベの干渉計　102
　——の環　433, 434, 435
レンズ干渉計　179
レンズ収差の干渉図形　180, 181
　——の作図　183
レンズレスのフラウンホーフェル(または
　フーリエ変換)ホログラム　457
連続スペクトル　276
　——による干渉模様　75

ロ

ロイドの鏡　43
　——の干渉模様の所在　91
ローランド
　——-アブニーマウンティング　143
　——円　141
　——マウンティング　142
ローレンツ分布　119, 485
ロンキーテスト　188
ロンメル
　——の関数　316
　——の級数　297
　——の式　305

ワ

歪曲収差　163, 167
ワンカラーの仕上り　51

■岩波オンデマンドブックス■

波動光学

1971 年 2 月 2 日　第 1 刷発行
1984 年 4 月 3 日　第 6 刷発行
2014 年 12 月 10 日　オンデマンド版発行

著　者　久保田広
　　　　(くぼた ひろし)

発行者　岡本　厚

発行所　株式会社　岩波書店
　　　　〒101-8002 東京都千代田区一ツ橋 2-5-5
　　　　電話案内 03-5210-4000
　　　　http://www.iwanami.co.jp/

印刷／製本・法令印刷

Ⓒ 野田雅子 2014
ISBN 978-4-00-730151-3　　Printed in Japan